산업안전지도사 공통필수 3과목

산업안전 지도사 1차 필기

기업진단·지도 Ⅲ

이형준 · 윤동식 · 장영수 · 하태원 · 서익희 공저

머리말 PREFACE

    살아가면서 처음 접해보는 무언가를 대할 때면 과연 이 내용이 내 삶에 의미가 있는걸까? 도움이 될까? 하는 의구심이 들 때가 많았습니다. 그래서인지 그런 시간이 주어지면 졸거나, 혹은 다른 생각을 하며 소중한 시간을 흘려보냈던 적이 많았던 것 같습니다.

    돌이켜 보면 정말 한심한 생각과 행동이었던 것 같습니다. 그 시간에 다른 무언가를 의미 있게 하는 게 아니라면 **온전히 그 시간에 집중**했어야 했습니다. 그랬다면 그 시간은 저에게 의미 있게 작용해서 언젠가는 득이 되어 돌아왔을 것이라고 확신합니다.

    이번 산업안전지도사를 취득하겠다는 마음을 먹고 「기업진단·지도」라는 과목을 공부할 때도 비슷한 경험을 한 것 같습니다. 시중에 판매하는 교재를 구매해서 처음 공부할 때 드는 생각이 바로 「기업진단·지도」 내용이 앞으로 내가 하고자 하는 것과 관계가 있을까? 나같이 기술!!! 안전!!!을 업으로 하는 사람에게 필요한 것일까? 하는 의구심이 많이 들었습니다. 이런 생각이 든 이유는 무엇보다 용어가 생소했고, 시험문제도 매우 까다로운 편이기 때문이라고 생각됩니다.

    이 교재는 「기업진단·지도」를 처음 접하는 수험생이 시험장에서 당황하지 않도록 「기업진단·지도」 **시험범위의 내용을 체계적으로 정리**하였습니다. 또한 **각 챕터에 해당되는 기출문제를 요약하여 수록**하였기 때문에 **출제자가** 해당 챕터에서 요구하는 이해 수준을 알 수 있도록 하였습니다.

    우리 모두는 최소한 본인 스스로를 경영하고 있고, 작게는 팀이나 과를, 크게는 사업장을, 더 크게는 기업이나 국가의 경영에 참여하고 있습니다. 「기업진단·지도」는 조직에서 가장 필요로 하는 내용이 함축되어 있다고 생각합니다.

    소중한 시간을 할애하여 공부하시는 만큼 「기업진단·지도」를 공부할 때 온 마음을 다하여 반드시 합격하시기 바랍니다. 또한 수험생분들이 어떠한 일을 하시던지 충실히 공부한 내용이 좁게는 '업무' 넓게는 '인간관계'에 반영하시어 성과를 내시길 기원드립니다.

저자 일동

목차 Contents

Chapter 01 경영학 일반

1. 인간관계론과 행동과학 ·· 10
2. 과학적 관리론과 포드시스템 ·· 13
3. 과학적관리론과 인간관계론의 비교 ··· 14
4. 관리일반이론과 관료제론 ·· 16
5. 시스템 이론 ··· 19
6. 지식경영(Knowledge Management) ··· 21
7. 기업의 형태 ··· 23
8. 기업 결합 ·· 26
9. 포터의 산업구조분석(Five Force Model) ·· 29

Chapter 02 조직 행위론

1. 지각(知覺) ··· 34
2. 지각 판단의 오류 ·· 37
3. 강화이론 ·· 41
4. 동기부여 내용이론 ·· 43
5. 매슬로우의 욕구단계이론 ·· 47
6. 동기부여 과정이론 ·· 49
7. 태도 ··· 54
8. 데시(Edward Deci)의 자기결정이론(인지평가이론) ······························ 56
9. 커뮤니케이션과 의사결정 ·· 58
10. 집단 ··· 63
11. 집단의사결정 ··· 68
12. 집단의사결정기법 ·· 72
13. 집단의사소통 ··· 75
14. 리더십 ·· 78
15. 리더십 대학의 연구이론 ·· 80
16. 리더십 행동이론 ·· 83
17. 피들러의 리더십 상황이론 ··· 86
18. 리더십 상황이론 ·· 88

19. 현대적 리더십 …… 93
20. 권력과 권한 …… 98
21. 권력과 갈등 …… 100
22. 조직론 기초 …… 104
23. 조직의 형태 …… 107
24. 민쯔버그의 조직유형 …… 110
25. 경영자 계층별 필요관리기술(로버트 카츠) …… 113
26. 조직구조 주요연구 …… 115
27. 번스(Burns)와 스토커(Staker)의 연구 …… 118
28. 우드워드(Woodward) 조직구조(기술과 조직구조) …… 120
29. 페로우의 기술연구 …… 122
30. 톰슨의 연구(기술유형과 조직구조 간의 관계) …… 124
31. 조직수명주기 …… 126
32. 조직문화 …… 128
33. 안전문화 …… 138
34. 조직시민행동 …… 141

Chapter 03 인적관리 및 품질경영

1. 직무분석 …… 144
2. 직무평가 …… 149
3. 직무설계 …… 151
4. 기계적 직무설계와 동기부여적 직무설계 …… 155
5. 인사고과 …… 158
6. 인사평가방법 …… 161
7. 행동기준고과법(BARS : Behaviorally Anchored Rating Scales) …… 166
8. 5가지 성격 특성 요소(Big Five personality traits) …… 168
9. 균형성과표(BSC : Balanced Score Card) …… 170
10. 인사평가 오류 …… 173
11. 인적자원 수요예측 …… 179
12. 인적자원 공급예측 …… 181
13. 인적자원의 모집 …… 183
14. 인적자원의 선발 …… 185

목차 Contents

- 15. 신뢰도(Reliability) ·················· 191
- 16. 타당도(Validity) ·················· 193
- 17. 경력개발(경력관리, 경력 닻) ·················· 196
- 18. 교육 훈련 ·················· 200
- 19. 임금체계 ·················· 203
- 20. 성과급(performance-based pay) ·················· 208
- 21. 노사관계 관리 ·················· 210
- 22. 단체교섭과 노동쟁의 ·················· 214
- 23. 반생산적 업무행동(CWB : Counter productive Work Behavior) ·················· 218
- 24. 분배 협상과 통합 협상 ·················· 220
- 25. 경영참가제도 ·················· 221
- 26. 품질관리(QC) ·················· 224
- 27. 품질관리(QC)의 7가지 도구 ·················· 227
- 28. 신 품질관리(QC) 7가지 도구 ·················· 230
- 29. 품질보증(QA : Quality Assurance) ·················· 236
- 30. 전사적 품질경영 ·················· 238
- 31. 통계적품질관리기법 ·················· 241
- 32. 서비스품질(SERVQUAL) ·················· 244
- 33. 서비스 수율관리(Yield Management) ·················· 246
- 34. 생산관리 ·················· 248
- 35. 수요예측방법 ·················· 252
- 36. 설비배치 ·················· 256
- 37. 재고관리 ·················· 260
- 38. 재고관리시스템 ·················· 263
- 39. 리드타임(Lead Time) ·················· 267
- 40. EOQ(Economic Order Quantity, 경제적 주문량) ·················· 269
- 41. 총괄생산계획(APP : Aggregate Production Planning) ·················· 271
- 42. 휴리스틱 계획 기법(Heuristic Programming Methode),
  발견적 기법(Heuristic Techniques) ·················· 273
- 43. 자재소요계획 및 제조자원계획 ·················· 274
- 44. 적시생산방식(JIT : Just In Time) ·················· 278
- 45. 린생산방식(Lean Production) ·················· 281
- 46. 공급사슬관리(SCM ; Supply Chain Management) ·················· 284
- 47. 전사적 자원관리(ERP : Enterprise Resource Planning) ·················· 289
- 48. 비즈니스 리엔지니어링(BPR : Business Process Reengineering) ·················· 291

49. 제약이론(Theory of Constraints) ···································· 293
50. 제품수명주기(PLC : Product Life Cycle) ······················ 295
51. 채찍효과(bullwhip effect) ·· 297
52. 6시그마 ··· 299
53. 공정관리(CPM, PERT, 칸트차트) ···································· 303

Chapter 04 산업심리

1. 산업안전심리 5요소 ·· 308
2. 산업심리학의 연구방법 5가지 ··· 310
3. 주의와 부주의 ··· 313
4. 앨버트 엘리스의 ABC이론(=ABCDE모형) ······················ 316
5. 착각과 착시 ··· 318
6. 휴먼에러 ··· 321
7. 재해의 기본원인(4M) ··· 325
8. 하인리히(H.W.Heinrich)의 연쇄성 이론 ························· 327
9. 버드(F.E.Bird)의 연쇄성 이론 ·· 332
10. 각종 산업재해 이론 ·· 335
11. 정보처리이론(정보처리능력) ··· 339
12. 신호검출이론 ··· 344
13. 양립성(Compatibility) ·· 345
14. 와르(Warr)의 정신 건강 구성요소 5가지 ····················· 346
15. 직무 스트레스 ··· 347
16. 작업부하(Work Load) ·· 357

목차 Contents

Chapter 05 산업위생

1. 산업위생개론 ·· 360
2. 작업환경 노출기준 ··· 371
3. 작업위생 측정 및 평가 ·· 391
4. 환기 ·· 422
5. 건강검진과 근로자 건강관리 ··· 452

부록 기출문제 (2013년~2024년)

- 2013년 기출문제 ··· 476
- 2014년 기출문제 ··· 487
- 2015년 기출문제 ··· 497
- 2016년 기출문제 ··· 507
- 2017년 기출문제 ··· 517
- 2018년 기출문제 ··· 528
- 2019년 기출문제 ··· 537
- 2020년 기출문제 ··· 547
- 2021년 기출문제 ··· 557
- 2022년 기출문제 ··· 567
- 2023년 기출문제 ··· 576
- 2024년 기출문제 ··· 585

CHAPTER 01

경영학 일반

1. 인간관계론과 행동과학
2. 과학적 관리론과 포드시스템
3. 과학적 관리론과 인간관계론의 비교
4. 관리일반이론과 관료제론
6. 지식경영(Knowledge Management)
7. 기업의 형태
8. 기업 결합
9. 포터의 산업구조분석(Five Force Model)

경영학 일반

1 인간관계론과 행동과학

1. 인간관계론이란?

1) 인간관계론(human relations)이란 인간 행위에 관한 체계적인 지식을 **활용**하여 개인, 직무, 경력상의 성과를 높이려는 지식체계
2) 경영학 관점에서는 이것이 조직유효성(organizational effectiveness)을 높일 수 있기 때문
3) 인적 요소에 대한 관심 증대는 경영성과 증대

2. 인간관계론 운동의 영향요인

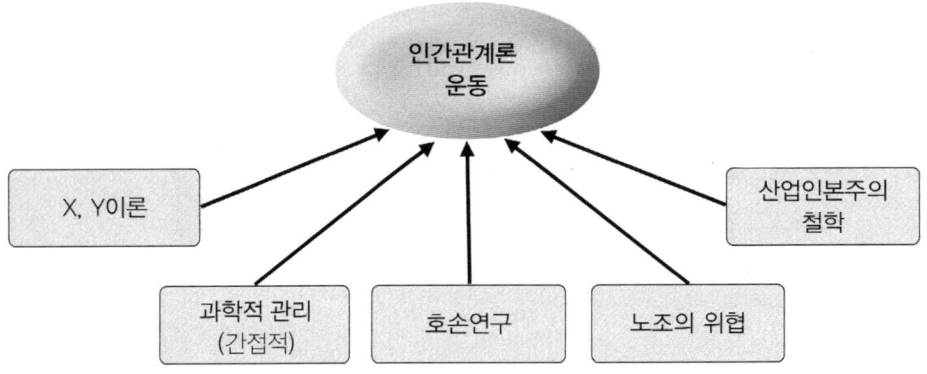

3. 메이요(G. E. Mayo, 호손연구)의 인간관계론

이 실험의 주된 목적은 과학적 관리법의 유효성을 실제로 검증하는 연구였으며, 그 연구결과로 조직체에 대한 새로운 인식이 태동하게 되었고, 나아가 **인간관계론이라는 새로운 학문분야가 체계화**됨으로써 경영학 발전에 기여하는 계기가 되었다는 점에서 그 의의가 있다.

구분	실험내용	실험결과
제1단계 실험 (1924.11~1927.04)	조명도 실험	물리적 작업조건과 생산성은 관계가 있음 (비교실험 위해 실험집단과 통제집단으로 나누었음)
제2단계 실험 (1927.04~1929.06)	계전기 조립작업 실험	감정적, 심리적 요인과 생산성은 관계가 있음
제3단계 실험 (1928.09~1930.05)	면접 실험	인간관계의 중요성 발견
제4단계 실험 (1931.11~1932.05)	배전선 작업 실험	비공식적 조직의 존재, 집단규범의 중요성 발견

참고

※ 메이요 교수(하버드대학교의 심리학자)는 호손 공장에서 시험한 결과 작업장의 물리적 조건보다 **작업자의 감정 등 심리요인이 생산에 영향을 더욱 크게 미치는 것**을 알 수 있었음
※ 비공식적 조직 : 심리적 안정감의 형성, 공식조직의 경직성 완화, 업무의 능률적 수행, 구성원 간의 행동규범 확립 등의 순기능과 적대감정, 정실행위, 비공식적 의사전달의 역기능도 갖고 있음

4. 인간관계론의 특징

1) 조직구성원의 생산성은 생리적, 경제적 요인으로만 자극받는 것이 아니라 사회적, 심리적 요인에 의해서도 크게 영향 받는다.
2) 비경제적 보상을 위해서는 대인 관계, 비공식적 자생집단 등을 통한 사회, 심리적 욕구의 충족이 중요하다.
3) 조직 내에서의 의사전달, 참여가 존중되어야 한다.
4) <u>권위적 리더십보다는 민주적 리더십이 더 효과적이다.</u>

5. 맥그리거의 X, Y이론

1) X이론의 가정(보통 나태한쪽)

(1) 일하기 싫어함. 명령이 있어야 함. 지시 받고, 책임 회피, 야심 적고, 안전을 원함
(2) X론적 인간에 대한 경영방식
    엄격한 관리, 확실한 것 중시, 원칙 중시, 질보다 양 중시, 목표 달성에 초점, 생산자 중심 사고, 순응 강조, 명령과 통제에 의한 의사소통, 지시와 관리 중심, 권력에 의한 지배, 수직적 위계 중시, 단순화, 단일 목표 지향, 상사의 권한 중심, 고용조건의 획일화 등

2) Y이론의 가정(보통 좋은쪽)

(1) 일하기 위해 노력하는 것은 자연적인 것, 스스로를 통제, 얻는 보상에 따라 목표달성의 기여 여부 결정, 고도의 상상력이나 창의력을 발휘할 수 있음, 잠재능력이 극히 일부만 사용됨

(2) Y론적 인간에 대한 경영방식
공개적 참여, 변화와 불확실성 중시, 가치 중시, 이해관계 중시, 양보다 질 중시, 조화에 초점, 고객 중심 사고, 협동과 합의 강조, 쌍방향 의사소통, 권한 위양, 수평관계 중시, 다차원 목표 고려, 다양한 고용조건 등

6. 아지리스의 미성숙-성숙이론

개인과 조직관계의 기본에 놓여 있는 것은 인격적으로 미성숙한 퍼스낼러티가 성숙 상태로 발달하면서 생기는 행동 지향의 변화라고 하였음.
(수동 – 능동 / 의존 – 독립 / 제한된 능력 – 다양한 능력 / 얕은 관심도 – 깊은 관심도 / 단기적 관점 – 장기적 관점 / 하위지위 – 상위지위 / 자아인식의 결여 – 자아인식과 통제)

기출 문제 요약

- 메이요 시스템 : 작업환경에 관계없이 작업자의 동기부여가 작업능률을 증가시키는 결과를 보여줌 (2015년)
- 맥그리거의 X이론에 의하면 사람은 엄격한 지시·명령으로 통제되어야 조직 목표를 달성할 수 있음 (2020년)
- 인간관계론의 호손실험에 관한 설명 (2016년)
  - 종업원의 작업능률에 영향을 미치는 요인을 연구함
  - 조명실험은 실험집단과 통제집단을 나누어 진행하였음
  - 면접조사를 통해 종업원의 감정이 작업에 어떻게 작용하는가를 파악함
  - 작업능률은 비공식 조직과 밀접한 관련이 있다는 것을 발견함

2 과학적 관리론과 포드시스템

구분	테일러시스템	포드시스템
명칭	• 테일러리즘(Taylorism) • 과업관리	• 포디즘(Fordism) • 동시관리
원칙	<u>고임금, 저노무비</u>	<u>고임금, 저가격</u>
기준	• 작업의 과학적 측정과 표준화 • 과학적 1일 작업량 설정 • 달성 시 고임금(생산량에 따라 보상) • 미달성 시 책임 추궁 • 합리적 경제인을 가정함	• 기업은 사회적 봉사기관 • 경영관리의 독립 강조 • 경영공동체관 강조
내용	• <u>시간연구와 동작연구</u> • <u>기능적 직장제도</u> • <u>차별적 성과금 제도(개인별 성과)</u> • 작업지도표 제도(간트차트(Gantt chart) 개발에 기반)	• <u>생산의 표준화(3S+공장의 전문화)</u> • 컨베어시스템(이동조립법) • 일급제(일당제도) • 대량생산과 대량소비 가능
특징	개별생산 및 공장관리 기술의 합리화	연속생산의 능률과 관리의 합리화 (Taylorism 보완)

참고

※ 노동자에게는 높은 임금을, 자본가에게는 높은 이윤을 지급(테일러)
※ 노동자에게는 높은 임금을, 소비자(대중)에게는 낮은 가격을 제공(포드)
※ 기능적 직장제도 : 과업에 대한 모든 관리를 직장(직렬의 장)에 맡김으로써 관리에 대한 전문화를 지향. 보통은 직장이 노동자 개개인에게 적합한 과업량을 분석하여 지정하거나 노동자에 대해 피드백을 전담하는 것을 의미한다.
※ 3S : 단순화(Simplification), 표준화(Standardization), 전문화(Specialization)
※ 간트(Henry Gantt) : 과학적 관리법에 인간적인 측면을 부여
표준 작업시간보다 빠른 시간 안에 직무완료 시 보너스를 줄 뿐만 아니라 소속된 작업자 모두 그와 같이 직무완료 시 감독자에게도 보너스를 준다

기출 문제 요약

- 테일러의 과학적 관리법에 관한 설명 (2013년)
  - 과업 중심의 관리로 인간의 심리적, 사회적 측면에 대한 문제의식이 부족함, 동일 작업에 대하여 과업을 달성하는 경우 고임금이고, 달성하지 못하는 경우에는 저임금을 지급, 작업을 전문화하고 전문화된 작업마다 직장(foreman)을 두어 관리하게 함
- 테일러의 과학적 관리법에 관한 설명 (2024년)
  - 고임금 저노무비, 폐쇄적 체계, 차별성과급 제도, 시간연구, 과업의 표준
- 포드시스템 : 부품을 표준화하고, 작업이 동시에 시작하여 동시에 끝나므로 동시관리라고 함 (2013년)

3. 과학적관리론과 인간관계론의 비교

1. 공통점

둘 다 조직의 성과 증진을 목표로 하고 있으며, 외부 환경변수를 전혀 고려하지 않은 폐쇄적 관점으로 바라보았다는 공통점을 가지고 있다.

2. 차이점

1) 과학적관리론

인간을 **경제적** 관점으로 바라보았다. 또한 '시간-동작연구'를 활용하여 표준생산량을 측정하고 이를 기준으로 임률이나 차등성과금 등 경제적인 동기부여를 제공하였다.

2) 인간관계론

인간을 **감정적이고 사회적인 존재**로 바라보았으며, 경제적 동기보다는 사회심리적 동기를 더욱 중요하게 생각하였다. 또한 동기부여, 비공식 조직, 상호작용 등이 생산성 향상에 영향을 끼쳤다고 보았다.

구분	과학적 관리론	인간관계론
시대1	1900~1930년대	1930년대 이후
배경	급격한 산업화에 따른 각종 사회경제문제 발생	과학적 관리론에 대한 반발 (특히 노조)
연구이론	• 테일러의 "과학적 관리법의 원리" • 길브리스의 기본동작연구	메이요의 호손실험
인간관	• 합리적, 경제적 인간관(개인주의) • 경제적, 물질적 욕구(동기)	• 사회적, 동태적 인간관(집단주의) • 비경제적, 사회적 욕구(동기)
조직관	조직을 단순한 합리적, 기계적 조직으로 파악(공식구조 중시)	조직은 역동적인 대인관계, 집단관계 등 상호관계가 있는 체제
인간관리	• 기계적 관리(개인주의) • 지위와 권한을 중시하는 권위적 리더십 • 하향적 의사전달 • 직무 중심의 과학적 원리를 강조 • 직무 중심의 성과금	• 인간적, 민주적 관리(협동주의, 집단주의) • 참여와 동기부여를 중시하는 민주적 리더십 • 상향적 의사전달 • 인간 중심으로 과학적 원리는 중시하지 않음 • 인간 중심의 생활급

구분	과학적 관리론	인간관계론
능률	투입 대 산출의 기계적 능률	인간적이고 민주적인 사회적 능률
행정이념	능률성 향상에 기여	민주성 확립에 기여
민주성과 능률성의 조화	기계적 능률이므로 조화되기 어려움	사회적 능률 개념으로 조화 용이
영향	• 행적관리론 • 행정의 능률화(예산회계법, 직위분류제)	• 행정형태론 • 민주적 인사관리(제안, 고충처리, 참여, 사기 등)

4 관리일반이론과 관료제론

1. 페이욜의 관리일반이론

페이욜의 관리일반이론은 조직 전체를 효율적으로 운영하는 원칙에 초점을 두었다. 페이욜은 기업이 규모와 종류에 관계없이 6가지 고유 직능(기술, 영업, 재무, 보전, 회계, 관리)을 가지고 있다고 주장하고 '경영관리직능의 5요소'와 '경영관리의 14가지 일반관리원칙'을 제시하였다.

기술활동	생산, 제작, 가공	보전활동	재산 및 종업원 보호
상업활동	구매, 판매, 교환	회계활동	재산목록, 대차대조표, 원가계산, 통계
재무활동	자본의 조달 및 운영	관리활동	계획, 조직, 지휘, 조정, 통제

1) 경영관리직능*의 5요소

(1) 계획(Plan)
(2) 조직(Organization)
(3) 지휘(Direction)
(4) 조정(Coordination)
(5) 통제(Control)

이러한 관리과정은 PODC(Plan, Organization, Direction, Control)로 알려져 있다.
이 원칙들은 경험에 기초하여 기업의 관리활동을 합리적으로 수행하기 위한 것이다.

> ※ 직능 : 경영체가 그 목적을 달성하기 위하여 빼놓을 수 없는 일

2) 일반관리원칙 14가지

(1) 분업의 원칙(Division of Work) : 과업을 세분화하여 전문적인 지식과 기술을 연마하게 하고, 모든 유형의 작업을 수행할 수 있게 한다.
(2) 권한과 책임의 원칙(Authority and Responsibility) : 직무를 효과적으로 수행하기 위해서는 책임과 권한이 서로 상응하여야 한다.
(3) 규율의 원칙(Discipline) : 규칙을 준수하고 규칙에 따라 일을 처리해야 한다.
(4) 명령 일원화의 원칙(Unity of Command) : 하위자는 한 사람의 상사로부터 명령과 지시를 받아야 한다.

(5) 지휘통일의 원칙(Unity of Direction) : 동일한 목적을 위한 집단 활동은 단일의 상사에 의해서 계획되고 협의되어야 한다.
(6) 개별이익의 전체이익에의 종속원칙(Subordination of Individual of general Interest) : 조직의 이익이 개인의 이익에 앞서야 한다.
(7) 종업원 보상의 원칙(Remuneration of Personnel) : 급여와 그 지급방법은 공정해야 한다.
(8) 집권화의 원칙(Centralization) : 조직의 각 부분을 총괄할 수 있는 중심점이 있어야 한다.
(9) 계층적 연쇄의 원칙(Scalar Chain) : 조직계층의 모든 사람들을 연결하는 명확하고 단절 없는 계층의 연결이 유지되어야 한다.
(10) 질서와 순서의 원칙(Order) : 조직 내의 물적, 인적자원이 적재적소에 있어야 한다.
(11) 공정성의 원칙(Equity) : 상사가 하위자를 다룰 때는 사랑과 정의를 적절히 조화함으로써 종업원의 충성심과 조직에 대한 헌신을 끌어내어야 한다.
(12) 고용안정성의 원칙(Stability of Tenure of Personnel) : 능률은 안정된 노동력에 의해서 증진될 수 있다.
(13) 자율권의 원칙(Initiative) : 계획을 고안해 내고 그것을 실천하는 데에는 창의력 발휘가 요구된다.
(14) 협동심의 원칙(Esprit de Corps) : 팀워크와 유대감을 유지하고, 분쟁과 불화를 최소화하는 것이 중요하다.

이 원칙들은 경험에 기초하여 기업의 관리활동을 합리적으로 수행하기 위한 것이다.

2. 베버의 관료제론

1) 관료제의 특징

① 관료제 조직은 업무수행에 관한 규칙과 절차를 철저하게 공식화한다.
② 의사결정 공식화, 의사소통 문서화
③ 관리자는 전문경영자가 되어야 하며, 조직 내에서 경력을 쌓아야 한다.

2) 관료제의 장단점

(1) 관료제의 장점
 ① 과업세분화, 전문화 가능 = 능률을 높임
 ② 모든 직위의 권한이 공식적으로 기술, 권한이 계층화됨
 ③ 예측 가능성과 안정성 : 규칙과 절차의 설정은 예측 가능성과 안정성을 높임

④ 합리성을 제공

(2) 관료제의 단점

① 형식주의: 문서주의가 지배함.

② 권한의 축적 : 가장 확실한 의사결정자

③ 책임회피와 분산 : 책임의 전가, 분산이 발생

④ 의사결정의 지연, 변화에 대한 저항

기출 문제 요약

- 막스 베버가 제시한 관료제의 특징 : 조직의 활동을 합리적으로 조정하기 위해서는 업무처리를 위한 절차가 명확하게 규정되어야 함 (2013년)

5 시스템 이론

1. 시스템의 개념

특정 목적을 달성하기 위해서 부분들이 모여 이루어지는 전체

2. 시스템의 특징

뚜렷한 목표, 유기적 연결, 서로 상호 작용, 하나로 결합

3 시스템의 유형과 구성요소

1) 시스템의 유형

(1) 폐쇄 시스템
- 환경과의 에너지 교환작용이 없는 시스템
- 외부와 완전히 격리
- 외부 환경에 의해 전혀 영향을 받지 않는 시스템

(2) 개방 시스템
- 외부로부터 투입을 받아들이며 처리과정을 거친 산출을 환경으로 내보냄
- 기업을 비롯한 대부분이 개방 시스템. 외부 환경과 끊임없이 상호작용하며 적응

2) 시스템의 구성요소

기본적으로 투입, 변환과정, 산출, 피드백, 환경 다섯 가지로 구성

4. 개방시스템의 특성

- 순환과정 : 순환적 활동들의 에너지 원천으로 투입됨으로써 생기는 과정
- 네거티브 엔트로피 : 증대되면 체계 속에서 질서와 법칙성이 유지되며 정보를 보다 많이 필요로 한다는 것을 의미한다.

- 네거티브 피드백 : 시스템이 이탈할 때 그것을 바로잡아주는 정보
- 동태적 향상성 : 안정적인 상태를 유지하려는 경향
- 분화와 통합 : 모든 시스템은 규모가 커질수록, 내용이 복잡할수록 시스템의 구조와 기능이 더욱 세분화된다.
- 이인동과성 : 시스템의 최종 목표가 동일하다 할지라도 이러한 목표를 달성하기 위한 수단과 방법은 다양할 수 있다.

6. 지식경영(Knowledge Management)

1. 지식경영의 목적

기업 내 사원 개개인과 각 사업부문 간에 흩어져 있는 각종 지적재산을 회사 전체가 공유함으로써 기업 경쟁력을 강화하는 것이 목적이다.

2. 지식경영의 특징

- 구조조정으로 인원을 감축하는 과정에서 사원 개개인이 보유한 지적재산도 같이 손실되는 단점을 보완하기 위해서 도입되었음
- 사내 지적재산을 공유, 활용함으로써 새로운 비즈니스 모델의 창출과 합리적 의사결정을 지원하는 시스템 구축으로 발전하고 있음

3. 지식경영의 요소

사람(조직구성원, 가장 핵심적인 열쇠), **전략**(실질적으로 지식경영을 실천하는 지침), **기술**(지식관리 영역에서 가장 핵심적인 위치), **프로세스**(실천하기 위한 기업의 각 업무 프로세스가 지식경영 프로세스에 적합하게 설계되어야 함)

4. 암묵지와 형식지

1) 암묵지(암묵적 지식, tacit knowledge)

경험과 학습에 의해 몸에 쌓인 지식으로 개인에게 습득돼 있지만 겉으로 드러나지 않는 상태의 지식을 뜻하며, 내재적 지식으로 개인 및 조직의 형태에 대한 관찰 등 간접적인 방법을 통해 획득할 수 있는 지식을 의미한다. 암묵적 지식의 특징은
① 언어나 문자로 표현하기 어려운 주관적 지식(요리 손맛)
② 학습과 경험을 통해 습득한 경험치인 노하우로 전수하기 어려움
③ 개인에게 체계화된 지식

2) 형식지(명시적 지식, explicit knowledge)

암묵 지식을 명시적으로 알 수 있는 형태의 형식을 갖추어 **표현된** 것으로 쉽게 체계화하여 문서로 정리가 가능한 것(예를 들어 문서, 데이터, 컴퓨터에 저장되어 있는 기업지식)

5. SECI 모델(노나카의 지식순환 프로세스)

- 암묵지와 형식지 간에 동태적 상호작용을 통해 형성되고 확장되며 지식이 형성되는 과정(지식전환)
- **사회화**(Socialiation), **표출화**(Externalization), **연결화**(Combination), **내면화**(Internalization)

1) 사회화(이식화, 공동화 : 암묵지 → 암묵지)

타인의 암묵지식을 암묵지식으로 습득하는 단계. 이 단계에서는 언어에 의존하지 않고 체험, 관찰, 모방 등의 신체적이고 감각적인 경험을 통하여 지식이 공유되고 변환

2) 표출화(외면화, 명료화 : 암묵지 → 형식지)

암묵지식을 형식지식으로 전환시키는 단계. 이 단계에서는 대화나 은유 등의 언어적 방법론이 중요한 기능을 담당

3) 연결화(종합화 : 형식지 → 형식지)

형식지식을 새로운 형식지식으로 전환시키는 단계. 이 단계에서는 정보지식이 연결되는 과정으로, 새로운 형식지를 포획, 통합하는 동시에 분산, 편집하게 된다.

4) 내면화(내재화 : 형식지 → 암묵지)

형식지식을 통하여 암묵지식으로 내부화시키는 단계. 이 단계에서는 시행적, 반성적 실험이나 경험이 의미를 갖는다.

이러한 과정은 순차적으로 한 번만 일어나지 않으며, 개인의 지식창조에서 시작해서 집단, 조직의 차원으로 나선형으로 회전하면서 공유되고 발전해 나가는 창조 프로세스로 파악할 수 있다.

> **기출 문제 요약**
> - 암묵지를 체계적, 조직적으로 형식지화하면 의사결정의 가치창출 수준은 높아짐 (2013년)

7 기업의 형태

1. 개인기업

가장 간단한 기업의 형태로 단독출자자가 직접적으로 경영하며 무한책임을 진다.

장점	단점
• 이윤 독점이 가능 • 창업이 쉽고 비용이 적게 듦 • 경영활동이 자유로움 • 의사결정이 신속 • 시장변화에 빠르게 대응	• 무한한 책임성을 가짐 • 자금조달에 한계가 있음 • 1인 경영으로 수공업적 한계가 있음 • 조세에 불이익이 있음

2. 개인사업자와 법인사업자의 비교

구분	개인사업자	법인사업자
창업절차	• 관할관청에 인/허가 신청(인/허가 대상인 경우에 한함) • 세무서에 사업자등록 신청	• 법원에 설립등기 신청 • 세무서에 사업자등록 신청
자금조달	사업주 1인의 자본과 노동력	주주를 통한 자금조달
사업책임	사업상 발생하는 모든 문제를 사업주가 책임	법인의 주주는 출자한 지분 한도 내에서만 책임
과세	종합소득세(사업소득)과세	법인세 과세
	• 세율만 고려 시 과세표준 2,160만원 이하인 경우 개인기업이, 초과인 경우 법인기업이 유리	
장점	• 설립절차가 간단 • 설립비용이 적음 • 기업 활동이 자유롭고 사업계획 수립 및 변경이 용이 • 인적조직체로서 제조방법 / 자금운용관련 비밀유지 가능	• 대외공신력과 신용도가 높음(관공서 / 금융기관 등과 거래 시 유리) • 주식 및 회사채 발행 등을 통한 대규모 자본조달이 가능 • 기업 운영이 투명
단점	• 대표자는 채무자에 대하여 무한책임을 짐 • 대표자가 바뀌는 경우에는 폐업신고를 해야함(기업의 연속성 단절 우려) • 사업 양도 시 양도소득세 부과(세부담 증가)	• 설립절차가 복잡 • 설립 시 비용이 높음(자본금 규모에 따른 비용 발생) • 사업운영과 관련한 대표자 권한이 제한적

3. 공동기업

1) 사원이란?

사원은 회사에 고용된 사원을 말하는 것이 아니라 '회사를 구성하는 자본금을 낸 투자자'를 말한다. 이 사원은 책임의 범위에 따라 나누어진다.

(1) 유한책임사원
회사를 구성하는 자본금을 낸 투자자 중에서 **투자금만큼 책임**을 지는 구성원

(2) 무한책임사원
회사를 구성하는 자본금을 낸 투자자이거나, 혹은 운영하는 이사 중 **기업의 채무에 대한 변제 책임**을 지는 구성원

2) 합명회사(무한책임사원 2명 이상)

- 무한책임사원은 합명회사의 업무를 집행한다.
- 무한책임사원은 업무집행을 전담할 사원을 정할 수 있으며, 업무집행사원을 정하지 않는 경우에는 각 사원이 회사를 대표하고, 여러 명의 업무집행사원을 정한 경우에는 각 업무집행사원이 회사를 대표한다.

3) 합자회사(무한책임사원 1명 + 유한책임사원 1명)

- 무한책임사원은 회사채권자에 대하여 직접 연대하여 무한의 책임을 지는 반면, 유한책임사원은 회사에 대해 일정 출자의무를 부담하고 그 출자가액에서 이미 이행한 부분을 공제한 가액을 한도로 하여 책임을 진다.
- 무한책임사원은 정관에 따른 규정이 없을 때 각자가 회사의 업무를 집행할 권리와 의무가 있으며 유한책임사원은 대표 권한이나 업무 집행권한은 없지만 회사의 업무와 재산상태를 감시할 권한이 있다.

4) 유한책임회사(새로운 기업에 적합한 회사)

- 1인 이상의 유한책임사원으로 구성. 회사채권자에 대하여 출자금액을 한도로 간접, 유한의 책임을 진다.
- 업무집행자가 유한책임회사를 대표한다. 따라서 정관에 사원 또는 사원이 아닌 자를 업무 집행자로 정해 놓아야 하며 정관 또는 총사원의 동의로 둘 이상의 업무집행자를 정할 수도 있다.

5) 유한회사(1인 이상의 사원 / 간접·유한의 책임)

- 조직형태는 주식회사와 유사하지만 주식회사와 달리 이사회가 없고 <u>사원총회에서 업무집행 및 회사대표를 위한 이사를 선임</u>한다.
- 선임된 이사는 정관 또는 사원총회의 결의로 정한 사항이 없으면 각각 회사의 업무를 집행하고 회사를 대표하는 권한을 가진다.
- 주식회사와 달리 폐쇄적이고 비공개적인 형태의 조직. 또한 주식회사보다 설립절차가 비교적 간단하고 사원총회 소집 절차도 간소하다.

6) 주식회사

- 가장 많은 회사의 형태
- **자본과 소유가 분리**되어 있고 큰 자본을 모으기 용이하기 때문
- '사원'이라는 출자자는 주식회사에 존재하지 않음
- 주식회사는 주식을 소유한 주주와 경영을 담당하는 이사로 완벽하게 분리되어 있음
- 주식회사는 주식과 회사채를 발행하여 새롭게 자본을 모집할 수 있어 자본 조달이 수월
- 주주들은 자신이 소유한 주식을 임의로 자유롭게 처분 가능
- 회사 규모가 큰 경우에는 외부감사를 반드시 받아야 하며 공시를 해야 하는 등 제약이 있다.

8 기업 결합

1. 카르텔(기업연합)

1) 카르텔의 의미

기업연합 또는 부당한 공동행위와 동의어로 사용되고 있으며 시장통제(독점화)를 목적으로 동일산업분야의 기업들이 협약 등의 방법으로 연합하는 형태를 말한다.

2) 카르텔의 특징

(1) 동종기업 간 경쟁을 제한하기 위해 상호 협정을 체결하는 형태로서 참가기업들이 **법률적, 경제적으로 독립된 상태를 유지**한다는 점에서 트러스트, 콘체른과 구별된다.
(2) 경쟁기업들은 카르텔을 통해 시장을 인위적으로 독점함으로써 가격의 자율조절 등 시장통제력을 가지게 되고 이윤을 독점하는 등 폐해가 발생하게 된다.
(3) **공정거래법은 카르텔을 부당한 공동행위로 금지하고 있다.**
(4) 카르텔은 국가 간 행해지기도 하며 opec(석유수출국기구)에 의한 석유나 커피, 설탕 등의 국제상품협정이 국가 간에 형성되는 카르텔(국제카르텔)의 대표적인 예다.

3) 카르텔이 발생 또는 유지되기 위한 조건

- 참가기업이 비교적 소수다.
- 참가기업 간의 시장점유율 등에 차이가 적다.
- 생산 또는 취급상품이 경쟁관계에 있다.
- 다른 사업자의 시장침입이 상대적으로 어렵다.

4) 카르텔의 종류

(1) 생산카르텔
　　생산과정에서 경쟁을 제한하는 협정으로 가맹기업 간 과잉생산과 관련한 문제를 해결하기 위해 체결

(2) 구매카르텔
　　원료나 반제품의 구매에 따른 경쟁을 제한하여 구매를 용이하게 하기 위해 체결

(3) 판매카르텔
- 유사 산업에 종사하는 기업 간 판매경쟁을 피하기 위해 체결
- 가격카르텔, 지역카르텔, 공동판매 카르텔 등

2. 트러스트(기업합동)

1) 트러스트의 의의

동일 업종의 기업이 자본적으로 결합한 독점 형태를 말하며 자유 경쟁에 의한 생산 과잉, 가격하락을 피하고 시장독점에 의한 초과 이윤의 획득을 목적으로 형성된다.

2) 트러스트의 특징

카르텔보다 강한 기업집중의 형태로, 시장독점을 위하여 각 기업체가 법적으로 독립성을 포기하고 자본적으로 결합한 기업활동 형태다.

3) 결합의 방식

- 여러 주주의 주식을 특정 수탁자에 위탁함으로써 경영을 수탁자에게 일임한다.
- 지배 가능한 주식지분의 확보를 통해 지배권을 행사한다.
- 기존의 여러 기업을 해산시킨 다음 기존 자산을 새로 설립된 기업에 계승한다.
- 기업을 흡수, 합병한다.

카르텔	트러스트
• 독점적 이익 협정을 목표	• 독점적 기업지배가 목표
• 주로 경쟁 방지가 목적	• 실질적 시장독점이 목적
• 가입기업의 독립성 유지	• 가입기업의 실질적인 독립성 상실
• 내부간섭 배제	• 내부간섭이 강함
• 주로 동종기업의 수평적 결합	• 동종 또는 이종기업의 수직적 결합

3. 콘체른(기업제휴)

1) 콘체른의 의의

자본결합을 중심으로 한 다각적인 기업결합으로, 모회사를 중심으로 한 산업자본형 콘체른과 재벌과 같은 금융자본형 콘체른이 있다.

2) 형성되는 방식

- 리프만은 콘체른이 형성되는 방식으로 자본 참가, 경영자 파견 및 자본 교환, 수개 기업이 계약에 의해 이익협동관계를 형성하는 이익공동체, 위임경영과 경영임대차 총 네 가지를 들었다.
- 자본참가의 방식을 보면 주식을 취득하는 경우도 있으나 지배회사를 정점으로 피라미드형 지배를 가능하게 하는 지주회사 방식이 많다.

4. 새로운 기업집중의 형태

1) 기업집단(Business groups)

기업집단이란 넓은 의미로는 주식의 상호보유, 중역파견, 업무제휴, 기술원조 등 여러 가지 수단에 의하여 **참여 기업 간 지속적인 공동이익관계를 설정**하는 기업집중형태를 뜻한다.

2) 콩클로머리트(conglomerate)

콩클로머리트는 이종기업 간의 결합 또는 수평적 합병, 수직적 합병이 혼합된 일종의 혼합형 합병기업으로 주로 주식교환을 통해 결성된다.

3) 합작회사(joint venture)

자본 활용, 기술 이전, 판매시장 개척, 값싼 노동력 확보 등의 목적으로 2개 이상의 회사가 자본을 투자해 설립하는 합작회사

4) 콤비나트(kombinat)

석유화학단지와 같이 여러 개의 생산부문이 유기적으로 결합된 '다각적 결합공장' 혹은 '공장집단'을 가리킨다.

5) 신디케이트(syndicate)

동일 시장 내의 여러 기업이 출자하여 공동판매회사를 설립, 일원적으로 판매하는 조직. 참가기업은 생산면에서는 독립성을 유지하나 판매는 공동판매회사를 통해서 이루어진다. 독점적 판매조직의 독점적 시장지배력을 향유할 수 있어, 카르텔과 트러스트의 중간 형태라고 할 수 있다.

9 포터의 산업구조분석(Five Force Model)

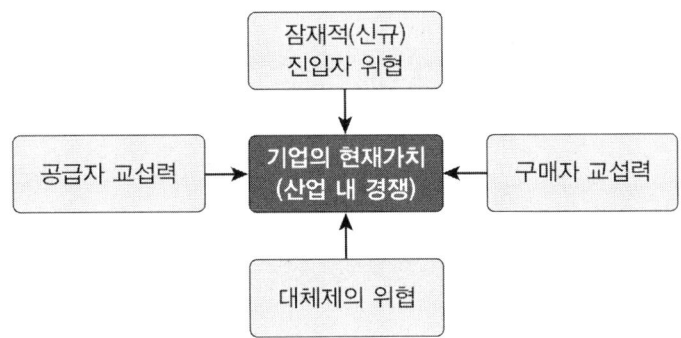

1. 잠재적 진입자의 시장진입 위협

1) 자본소요량

신규기업이 산업에 진입하는 데 많은 투자액이 필요한 경우에는 소수의 기업을 제외하고는 진입이 힘들다.

2) 규모의 경제

자본집약적이거나 연구개발 투자가 많이 소요되는 산업에서 효율적으로 조업하기 위해 대규모 투자가 필요한 경우, 능력이 없는 기업들은 시장 진입을 할 수 없다.

3) 절대적인 비용우위

기존 기업들은 신규 진입기업들에 비해 원료를 싸게 구입할 수 있는 방법을 알고 있으므로 경험 효과의 이득을 더 많이 볼 수 있다.

4) 제품 차별화

제품차별화가 된 시장에서는 자신의 브랜드에 대한 투자에 많은 비용이 소요되므로 자본력이 없는 기업은 진입이 어렵다.

2. 기존 기업 간 경쟁

1) 산업의 집중도

산업이 집중되어 있을수록, 즉 그 산업에 참여하고 있는 기업의 수가 적을수록 산업의 전반적인 수익률은 상대적으로 높아지게 되며 산업이 경쟁적일수록, 즉 많은 기업들이 경쟁에 참여할수록 산업의 수익률은 낮아지게 된다.

2) 제품차별화

차별화된 산업일수록 수익률이 높고 차별화가 적은 산업, 즉 일상재에 가까운 산업일수록 수익률이 낮다.

3. 구매자의 교섭력

1) 구매자의 정보력

구매자들이 공급자의 제품, 가격, 비용구조에 대해 보다 자세한 정보를 가질수록 구매자의 교섭력은 강해진다.

2) 전환비용

구매자들이 공급업체를 바꾸는 데 많은 전환비용이 든다면 구매자의 교섭력은 떨어진다.

3) 수직적 통합

구매자가 후방으로 수직적 통합을 하여 원료를 생산하거나 제품 공급자를 구매하겠다고 위협할 경우 구매자의 교섭력은 강해진다.

4. 공급자의 교섭력

1) 대체물이 거의 없고 제품의 차별화가 이루어져 있어 기업이 공급자를 바꾸는 데 많은 비용이 들 때 공급자의 교섭력이 강해진다.

2) 공급업자가 전방통합을 통하여 제조공장을 구매하려고 할 때 공급자의 교섭력이 강해진다.

5. 대체재의 위협

제품이나 서비스에 대해 기꺼이 지불하려는 가격에 따라 소비자가 결정된다면 산업의 수익률은 대체재의 유무에 따라 달라진다. 대체재가 많을수록 기업들이 자신의 제품이나 서비스에 높은 가격을 받을 수 있는 가능성은 줄어든다.

6. 보완재

포터가 제시한 다섯 가지 요인에 덧붙여 새롭게 제시되고 있는 요인이다. 보완재는 경쟁위협을 가하지는 않지만 의식적으로 전략적인 보완관계 제품이나 기업을 관리하려는 전략적 사고의 일부다.

※ 포터의 산업구조분석기법은 전체 산업군에 대한 설명을 하기에 적합한 모델이지만, 특정 산업군에 더 깊이 들어가면 디테일한 산업 특징에 대해 설명하지 못하는 한계가 있다.

※ 포터의 기업 가치사슬(value chain) 모델
1. 가치사슬(value chain)이란
   기업이 자원과 활동을 이용하여 제품과 서비스를 만들어내는 일련의 과정을 순차적으로 나열한 것. 즉, 제품 및 서비스 생산의 모든 과정을 분석하고 그 과정에서 발생하는 비용 및 가치를 파악하여 기업의 경쟁력을 강화하고자 하는 프레임워크를 제공

2. Value Chain(가치사슬) 모델은
   기업 내 모든 활동들을 기준으로 비즈니스 과정에서 가치를 창출하는 계층적 활동으로 나누어 구성하여, 제품이나 서비스가 고객에게 제공되기 전 과정에서의 구성요소의 역할과 중요성을 파악하는 방법. 가치사슬 내에서 다음과 같은 활동들로 나누어진다.
   1) 주활동(본원적 활동)
      제품의 생산, 운송, 마케팅, 판매, 물류, 서비스 등과 같은 현장 업무 활동으로 부가가치를 직접 창출하는 부분을 말한다.
   2) 지원활동(보조활동)
      구매, 기술개발, 인사, 재무, 기획 등 현장 활동을 지원하는 제반업무로 부가가치가 창출되도록 간접적인 역할을 하는 부분을 말한다.

3. 가치사슬 5단계 구성
   1) 원재료 공급자 : 원료, 부품 등의 원자재를 공급하는 공급자
      기업의 경쟁력에 큰 영향을 미친다.
   2) 생산업체 : 원재료 및 설비를 이용하여 제품을 생산하는 단계
      효율적인 공정설계와 생산계획 관리를 통해 비용 절감, 생산성 향상을 이룰 수 있다.
   3) 유통업체 : 생산된 제품을 고객에게 적시에 유통하는 단계
      적절한 유통 채널과 물류 체계, 품질관리를 통해 고객 만족도 높이기 가능

4) 마케팅/영업 업체 : 제품 및 서비스 설계, 기획, 마케팅 등을 담당하는 단계
   이 단계에서 기업은 **다른 경쟁업체와 차별적인 디자인과 기술력 등의 경쟁력을 확보**할 수 있다.
5) 최종 소비자 : 제품을 구매해 사용하는 고객
   고객 만족도 향상과 재구매율 향상을 위한 서비스를 제공해야 경쟁력 획득 가능

가치사슬은 이러한 각 단계에서 발생하는 기업의 비용(default cost) 및 기업의 가치(default margin)를 파악하여 경쟁력 확보 수단으로 활용된다. 가치사슬 구성요소에 따라 기업에서는 특정 단계에 맞춘 전략을 수립하고, 전략적 리더쉽(strategic leadership)과 전략적 제공자(strategic positioning)를 결정할 수 있다.

※ 포터의 본원적 경쟁전략
경쟁이 일어나는 산업 내에서 유리한 경쟁적 지위를 확보하기 위해 기업이 추구하는 전략

	저원가	차별화
광범위한 시장	원가(비용) 우위 전략	차별화 전략
좁은 시장	집중화	

1) 원가(비용) 우위 전략
   타사보다 낮은 원가를 설정하여 경쟁우위를 확보하는 전략으로 특정 기업에서 원가를 낮추기 위한 일련의 기능별 정책을 통하여 산업 내에서 원가 상의 우위를 달성하는 것

2) 차별화 전략
   차별화된 제품이나 서비스의 제공을 통해 기업이 산업 전반에서 독특하다고 인식할 수 있는 차별화 전략을 말한다. 즉, 기업이 제공하는 상품이나 서비스의 질을 경쟁자 대비 차별화한다.

3) 집중화 전략
   집중화 전략은 **시장에만 집중하는 전략**이다. 즉, 시장 자체가 적거나 경쟁자들이 소홀히 하고 있는 한정된 시장에 원가 우위나 차별화 전략을 써서 집중적으로 공략하는 전략이다.

CHAPTER 02

조직 행위론

1. 지각(知覺)
2. 지각 판단의 오류
3. 강화이론
4. 동기부여 내용이론
5. 매슬로우의 욕구단계이론
6. 동기부여 과정이론
7. 태도
8. 데시(Edward Deci)의 자기결정이론 (인지평가이론)
9. 커뮤니케이션과 의사결정
10. 집단
11. 집단의사결정
12. 집단의사결정 기법
13. 집단의사소통
14. 리더십
15. 리더십 대학의 연구이론
16. 리더십 행동이론
17. 피들러의 리더십 상황이론
18. 리더십 상황이론
19. 현대적 리더십
20. 권력과 권한
21. 권력과 갈등
22. 조직론 기초
23. 조직의 형태
24. 민쯔버그의 조직유형
25. 경영자 계층별 필요관리기술 (로버트 카츠)
26. 조직구조 주요연구
27. 번스(Burns)와 스토커(Staker)의 연구
28. 우드워드(Woodward) 조직구조(기술과 조직구조)
29. 페로우의 기술연구
30. 톰슨의 연구 (기술유형과 조직구조 간의 관계)
31. 조직수명주기
32. 조직문화
33. 안전문화
34. 조직시민행동

CHAPTER 02 조직 행위론

1 지각(知覺)

1. 지각(知覺)의 개념

1) 지각의 진행과정

(1) 지각이란 환경에 대한 영상을 형성하는 데 있어 **외부로부터 들어오는 감각적 자극을 선택 – 조직 – 해석**하는 심리과정을 말한다.
(2) 사람들이 대상을 인식(지각)할 때 그 대상이 감각기관으로 들어오면 크게 선택 – 조직화 – 해석과정의 세 가지 단계로 인식이 전개되는데 이는 거의 동시에 일어난다.
(3) 지각의 모든 과정은 머리에서만 진행되기 때문에 아무도 모르며 단지 그 결과로 빚어지는 반응행동을 보고 나서야 비로소 그가 어떻게 지각했는지를 알 수 있다.

지각단계	지각의 주요내용
선택단계 – 관찰	• 자신이 관심 있는 것은 지각하고 관심 없는 것은 지각하지 않는 것 • 주변의 선택사항에 아무것도 안 보이고 한두 개 중요한 것에만 주의를 기울이는 것 • 선택적 지각은 의사소통 과정에서 부분적 정보만을 받아들여 지각오류를 유발시킬 수도 있음
조직화단계 조합	• 일단 선택이 된 자극이 하나의 이미지를 형성하는 과정 • 선택되었다고 있는 그대로 관찰자의 머리에 비치는 것은 아님 • 인간은 선택된 단서를 통해 짜맞추기를 다시 하는 버릇이 있음 • 조직화의 형태로는 접근성이나 유사성을 근거로 자극들을 하나로 묶는 집단화. 불완전한 정보에 직면했을 때 이러한 불완전한 부분을 채워 전체로 지각하려는 폐쇄화, 정보가 너무 많을 경우 그중에서 핵심적이고 중요한 것만 골라 정보를 줄이는 단순화, 개인이 하나의 대상을 지각할 때 선택된 전경과 그 주위의 대상인 배경을 구분하여 인식하는 전경 – 배경의 원리가 있음
해석단계 이성적 인식	• 일련의 과정을 통해 조직화된 자극들에 대한 판단의 결과를 의미 ex) 진열대에 놓인 통조림 고기를 고양이 밥으로 지각했다면 비싸다고 여기지만 사람의 음식으로 지각했다면 싸다고 해석하게 됨 • 똑같은 회계정보를 놓고도 경영진, 감사, 주주, 노조에서 해석하는 것이 서로 다를 수 있는데, 이는 사람마다 해석이 서로 다를 수 있기 때문

2) 지각에 영향을 미치는 요인

(1) 동일한 대상이라도 상황에 따라 크게 다르게 보일 수 있다. 어떠한 상황에서 판단하는 지가 매우 중요하다.

(2) 상황에 따라 선택의 정도가 변할 뿐만 아니라 조직화 방식과 해석방법도 매우 달라질 수 있기 때문에 결국 어느 상황에서 지각되는지가 매우 중요하다.

(3) 타인에 대한 평가에 영향을 미치는 요인

① 평가자의 특성
평가자의 욕구와 동기, 과거의 경험, 자신을 지각하는 개념으로서 자아개념, 퍼스낼리티 등

② 피평가자의 특성
신체적 특성, 언어적 의사소통, 비언어적 의사소통(표정, 시선 등), 사회적 특성 등

③ 평가상황의 특성
만나는 장소, 만나는 시간, 동석자 등

2. 지각에 대한 중요성

1) 대인지각의 중요성

(1) 사람은 타인을 판단할 때 많은 정보를 조사해보지도 않고 쉽게 판단을 내리는 경향이 있다.

(2) 고객은 물론 맡은 일과 회사의 장래, 승진 가능성과 목표달성도, 부하평가와 월급의 많고 적음 등 조직 안에서 우리의 지각 대상은 한두 가지가 아닐 것이다.

(3) 고객 선호도에 가장 큰 영향을 미치는 요소로서 처음 몇 분간이 매우 중요한 역할을 하게 된다. 강사의 강의를 들을 때, 물건을 흥정할 때, 남녀가 처음 맞선을 볼 때 또는 어떤 고객이 처음으로 회사와 거래를 하고자 할 때 최초 10분이 모든 것을 결정하게 된다.

2) 귀인(歸因) 행동

(1) 타인의 행동 원인을 추측하는 것으로 원인이 되는 것이 무엇인지에 따라 해석이 달라지고, 그 해석 여부에 따라 반응이 달라지는 것을 말한다.

> **ex** 어떤 사람의 도둑질 행동 원인을 내부 원인(그의 습성)으로 귀속시키면 그를 나쁜 사람으로 지각할 것이고, 외부 요인(강요에 의해서 혹은 열흘 굶었기 때문에)으로 보면 괜찮은 사람으로 지각할 것이다.

(2) 사람들은 외부, 내부로 귀속하기 전에 일관성, 일치성, 특이성이라는 세 가지 기준에 맞추어 보고 타인의 행동 원인이 그 사람 자신에 있는지 타인, 상황 혹은 운에 있는지를 판단한다.

3) 켈리의 귀인이론

(1) 귀인이론의 창시자인 켈리는 이를 크게 내부와 외부로 나누었다.
   ① 내부 : 사람의 능력이나 기술 등 개인 내적 요인
   ② 외부 : 업무의 특성, 상급자의 특성 등 개인 외적, 환경적 요인

(2) 내용
   ① 일관성의 원칙
      행동을 하는 사람이 시간의 변화와 상관없이 특정 상황에서 항상 동일한 행동을 하는 것
   ② 합의성의 원칙
      특정 행동이 많은 사람들에게 동일하게 나타나는 것. 즉 일관성이 '시간'에 따른 개념이라면 합의성은 '사람'에 따른 개념이라 할 수 있다.
   ③ 특이성(차별성)의 원칙
      특정 결과가 특정한 원인이 있을 때만 발생하는 것. 원인이 없는 경우에는 특정 결과가 발생하지 않는 것을 의미한다. 일반적으로 특이성이 높은 경우에는 외적 귀인으로 보게 되며, 특이성이 낮은 경우에는 내적 귀인(개인 특징)으로 보게 된다.

(3) 행위자와 관찰자의 차이
   • 자신이 한 일이 성공했을 때
      – 성공 : 자신의 능력, 노력과 같은 내부요인에 귀인
      – 실패 : 상황이나 운, 다른 사람 때문 등과 같은 외부요인에 귀인
      이는 관찰자(제3자)의 입장에서는 정반대로 귀인하는 경향이 있다.

기출 문제 요약

- 많은 사람들 가운데 오직 한 사람의 목소리에만 주의를 기울일 수 있는 것은 **선택주의 덕분임** (2016년)
- 인간지각 특성에 관한 설명 (2017년)
  – 선택, 조직, 해석의 세 가지 지각과정 중 게슈탈트 지각 원리들이 나타나는 것은 조직과정임
  – 전체적인 맥락에서 문자나 그림 등의 빠진 부분을 채워서 보는 지각원리는 폐쇄성임
  – 일반적으로 감시하는 대상이 많아지면 주의의 폭은 넓어지고 깊이는 얕아짐
  – 주의력의 특성으로는 선택성, 방향성, 변동성임

2. 지각 판단의 오류

1. 지각과정에서의 오류

1) 관찰에서의 오류

(1) 주관성 개입
회사에서 사원의 업적을 평가할 때 객관적 정보(결근율, 판매량, 야근시간, 비번, 근무일수 등)도 많겠지만 그 외에도 많은 무형의 정보(동료와 협동성, 고객 친절도, 애사심 등)가 고려된다. 무형정보는 평가자 자신의 기억에 의존할 수밖에 없고 때로는 자신의 기억을 더욱 확신하며 몇 개에 불과한 객관적 정보마저 무시하기도 한다.

(2) 행위자와 관찰자 편견
한순간만을 관찰한 우리가 그의 외부 정보(하루에도 수많은 질문들)를 관찰하지 않고 내부 탓(나의 생각을 외부의 탓으로 돌림)을 한 것이다.

2) 귀속단계에서의 오류

(1) 첫 정보에 과대의존
인간의 귀속행동 시에 다른 정보들이 추가되어도 재고하지 않고 첫인상에 지나치게 얽매인다. 그러나 첫인상은 상당히 틀릴 수가 있다.

(2) 구체정보의 과대사용
우리가 어떤 것을 평가할 때 통계나 기록 같은 추상적 형태로 제공되는 정보는 무시하고 단지 실제 자기가 보고 겪은 구체적 정보만을 중요하게 여기는 경향이 있다.

(3) 통제의 환상
인간에게는 이 세상을 자기 마음대로 통제하고 싶은 욕구가 있기때문에 모든 행동의 원인은 자신이 통제할 수 있다는 착각(통제환상)에 빠지기 쉽다.

(4) <u>자존적 편견</u>
성공한 결과는 자신이 잘해서 성공한 것이고, 실패한 결과는 상황이 부득이해서 실패하게 된 것이라고 판단하는 경향

(5) <u>관찰자 편견(행위자)</u>
자기행동에 대해서 평가할 때는 **외적**으로 **귀속**시키지만 **타인의 행동**에 대해서 평가할 때

는 내적으로 귀속시키는 경향

3) 해석단계에서의 오류

(1) 자기 충족적 예언
사람은 타인의 행동을 예측하고 그렇게 되리라고 믿는 경향이 있으며, 그 예측을 기초로 상대를 대하기도 한다.

(2) 후광(현혹)효과
어떤 대상으로부터 얻은 일부 정보가 다른 부분의 여러 정보들을 해석할 때 미치는 영향을 말한다. 조직 내에서 상사는 부하의 실제 행동 중 조그만 부분 또는 자기 눈에 띈 부분만을 관찰하게 된다.

4) 문화차이에 의한 지각오류

(1) 선택지각의 문제
지각이란 선천적인 것도 절대적인 것도 아닌 학습되고 문화적으로 결정되며, 매우 부정확하다. 우리는 문화속에서 경험하고 학습한 대로 몇 가지 정보만을 선택하여 이해하는 경향이 있다.

(2) 고정관념과 문화적인 차이
유용한 고정관념은 새로 만난 사람을 빨리 잘 이해할 수 있도록 돕지만, 다른 한편으로는 그것을 수정하거나 포기하려 하지 않는다. 오히려 나의 고정관념을 수정하는 대신 대상을 고정관념에 맞게 억지로 맞추려고 한다.

(3) 해석상의 차이
외부의 정보를 받아들이고 조직화할 때뿐만 아니라 그것을 해석하고 이해할 때도 문화는 강하게 영향을 미친다.

5) 조직행동과 지각오류

(1) 선발면접과 업적평가
상급자들이 부하직원을 평가할 때 사용하는 인사고과 요소들은 대부분 인성, 충성도, 능력, 사기 등 주로 피평가자의 내부성향을 평가하는 것들이 많고 이 결과들은 복잡미묘한 그의 행동을 판단하는 오류를 많이 범하고 있다.

(2) 의사소통과 의사결정

집단의 의사결정은 정보를 주고받으면서 그것을 토대로 최종 의사결정에 이르게 되는데 상급자가 두려워서 그 앞에서 정보를 누락시킬 수도 있으며, 경쟁부서에 대한 선입견 등으로 정보를 왜곡하기도 한다.

2. 지각에서의 오류

1) 후광효과와 뿔효과

후광(현혹)효과는 어떤 대상에 대한 호의적 인상이 대상에 대한 평가에 긍정적으로 작용하는 지각오류를 의미하며, 뿔효과는 반대로 대상에 대한 비호의적 인상으로 인해 부정적으로 평가하는 지각오류이다.

2) 상동적 태도

대상이 속한 집단에 대한 지각을 바탕으로 대상을 판단하는 것으로 흔히 일반화 오류와도 비슷한 개념이다. 후광효과와 뿔효과는 개인에 대한 지각을 바탕으로 하지만 상동적 태도는 소속집단을 바탕으로 판단하는 점에서 차이가 있다.

3) 지각적 방어

개인에게 위협을 주는 자극이나 상황을 피하는 것으로 심리학적 용어로 방어기제와 같은 지각오류다.

4) 투영효과

평가대상에 지각자의 감정을 귀속시키는 것을 의미하며, 다른 사람들도 자신과 같은 태도나 감정일 거라고 단정하여 주관적 상황을 객관적 상황으로 잘못 인식하게 된다.

5) 자성적 예언

개인의 기대나 믿음의 결과로 행위나 성과를 결정하게 되는 지각오류를 뜻하며, 이는 대상의 행동에 대해 미리 기대를 가지고 그로 인한 결과를 무비판적으로 사실을 지각할 수 있는 지각 오류로 피그말리온 효과(일이 잘 풀릴 것으로 기대하면 잘 풀리고, 안 풀릴 것으로 기대하면 안 풀리는 경우를 모두 포괄하는 자기 충족적 예언과 같은 말)라고도 한다.

6) 대비오류(대조효과)

지각대상을 평가할 때 다른 대상과 비교를 통해 평가하는 것으로 지각자는 자신이 더 좋아하는 지각대상을 호의적으로 평가하는 지각오류를 범할 수도 있으며, 이를 유사효과라고도 한다.

7) 상관편견

지각자가 다수의 지각대상 간에 논리적인 상관관계가 적음에도 이를 연관시켜 지각하는 오류를 뜻하며, 논리적 오류라고도 한다. 상관편견은 대상에 대한 정보가 부족할 때 발생하기 쉽다.

8) 관대화 경향

평가대상을 평가할 때 가급적 후하게 평가는 것. 이와 반대로 대상을 가혹하게 평가하는 것을 가혹화 현상이라고 한다.

기출 문제 요약

- 호프스테드의 문화 간 차이를 이해하는 4가지 차원(불확실성 회피, 개인주의-집합주의, 남성성-여성성, 세력 차이) (2013년)

3 강화이론

1. 강화의 유형

긍정적인 강화와 부정적인 강화는 행위의 빈도를 높이는 데 목적이 있으며, 소거와 벌은 행위의 빈도를 감소시키는 데 그 목적이 있다. 스키너는 긍정적인 강화와 소거가 개인의 성장을 고무하는 반면, 부정적인 강화와 벌은 개인의 미성숙을 초래하여 결국에는 전체조직의 비효율성을 가져오게 된다고 주장했다.

1) 긍정적(적극적) 강화(Positive Reinforcement)

특정행동과 연계하여 즐겁고 **긍정적인 결과를 제공함으로써 그 행동이 반복되도록** 유도하는 것. 상급자가 하급자의 높은 성과에 대하여 칭찬해줌으로써 하급자가 더 높은 성과를 추구하도록 동기부여 시키는 예

2) 부정적(소극적) 강화(Negavie Reinforcement, Avoidance)

불유쾌하고 **부정적인 결과를 제거해줌으로써 바라는 행동이 반복되도록** 하는 것. 잔소리가 심한 상사가 하급자의 끊임없는 개선 실적을 보고 잔소리를 안 하게 되었다면 이는 부정적(소극적) 강화의 예

3) 소거(Extinction)

긍정적 강화요인을 제거함으로써 특정 행동의 중단을 유도하려는 전략. 지각하는 직원에게 OT(overtime : 연장근무) 수당을 받을 수 있는 기회를 제거하는 예

4) 벌(제재, Punishment)

특정 행동을 중지시키기 위하여 행동과 연계하여 불유쾌한 결과를 제공하는 것을 뜻한다. 지각한 학생의 지각 행위를 근절시키기 위하여 화장실 청소를 시키는 예

2. 강화방법

1) 강화계획

반응이 일어날 때마다 강화를 제공할 것인지 아니면 어떤 특정한 시간의 경과나 행동 빈도 이후의 반응에 대해서만 강화를 제공할 것인지를 계획하는 것이다.

2) 강화계획의 종류

(1) 연속적 강화(Continuous Reinforcement)
바람직한 행위가 있을 때마다 보상을 주는 방법이며, 최초에 행위가 학습되는 과정에서는 대단히 유효한 방법이지만 시간이 지날수록 그 효율성이 떨어진다.

(2) 부분적 강화(단속적 강화, Intermittent Reinforcement)
바람직한 행위가 일어날 때마다 보상하는 것이 아니라 **간헐적으로 행위에 대한 보상이 이루어지는 것**으로 초기의 학습과정에 있어서는 반복을 위하여 다소 자주 보상을 받을 수도 있으며 시간이 흐름에 따라 보상의 빈도가 감소되기도 한다.

간격법 (시간을 사용 하는 방법)	고정간격법	• 정해진 시간마다 강화가 이루어지는 방법으로 강화효과가 가장 낮다. • 행위가 얼마나 많이 일어나는가에 관계없이 정해진 일정한 간격으로 강화요인을 적용하는 방법(일정한 시간 간격을 두고 강화요인을 제공) ex 주급이나 월급 등과 같이 정규적인 급여제도
	변동간격법	• 강화시기가 무작위로 변동한다. • 강화요인의 간격을 일정하게 두지 않고 변동하게 하여 강화요인을 적용하는 방법이다.(불규칙한 시간 간격에 따라 강화요인을 제공) ex 불규칙적인 보상이나 승진, 승급 등
비율법 (횟수를 사용 하는 방법)	고정비율법	• 행위가 일어나는 매번마다 강화가 이루어진다.(일정한 빈도수의 바람직한 행동이 나타났을 때 강화요인 제공) ex 생산의 일정량에 비례하여 지급하는 성과급제도 등
	변동비율법	• 강화가 이루어지는 데 필요한 행위의 횟수가 무작위로 변동한다. • 강화요인의 적용을 행위의 일정한 비율에 따르는 것이 아니라 변동적인 비율에 따르는 것이다.(불규칙한 횟수의 바람직한 행동 후 강화요인을 제공)

3. 효과적인 강화방법

일반적으로 연속강화법보다는 부분강화법이, 부분강화법 가운데에서는 간격법보다는 비율법이, 비율법 가운데에서는 고정법보다는 변동법이 보다 효과적이라고 할 수 있다. 즉, 부분강화법의 효과성은 고정간격법, 변동간격법, 고정비율법, **변동비율법** 순서로 높다.

4 동기부여 내용이론

1. 동기부여이론의 분류

동기부여이론은 연구의 관점에 따라 크게 내용이론과 과정이론으로 분류된다. 동기부여는 개인의 특성만으로 발생하는 것이 아니라 각자 처한 상황과 상황의 상호작용의 결과다.

내용이론	과정이론
사람들은 무엇에 의하여 동기부여되는가?	사람들은 어떤 과정을 거쳐서 동기부여되는가?
• 매슬로우의 욕구단계이론 • 앨더퍼의 ERG 이론 • 허즈버그의 2요인(동기-위생)이론 • 맥클리랜드의 성취동기이론	• 브룸의 기대이론 • 아담스의 공정성이론 • 포터와 롤러의 기대이론 • 로크의 목표설정이론

2. 내용이론

동기부여 내용이론은 개인의 행동을 작동시키고 에너지를 일정한 방향으로 조정하고 유지시키는 내적 요인에 초점을 두는 동기 자체에 관한 이론으로써 인간과 환경(외부)의 상호작용을 밝히려 하지 않고 동기유발의 실체를 밝히려고 한다. 즉 <u>인간이 어떤 자극을 선택하고 변경하도록 행동을 일으키고 활성화시키는 인간 내부적 실체가 무엇인가를 밝히고자 하는 동기부여이론</u>이다.

1) 매슬로우(A. H. Maslow)의 욕구단계이론

(1) 인간의 욕구를 **생리적 욕구, 안전 욕구, 사회적 욕구, 존경 욕구, 자아실현 욕구**의 5단계로 구분하였다.

(2) 하위욕구가 충족되면 하위욕구의 충족을 위한 요인은 더 이상 동기부여 요인이 될 수 없다는 점에서 <u>만족 진행 모형</u>이다.

(3) 결핍욕구와 성장욕구
① 결핍욕구
한 번 충족되면 더는 동기로서 작용하지 않는다. 생리적 욕구, 안전 욕구, 사회적 욕구, 존경 욕구가 이에 해당한다.
② 성장욕구
충족이 될수록 그 욕구는 증대된다. 자아실현 욕구가 이에 해당한다. 통상적인 일반 욕구를 넘어섰다고 하는 뜻에서 **메타 욕구**라고 표현하기도 한다.

2) 앨더퍼(C. Alderfer)의 ERG 이론

(1) 세 가지 욕구

① **존재욕구**(Existence needs)
기본적인 욕구로 배고픔, 목마름, 거처 등의 생리적 물질적인 욕구, 조직에서 임금이나 쾌적한 생리적 작업조건 및 안전의 욕구다.

② **관계욕구**(Relatedness needs)
의미있는 사회적, 개인적 인간관계 형성에 의해서 충족될 수 있는 조직 내에서의 대인과 관계된 욕구와 소속, 인정, 존경의 욕구 등이다.

③ **성장욕구**(Growth needs)
창조적 개인의 성장과 관련한 욕구, 새로운 능력의 개발 성취 욕구

(2) ERG 이론의 특징

① 매슬로우의 다섯 가지 욕구단계를 세 단계로 단순화하여 분류하였지만 욕구를 계층화하고 그 단계에 따라 욕구가 유발된다는 측면에서는 유사하다.

② 매슬로우는 인간의 행동이 한 단계의 욕구충족만을 추구한다고 하였으나, 앨더퍼는 두 가지 이상의 **욕구가 동시에 작용**할 수도 있으며 각 욕구도 환경이나 문화 등에 따라서 **다양**하다고 주장하였다.

③ 매슬로우는 저차원의 욕구가 만족되면 고차원의 욕구로 올라가는 이른바 **만족-진행** 과정만을 주장하였으나 **앨더퍼**는 만족-진행과 아울러 고차원적인 욕구에서 저차원적인 욕구로 내려가는 이른바 **좌절-퇴행 과정을 의미**한다.

> ※ 만족 – 진행 : 하위 수준의 욕구가 만족되면 상위 수준의 욕구가 강하게 나타난다는 것
>   좌절 – 퇴행 : 상위 수준의 욕구를 추구하다가 좌절되면 하위 수준의 욕구로 내려가는 것

3) 허즈버그(F. Herzberg)의 2요인 이론

허즈버그의 2요인 이론은 직무불만족을 결정짓는 위생요인과 직무만족을 결정짓는 동기요인으로 나누어 동기부여를 설명하는 이론이다.

(1) 동기요인(Motivatiors : 만족요인)

① 동기부여의 정도에 영향을 미치는 요인이다.
② **성취감, 달성에 관한 안정감, 책임감, 인정** 등 직무에 대한 만족을 결정짓는 요인을 말한다.

(2) 위생요인(Hygiene Factor : 불만족요인)
   ① 불만족의 정도에 영향을 미치는 요인이다.
   ② **봉급, 작업조건, 대인관계, 안정과 지위 등 직무의 외재적 요인**을 말한다.

(3) 허즈버그의 2요인 이론에서는 <u>직무만족과 직무불만족은 서로 독립적이며 별개의 개념</u>이다. 직무만족을 야기시키는 것은 따로 있고 직무불만족을 야기시키는 것도 따로 있다는 것이다.

(4) 동기요인 관리방법
   ① 경제적 보상과 인간적 보상체계를 혼용해서 사용한다.
   ② 민주적 리더십을 통해 분권과 권한을 강화한다.
   ③ 유기적이고 비공식적인 조직 및 MBO* 운영이 가능하다.
   ④ 동기요인은 직무충실화(Job Enrichment)를 통해 욕구 충족이 가능하다.

> 참고
> * MBO(managegement by objective) : 조직 구성원들이 참여하여 목표를 설정하고, 그에 따른 생산활동을 한 뒤, 성과를 평가하는 포괄적인 조직운영 방법

4) 맥클리랜드(D.C. McClelland)의 성취동기이론

맥클리랜드는 매슬로우의 욕구단계에서 사회적 욕구, 존경의 욕구, 자아실현의 욕구를 연구하였으며 <u>권력욕구, 친교욕구, 성취욕구</u>를 주장하였다.

(1) 성취 욕구(Need for Achievement)
   ① 높은 기준을 설정하고 이를 달성하고자 하는 욕구
   ② 성취 욕구를 측정하기에 가장 적합한 것은 TAT(Thematic Apperception Test, 주제통각검사)*이다.

> 참고
> * 머레이와 모건이 고안, 상상을 통해 인간 내면의 내용을 탐구하는 검사방식으로 자아의 환경관계 및 대인관계의 역동적 측면 등을 평가함

(2) 권력욕구(Need for Power)

다른 사람에게 영향력을 미치고 통제하려는 욕구

(3) 친교욕구(Need for Affiliation)

대인관계에서 밀접하고 친밀한 관계를 맺고자하는 욕구

주장자에 따른 욕구의 정의 차이

매슬로우	앨더퍼	맥클랜드	허즈버그
생리적 욕구	존재욕구		위생요인
안전 욕구			
사회적 욕구	관계욕구	친교욕구	동기요인
존경의 욕구	성장욕구	권력욕구	
자아실현의 욕구		성취욕구	

기출 문제 요약

- 매슬로우의 욕구 단계이론 중 **자아실현 욕구**를 조직 행동에 적용하면 **도전적 과업 및 창의적 역할부여**임 (2019년)
- 허츠버그 2요인 이론 중 위생요인(정책, 규정, 감독, 임금, 작업조건, 인간관계 등), 동기요인(성취, 성장, 책임, 인정, 일 자체, 발전 등)이 있음
- 허츠버그의 2요인 이론에 따르면 동기유발을 위해서는 동기요인과 위생요인 둘 다 충족시켜야 함 (2017년)
- **맥클랜드의 성취동기이론**에서 성취욕구를 측정하기에 가장 적합한 것은 TAT(주제통각검사)임 (2017년, 2024년)
- 맥클랜드는 **주제통각검사(TAT)를 이용**하여 사람의 욕구를 **성취욕구, 권력욕구, 친교욕구**로 구분함 (2020년)
- 앨더퍼의 ERG 이론은 내용이론임 (2017년, 2024년)

5 매슬로우의 욕구단계이론

1. 인간의 욕구단계

욕구계층	의의	해당욕구의 일반적 범주	욕구충족과 관련된 조직요소
생리적욕구 (저차원욕구)	인간의 욕구 중에서 최하위에 있는 가장 기초적인 욕구로서 생존을 위해 반드시 충족시켜야 하는 욕구	갈증, 식욕, 성욕, 잠	식당, 쾌적한 작업환경 등
안전욕구 (저차원욕구)	위험과 사고로부터 자신을 방어 보호하고자 하는 욕구	안전, 방어	안전한 작업환경, 신분 보장 등
사회적욕구 (고차원욕구)	소속과 사랑의 욕구라고도 하며 다수의 집단 속에서 동료들과 서로 교류하는 관계를 유지하고 싶어 하는 욕구	애정, 소속감	결속력이 강한 근무집단, 형제애 어린 감독, 직업의식으로 뭉친 동료집단 등
존경욕구 (고차원욕구)	남들로부터 존경과 칭찬을 받고 싶고, 자기 자신에 대한 가치와 위신을 스스로 확인하고 자부심을 갖고 싶은 욕구	자기존중, 위신	사회적 인정, 직급, 타인이 인정해주는 직무 등
자아실현욕구 (고차원욕구)	자신의 능력을 최대한 발휘하고 이를 통해 성취감을 맛보고자 하는 자기완성욕구	성취	도전적인 직무, 창의력을 발휘할 수 있는 기회, 자신이 정한 목표달성 등

2. 욕구단계이론의 내용

1) 주요명제

(1) 인간은 무엇인가 부족한 존재다. 따라서 인간은 항상 무엇인가를 필요로 하며 이를 원하게 된다. 또한 어떤 욕구가 충족되면 새로운 욕구가 발생하여 이를 추구하게 된다.

(2) 일단 충족된 욕구는 더 이상 인간의 동기를 유발하는 요인으로 작용하지 않는다. 즉 충족되지 못한 욕구만이 인간행동의 동기로 작용한다.

(3) 인간의 욕구는 계층적인 단계로 구성되어 있으며, 낮은 차원의 욕구에서 보다 높은 차원의 욕구로 욕구수준이 상승한다.

2) 공헌 및 한계

(1) 매슬로우의 이론은 조직의 동기를 설명하는 데 있어 가장 중요한 영향을 미친 이론 중의 하나로 평가받고 있다.
(2) 복합적인 인간의 욕구를 체계적으로 분석하였다는 점에서는 높이 평가받고 있으나 지나친 획일성으로 개인의 차이 내지 상황의 특징을 경시하고 있다는 비판을 받고 있다.
(3) 실증적 연구에 의한 뒷받침이 미비하고 욕구 측정 수단의 적절성 여부에 대한 의문이 제기되고 있으며, 이론구성의 측면에 있어서도 형이상학적이고 검증될 수 없다는 이론상의 약점이 있다.
(4) 자아실현의 욕구는 개념적인 정의가 불명확해서 과학적인 검증이 불가능할뿐 아니라 모든 인간이 지니고 있는 보편적 욕구라고 보기 어렵다.
(5) 낮은 계층의 욕구가 충족되면 그 욕구는 동기요인으로 작용하지 않는다는 명제를 부정하는 주장이나 연구결과도 다수 존재하며 다섯 단계로 분류된 욕구체계가 지나치게 세분화되었다는 비판도 있다.

기출 문제 요약

■ 매슬로의 욕구 5단계 이론에서 최상위 단계는 자신의 능력을 최대한 발휘하고 이를 통해 성취감을 맛보고자 하는 자기완성욕구임 (2020년)

6 동기부여 과정이론

1. 과정이론

내용이론이 인간행동의 원동력은 '무엇'이며, 사람들이 무엇을 원하고 필요로 하는지를 연구한 것이라면, 과정이론은 **동기부여가 '어떤 과정'을 통해 일어나는가에 관한 이론**이다. 내용이론이 개인행동의 원동력인 인간의 욕구·본능 등에 초점을 두었다면 과정이론은 행동이 어떻게 동기화되고 어떤 과정을 통해 이루어지는가에 관심이 있다. 또한 개인의 행위와 환경과의 상호작용을 이해해야 하는 점에서 내용이론에 비해 복잡하고 동태적이다.

2. 브롬(Vroom)의 기대이론

1) 기대이론의 기본 가정

① 개인의 행동은 의식적인 선택의 결과다.
② 동기란 여러 자발적인 행위들 가운데서 개인의 선택을 지배하는 과정이다.
③ 인간은 각자 자신의 욕구, 동기, 과거의 경험에 의한 기대를 가지고 조직에 들어오며 인간은 조직에 대하여 각기 다른 것을 원한다.

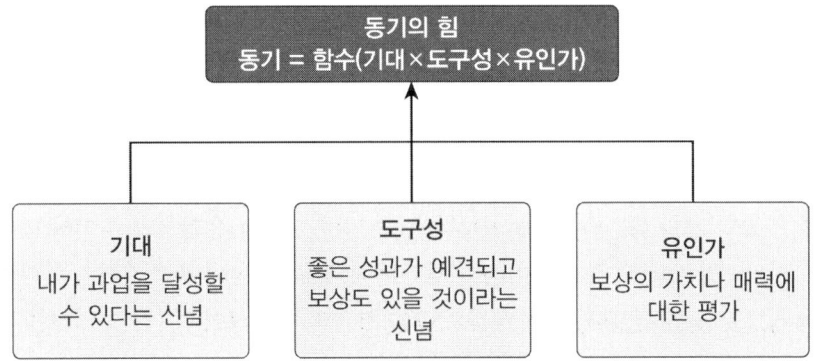

2) 동기의 구성요소

(1) 유의성(Valence)

① 유의성은 행위의 결과에 대한 <u>개인의 선호 정도를 나타내는 것</u>이다.
  ex 어떤 개인은 새로운 부서로 이동하는 것보다는 급료인상을 선호할 수도 있다.

② 개인의 유의성은 선호될 때 양의 값을 가지며, 선호되지 않거나 회피될 때 음의 값을 가진다. 그리고 개인이 어떤 결과를 가지든지 어느 것에 대해서도 무관심하게 될 때, 0의 값을 가진다.

③ 일차 수준의 결과와 이차 수준의 결과
- 일차 수준의 결과는 직무수행 자체와 관련하여 발생하는 것이다. 이러한 결과에는 생산성, 결근율, 이직률, 품질 등이 있다.
- 이차 수준의 결과는 일차 수준의 결과가 가져올 것으로 여겨지는 결과인 보상이나 벌과 같은 것을 의미한다.

(2) **수단성**(도구성, Instrumentality) 성(과) 보(상) 수(단성)
① 직무 수행의 결과로써 보상이 주어질 것이라고 믿는 정도
② 개인이 지각하는 일차 수준의 결과와 이차 수준의 결과와의 관련성이다. 수단성의 값은 −1에서 +1의 값을 가지게 된다.

(3) **기대성**(Expectancy) 노(력) 성(과) 기(대성)
① 기대는 어떤 특정의 행동이 특정한 결과를 가져오게 될 것이라는 가능성이나 주관적인 확률에 대한 신뢰를 의미한다. 즉 기대는 행위로 인하여 일어날 무엇인가에 대한 기회인 것이다.(열심히 일하면 높은 성과를 올릴 것이라고 생각하는 정도)
② 작업을 하는 개인은 노력과 일차 수준의 결과인 성과의 관계에 대한 기대를 가지고 있다. 이러한 기대는 특정한 행위를 달성한다는 것이 얼마나 힘든가와 그러한 행위를 달성할 가능성에 대한 개인의 지각을 나타낸다.

3) 기대이론의 원칙

(1) $P = f(M * A)$: 성과(P)는 동기부여(힘 : M)와 능력(A)의 곱의 함수다.
(2) $M = f(V_1 * E)$: 행동에 대한 동기부여(M)는 1차 수준의 결과에 대한 유의성(V_1)과 기대(E)와의 곱의 함수다. 즉 동기부여는 각 일차 결과의 유의성과 주어진 행위가 특정한 일차 결과를 초래하게 될 것이라는 지각된 기대의 함수다. 만약 기대가 낮다면 동기부여의 정도는 낮을 것이다. 마찬가지로 만약 결과의 <u>유의성이 0이라면 그러한 결과를 달성할 가능성이나 가능성의 변화가 아무런 효과가 없게 될 것이다.</u>
(3) $V_1 = V_2 * I$: 1차 수준의 결과에 대한 유의성(V_1)은 2차 수준의 결과에 대한 유의성(V_2)과 수단성(I)의 곱의 함수다.

$$\therefore 직무동기의 힘 = 기대성 \times \sum_{1}^{n} (유인가 \times 도구성)$$

3. 아담스(Adams)의 공정성이론

<u>인지부조화이론</u>에 기초하고 있으며, 개인이 다른 사람에 비해 얼마나 공정하게 대우받느냐에 초점을 둔 이론으로 <u>자신의 투입-성과 비율과 동료의 투입-성과 비율을 비교해 공정한 대우를 받</u>는다고 느낄 때 동기가 향상된다.

(1) 투입요소 및 산출요소
- 투입요소 : 작업상황에서 제공하는 모든 것(<u>지식, 경험, 경력, 자력</u>)
- 산출요소 : 조직에서 얻는 모든 것(<u>급료, 내적보상, 직업, 안정성, 승진</u>)

(2) 공정한 경우와 불공정한 경우
- 공정한 경우 : 자신의 투입-성과 비율이 타인의 것과 동등할 때 공정성 인식, 직무에 대한 만족
- 불공정한 경우 : 자신의 투입-성과 비율이 타인의 것보다 크거나 작을 때 불만, <u>공정성 회복 위해 동기화 됨</u>

(3) 개인의 불공정성을 줄이는 방법
① 투입의 변경
② 산출의 변경
③ 투입이나 산출의 의식적인 왜곡
④ 이직(장 이탈)
⑤ 비교의 투입이나 산출을 다른 것으로 바꾸기 위해 고안된 활동
⑥ 비교를 다른 것으로 바꾸기

4. 로크의 목표설정이론

1) 테일러의 과학적 관리법에 근거하였다.
2) 종업원에게 실현 가능하고 적절한 목표를 부여함으로써 성과를 향상시킨다.
3) 이 이론을 바탕으로 하여 MBO가 실무에 많이 적용되고 있다.

5. 포터와 롤러의 기대이론

브롬의 이론을 기초로 하고 있으며 외재적 보상인 임금, 승진 등에 비해 성취감이나 책임감 같은 내재적 보상이 성과에 더 많은 영향을 준다고 하였다.

※ **직무만족(Job Satisfaction)**
 직무(Job)에 대한 개인의 일반적인 태도로 자신의 직무로부터 얻는 즐거움 정도. 직무 동기를 직무만족 측정방법으로 대용(직무만족이론은 직무 동기이론으로 대체하고 있음)

※ **직무만족의 종류**
 1) 인지적 직무만족 : 복지, 임금, 평판 등 동일요소에 대한 개인의 만족도
   총 5가지 평가요소 : 임금, 승진, 동료, 상사, 직무
 2) 정서적 직무만족 : 전반적으로 직무에 대해 느끼는 감정

※ **직무만족의 선행변인**
 1) 통제소재에서 내재론자들은 외재론자들보다 자신들의 직무에 대해 더 만족한다.
 2) 집단주의적 아시아 문화권에서는 직무특성과 직무만족도 간에 상관이 낮은 것으로 나타난다.
 3) 급여만족은 분배공정성과 연관이 크다.

※ **직무만족 측정방법**

1. **평정척도(Rating Scale)**
 1) 방법 : 직접적 언어적 자기보고(Direct Verbal Self-Report)법
 2) 척도법 : 리커트(Likert)척도법, Thurstone 유형척도, 안면그림척도

2. **외현적 행동관찰(Over Behavior Observation)**
 1) 방법 : 직원들의 수행, 결근, 이직 등을 관찰한 측정치
 2) 단점 : 행동과 행동의 원인이 되는 불일치 발생
    만족 정도와 빈도를 일치시킬 수 없음
    행동요인에는 만족/불만족 외에 영향이 미칠 수 있음

3. **행동경향적 척도(Action Tendency Scales)**
 1) 방법 : 부/긍정적 정서 경험을 바탕으로 나타나는 행동경향 분석
 2) 장점 : 자기 통찰을 통한 오류가 적다.(느낌 또는 생각 표현)

4. **면접법(Interview)**
 1) 단점 : 시간과 비용이 많이 든다. 면접자의 편차
 2) 장점 : 의미 파악을 심도 있게 그리고 추가 질문 가능

5. **중요사건법(Critical Incident)**
 양적인 측정에서 질적인 측정으로 전환노력, 비지시적 측정 방법으로 왜곡 감소

6. **직무기술지표(JDI : Job Description Index)**
 직무기술지표는 업무, 급여, 동료, 관리감독, 승진기회 등 5개 요인으로 구분하여 72개 설문문항을 가지고 측정하는 직무만족 척도 중 하나

기출 문제 요약

- **브룸**은 **직무동기의 힘을 3가지 인지적 요소(기대, 유인가, 도구성)**들에 의한 함수로 정의함 (2014년)
- **동기부여이론**에 대한 설명 (2015년)
  - 로크의 목표설정이론에 의하면 목표가 종업원들의 동기유발에 영향을 미치며, 피드백이 주어지지 않을 때 보다는 피드백이 주어질 때 성과가 높음
  - 앨더퍼의 ERG 이론은 매슬로우의 욕구단계이론과 달리 좌절-퇴행 개념을 도입함
  - 브룸의 기대이론에 의하면 종업원의 직무수행 성과를 정확하고 공정하게 측정하는 것은 수단성을 높이는 방법임
  - 아담스의 공정성 이론에 의하면 종업원은 자신과 준거집단이나 준거인물의 투입과 산출 비율을 비교하여 불공정하다고 지각하게 될 때 공정성을 이루는 방향으로 동기유발 됨
- **아담스의 형평이론**에서 예측하는 종업원의 후속 반응에 관한 설명 (2016년, 2024년)
  - 현재의 상황을 형평 상태로 되돌리기 위하여 자신의 투입을 낮출 것임
  - 자신의 성과를 높이기 위하여 조직의 원칙에 반하는 비윤리적 행동도 불사할 수 있음
  - 자신과 타인의 투입-성과 간 불형평 상태에 어떤 요인이 영향을 주었을 거라는 등 해당 상황을 왜곡하여 해석하기도 함
  - 애초에 비교 대상이 되었던 타인을 다른 비교 대상으로 교체할 수 있음
- **동기부여이론**에 관한 설명 (2017년)
  - 동기부여이론을 내용이론과 과정이론으로 구분할 때 앨더퍼의 ERG 이론은 내용이론임
  - 맥클랜드의 성취동기이론에서 성취욕구를 측정하기에 가장 적합한 것은 TAT(주제통각검사)임
  - 브룸의 기대이론은 기대감, 수단성, 유의성에 의해 노력의 강도가 결정되는데 이들 중 하나라도 0이 되면 동기부여가 안된다고 함
  - 아담스는 페스팅거의 인지부조화 이론을 동기유발과 연관시켜서 공정성이론을 체계화 함
- **작업동기이론**에 관한 설명 (2022년)
  - 기대이론은 다른 사람들 간의 동기의 정도를 예측하는 것보다는 한사람이 서로 다양한 과업에 기울이는 노력의 수준을 예측하는 데 유용함
  - 형평이론에 따르면 개인마다 형평에 대한 선호도에 차이가 있으며, 이러한 형평 민감성은 사람들이 불형평에 직면하였을 때 어떤 행동을 취할지를 예측함
  - 목표설정이론에 따르면 목표가 어려울수록 수행은 더욱 좋아질 가능성이 크지만, 직무가 복잡하고 목표의 수가 다수인 경우에는 수행이 낮아짐
  - 자기조절이론에서는 개인이 행위의 주체로서 목표를 달성하기 위하여 주도적인 역할을 한다고 주장
  - 자기결정이론은 개인들이 어떤 활동을 내재적 이유와 외재적 이유에 의해 참여 시 발생하는 결과는 전혀 다르게 나타남
- **목표설정 이론**에서 종업원의 직무수행을 향상시킬 수 있는 요인은 도전적인 목표, 구체적인 목표, 종업원의 목표 수용, 목표 달성 과정에 대한 피드백이 있음 (2018년)
- **형평이론**에 의하면 개인이 자신의 투입에 대한 성과의 비율과 다른 사람의 투입에 대한 성과의 비율이 일치하지 않는다고 느낀다면 이러한 불형평을 줄이기 위해 동기가 발생함 (2022년)
- **목표설정이론**의 기본 전제는 명확하고 구체적이며 도전적인 목표를 설정하면 수행동기가 증가하여 더 높은 수준의 과업수행을 유발하는 것임 (2022년)
- **작업설계 이론**은 열심히 노력하도록 만드는 직무의 차원이나 특성에 관한 이론으로, 직무를 적절하게 설계하면 작업 자체가 개인의 동기를 촉진할 수 있다고 주장함 (2022년)
- 아담스의 공정성이론에서 투입과 산출의 내용은? (2023년)
  - 투입(시간, 노력, 경험, 창의성 등), 산출(급여, 유·무형의 혜택 등)
- 직무만족을 측정하는 대표적인 척도인 **직무기술 지표**의 하위 요인 : 업무, 동료, 관리감독, 승진기회, 급여 (2023년)
- 브룸의 기대이론에서 일정 수준의 행동이나 수행이 결과적으로 어떤 성과를 가져올 것이라는 믿음을 나타내는 것은 "**기대**"임 (2023년)

7 태도

1. 의의

태도란 어떤 사람이나 대상에 대해 지속적으로 호의적 또는 비호의적으로 반응(표현, 판단)하려는 학습된 사전적 견해를 말한다.

2. 태도의 특성

1) 태도는 비교적 지속적이지만 가치와 달리 안전성이 상대적으로 덜하다. 즉 태도는 가치관보다 바뀌기 쉽다. 예를 들어 광고는 태도변경에 주로 사용된다.

2) 조직 안에서의 바람직한 태도는 직무 행동에 영향을 미치고 조직성과도 연관이 있다.

3. 태도의 구성요소

1) 인지적 요소

특정 대상에 대한 신념 또는 믿음으로 '그는 공정하지 못하다 등' 가치적 진술과 같은 의견의 표명이다.

2) 감정적 요소

대상에 대한 긍정적인 또는 부정적인 감정, 감흥, 느낌의 표현으로서 싫다, 좋다 등 감정적 의견 표명이다.

3) 행동적 요소

어떤 대상에 대한 느낌의 결과로 행동에 옮기려는 의도이다. 아직 행동으로 나타나지 않은 것을 행동하려는 경향을 의미한다.

4) 상호관계

이상에서 설명한 세 가지 요소는 보통 상호 연관되지만 꼭 그런 것은 아니며 관련이 적거나, 무관할 수도 있다. 예를 들어 특정대상이 이유 없이 싫다거나 하는 경우가 그렇다.

4. 카츠(katz)의 태도 4가지 기능

1) 지식적 기능

① 특정대상에 대한 정보를 조직화하는 기능
② 태도의 여러 인지적 요소는 개별적으로 존재하는 것이 아님
 * 하나의 틀 속에서 서로 연결되어 조직화 됨

2) 유용성 기능

① 태도를 통해 이익을 최대화하고 비용을 최소화하는 기능
② 긍정적 태도 대상에 접근하고 부정적 태도 대상은 회피함
 * 자신의 비용 대비 이득을 높일 수 있음

3) 자기방어적 기능

자신의 태도를 부정하거나 폄하하는 사건에 저항하여 자신의 신념을 유지함으로써 자신을 보호하는 기능

4) 가치표현의 기능

태도가 자아개념과 같은 중심적 가치를 표현하는 기능

8 데시(Edward Deci)의 자기결정이론(인지평가이론)

1. 의의

자기결정이론(self-determination theory)은 인간은 유능감, 자율성, 관계성의 욕구를 타고 나며, 이러한 욕구가 충족될 때까지 내재적 학습동기가 촉진된다고 설명한다.

2. 자기결정이론에 근거한 동기유발 전략

1) 유능감 증진을 통한 동기유발 방안

유능감 욕구는 과제를 잘 해결할 수 있는 능력이 있으며, 이러한 능력이 향상되고 있다고 믿을 때 충족된다.
① 도전적 과제 제시
② 구체적이고 긍정적인 피드백을 제공

2) 자율성(통제력) 확대를 통한 동기유발 방안

자율성 욕구는 스스로의 선택에 의해 자신의 행동을 결정하기를 바라는 욕구로 선택권을 부여함으로써 충족시킬 수 있다.
① 선택권 부여
② 의견제시 기회 제공
③ 자기평가 기회 제공

3) 관계성 욕구 충족을 위한 동기유발 방안

관계성 욕구는 타인들과 정서적으로 연관되고 이들로부터 배려와 인정을 주고 받으며 좋은 관계를 맺고자 하는 욕구를 말한다.
① 무조건적 긍정적 존중
② 학생의 흥미와 복지에 관심
③ 협동학습

> **참고**
>
> ※ 데시(Edward Deci)의 **인지평가이론**은 내재적으로 동기부여된 행동에 외재적 보상이 제공되면 오히려 내재적 동기가 감소하게 되는 현상을 설명하고 있다. 즉 인지평가이론이 주장하는 바는 사람들은 내재적 보상과 외재적 보상을 구별한다는 것이다.

기출 문제 요약

- 데시의 자기결정론에 따르면 외재적 보상(금전)이 주어져도 내적 동기가 증가되지 않음 (2015년)
- **자기결정이론**에서 내적 동기에 영향을 미치는 세 가지 기본욕구(자율성, 관계성, 유능성) (2021년)
- 리안(Ryan)과 디시(Deci)의 자기결정이론 : 내적 동기와 외적 동기의 특징과 관계를 체계적으로 다루는 동기이론임 (2024년)

9 커뮤니케이션과 의사결정

1. 커뮤니케이션

1) 커뮤니케이션의 정의

(1) 발신자와 수신자 사이의 정보의 전환, 개인을 포함한 집단 간 의미의 전달
(2) 의사소통 : 송신자와 수신자가 어떤 유형의 정보를 교환하고 공유하는 과정
(3) 의사소통 → 정보교환, 의사결정 → 집단목표 달성
(4) 잡음과 왜곡 → 오해/갈등, 마비/정체
(5) 커뮤니케이션은 단순히 정보를 전달하는 데 그치지 않고 발신자와 수신자 간에 어떤 공통성 내지는 단일성이 조정됨으로써 효과가 발생

2) 커뮤니케이션의 기능

모든 경영관리 과정(계획수립, 조직편성, 경영지휘, 경영통제)에는 직·간접적으로 커뮤니케이션이 개입

① 명료성의 원칙(principle of clarity)
　발신자는 수신자가 이해할 수 있는 공통적인 언어로써 명료하게 의사소통을 행하여야 함
② 일관성의 원칙(principle of consistency)
　발신자는 전달하는 메시지의 내용, 표현방법, 언어의 사용, 매체의 이용 등에 있어서 일관성을 갖는 것이 효과적
③ 적시성의 원칙(principle of timing and timeliness)
　커뮤니케이션을 통해서 경영상의 모든 기능이 수행되므로 업무활동이 이루어지는 적시에 커뮤니케이션이 이루어져야 함
④ 배분성의 원칙(principle of distribution)
　커뮤니케이션은 조직구조상의 혈액순환과 같은 것이므로 조직 전체의 필요한 모든 경로에 적절히 배분되어야 함
⑤ 적정성의 원칙(principle of adequacy)
　조직의 의사소통 내용도 피전달자가 수용가능한 정도의 것이어야 함
⑥ 관심과 수용의 원칙(principle of interest and acceptance)
　의사전달은 전달하는 데 의의가 있는 것이 아니라 '수용'하는 데에 큰 뜻이 있음

3) 커뮤니케이션 과정(Communication Process)

① 발신자(sender) : 자신이 갖고 있는 생각이나 의사, 정보 등을 전달하고자 하는 사람
② 기호화(encoding) : 발신자가 전달하고자 하는 생각이나 감정, 정보 등을 언어나 몸짓, 기호 등 특정한 형태의 체계화된 메시지로 변환시키는 과정을 의미
③ 메시지(message) : 기호화 과정의 결과로 나타난 의사나 정보의 표출형태(언어적·비언어적)
④ 매체(channel) : 메시지를 전달하는 수단(대화, 회의, 전화)
⑤ 수신자(receiver) : 메시지를 받는 사람
⑥ 해독(decoding) : 수신자가 전달받은 메시지를 어떤 개념이나 생각, 감정 등으로 변화시키는 사고 과정
⑦ 피드백(feedback) : 수신자가 메시지에 대해 응답하는 것(확인 기능)
⑧ 잡음(noise) : 커뮤니케이션 과정에서 메시지가 의도하는 바를 왜곡시킬 수 있는 모든 요인

4) 경로유형

(1) 공식 경로(Formal Channels)
조직이 공식적으로 규정하는 바에 따라 이루어지는 커뮤니케이션으로 조직은 목적을 효과적으로 달성하기 위하여 커뮤니케이션 경로, 방법, 절차, 기본적인 내용 등을 설계하여 규범적으로 규정

① 하향적 커뮤니케이션
　조직의 권한계층에 따라 상급자로부터 하급자에게 조직의 주요정책, 전략, 목표, 직무지침 등이 전달되는 것
② 상향적 커뮤니케이션
　하급자로부터 상급자에게 업무결과 및 진척도 보고, 필요한 자원의 지원요청 등의 메시지가 전달되는 것
③ 수평적 커뮤니케이션
　동일한 권한계층의 다른 부문이나 직무단위 사이에 이루어지는 것
④ 대각적 커뮤니케이션
　조직 내의 서로 다른 계층과 기능을 가로질러 이루어지는 의사소통

(2) 비공식 경로(Informal Channels)
임의적이며 개별적인 선택에 의한 반응으로 나타나는 커뮤니케이션 경로

① 공식 커뮤니케이션이 구조적이고 안정적인 반면에, 개인의 욕구에 따라 자생적으로 형성되는 비공식적 커뮤니케이션은 전달경로가 불확실하고 내용도 모호

② 개인중심의 구두로 이루어지는 비공식 커뮤니케이션의 흐름은 공식적인 것보다 훨씬 신속
③ 공식적인 수평적, 상향적 커뮤니케이션 통로는 불충분하거나 비효과적일 때가 있으나 **하급자의 성과나 아이디어 또는 태도 등에 관한 가치있는 정보를 위로 전달해 주는 데에는 비공식 체계가 더 효과적**

(3) 그레이프바인(grapevine)
① 조직 내에 있는 공식적 커뮤니케이션 체계 내에 자생적으로 형성된 비공식적 커뮤니케이션 체계
② 그레이프바인은 경영자가 의도하지도 않은 루머가 잘못 왜곡되어 조직의 부정적인 측면이 강조될 수 있으나 조직에서 필연적이고 자연적인 현상
③ 그레이프바인이 활발해지는 상황
 - 중요한 상황 : 구성원 자신과 직접 관련된 중요한 사안일 때
 - 모호한 상황 : 명확히 결정되지 않고 아직 애매모호한 상태에 있는 사안일 때
 - 불안한 상황 : 구성원에게 불안감을 가지게 할 소지가 있는 사안일 때

(4) 비공식적 커뮤니케이션과 관련된 경영자의 임무
① 비공식 커뮤니케이션을 필연적인 조직현상으로 인식하고 역기능을 줄이며 장점을 이용하는 방안을 모색
② 공식적 커뮤니케이션을 보충해 줄 수 있는 역할을 하도록 효율적인 관리방안을 마련

5) 네트워크 유형

(1) 연쇄형(chain)
집단 내에서 서열이나 지위가 비슷한 사람 간에는 커뮤니케이션이 이루어지지 않고, 오직 수직적인 계층을 통해서만 커뮤니케이션이 이루어지도록 되어 있는 네트워크 형태이다.

(2) 수레바퀴형(wheel)
집단 내에 중심인물 또는 리더가 존재하여 구성원 간의 정보전달이 **한 사람에게 집중**되고 있는 네트워크 형태이다.

(3) Y자형
집단 내에 확고한 위치를 점하고 있는 중심인물 또는 리더가 존재하지는 않지만 비교적 다수의 구성원을 대표할 수 있는 인물이 있는 경우에 나타나는 네트워크 형태이다.

(4) 원형(circle)
집단구성원 간에 서열이나 지위가 뚜렷이 드러나지 않고 거의 동등한 입장에서 의사소통을 하는 경우에 형성되는 네트워크 형태이다.

(5) 완전연결형(all channel)

집단 내에 중심인물이나 리더가 존재하지 않고 각 구성원이 다른 모든 구성원과 자유롭게 정보를 교환하고 의사소통을 하는 네트워크 형태이다.

2. 의사결정

1) 의사결정의 의의

경영의사결정 : 조직의 목표(바람직한 상태)를 달성하기 위하여 여러 대안 중에서 최선의 대안을 선택하는 과정

2) 의사결정의 특징

① 사려 깊은 의식적 행동
② 여러 대안 중 하나를 선택
③ 현실과 바람직한 상태 차이를 인식

3) 의사결정과정

(1) 의사결정모형
- 문제인식/규명 : 상태변화 목적
- 대안탐색/개발 : 창의성, brainstorming
- 대안평가/선택 : 의사결정 문제/목적에 따라 기준 변경

(2) 사후관리
- 선택된 대안 수행
- 수행 평가 및 통제

(3) 피드백

4) 의사결정 모형

(1) 합리성 모형(rationality model)
① 의사결정의 합리성을 제고하기 위하여, 해결해야 할 문제의 성격을 정확히 파악하고 여러 대체안을 비교·평가한 후 그 중에서 가장 바람직한 대안을 선택하는 행동
② 경제학의 합리성에 근간
③ 완벽하고 합리적인 선택(최적안 선택)

④ 완전한 합리성, 완전한 정보, 최적대안 선택, 규범적

(2) 제한된 합리성 모형
① 의사결정자는 최선의 해결대안을 찾기 위하여 무한정 탐색하는 것이 아니고 한정적으로 탐색하여 적정선에서 만족을 한다는 것
② 1950년대 사이몬(Simon)에 의해 소개(1978년 노벨경제학상 수상)
③ 인간은 모든 상황과 대안을 탐색하여 이윤극대화를 추구하는 것이 아니라, 한정적으로 대안을 탐색하여 적당 선에서 만족을 추구한다는 것
④ 제한된 합리성 : 정보, 시간, 자원 등의 제한에 따른 합리성
  의사결정자가 합리성을 추구하지만 여러 제한으로 인하여 최적안 도출 어려움
⑤ 최초의 수용 가능한 대안 선택
  수용적 만족(satisficing) : 결정자가 수용할 수 있는 목표와 해결책을 선택하는 것으로 만족스러운 대안

(3) 제한적 합리성 모형 수용
① 사람은 최선의 목표 이하의 것을 선택
② 다른 대안을 찾기 위해 많은 노력을 기울이지 않음
③ 내외적 환경에 대한 부적절한 정보나 통제수단을 갖고 있지 않기 때문
  종합 : 제약 → 의사결정 단순화, 부적합한 의사결정 모형 사용 → 자원절약, 질적 저하

(4) 정치적 의사결정 모형
① 조직 내의 이해집단 간에 발생하는 이해상충을 정치적으로 해결하려는 의사결정과정
② 특정 이해와 목적에 관한 이해관계집단의 역학관계 내지 지배력, 영향력의 함수관계에 의해 이루어짐
③ 경영자는 정치적 의사결정 모형을 효과적으로 사용하여 상반되는 이해집단을 설득하여 공통된 최선의 목표를 달성할 수 있어야 함

> **기출 문제 요약**

■ 커뮤니케이션과 의사결정에 관한 설명 (2013년)
- 암묵지를 체계적, 조직적으로 형식지화하면 의사결정의 가치창출 수준은 높아짐
- 커뮤니케이션 효과를 높이기 위하여 메시지를 전달하는 공식서신, 전자우편, 전화, 직접대면 등 다양한 방식으로 할 필요가 있음
- 커뮤니케이션의 문제 상황이 복잡한 경우 공식 경로보다 비공식 경로가 효율적일 수 있음
- 커뮤니케이션의 문제 상황이 복잡한 경우 대면적 의사소통이 필요함
- 공식적인 서신과 공식적인 수치는 대면적 의사소통에 비하여 의미있는 정보를 전달할 잠재력이 낮음
- 의사결정 모형 중 **제한된 합리성 모형**은 한정적으로 탐색하여 적정선에서 만족한다는 것이고, 다른 대안을 찾기 위해 많은 노력을 기울이지 않는 문제점이 있음

10 집단

1. 집단의 유형과 집단역학

1) 공식적 집단과 비공식적 집단

(1) 공식적 집단

업무를 수행하기 위해 조직에 의해 인위적으로 성립된 집단을 말한다.

명령집단	특정관리자와 그 관리자에게 직접보고를 하는 부하들로 구성
과업집단	상대적으로 일시적이면서 특정 과업이나 프로젝트를 수행하기 위해 만드는 집단

(2) 비공식적 집단

자연발생적으로 형성된 집합체로 공통된 이익이나 사회적 욕구를 충족시키기 위해 만들어진 집단이다. 취미, 학연, 혈연, 경력 등의 인연을 바탕으로 형성되어 있다.

장점	조직 내 구성원 간의 원활한 인간관계와 소속감, 안정감 제공
단점	비공식적 집단의 목표가 공식적 집단의 목표와 일치하지 않을 때 공식적 집단에 부정적인 영향을 미침

(3) 공식적 집단과 비공식적 집단의 비교

공식적 집단	비공식적 집단
• 합리적 조직 • 인위적으로 형성 • 조직도와 직제상 명문화된 조직 • 효율성과 합리성의 논의가 지배 • 외재적 질서 • 전체적 질서	• 비합리적 조직 • 자연발생적으로 형성 • 동태적인 인간관계에 의한 조직 • 인간의 감정의 논리가 지배 • 내재적 질서 • 부분적 질서

2) 집단역학

조직의 정태성을 탈피하여 동태적으로 상호작용하는 집단의 특성을 설명하고 집단행동의 유효성을 높이기 위해 등장한 개념으로 집단 내에서 구성원들 간의 상호작용을 통해 일어나는 행동 또는 현상, 집단 내 개인 간의 관계 및 다른 집단과의 관계 등에서 나타나는 동태적인 현상을 말하며 **집단규범, 집단목표, 집단의 응집력, 집단의사결정** 등이 중요한 분야이다.

2. 집단발전 단계(터크만, Tuckman)

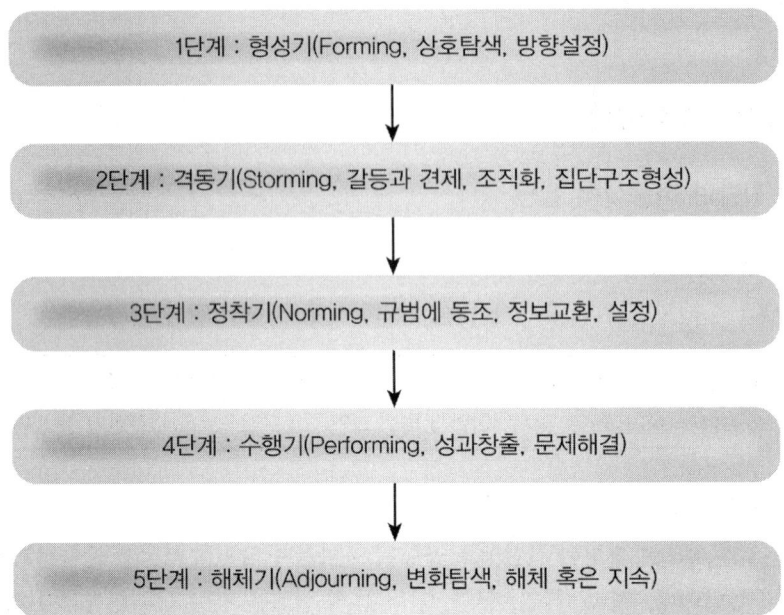

1) 형성기(Formiong)

집단구성원들이 어떤 행동을 해야 하고, 이러한 행동을 하기 위해서는 어떤 기술이나 자원이 필요한가를 결정하는 단계이다.

2) 격동기(Storming, 갈등기)

집단구성원들이 갖고 있었던 집단에 대한 기대와 실제 간의 차이로 인해 구성원들이 리더의 능력에 대해 회의를 느끼고 리더와 **구성원들 간에 갈등이 발생하기 시작하는** 단계이다.

3) 정착기(Norming, 규범화)

집단의 응집력과 집단구성원들의 동료의식이 개발되는 단계이다.

4) 수행기(Performing, 성취기, 성과 달성기)

집단구성원들이 수행해야 할 역할에 관해 각자 충분히 이해하게 되면서 업무수행과 의사전달이 더욱 효과적으로 이루어지는 단계로 **구성원들이 복잡하게 상호의존적**이 된다.

5) 해체기(adjourning)

처음의 공동목표를 다 이루었다고 생각되거나 집단에 소속할 개인적 이유가 없어지면 서로 헤어지며 집단은 해체된다. 즉, 집단의 수명이 다한 것이다. 하지만 반드시 해체될 필요는 없고 성과가 계속 달성되면 영원할 수 있다.

※ 마크(M. Marks)가 제안한 팀 과정(process)의 3요인 모형
변화(transition), 실행(action), 대인관계(interpersonal)

3. 집단의 효과

1) 조직에 미치는 효과

(1) 종업원 개인이 할 수 없는 과업을 가능하게 하고 복잡하고 어려운 과업을 달성하게 한다.
(2) 종업원 행동에 대한 효과적인 통제가 가능하고 조직의 정책에 대한 용이한 변화를 가져온다.

2) 개인에 미치는 효과

(1) 조직 및 환경에 대한 효율적인 학습을 가능하게 하고 자아를 인식하게 한다.
(2) 새로운 기술(기능)을 습득하는 데 지원하고 개인의 사회적 욕구를 충족시킨다.

4. 집단의 응집성

1) 응집성의 의미

집단이 서로에게 매력을 느끼고 집단 내 일원으로서 남으려는 정도를 말한다.

2) 응집성의 요인

증대시키는 요인	감소시키는 요인
• 집단목표에 대한 동의 • 집단규모의 크기 축소 • 집단 간의 경쟁 • 집단 목표에 대한 동의성이 높은 경우 • 구성원들의 상호작용 빈도가 높을 경우	• 집단목표에 대한 불일치 • 집단규모의 크기 증대 • 소수에 의한 지배 • 집단 내의 경쟁 등

5. 작업팀의 이해

1) 집단과 팀 차이(작업집단 vs 작업팀)

	목표	시너지	책임소재	기술
작업집단	정보공유	중립	개인	다양하고 우발적
작업 팀	집단성과	긍정적	개인과 집단	보완적

2) 팀 유형

(1) 문제해결팀

　특별한 문제나 이슈를 해결하는 것을 목적으로 구성된 팀. 문제해결 과정에서 높은 신뢰감을 가짐(질병통제 센터의 진단팀)

(2) 자율적 관리팀

　관련성이 높은 직무나 상호의존적 직무 수행 인원으로 구성, 팀 단위의 직무충실화

(3) 기능횡단팀(cross-functional team)

　어떤 과업을 달성하기 위해 상이한 직무영역에서 온 사람들로 구성. 신제품 개발 및 복잡한 프로젝트 조정, 동시공학

(4) 가상팀

　컴퓨터 기술을 이용해 분산된 구성원들을 연결

※ 문제해결팀과 기능횡단팀은 taskforce적 성격이 강함(일시적인 팀)

(5) 창의적 팀

　혁신적인 해결책이나 가능성을 개발하기 위한 목적으로 구성된 팀. 팀 내에 자율성과 수용적 분위기를 가짐(PC개발팀)

(6) 전술적 팀

　잘 정의된 계획이나 목표를 성취하기 위한 목적으로 구성된 팀. 팀 구성원 간 높은 민감성, 서로에 대한 이해, 분명한 수행기준을 가짐(경찰특공대)

(7) 특수팀
어떤 특수한 문제를 해결하기 위한 목적으로 한시적으로 구성된 팀. 완수 후 해체

(8) 다중팀
조직과 조직시스템 사이를 조정하는 메타(Meta)적 성격을 갖고 있는 팀으로 병원수술팀(각 파트별), 교통사고 대처를 위한 여러팀(상호 연관)

기출 문제 요약

- **전술적 팀** : 수행절차가 명확히 정의된 계획을 수행할 목적으로 하며, 경찰특공대 팀이 대표적임 (2016년)
- **문제해결 팀** : 특별한 문제나 이슈를 해결할 목적으로 구성되며, 질병통제센터의 진단 팀이 대표적임 (2016년)
- **창의적인 팀** : 포괄적 목표를 가지고 가능성과 대안을 탐색할 목적으로 구성되며, IBM의 PC설계팀이 대표적임 (2016년)
- **특수 팀** : 조직에서 일상적이지 않고 비전형적인 문제를 해결할 목적으로 구성되며, 팀의 임무를 완수한 후 해체됨 (2016년)
- **다중 팀** : 조직과 조직 사이의 상호작용의 성격을 가짐 (2016년)
- **터크만의 팀 생애주기는 형성 – 격동 – 규범 – 수행 – 휴회의 순임 (2017년)**
- **터크만이 제안한 팀 발달의 단계 모형에서 '개별적 사람의 집합'이 '의미 있는 팀'이 되는 단계는 규범기임 (2021년)**
- **터크만(Tuckman)모델** : 집단이 발전함에 따라 다양한 단계를 거친다는 가정. 집단발달의 5단계(형성, 폭풍, 규범화, 성과, 해산)를 제시함. 시간의 경과에 따라 팀은 여러 단계를 왔다 갔다 반복하면서 발달함 (2023년)
- **마크가 제안한 팀 과정의 3요인 모형은 전환과정, 실행과정, 대인과정으로 구성됨 (2023년)**
- **집단 또는 팀에 관한 설명 (2024년)**
  - 교차기능팀(cross function team)은 조직 내의 다양한 부서에 근무하는 사람들로 이루어진 팀임
  - '남들만큼 하기 효과'는 사회적 태만(social loafing)의 한 현상임
  - 다른 사람의 존재가 개인의 성과에 부정적 영향을 미치는 것을 사회적 억제(social inhibition)라고 함
  - 높은 집단 응집성은 그 집단에 긍정적 효과와 부정적 효과를 줌

11 집단의사결정

1. 집단의사결정의 특징

1) 정확성과 신속함에 있어서 집단의사결정이 개인의사결정보다 시간을 더 소비하지만 오류를 범할 가능성이 적다.
2) 판단력과 문제해결에 있어서 집단은 개인보다 많은 정보와 경험, 아이디어, 비판적인 평가능력을 갖고 있으므로 개인보다 앞선다.
3) 창의성에 있어서도 집단은 개인보다 많은 아이디어와 상상력을 갖게 된다.
4) 위험부담에 있어 집단은 개인에 비해 위험스러운 일을 회피한다.

2. 의사결정의 단계

문제인식 → 대안의 탐색 → 대안의 평가 → 선택 → 실행 → 결과에 대한 평가 및 피드백

3. 의사결정의 모형

1) 합리적 의사결정 모형

(1) 목표를 최고로 달성하는 방향으로 의사결정하는 것
(2) 문제의 인식과 정의 → 정보탐색 및 분석 → 대안창출 → 대안의 평가와 선택 → 실행 및 평가

2) 제한된 합리적 모형(만족모형)

문제해결 대안을 선택할 때 최선책을 발견하려고 하지 않고, 적절한 기준을 설정해 놓고 이를 통과하는 대안 중에 먼저 발견되는 것을 선택

3) 직관적 모형(이미지 이론)

과거의 경험이나 대안들이 자신에게 풍기는 이미지와 느낌을 사용하는 것, 즉 오랜 경험에서 나오는 무의식의 판단과정

4) 쓰레기통 모형

조직이라는 쓰레기통 안에는 수많은 대안, 수많은 문제, 수많은 결정의 순간들이 뒤엉켜 움직이다가 어느 한 순간에 의사결정자 손에 닿으면 그 자리에서 결정

정책 결정이 일정한 규칙에 따라 이루어지는 것이 아니라 ①문제, ②대안(해결책), ③선택기회, ④참여자(의사결정자)의 네 요소가 쓰레기통 같이 뒤죽박죽 움직이다가 어떤 계기로 교차하여 만나게 될 때 이루어진다는 정책결정 모형

4. 집단의사결정의 장단점

장점	단점
• 많은 정보와 지식 공유 • 아이디어 수집 편리 • 응집력이 높음 • 결정 사항에 대해서 구성원의 만족과 지지도가 높음	• 소수의 아이디어 무시 가능 • 많은 시간과 비용이 소모 • 의견 불일치로 구성원 간의 갈등이 생길 수 있음

5. 집단의사결정의 문제점

1) 적당한 수준에서 타협할 가능성이 높음
2) 집단규모의 증가 : 갈등이 심화되거나 구성원 상호 간의 분열 등이 일어날 가능성이 높아 의사결정 속도 지연
3) 회의 진행방법이 구조화되어 있지 못할 경우 리더의 역할 증대, 리더가 회의를 잘못 이끌어갈 때 엉뚱한 아이디어가 나와 효율적 토의가 이루어지지 못함
4) 구성원이 동등한 지위로 구성되지 못한 경우 소수의 아이디어를 무시하는 경향
5) 집단 내에 강력한 지도자로 부각되는 사람이 있는 경우 여타의 구성원들은 자신의 의견 포기, 추종하거나 조언자로 변질 가능성
6) 집단의사결정은 최적안에 대한 폐기 가능성이 존재하므로, 차선책을 채택하는 오류가 발생할 수 있다.

6. 집단사고(group think)

1) 집단의사결정의 질을 저해하는 가장 중요한 요인

응집력이 높은 집단에서 구성원들 간의 합의에 대한 요구가 지나치게 커서 이것이 현실적인

다른 대안의 모색을 저해하는 현상

2) 집단 내부의 압력 때문에 정신적 효율성이 떨어지고 현실에 대한 검토가 불충분, 도덕적 판단이 흐려지는 현상

7. 집단사고(group think) 최소화 방안

1) 목적 및 의문을 적극적으로 제시하는 평가자의 역할을 하도록 집단구성원들에게 요구(모든 구성원들이 비판자 역할)
2) 집단의사결정에 앞서 리더가 사안에 대해 언급을 회피하도록 함
3) 집단의사결정을 평가하기 위해 외부 전문가를 참여
4) 집단의 일관된 의사결정과정에 대하여 의문점을 제시하는 악마의 주창자 지명
5) 다양한 동기와 의도를 가지고 의사결정 참여자들의 경쟁을 유도하고 평가
6) 일단 합의가 이루어지더라도 대안을 재조사하도록 격려

8. 집단극화(group polarization)

집단 구성원들의 위험에 대한 태도가 토론 전에는 별 차이가 없었으나 **토론 후 극단적으로 치우치는 현상**

1) 집단극화 과정

집단 토론 전에 다소 위험성이 있던 사람은 토론 후 극단적인 위험을 선호하게 되고, 토론 전 보수적이었던 사람은 극단적으로 보수적 입장을 취하게 된다.

2) 집단극화 극복방안

(1) 악마의 대변인(devil's advocate, 반대를 위한 반대)
악역 담당자가 지배적인 견해에 대해서 시종일관 비판적 견해(문제의 정확한 인식)

(2) 의견의 다변화(multiple advocacy, 복수지지)
반대를 위한 반대, 여러 의견에 대한 복수지지, 의견의 다양성

(3) 변증법적 토의

찬성과 반대로 나누어 토론을 거친 후 토론의 결과는 두 입장의 장점을 절충하는 방식

기출 문제 요약

- **집단사고의 설명** (2014년, 2017년, 2020년, 2024년)
  - 집단사고의 예로는 1960년대 미국이 쿠바의 피그만을 침공한 것과 1980년대 우주왕복선 챌린저호의 폭발 사고가 있음
  - 팀 구성원들은 만장일치로 의견을 도출해야 한다는 환상을 가지고 있음
  - 팀 안에서는 반대의견을 표출하기 힘듦
  - 선택 가능한 대안들을 충분히 고려하지 않고 선택적으로 정보처리를 하는 데서 발생함
  - 효과적인 팀 수행을 위하여 공유된 정신모델을 구축할 때 잠재적으로 나타나는 부정적인 면임
  - 구성원들 간 높은 응집성과 고립성이 큰 경우 발생함
- **집단의사결정에 관한 설명** (2015년)
  - 팀의 혁신을 촉진할 수 있는 최적의 상황은 과업에 대한 구성원 간의 갈등이 중간정도일 때임
  - 집단사고는 개별 구성원의 생각으로 좋지 않다고 생각하는 결정을 집단이 선택할 때 나타나는 현상임
  - 집단사고는 집단 응집성, 강력한 리더, 집단의 고립, 순응에 대한 압력 때문에 나타남
  - 집단사고를 예방하기 위해서 다양한 사회적 배경을 가진 집단 구성원이 있는 것이 좋음
- **집단극화** : 대부분의 중요한 의사결정은 집단적 토의를 거치기 마련인데, 이 과정에서 구성원들은 타인의 영향을 받거나 상황 압력 등에 따라 본인의 원래 태도에 비하여 더욱 모험적이거나 보수적인 방향으로 변화될 가능성이 있음 (2016년, 2017년)

12 집단의사결정기법

1. 브레인스토밍(Brainstorming Technique)

1) 브레인스토밍의 의의

여러 명이 한 가지 문제를 놓고 아이디어를 무작위로 개진하여 최선책을 찾아가는 방법으로 어떤 생각이든 자유롭게 표현해야 하고 또 어떤 생각이든 거침없이 받아들여야 한다.

2) 운영상 특징

(1) 표현 권장

다른 구성원의 아이디어 제시를 저해할 수 있는 비판을 금지하여 자유로운 대화를 권장하고 제한하지 않는다.

(2) 아이디어 양

① 아이디어는 질보다는 양을 중요시하며 리더가 하나의 주제를 제시하면 집단구성원이 각자의 의견을 자유롭게 제시한다.
② 아이디어 수가 많을수록 질적으로 우수한 아이디어가 나올 가능성이 많다.

3) 평가의 금지 및 보류

(1) 자신의 의견이나 타인의 의견은 다 가치가 있으므로 일체의 평가나 비판을 의도적으로 금지한다.
(2) 아이디어를 내는 동안에는 어떠한 경우에도 평가를 해서는 안 되며 아이디어가 다 나올 때까지 평가는 보류하여야 한다.

4) 결합과 개선

남들이 내놓은 아이디어를 결합시키거나 개선하여 제3의 아이디어를 내보도록 노력한다.

2. 명목집단법(NGT : Nominal Group Technique)

1) 명목이란 '침묵, 독립적'이라는 의미를 가지고 있으며 개인의 집합으로서의 집단은 상호 간의

의사소통이 이루어지는 집단은 아니라는 의미이다. 즉 <u>집단구성원들 간의 실질적인 토론 없이 서면을 통해서 아이디어를 창출하는 기법</u>이다.
2) 모든 구성원에게 동등한 참여 기회를 부여하여 우선순위를 정하기 위한 투표를 통하여 모든 구성원이 집단의사결정에 동등한 영향을 미친다.
3) 각 구성원은 다른 사람의 영향을 받지 않는다.

3. 델파이법(Delphi Technique)

1) 델파이법의 의의

특정 문제에 대해서 전문가들이 모여서 토론을 거치는 것이 아니라 **다수 전문가의 독립적인 아이디어를 수집하고 이 제시된 아이디어를 분석, 요약한 뒤 응답자들에게 다시 제공하여** 아이디어에 대한 전반적인 합의가 이루어질 때까지 피드백을 반복하여 최종 결정안을 도출하는 시스템적 의사결정방법이다.

2) 델파이법의 특징

(1) <u>익명성</u>
운영 도중에 설문 응답자들은 서로 상대방을 알 수 없으며 구성원 간의 상호작용도 일어나지 않으며 최종적으로 아이디어 자체에 대한 평가만을 하는 것이다.

(2) <u>피드백의 과정</u>
집단 상호 간의 작용은 설문지에 의해서 이루어지며 실무진은 응답 내용이 적힌 설문지에서 문제에 필요한 정보만을 분석, 정리하여 피드백시켜준다.

(3) <u>통계적 처리</u>
통계적 분석에 의한 평가를 한다.

명목집단법	델파이법
· 참여자들은 <u>서로 알게 됨</u> · 참여자들이 <u>서로 얼굴을 맞대고 문제를 해결함</u> · 아이디어 목록이 얻어지고 나면 <u>참여자들이 직접적으로 커뮤니케이션 함</u>	· 참여자들이 <u>서로 모름</u> · 참여자들이 <u>서로 멀리 떨어져 있고 결코 만나지 못함</u> · 커뮤니케이션은 <u>서면으로 된 질문지와 피드백으로 함</u>

4. 변증법

1) 변증법의 의의

대립적인 두 개의 토론 팀으로 나누어 토론 진행과정에서 의견을 종합하여 합의를 형성하는 기법이다.

2) 변증법적 토의 5단계

- 1단계 : 의사결정에 참여할 집단을 둘로 나눈다.
- 2단계 : 한 집단이 문제에 대하여 자신들의 대안을 제시한다.
- 3단계 : 타 집단은 본래 대안의 가정을 정반대로 바꾸어 대안을 마련한다.
- 4단계 : 양 집단이 서로 토론을 한다.
- 5단계 : 이 토론에서 살아남은 가정, 자료로 의견을 종합하여 결정한다.

> **기출 문제 요약**
>
> - 집단의사결정기법에 관한 설명 (2023년)
>   - 델파이법 : 다양한 전문가의 의견을 통해 의사결정을 하고, 전문가 그룹을 통해 여러 차례 질문지를 돌려서 정리를 하며 의견을 수렴하는 방법
>   - 브레인스토밍 : 다른 참여자의 아이디어에 대해 비판할 수 없음
>   - 프리모텀 기법 : 어떤 프로젝트가 실패했다고 미리 가정하고 그 실패의 원인을 찾는 방법
>   - 지명반론자법 : 악마의 옹호자 기법이라고도 하며, 집단사고의 위험을 줄이는 방법
>   - 명목집단법 : 참여자들 간에 토론을 하지 못함

13 | 집단의사소통

1. 의사소통의 종류

1) 하향적 의사소통(Downward Communication)

(1) 하향적 의사소통의 의의

수직적 의사소통 가운데 상위계층에서 하위계층으로 이루어지는 의사소통으로 스태프 미팅, 정책에 대한 공식성명, 뉴스레터, 정보를 담은 메모, 대면적인 접촉 등의 형태를 취한다.

(2) 하향적 의사소통의 왜곡 이유

① 메시지의 잘못된 전달은 발신자의 부주의, 의사소통 기술의 부족 때문이다.
② 수신자의 이해에 대한 즉각적인 피드백 가능성이 희박한 매체를 통한 일반적인 의사소통 방법의 남용 때문이다.
③ 관리자들에 의한 정보의 조작, 스크리닝, 보류 등에 의한 고의적인 정보의 여과에 의한 정보의 상실 때문이다.

2) 상향적 의사소통(Upward communication)

(1) 상향적 의사소통의 의의

하위계층에서 바로 위 혹은 그 이상의 계층으로 수직적 의사소통이 일어나는 것을 말하며, 상향적 의사소통에는 차상급자와의 대면회합, 감독자들과의 연석회의, 메모나 리프트, 제안제도, 고충처리절차, 종업원의 태도 조사 등이 포함된다.

(2) 상향적 의사소통의 왜곡 이유

① 발신자에게 유리한 정보는 상부로 전달되기 쉽지만 불리한 정보는 조직에 중요하더라도 차단당하기 쉽다.
② 관리자들은 상향적인 의사소통을 위하여 큰 노력을 기울이지 않는다.

3) 수평적 의사소통(Lateral Communication)

수평적 의사소통이란 같은 계층 간에서 협업을 위한 상호 연락, 조정이 이루어지며 각각의 구성원 간 또는 부서 간의 갈등을 조정하는 의사소통을 말한다.

2. 조직의사소통의 네트워크

1) 쇠사슬형
(1) 의사소통이 상하로만 가능하며, 명령권한 관계의 조직에서 찾아볼 수 있다.
(2) 공식적인 계통과 수직적인 경로를 통해 의사 전달이 이루어지는 형태다.

2) (수레)바퀴형(x형)
(1) 하위자들 간 상호작용이 없고 **모든 의사소통은 한 사람의 감독자를 통해 이루어진다.**
(2) 집단 내에 특정한 리더가 있을 때 발생하기 때문에 문제해결 시 정확한 상황파악과 신속한 문제해결이 가능하다.

3) 원형
(1) 근접한 구성원들 간의 상호작용을 허용하고 있으나 한계가 있다.
(2) 권력의 집중도 없고 집단구성원 간에 뚜렷한 서열이 없는 경우 발생한다.

4) 완전연결형
(1) 의사소통 유형 중 가장 구조화되지 않은 유형이다.
(2) 의사소통의 제약이 없으며 모든 구성원들이 평등한 기회를 가진다.
(3) **가장 바람직한 의사소통 유형**으로 모든 집단구성원이 서로 적극적인 의사소통을 하며 창의적이고 참신한 아이디어 창출이 가능하다.

5) Y형
(1) 집단을 대표할 수 있는 인물이 있는 경우 나타나는 형태다.
(2) 확고하고 특정한 리더가 있는 것은 아니지만 비교적 집단을 대표할 수 있는 인물이 있으며 단순한 문제를 해결하는 데 정확도가 높다.

3. 의사소통의 증대 방법

1) 고충처리제도
조직구성원의 개인적인 애로사항이나 근무 조건 등에 대한 불만을 처리, 해결해 주는 절차로, 인사상담, 제안제도, 소청제도 등과 같이 공무원의 권익을 보호하고 신분 보장을 강화하기 위한 제도다.

2) 민원조사원제도

책임 있는 언론을 실현하기 위한 언론의 자율규제제도로 불만, 불평등 각종 민원을 중립적으로 처리하고 행정을 감시하는 방법이다.

3) 문호개방정책

상위경영자와 특정 문제에 대해서 자유롭게 대화할 기회를 보장하는 것을 말한다.

기출 문제 요약

- 공식적인 서신과 공식적인 수치는 대면적 의사소통에 비하여 의미있는 정보를 전달할 잠재력이 낮음 (2013년)

14 리더십

1. 리더십의 개요

1) 리더와 경영자의 특성 비교

리더의 특성	경영자의 특성
• 혁신주도 • 창조 • 개발 • 인간에 초점 • 신뢰에 기초 • 장기적 • 무엇을, 왜에 관심 • 수평적 관점 • 현 상태에 도전 • 독자적 인간 • 옳은 일을 함(What 중심)	• 책임수행 • 모방 • 유지 • 시스템과 구조에 초점 • 통제 위주 • 단기적 • 언제, 어떻게에 관심 • 수직적 관점 • 현 상태 수용 • 전통적인 충복 • 일을 옳게 함(How 중심)

2) 리더십이론의 전개 과정

1940 ~ 1950년대(특성이론), 1950 ~ 1960년대(행동이론), 1960 ~ 1970년대(상황이론), 1970년대 이후 → 변혁적 리더십

리더십이론	시기	이론의 특성
특성이론	1940~1950	성공적인 리더가 공통적으로 가지고 있는 육체적, 심리적, 개인적인 특성을 탐구
행동이론	1950~1960	성공적인 리더의 행동 패턴을 분석하고 행동 패턴과 성과의 관계를 연구
상황이론	1960~1970	리더십의 성공에 영향을 미치는 환경적인 특성에 초점을 두고 리더십의 성공과 상황과의 관련성을 분석

2. 리더십 특성이론(Trait Theory)

1) 특성이론의 내용

(1) 리더들이 리더가 아닌 사람과는 다른 육체적, 심리적 혹은 개인적 특성들을 가지고 있다

는 가정에 근거한다.
(2) 특정한 특성이나 자질을 가진 사람은 성공적인 리더가 되고, 그렇지 않은 사람은 성공적인 리더가 되지 못한다는 주장으로 특성이론은 리더십의 위인론(Great man theory of leadership)이라고도 한다.
(3) 테드는 성공적인 리더의 특성으로 육체적 및 정신적인 에너지, 목표의식과 지시능력, 정열, 친근감의 우의, 성품, 기술적인 우월성, 과감성, 지능, 교수 능력, 신념의 10가지를 든다.
(4) 바나드는 기술적인 측면과 심리적인 측면을 강조하며 기술적인 측면에는 체력, 기능, 기술, 지각력, 지식, 기억, 상상력 등을, 심리적인 측면은 결단력, 지구력, 인내력, 용기 등을 들고 있다.
(5) 스톡딜은 육체적 특성, 사회적 배경, 지능, 성격, 과업특성, 사회적인 특성으로 리더의 특성을 나누고 있다.

2) 특성이론의 한계

(1) 성공적인 리더와 그렇지 않은 리더를 구분할 수 있는 명확한 특성을 밝히지는 못하고 있다. 즉, 성공적인 리더의 특성으로 제시되었던 것이 어떤 경우에는 실패한 리더의 특성으로 밝혀지기도 하였다.
(2) 특성이론에서 제시되고 있는 다수의 특성들이 서로 모순되고 갈등을 일으키기도 하여 어떤 특성이 진정한 성공적인 리더의 공통적인 특성인지가 불명확하다.
(3) 과도하게 육체적이고 개인적인 요인에 초점을 두고 있는데, 육체적 특성들은 성공적인 리더십과 직접적인 관련성은 없는 것으로 밝혀졌다.
(4) 인성적인 특성들이 리더십의 성공과 관련이 있을 것으로 여겨지기도 하지만 실제의 연구 결과는 일치된 결과를 보여주지 못하고 있다.
(5) 특성이론에서 제시된 특성들은 과거 상황에서 성공적이었던 리더들의 공통적 특성을 분석한 것으로, 과거의 성공적인 리더의 특성이 미래의 성공을 보장하지 않는다.

기출 문제 요약

- 리더십 특성이론에서 리더의 행동은 상황이나 조건에 의해 결정된다고 봄 (2020년)

15 리더십 대학의 연구이론

1. 아이오와(Iowa) 대학의 연구

아이오와 대학의 연구자는 의사결정 과정에서 나타나는 리더의 유형을 <u>민주형, 전제형, 자유방임형</u>으로 나누고 각 유형에 따른 집단의 성과와 구성원의 만족에 미치는 영향을 분석하였다.

1) 민주적 리더십(Democratic Leader)

- 구성원들의 토의를 거쳐 조직을 운영하는 형태의 리더십
- 구성원들의 만족 중시
- 객관적인 자료를 토대로 평가·관리

2) 전제적 리더십(Autocratic Leader), 권위적 리더십(Authoritarian leader)

- 구성원들의 의견을 듣지 않고 리더가 독단적으로 지시·명령하는 형태의 리더십
- 보상과 처벌을 이용한 관리

3) 자유방임형(Laissez-faire Leader), 위임적 리더십(Delegative Leader)

- 리더가 조직 운영에 관여하지 않는 형태의 리더십
- 리더는 모든 일을 구성원에게 넘기고, 수동적 입장으로 방관함

	민주적 리더십	전제적 리더십	자유방임형 리더십
성과	우열을 가리기 어려움(둘 다 양호)		나쁨
집단의 특성	안정적, 강한응집성	공격적	초조, 불안
리더에 대한 태도	호의적	수동적	무관심
리더 부재시 행동	계속해서 과업 수행	과업 중단	영향 없음

> **참고**
> ※ 민주적 리더십이 가장 바람직하고, 자유방임형 리더십이 가장 바람직하지 못하다고 봄

2. 미시간 대학의 연구

1) 개요

오하이오 대학의 연구와 거의 유사한 시기에 미시간 대학의 사회연구소에서 리커트가 중심이 된 리더십 연구가 행하여졌다.

2) 내용

리더의 유형을 극단적으로 양분하여 직무 중심적 리더와 종업원 중심의 리더로 구분하였으며, 그중에서 종업원 중심적 리더 유형이 가장 이상적이고 합리적인 유형이라고 주장하였다.

(1) 직무 중심적 리더(생산 지향적 리더)
- 생산을 중심적으로 생각하는 형태의 리더
- 종업원은 그저 생산을 하기 위한 도구로 여김

(2) 종업원 지향적 리더
- 종업원과의 관계를 중요시하는 형태의 리더
- 종업원 개인의 의미와 중요성, 개성, 개별적 욕구 등을 파악하려고 함

(3) 리커터(Likert)의 연결핀 이론(Linking Pin Theory)
- 리더는 부하 구성원만 잘 관리하는 것이 아닌 조직과 구성원을 이어주는 연결핀 같은 역할을 수행해야 한다고 강조함
- 종업원 지향적 리더가 더 이상적인 스타일이라고 봄

3. 오하이오 대학의 연구

1) 개요

오하이오 대학의 연구 프로그램의 결과 리더십이론 2요인이 나타나게 되었는데 그 요인은 각각 구조주도와 배려다.

2) 내용

(1) 구조주도(Initiating Structure)
- 조직의 작업과 목표를 정의하고 조직화하는 정도

- 조직의 형태, 규칙과 절차, 작업방식·지침 등을 설정하고 구조화하는 행동
- 업무를 효과적으로 수행, 종업원들의 활동을 효과적으로 관리·조정

(2) 배려, 고려(Consideration)
- 구성원들과 관계를 중요시하고, 따뜻한 분위기를 조성하는 행동
- 종업원들이 무엇을 필요로 하는지, 어떠한 감정을 가지는지에 대한 관심을 보이는 정도
- 구성원들의 동기 부여, 직무 만족도 향상

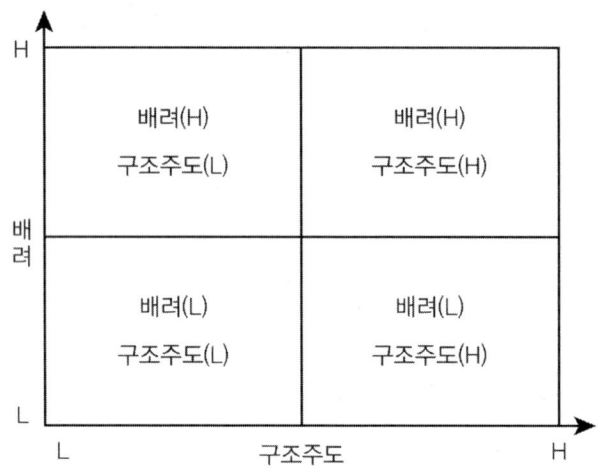

※ 배려와 구조주도 모두 높은 리더가 가장 효과적인 리더임

기출 문제 요약

- 행동이론 중 미시간 대학의 연구에서 종업원중심 리더는 부하의 인간적 측면에 관심을 갖고, 직무중심의 리더는 부하의 업무에 관심을 갖고 있다는 것을 규명함 (2014년)
- 행동이론 중 오하이오 주립대학의 연구에서 배려하는 리더와 부하 사이의 관계는 상호신뢰를 형성하기 쉽다는 것을 규명함 (2014년)

16 | 리더십 행동이론

1. 블레이크(Blake)와 머튼(Mouton)의 관리격자모형(Managerial Grid Model)

리더의 행동을 생산에 대한 관심(Concern for Production), 인간에 대한 관심(Concern for People)으로 구분하여 생산을 X축, 인간을 Y축으로 하는 그리드를 그리고 (1,1)부터 (9,9)까지 총 81가지 형태의 리더십으로 나눔. 그중 5가지의 대표적 유형을 정해 연구

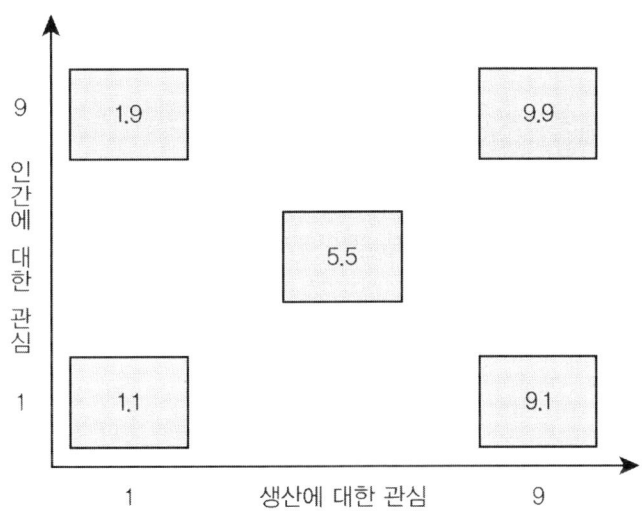

1) (1,1) 무관심형, 방임형(Impoverished Management)

- 생산과 사람 모두에 대해 낮은 관심
- 리더의 자리를 유지하는 데는 필요한 최소한의 노력만 투입

2) (9,1)과업형, 생산 지향형(Produce or Perish)

- 생산에 대한 높은 관심, 사람에 대한 낮은 관심
- 어떤 대가를 치르더라도 목표 달성에 집중
- 성과에 대해 엄격, 구성원 복지에 무관심

3) (1,9)컨트리클럽형, 인기형(Country Club Management)

- 생산에 대한 낮은 관심, 사람에 대한 높은 관심
- 친근하고 사교적이며, 쾌적한 환경을 조성하는 데에 집중
- 성과보다 팀원의 복지를 우선, 목표달성에 대한 추진력 부족

4) (5,5)절충형, 관리형, 중간형(Middle-of-Road)

- 생산과 사람 모두에 대해 적당한 수준의 관심
- 성과와 팀원 케어 사이의 균형을 이루는 데 집중
- 높은 수준의 성과를 달성하기 어렵고, 팀원이 원하는 바를 모두 들어주기도 어려움

5) (9,9)팀형, 이상형(Team Management)

- 생산과 사람에 모두에 대해 높은 관심
- 긍정적인 작업환경을 조성, 팀원들의 요구사항을 충족, 성과 달성을 위해 노력
- 목표 지향적, 신뢰를 기반으로 한 권한의 위임
- 가장 이상적이고 효과적인 리더

2. PM(Performance and Maintenance) 이론

1) PM이론의 의의

일본의 학자 미쓰미가 오하이오 대학의 연구 개념을 기초로 개발한 리더십 프로그램이다.

2) PM이론의 유형과 유효성

(1) 구조주도와 배려 대신에 성과지향(Performance orientation : P)과 유지지향(Maintenance orientation : M)이라는 용어를 사용하여 4개의 리더십 유형으로 분류하였다.
(2) 성과지향 : 집단의 목표 달성을 지향하려는 기능
(3) 유지지향 : 집단 그 자체를 보존·유지하려는 기능
(4) 높은기능은 대문자, 낮은기능은 소문자로 표현하여 리더십의 유형을 4가지로 구분

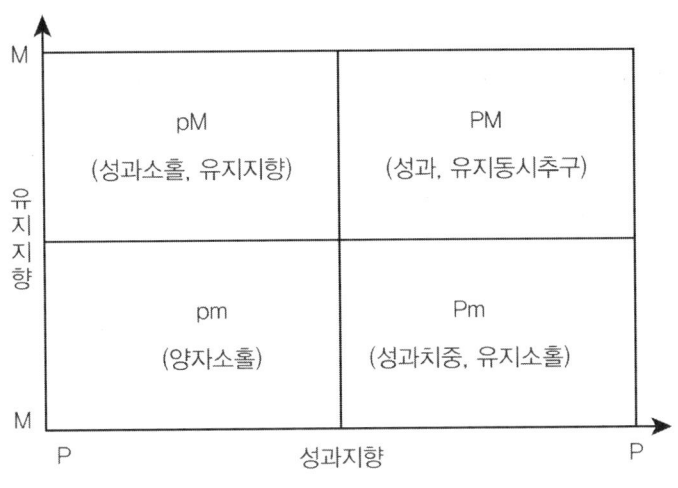

※ PM 〉 pM 〉 Pm 〉 pm의 순서로 리더십의 유효성 평가

3) PM 이론의 연구결과

(1) 성과지향은 효과적인 리더십에 필수지만 같은 강도의 유지지향(관계) 성향이 동반되지 않으면 리더의 성과지향적 행위를 집단구성원들이 압력 또는 통제로 해석하는 경향이 강함
(2) 성과지향과 유지지향을 동시에 추진하면 추종자들은 리더의 성과지향적 행동을 자신들의 계획을 수립해주고 무엇인가를 도와주기 위한 행동으로 평가하는 경향이 강함

기출 문제 요약

- 특성이론에서는 여러 특성을 가진 리더가 모든 상황에서 효과적이지는 않음 (2014년)
- 블레이크와 머튼의 리더십 관리격자모형에 의하면 일(생산)에 대한 관심과 사람에 대한 관심이 모두 높은 리더가 이상적 리더임 (2019년)
- 리더십 행동이론에서 좋은 리더는 리더십 행동에 대한 훈련에 의해 육성될 수 있다고 봄 (2020년)

17 피들러의 리더십 상황이론

1. 피들러(Fiedler)의 상황이론(Contingency Theory)

피들러는 리더의 유형을 과업 지향형 리더와 관계 지향형 리더 두가지로 구분하고 리더가 처한 상황에 영향을 주는 상황변수 세 가지(리더-구성원 관계, 과업구조, 리더의 직위 권한)를 제시하여 어떤 상황에 어떤 리더가 적합하고 효과적인지를 연구

1) LPC 점수(LPC Scale : Least Preferred Coworker Scale)

(1) 리더가 가장 선호하지 않는 동료에 대한 평가를 하여 점수를 매김
(2) 높은 LPC 점수 : 가장 싫어하는 부하임에도 관대하게 평가한 경우 → 관계지향형 리더
(3) 낮은 LPC 점수 : 싫어하는 부하를 부정적으로 박하게 평가한 경우 → 과업지향형 리더

2) 리더의 유형

(1) 과업지향형 리더 : 구체적 목표와 성과에 집중
(2) 관계 지향형 리더 : 긍정적 관계와 작업환경 조성에 집중

3) 상황변수

(1) 리더-구성원 관계(Leader-Member Realtions) : 리더에 대한 부하의 신뢰, 믿음, 존중 등의 강도(리더십 성공의 가장 중요한 결정요인)
(2) 과업구조(Task Structure) : 수행 해야 할 과업의 명확성과 구조의 정도
(3) 직위 권한(Positional Power) : 과업의 의사 결정에 대한 리더의 권한과 통제의 정도

2. 리더십 스타일

상황	1	2	3	4	5	6	7	8
리더-부하관계	좋음	좋음	좋음	좋음	나쁨	나쁨	나쁨	나쁨
과업구조	구조적	구조적	비구조적	비구조적	구조적	구조적	비구조적	비구조적
리더의 지위권력	강	약	강	약	강	약	강	약
리더의 입장	유리				중간		불리	
상황 확실성	확실				중간		불확실	

1) 과업지향형 리더

LPC 점수가 낮은 리더, 즉 상황이 아주 유리하거나(1,2,3 상황) 아주 불리한 경우(7,8 상황)에는 과업지향적 리더가 성공적

2) 관계지향형 리더

LPC 점수가 높은 리더, 상황이 그리 불리하지도 그리 유리하지도 않은 중간 정도의 상황(4,5,6 상황)에서는 관계지향적 리더가 성공적

3. 상황이론의 한계점

1) 상황변인이 복잡하고 측정하기 어렵다.
2) 구성원의 특성에 대해서는 관심을 두지 않는다.
3) LPC 척도가 리더십 스타일을 대변할 수 있는지 의문이다.

기출 문제 요약

- 피들러의 리더십상황이론은 상황이 호의적일 때는 과업지향형 리더가 효과적이고, 상황이 어려울 때는 인간중심적인 리더가 효과적임 (2019년)
- **리더십 상황이론 중 규범모형**은 기본적으로 부하들이 의사결정에 참여하는 정도가 상황의 특성에 맞게 달라질 필요가 있다고 가정함 (2015년)
- 리더십 상황이론에서 리더십은 리더와 부하 직원들 간의 상호작용에 따라 달라질 수 있다고 봄 (2020년)

18 리더십 상황이론

리더십 상황이론	내용
수명주기이론 (Hersey, Blanchard)	부하의 성숙도(능력, 동기)에 따라 지시적 리더, 설득적 리더, 참여적 리더, 위임적 리더가 적합
경로-목표이론 (R. House)	효과적인 리더는 부하들이 그들의 목표달성 경로에 있는 장애를 제거하고 경로를 분명히 해줌
상황적 리더십이론 (STL)	리더는 부하들의 준비정도에 맞게 리더십 스타일 선택
의사결정 상황모형 (Vroom, Yetton)	의사결정상황에 따라 도재적, 상담적, 집단중심적 리더가 적합

1. 허쉬와 블랜차드(P. Hersey and K.H. Blanchard)의 수명주기이론

1) 상황적 특성론

허시(Paul Hersey)와 블랜차드(Ken Blanchard)는 부하직원의 성숙도를 상황변수로 과업지향성과 관계지향성이라는 리더 이론의 전통적인 요소를 사용하여 상황적 리더십을 만들었다.

(1) 리더십 행위(과업지향성, 관계지향성)
- 과업 행위 : 부하에게 무슨 과업을 언제, 어떻게 수행하여야 하는지 일방적으로 설명하는 행위
- 관계성 행위 : 부하에게 심리적 위로를 제공, 과업수행을 촉진하는 여건을 조성하는 행위

(2) 상황적 변인(구성원의 성숙도(직무성숙도, 심리적성숙도)로 구분)
- 직무성숙도 : 교육과 경험에 의해 영향을 받게 되는 개인적 직무수행능력
- 심리적 성숙도 : 책임을 수행하려는 의지가 반영된 개인적 동기수준

2) 리더십 스타일

(1) 지시형 리더십 스타일
- 리더는 구체적인 지시와 명령을 내리고 업무수행을 면밀하게 감독하는 리더십

- 수행능력이 없고 정열과 의욕도 없는 사람에게는 지시형 리더십이 적합
- 리더는 지시적 행동을 주로 하고 지원적 행동을 부수적으로 한다.
- 부하직원에게 업무의 목표가 무엇이고 업무 처리에 관한 좋은 방법을 이야기하며, 어떤 방법으로 업무를 완수할 수 있는지에 대한 계획도 세워주는 것
- <u>리더가 혼자서 모든 문제를 해결하고 결정하며 부하직원은 리더의 결정에 따르는 것</u>

(2) 설득형(지도형) 리더십 스타일
- 리더가 계속 지시와 명령을 내리고 업무 수행을 면밀하게 감독하지만 결정 사항에 대해서는 설명하고 부하직원의 제안을 받아들여 전진할 수 있도록 원조하는 리더십
- 어느 정도 수행능력은 있지만 의욕이 없는 사람에게는 지도형 리더십이 적합
- 이런 사람에게는 자존심을 갖게 하기 위해 원조와 칭찬이 필요하며, 경우에 따라서는 경험을 보충할 수 있도록 감독이 필요하다.
- <u>설득형(지도형)은 명령과 원조 모두를 포함, 상대방의 제안을 요구함으로써 일방통행이 아닌 쌍방향의 커뮤니케이션 방법을 사용하는 것</u>

(3) 참여형(지원형) 리더십 스타일
- 리더가 업무 달성을 향해 부하직원의 노력을 촉구하고 지원하며 의사결정에 관한 책임을 부하와 나누는 리더십
- 수행능력은 있지만 자신감 또는 의욕이 없는 사람에게는 지원형 리더십이 적합
- 지원적인 행동을 주로 하고 지시적인 행동을 부수적으로 하되 부하직원의 업무 수행에 원조하고 그들의 제안을 경청하는 것
- <u>지원형 리더십이 필요한 사람에게는 업무 수행능력이 있기 때문에 지시적으로 나갈 경우에는 오히려 역효과를 낸다. 대신 새로운 목표를 제시해주고 의욕을 향상시킬 수 있는 원조가 필요</u>

(4) 위임형 리더십 스타일
- 리더가 의사결정과 문제 해결의 책임을 부하직원에게 위임하는 리더십
- 수행능력과 의욕, 공헌도가 함께 높은 사람에게는 위임형 리더십이 적합
- 의사결정과 문제해결에 대한 책임을 직원들에게 전적으로 위임하는 것
- <u>이런 경우에 가장 필요한 것은 따르는 사람에 대한 신뢰와 인정이다.</u>

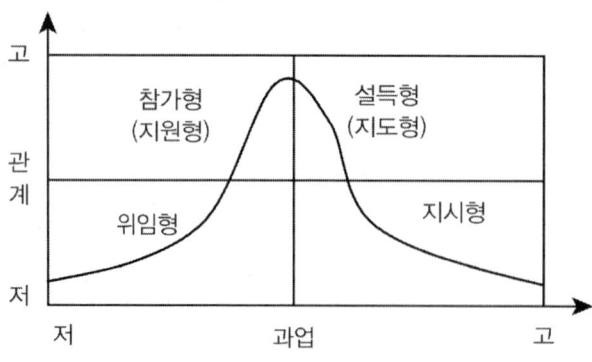

2) 평가

(1) 리더는 부하 개개인의 준비성의 정도를 평가한 후, 그러한 수준에 적절한 리더십 스타일을 선택하여야 한다.
(2) 리더의 특성을 측정하는 도구의 타당성과 상황 요인을 부하의 측면에서만 살펴봄으로써 리더십 효과성에 더 큰 영향을 미칠 수도 있다는 다른 상황적 요소들은 충분히 고려하고 있지 못하다.

2. 하우스(R. J. House)의 경로 – 목표이론

1) 이론의 근거

이 이론은 동기부여에 관한 기대이론에 이론적인 근거를 두고 있다. 여기서 기대이론이란 노력–성과의 기대(노력이 정해진 성과를 가져올 수 있는 가능성), 성과–결과의 기대(성공적인 성과 도달이 특정한 결과나 보상을 가져오게 될 가능성), 그리고 유인가(결과나 보상에 대한 기대가치)다. 경로–목표이론은 이러한 기대이론을 리더가 작업 목표 달성을 용이하게 하거나 수월하게 하는 방법을 결정하는 지침으로 활용되고 있다.

2) 경로–목표 이론

- 리더의 행동은 종업원들의 만족도와 성과에 영향을 미침
- 리더는 종업원들에게 명확한 경로를 제시하고, 방해가 되는 장애물을 제거하여 목표를 달성하도록 도와야 함
- 리더십 스타일로 지시적, 지원적, 참여적, 성취 지향적 4가지를 제시
- 상황 요인으로 조직구성원의 특성과 환경적 요인 2가지를 제시
- 브룸(Vroom)의 기대이론에 근거

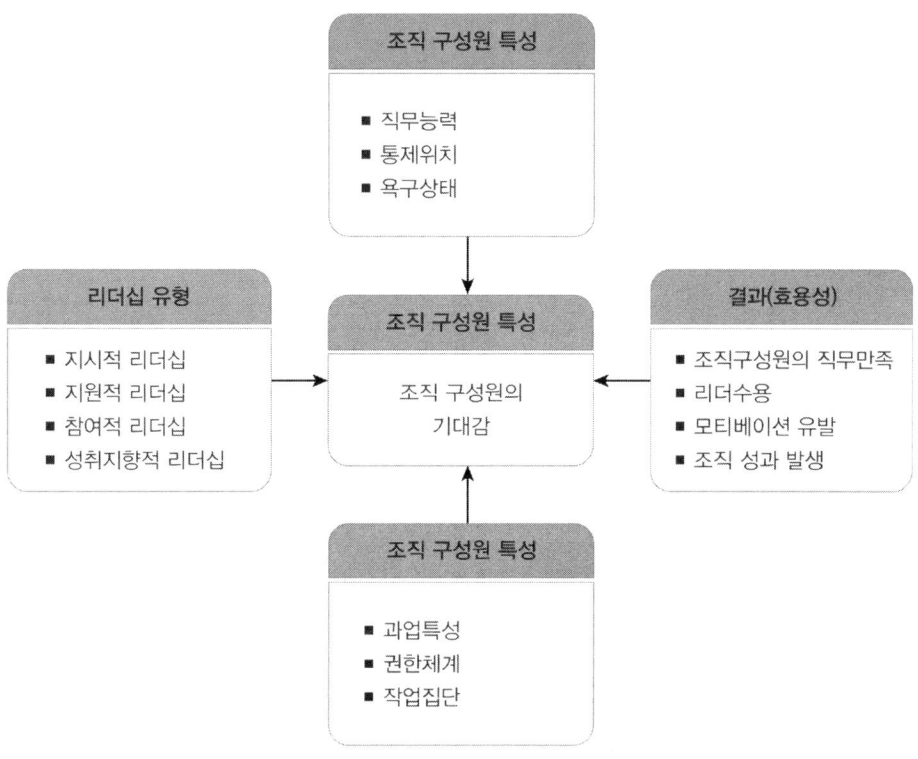

3) 리더십의 유형

(1) 지시적 리더십(도구적 리더십)
- 종업원에게 바라는 것, 과업일정, 과업수행방법 등에 대해 구체적인 지침 제공
- 경험이 적은 종업원들이거나, 과업 수행을 위한 명확한 설명이 필요할 때 효과적

(2) 지원적 리더십(후원적 리더십)
- 편안하고 지원적인 분위기 조성, 부하 직원들의 복지와 그들의 요구에 관심
- 종업원들에게 정서적 지원이 필요한 경우, 작업이 모호하거나 스트레스를 유발할 때 효과적

(3) 참여적 리더십
- 의사결정에 종업원들을 포함시키고, 작업에 참여하도록 독려
- 종업원이 능력과 경험을 가지고 있는 경우, 과업에 협력과 팀워크가 중요한 경우에 효과적

(4) 성취 지향적 리더십
- 높은 수준의 목표를 설정하고, 부하들이 최선의 능력을 발휘하는 것을 기대함
- 종업원들이 의욕이 있고, 유능하며, 목표 지향적일 때 효과적

4) 상황변수

(1) 종업원의 특성 : 종업원의 능력, 경험, 통제의 위치, 욕구 등
(2) 작업환경 : 과업과 작업 환경의 모호성, 복잡성, 도전 수준 등

3. 브룸(Vroom), 예튼(Yetton), 제이고(Jago)의 의사결정모형

1) 의사결정 상황모형(Contingency Model), 규범적 의사결정 모형(Normative Decision Model)

- 의사결정 상황에 따라, 부하의 참여 정도가 달라야 함
- 리더는 주어진 상황에 적합한 리더십을 발휘할 수 있는 융통성이 있어야 함
- 리더십 유형을 AⅠ, AⅡ, CⅠ, CⅡ, GⅡ의 5가지로 구분(GⅠ은 없음)

2) 리더십 유형

(1) 전제적 1형(AⅠ : Autocratic Ⅰ)
  리더가 자신이 가진 정보를 활용하여 단독으로 의사결정

(2) 전제적 2형(AⅡ : Autocratic Ⅱ)
  리더가 자신이 필요한 정보를 부하들에게 요청하며 단독으로 의사결정

(3) 협의적 1형(CⅠ : Consultative Ⅰ)
  부하와 문제에 대해 개별적으로 논의한 후 리더 단독으로 의사결정

(4) 협의적 2형(CⅡ : Consultative Ⅱ)
  부하와 문제에 대해 공동으로 논의한 후 리더 단독으로 의사결정

(5) 집단 2형(GⅡ : Group Ⅱ)
  부하들과 문제에 대해 공동으로 논의한 후 집단의 합의를 도출하고 리더는 협의 사항대로 이행

> **기출 문제 요약**
>
> - **상황이론 중 경로-목표 이론**에서는 리더행동을 지시적 리더십, 지원적 리더십, 참여적 리더십, 성취지향적 리더십으로 분류함 (2014년)
> - 상황이론 중 규범모형은 기본적으로 부하들이 의사결정에 참여하는 정도가 상황의 특성에 맞게 달라질 필요가 있다고 가정함 (2014년)
> - 하우스의 경로-목표 이론에서 제시되는 리더십의 유형(지시적 리더십, 지원적 리더십, 참여적 리더십, 성취지향적 리더십) (2022년)
> - **역량모델링** : 조직내 종업원들에게 요구되는 바람직한 특성이나 성공적인 수행을 예측 (2016년)

19 현대적 리더십

1. 리더 – 부하 교환이론(LMX : Leader-Member Exchange Theory)

1) 리더 부하 교환이론

리더의 관점이나 하위자와 상황의 관점을 강조하고, 동시에 하위자 모두를 하나의 전체로 보고 평균적 리더십을 행사하여 그 리더십 효과성도 동일하게 나타난다고 가정하는 기존의 연구와 달리, 리더십을 리더와 하위자 간의 개별적 상호작용('두 사람 간의 개별적 짝관계(dyadic relationship)')을 중심으로 나타나는 과정으로 개념화
(1) 수직 쌍방 연결 이론(VDL : Vertical Dyadic Linkage Theory)에서 발전
(2) 리더는 각각의 부하마다 다른 행동을 취하며 각기 다른 관계를 형성
(3) 그러한 관계를 내집단과 외집단의 두 가지로 구분

2) 외집단(Out-Group)

(1) 공식적인 지위와 권한, 역할 관계에 의해서 부하를 대함
(2) 일방적으로 지시하는 형태가 나타나고, 공식적인 관계를 유지

3) 내집단(In-Group)

(1) 부하에게 비공식적인 권한을 부여, 상호 신뢰에 입각한 관계 형성
(2) 공식적 관계 외에 행동 교환이 일어나고, 친밀하고 가까워짐
(3) 일터에서만 보는 게 아닌, 사석에서도 만남
(4) 부하들이 높은 성과와 직무 만족감을 보임

※ 내집단이 더 바람직한 형태이며, 외집단의 크기를 줄이고 내집단의 크기를 늘려 종국에는 모든 부하들이 내집단에 들어올 수 있도록 해야 함

2. 카리스마 리더십(Charismatic Leadership Thoery)

1) 의의

(1) 베버(max weber)의 권위의 3가지(카리스마적 권위, 전통적권위, 합법적 권위) 형태 중

카리스마 권위에 초점을 두고 하우스(R.House)가 연구한 리더십 이론으로 부하들이 리더가 카리스마가 있다고 지각하고, 변화 선도 행동을 하고 있다고 지각할 때 리더의 효과성이 달성된다고 주장

(2) 카리스마(charisma)의 어원은 그리스어인 karisma(신이 주신 재능)로서 구성원들에 의해 인과적 관계없이 남다르게 지각되는 리더의 영적, 심적, 초자연적인 특성을 말한다.

2) 카리스마 리더의 구성요소

리더의 카리스마와 변화선도 행동이 부하들로부터 지각되기 위해서는 리더는 적어도 다섯 가지 행동을 취해야 한다.

(1) 환경민감성(sensitivity environment)
현상을 변화시켜야 하는 문제에 대해서 민감하게 반응

(2) 욕구민감성(sensitivity to members' needs)
구성원들이 가지고 있는 욕구를 잘 캐치하고 이를 충족시킬 수 있는 방향으로 행동

(3) 전략적 비전의 형성(strategic vision articulation)
부하들에게 미래에 대한 매력적인 비전을 제시하며, 부하들이 비전에 설득될 수 있도록 감정적으로 호소한다.

(4) 개인위험 감수(personal risk)
비전 달성을 해나가는 과정에서 솔선수범하고 자기희생적 모습을 보임으로써 부하들로부터 신뢰, 헌신(몰입)을 이끌어냄

(5) 비정형적 행동(unconventional behavior)
규범에 얽매이지 않는 자유로운 행동을 하되, 자신의 유능·성공적·자신감에 찬 모습을 부하에게 인식(지각)시키기 위해 인상관리를 한다.

3) 카리스마 리더십의 영향 과정

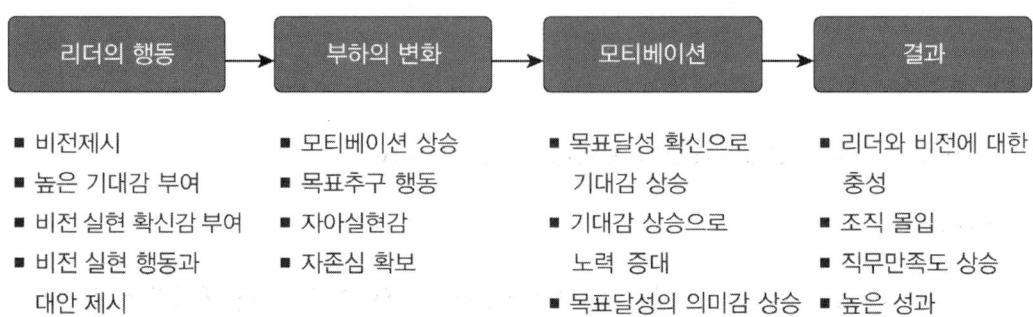

3. 거래적 리더십(Transactional Leadership)

1) 의의

거래적 리더십이란 리더와 부하 간의 교환관계에 기초한 리더십으로 우선 <u>리더가 원하는 목표치가 무엇인지 주지시키고, 목표를 달성한 결과치 정도에 따라 부하가 원하는 보상을 명확히 제시</u>하고 부하가 목표치를 달성했을 경우 부하가 원하는 보상을 제공함으로써 부하를 관리하는 리더십

2) 구성요소

(1) <u>조건적 보상</u>
<u>구성원이 목표치에 달성했을 경우 그에 응당한 보상을 제공해주는 것</u>

(2) 예외적 관리
예외적 관리는 문제발생 시 리더가 개입해 과업을 수정해주는 리더의 행동을 말하는데 개인 수준에 따라 능동적 예외관리와 수동적 예외관리로 나뉜다.
- 능동적 예외 관리
리더가 구성원의 직무수행과정에서 적극 개입하여 직무수행과정을 지속적으로 관찰하면서 문제 발생 시 그때그때 수정해주는 관리방식
- 수동적 예외관리
리더가 평소에는 개입하지 않다가 문제 발생 시에만 개입하고 문제를 수정해주는 관리방식

4. 변혁적 리더십(Transformational Leadership)

1) 의의

변혁적 리더십은 번스(Burns)가 제시하고 베스(Bass)가 개발한 MLQ(Multifactor Leadership Questionnaire)를 통해 체계화된 리더십으로 <u>저차욕구를 추구하는 구성원들이 고차욕구를 추구하도록 마음 속 가치체계를 변혁시키는 리더십</u>으로 정의된다.

2) 구성요소

리더가 부하들로 하여금 저차원적 욕구에서 벗어나 고차원적 욕구를 추구할 수 있도록 변혁시키기 위해서는 아래와 같은 행동을 해야 한다.

(1) 카리스마

변혁적 리더십은 카리스마 리더십에 영향을 받아 리더의 주요행동으로 영감적 동기부여와 이상적 역할모델을 제시

① 영감적 동기부여

리더가 환경변화와 구성원들의 욕구를 충족시킬 수 있는 비전을 제시하는 행동

② 이상적 역할모델

리더가 비전을 달성하는 과정에서 솔선수범·위험감수·비정형적 행동을 보임으로서 구성원들의 모범이 되는 행동

(2) 개별적 배려

부하의 욕구를 파악하여 욕구 충족에 적합한 코칭·지원하는 행동

(3) 지적 자극

기존 관행에 대하여 의문을 가지고 새로운 관점에서 바라볼 수 있도록 자극하는 행동

3) 거래적 리더십과 변혁적 리더십 비교

거래적 리더십 (Transactional Leadership)	변혁적 리더십 (Transformational Leadership)
단기적으로 달성해야 하는 목표와 목적을 명확히 한다.	중장기 비전을 제시한다.
통제 가능한 조직 구조와 프로세스를 확립한다.	신뢰의 문화를 조성한다.
문제를 해결한다.	조직원들에게 권한을 부여하고 스스로 문제 해결을 할 수 있도록 한다.
현재상황을 유지하면서 개선시킨다.	현재 상황을 바꾼다.
계획하고 조직하고 통제한다.	코치를 하고 사람을 육성한다.
조직 문화를 보호하고 방어한다.	도전적으로 문화를 변화시킨다.

5. 서번트 리더십

1) 구성원들이 목표를 달성하는 데 스스로 성장하도록 환경을 조성하고 도와주는 리더십
2) 수평적 관계형성, 파트너링 관계로서 헌신하고 뒷받침하고 돕는 리더

6. 슈퍼 리더십

1) 셀프리더십

구성원이 스스로를 리더하는 데 필요한 사고나 행동을 수립하는 전략

2) 슈퍼리더십

구성원 스스로가 자기자신을 리더(셀프리더)할 수 있는 역량과 기술을 갖도록 하는 리더십

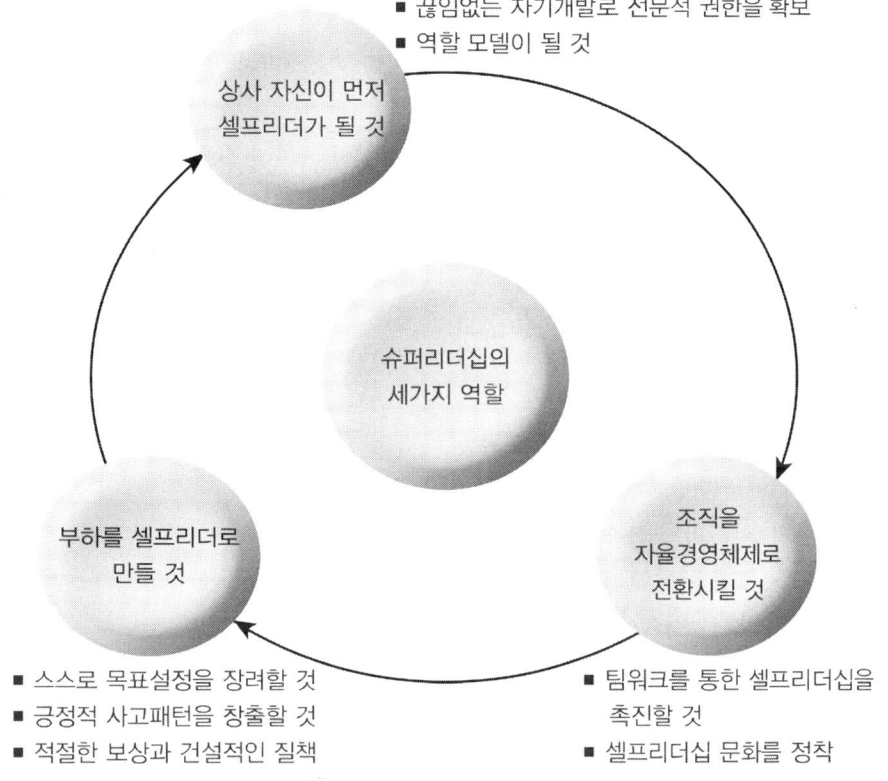

기출 문제 요약

- **리더-부하 교환이론**에 의하면 효율적인 리더는 믿을만한 부하들을 내집단으로 구분하여, 그들에게 더 많은 정보를 제공하고, 경력개발 지원 등의 특별한 대우를 함 (2019년)
- 거래적 리더는 예외적인 사항에 대해 개입하고 부하가 좋은 성과를 내도록 보상함 (2019년)
- 카리스마 리더는 강한 자기 확신, 인상관리, 매력적인 비전 제시 등을 특징으로 함 (2019년)
- 거래적 리더십 : 리더가 원하는 목표치가 무엇인지 주지시키고, 목표를 달성한 결과치 정도에 따라 부하가 원하는 보상을 명확히 제시하고 부하가 목표치를 달성했을 경우 부하가 원하는 보상을 제공함으로써 부하를 관리하는 리더십 (2022년)

20 권력과 권한

1. 권력(power)

1) '복종, 통제, 지배할 수 있다.'는 의미 또는 '다른 사람을 움직일 수 있게 하는 권리나 특권 등'을 의미하는 것으로 힘이나 능력과 관련됨
2) 권력은 상대방의 의지와는 상관없이 자신의 의지를 관철시킬 수 있는 잠재적–실재적인 힘 또는 능력임
3) 권력은 눈에 보이지 않지만 조직을 움직이는 힘으로 상호적이며 상대적이고 가변적이라는 특징을 가짐
4) 권력이 반드시 합법적일 필요는 없으나 조직을 구성하는 여러 변수들을 강제하고 통제할 수 있는 막강한 힘이므로 단순한 지배개념만이 아닌 조직의 총체성을 확보할 수 있는 기본적이고 필수적인 개념임

2. 권한(authority)

1) 조직규범에 의해 '정당성이 인정된 권력'임
2) 웨버(weber)는 권한을 '합법적권력'으로 정의내림
3) '직무를 수행할 수 있게 하는 자유재량권'을 의미
4) 권한은 조직구조를 통하여 역할과 지위를 연결하고 인간의 행동을 규합시키는 데 필요한 행위를 집단이 정당한 것으로 받아들이는 것
5) 조직을 구성하고 위계질서를 세우는 데 필수적임

3. 권한의 특성

① 위에서 아래로 한 방향으로만 흐름
② 공식적인 조직권력임
③ 근거는 오직 조직의 구조임
④ 부하의 비자발적인 복종까지 포함함
⑤ 정적이며 조직권력의 구조적 측면을 구성함
⑥ 조직의사를 결정할 수 있는 공식적인 승인권임
⑦ 상황적임

4. 권한위임

1) 권한위임 개념

상위계층이 갖고 있는 업무의 일부를 조직의 아랫사람이 책임지고 할 수 있도록 재량권을 부여하는 것으로 상위계층 관리자가 해야 할 일이 너무 많을 경우, 하위계층 관리자가 이를 대신 수행할 수 있도록 힘을 넘겨주게 되는 것

2) 권한위임 정도

조직이 성장, 발전할수록 조직의 복잡성이나 규모는 커짐에 따라 조직에서 권한위임이 일어남

3) 권한위임 시 고려사항

① 잠재적 해악 : 권한위임으로 인하여 발생할 수 있는 잠재적인 해악
② 업무의 복잡성 : 복잡한 업무일수록 위임이 바람직하지 않다.
③ 요구되어지는 문제해결과 혁신성의 정도
④ 결과의 예측불가능성
⑤ 상호관계의 정도 : 신뢰적인 상호관계가 깨지거나 줄어들 수 있다면 위임하지 않는 것이 바람직하다.

4) 권한위임의 장·단점

(1) 장점
 ① 관리자가 여유 있게 전체 업무를 감독할 수 있음
 ② 관리자는 보다 고차원적인 업무에 매진 가능
 ③ 부하직원들의 경험과 잠재력을 키울 수 있음
 ④ 상, 하위 계층의 모든 사람들이 자신의 전문성을 살릴 수 있음

(2) 단점(역기능)
 ① 권한의 분산으로 각 부서별 이기주의가 팽배해짐
 ② 조직구조의 분산으로 조직 전체의 비용이 증가함

기출 문제 요약

- 복종 : 권위 있는 타인의 명령이나 의사를 그대로 따르는 것 (2016년)

21 권력과 갈등

1. 권력

1) 권력의 개념

특정 개인이나 집단의 어떤 행동에 영향을 미치는 힘이나 능력을 의미하며 상대방의 의지와 상관없이 나의 의지와 뜻을 상대방에게 관철시킬 수 있다.

2) 권력의 성격

(1) 권력은 사회적 성격을 지닌다.
 ① 다른 사람이나 집단과의 상호작용을 통하여 이루어지는 사회적 관계를 나타낸다. 따라서 권력은 동태적 성격을 갖는다.
 ② 개인이나 집단의 권력은 상황과 시간에 따라서 항상 변화한다.
 ③ 권력 구조는 항상 상황과 시간에 따라서 변화한다.

(2) 권력은 권한이나 영향력과는 다른 특성을 지닌다.
 ① 권력은 공식적인 역할이나 지위에 관계없이 개인이나 집단의 특징에서 형성되는 것이다.
 ② 영향력은 다른 사람의 태도, 가치관, 지각, 행동 등을 변화시킬 수 있는 힘으로 동태적 성격을 내포한다.
 ③ 권력은 영향을 미칠 수 있는 능력이나 잠재력으로서 정태적인 성격을 갖는다.

3) 권력의 종류

프렌치와 레이븐은 권력을 공식적인 것(지위 관련)과 개인적인 것으로 구분하였다.

공식적 권력 (지위 관련)	• 보상적 권력 　- 다른 사람이 가치있다고 생각하는 보상을 제공할 수 있는 권력(급여인상, 보너스, 승진 등) 　- 긍정적인 강화 • 강압적 권력 　- 순응하지 않을 경우 불이익(처벌)을 줄 수 있는 개인의 능력에서 유래 　- 부정적인 강화 • 합법적 권력 : 공식적 지위로 인해 발생하는 권력
개인적 권력	• 준거적 권력 : 인간적 특성이나 바람직한 자원에서 유래 • 전문적 권력 : 특정 분야의 전문 지식을 가지고 있음으로 인해 생기는 영향력

2. 갈등

1) 갈등의 내용

(1) 개인 또는 집단에서 의사결정 과정에서 선택을 둘러싸고 곤란을 겪는 상황을 말한다.
(2) 현대에 와서는 갈등의 순기능 면이 강조되어 어느 정도의 갈등은 조직 내에 필요하다는 면이 부각되고 있다.

2) 갈등의 원인

(1) 상호의존성
  조직은 하나의 시스템이기 때문에 조직의 목표를 달성하기 위해 구성요소 간의 유기적 상호작용이 필수적인데, 상호작용 과정에서 하위시스템 간의 상호의존관계는 갈등의 원천이다.

(2) 목표의 차이
  조직 내의 집단들은 조직의 공통 목표 달성을 위해 공헌하는 과정에서 집단의 기능에 따라 추구하는 목적이 다르고 목표가 상충되는 경우에 그것이 갈등의 원인이 된다.

(3) 제한된 자원
  자원이 제한되어 있어서 집단 간의 의존성이 높아지고 경쟁이 심화된다.

(4) 보상구조
  보상구조가 개별집단의 성과에 따라 이루어진다면 집단 간의 갈등이 발생한다.

(5) 시간인식의 차이
  시간인식의 차이는 집단이 수행할 활동의 우선순위와 중요성에 영향을 미치므로 갈등 원인이 된다.

3) 갈등의 순기능과 역기능

(1) 갈등의 순기능
  ① 창의력 고취
    갈등 해결과정에서 비판과 토론을 통하여 혁신과 변화를 위한 창의력을 고취한다.
  ② 의사결정의 질적 개선
    집단의사결정 참여자에게 개방적인 회의 분위기를 조성하여 문제에 대한 비판이나 논쟁을 통하여 의사결정의 질을 개선한다.

③ 응집력의 증가

외부 집단과의 갈등으로 도전이나 위협을 받게 되면 집단의 지위와 구성원의 긍지를 보호하기 위해서 집단구성원 간의 응집력이 강화된다.

④ 능력의 새로운 평가

개인이나 집단들은 갈등을 겪으면서 자신의 능력에 관해 비교적 객관적인 평가를 할 수 있게 되므로 조직의 목표 달성과 성과 개선에 도움이 된다.

(2) 갈등의 역기능

① 목표달성 노력의 약화

갈등 당사자들이 자기의 목표만을 너무 고집하게 되면 당사자들은 서로 합심, 협력하여 달성해야 할 공동의 목표를 소홀히 하게 된다.

② 심리상태의 변화

갈등은 사람의 심리상태에 부정적 영향을 미친다.

③ 제품의 품질저하

갈등은 제품의 품질을 떨어뜨리는 중요한 원인이 되기도 한다.

4) 갈등해결의 이론적 접근

(1) 회피(Avoidance)

갈등을 피하거나 무시하는 방법으로 이 방법은 임시적으로 갈등을 완화할 수 있지만, 장기적으로는 갈등이 더욱 깊어져 부정적인 상황이 발생할 수 있다.

(2) 경쟁(Competition)

자신의 의견을 강하게 주장하고 상대방을 이기려고 하는 방법으로 이 방법은 자신의 목표를 달성할 수 있지만, 상대방과의 관계를 손상시킬 수 있다.

(3) 타협(Compromise)

양측이 일부만을 양보하여 서로 만족할 수 있는 해결책을 찾는 방법으로 이 방법은 빠르게 갈등을 해결할 수 있어서 가장 좋다고 생각할 수도 있겠지만 완전한 해결책을 제공하지는 못한다는 단점도 존재한다.

(4) 협력(Collaboration)

양측이 서로 협력하여 최선의 해결책을 찾는 방법으로 이 방법이 시간과 노력이 필요하지만, 가장 효과적인 해결책을 제공한다고 할 수 있다.

(5) 순응(Accommodation)

자신의 의견을 포기하고 상대방의 의견을 받아들이는 방법으로 이 방법은 상대방과의 관계를 유지할 수 있지만, 자신의 목표를 포기해야 하며 언제 부정적 갈등이 다시 튀어오를지 가늠하기 어렵다.

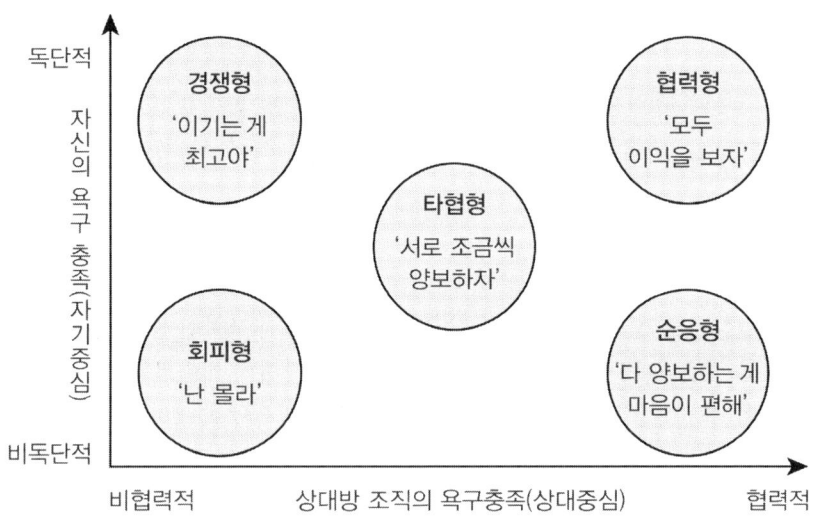

기출 문제 요약

- **사회적 권력 유형**에 대한 설명 (2013년)
  - **합법권력** : 상사의 직책에 고유하게 내재하는 권력
  - **강압권력** : 상사가 징계 해고 등 부하를 처벌할 수 있는 능력
  - **보상권력** : 상사가 부하에게 수당, 승진 등 보상해 줄 수 있는 능력
  - **전문권력** : 상사가 보유하고 있는 지식과 전문기술 등에 근거하는 능력
  - **참조권력** : 매력적으로 느끼거나 존경함에서 나타나는 영향력
- **프렌치와 레이븐의 권력의 원천**에 관한 설명 (2021년)
  - **공식적 권력** : 특정역할과 지위에 따른 계층구조에서 나옴, 해당지위에서 떠나면 유지가 어려움, 종류는 합법적 권력, 보상적 권력, 강압적 권력, 정보적 권력이 있음
  - **개인적 권력** : 자신의 능력과 인격을 다른 사람으로부터 인정받아 생김, 종류는 준거적 권력, 전문적 권력이 있음

22 조직론 기초

1. 조직의 개념

1) 조직문화

모든 조직구성원들의 규범이 되는 가치와 신념으로 조직 내의 고유한 문화이기 때문에 조직에 대한 몰입을 높이지만 외부환경 변화에 대한 적응성, 탄력성 등은 감소된다.

2) 조직개발

전체 구성원들이 조직의 공동목표를 달성할 수 있도록 내부적인 능력을 효율적으로 높여주는 혁신으로서 행동과학의 지식 등을 활용하는 것을 말하며 개인과 조직의 목표를 분리하는 것이 아니라 통합하는 방법으로 조직의 유효성과 효율성을 극대화시켜 결과적으로 생산성의 증대를 가져온다.

2. 조직구조의 설계

상황변수	• 전략(Strategy) : 조직의 전략에 따라 조직구조가 달라진다. 예를 들어, 제품 다각화 수준이 낮다면 단순조직이 적합, 제품 다각화 수준이 높다면 사업부 조직이 적합 • 규모(Size) : 조직의 규모가 커질수록 조직의 복잡성(직위단계, 부서 수)과 공식화 정도가 높아지고, 집권화 수준이 감소(분권화 증가)하여 기계적 조직이 적합 • 기술(Technology) : 조직이 사용하는 기술의 종류에 따라 조직구조가 달라진다. 예를 들어, 단위소량생산, 대량생산, 연속생산 등의 기술 복잡성에 따라 조직구조가 달라진다. 조직기술이 복잡하거나 외부환경이 불안정하면 유기적 조직이 적합 • 환경(Environment) : 조직이 처한 환경의 안정성에 따라 조직구조가 달라진다. 예를 들어, 안정적 환경에서는 효율성을 추구하는 기계적 조직이 적합, 격동적 환경에서는 유연성을 추구하는 유기적 조직이 적합
매개변수	• 작업의 예측가능성 – 이해가능성이 높으면 기계적 조직이 적합 • 작업의 다양성이 높거나 반응속도가 빠르면 유기적 조직이 적합
기본변수	• 과업의 설계 : 과업의 분업화, 작업 절차의 공식화, 작업기술의 표준화 • 조직활동의 통합 : 연락, 역할, 전임 통합자, 매트릭스 조직 • 권한배분 : 수직적 분권화(계층성 권한 이양)와 수평적 분권화(스태프가 의사결정 권한)

3. 조직의 성격과 구조

공식적 성격	공식적 조직은 과업수행을 위하여 관리자들에게 부과된 직무와 권한 그리고 의무체계이며 과업성취를 위하여 인위적으로 만들어짐
비공식적 성격	전형적인 예로 조직 내에 개인적인 취향을 보장하는 각종 취미활동 그룹들이 있음.
유기적 조직	• 통제가 비교적 자유로운 경우와 동태적 환경에 적합하며 관리의 폭이 넓음 • 공식화율은 낮고 분권화의 정도는 높으며 갈등해결도 자유로운 토론방식에 의함
기계적 조직	• 철저한 통제가 필요한 경우와 안정적 환경에 적합하며 관리의 폭이 좁음 • 명령과 지시에 의하며 갈등 해결도 토론이 아닌 상급자의 의사결정에 따름

4. 집권화와 분권화

1) 집권화와 분권화의 구분

(1) 조직의 집권화와 분권화는 권한 위임 정도에 따라서 구분된다.

(2) 집권화된 조직

　　최고 의사결정권한이 부여된 사람에게 대부분의 권한이 집중되어 있어 집권화된 조직의 관리조직은 확고한 명령, 지휘체계 확립이 무엇보다 중요시된다.

(3) 분권화된 조직

　　환경변화에 신속하게 대응할 수 있게 하고, 권한을 위임받은 자는 해당 업무에 전문적 지식을 갖고 있기 때문에 좀 더 과학적 의사결정과 관리를 수행할 수 있다. 또한 권한의 위임은 동기를 유발하여 기업성과를 높여줄 수 있다.

2) 집권화

(1) 집권화의 형성요인

　　① 작은 조직규모, 역사가 짧은 조직 – 집권화가 용이
　　② 조직의 위기는 집권화를 초래
　　③ 개인 리더십에 크게 의존하는 조직일수록 집권화 경향
　　④ 하위 구성원의 역량 부족 시 집권화 경향 발생
　　⑤ 의사결정의 중요도가 높아질수록 집권화
　　⑥ 상급자에 정보가 집중될 경우
　　⑦ 외부 환경 변화(ex : 정부의 집권적 통제)

(2) 집권화의 장단점

장점	단점
통일성 촉진, 전문화 제고, 신속한 업무 처리, 행정기능의 중복과 통합 회피, 분열 억제	• 조직의 관료주의화 성향 및 권위주의 성격 초래 • 조직의 형식주의화로 인한 창의적이고 적극적인 노력 억제 • 획일주의로 인한 탄력성 저해

3) 분권화

(1) 분권화의 형성요인

① 최고관리자가 장기계획 및 정책문제에 더 많은 시간과 노력 투입
② 업무를 신속하게 처리해야 할 필요가 있을 시
③ 조직 내 관리자 육성 및 동기부여 필요 시
④ 조직의 규모 증가에 따라 복잡성이 증가할 경우
⑤ 지역의 특수성을 고려할 필요가 있을 경우
⑥ 분권화를 이끌 수 있는 유능한 관리자가 많을 경우

(2) 분권화의 장단점

장점	단점
• 대규모 조직, 최고관리층의 업무 감소 • 의사결정기간 단축 • 참여의식과 자발적 협조 유도 • 조직 내 의사전달의 개선 • 설정에 맞는 업무처리 가능	• 중앙의 지휘 및 감독 약화 • 업무 중복 초래 • 조직구성원의 힘이 분산되어 협동심 약화 • 조정의 어려움 • 전문직 양성 한계

5. 기계적 조직과 유기적 조직 비교

비 교	기계적 조직	유기적 조직
권한 위양	집권적	분권적
규격과 절차	엄격하고 많은 편	융통성이 있고 적은 편
부서 간의 업무	매우 독립적	상호 의존적
관리의 폭	좁음	넓음
조직구조	공식적 관계	공식적/비공식적 관계
의사소통	수직적 관계	수직적/수평적 관계

🔍 기출 문제 요약

■ 조직구조 설계의 상황요인 : 조직의 규모, 전략, 환경, 기술 (2021년)

23 조직의 형태

1. 라인조직(직계조직, Line Organization)

경영자 또는 관리자의 명령이 상부에서 하부로 직선적으로 전달되는 조직형태(100명 미만)

장점	단점
• 관리자의 통제에 유리 • 중앙의 의사결정이 신속하고 정확하게 전달 • 종업원 각자가 임기응변의 조치를 취하기 쉬움	• 관리자의 업무가 지나치게 많음 • 각 부문 간의 유기적 조정이 곤란함 • 관리자의 개인적 성향에 의하여 독단적인 처리가 생길 우려가 있음

2. 기능(직능)식 조직(Functional Organazation)

라인조직의 결점을 보완하여 제안된 형태로 명령과 복종관계에서 진보된 조직으로, 구매, 인사, 회계, 영업 등의 업무활동을 기능별로 분화하고 기능관리자는 업무활동에 대한 제반사항을 최고경영층에 보고하도록 설계한다. 기능식 조직은 관리자의 업무를 전문화하고 부문마다 다른 관리자를 두어 작업자를 전문적으로 지휘, 감독한다.(소규모 조직, 100~1000명)

장점	단점
• 자원의 효율적 이용(규모의 경제 실현) • 구성원의 심층적 과업기술 개발에 도움 • 구성원의 경력, 경로명을 명확하게 함 • 지시계통을 통일할 수 있음 • 직능 내에서 조정활동이 용이함	• 의사결정이 느림 • 조직의 혁신성이 부족하게 됨 • 성과에 대한 책임성이 명확하지 않음 • 관리훈련이 제한되어 있음 • 직능별 조정이 어려움

3. 라인 – 스태프 조직(Line and Staff Organazation)

기능의 원리와 지휘, 명령, 통일의 원칙을 조화시킬 목적으로 라인과 스태프의 역할을 분리한 것이다.(1000명 이상)

1) 서비스 스태프(Service Staff)

주로 작업적 성격의 서비스 기능을 담당한다. **ex** 연구소, 자재부, 설계부 등

2) 관리 스태프(Administration Staff)

계획 스태프, 통제 스태프, 조정 스태프로 나누어지는데 단순한 조언의 권한뿐만 아니라 기능적 통제의 권한이 부여되는 경우가 많다.

3) 자문 스태프(Advisory Satff)

라인의 장의 자문에 응하며 타 부문의 의뢰에 대하여 조언과 의견을 제시한다.

4. 사업부 조직

제품별, 지역별, 고객별 각 사업부의 본부장에게 생산, 구매, 판매 등 모든 부문에 걸쳐 대폭적인 권한이 부여되며, 독립 채산적인 관리단위로 분권화하여 이것을 통괄하는 본부를 형성하는 분권적인 관리형태(대규모조직)

장점	단점
• 불안정한 환경에서 신속한 변화에 적합 • 제품에 대한 책임과 담당자가 명확해 고객 만족을 높일 수 있음 • 기능부서 간 원활한 조정 • 제품, 지역, 고객별 차이에 신속히 적응 • 제품 수가 많은 대규모 기업 • 분권화된 의사결정	• 자원이 비효율적으로 이용됨(예산낭비) • 제품라인 간 조정 약화 • 전문화 곤란 • 제품라인 간 통합과 표준화 곤란

4. 매트릭스 조직(행렬조직)

다양한 전문적 기술을 가진 사람들의 집단에 의해 해결될 수 있는 프로젝트를 중심으로 조직화된 것으로 신속한 변화와 적응이 가능한 일시적 시스템을 말한다.(중규모조직)

장점	단점
• 이중적인 고객의 요구에 대응 가능 • 인적자원을 유연하게 공유 가능 • 불안정한 환경에서 복잡한 의사결정과 빈번한 변화에 적절하게 대응 가능 • 기능, 제품기술 개발에 대한 적절한 기회 제공 가능	• 이중보고체계로 종업원이 혼란을 느낄 수 있음 • 다양한 인간관계 기술에 대한 교육훈련이 필요 • 빈번한 회의와 갈등 조정 시간이 걸림 • 권력과 균형 유지에 많은 비용이 듦

5. 수평적조직

(팀조직) 프로세스를 중심으로 조직화하는 구조

장점	단점
• 고객에게 유연하고 신속한 대응이 가능 • 종업원들이 조직 목표에 대한 폭넓은 시각을 보유 • 팀워크와 협력 증진	• 핵심프로세스를 규명하는 것이 어렵고 오래 걸림 • 조직문화, 직무설계, 경영철학, 정보와 정보시스템에 대한 개선 필요 • 전문적인 기능 개발 한계 • 관리자 권력이 줄어듦

6. 네트워크조직

내부의 여러 기능을 없애버리고 <u>계약</u>을 통해 필요한 자원과 서비스 조달

장점	단점
• 작은 조직이라도 여러 인력과 자원 획득 가능 • 막대한 투자 없이도 사업 가능 • 신속한 대응 가능	• 직접적 통제 못함 • 협력 업체와의 관계 유지 등에 시간이 많이 소요 • 계약에 따라 종업원이 교체될 수 있기 때문에 기업 문화가 약함

※ 조직에서 권한 배분 시 고려해야 할 원칙
명령통일의 원칙, 책임과 권한의 균형 원칙, 명령계층화의 원칙 등

기출 문제 요약

- **매트릭스 조직** : 기능별 조직과 프로젝트 팀 조직을 결합시킨 형태의 조직으로 1명의 직원이 2명 이상의 상사로부터 명령을 받을 수 있어 명령통일의 원칙에 혼란을 겪을 수 있는 조직구조, 여러 제품라인에 걸쳐 인적자원을 유연하게 활용하거나 공유할 수 있음 (2014년, 2015년, 2019년)
- **가상네트워크 조직**은 협력업체와 갈등해결 및 관계유지에 상대적으로 많은 시간이 필요함 (2015년)
- **기능별 조직**은 각 기능부서의 효율성이 중요할 때 적합함 (2015년), 기능별 구조는 부서 간 협력과 조정이 용이하지 않고 환경변화에 대한 대응이 느림 (2019년)
- **사업별 구조**는 기능 간 조정이 용이하고, 전문 지식과 기술 축적은 불가함 (2019년)
- **사업부제 조직**은 2개 이상의 이질적인 제품으로 서로 다른 시장을 공략할 경우에 적합한 구조임 (2015년)
- **라인스텝 조직**은 명령전달과 통제기능을 담당하는 라인과 관리자를 지원하는 스텝으로 구성됨 (2015년)

24 민쯔버그의 조직유형

1. 민쯔버그의 조직유형 개념

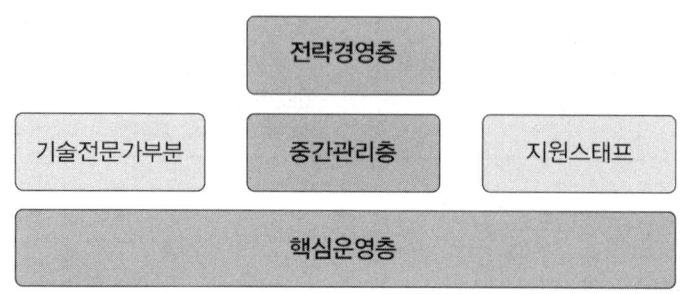

📝 조직의 구성요인에 따라 조직구조 유형 구분

1) 최고경영층(Strategic Apex)

조직 최고위의 의사결정을 담당하고 전체적인 방향성을 제시

2) 중간관리층(Middle Line)

각 기능들이 원활히 동작할 수 있도록 관리하는 중간관리자의 역할

3) 기술전문가 부문(Techno-Structure)

조직 자체의 구조를 설계하고 ERP나 PLM과 같은 운영 프로세스를 구축하는 역할

4) 지원 스태프(Supporting Staff)

운영 프로세스 이외의 업무, 인사, 법무, 총무 등을 담당

5) 핵심운영층(Operating Core)

조직의 생산서비스를 실제로 담당하는 실무진 (구매, 제조, 판매 등)

2. 구성요인의 지향성

1) 전략경영층의 중앙집권화

전략경영층의 직접 감독에 의한 조건으로 단순구조의 조직에서 강하게 작용

2) 중간관리층의 전문화

산출물의 표준화에 의한 조정을 통해 발휘되는 힘으로 사업부제 조직에 강하게 작용

3) 기술전문가부문의 표준화

과업과정의 표준화에 의한 조정을 통해 발휘되며 기계적 관료제 구조에서 강하게 작용

4) 지원 스태프의 조직 간 교류 지향

상호작용에 의한 조정을 통해 발휘되며 혁신 구조, 애드호크라시에서 강하게 작용

> **참고**
> ※ 애드호크라시(Adhocracy)는 능동적이고 역동적이며, 수평적인 소통을 기본으로 하는 조직으로, 다양한 분야의 전문가가 문제를 해결하기 위해서 수행하는 임시적 조직구조

5) 핵심운영층의 분업화, 전문화 지향

작업 기술의 표준화에 의한 조정을 통해 발휘되며 전문적 관료제 구조에서 강하게 작용

3. 순수원형 조직구조

구분	단순구조 (사업초기)	기계적관료제 구조 (반복업무사업)	전문적관료제 구조 (기술사업)	사업부제 구조 (일반기업)	혁신구조 (임시구조)
중요조정 매커니즘	직접감도	과업의 표준화	지식 및 기술의 표준화	산출물의 표준화	상호 조정
조직의 핵심부문	전략층	기술전문가 부문	핵심운영층	중간관리층	지원스태프
과업의 분업화	낮은 분업화	높은 수평적, 수직적 분업화	높은 수평적 분업화	부분적, 수평적, 수직적 분업화(사업부 와 본사 간)	높은 수평적 분업화
훈련과 교육	거의 없음	거의 없음	많이 필요함	어느 정도 필요함.(사업부 관리자에게 필요)	많이 필요함
행동의 공식화	낮은 공식화	높은 공식화	낮은 공식화	높은 공식화 (사업부 내)	낮은 공식화
관료적/ 유기적	유기적	관료적	관료적	관료적	유기적
단위그룹핑	주로 기능성	주로 기능성	기능 및 시장	시장	기능 및 시장

> **기출 문제 요약**

- **사업부제 조직구조 설명 (2018년)**
  - 각 사업부는 사업영역에 대해 독자적인 권한과 책임을 보유하고 있어 독립적인 이익센터로서 기능을 할 수 있음
  - 각 사업부들이 경영상의 책임단위가 됨으로써 본사의 최고경영층은 일상적인 업무로부터 벗어나 전사적인 차원의 문제에 집중할 수 있음
  - 각 사업부마다 시장특성에 적합한 제품과 서비스를 생산하고 판매할 수 있게 됨으로써 시장 세분화에 따른 제품차별화가 용이함
  - 각 사업부의 이해관계를 중시하는 사업부 이기주의로 인하여 사업부 간의 협조가 원활하지 못할 수 있음
  - 각 사업부 간에 기능의 중복현상 발생 가능성이 있음

25. 경영자 계층별 필요관리기술 (로버트 카츠)

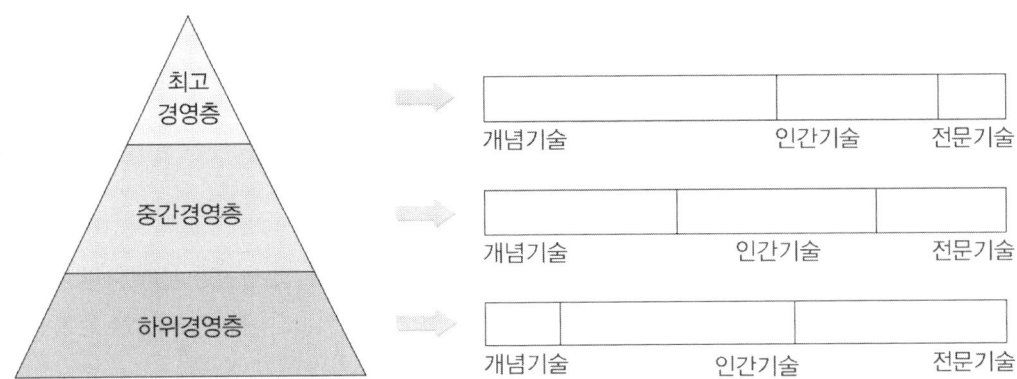

1. 경영자의 관리기술

1) 전문적 기술 (Technical Skill)

특정 분야의 전문적 지식과 경험을 토대로 특정 방법, 절차, 기법 등을 해당 분야에 적용시키는 능력을 말한다. 예를 들어 설계 기술, 시장 조사, 회계 업무, 컴퓨터 프로그래밍, 노사 관계 등이 있다.

2) 대인적 기술 (Interpersonal Skill)

구성원들을 리드하고 동기부여하며 갈등을 관리하고 다른 사람과 더불어 일할 수 있는 능력을 말한다. 모든 조직의 가장 가치 있는 자원은 사람이기 때문에 대인적 기술은 모든 경영자에게 중요하다.

3) 개념적 기술 (Conceptual Skill)

조직을 전체로 보고 자신의 계획 및 사고 능력을 적용할 수 있는 능력을 말한다. 개념적 기술을 가진 경영자는 조직의 여러 부서와 기능이 어떻게 상호 연결되어 있는지 파악하고, 변화가 다른 부서에 어떻게 영향을 미칠 수 있는지 이해한다. 개념적 기술은 미래에 발생할지도 모를 다양한 관리 문제를 진단하고 평가하는 데 사용된다.

2. 관리기술의 최적결합

관리기술의 최적 결합은 개별 경영자가 속한 경영자 계층에 따라 다르다.

1) 전문적 기술

이 기술은 기업의 하위 수준에서 특히 중요시되며, 상위로 올라갈수록 그 중요성은 낮아진다.

2) 대인적 기술

이 기술은 어느 계층에서나 거의 비슷한 비중으로 중요시된다. 경영이란 본래 다른 사람을 통해 목표를 달성시키는 과정이기 때문에 아무리 전문적인 기술과 개념적 기술을 충분히 지니고 있다해도 대인관계가 원만치 못하면 원하는 목표를 달성하기 힘들다.

3) 개념적 기술(Conceptual Skill)

이 기술은 상위 수준일수록 중요시된다. 왜냐하면 최고경영자일수록 기업 전체에 영향을 미치게 되는 포괄적이고 장기적인 의사결정에 임할 가능성이 높기 때문이다.

26 조직구조 주요연구

1. 전통적 연구

1) 의의

전통적 연구는 환경, 규모, 기술과 같은 객관적 변수와 조직구조의 적합 관계를 다루어 온 바 구체적으로 다음과 같다.

2) 환경과 조직구조

(1) 번즈(T. Burns)와 스토커(G.M. Stalker)의 연구

"안전한 환경"은 "기계적 구조"가 "동태적 환경"은 "유기적 구조"가 적합하다 보았다.

(2) 로렌스(P.R. Lawrence)와 로쉬(J. Lorsch)의 연구

조직이 "불확실한 환경"에 접할수록 "하위부분 분화가 촉진"된다 보았다.

(3) 에머리(F.E. Emery)와 트리스트(E.L. Trist)의 연구

환경을 "안정적·임의적, 안정적·집합적, 혼란적·반응적, 격동적 환경"으로 구분, 각 환경에 따라 대처하는 여건이 다르다 보았다.

3) 기술과 조직구조

(1) 우드워드(J. Woodward)의 연구

"대량생산기술"은 "기계적 조직"에 적합하고, "단위생산, 장치생산"의 경우 "유기적 조직"에 적합하다 보았다.

(2) 페로우(C. Perrow)의 연구

"일상적 기술"을 "공식화, 집권화 정도가 높음"을 밝혀내었다.

4) 규모와 조직구조

블라우(P.M. Blau), 차일드(J. Child)는 규모가 증대됨에 따라 "복잡성, 공식화는 높아지나 집권화 수준은 낮아짐"을 밝혔다.

2. 근대적 연구

1) 의의

조직시스템과 외부 상황과의 관계 외에 조직 내부, 하위시스템 내부 및 상호관계, 구성원의 능력과 욕구도 함께 이해하고 예측한다.

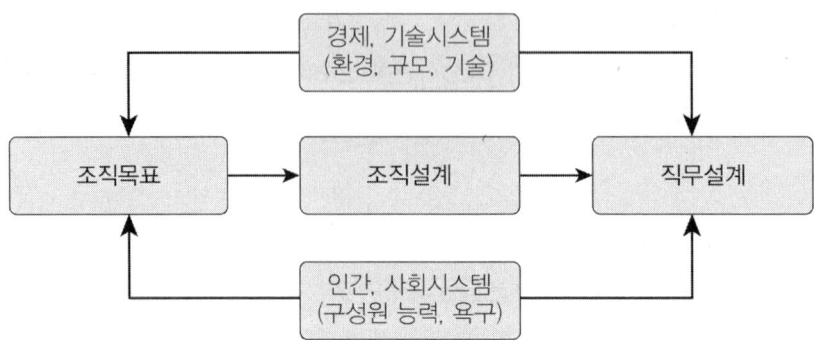

2) 포터(M.E Porter)의 연구

(1) 조직구조가 "기계적"이고 종업원의 성장욕구가 "낮다면" "일상적 직무설계"가
(2) 조직구조가 "유기적"이고 종업원의 성장욕구가 "높다면" "직무충실화"가 되어야 한다고 보았다.

기출 문제 요약

- 모든 조직은 한 가지 이상의 기술을 가지고 있음 (2016년)
- 조직구조의 영향요인으로 기술에 대하여 최초로 관심을 가진 학자는 우드워드(J. Woodward)임 (2016년)
- 톰슨(J. Thompson)은 기술유형을 체계적으로 분류한 학자로 중개형 기술, 연속형 기술, 집약형 기술로 유형화함 (2016년)
- 여러 가지 기술을 구별하는 공통적인 주제는 일상성의 정도(degree of routineness)임 (2017년)
- 상황 적합적 조직구조이론에 관한 설명 (2017년)
  - 우드워드는 기술을 단위생산기술, 대량생산기술, 연속공정기술로 나누었는데, 대량생산에는 기계적 조직구조가 적합하고, 연속공정에는 유기적 조직구조가 적합하다고 주장함
  - 번즈와 스탈커는 안정적인 환경에서는 기계적인 조직이, 불확실한 환경에서는 유기적인 조직이 효과적이라고 주장함
  - 페로우는 기술을 다양한 차원과 분석 가능성 차원을 기준으로 일상적 기술, 공학적 기술, 장인기술, 비일상적 기술로 유형화하였음 (2017년)
  - 블라우와 차일드는 규모가 증대됨에 따라 복잡성과 공식화는 높아지나, 집권화 수준은 낮아짐
- 조직구조 설계의 상황요인(조직의 규모, 전략, 환경, 기술, 시장 여건, 문화, 역사, 목표, 권력) (2017년)
- 조직구조의 종류와 설명 (2023년)
  - 가상조직 : 물리적 한계를 극복한 가상공간을 통해 존재하는 조직

- 하이퍼텍스트조직 : 구성원이 소속부서에 얽매이지 않고 자유자재로 재조직이 가능한 유연한 조직
- 애드호크라시 : 조직에서 일상적이지 않고 비전형적인 문제를 해결할 목적으로 구성되는 팀
- 매트릭스조직 : 기능별 부문화와 제품별 부문화를 결합한 조직구조, 여러 제품라인에 걸쳐 인적 자원을 유연하게 활용하거나 공유할 수 있는 조직
- 네트워크조직 : 전통적 조직의 핵심요소를 간직하고 있으나 조직의 경계와 구조가 없는 조직

■ 조직설계에 영향을 미치는 기술유형을 학자들이 제시한 것에 관한 설명 (2024년)
- **우드워드**(J. Woodward) : 소량단위 생산기술, 대량생산기술, 연속공정생산기술
- **페로우**(C. Perrow) : 일상적 기술, 비일상적 기술, 장인기술, 공학적 기술
- **톰슨**(J. Thompson) : 중개형 기술, 연속형 기술, 집약형 기술

27 번스(Burns)와 스토커(Staker)의 연구

1. 의의

번스와 스토커는 영국 내 기업을 조사해 외부환경과 조직구조 사이에 관련성이 있음을 발견하고, 동태적 환경에 처한 유기적 구조, 안정적 환경에 처한 조직은 기계적 구조를 갖게 된다고 연구하였다.

2. 기계적 조직(mechanistic organization)

기계적 조직은 안정적 환경에 놓인 조직구조로, 표준화된 절차 아래 기계적으로 작동하고, 최고경영층에게 권한이 집중되어 집권화 정도가 높다. 공식적이고 수직적인 의사소통을 통한 권한 계층을 이루는 관료제 구조이다.

3. 유기적 조직(organic organization)

유기적 조직은 동태적 환경에 처한 조직으로, 느슨하고 자유로운 유연한 조직이다. 표준화된 규정이 거의 없고 권한 위양을 통한 분권화가 이루어지고, 수평적인 의사소통과 협력적인 팀워크가 이루어지는 조직 구조이다.

기계적 조직(A조직)	유기적 조직(B조직)
• 집권화된 조직구조	• 분권화된 조직구조
• 전문화된 과업	• 권한 위양된 역할
• 많은 규칙과 공식성	• 적은 규칙과 비공식성
• 수직적 의사소통	• 수평적 의사소통
• 엄격한 권한 계층	• 협력적 팀워크

참고

※ A조직과 B조직의 특징(뷰로크라시와 애드호크라시 조직)

1. A조직 : 효율성을 위한 관료제(bureaucracy)

정년이 보장되어 있고, 세금에 의해 안정적인 재무운영이 가능하며, 공식화가 높고, 조직도에 따라 권한과 책임이 명확하게 규정되어 있어 공무원 조직이면서 전형적인 관료제이다. 관료제의 주요 목표는 효율성과 생산성이며, 안정적인 환경에 적합하고, 권한은 관리층에 집중되며, 갈등은 상급자 의사결정으로 해결된다.

2. B조직 : 문제해결을 위한 혁신조직(adhocracy)

앱 개발 완성을 위해 일시적, 잠정적, 동태적으로 결합된 조직으로서 전형적인 애드호크라시 조직이다. 혁신조직의 주요 목표는 유연성과 적응성이며, 동태적인 환경에 적합하고, 권한은 실무 전문가에게 위양되며, 갈등은 토론 및 상호작용에 의해 해결된다.

기출 문제 요약

- 번즈(Burns)와 스탈커(Staker)는 안정적인 환경에서 기계적인 조직이, 불확실한 환경에서는 유기적인 조직이 효과적이라고 주장함 (2017년)

28 우드워드(Woodward) 조직구조(기술과 조직구조)

1. 의의

최초의 제조기술에 대한 연구는 영국의 조앤 우드워드에 의해 이루어졌으며, 그녀는 남부 에식스 지방에서 100여개 제조기업을 대상으로 현장 연구를 하였다.

2. 기술의 복잡성(technical complexity)

기술의 복잡성이란 생산과정의 기계화 정도와 예측 가능성 정도를 나타내는 것으로, 기술 복잡성이 높다는 것은 대부분의 작업이 기계에 의해 수행되어지기 때문에 예측하기가 쉽다는 것을 의미한다. 우드워드는 기술 복잡성에 따라 기술의 유형을 나누었다.

3. 기술의 유형

1) 단위소량 생산기술 : 기술 복잡성 저

특정 고객의 필요성 충족을 위한 것으로, 사람의 수공에 의존하는 기술 유형이고, 기술 복잡성이 매우 낮다.
ex) 맞춤양복 등

2) 대량 생산기술 : 기술 복잡성 중

기계화된 조립공정에 따라 표준화된 제품을 생산하며, 기술 복잡성은 중간 정도이다.
ex) 자동차나 전자제품의 조립 생산 등

3) 연속공정 생산기술 : 기술복잡성 고

생산의 전과정이 기계화되어 연속적인 변환 과정을 거치며, 산출물에 대한 예측 가능성이 매우 높고, 기술 복잡성이 매우 높은 편이다.
ex) 정밀화학제품, 석유정제, 합성섬유산업 등

4. 연구결과

1) 관리자 비율은 기술 복잡성이 커지면서 증가한다. 즉 단위생산에서 연속생산으로 가면서 증가한다. 복잡한 기술을 다루기 위한 요구사항이 증가하기 때문이다.
2) 직접인력 대 간접인력의 비율은 기술 복잡성이 커지면서 감소한다. 복잡한 기계를 운용하는 데 간접인력은 더욱 필요하지만, 자동화 설비로 직접인력은 점차 감소하기 때문이다.
3) 감독자의 통제범위, 절차의 공식화, 집권화는 대량생산의 경우 더욱 높으며, 그 이유는 표준화된 작업 때문이다.
4) 직원의 기술수준은 단위소량생산과 연속공정생산의 경우 높은 수준의 기술이 필요하고, 예외 발생의 빈도가 비교적 높기 때문에 구두 의사소통 빈도가 잦지만, 대량생산의 경우 표준화, 일상적 기술로 요구되는 기술 수준이 낮고, 예외 발생의 빈도가 낮아 구두 의사소통 빈도도 낮다.

5. 기술 유형과 조직구조

1) <u>단위소량생산과 연속공정생산의 경우</u> 직원들의 전문성이 높고, 예외 발생에 동태적으로 대응해야 하며, 표준화, 규정, 절차의 정도가 낮기 때문에 <u>유기적인 조직구조</u>가 적합하다.
2) <u>대량생산의 경우</u> 표준화, 일상화된 프로세스에 따라 기술이 운용되고, 절차, 규정의 공식화 정도가 높기 때문에 <u>기계적 조직구조</u>가 적합하다.

> **참고**
>
> ※ 기술의 의의
> 기술(technology)이란, 조직의 투입물을 산출물로 변환시키는 데 사용되는 프로세스, 기계, 행동 등을 총괄하는 개념으로 모든 조직은 한 가지 이상의 기술을 가지고 있다.

기출 문제 요약

- **우드워드(Woodward)**는 기술을 단위생산기술, 대량생산기술, 연속공정기술로 나누었는데, 대량생산에는 기계적 조직구조가 적합하고, 연속공정에는 유기적 조직구조가 적합하다고 주장함 (2017년)
- 조직구조의 영향요인으로 기술에 대하여 최초로 관심을 가진 학자는 **우드워드**임 (2016년)
- **우드워드(J. Woodward)** : 소량단위 생산기술, 대량생산기술, 연속공정생산기술 (2024년)

29 페로우의 기술연구

1. 기술의 정의

페로우는 "기술"을 어떤 대상을 변화시키기 위해 그 대상에 행해지는 모든 활동이라고 정의하고, 기술의 차원을 과업의 다양성과 문제의 분석 가능성으로 나눠 분류하였다.

2. 기술의 차원

1) 과업의 다양성(variety)

과업의 다양성은 과업수행 중 발생하는 예외의 수를 말한다. 과업의 다양성이 높다는 것은 예외 상황이 발생할 가능성이 크다는 것이다.

2) 문제의 분석 가능성(analyzability)

문제의 분석 가능성은 과업 수행 중 발생한 문제의 해결책을 찾아낼 가능성을 의미한다. 분석가능성이 높다는 것은 해결책을 찾아내기 용이하다는 의미이다.

3. 기술의 분류

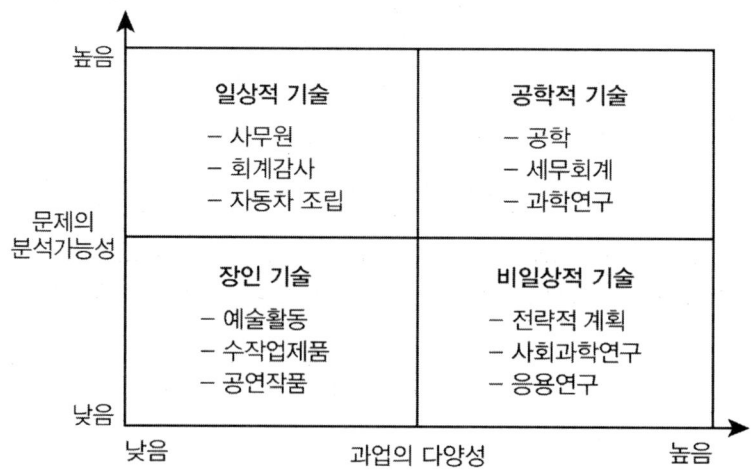

1) 장인 기술(craft)

과업이 다양하지 않아 조직 내 공식화 정도가 높고, 발생하는 문제의 해결 가능성이 낮아 해결을 위해 의사결정권이 업무 담당자들에게 분권화되어 있다.
ex 맞춤양복, 공예산업 등

2) 비일상기술(non-routine)

과업 수행 중 예외 발생빈도가 높아 공식화 정도가 매우 낮고, 발생하는 문제들의 해결이 어려워 의사결정의 분권화 정도가 매우 높다.
ex 사회과학 연구, 인사조직 연구 등

3) 일상기술(roytine)

과업이 복잡하지 않고, 분석가능성이 높아 집권화, 공식화 정도가 높고, 표준화된 매뉴얼대로 업무를 처리한다.
ex 사무원, 회계감사 등

4) 공학기술(engineering)

과업 다양성이 높지만, 분석 가능성 역시 높기 때문에 구성원의 상당한 지식, 공식, 절차 등에 의해 해결될 수 있다. 집권화되어 있지만 공식화 정도가 낮아 조직이 유연하다.
ex 공학, 과학연구 등

기출 문제 요약

- 페로우(Perrow)는 기술을 다양성 차원과 분석 가능성 차원을 기준으로 일상적 기술, 공학적 기술, 장인기술, 비일상적 기술로 유형화 함 (2017년)
- 페로우(C. Perrow) : 일상적 기술, 비일상적 기술, 장인기술, 공학적 기술 (2024년)

30 톰슨의 연구(기술유형과 조직구조 간의 관계)

1. 의의

부서 간 상호의존성(interdependence)에 따라 조직구조가 형성되고 각 조직구조는 그에 걸맞는 기술유형을 사용함으로써 조직효과성을 높일 수 있다고 보았다.

2. 기술의 유형

1) 중개형 기술

낮은 복잡성, 높은 공식화, 규칙 및 절차를 통한 조정이 적합하다.

2) 연속형기술

중간 정도의 복잡성, 공식화와 일정계획을 통한 조정이 적합하다.

3) 집약형 기술

높은 복잡성, 낮은 공식화, 상호조정을 통한 조정이 적합하다.

3. 기술의 상호의존성

1) 집약적 상호의존성(Pooled Interdependence)

부서 간의 상호의존성이 없는 형태로 투입과 산출에서 중개적 기술을 사용하여 고객에게 제품이나 서비스를 제공

2) 순차적(연속적) 상호의존성(Sequential Interdependence)

한 부서의 활동이나 다른 부서의 활동에 직접적으로 관련되어 제품을 생산하는 과정이 연속적이다.

3) 교호적 상호의존성(Reciprocal Interdependence)

하나의 과업을 수행하기 위하여 여러 부서의 활동이 동시에 상호 관련되어 있는 것을 의미

	중개형 기술	연속형 기술	집약형 기술
상호의존성	집합적 상호의존성	순차적 상호의존성	교호적 상호의존성
조직 구조	기계적 조직구조	기계적 조직구조	유기적 조직구조
갈등 수준	낮음	중간	높음
조정 방법	표준화, 규칙, 절차	일정계획, 예정표	상호 조정, 협력
조정 난이도	쉬움	중간	어려움
의사소통 필요성	낮음	중간	높음
복잡성	낮음	중간	높음
공식화	높음	중간	낮음

기출 문제 요약

- 톰슨은 기술을 단위작업 간의 상호의존성에 따라 중개형, 장치형, 집약형으로 유형화하고, 이에 적합한 조직구조와 조정형태를 제시함 (2017년)
- **톰슨**(J. Thompson) : 중개형 기술, 연속형 기술, 집약형 기술 (2024년)

31 조직수명주기

1. 조직수명주기의 개념

1) 창업단계조직(Enterpreneurial Stage)

(1) 조직의 설립자가 경영주고 그들은 모든 노력을 창의적인 단일제품 또는 서비스의 생산과 마케팅의 기술적 활동에 기울임으로써 생존을 도모하게 된다.
(2) 조직이 지속적인 성장을 원한다면 조직은 관리활동의 결여로부터 오는 위기를 극복하는 데 적절한 관리기법을 도입하거나 소개할 수 있는 강력한 지도자를 필요로 한다.

2) 집단공동체단계(Collectivity Stage)

(1) 권한체계, 직무할당 그리고 초기 과업의 분화에 따른 부서 정비, 공식적인 절차 등과 같은 조직 구조의 체계화가 서서히 이루어지며 구성원들은 조직의 성공과 사명을 달성하는 데 몰입하게 된다.
(2) 다소 공식적인 시스템이 나타나기 시작하지만 커뮤니케이션과 통제가 비공식적이다.
(3) 최고경영자는 조직의 모든 부분을 직접 조정하고 관할하려 하고 하위관리자는 자신의 기능분야에 대한 자신감을 획득하여 보다 많은 재량권을 요구하나, 강력한 리더십을 통해 성공을 거둔 최고경영자가 권한을 포기하지 않음으로써 위기가 발생한다.
(4) 조직은 최고경영자의 직접적인 조정과 감독없이 스스로를 조정하고 통제할 메커니즘을 찾으려 한다. 따라서 이 시점에서의 위기를 극복하기 위해서는 의사결정 권한의 위임과 그러한 위임에 따른 통제 메커니즘을 확보해 주는 구조설계전략이 필요하다.

3) 공식화단계(Formalization Stage)

(1) 최고경영자는 권한을 하부로 위임하지만 동시에 보다 밀도 있는 통제를 바탕으로 안정과 내부효율성을 추구하기 위하여 공식적 규칙과 절차 그리고 관리회계와 같은 내부통제 시스템을 들여온다.
(2) 경영자가 내부효율성 통제를 위해 공식적인 제도, 규정, 절차 등의 내부 통제시스템을 도입하여 성장하는 시기다.

4) 정교화단계(Elaboration Stage)

팀 육성에 의한 방법으로 활력을 회복한 조직이라도 성숙기에 도달하고 난 후에는 일시적인 쇠퇴기에 진입하게 된다. 조직이 적시에 환경 적응을 하지 못하므로 다시 성장하기 위해서 조직은 혁신을 통한 새로운 활력이 필요하게 된다. 이 시기의 조직은 혁신과 내부합리화를 통한 조직의 재활이 필요하다.

2. 조직수명주기에 따른 조직의 특성

구분	창업단계	집단공동체단계	공식화단계	정교화단계
	비관료적	준관료적	관료적	초관료적
특징적 구조	비공식적, 1인체제	전반적으로 비공식적, 부분적 절차	공식적 절차, 명확한 과업문화, 전문가 영입	관료제 내의 팀운영, 문화의 중요성
제품/서비스	단일의 제품 및 서비스	관련 주요 제품	제품라인 및 서비스	복수의 라인
보상과 통제시스템	개인적, 온정적	개인적, 성공에 대한 공헌	비인적, 공식화된 시스템	제품과 부서에 따라 포괄적
혁신의 주체	창업주	종업원과 창업주	독립적인 혁신집단	제도화된 R&D
목표	생존	성장	명성, 인정, 시장확대	독특성, 완전한 조직
최고경영자 관리스타일	개인주의적, 기업가적	카리스마적, 방향제시	통제를 바탕으로 한 위임	참여적, 팀 접근적

32 조직문화

1. 조직문화의 개념

조직문화란 조직구성원들이 공유하고 전수하는 가치관과 신념 및 규범으로서, 대내적으로는 구성원 통합을, 대외적으로는 외부환경 적응의 역할을 수행한다. 유형적인 개념이 아니라 무형적인 관념의 체계이며 이념, 관습, 규범, 전통 등이 이에 포함된다. 이는 특정 집단이 외부환경에 적응하고 내적으로 통합해 나가는 과정에서 고안되고 발견 및 개발된 것이다.

2. 조직문화의 중요성

(1) 조직문화는 조직의 공식적 운영뿐만 아니라 조직의 비공식적 운영 과정에도 관행의 형태로 영향을 미친다.
(2) 조직문화는 조직의 전략과정에 이념의 형태로 영향을 미친다.
(3) 조직문화는 유형 자원과 무형의 인지적 자원을 포함하기 때문에 기업 경쟁력의 원천이 될 수 있다.

3. 샤인의 조직문화 구성요소

샤인의 조직문화 모델은 기본적인 가정, 가치관, 인공물 및 창작물을 제시한다. 기본적인 가정이란 잠재적 단계에 속하는 조직 활동에 대한 기본적인 가정들을 말하며, 가치관이란 기본 가정들에서 파생되는 가치관을 말한다. 또한 인공물 및 창작물이란 가치관이 표출되는 가시적인 인공물이나 창작물을 말한다.

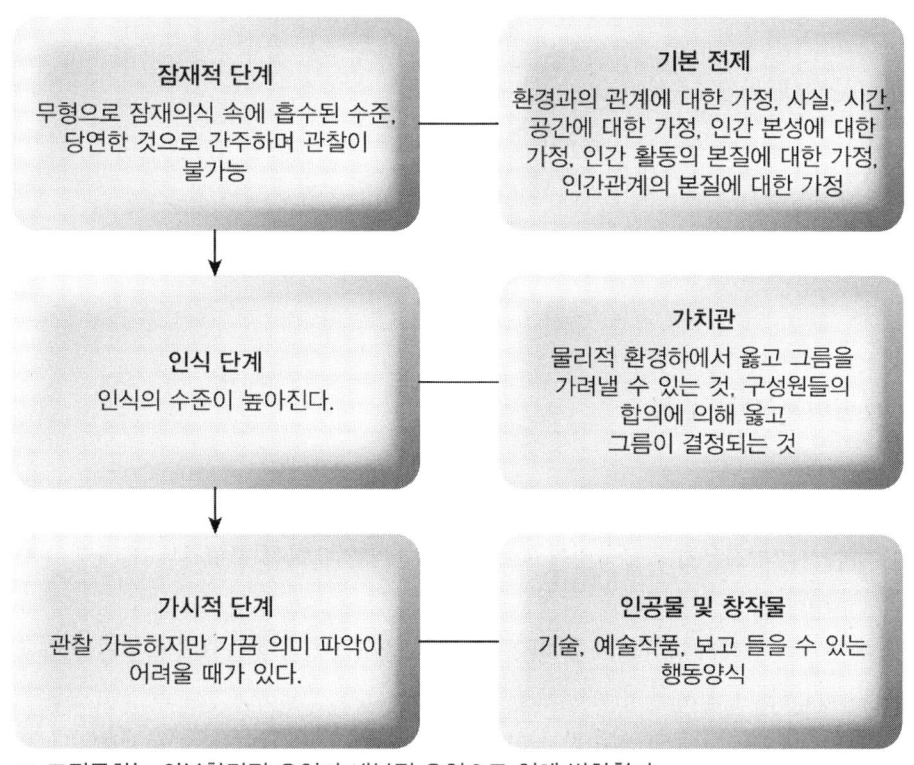

※ 조직문화는 외부환경적 요인과 내부적 요인으로 인해 변화한다.

4. 조직문화의 장단점

1) 장점

① 한 조직을 다른 조직과 구별짓게 하는 경계설정 역할의 수행(정체성 제공)
② 구성원의 일체감 조성
③ 체제의 안전성 재고
④ 통제 메카니즘의 역할
⑤ 행동지침의 제공
⑥ 게임 규칙의 설정
⑦ 공식화의 대체적 기능
⑧ 개인의 이익보다 조직의 이익에 헌신
⑨ 불안, 초조, 불확실성 감소
⑩ 학습도구로서의 기능

2) 단점

① 혁신에 대한 제약조건이 될 수 있다.
② 일단 형성된 조직문화는 쉽게 변화되지 않는다.
③ 조정 및 통합의 어려움이 있다.
④ 신입구성원의 창의성 제약
⑤ 기업 M&A의 걸림돌

5. 조직문화의 형성과 유지

1) 창업자

(1) 창업자는 조직문화의 궁극적인 원천이며 초기 조직문화를 형성하는 데 가장 큰 영향력을 행사한다.
(2) 창업자는 조직이 나아가야 할 비전을 가지고 있고, 이전의 습관이나 이념에 의해 제한받지 않는다.
(3) 창업자들은 자신들과 비슷한 성향과 사고방식을 가진 사람을 주로 채용한다.
(4) 창업자는 조직원들에게 자신의 사고방식을 가지도록 주입한다. 이는 자신의 신념과 가치를 직원이 파악하고 내부화할 수 있도록 모델이 되는 방식으로 조직문화를 형성한다.

2) 최고경영자

최고경영자는 자신의 말과 행동을 통해 경영진부터 하위 조직까지 영향을 미치고, 이는 규범 형성까지 이어지기 때문에 조직문화에 큰 영향을 준다.

3) 선발

조직은 조직의 가치와 많은 부분을 공유하고 있는 사람을 채용한다. 선발과정은 지원자에게 조직에 대한 정보를 제공하는 역할을 하고, 이를 통해 자신과 조직의 가치가 다른 사람은 지원하지 않는다.

4) 조직사회화(socialization)

조직사회화란 <u>조직원을 내부 구성원으로 변화시키기 위해 핵심 메커니즘을 통해 조직문화를 정착시키는 것</u>이다. 신입사원은 조직문화가 생소하기 때문에 조직의 신념과 관례 등을 거부할 수 있는 가능성이 잠재되어 있다. 그러므로 조직사회화를 거친다.

6. 조직 사회화의 단계

1) 사전적 사회화 단계(prearrival)

개인이 조직에 들어가기 전에 하는 모든 학습을 포함하는 단계로, 개인은 이미 가지고 있는 가치와 태도, 기대감 등을 가지고 있는 단계이다. 사전적 사회화 단계에서 조직은 조직문화와 적합한 사람 유형을 알려주고 현실적 직무소개 RJP(Realistic Job Preview)를 실시하여 이직률을 낮추기 위해 노력한다.

2) 직접 대면 단계(encounter)

직접 대면 단계에서 개인이 조직에 진입하여 기대했던 바와 현실의 차이를 느낀다. 이때 신입 직원들은 자신의 예상과 다른 부분들을 사회화를 통해 습득해야 한다. 이를 습득하지 못하면 조직을 떠난다.

3) 변형 단계(metamorphosis)

직접 대면에서 마주한 문제점을 해결하기 위해 스스로 변화하는 단계를 변형 단계라고 한다. 변형 단계에서는 요구를 숙련하거나 줄이거나 묵인하려는 행동적이고 인식적인 노력을 하며 통제와 사회적 지지는 요구사항을 숙련하는 데 중요한 역할을 한다.
신입 직원이 자신의 업무에 대해 편안함을 느낄 때 조직사회화 과정이 완료되었다고 본다. 조직사회화 과정이 완료되면 신입 직원들은 조직문화를 이해하고 받아들이며, 업무 수행에 대한 자신감(자기효능감)을 갖게 된다. 그뿐만 아니라 성과평가를 위해 어떤 기준이 사용될 것인지 이해하게 된다.

7. 강한 문화와 약한 문화(strong culture & weak culture)

1) 강한 문화의 장점

강한 문화는 조직의 핵심 가치가 강하게 그리고 널리 공유되고 있는 문화를 말한다. 강한 문화를 가진 조직은 많은 구성원들이 핵심 가치를 수용하고, 이에 대한 몰입도가 크다는 것이다. 강한 문화를 가진 조직은 행동을 강력하게 통제할 수 있는 분위기를 가지고 구성원들의 행동에 많은 영향을 미치며 높은 의견 일치를 보인다.

2) 강한 문화의 단점

조직문화가 너무 강하면 틀에 정확하게 맞추어야 하므로 <u>융통성과 창의성이 결여된다</u>. <u>비윤리적 행동에도 조직을 보호하려는 공동체 의식</u>이 높다. 대부분 융통성이 없는 조직이 될 위험이 있다.

3) 약한 문화의 단점

약한 문화는 장점이 없다. 조직문화가 약하므로 불필요한 권력 게임, 갈등, 중재 기준도 없어서 조직문화의 장점을 하나도 누리지 못한다.

8. 샤인(Schein)은 조직의 발전단계와 각 단계에서 직면하게 되는 조직문화적 이슈들을 크게 세 단계로 분류

첫 번째 단계 : 창립과 초기성장기(초기성장기는 가족 지배단계와 계승단계로 세분화)
두 번째 단계 : 조직성장기
세 번째 단계 : 조직성숙기(조직성숙기는 변혁기와 해체기로 구분)

1) 창립과 초기 성장기

(1) 창업자 지배, 가족 지배단계
　　창립 초기 조직의 문화를 형성시키는 핵심적 요소

(2) 계승단계
　　초기 조직문화가 형성되고 난 후 2, 3세로 승계

구 분		문화의 기능
창립과 초기성장기	창업자 지배 가족지배	• 문화는 일체감의 원천 • 문화는 조직을 하나로 묶어주고 심리적 접착제 역할 • 조직은 문화를 통한 통합을 추구
	계승단계	• 문화는 보수파와 급진파의 싸움터가 됨 • 계승 후보자는 기존의 문화요소를 보전할 것인지 변화시킬 것인지에 대한 결정에 직면

2) 조직 성장기

조직 창립기의 지배구조가 더 이상 유효하지 않은 상태. 즉 전문 경영진의 조직 내 힘이 가족 경영자의 권한보다 커지게 되는 시점

구분	문화의 기능
성장기	• 새로운 하위문화가 생성됨에 따라 문화적 통합 정도가 약화된다. • 중요한 목표, 가치관, 가정의 상실이 일체감의 위기를 초래한다. • 문화 변화의 방향을 관리하기 위한 기회가 제공된다.

3) 조직성숙기

조직의 지속적 성장은 내부에 강력한 기업문화를 만들어 낸다. 하지만 외부환경이 변화하는 경우 강한 기업문화는 오히려 조직 성장에 걸림돌이 된다.

구분		문화의 기능
성숙기	변혁기	• 문화변화는 필수적이지만 문화의 모든 요소를 변화시키는 것은 아니다. • 문화의 핵심 요소를 확인하여 보존해야 한다. • 문화의 변화는 관리되거나 점진적으로 전환하도록 내버려둘 수 없다.
	해체기	• 문화가 기본적으로 패러다임 수준에서 변화해야 한다.(전면적변화) • 대규모 인력 교체를 통해 문화를 변화시킨다(그외 문화 교체의 주요 수단 : 강압적 설득, 방향전환, 파괴와 재조직화).
일반적 특징		• 문화가 혁신의 제약조건으로 작용한다. • 문화는 과거의 영광을 보존하며, 자부심, 자기방어적 원천이 된다.

9. 딜과 케네디의 문화유형

딜과 케네디는 ① 기업활동과 관련된 위험의 정도, ② 의사결정 전략의 성공 여부에 관한 피드백의 속도라는 두 가지 차원에서 4가지의 조직문화로 분류

위험정도 \ 피드백 속도	빠름	늦음
많음	① 거친 남성문화 개인주의 건설, 화장품, 영화, 스포츠산업	③ 사운을 거는 문화 투기적 결정 석유탐사회사, 비행기제조회사
적음	② 일 잘하고 잘 노는 문화 팀워크 백화점, 컴퓨터회사, 방문판매	④ 과정문화 과정이나 결과에 집중 은행, 보험회사, 정부, 공기업

1) 거친 남성문화

감수해야 할 위험이 높고, 결과 피드백 기간이 짧을 때 나타나는 문화로, 개인주의적 태도로 모든 것이 단기간에 이루어지고, 협동의 미덕은 무시된다.

2) 일 잘하고 잘 노는 문화

위험감수성 정도가 낮고, 결과 피드백 기간이 짧을 때의 문화로, 강력한 판매력을 지니며 팀 접근법으로 문제를 해결한다.

3) 사운을 거는 문화(전심전력형 문화)

위험감수성 정도가 높고, 피드백 기간이 장기일 때 나타나는 문화로, 장기적 관점을 기반으로 기술력이 강하고, 권위에 대한 존경심이 강하다. 위계질서가 명확하다.

4) 과정문화(관료 절차형 문화)

모험감수 정도가 낮고, 피드백 기간이 장기일 때 나타나는 문화로, 매우 방어적이고 관료주의적 특징이 나타난다.

10. 홉스테드의 조직문화

홉스테드는 모든 국가 문화를 4가지 차원으로 분류

1) 개인주의 대 집단주의

개인주의란 자신과 직계 가족들에게만 관심을 가지는 것(느슨한 사회구조), 집단주의는 우리의 집단과 외부집단 사이를 구별하는 엄격한 사회구조.

2) 권력간격(권위주의)

권력이 불평등하게 분산되어 있다는 사실을 받아들이는 정도.

3) 불확실성에 대한 회피성

불확실성의 회피가 약한 사회는 미래에 대해 별로 위협을 느끼지 않음 불확실성의 회피가 강한 사회는 초조, 불안 등이 뚜렷하게 나타나며 이에 따라 각종 법적, 규범적 제도장치를 통해 리스크를 줄이고 안정을 기하기 위해 온갖노력을 기울인다

4) 남성다움과 여성다움

사회적 성역할의 구분을 극대화하는 사회를 남성다운 것으로 보고 상대적으로 그것을 작게 하는 사회를 여성다운 것으로 본다.

11. 파스칼과 피터스의 7S 모형

1) 의의

조직문화의 중요 요소와 이들 간의 상호관계를 개념화한 것이 7S모형이다.

2) 구성요소

(1) 공유가치(Shared Values)

구성원이 함께 공유하는 가치관으로 다른 조직문화 구성요소에 영향을 주는 핵심요소

(2) 전략(Strategy)

기업의 장기적인 계획과 달성을 위한 자원분배과정 등을 포함한다.

(3) 조직구조(Structure)

전략수행에 필요한 조직구조, 직무설계 등이다.

(4) 관리시스템(System)

보상제도, 의사결정 및 목표설정 시스템 등 관리제도와 절차를 포함한다.

(5) 구성원(Staff)

기업의 인력구성과 개별 구성원들의 능력, 전문성 등을 포함한다.

(6) 기술(Skill)

물리적 하드웨어 기술과 이를 작동 시키는 소프트웨어 기술, 기업경영기술 등을 포함한다.

(7) 리더십 스타일(Style)

경영자의 관리 스타일로, 구성원의 동기부여와 상호작용에 영향을 준다.

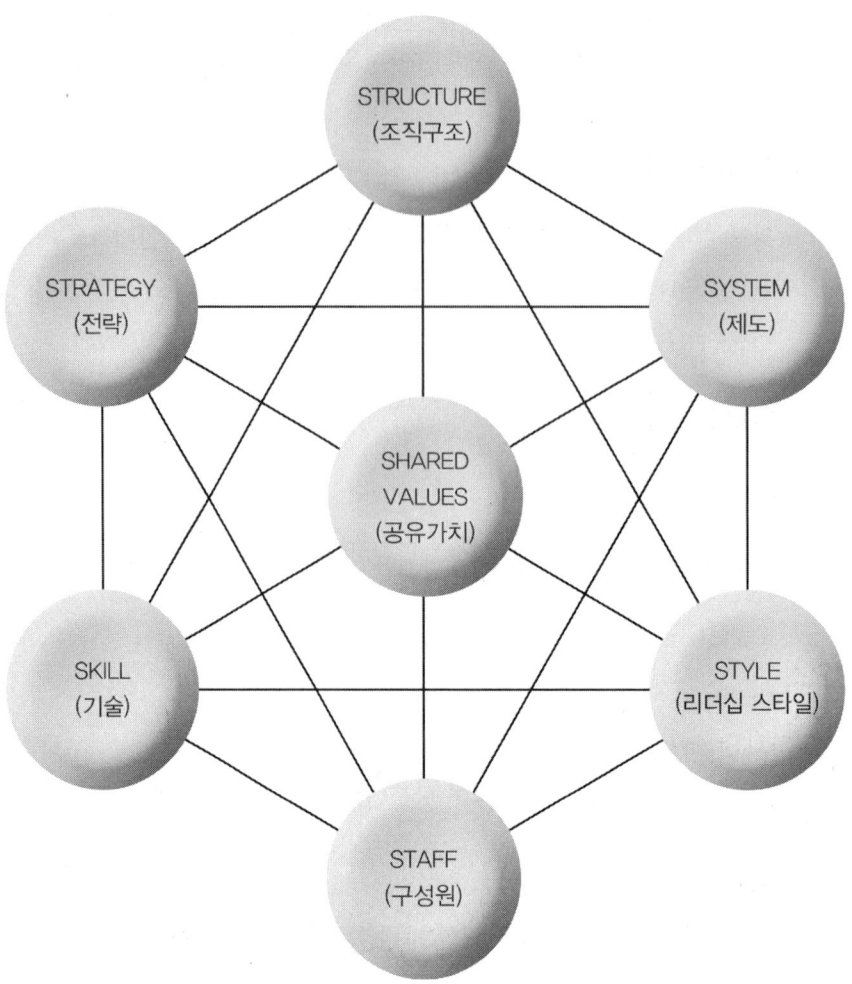

12. 핸디와 해리슨의 조직문화유형

'90년대 중반, 직업심리학 교수였던 로저 해리슨(Roger Harrison)과 조직행위 전문가 찰스 핸디(Charles Handy)는 조직에서의 집중성(Centralization)과 공식성(Formalization)의 두 축으로 조직문화를 구분하였다.

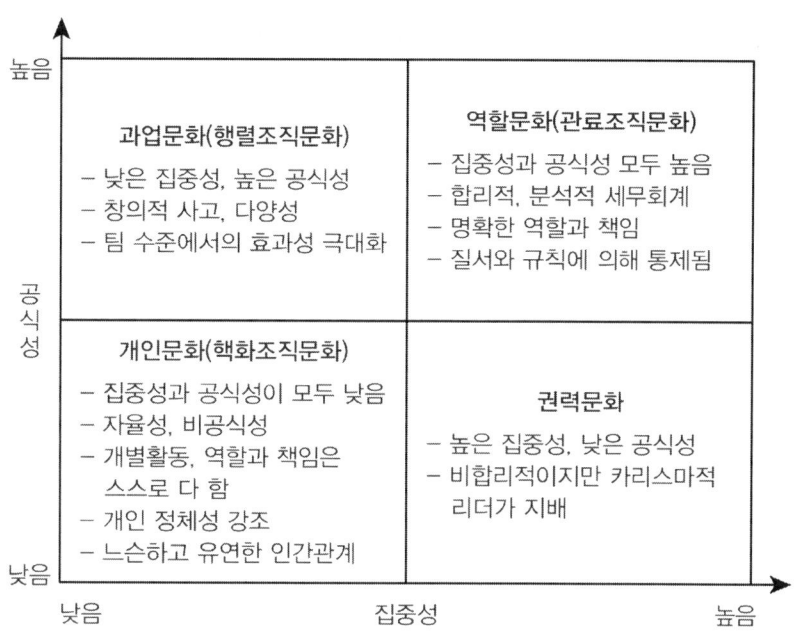

기출 문제 요약

- **조직문화의 순기능** (2014년)
  - 조직구성원들에게 일체감 조성, 생각과 행동지침이나 규범을 제공, 안정성과 계속성을 갖게 함, 태도와 행동을 통제하는 기제(mechanism) 기능
- **조직문화에 관한 설명** (2015)
  - **파스칼과 애토스**는 조직문화의 구성요소로 7가지를 제시하고 그 가운데 공유가치가 가장 핵심적인 의미를 갖는다고 주장함 (2017년)
  - **샤인**에 의하면 기업의 성장기에는 소집단 도는 부서별 하위문화가 형성되며, 조직문화의 여러 요소들이 제도화 됨
  - **홉스테드**에 의하면 불확실성 회피성향이 강한 사회의 구성원들은 미래에 대한 예측 불가능성을 줄이기 위해 더많은 규칙과 규범을 제정하려는 노력을 기울임
  - **딜과 케네디**는 기업활동과 관련된 위험의 정도, 의사결정 전략의 성공 여부에 관한 피드백의 속도라는 두 가지 차원에서 4가지의 조직문화로 분류함
- **조직사회화**란 신입사원이 회사에 대하여 학습하고 조직문화를 이해하기 위한 다양한 활동임 (2016년)
- 조직의 핵심가치가 더 강조되고 공유되고 있는 강한문화가 조직에 끼치는 잠재적 역기능을 무시해서는 안 됨 (2016년)
- 조직문화는 하루아침에 갑자기 형성된 것이 아니고 한 번 생기면 쉽게 없어지지 않음 (2016년)
- 구성원 모두가 공동으로 소유하고 있는 가치관과 이념, 조직의 기본목적 등 조직체 전반에 관한 믿음과 신념을 공유가치라고 함 (2016년)
- 창업자의 행동이 역할모델로 작용하여 구성원들이 그런 행동을 받아들이고 창업자의 신념, 가치를 내부화 함 (2016년)
- 홉스테드가 국가 간 문화차이를 비교(이해)하는 데 이용한 차원(개인주의 대 집단주의, 권력격차, 불확실성 회피성향, 남성적 성향 대 여성적 성향) (2022년)

33 안전문화

1. 스리마일섬 원자력 발전소 사고(TMI : Three Mile Island accident)

1979년 미국의 TMI(Three Mile Island) 사고, 1986년 구소련 체르노빌사고, 2011년 후쿠시마 사고는 인류에게 원자력발전 안전성에 대한 중요성을 확실하게 각인 시켜주었다.
안전문화(Safety Culture)라는 개념은 체르노빌 사고 이후, 국제원자력기구(IAEA)의 국제원자력안전자문그룹(INSAG : International Nuclear Safety Advisory Group)에 의해 최초로 등장하였다.

2. DuPont Bradley Model은 듀폰의 안전문화 구축 핵심모델(4단계로 구분)

듀폰 브래들리 커브는 사건 또는 손상률을 저감(Risk Reduction & Comtrol)시키기 위한 Operational Risk Management, 안전행동, 안전 동작을 위한 단계적 리더십 향상 개념으로 이해한다.

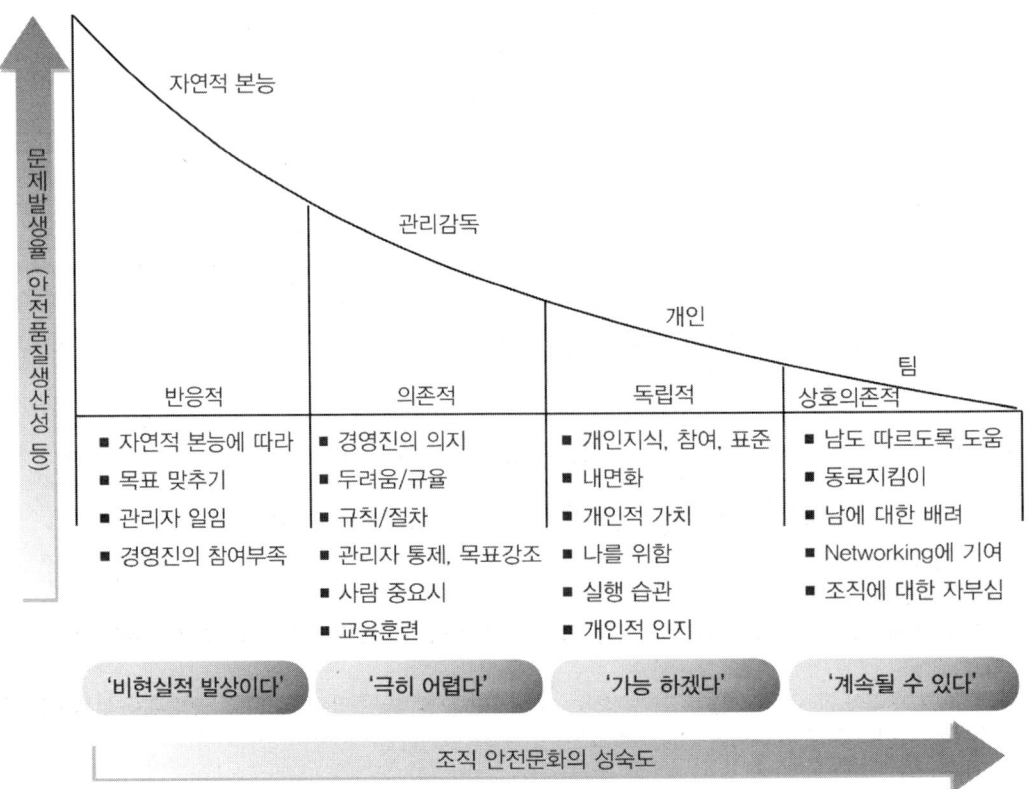

1) 자연적 본능단계(Natural Instincts)

단순히 문제발생에 대한 반응적 단계(Reactive)

2) 관리감독 단계(Supervision)

관리감독에 의지하는 의존적 단계(Dependent)

3) 개인 관리(대응) 단계(Self)

개인적 가치, 인지, 내면화 등에 의한 독립적 단계(Independent)

4) 팀 관리(대응) 단계(Teams)

남도 따르도록 도움을 주는 상호 의존적 단계(Interdependent)

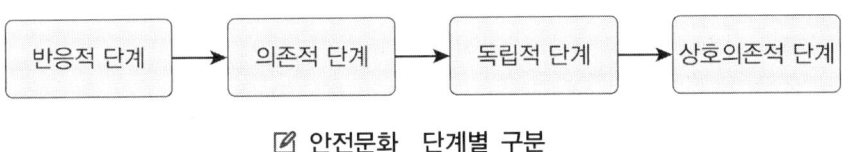

📝 안전문화 단계별 구분

3. 모하메드(2003)의 안전풍토

모하메드는 안전풍토와 안전문화를 별개로 가정하고, 안전풍토 하위요인 10가지를 제시

① 경영진의 안전에 대한 개입
② 안전 의사소통의 효과성
③ 안전규칙과 절차
④ 안전에 대한 동료들의 지지적 환경
⑤ 안전에 대한 감독자의 지지적 환경
⑥ 작업자의 관여수준
⑦ 물리적 환경과 작업위험 평가
⑧ 편의주의에 의한 작업압력
⑨ 안전작업 유능감
⑩ 위험에 대한 개인적 평가

4. 안전문화의 진단

안전문화를 진단하는 방법은 크게 양적 접근법과 질적 접근법으로 나눈다.

1) 양적접근법

안전문화를 수치화해서 나타내는 방법. 설문지를 이용한 조사법이 대표적인 예다. 이 방법은 조직의 안전문화 수준과 특성에 대한 많은 구성원의 지각을 비교적 손쉽게 수집할 수 있다는 장점을 가진다. 하지만 설문지에 포함되지 않은 질문에 대해서는 정보를 얻기 어렵다.

2) 질적접근법

수치화된 측정을 하지 않고, 관찰, 면담, 문서 등을 통해 수집된 정보를 이용하여 현상을 이해하는 방법을 말한다. 이 방법은 안전문화의 '기본 가정'처럼 조직구성원들이 의식 수준에서는 잘 생각하지 못하는 신념이나 가치를 이해하려고 할 때보다 적합하다. 하지만 이 방법은 설문지법에 비해 상대적으로 많은 시간과 비용이 필요하며, 연구자의 주관이 개입될 수 있다는 단점이 있다.

구분	질적 접근법	양적 접근법
장 점	• 밖으로 잘 드러나지 않거나 의식 못하는 심층적인 측면에 접근 가능 • 연구자가 미리 생각하지 못한 측면에 대한 정보 수집 가능	• 시간과 비용이 상대적으로 적게 듦 • 많은 수의 구성원 참여 가능 • 표준화된 방법 사용으로 연구자의 주관 개입 가능성이 적음 • 통계분석 가능 • 지속적 모니터링 용이
단 점	• 시간과 비용이 많이 듦 • 자료의 대표성이 낮을 수 있음 • 연구자의 전문성과 경험이 중요 • 연구자의 주관 개입 가능	• 설문지에 포함 안 된 내용은 정보 수집 어려움 • 구성원이 의식하지 못하는 측면은 접근 불가능

> **기출 문제 요약**
>
> ■ 안전문화 수준은 조직구성원이 느끼는 안전 분위기나 안전풍토에 대한 설문으로 평가할 수 있음 (2020년)
> ■ 안전문화는 1986년 소련 체르노빌 원자력 누출사고에 따른 **국제원자력안전자문단의 보고서**에서 처음 사용 (2020년)

34 조직시민행동

1. 개요

조직시민행동(OCB : Organizational Citizenship Behavior)이란 공식적인 담당 업무도 아니고 적절한 보상도 없지만 각 구성원들이 자신이 속한 조직의 발전을 위하여 자발적으로 수행하는 다양한 지원활동들을 말한다.

2. 조직시민행동 5가지 요소

1) 이타성(Altruism)

도움이 필요한 상황에 처한 <u>다른 구성원들을 아무 대가 없이 자발적으로 도와주는 것</u>으로, 업무 처리가 늦어지는 동료의 일을 함께 처리해 준다든지 새로 입사한 사원이 조직에 빨리 적응할 수 있도록 도와주는 것과 같은 행동을 말한다.

2) 양심성(Conscientiousness, 성실성)

각 구성원들이 자신의 양심에 따라 조직의 명시적, 암묵적 <u>규칙을 충실히 준행하는 것</u>으로, 필요 이상의 휴식을 취하지 않는 것, 회사의 비품을 개인 소유처럼 아껴 쓰는 것과 같은 행동이 여기에 포함된다.

3) 스포츠맨십(sportsmanship, 신사적행동)

<u>정정당당히 행동하는 것</u>을 말하는데, 조직이나 다른 구성원과 관련하여 불만이나 불평이 생겼을 경우 이를 뒤에서 험담하고 소문내며 이야기하고 다니기보다 긍정적 측면에서 이해하고자 노력하는 행동을 말한다.

4) 예의성(Courtesy)

자신의 업무나 개인적 사정과 관련하여 다른 구성원들에게 갑작스레 당황스러운 일이 발생하지 않도록 <u>미리 조치를 취하는 것</u>으로, 자신의 의사결정이나 행동에 따라 영향을 받을 수 있는 다른 구성원들과 사전적으로 연락을 취해 필요한 양해를 구하고 의견을 조율하는 행동이다.

5) 시민정신(civic virtue)

조직 내 다양한 공식적, 비공식적 활동에 관심을 갖고 적극 참여하는 행동이다. 조직 내 동아리 및 친목회 참여 등 다른 구성원들과 개인적인 교류를 맺는 사회적 활동, 조직 발전에 도움이 될 만한 개선안을 제안하는 것과 같은 변화 주도적 활동 등이 여기에 포함된다.

> **기출 문제 요약**
>
> ■ **스포츠맨십** : 오건이 범주화한 조직시민행동의 유형에서 불평, 불만, 험담 등을 하지 않고, 있지도 않은 문제를 과장해서 이야기 하지 않는 행동을 말함 (2023년)

CHAPTER 03

인적관리 및 품질경영

1. 직무분석
2. 직무평가
3. 직무설계
4. 기계적 직무설계와 동기부여적 직무설계
5. 인사고과
6. 인사평가방법
7. 행동기준고과법(BARS)
8. 5가지 성격 특성 요소 (Big Five personality traits)
9. 균형성과표(BSC)
10. 인사평가 오류
11. 인적자원 수요예측
12. 인적자원 공급예측
13. 인적자원의 모집
14. 인적자원의 선발
15. 신뢰도(Reliability)
16. 타당도(Validity)
17. 경력개발(경력관리, 경력 닻)
18. 교육훈련
19. 임금체계
20. 성과급(performance-based pay)
21. 노사관계 관리
22. 단체교섭과 노동쟁의
23. 반생산적 업무행동(CWB)
24. 분배 협상과 통합 협상
25. 경영참가제도
26. 품질관리(QC)
27. 품질관리(QC)의 7가지 도구
28. 신 품질관리(QC) 7가지 도구
29. 품질보증(QA)
30. 전사적 품질경영
31. 통계적 품질관리기법
32. 서비스품질(SERVQUAL)
33. 서비스 수율관리(Yield Management)
34. 생산관리
35. 수요예측방법
36. 설비배치
37. 재고관리
38. 재고관리시스템
39. 리드타임(Lead Time)
40. EOQ(Economic Order Quantity, 경제적 주문량)
41. 총괄생산계획(APP)
42. 휴리스틱 계획 기법, 발견적 기법
43. 자재소요계획 및 제조자원계획
44. 적시생산방식(JIT : Just In Time)
45. 린생산방식(Lean Production)
46. 공급사슬관리(SCM)
47. 전사적 자원관리(ERP)
48. 비즈니스 리엔지니어링(BPR)
49. 제약이론(Theory of Constraints)
50. 제품수명주기(PLC)
51. 채찍효과(bullwhip effect)
52. 6시그마
53. 공정관리(CPM, PERT, 칸트차트)

CHAPTER 03 인적관리 및 품질경영

1 직무분석

1. 직무분석의 개념

1) 직무분석의 의의

직무의 상대적 가치를 결정하는 직무평가를 위한 자료에 이용되고 근로자의 채용조건과 교육훈련에 필요하며 인사고과와 정원제의 확립, 의사결정, 안전위생관리 등에 유용한 기본자료를 제공한다.

2) 직무분석의 목적

(1) 조직의 합리화를 위한 기초

업무의 내용과 흐름을 파악하여 불필요한 내용과 절차를 개선하고 파악된 업무 단위의 내용을 표준화한 뒤 사무처리의 방법을 표준화하여 사무처리의 방법을 합리화한다.

(2) 채용, 배치, 이동 등의 기준

종업원의 채용, 배치, 이동의 경우에 각 직무의 특성에 알맞은 자질을 갖춘 종업원을 선택하는 데 필요한 자료와 정보를 제공한다.

(3) 종업원의 훈련 및 개발의 기준

종업원을 위한 과학적인 교육훈련의 기초와 기준이 되는 자료를 제공한다.

(4) 직무평가자료의 획득

직무를 수행하는 데 필요한 지식, 능력, 숙련, 책임 등 직무의 내용과 특성을 파악하여 비교, 평가할 수 있는 정보를 제공한다.

(5) 책임 및 권한의 명확화 자료

기업의 운영을 계획적, 능률적으로 수행하기 위해 개별종업원의 직무와 직무수행에 필요한 권한과 책임을 명확하게 하는 데 요구되는 자료를 제공한다.

(6) 인사고과의 기초 작업이 된다.

2. 직무분석의 방법

1) 면접법

직무분석자가 직무담당자와의 면접을 통하여 직무를 분석하는 방법

(1) 장점
① 직무에 대해 다양한 관점을 얻는다.
② 동일한 직무를 하는 재직자들 간의 차이를 보여준다.

(2) 단점
① 질문지와 비교하여 시간이 많이 든다.
② 과업이 수행되는 상황을 보지 못한다.

2) 질문지법

질문지를 통하여 직무담당자가 기록하도록 해 정보를 얻는 방법

(1) 장점
① 효율적이고 비용이 적게 든다.
② 동일한 직무의 재직자 간 차이를 보여준다.
③ 수량화하고 통계적으로 분석하기 쉽다.
④ 공통적인 직무 차원상에서 상이한 직무들을 비교하기 쉽다.

(2) 단점
① 직무가 수행되는 상황을 무시한다.
② 응답자들이 질문지 문항에 국한해서 답변을 하게 된다.
③ 질문지를 설계하기 위해서는 직무에 대한 지식이 필요하다.
④ 직무 재직자들이 자신들의 직무가 실제보다 더 중요하게 보이도록 왜곡하기 쉽다.

3) 관찰법

직무분석자가 특정 직무가 수행되고 있는 것을 <u>직접 관찰하고 내용을 기록하는 방법</u>으로 <u>생산직이나 기능직에 적절한 방법</u>

(1) 장점
① 직무에 대해 비교적 객관적인 관점을 얻는다.
② <u>직무가 수행되는 상황을 알 수 있다.</u>

(2) 단점
① 시간이 많이 든다.
② 종업원이 관찰된다는 것을 알고 평소와 다른 행동을 할 가능성이 있다.

4) 체험법

직무분석자가 <u>직접 체험에 의해서 직무에 관한 정보를 얻는 방법</u>

(1) 장점
① <u>직무가 수행되는 상황을 알 수 있다.</u>
② 직무에 대해 매우 세부적인 내용을 얻는다.

(2) 단점
① 직명이 동일한 직무들 간의 차이를 알지 못한다.
② 비용과 시간이 많이 든다.
③ 분석가에게 폭넓은 훈련이 필요하다.
④ 분석가가 위험할 수 있다.

5) 중요사건 기록법

직무과정에서 직무수행자가 보였던 <u>특별히 효과적인 행동 또는 비효과적인 행동을 기록해 두었다가 분석하는 방법</u>

6) 임상적 방법

객관적이고 정확한 자료를 구할 수 있으나 시간과 경비가 많이 소요되고 절차가 복잡해 이용하기 어려움

7) 혼합병용법

2개 이상을 병용하는 방법으로 작업직과 사무직을 구분하여 작업직은 관찰법과 질문법을, 사무직은 질문법과 면접법을 병행하는 경우이며 실제로 가장 효과적인 방법으로 사용

3. 직무기술서와 직무명세서

직무분석 관련 직무 사실에 대한 모든 정보 획득

1) 직무기술서(직무요건에 중심)

다음과 같은 사항을 포함하여 기술 : 직무명칭, 배치, 직무요지, 실무, 기계, 도구, 설비, 원료와 사용형태, 감독, 근로조건, 위험 등

2) 직무명세서(직무의 인적 요건에 초점)

직무수행에 필요한 <u>인적 자격</u> : 교육, 경험, 훈련, 판단, 자발성, 신체적 노력, 기능, 책임, 전달가능, 정서적 특징, 감각적 요건 등

4. 직무분석 방식

1) 과업질문지법(task inventory procedure, 과업목록법) (2021년)

설문지를 이용하여 분석하고자 하는 직무의 모든 과업을 열거하고 이를 상대적 소요시간, 빈도, 중요도, 난이도, 학습의 속도 등의 차원에서 평가

2) 기능적 직무분석(FJA : functional job analysis) (2021년)

직무정보를 모든 직무에 존재하는 3가지 일반적인 기능인 자료와 관련된 기능, 사람과 관련된 기능, 사물과 관련된 기능을 분류 정리(직무 간략 정리)

3) 직위분석 질문지법(PAQ : position analysis questionnaire)

(1) 작업자 활동에 관한 187개 문항과 임금에 관한 7개 문항을 포함하여 총 194개의 문항으로 구성. 이 문항들은 직무수행에 필요한 6개의 차원들에 대해 평정하도록 구분

(2) 6개 차원
① 정보의 투입
② 정신적 과정
③ 작업산출
④ 타인과의 관계
⑤ 작업환경 및 직무상황
⑥ 기타로 구성

4) 관리직위기술 질문지법(MPDQ : management position description questionnaire)

책임, 관계, 제약, 요구, 활동 등에 관하여 관리직무를 객관적으로 기술하기 위한 것

기출 문제 요약

- 특정직무에 대한 훈련 프로그램을 개발하기 위해서는 직무의 속성과 요구하는 기술을 알아야 함 (2013년)
- **직무분석**은 효과적인 수행을 하기 위한 직무나 작업장을 설계하는 데 도움을 줌 (2013년)
- **직무분석**은 작업 시 시간과 노력의 낭비를 제거할 수 있고 안전 저해요소나 위험요소를 발견할 수 있음 (2013년)
- **직무분석**은 과업수행에 사용되는 도구, 기구, 수행목적, 요구되는 교육훈련, 임금수준 및 안전 저해요소 등에 대한 정보를 포함 (2013년)
- 직무분석을 위한 정보를 수집하는 방법 중 **면접**의 장점은 직무에 대해 다양한 관점을 얻는 것이고, **질문지**의 한계는 직무가 수행되는 상황을 무시, 직접수행의 한계는 분석가에게 폭넓은 훈련이 필요하다는 것임 (2015년)
- **직무분석 접근 방법**은 크게 과업중심과 작업자중심으로 **분류**할 수 있음 (2019년)
- 직무분석은 기업에서 필요로 하는 업무의 특성과 근로자의 자질을 파악할 수 있음 (2019년)
- 직무분석은 해당 직무를 수행하는 근로자들에게 필요한 교육훈련을 계획하고 실시할 수 있음 (2019년)
- 직무분석은 근로자에게 유용하고 공정한 수행 평가를 실시하기 위한 준거(criterion)를 획득할 수 있음 (2019년)
- 직무분석이란 직무의 내용을 체계적으로 분석하여 인사관리에 필요한 직무정보를 제공하는 과정임 (2019년)
- **직위분석질문지** : 정보입력, 정신적 과정, 작업의 결과, 타인과의 관계, 직무맥락, 기타 직무특성 등의 범주로 조직화되어 있음 (2021년)
- 직무분석가는 여러 직무 간의 관계에 관하여 정확한 정보를 주는 정보 제공자임 (2022년)
- 작업자 중심 직무분석은 직무를 성공적으로 수행하는 데 요구되는 인적 속성들을 조사함으로써 직무를 파악하는 접근 방법임 (2022년)
- 작업자 중심 직무분석에서 **인적 속성**은 **지식, 기술, 능력, 기타 특성** 등으로 분류 (2022년)
- 직무분석의 정보 수집 방법 중 설문조사는 효율적이며 비용이 적게 드는 장점이 있음 (2022년)
- 직무분석은 인력확보와 인력개발을 위해 필요함 (2021년)
- 직무분석은 교육훈련 내용과 안전사고 예방에 관한 정보를 제공함 (2021년)
- **직무기술서**(직무를 있는 그대로 기술해 놓은 것으로 일에 초점을 둠), **직무명세서**(사람에 초점을 두고 해당 직무를 효율적으로 수행하기 위해서 어떠한 자격과 능력을 갖추어야 하는지 상세한 직무요건 나열) (2013년, 2015년, 2021년)
- **직무분석**이란 직무의 내용을 체계적으로 분석하여 인사관리에 필요한 직무정보를 제공하는 과정임 (2019년)

2. 직무평가

1. 직무평가의 개념

1) 직무평가의 의의

서로 다른 가치를 가진 직무에 대해 서로 다른 임금을 지급하기 위해서 조직 내의 여러 직무의 상대적인 가치를 결정하는 과정을 말하며, 기업이나 기타 조직에 있어서 각 직무의 중요성, 곤란도, 위험도 등을 평가하여 타 직무와 비교한 직무의 상대적 가치를 정하는 체계적 방법이다.

2) 직무평가의 목적

(1) 각 직무의 질과 양을 평가하여 **직무의 상대적 유용성 결정**을 위한 자료 제공
(2) **공정, 타당한 임금격차**로 인해 종업원의 근로의욕을 증진 및 노사 간의 관계 원활 도모
(3) 직계제도 내지 직제의 확립과 직무급 내지 직계급의 입안 등의 기초자료
(4) 동일노동 시간의 **타 기업과 비교**할 수 있는 임금구조 설정에 대한 자료 제공
(5) 합리적인 임금지급의 기초가 되며 노동조합과의 교섭의 기초자료

2. 직무평가 방법

구분	직무와 직무를 상대비교 평가 (상대평가)	미리 정해 놓은 기준표와 비교평가(절대평가)
비계량적 (한꺼번)	서열법 (Ranking method)	분류법 (Classification method)
계량적 (분리해)	요소비교법 (Factor comparison method)	점수법 (Point method)

1) 비계량적 방법

(1) 서열법(Ranking method)
직무들의 상대적 가치를 수행난이도, 작업환경 등을 포괄적으로 고려하여 그 가치에 따라 서열을 매기는 방법. 일괄서열법, 쌍대비교법, 위원회 방법이 있다.
① 장점 : 간단명료, 편하게 등급을 매길 수 있음
② 단점 : 평가기준 모호, 결과에 대한 수용성 낮음

> **참고**
> ※ 일괄서열법 : 가장 가치가 높다고 판단되는 직무와 가장 가치가 낮다고 판단되는 직무를 선정한 후 나머지 직무들에 대해 서열을 매기는 방식
> 쌍대비교법 : 평가대상 직무들을 2개씩 짝을 지어 평가하는 방식
> 위원회방법 : 평가 위원회를 설치하여 평가에 주관성을 배제하려는 방법

(2) 분류법(Classification method)

사전에 작정한 등급기준표에 평가하고자 하는 직무를 분류하는 방식
① 장점 : 간단명료, 이해하기 쉬움
② 단점 : 분류된 등급기준의 신뢰도 낮음, 직무수가 많으면 등급 분류가 곤란

2) 계량적 방법

(1) 요소비교법(Factor comparison method)

핵심이 되는 몇 개의 기준직무를 선정하고 각 평가요소를 비교함으로써 모든 직무의 상대적 가치를 결정하는 방법
① 장점 : 직무의 객관적 평가가 가능
② 단점 : 기준직무 선정이 곤란, 등급기준 설정이 곤란

(2) 점수법(Point method)

개별 직무들의 가치를 점수화하여 표시하는 것으로, 먼저 평가요소를 선정한 후 요소별로 가중치를 설정하여 점수를 부여하는 방식
① 장점 : 직무 간 서열과 수준을 파악할 수 있음, 점수의 높은 신뢰성
② 단점 : 평가척도의 구분이 어려움, 절차가 복잡하여 시간과 비용이 많이 소요

기출 문제 요약

- 직무평가는 직무의 상대적 가치를 평가하는 활동이며, 직무평가 결과는 직무급의 산정에 활용됨 (2019년)
- 직무평가는 조직의 목표달성에 더 많이 공헌한 직무를 다른 직무에 비해 더 가치가 있다고 봄 (2021년)
- **요소비교법**은 기업내 가장 중심이 되는 10~15개 정도의 대표직무를 선정하여 이들 직무를 요소별로 분해하여 점수 대신 임률금액을 평가함 (2021년)
- 요소비교법은 개량적이며, 직무 대 직무를 평가하는 방법임 (2021년)
- **직무평가법**에는 서열법, 분류법, 점수법, 요소비교법 등의 방법들이 활용됨 (2013년)
- **직무평가의 1차적 목적**은 직무기술서나 직무명세서를 작성하는 것이며, 2차적으로는 조직, 인사관리를 위한 자료를 제공하는 것임 (2013년)
- **직무평가**는 **직무의 상대적 가치를 평가하는 활동**이며, 직무평가 결과는 직무급의 산정에 활용됨(2015년, 2019년)
- 직무평가에 관한 설명 (2024년)
  - 직무평가 대상은 직무 자체임. 다른 직무들과의 상대적 가치를 평가함. 직무의 중요성, 난이도, 위험도의 반영

3. 직무설계

1. 직무설계의 목표

직무설계는 작업의 생산성 향상, 종업원의 동기 향상, 원가절감과 시간절약, 이직과 훈련비용의 감소, 신기술에 대한 신속한 대응, 인간공학과 산업공학에의 공헌 등을 위하여 필요하다.

2. 직무설계의 방법

1) 직무확대

(1) 직무확대의 개념
- 직무확대를 통한 직무설계에서는 직무수행에 요구되는 기술과 과업의 수를 증가시킴으로써 작업의 단조로움과 지루함을 극복하여 높은 수준의 직무만족을 이끌어 갈 것으로 기대된다.
- 직무에 기술다양성을 추가하는 수평적 직무확대를 의미하며 계획, 통제, 의사결정과 같은 관리상의 능력을 추가로 요구하지는 않는다.

(2) 직무확대의 목적
과도한 단순화와 전문화의 역효과를 막고 작업자에게 작업 전체를 수행할 수 있는 기회를 줌으로써 작업자가 흥미와 만족감을 느낄 수 있도록 하는 것이다.

2) 직무순환

(1) 직무순환의 의의
- 직무순환이 가능하려면 작업자가 수행하는 직무끼리 상호 교환이 가능해야 하고 작업 흐름에 있어서 커다란 작업 중단 없이 직무 간의 원활한 교대가 전제되어야 한다.
- 직무순환을 실시하면 기업의 모든 활동에 대한 종업원의 이해가 증진되고 활동 간 조정이 보다 원활해진다.

(2) 직무순환의 장단점
① 장점
- 종업원들에게 광범위한 경험과 지식을 접할 수 있는 기회를 제공해준다.
- 직무로부터 느끼게 되는 지루함과 단조로움을 감소시켜준다.

- 조직 내의 다른 활동들에 대한 이해의 폭을 넓혀 상위 직무로의 승진에 필요한 직무 통합 능력을 개발할 수 있게 된다.

② 단점
- 종업원을 새로운 직무에 배치해야 하므로 능률과 경제성을 기대할 수 없다. 따라서 비용이 증가하는 반면 생산성이 감소된다.
- 경험이 없는 종업원이 과업을 수행하게 되므로 의사결정상의 오류가 발생할 위험이 있다.
- 비자발적으로 강요된 직무순환은 종업원의 직무만족을 감소시키며 결근율을 증가시킨다.

3) 직무충실화

(1) 직무충실화의 의의
① 허즈버그의 2요인 이론에 기초한 방법으로, 수직적 직무확대라고도 한다.
② 다양한 작업내용을 포함하며 높은 수준의 지식과 기술을 요하고 종업원들이 직무를 수행함에 있어서 자주성과 책임을 보다 많이 가질 수 있도록 직무를 재정의하고 재구성하는 것을 말한다.

(2) 직무충실화의 목적
① 직무를 보다 의미있게 인식하게 하고 재량권 확대를 통한 직무수행자의 창의력을 개발한다.
② 제품공정의 작은 부분으로부터 수행의 범위를 넓혀 직무의 완성도를 증대시킨다.
③ 작업자의 피로도, 단조로움, 싫증 등을 감소시킨다.
④ 새로운 과업의 추가수행으로 인한 작업자의 능력신장을 기대한다.

4) 직무특성이론(JCM : Job Characteristics Model)

(1) 직무특성이론의 의의
해크먼과 올드햄이 제시했으며 핵심적 직무특성, 중요 심리상태, 결과(성과)의 세 가지 기본적인 요소로 구성되어 있다.

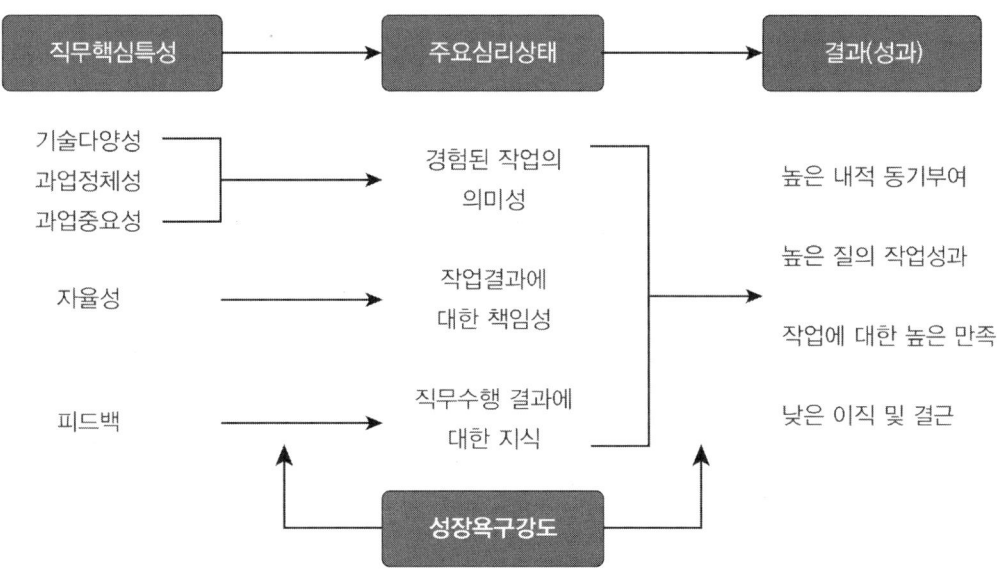

(2) 핵심 직무차원

① 기술다양성	상이한 기술이나 재능을 활용할 수 있도록 직무가 다양하고 상이한 활동을 요구하는 정도	
② 과업정체성	과업이 하나의 단위로서 완성이 되어있는 정도로 독자적인 작업의 범위가 확인될 수 있는 정도	
③ 과업중요성	직무가 다른 사람의 직무나 활동에 영향을 미칠 수 있는 정도	
④ 자율성	작업의 일정계획과 작업방법 및 작업절차를 결정, 선택하는 경우, 작업자에게 허용된 자유, 독립성 및 재량권의 정도	
⑤ 피드백	직무 활동의 수행 결과에 관하여 직접적이고 명확한 정보를 얻을 수 있는 정도	

참고

※ ①, ②, ③ : 직무가치, ④ : 책임감, ⑤ : 수행결과확인

(3) 동기유발 잠재력지수(MPS : Motivating Potential Score)

작업자의 주요 심리 상태에 영향을 미치는 핵심 직무 특성들의 강도를 하나의 지수로 결합

$$동기유발 \ 잠재력 \ 지수 = \frac{① + ② + ③}{3} \times ④ \times ⑤$$

아무리 업무의 의미감(①, ②, ③)이 높아도 자율성과 피드백이 낮으면 동기부여가 떨어짐

(4) 중요심리상태

① 경험된 작업의 의미성
   직무를 수행함에 있어 그 일이 의미와 가치가 있다고 느끼는 정도

② 작업결과에 대한 책임성
   직무결과에 대해 개인적으로 느끼는 책임감

③ 직무수행 결과에 대한 지식
   종업원 자신이 행한 성과가 얼마나 유효한가에 대하여 알고 있는 정도

(5) 작업 결과(성과)

핵심직무차원(원인)이 중요심리상태(매개)를 거쳐 내적 모티베이션을 상승시키고, 작업성과의 질을 향상시키며, 작업에 대한 만족도를 증대하고, 이직 및 결근이 저하되는 효과가 있다.

(6) 성장욕구 강도

성장욕구 강도란 종업원의 자존과 자아실현에 대한 열망의 정도를 말한다. 핵심직무특성이 중요한 심리상태를 유발하는 것은 사실이나, 개인의 성장욕구 강도나 이에 미치지 못할 경우에는 유효한 결과를 형성하지 못한다.

5) 유연시간근무제

종업원 자신이 근무시간을 스스로 선택할 수 있도록 허용하는 직무일정계획 시스템으로, 근무시간의 유연함으로 인해 근무 중 생산성이 증가할 수 있다.

기출 문제 요약

- **직무설계는 직무담당자의 업무 동기 및 생산성 향상 등을 목표로 함** (2019년)
- **직무충실화는 작업자의 권한과 책임을 확대하는 직무설계방법임** (2019년)
- **핵심직무특성 중 기술다양성이란 다양한 기술과 지식 등을 활용하도록 직무설계를 해야 한다는 말임** (2019년)
- **직무충실화는 허츠버그가 2요인 이론을 직무에 구체적으로 적용하기 위하여 제창함** (2013년)
- **통제소재에서 내재론자들은 외재론자들보다 자신들의 직무에 대해 더 만족함** (2013년)
- **집단주의적 아시아 문화권에서는 직무특성과 직무만족 간에 상관이 낮음** (2013년)

4. 기계적 직무설계와 동기부여적 직무설계

1. 직무설계의 의의 및 중요성

직무설계란 조직 내 업무를 수행하기 위해 요구되는 다양한 과업들을 서로 연결시키고 조직화하는 것. 직무설계는 직무구조설계와 직무과정설계로 구분되며 이러한 직무설계는 기업의 경제적 목표달성 및 종업원의 사회적 목표달성에서 중요성이 높다.

2. 기계적 직무설계

1) 의의

기계적 직무설계란 **능률을 극대화하는 방식**으로 직무를 분업화하여 가장 단순한 방식으로 직무를 설계하는 것. 즉 테일러의 과학적 관리법에 기반한 작업자가 하는 여러 종류의 과업을 그 숫자 면에서 줄이는 <u>직무전문화(Job Specification)를 추구</u>하는 것

2) 이론적 배경

① 아담스미스의 국부론이 최초로 주장한 분업에 의한 전문화의 생산성 증대 이론
② 테일러의 과학적 관리법에 기반

3) 방법

직무의 과업 수를 줄이는 양적 전문화인 수평적 전문화와 직무의 권한과 책임을 줄이는 질적 전문화인 수직적 전문화로 나뉜다.

4) 장단점

(1) 장점

① 단순, 반복 작업을 수행하는 바 대량생산이 가능
② 숙련공이 필요하지 않아 노무비 절감
③ 종업원의 정신적 부담 감소

(2) 단점

① 직무수행자의 소외감 발생으로 장기적으로 생산성이 감소할 수 있다.

② 작업자의 불만 발생으로 이직, 결근 증가로 추가적인 비용 발생

③ 동료 작업자와 인간관계 형성할 기회가 줄어든다.

3. 동기부여적 직무설계

1) 의의

동기유발적 요소를 고려하여 직무를 설계하는 것. 종업원이 직무를 재미있고 보람있게 느낄 수 있도록 직무확대화를 추구하는 것

2) 이론적배경

① 해크먼과 올드햄이 제시한 직무특성모델로 5가지 핵심직무차원이 중요한 심리상태를 유발하고 조직구성원의 동기부여가 되고 이에 따라 업무수행 상승 및 직무만족도가 상승하는 것

② 허즈버그의 2요인 이론 중 동기요인만이 직무만족을 가져온다고 함

3) 방법

① 개인적 차원에서 직무 범위를 수평적으로 확대하여 작업자가 수행하는 과업의 수를 늘리되 의사결정 권한과 책임을 증가시키지 않는 직무확대

② 직무확대와 의사결정의 자유재량과 책임을 함께 늘리는 직무충실

③ 집단 내 작업자의 직무 일부분을 타 작업자의 직무와 중복되게 하여 중복된 부분을 공동으로 수행케 하는 직무교차

④ 작업자에게 다양한 직무를 순환해 수행하도록 하는 직무순환

⑤ 몇 개의 직무를 하나의 작업집단이 어느 정도 자율권을 가지고 수행하게 하는 준작업적 자율집단

4) 장단점

(1) 장점

① 다기능화로 인력활용의 유연성 증가

② 단순반복 업무에서 느끼는 권태감 감소

③ 종업원의 창의성 증대

(2) 단점
　① 종업원에 대한 교육훈련 비용과 시간이 소모
　② 성장욕구가 낮은 종업원은 역효과 발생
　③ 직무순환의 경우 종업원의 전문성이 떨어진다.

기출 문제 요약

- 해크만과 올드햄이 제시한 직무특성모델에서 5가지 핵심직무차원은? **기술 다양성, 과업 정체성, 과업 중요도, 자율성, 피드백** (2018년, 2023년)
- 허즈버그가 제시한 2요인 이론에서 **동기부여 요인은? 성취, 책임, 성장, 인정** (2018년)

※ 위생요인 : 임금, 직무외적 요인, 복리후생, 작업조건

5 인사고과

1. 인사고과의 개념

1) 인사고과의 의의

조직 구성원들의 현재 또는 미래의 능력과 업적을 평가함으로써 각종 인사시책에 필요한 정보를 획득하고 활용하는 것이다.
(1) 인사고과는 **직무요건의 분석에 기초**하고 있어야 한다.
(2) 인사고과를 실시하기 전 종업원들은 성과기준을 명확히 이해하고 있어야 한다.
(3) 모든 평가가 관찰 가능하고, 객관적 증거를 지니도록 성과 차원은 행위에 근거하여 설정되어야 한다.
(4) 특성고과척도를 사용할 경우에는 관찰 가능한 행위로 정의하지 않는 한 충성심, 정직성 등 추상적 명칭은 피하여야 한다.

2) 인사고과의 목적

(1) 적정배치

종업원의 적성, 능력 등을 가능한 한 정확히 평가하여 적재적소 배치를 실시함에 따라 종업원의 효과적 활용을 꾀한다.

(2) 능력개발

종업원의 보유능력 및 잠재능력을 평가하여 기업의 요청 및 종업원 각자의 성장기회를 충족시킨다.

(3) 공정처우(성과측정 및 보상)

종업원의 능력 및 업적을 평가하여 급여, 상여, 승격, 승진 등에 반영함으로써 종업원의 적정한 처우를 실시하여 의욕의 향상이나 업무성적의 증진에 도움을 준다.

(4) 인력계획 및 인사기능의 타당성 측정

기업의 장,단기 인력개발 수립에 요청되는 양적, 질적 자료를 제공한다.

(5) 조직개발 및 근로의욕증진

인사평가를 통해 직무담당자의 직무수행상 결함을 발견하고 개선할 계기를 찾는다.

2. 인사고과의 구성요건

1) 타당성

(1) 저해요인
고과내용인 잠재능력, 성과, 적성 등을 모두 측정한 점수를 가지고 승진의사 결정, 인센티브 결정 등 다목적으로 활용하는 경우 타당성이 훼손된다. 즉, 타당성 저해는 고과 내용과 고과 목적이 부적합할 때 발생한다.

(2) 극복방안
평가항목의 타당성을 높이기 위해서는 직무수행 내용과 과정을 반영하는 평가항목을 개발하여야 한다. 이를 위해 직무분석을 실시하여 직무수행상 필요한 자격요건을 추출한 뒤 평가항목으로 활용해야 한다.

2) 신뢰성

(1) 저해요인
평가척도의 신뢰성 문제와 평가자의 오류 문제다.

(2) 극복방안
① 평가척도의 신뢰성을 제고하기 위해서는 평가항목을 일관성 있게 평가할 수 있도록 변별력을 높여야 한다.
② 평가자의 오류를 해소하기 위해서 평가담당자는 평가자별로 평가성향을 분석하여 잘못된 점을 지적해 주고 평가자 훈련에 반영하여 개선할 수 있는 지침을 제시해 주도록 한다.

3) 수용성

(1) 저해요인
고과목적에 대한 피고과자들의 신뢰감 상실과 고과제도에 대한 정보부족 등이 있다.

(2) 극복방안
인사고과제도 개발 시 종업원 대표를 참여시키고 고과자 교육실시를 강화하며 고과목적과 필요성에 대한 종업원 교육을 실시한다.

4) 실용성

인사고과는 종업원 간 성과 차이가 의미 있게 나타나야 하며 고과자가 쉽게 이해할 수 있고 고과에 소요되는 시간도 적절하며 비용보다는 편익을 가져다주어야 한다.

기출 문제 요약

- 구성원들의 목표치와 실적을 비교하여 기여도를 판단하는 것은 인사평가의 내용임 (2015년)

6 인사평가방법

1. 인사평가 방법

1) 상대평가 : 서열법, 강제할당법 등이 있음

(1) 서열법

① 단순서열법
   피평가자를 1위부터 최하위까지 나열하는 방법. 평가가 용이하나 피평가자가 많거나 적으면 곤란함

② 교대서열법
   피평가자 중 가장 우수한 사람과 가장 열등한 사람을 선정한 후 남은 피평가자들 중에서 가장 우수한 사람과 가장 열등한 사람을 교대로 선정하면서 서열을 매기는 방법

③ 쌍대비교법
   짝비교법이라고도 하며, 피고과자를 모두 한 쌍씩 짝지어 비교평가한 후 개인 순위가 우수하다고 평가된 횟수를 세어서 결정하는 방법. 판단이 용이하다는 장점이 있으나 평가 대상이 많으면 비교 횟수가 기하급수적으로 증가하는 단점이 있음

(2) 강제할당법
   피평가자의 수가 일정규모 이상이 되면 정규분포를 이룬다는 가정하에 사전에 평가 등급의 범위와 수를 정해 놓고 일정한 비율에 맞추어 강제 할당하는 방법

2) 절대평가 : 평정척도법, 대조표법, 서술식 고과법, 목표에 의한 관리법, 행동기준고과법, 행위관찰고과법, 평가센터법, 360도 다면평가법

(1) 평정척도(평가척도)법
   - 평가요소를 선정하고 평가요소별 척도를 정한 다음 피평가자를 평가요소의 척도상에 우열로 표시하는 방법.
   - 피평가자를 전체적으로 평가하지 않고 평가요소별로 평가하므로 타당성은 증가하지만 관대화, 중심화 등 규칙적 오류가 발생할 수 있고 후광효과 등 심리적 오류가 발생할 수 있다.
   - 단계적 척도법
     미리 몇 개의 고과요소를 결정하고 각 요소별로 몇 단계로 구분하여 각 단계에 상, 중

상, 중, 중하, 하 또는 A,B,C,D와 같은 평가어를 적어두고 고과자가 이 평가어에 의해 피고과자를 평정하는 방법
- 도식적 척도법(연속 척도법)
  사전 결정된 평정요소마다 각 종업원이 지니고 있는 특성과 직무수행에서 나타난 실적의 정도에 따라 체크할 수 있는 연속적인 척도(1~10)를 마련하고 고과자가 척도상 임의의 장소에 체크할 수 있도록 하는 방법
- 리커드척도
  응답자가 제시된 문장에 대해 얼마나 동의하는지를 답변

(2) 대조표법
- 평가자의 부담을 덜기 위해 피평가자를 직접 평가하지 않고 미리 선정된 항목들에 대하여 체크하여 보고하는 방법
- 신뢰와 타당성이 증가하지만, 체크리스트 작성이 어렵고 향후 점수화하는 것이 복잡하다.
- 체크만 하는 프로브스트법과 근거까지 제시하는 오드웨이드법이 있다.

(3) 서술식고과법
  ① 자기신고법
    스스로가 자신에 대해 평가하는 것. 실제 평가보다는 동기부여의 목적으로 사용된다.

  ② 중요사건서술법
    특정 직무수행에 중요한 영향을 미칠 수 있는 피평가자의 긍정적 혹은 부정적인 행위를 기록하였다가 이 기록을 토대로 평가하는 방법. 자유서술법의 변형

(4) 목표에 의한 관리법(MBO : management by objectives)
  ① 로크의 목표설정이론과 관련되어 있음. 스마트(SMART) 원칙
  ② 목표관리는 상사와 부하가 협조하여 목표를 설정하고 그러한 목표의 진척 상황을 정기적으로 검토하여 진행시켜 나간 다음 목표의 달성 여부를 근거로 평가하는 제도를 의미한다.
  ③ 스마트(SMART) 원칙
    • S : Specific : 목표가 구체적 일 것
    • M : Measurable : 목표는 측정 가능할 것
    • A : Achievable : 달성 가능하면서도 도전적인 목표를 세울 것
    • R : Result-oriented : 결과 지향적일 것
    • T : Time-based : 목표 달성에 기간을 정해 놓을 것.
      너무 장기적인 목표는 피드백하기 어려움

(5) 행동기준고과법(BARS : Behaviorally Anchored Rating Scales)
평정척도법과 중요사건서술법을 결합한 형태로 평가척도를 가져온 후 그에 관련된 중요 사실을 설정하도록 한다.

(6) 행위관찰고과법(BOS : Behavior Observation Scale)
① 행위기준고과법이 실무에 적용하기 어렵다는 의견이 나와서 생김.
② 행위기준고과법에 빈도를 가지고 평가하는 방식

(7) 평가센터법(AC : Assessment Center)
① 피평가자들을 특정 장소에 합숙하게 하면서 다양한 평가도구들을 가지고 평가하는 것
② 관찰자, 평가자는 여러 명이 되며 사전에 철저한 훈련을 받는다.
③ 단점은 개발비용이 많이 들고 평가시간이 오래 걸린다. 또한 피평가자의 언어 능력이 뛰어나면 다른 능력을 평가하는 데 현혹효과가 나타날 가능성이 있음
④ 평가과제 유형
역할연기, 분석 및 발표, 정보탐색, 사례연구, 구두발표, 집단토론, 집단과제, 서류함 기법, 경영게임 등
⑤ 평가센터법의 장점
 - 예비관리자의 신상정보 및 능력을 단시간 내 파악할 수 있다.
 - 피평가자의 깊은 면목을 파악할 수 있다.
 - 측정의 정확도가 높다
⑥ 평가센터법의 단점
 - 연습은 어디까지나 연습일 뿐 실제 상황 재현은 한계가 있다.
 - 언어능력 테스트 중심으로 구성되어 현혹효과 작용의 우려가 있다.
 - 시간, 비용상 실시가 곤란한 경우가 있다.

(8) 360도 다면평가법
 - 기존에는 상사가 부하를 평가했으나, 이제는 고객에 의한 평가, 부하, 동료 등 다양한 원천으로부터 평가하는 방법
 - 본질적으로 피평가자에게 피드백을 줌으로 사람을 개발시키고자 하는 의도

2. 성과평가

1) 특성평가

개인의 특성을 평가하는 방법으로, 평가시스템을 구축하는 것은 상대적으로 용이하지만, 종업원의 특성과 성과 간의 연관관계가 낮아 평가결과를 업무에 직접 활용하는 데 제약이 있을

수 있다.

2) 행동평가

피평가자의 구체적인 행동에 초점을 두고 평가하는 방법으로, 개발에 시간과 비용이 소요되지만 행동수정을 이끌어내기에 용이하다.

3) 결과평가

MBO 등의 방식이 있으며 업무수행방법이 중요하지 않거나 업무수행방법이 다수일 때 좋음. 생산성은 자극할 수 있지만 단기적 결과에 집착을 하게 되는 단점이 있다.

기출 문제 요약

- **목표관리법(MBO)**은 권한의 위임이 가능(동기부여, 목표/책임이 명백함) (2017년)
  상급자와 협의하여 설정한 목표 대비 실적으로 평가 (2020년)
- **체크리스트법(대조법)**은 평가자로 하여금 피평가자의 성과, 능력, 태도 등을 구체적으로 기술한 단어나 문장을 선택하게 하는 인사고과법임 (2017년)
- 대부분의 전통적인 인사고과법과는 달리, 종합평가법 혹은 **평가센터법(ACM)**은 미래의 잠재능력을 파악할 수 있는 인사고과법임 (2017년)
- **서열법**은 등위를 부여해 평가하는 방법으로, 평가비용과 시간을 절약할 수 있음 (2020년)
- **평가척도법**은 평가 항목에 대해 리커드 척도 등을 이용해 평가함 (2020년)
- **행동기준고과법(BARS)** 평가법은 성과 관련 주요 행동에 대한 수행정도로 평가함 (2020년)
- 인사평가 방법 중 상대평가법과 절대평가법을 구분 (2023년)
  - 서열법(상대), 쌍대비교법(상대), 평정척도법(절대), 강제할당법(상대), 행위기준척도법(절대)

7 행동기준고과법(BARS : Behaviorally Anchored Rating Scales)

1. 의의

행동기준고과법은 인성적인 특질을 중시하는 전통적인 인사평가 방법의 비판에 기초하여 피평가자의 실제 행동을 관찰하여 평가하는 방식이다. 이는 평정척도법과 주요사건기록법을 혼용하여 다양한 척도로 평가하는 방법으로 직무수행 시 발생하는 중요사건을 추출하여 범주화하고 이를 척도에 따라 평가하는 기법이다.

2. 특징

1) 다양하고 구체적인 직무에 적용이 가능하다
2) 직무성과와 관련된 지표를 공개하여 피평가자의 업무개선효과를 거둘 수 있다.
3) 어떤 행동이 목표 달성과 관련이 있는지 인식하게 해 목표관리의 일환으로 사용이 가능하다.

3. 절차

1) 개발위원회 구성

평가자와 피평가자 모두 현업 경험이 풍부하고 지식과 기술, 능력을 갖춘 대표 직원들을 선발하여 개발위원회를 구성한다.

2) 중요사건의 열거

개발위원회에서 해당 직무를 수행하는 과정에서 중요사건을 열거하되, 바람직한 행동과 바람직하지 않은 행동을 충분히 적시한다.

3) 중요사건의 범주화

중요한 사건의 수가 충분히 확보되면 위원회에서 토론을 통해 행동을 솎아내고 범주를 분류하고 동일 범주의 행동을 묶는 작업을 한다.

4) 중요사건의 재분류

전항에서 구성한 위원회를 해체하고, 노사가 공히 참여하는 2차 개발위원회를 구성, 이미 마련된 사건 항목들에 대한 평가를 실시하며 최종적인 범주와 행동을 확정한다.

5) 중요사건의 등급화

확정된 범주와 개별 항목들에 대해서 토론하고 성과를 향상시키는 데 바람직한 행동과 그렇지 않은 행동을 구분하여 7점척도, 9점척도를 사용해 행동을 등급화한다.

6) 확정 및 실행

만들어진 등급과 점수에 근거하여 평가자와 피평가자에 대한 행동 등급을 부여하는 방식으로 BARS가 시행된다.

4. 효과

1) 장점

① 피평가자의 구체적 업무관련 행동 측정으로, 평가의 객관성, 정확성, 공정성을 제고할 수 있다.
② 평가자 간 신뢰성을 높일 수 있다.
③ 조직이 원하는 바람직한 행동을 표준화하여 성과향상과 업무개선에 효과가 있다.
④ 특수한 직무에도 적용이 가능하다

2) 단점

① 개발에 시간과 비용이 많이 들어 비효율적일 수 있다.
② 평가의 대상이 되는 행동지표에만 집중해 다른 행동을 고려하기 어렵다.
③ 직무와 조직이 변화하면 평가의 타당도가 낮아질 수 있다.

기출 문제 요약

■ 행동기준평가법의 개발절차 : 개발위원회 구성 → 중요사건의 열거·범주화·재분류·등급화 → 확정 및 실시 (2014년, 2017년)

8 5가지 성격 특성 요소(Big Five personality traits)

5가지 성격 특성 요소, 또는 Big Five personality traits 혹은 5요인모델(Five factor model, FFM)은 심리학에서 경험적인 조사와 연구를 통하여 정립한 성격 특성의 다섯 가지 주요한 요소 혹은 차원을 말한다.

1. 경험에 대한 개방성(Openness to experience)

상상력, 호기심, 모험심, 예술적 감각 등으로 보수 주의에 반대하는 성향, 개인의 심리 및 경험의 다양성과 관련된 것으로 지능, 상상력, 고정관념의 타파, 심미적인 것에 대한 관심, 다양성에 대한 욕구, 품위 등과 관련된 특질을 포함.

2. 성실성(Conscientiousness)

목표를 성취하기 위해 성실하게 노력하는 성향, 과제 및 목적 지향성을 촉진하는 속성과 관련된 것으로 심사숙고, 규준이나 규칙의 준수, 계획세우기, 조직화, 과제의 준비 등과 같은 특질을 포함.

3. 외향성(Extraversion)

다른 사람과의 사교, 자극과 활력을 추구하는 성향, 사회와 현실세계에 대해 의욕적으로 접근하고 속성과 관련된 것으로 사회성, 활동성, 적극성과 같은 특질을 포함

4. 우호성(Agreeableness), 친화성

타인에게 반항적이지 않은 협조적인 태도를 보이는 성향, 사회의 적응성과 타인에 대한 공동체적 속성을 나타내는 것으로 이타심, 애정, 신뢰, 배려, 겸손 등과 같은 특질을 포함

5. 신경성(Neuroticism)

분노, 우울함, 불안감과 같은 불쾌한 정서를 쉽게 느끼는 성향, 걱정, 부정적 감정 등과 같은 바

람직하지 못한 행동과 관계된 것으로 걱정, 두려움, 슬픔, 긴장 등과 같은 특질을 포함

이 다섯 가지 요소로 이루어진 모델을 영문 스펠링의 첫 글자를 따서 OCEAN 모델이라고 불리기도 한다.

기출 문제 요약

- 5요인 성격 특질과 사고의 관계를 보면, 성실성이 낮은 사람이 높은 사람보다 사고를 일으킬 가능성이 더 높음 (2015년)
- 인사선발에서 활발하게 사용되는 성격측정 분야의 하나로 **5요인(Big 5) 성격모델 : 외향성, 호감성 또는 친화성, 성실성, 신경성 또는 정서적 불안정성, 경험에 대한 개방성** (2016년)

9. 균형성과표(BSC : Balanced Score Card)

1. BSC의 기원과 의의

균형성과표(Balanced Score Card)는 1992년 하버드 대학교의 차플란과 노튼교수에 의해 개발된 지표로서 전통적인 회계적 재무성과지표들이 현대의 경영환경에 효과적이지 못하다는 믿음 하에서 비재무적인 성과지표들을 개발하였다.

2. BSC의 특징

1) 기업의 전체적인 전략목표에 맞는 팀별, 기업별 이행과제를 수립해 조직의 역량을 키우는 데 초점을 맞추고 있다.
2) 참가자들은 개인의 성과지표 달성 여부와 진척 상황을 수치화하여 파악할 수 있다.
3) BSC 실행을 위해서는 관리자들이 조직에서 어느 개인, 어느 부서가 어떤 지표의 달성에 책임이 있는지를 확인하여야 한다.
4) 기업의 비전과 전력을 조직 내외부의 핵심성과지표(KPI)로 재구성해 전체 조직이 목표 달성을 위한 활동에 집중하도록 하는 전략경영시스템
5) 전략 모니터링 또는 전략 실행을 관리하기 위한 도구로 활용하는 경우에는 성과 평가결과를 보상에 연계시키지 않는 것이 바람직하다.

3. BSC의 4가지 관점

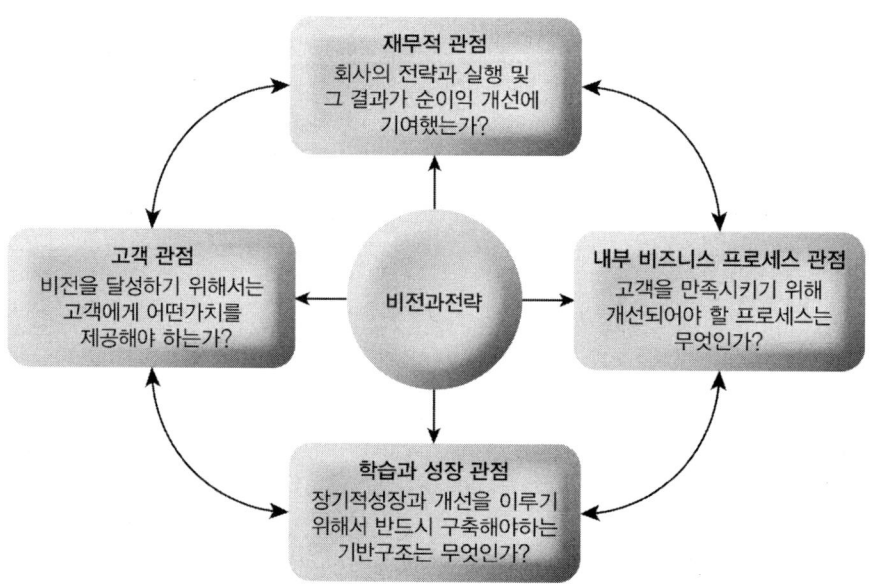

1) 재무적관점

전략목표 달성 시 도달해야 할 재무적 목표를 의미한다. 주로 이익이나 매출액 등의 회계학적 측정치를 사용하여 평가하게 된다.

2) 고객관점

이는 시장과 목표고객의 관점으로 기업성과를 평가하는 것으로 주로 고객만족도나 고객충성도 등의 척도로 측정한다.

3) 내부 프로세스 관점

업무의 흐름 등 목표에 영향을 줄 수 있는 기업 및 조직구성원들의 실제 활동에 초점을 두고 기업성과를 평가한다.

4) 학습과 성장관점

이는 조직구성원들이 어떻게 KSA(knowledge, skill, ability : 직무명세서)를 향상시키는지와 내부적 프로세스를 개선하기 위하여 기울이는 노력이나, 조직몰입도 등으로 평가하게 된다.

3. BSC의 기대효과

1) 전략실행의 도구

BSC는 조직의 비전과 전략수립의 기본방향을 제시함과 동시에 전략의 실질적인 달성 촉진 도구로서 활용된다.

2) 사업포트폴리오 최적화

BSC를 통하여 경영자들은 다양한 사업의 성과를 전사적인 관점에서 조망하여 신속하게 의사결정을 행할 수 있다.

3) 조직운영체계 혁신

BSC는 전략수립에서부터 세부실행에 이르기까지 조직의 전반적인 활동을 모두 다루기 때문에 업무의 중복을 방지하고 일관성 있게 추진할 수 있다.

4) 전사적 자원관리

BSC는 앞에서 상술한 바와 같이, 전략영역에서 성과지표 및 목표에 이르는 실행 의사결정까지 모두 포함하고 있기 때문에 전사적 자원관리에 도움이 된다.

4. 핵심성과지표(KPI : Key Performance Indicators)

BSC의 핵심은 바로 "무엇을 측정할 것인가?"의 문제이므로 조직의 전략 달성 여부는 전사단위, 조직단위 그리고 개인단위로 어떤 KPI를 설정하는가에 달려 있다. 따라서 KPI 개발원칙은 다음과 같다(MARK가 제시).

① 핵심성과지표는 적을수록 좋다
② 사업의 핵심성공 요인들과 연계되어야 한다.
③ 설정된 관점 상에서 조직의 과거, 현재, 미래를 한눈에 바라볼 수 있는 지표여야 한다.,
④ 고객, 주주와 다른 이해 관계자들의 기대를 기반으로 하여 개발되어야 한다.
⑤ 최고경영자의 의지로 시작하여 조직의 모든 구성원들에게 전파되어야 한다.
⑥ 지표는 변경이 용이해야 하고 환경과 전략이 변화함에 따라 다시 조정되어야 한다.
⑦ 지표의 목표와 방향은 명확한 조사에 의하여 설정되어야 한다.

기출 문제 요약

- BSC 실행을 위해서는 관리자들이 조직에서 어느 개인, 어느 부서가 어떤 지표의 달성에 책임을 지는지 확인하여야 함 (2016년)
- BSC 핵심성능지표 : **재무적** 관점, **고객** 관점, **내부적**(내부업무 프로세스) 관점, **학습(교육)** 성장 관점 (2014년, 2017년, 2022년)
- 재무, 고객, 내부프로세스, 학습과 성장 4가지 관점이 평가 주요 관점 (2013년)
- 로버트 카플란과 노튼이 제안한 성과 평가 방식으로 내부와 외부, 유형과 무형, 단기와 장기의 균형 잡힌 관점에서 성과를 측정함 (2013년)
- 전략모니터링 또는 전략 실행을 관리하기 위한 도구로 활용하는 경우에는 성과 평가 결과를 보상에 연계시키지 않는 것이 바람직함 (2013년)
- BSC 평가법은 재무평가와 비재무평가를 중심으로 평가함 (2023년)

10 인사평가 오류

평가자오류	심리적 원인	• 상동적 태도(스테레오 타입) • 현혹(후광)효과(halo effect) • 논리적 오류 • 대비 오류 • 근접 오류
	통계분포 원인	• 관대화 경향 • 가혹화 경향 • 중심화 경향
피평가자 오류		• 편견 • 투사 • 성취동기 수준 • 지각방어
제도적 오류		• 직무분석의 부족 • 연공서열의 의식 • 평가결과의 미공개 • 인간관계의 유지 • 평가기법의 신뢰성

1. 현혹(후광)효과(Halo Effect)(개인)

개인의 지능, 사교성, 용모 등과 같은 특성들 중에서 어느 하나에 기초하여 그 개인에 대한 일반적 인상을 형성하게 되어 범하는 오류(개인의 일부 특성을 기반으로 개인 전체를 평가)

1) 발생원인

① 피평가자가 보여준 첫 번째 성과에 근거하여 인상이 굳어져서 발생됨
② 피평가자의 장점에 현혹되어 모든 것을 좋게 평가 혹은 그 반대로 단점에 현혹되어 모든 것을 나쁘게 평가

2) 극복방안

① 피평가자에 대한 편견을 버림
② 피평가자의 구체적 행동사실에 기초해 평가함

③ 피평가자에 대해 명확한 평가요소를 적용하고, 이에 근거하여 평가를 실시함.

2. 상동적 태도(Stereotyping)(집단)

피평가자들의 소속집단을 기준으로 평가하려고 하기에 발생하는 경직된 오류

1) 발생원인

본인이 살아오면서 갖고 있는 선입견에 의해 발생함. 예를 들어 본인이 특정종교를 싫어 한다면 그 종교를 믿는 사람도 싫어져, 그 사람에게 나쁜 평가를 하는 경우

2) 극복방안

① 평가 시에 개인이 지니고 있는 편견을 배제해야 함
② 개인적 친분도 배제해야함

3. 관대화 경향(Leniency errors)

평가결과가 정규분포 형태로 나타나지 않고, 평균치 이상에 집중하는 경향을 보일 때 범하는 오류

1) 발생원인

① 평가자가 평가에 대한 결과에 자신이 없을 때 발생함
② 자신이 좋은 상사로 남고 싶어 좋은 점수를 부여할 때

2) 극복방안

① 구체적 사실에 입각해서 평가해야 함
② 사적인 관계의 감정을 버려야 함
③ 중간점수를 기점으로 정규분포가 되도록 평가 결과를 재배치

4. 중심화 경향(Central tendency errors)

평가결과가 정규분포 형태로 나타나지 않고, 평가자 모두를 평균치에 놓고 평가하는 경향

1) 발생원인

① 평가자가 양극단의 평가를 사용하기 꺼려할 때 발생함.
② 피평가자에 대한 정확한 관찰과 분석이 이루어지지 않은 경우

2) 극복방안

① 좋고, 나쁨을 판단할 수 있도록 피평가자에 대한 구체적 사실을 사전에 파악해야 함
② 평가척도를 세분화해서 점수를 분산함
③ 분포에 제한을 둠

5. 논리적 오류(Logical errors)

평가 요소 사이에 논리적인 연관성이 있다고 생각되는 경우, 평가 요소들에 대해 동일한 평가 결과를 내리는 경우

1) 발생원인

① 평가자의 평가 요소에 대한 이해가 부족한 경우
② 평가 요소가 추상적이거나 명확하게 정리되어 있지 않은 경우

2) 극복방안

① 추상적인 평가 요소에 대한 구체적 이해 도모
② 평가 요소 및 요소 간의 관계에 대해 독단적인 해석 자제

6. 가혹화 경향(Harsh tendency)

가혹화 경향은 관대화 경향과 반대되는 평가점수 분포도가 낮게 나타나는 경우를 말하는데, 평가자가 피평가자의 능력 및 성과를 실제보다 의도적으로 낮게 평가하는 경향

1) 발생원인

① 평가자의 기대 수준이 지나치게 높은 경우
② 목표 대비 달성도에 대한 객관적 평가보다는 평가자의 평가 성향에 의존하는 경우

2) 극복방안

① 성과에 대한 공정하고 객관적 태도 견지
② 주관적 판단을 지양하고, 목표 달성도에 따른 객관적 평가 실시
③ 인사관련 부서에서 제시하는 평가 등급 가이드 라인 준수

7. 연공 오류(Seniority errors)

평가대상자의 업적이나 역량에 대한 객관적이고 공정한 평가보다는 <u>연령이나 근무기간</u>을 우선적으로 고려하여 평가하려는 경향

1) 발생원인

① 연공을 중시하는 조직문화
② 평가에 대한 평가자의 목적의식 결여
③ 성과주의에 대한 조직 구성원의 낮은 수용도

2) 극복방안

① 평가에 대한 평가자의 목적인식 제고
② 성공주의 확산을 위한 공감대 형성
③ 연공을 배제한 평가를 실시할 수 있는 명확한 성과 기준 설립

8. 시간적 오류(Recency errors), 최신화 효과

피평가자의 과거 성과나 행동보다 최근 일어난 일에 더 많은 영향을 받음으로써 범하는 오류

1) 발생원인

예전에 일어난 일에 대해서는 잊어버리고, 최근에 일어난 일에 대해서만 기억해서 평가하게 될 경우에 발생

2) 극복방안

① 평소에 부하의 행동 및 성과를 명확히 기록해 두고, 이를 토대로 평가

② 최근 사건이 아닌, 연간 성과에 대한 종합적 검토

9. 상관편견(Correlational bias)

상관편견이란 고과자가 고과항목의 의미를 정확하게 이해 못 했을 때 나타난다. 예를 들면 성실감과 책임감, 창의력과 기획력이라는 항목 간의 정확한 차이를 구분 못하는 고과자는 피고과자를 평가할 때 위의 항목들에 대해 똑같은 점수를 주는 것이다.

10. 대비오류(Contrast errors)

피평가자를 평가함에 있어서 자신이 지닌 특성과 비교해서 평가함으로써 범하게 되는 오류 및 다수의 인원을 평가할 때 우수한 피평가자 다음의 일반적 피평가자들을 낮게 평가하는 경우나 반대의 상황을 말한다.

1) 발생원인

① 서로 다른 능력을 가진 사람을 동일한 잣대로 동시에 평가하는 경우
② 평가자가 객관적 사고가 부족할 경우

2) 극복방안

① 자신이 평가기준을 고집하고 자기식 평가를 삼가할 것
② 평가대상자를 다른 사람과 비교하지 말고, 맡은 업무 한에서의 성과를 측정해야 함

11. 유사성 오류(Similar-to-me)

평가자의 성격, 취미, 가치관 등과 비슷한 것들을 가지고 있는 피평가자들에게 호의적 평가를 주고 싶어지는 오류

12. 귀속과정 오류(Error of attribution process)

피고과자의 업적이 낮을 때 그 원인이 외적 귀속에 있음에도 불구하고 고과자가 내적 귀속으로

찾거나 반대의 경우 피고과자의 업적이 높을 때 이를 내적 귀속임에도 불구하고 외적 귀속에서 찾는 경우의 오류로서 주로 고과자가 피고과자에 대한 충분한 정보를 갖고 있지 못할 때 주로 나타난다.

13. 2차 고과자 오류

직속 상사의 1차 고과에 이어 직속 상사의 상사가 행하는 2차 고과는 피고과자에 대한 정보 부족으로 인하여 1차 고과자가 이미 평가한 내용을 갖고 적당히 하는 경향이 있다.

14. 투사(주관의 객관화, Projection)

자기 자신의 특성이나 관점을 타인에게 전가시키는 경향을 말하는 것으로서 다른 사람도 자신과 유사할 것이라고 판단하여 자신과 같은 생각이나 느낌, 그리고 같은 특성을 지닌 것으로 가정하고 자신의 생각이나 판단을 타인에게 전가시킨다.

15. 지각적 방어(Perceptual defence)

자기가 지각할 수 있는 사실은 집중적으로 파고들어 가면서도 보고 싶지 않은 것은 외면해 버리는 경향을 말한다. 이는 평가요소를 정해 놓고 모든 평가요소를 평가에 포함되도록 하면 줄일 수 있는 오류이다.

기출 문제 요약

- **후광오류** : A과장은 평소 성실하다는 이유로 자신이 직접 관찰하지 않아서 잘 모르는 B의 창의성, 도덕성, 기획력 등을 모두 높게 평가함 (2013년)
- 종업원 순위법, 강제배분법, 도식적 평정법, 정신운동능력 평정법, 행동기준 평정법 중 **도식적 평정법**은 관대화 오류가 가장 많이 발생할 수 있는 방법임 (2013년)
- A팀장은 팀원들의 직무수행을 긍정적으로 평가하는 것으로 유명함(**관대화 오류**), B팀장은 대부분 팀원을 보통 수준으로 평가함(**중앙집중 오류**) (2016년)
- **대비오류** : 매우 우수한 성과를 보인 사원을 평가하고, 평균적인 성과를 보인 사원에 대하여 평균 이하로 평가 받음 (2018년)
- 평정오류를 줄이기 위해 도입한 '**종업원 비교법**'은 중앙집중오류가 제거 가능하고, **후광오류가 존재함** (2020년)

11 인적자원 수요예측

미래의 어느 시점에서 해당 기업에 필요한 인력의 수요를 예측하는 활동으로 종업원에게 요구되는 직무수행 자격요건을 예측하는 질적인 측면과 종업원 수를 예측하는 양적인 측면으로 나눌 수 있다.

1. 질적수요예측

1) 자격요건분석법

직무기술서와 직무명세서를 토대로 필요한 인력량과 질을 추정(안정적 환경하에서 사용)

2) 시나리오기법

현재와 미래의 경영환경에 관련되는 다양한 변수를 활용하여 구체적인 인력량과 질의 변동 내용을 예측(동태적인 환경하에서 사용)

3) 명목집단법

대화나 토론을 억제하여 집단사고를 방지하는 의사결정기법

4) 델파이법

전문가들이 서면상으로 토론하고 협의하는 방법

2. 양적수요예측

1) 생산성 비율분석

과거 생산성 변화 추이를 토대로 인력투입량을 예측하는 방법

2) 추세분석(시계열분석)

과거 인적자원 수요를 시계열(월별, 분기별)에 따른 그래프로 나타낸 추세선을 활용하여 미래의 특정 시점에서 필요한 인력수요를 예측

3) 회귀분석

인력수요에 영향을 미치는 것으로 알려진 여러 요인들의 영향력을 계산하여 미래 인력수요를 예측

4) 노동적 과학기법

작업연구기법으로 불리며, 총작업시간을 1인당 작업시간으로 나누어 인력수요를 계산

참고

※ 인력예측접근법
1) 거시적 접근법(하향식 접근법, 양적예측)
   인건비 지불능력을 기준으로 필요인력 수(가용예산/1인당 인건비)를 계산
2) 미시적 접근법(상향식 접근법, 질적예측)
   각 직무와 부서별로 필요한 인력의 수를 집계
3) 거시적 접근법(하향식)의 예측인력보다 미시적 접근법(상향식)에서의 예측인력수가 많다

기출 문제 요약

- 수요예측 방법에 관한 설명 (2020년)
  - 델파이법 : 전문가가 서면상으로 토론하고 협의하는 방식
  - 이동평균 : 실제 수요의 산술평균으로 예측함
  - 시계열분석법의 변동요인에 추세를 포함
  - 단순회귀분석법에서 수요예측은 최대자승법을 이용함
  - 지수평활법 : 과거 실제 수요량과 예측치 간의 오차에 대해 지수적 가중치를 반영해 예측

12 인적자원 공급예측

특정시기에 해당 기업이 보유하게 될 인력에 대한 예측활동으로 내부노동시장과 외부노동시장의 현황을 파악하여 채용하는 방법

1. 내부노동시장에서의 공급

1) 마코프체인(전이확률행렬, 인력전이행렬)

안정적인 조건에서 승진, 이동, 퇴사의 일정비율을 적용하여 장래 각 기간에 걸친 현원의 변동사항을 예측하는 기법

2) 대체도

직무에 대한 대체 가능한 투입인력을 조직도 상에 명기한 표

3) 기능목록(기술목록)

종업원의 직무적합서를 쉽게 파악할 수 있도록 인적사항, 핵심직무, 기술, 경력, 학력, 능력정보, 교육기록, 자격여부 등을 요약한 표

4) 승진도표

개인의 승진, 이동의 시기, 순위, 훈련 등의 요건을 명기해 두고 이를 집계하여 내부인력의 변화를 예측

2. 외부노동시장에서의 공급

주로 대졸 취업준비생이나 경력이직자의 채용을 통해 인력공급을 달성하는 것으로 양적측면(인구통계적 자료)과 질적측면(교육수준이나 동기의 측면)을 모두 고려함

3. 인력수요와 공급의 불균형시대 대처방안

1) 과잉수요(인력부족)

채용, 초과근무, 임시직, 파견근로, 아웃소싱 등을 활용

2) 과잉공급(인력과잉)

방출, 단축근무, 휴가제공, 임금삭감, 구조조정 등을 활용

13 인적자원의 모집

1. 모집의 의의

모집 활동은 선발의 대상이 될 수 있는 자격을 갖춘 지원자를 발굴하고 유인하는 인적 자원 관리 과정이다. 기업이 필요로 하는 인적 자원이 내부 공급원에 의해서 공급되는 것을 내부모집, 외부의 공급원에 의해서 공급되는 것을 외부모집이라고 한다.

2. 모집에 영향을 미치는 요인

1) 기업의 이미지

기업의 복지정책, 사회적 공헌활동, 높은 시장점유율, 존경받는 최고경영자의 존재, 인기 있는 스포츠 팀의 존재 등이 있다.

2) 직무의 매력도

과거와는 달리 요즘 신입사원들은 실제로 맡게 될 직무의 매력도가 모집에 응하는 중요한 요소가 되고 있다.

3) 기업의 정책

직급파괴를 통한 수평조직, 능력위주의 성과급 실시 등 능력주의와 파격적 보상, 경력개발, 파격적 발탁승진 등이 있다.

3. 내부모집과 외부모집

1) 내부모집

공석이 생겼을 때 기존의 내부직원이 승진, 부서이동, 직무이동을 통해 공석을 채울 수 있도록 제도화되어 있는 경우를 말하며 방법으로는 사내공모제도(job posting)가 있다.

2) 외부모집

공석이 생기면 기업 외부의 노동시장을 통해 적임자를 모집하여 공석을 채우는 방법을 말하며 매체광고, 고용 에이전시, 교육기관, 전문협회 및 학회를 통해 모집을 하는 경우가 많다.

3) 장단점 비교

구분	내부모집	외부모집
장점	• 승진기회 확대와 동기부여 • 모집에 드는 비용 저렴 • 모집에 소요되는 시간 단축 • 내부인력의 조직 및 직무지식 활용 가능 • 외부인력 채용의 리스크 제거 • 기존 인건비 수준 유지 가능 • 하급직 신규채용 수요 발생	• 인재선택의 폭이 넓어짐 • 외부로부터 인력이 유입되어 조직분위기 쇄신 가능 • 인력수요에 대한 양적 충족 가능 • 인력유입으로 새로운 지식, 경험 축적 가능 • 능력과 자격을 갖춘 자를 채용함으로써 교육훈련비 감소
단점	• 인재 선택의 폭이 좁아짐 • 조직의 폐쇄성 강화 • 부족한 업무능력 보충을 위한 교육훈련비 증가 • 능력주의와 배치되는 패거리문화 형성 • 인력수요를 양적으로 충족시키지 못함(내부 승진으로 일정수의 인력 부족)	• 모집에 많은 비용 소요 • 모집에 장시간 소요 • 내부인력의 승진기회 축소 • 외부인력 채용으로 실망한 종업원들의 이직 가능성 증가 • 조직분위기에 부정적 영향 • 외부인력 채용으로 리스크 발생 • 경력자 채용으로 인건비 증가

4. 사원추천 모집제도

1) 사원추천 모집제도의 의의

종업원 공모제도라고도 하며 직장 내 공석이 생겼을 때 현직 종업원이 적임자를 추천하도록 하여 신규직원을 채용하는 제도다.

2) 사원추천 모집제도의 장단점

장점	단점
• 모집비용 절감을 통한 경제적 이익 • 직원들의 자질유지 가능 • 선발에 걸리는 시간 단축 • 이직률도 낮고 기업문화에 적응도 높음 • 기존 직원들의 동기부여와 사기 측면에서 긍정적	• 학맥, 인맥에 근거한 파벌 조성 • 채용에 있어 공정성 확보가 어려움 • 취업기회의 원천적 봉쇄 • 피추천 후보자가 채용면접에서 탈락하는 경우 추천자의 반발 및 사기 저하

14 인적자원의 선발

1. 선발 도구의 요건

기업에서 실시하는 선발이 합리적으로 운용되기 위해서는 선발방법의 신뢰성과 타당성이 유지되어야 한다.

1) 신뢰성

(1) 의의

동일한 사람이 동일한 환경에서 측정을 반복했을 때, 그 측정결과가 동일한 정도를 의미하는 것으로 일관성을 나타낸다. 만약 선발도구가 신뢰하기 어렵다면 효과적인 선발을 기대할 수 없다.

(2) 신뢰성을 평가하기 위한 방법

① 검사 – 재검사방법

같은 사람에게 같은 내용의 측정을 시기를 달리하여 두 번 실행하고 두 번의 측정결과를 비교하여 신뢰성을 평가하는 방법이다.

② 대체형식방법(동형검사방법)

한 종류의 항목을 측정한 다음에 유사한 항목으로 다른 형태의 측정을 하여 두 측정 간의 상관관계를 살펴보는 것이다. 이때 두 항목은 난이도, 평균, 분산, 내용의 범위 등이 동등해야 하기 때문에 동일내용방법이라고도 불린다.

③ 양분법(반분법)

측정 내용이나 문항을 반으로 나누어 측정한 후 양자의 결과를 비교하여 선발도구의 신뢰성을 평가하는 방법이다.

④ 내적 일관성

동일한 측정을 위해 항목 간의 평균적인 관계에 근거한 신뢰도 측정방법은 내적 일관성을 고려하는 것이다. 즉, 동일한 개념을 측정하기 위해 여러 개의 항목을 이용하는 경우 신뢰도를 저해하는 항목을 찾아내어 측정도구에서 제외시킴으로써 신뢰도를 높이는 Cronbach's alpha 계수(내적합치도 계수)를 이용한다.

⑤ 평가자 간 신뢰성

측정절차 중 그 대상이 사람일 때 우리는 그 일관성이나 신뢰성에 의심을 갖게 된다.

'두 사람의 평가의 일관성을 어떻게 측정할 것인가?'라는 의문에 대한 답이 평가자 간 신뢰성이다.

2) 타당성

(1) 의의
측정도구가 당초에 측정하려고 의도하였던 것을 얼마나 정확히 측정하고 있는가를 밝히는 정도를 말한다.

(2) 타당성을 평가하기 위한 방법
① 기준(준거)관련타당성
예측치와 하나 또는 그 이상의 기준치를 비교함으로써 결정된다.
- 현재 타당성(동시타당성)
  현직 종업원에 대하여 시험을 실시해서 그 시험성적과 그 종업원의 직무성과를 비교하여 타당성을 검사하는 것이다.
- 예측 타당성
  선발시험에 합격한 사람의 시험성적과 그들의 입사 후의 직무성과를 비교하여 타당성을 검사하는 방법이다.

② 내용타당성
측정하고자 하는 대상의 정의역을 측정도구가 얼마나 담고 있느냐를 나타내주는 척도

③ 구성(개념)타당성
추상적인 변인인 구성 개념의 측정과 관련된 것으로, 측정하려고 하는 구성개념의 조직적 정의가 적절한가의 여부를 나타낸 것이다.

2. 면접

1) 면접의 참가자 수에 따른 분류

(1) 집단면접
- 일대 다로 진행하는 면접방식으로 집단별로 문제에 대해 자유토론하고, 면접자는 이를 관찰해 개인의 적격 여부 판정
- 다수의 응모자를 비교, 평가가 가능하며 시간을 절약할 수 있음.
- 어느 대상과 비교하는지에 따라 결과가 달라지는 맥락효과(Context effect)가 발생할 수 있다.

(2) 위원회 면접
- 다수의 면접자가 지원자에게 기자회견과 같은 방식으로 질문을 하여 진행.
- 진행자의 심리적 부담으로 돌출적 행동의 가능성이 있음.

2) 면접의 일반적인 분류

(1) 정형적 면접
- 직무명세서를 기초로 미리 정해놓은 질문 목록의 내용을 질문하는 방법
- 비정형적 면접은 질문의 목록 이외의 다양한 질문을 하는 방법

(2) 스트레스 면접
피면접자를 무시함으로써 피면접자를 평가하는 것으로 그 상황하에서 피면접자의 태도를 관찰하는 방법

(3) 집단토론 면접
면접관들이 다수의 지원자들에게 특정 주제를 주어 지원자들끼리 일정 시간 동안 토론을 하게 하고 면접관들은 토론 과정에서 지원자들의 토론을 벌이는 태도를 평가하는 방법

(4) 블라인드 면접
학력, 연령 등이 무시되고 능력이나 성과가 강조되면서 능력을 중심으로 선발하기 위한 방식

(5) 프레젠테이션 면접
지원자가 여러 개의 주제 중에서 하나를 골라 일정 시간 후 해당 주제에 대한 지원자의 견해를 서론, 본론, 결론으로 나누어 면접관에게 발표하는 면접

(6) 다차원 면접
지원자가 면접관이 회사 밖에서 하루종일 함께 보내어 합숙생활이나 미션, 다양한 상황들을 지원자에게 주어 어울리는 과정을 평가하는 방법

3. 선발결정

선발과정의 궁극적인 목적은 올바른 합격자와 올바른 불합격자를 최대한 늘리는 것이다. 반면 잘못된 불합격자와 잘못된 합격자를 줄이는 것이다.

1) 올바른 합격자

검사에서 합격점을 받아서 채용되었고, 채용 후에도 만족스런 직무수행을 할 사람

2) 잘못된 불합격자

검사에서 불합격점을 받아 떨어뜨렸지만, 채용하였다면 만족스런 직무수행을 할 사람

3) 올바른 불합격자

검사에서 불합격점을 받아 떨어뜨렸고, 채용하였더라도 불만족스러운 직무수행을 할 사람

4) 잘못된 합격자

검사에서 합격점을 받아 채용되었지만 채용 후에는 불만족스러운 직무수행을 할 사람

4. 선발 도구의 효과

선발도구의 효과성을 이해하는 데 중요한 개념은 기초율, 선발률, 타당도이다.

1) 선발률(selection ratio)

지원자 가운데 최종 선발된 인원의 비율

$$선발률 = \frac{최종\ 합격자}{총\ 지원자}$$

선발률이 낮을 경우, 각 직무에 누구를 고용할지에 대한 선택의 폭은 넓어지기 때문에 효용성이 가장 크다 → 선발률이 낮을수록 선발도구의 효용성 가치는 커진다.

2) 직무 성공률(success rate)

선발된 인원(입사자) 중 일정 기간 후 성공적인 직무 수행자

$$직무\ 성공률 = \frac{성공적\ 직무수행자}{선발된\ 인원}$$

3) 기초율(base rate)

총 지원자 중 성공적 직무수행자의 비율

$$기초율 = \frac{성공적\ 직무수행자}{총\ 지원자}$$

4) 타당도

① 선발도구의 타당도는 선발도구와 준거 간의 상관 크기다.
② 상관이 클수록 선발도구로 준거를 더 정확히 예측할 수 있다.
③ 준거의 예측이 정확해질수록 그 효용성은 커진다. 기초율 이상으로 성공률을 증가시킴으로써 효용성이 향상되기 때문이다.

5. 개념준거와 실제준거

1) 준거

어떤 사람이나 사물을 평가할 때 사용되는 기준으로 사물의 정도나 성격 따위를 알기 위한 근거나 기준을 준거라 한다.
준거는 개념준거(이론준거)와 실제준거로 구분한다.

2) 개념준거(이론준거)

실질적으로 결코 측정할 수 없는 추상적, 이론적 개념(연구자가 측정하고자 하는 준거)
ex 성공적인 대학생활, 훌륭한 부모

3) 실제준거

측정할 수 없는 개념준거를 실제로 측정할 때 사용하는 준거(현실적 요인으로 바꾸는 방법)
ex 대학 평균학점, 봉사활동 실적, 자녀와의 일일 대화시간

4) 준거결핍

실제준거에 개념준거가 얼마나 결핍되어 있는지를 나타낸다. 준거결핍은 어느 정도 항상 존재한다.

5) 준거오염

실제준거가 개념준거와 관련이 되어 있지 않은 부분

결핍과 오염 모두 둘 다 실제준거에 바람직하지 못한 것으로 둘 다 개념준거를 왜곡시킨다.

준거왜곡 = 준거결핍 + 준거오염

6) 준거적절성

실제준거가 측정하려고 하는 개념준거의 평가 정도이다. 실제준거의 구성타당도이다.

7) 복합준거

개념준거(이론준거)들의 점수를 합하여 총점을 산출하는 것으로 개별 종업원의 수행을 비교할 때 좋은 방식

ex 출근=5, 업무의 양=4, 업무의 질=4 → 복합준거=14

8) 다차원방식

개념준거들을 합산하지 않고 각각의 점수를 별도로 산출하는 방식으로 다양한 수행 차원에 대한 구체적인 정보를 제공한다.

기출 문제 요약

- 실제준거가 개념준거 전체를 나타내지 못하는 정도를 의미하는 것을 **준거결핍**이라고 함 (2017년)
- 선발도구의 효과성에 관한 설명 (2014년)
  - 선발도구의 타당도가 높을수록 선발도구의 효과성은 증가함
  - 기초율이 100%라면 새로운 선발도구의 사용은 의미가 없음
  - 선발도구의 효과성을 이해하는 데 중요한 개념은 기초율, 선발률, 타당도임
- 선발률과 예측변인의 가치 간의 관계는 **선발률이 낮을수록 예측변인의 가치가 더 큼** (2015년)
- 올바른 불합격자란 검사에서 불합격점을 받아서 떨어뜨렸고 채용하였더라도 불만족스러운 직무수행을 나타냈을 사람임 (2018년)
- 유용성이 높은 인사선발 도구에 관한 설명 (2024년)
  - 예측변인의 타당도가 커질수록 전체 집단의 평균적인 준거수행에 비해 합격한 집단의 평균적인 준거수행은 높아짐
  - 선발률이 낮을수록 예측변인의 가치는 커짐
  - 예측변인의 점수와 준거수행으로 이루어진 산점도가 1사분면은 높고 3사분면은 낮은 타원형을 이룸

15 신뢰도(Reliability)

1. 의의

신뢰도는 측정된 결과치의 안전성, 일관성, 예측가능성 등이 내포된 개념으로서 측정도구의 측정결과, 즉 측정값들이 동일한지를 알아보기 위함이다.(측정의 일관성)

2. 신뢰도 측정방법

1) 검사-재검사 신뢰도(test-retest reliability)

(1) 한 사람이 적당한 시간 간격을 두고 동일한 대상을 측정한 결과를 비교하는 방법
(검사의 시간 간격이 짧을수록 좋다)
(2) 공백의 시간 동안 대상의 속성이 바뀔 수도 있고 '적당한 시간간격'이란 도대체 얼마만큼 인지 알 수 없으며 피검자(응답자)의 상태를 통제할 수 없다는 점을 고려해야 한다.

2) 동형검사 신뢰도(equivalent form test reliability)

(1) 검사-재검사 신뢰도를 보완한 방법
(2) 측정하고자 하는 바(논리)는 같되 문항이 서로 다른 두 가지의 '동형검사'를 짧은 간격을 두고 실시하는 방법. 즉 "동형의 두 검사는 평균과 평균편차가 같다."는 전제를 세운다고 보면 된다.
(3) 실시하는 시간차에서 기인하는 오차와 두 가지 검사가 동등한지에서 기인하는 오차가 동시에 산출되므로 신뢰도 계수는 다른 신뢰도에 비해 낮다.

3) 반분 검사신뢰도(split-half reliability)

하나의 측정도구를 반으로 나누어 서로의 상관관계로 신뢰도를 추적하는 방법

4) cronbach α(문항 간의 내적 합치도)

(1) 검사-재검사 신뢰도, 동형검사 신뢰도, 반분 신뢰도가 검사 전체의 신뢰도를 나타내는 것이라면 cronbach α는 문항 간의 내적합치도(internal consistency)를 나타낸다.
(2) cronbach α값은 반분법의 시행결과를 평균한 값

(3) 계수값이 0.6이 넘어야 유의하다고 할 수 있다.

※ 반분검사신뢰도와 문항 간 내적합치도는 문항 간의 일관성 정도를 살펴보는 신뢰도로 '내적 일관성 신뢰'도로 함께 분류하기도 한다. 검사를 한 번만 시행해도 된다는 장점이 있다. 즉, 내적 일관성 신뢰도 안에 반분검사 신뢰도와 문항 간 내적 합치도로 분류하기도 한다.

5) 평가자 신뢰도

평정자의 평정이 얼마나 일관성이 있는지를 나타낸다.

※ 신뢰도 계수가 높은 순으로는 검사-재검사신뢰도, 동형검사신뢰도, 반분검사신뢰도이다.

3. 신뢰도 계수에 영향을 주는 요인

① 문항수 : 문항수에 비례
② 문항의 동질성 : 동질성이 높을수록 신뢰도 계수가 커짐
③ 문항의 모호성 : 문항이 모호하거나 어려우면 추측요인이 오차로 작용
④ 표본수 : 표본의 수가 클수록 신뢰도는 증가
⑤ 점수의 분산 : 점수의 분산이 커질수록 신뢰도 계수는 커짐

기출 문제 요약

- 다양한 신뢰도 측정방법들은 서로 바꾸어 사용하면 안됨 (2017년)
- 검사-재검사 신뢰도는 시간간격이 짧을수록 높아짐 (2017년)

16 타당도(Validity)

1. 의의

타당도는 측정하고자 하는 원래 의도한 개념을 얼마나 정확하고 충실하게 측정하는 가를 나타낸다.(측정의 정확성)

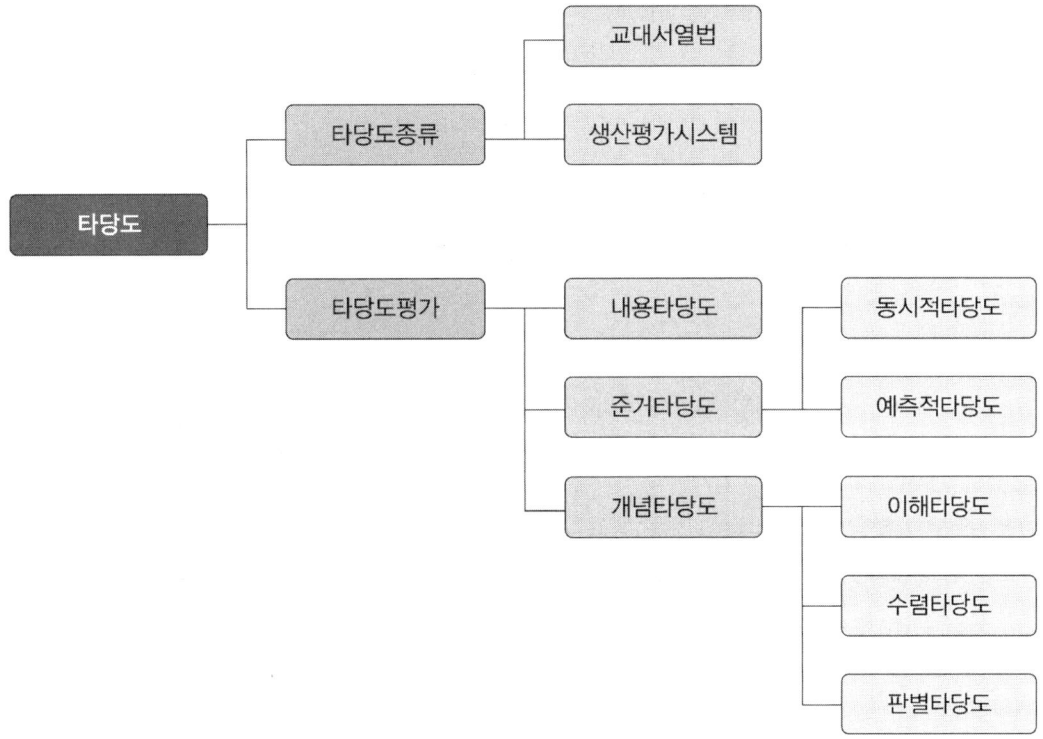

2. 타당도 평가방법

1) 내용타당도(content validity)

(1) 검사 문항들이 검사가 측정하려고 하는 내용을 얼마나 잘 반영하는가(논리적 타당성)
(2) 설문 문항들이나 관찰항목에 대해 적합성을 결정하기 위해 주관적 판단에 기초
(3) 주관적 판단에 의존하므로 적용이 쉽고 시간이 많이 소요되지 않음
(4) 전문가의 주관적 판단에 의존하므로 오류 가능성이 있음

2) 준거타당도(criterion validity)

(1) 공인된 도구로 측정한 검사점수를 통해 외적 준거를 추론하는 방법
(2) 예측타당도(predictive validity)
   현재의 측정 또는 평가도구와 미래의 측정값과의 상관을 기준으로 예측타당도를 평가
(3) 동시타당도(concurrent validity)
   측정도구의 측정값과 같은 시점에서 기준이 되는 기준값 간의 관련성에 의해 측정

3) 구성(개념)타당도(construct validity)

직접 관찰할 수 없는 것에 대한 구성 개념을 측정하기 위한 것으로 측정하고자 하는 구성 개념을 정의하고 가설을 설정하여 경험적인 자료로서 검증한다.

(1) 수렴타당성(집중타당성, convergent validity)
   하나의 개념을 측정하기 위해 여러 측정문항(변수) 사용 시 그 측정값들의 상관관계는 높아야 함

(2) 판별타당성(discriminant validity) (수렴타당성의 반대개념)
   서로 상이한 개념들 사이에는 이를 측정한 측정값 사이에도 낮은 상관관계를 보여야 함
   이론에 근거한 구성개념 간의 관계가 예상한대로 나타나고 있는지 여부를 평가

(3) 이해타당성(법칙타당성, nomological validity)
   특정한 개념을 어떻게 이해하고 있는가에 관한 것으로, 개념의 하위개념까지 측정할 수 있는 측정방법일수록 이해타당성이 높다

3. 타당도에 영향을 주는 요인

① 문항수 : 측정 항목이 많아질수록 응답자가 싫증을 느껴 형식적 응답이 발생
② 문화적 요인 : 응답자가 속한 문화의 일반적 범주 외의 단어 등을 포함할 시 문제가 될 수 있고 해당 문화 내에서 바람직성을 기준으로 응답할 가능성이 있음
③ 문화 형태 : 개방형 질문은 응답자의 사회경제적 환경에 따른 편차가 크다.

참고

※ **신뢰도와 타당도 관계**

타높신높 / 신낮타낮
타당도가 높으면 신뢰도가 높다. / 신뢰도가 낮으면 타당도도 낮다.

반대의 경우는 형성되지 않는다.

신높타높/ 타낮신낮
신뢰도가 높다고 하여 타당도가 높은 것은 아니다. / 타당도가 낮다고 하여 신뢰도가 낮은 것은 아니다.

신뢰도가 타당도보다 크다.(신 안에 타)
타당도 계수의 범위는 70 이상인 신뢰도 계수보다 낮으며 대부분 30~50 사이에 있다. 10~20 정도로 낮은 타당도 계수도 미래행동을 예언하는 데에 있어서는 유용하기도 하다.

기출 문제 요약

- 검사가 학문적으로 받아들여지기 위해 바람직한 신뢰도 계수와 타당도 계수는 0~1의 범위에 존재함 (2017년)
- **심리평가**에서 **타당도와 신뢰도**에 관한 설명 (2018년)
  – 내용타당도 : 검사의 문항들이 측정해야 할 내용들을 충분히 반영한 정도임
  – 검사-재검사 신뢰도 : 검사를 반복해서 실시했을 때 얻어지는 검사 점수의 안정성을 나타내는 정도임
  – 평가자 간 신뢰도 : 두 명 이상의 평가자들로부터의 평가가 일치하는 정도임
  – 내적 일치 신뢰도 : 검사 내 문항들 간의 동질성을 나타내는 정도임
- **심리검사**에 관한 설명 (2020년)
  – 반분 신뢰도 : 검사의 내적 일관성 정도를 보여주는 지표임
  – 안면 타당도 : 검사문항들의 외관상 특정 검사의 문항으로 적절하게 보이는 정도를 의미함
  – 준거 타당도에는 '동시 타당도와 예측 타당도가 있음
  – 동형 검사 신뢰도 : 동일한 구성개념을 측정하는 두 독립적인 검사를 하나의 집단에 실시하여 측정함
  – 다른 조건이 동일하다면 검사의 문항 수에 따라 내적 일관성의 정도에 영향을 미침
- 현재의 생산성 자료를 수집한 후 즉시 그들에게 검사를 실시하여 그 검사 점수들과 생산성 자료들과의 상관을 구하는 타당도는 **동시타당도**임 (2022년)
- ※ **예측타당도**(선발시험에 합격한 사람들의 시험성적과 입사 후의 직무성과를 비교하여 타당성을 검사), **내용타당도**(요구하는 내용을 시험이 얼마나 잘 나타내는가를 검토하는 것으로, 통계적 상관계수가 아닌 논리적 판단으로 검사함), **구성타당도**(시험의 이론적 구성과 가정을 측정하는 정도를 나타냄)

17 경력개발(경력관리, 경력 닻)

1. 의의

경력개발이란 KSA(knowledge, skill, ability : 직무명세서)를 직무경험이라는 간접적인 방식으로 향상시키는 것을 의미한다. 경력이란 직무에 대한 경험을 의미한다.

2. 경력관리

경력관리는 기본적으로 개인이 경력목표를 세우고 계획하며 스스로 진행하는 것을 말하며, 경력개발이란 개인의 입장에서는 경력관리와 같이 목표를 세우고 계획하며 스스로 진행하는 것이며, 기업 차원에서는 개인의 문제해결을 지원하며 관리 전개하여 개인과 기업 양자의 협력으로 본다.

3. 경력개발시스템

경력개발은 개인과 기업의 합작이므로 먼저 개인의 욕구를 파악해야 한다. 이 욕구 파악은 리치의 경력 욕구 형성, 샤인의 경력 닻 이론, 홀 이론이 있다.

1) 리치(Leach)의 경력 욕구 형성 이론

성격특성이 욕구에 영향을 끼치고 경력역할(기대)과 기회를 반영하여 최종적인 경력욕구가 형성된다.

2) 샤인(Schein) : 경력욕구형태는 유형이나 형태가 경력 닻모형을 통해서 나타난다는 이론

'경력 닻 모형'은 개인들의 경력욕구를 체계화한 것이며, 각자 닻에 맞는 직무설계와 보상관리를 연계한다는 점에서 다른 경력관리 모형과 구별된다.

> **참고**
> ※ 경력닻 모형(5가지 + @) 전관안사자 + @
> ① 관리능력의 닻(일반관리자의 역량)
> ② 전문역량 닻(기술적, 기능적 역량)
> ③ 안전성 닻(안정, 인정)
> ④ 사업가/창의성 닻(기업가적 창의성)
> ⑤ 자율성/ 독립성 닻(자율, 독립)
> 그 외 순수한 도전, 라이프스타일, 서비스(봉사)

3) 홀(Hall)의 경력단계 모델 : 경력 욕구가 나이에 따라 변화한다는 이론

   (1) 탐색단계(25세 이하) : 정체성 욕구
       적성분야 탐색, 정체성 형성

   (2) 확립단계(25~45세) : 친교성 욕구
       직무전선에 편입, 조직사회와 역량 개발 위해 체계적 교육, 상사 동료에게 피드백, 친교성

   (3) 유지단계(45~64세) : 생산성 욕구
       승진한계, 능력진부화 등 중년의 위기, 생산성

   (4) 쇠퇴단계(65세 이상) : 통합성 욕구
       조직의 선배 역할, 스스로 퇴직 준비, 통합성

4. 경력경로(Career Path)

개인이 조직에서 여러 종류의 직무를 수행함으로써 경력을 쌓게 될 때 그가 수행할 직무의 배열을 말한다. 기업에서는 조직의 특성, 인재육성 전략, 개인의 가치에 따라 적합한 경력 경로를 선택해야 한다.

1) 전통적 경력 경로(Traditional Career Path)

개인이 경험하는 직무들이 수직적으로 배열되어 있는 경우, 특정 업무를 수년간 수행 후 상위 수준의 직무를 수행하는 것이다.
수직적인 직무 배열을 통해 경력경로를 미리 파악할 수 있고 전문성을 강화할 수 있지만 다른 분야 등의 경험을 할 수 있는 기회가 적다는 단점이 있다.

2) 네트워크 경력 경로(Network Career Path)

개인이 직급 내 여러 직무를 수행한 후 상위직급으로 이동하는 경우이다. 수직적 직무배열과 수평적 직무배열을 모두 지니고 있는 형태
다양한 직무 경험과 유연한 인력 배치 등의 장점을 지니고 있지만 한 가지 분야에 대한 직무 수행 기간이 짧아 전문성 개발에 한계가 존재

3) 이중 경력 경로(Dual Career Path)

기술직원의 경우 어느 정도 직무경험을 쌓았을 때 관리직종으로 전환하지 않고, 계속 기술직종에 근무하게 함으로써 해당 분야의 전문성을 높이게 하는 방법

5. 경력정체

경력정체는 자신의 능력 혹은 기업의 구조적 한계로 더 올라갈 수도, 내려올 수도 없는 것을 말한다. 이는 개인에게 조직에 대한 불만족 및 조직 커미트먼트 하락 등의 문제를 가져온다.

1) 경력정체의 원인

(1) 객관적 경력정체

최고 경영층이 되지 못하는 이상 대다수의 종업원은 언젠가 더 이상 승진이 불가능한 경력정체에 빠진다. 99%의 법칙이라고도 한다.

(2) 주관적 경력정체

승진의 한계가 문제 되는 것이 아닌 개인이 스스로 직무에 만족하지 못할 경우 나타나는 경력정체

2) 경력정체 인력의 유형

(1) 방어형

경력정체 원인을 조직과 타인에 돌리며 적극적인 행동을 하는 유형

(2) 절망형

조직정체 책임을 조직에 전가하지만 수동적 행동성향상 절망하고 무기력한 모습을 보임

(3) 성과미달형

경력정체에 대해 스스로 책임인식은 하고 있으나 수동적 성향상 현실에 안주

(4) 이상형

경력정체에 대한 책임이 본인에 있다고 보고 주어진 상황 하에서 최선을 다하는 모습을 보임

3) 경력정체 극복방안

(1) 객관적 경력정체

조직확장, 다중경력경로 설계, 직능자격제도 등

(2) 주관적 경력정체

원인분석이 선결, 직무재설계, 순환배치 등

기출 문제 요약

- 경력 **정체기**에 접어든 종업원들이 보여주는 반응 유형은 **방어형, 절망형, 성과미달형, 이상형**으로 구분됨 (2017년)
- 샤인(E. Schein)은 경력목표설정 동기를 5가지(관리능력, 전문능력, 안정성, 창의성, 자율성)로 제시 (2017년)
- 홀(D.T.Hall) 이론 : 경력개발모형(탐색 → 확립 → 유지 → 쇠퇴) 4단계 제시, 그 중에 중년의 위기가 나타나는 시기는 "유지"단계임 (2017년)
- **이중 경력경로**는 기술직과 관리직의 이분법적 **경력경로 시스템**을 말함 (2017년)
- **경력욕구**는 경력개발의 필요성을 인식하는 근거가 되는 것으로서 종업원 개인과 조직이 추구하는 경력개발 방향으로 구분됨 (2017년)

18 교육 훈련

1. 교육훈련의 종류

1) 직장 내 교육훈련(OJT : On the Job Training)

(1) OJT의 내용

① 부여받은 직무를 수행하면서 직속상사와 선배사원이 담당하는 교육훈련
② 훈련과 생산이 직결되어 있어 경제적이고 강의장 이동이 필요하지 않지만 작업수행에 지장을 받을 수 있다.
③ OJT에는 직무교육훈련(JIT : job instruction training), 도제교육프로그램 (apprenticeship program), 멘토링(mentoring), 그리고 직무순환(job rotation) 등이 있다.

> 참고
> ※ 도제제도란 장기간 동안 작업장 내에서 훈련대상자가 상사 내지 선배동료들로 부터 기능을 배우는 것으로 특히 정교한 수작업이 요구되는 공예, 용접, 배관, 목수직 등에 주로 적용되며 훈련기간은 대체로 3~4년 정도로 많이 소요됨
> ※ 직무순환은 일정한 훈련계획에 따라 차례로 직무를 교대시킴으로써 기업의 직무 전반을 이해하고 지식, 기술, 경험을 풍부하게 만드는 방법

(2) OJT의 장단점

① 장점
- 훈련이 추상적이지 않고 실용적임
- 훈련을 받으면서도 직무를 수행할 수 있는 것
- 고도의 기술, 전문성을 요하는 직책의 훈련에 적합
- 종업원의 습득 정도나 능력에 맞춰 실행
- 상사와 동료 간의 이해와 협조 정신을 높일 수 있음

② 단점
- 넓은 이해력을 증진시키는 데 부적합함
- 훈련을 담당하는 상관이 무능하면 실효를 거두기 어려움
- 일과 훈련 병행의 심적 부담
- 훈련 내용이 통일되지 못할 수 있음
- 잘못된 관행의 건수가 생길 수 있음

2) 직장외 교육훈련(Off-JT)

(1) Off-JT의 내용

실무 또는 작업을 떠나서 교육훈련을 담당하는 전문가 또는 전문스태프가 집단적으로 교육훈련을 실시하는 것이다.

(2) Off-JT의 장단점

① 장점
- 전문가가 지도
- 다수종업원의 통일적 교육 가능
- 훈련에 전념할 수 있음

② 단점
- 작업시간의 감소
- 경제적 부담이 큼
- 훈련결과를 현장에 바로 쓸 수 없음
- 교육이 추상적이고 이론적이어서 현장과 괴리될 수 있음

2. 교육훈련의 방법

1) 회의식 방법

주제에 관한 각자의 견해, 지식, 경험 등을 발표하고 문제점들에 대해 토론하는 것이다.

2) 사례연구

실제사례를 선정하여 훈련 참가자들에게 소개하고 토론하도록 함으로써 문제해결능력을 배양시키는 방법이다.

3) 역할연기(체험학습방법)

주제에 대하여 피훈련자로 하여금 실제로 경험하게 하는 훈련 방법이다.

4) 비즈니스 게임

모의 경영상태를 설정하고 게임을 통하여 경영상의 의사결정에 대한 훈련을 하는 방법이다.

5) 감수성훈련

대인관계 속에서 정신적인 갈등이나 대립의 해결과정을 통해 자기통찰, 감수성의 개발이 촉진되고 상황에 적합한 태도, 행동을 취할 수 있도록 본인의 능력을 개발함을 목적으로 한다.

3. 교육훈련 평가대상 및 방법

1) 평가단계의 내용(커크패트릭의 4단계 평가기준)

단계	분류	내용	평가방법
1단계	반응평가(Reaction)	자체의 평가훈련 프로그램의 내용과 프로세스	질문지, 면접, 간담회
2단계	학습평가(Learning)	학습내용의 이해와 습득	테스트, 과제, 실습, 강사 및 상사의 의견서, 면접
3단계	행동평가(Behavior)	태도 및 행동의 변화	실습보고서, 과제보고서, 실습개선보고서
4단계	성과평가(Result)	실적의 향상	생산 및 실적자료 개선보고서, 간담회

2) 교육훈련평가 4단계

(1) 반응 : 참가자가 그의 교육훈련을 어떻게 생각하는가?
(2) 학습 : 어떠한 원칙, 사실, 기술을 배웠는가?
(3) 행동 : 교육훈련을 통하여 직무수행상 어떠한 행동의 변화를 가져왔는가?
(4) 결과수준 : 교육훈련을 통하여 비용절감, 품질개선, 생산증대 등에 어떠한 결과를 가져왔는가?

> **기출 문제 요약**
>
> ■ 현장직무교육은 **직무순환제, 도제제도, 멘토링** 등이 있음 (2015년)

19 임금체계

1. 임금체계의 개념

1) 임금체계의 의의

임금체계란 임금이 결정 또는 조정되는 기준과 방식, 즉 임금결정체계를 말하며 흔히 호봉급, 직무급, 숙련급 등으로 부르는 것들이다. 넓게 보면 임금을 구성하는 항목들이 어떻게 전체 임금을 구성하고 있는지에 대한 임금구성체계도 임금체계에 포함될 수 있다. 따라서 임금체계라고 하면 임금결정체계와 임금구성체계를 합하여 부르는 것이 일반적이다.

2) 임금체계의 결정기준

임금체계 중에서 임금관리에 가장 큰 영향을 미치는 것이 기본급이므로 임금체계 결정기준은 기본급을 어떠한 기준으로 결정하는가이다.

필요기준	개별적인 임금결정이 연령, 학력, 근속 등과 같은 속인적 기준에 의해 임금이 결정되는 것
직무기준	직무가 지니고 있는 중요도, 책임도, 곤란도, 복잡도 등에 의하여 직무가치가 평가되고 이에 따라 임금을 결정하는 것
능력기준	직무를 수행하는 데 필요한 직무수행능력으로 직무수행능력의 크고 작음에 따라 임금이 결정되는 것
경과기준	같은 직무를 수행하더라도 개인별 생산능률에 따라 임금을 지급하는 것

2. 연공급(호봉제)

1) 연공급의 의의

(1) 근속이나 나이 등의 연공적 기준으로 승급하고 고정적인 상여를 지급하는 임금체계를 의미한다.
(2) 우리나라의 지배적인 임금체계이고 과거 일본 역시 연공급이 주된 임금체계였으나 미국, 유럽 등 서구에서는 찾아보기 어렵고 공공부문의 일부 직종 등 매우 제한적으로만 존재한다.
(3) 임금인상이 주로 연공성(경력, 근속년수 등)에 따라 이루어지는 체계를 총칭하는 것으로 근속년수별 자동 호봉승급을 지칭하는 호봉급과는 구별될 수 있다. 또한 엄밀히 말하면

연공급은 임금의 기본적 부분을 결정하는 요인에 따른 분류인 임금결정체계라기 보다는 임금을 조정(인상)하는 체계로 볼 수 있다. 그러나 우리나라의 연공급은 거의 호봉급 체계를 가지고 있으므로 편의상 같은 의미로 사용하기로 한다.

2) 연공급의 장단점

장점	단점
• 생활보장으로 기업에 대한 귀속의식의 확대 • 연공존중의 유교문화적 풍토에서 질서확립과 사기 유지 • 폐쇄적 노동시장하에서 인력관리 용이 • 실시가 용이함 • 성과평가가 어려운 직무에의 적용이 용이함 • 임금인상이 근로자의 생계비 상승 속도와 친화적 • 단순명료하며 안정성이 매우 높음	• 동일노동에 대한 동일임금 실시가 곤란함 • 전문기술 인력의 확보가 곤란함 • 능력 있는 젊은 종업원의 사기 저하 • 장기근속 근로자의 고임금화 현상으로 인건비 부담 가중 • 소극적인 근무태도(전문적인 인력확보 X)

2. 직능급

1) 직능급의 의미

(1) 일을 수행하기 위해 필요한 특정 지식이나 기술 혹은 역량을 평가하여 보상을 결정하는 임금체계를 말한다.
(2) 종업원이 직무를 통하여 발휘하고 또 발휘할 것으로 기대되는 직무수행능력을 기준으로 결정하는 것이다.(동일능력 동일임금)

2) 직능급의 장단점

장점	단점
• 능력주의 임금관리 실현 • 유능한 인재를 계속 보유할 수 있음 • 종업원의 성장욕구 충족기회 제공 • 승진정체 완화 • 개인 간 경쟁 유발	• 직급이 높은 근로자의 고임금화 현상을 유발하여 임금 부담이 증가됨 • 능력평가가 형식적으로 이루어질 경우 연공급과 다를 바 없음 • 적용할 수 있는 직종이 제한적임(직능이 신장될 수 있는 직종에만 적용 가능) • 직무가 표준화되어 있어야 적용 가능 • 직능평가에 어려움이 있음

3. 직무급

1) 직무급의 의미

(1) 개별 직무의 상대적 가치에 따라 직무 등급을 도출하고 직무 등급에 기반하여 기본급을 결정하는 임금체계를 말한다. 모든 직무의 내용과 중요도, 난이도 및 근무환경 조건 등을 측정하는 직무분석을 통해 직무평가로 상대적 가치를 평가하여 임금을 결정한다.

(2) 직무 단위로 임금을 결정하므로 같은 직무를 수행할 경우 어느 근로자가 수행하더라도 같은 임금을 지급하며 기본적으로 정기 승급제도가 없고 같은 일을 하고 있는 동안은 임금 상승이 없다.

2) 직무급의 분류

(1) 단일직무급

직무나 직무등급의 임금 수준을 정하고 고정액을 지급하는 형태이다.

(2) 범위직무급

유사한 가치를 지닌 직무를 그룹화하고 임금 구간을 정해 평가결과에 따라 차등 지급하는 형태로 일반적으로 가장 많이 쓰인다.

3) 직무급의 장단점

장점	단점
• 능력주의 인사풍토 조성 • 인건비의 효율성 증대 • 개인별 임금격차 불만의 해소 • 동일노동에 대한 동일임금 실현 • 장기근속으로 고임금화되는 현상을 억제 • 직무성과 향상 • 단순명료하며 안정성이 매우 높음	• 평가를 공정하게 실시하기 어려움. • 학력, 연공주의 풍토에서 오는 저항 • 임금수준이 낮을 때 적용이 어려움 • 노동의 자유이동이 수용되지 않는 사회에서의 적용이 제한적임 • 산업구조나 기술의 변화로 직무의 내용과 가치가 변할 경우 대응이 어려움 • 직무 이동 시마다 임금이 달라지기 때문에 다기능 인력 양성 곤란

4. 성과급

1) 성과급의 의미

(1) 종업원이 달성한 성과의 크기를 기준으로 임금액을 결정하는 제도다. 그러나 순수하게 성과만을 기준으로 임금을 결정하는 경우는 현실적으로 별로 없기 때문에 성과급을 하나의 독자적인 임금결정체계로 보기는 어렵다.

(2) 성과급은 임금의 결정 측면보다는 조정측면에서 활용되는 경우, 즉 임금조정(인상)을 성과에 따라 하는 경우가 일반적이다. 연공급, 직무급, 직능급, 역할급 등 다양한 임금체계 하에서 임금조정 수단으로 성과급이 주로 또는 보완적으로 적용될 수 있는 것이다.

2) 성과급의 장단점

장점	단점
• 원가절감 • 동기유발 • 관리감독의 필요성 감소 • 생산활동 촉진, 장비의 효율적 활용 • 임금산정의 정확성	• 정신노동의 경우 성과측정이 어려움 • 결과(성과)만 기준하기에 상호 간 경쟁 • 성과측정 비용 • 노사 간 평가 마찰 • 개인의 불안정한 경제생활

5. 연봉제

1) 연봉제의 의미

(1) 사용자와 근로자가 계약에 의해 1년 단위로 봉급을 결정하는 제도로, 직무중심으로 성과의 정도에 따라서 임금 수준을 결정하는 것이다.

(2) 연봉제는 성과급으로 조직 구성원의 능력과 성과에 따라서 차등 지불하는 탄력적인 임금체계이며 능력 위주의 인적자원 확보에 용이하다.

기존의 임금제도와 연봉제 비교

기존 임금제도(연공서열제)	연봉제
• 사람 중심의 임금제도 • 연공에 의한 임금 • 일의 양(노동시간) 기준 임금	• 일 중심의 임금제도 • 성과(공헌도)에 따른 임금 • 일의 질(성과) 기준 임금

2) 연봉제의 장단점

장점	단점
• 성과주의 • 능력주의의 강화 • 경영자 의식의 배양 • 우수한 인재 확보 및 유지 가능 • 임금체계와 관리의 간소화 • 상하 간의 의사소통 원활화 • 평가의 공정성 제고	• 수입의 불안정으로 인한 불안감 증대 • 소속감, 충성심의 저하 • 결과 중시로 단기 업적 위주의 행동 증가 • 평가에 대한 신뢰성 문제 및 평가과정상 시간소요 • 과도한 경쟁유발로 인한 조직 시너지 효과 감소

기출 문제 요약

- **직무급**에서는 직무의 중요도와 난이도 평가, 역량급에서는 직무에 필요한 역량기준에 따른 역량 평가에 따라 임금수준이 결정됨 (2013년)
- **직무급(job-based pay)에 관한 설명** : 동일노동 동일임금 원칙, 유능한 인력을 확보하고 활용하는 것이 가능, 직무의 상대적 가치를 기준으로 하여 임금을 결정, 직무를 중심으로 한 합리적인 인적자원관리가 가능하게 됨으로써 인건비의 효율성을 증대시킬 수 있음, 직무를 평가하고 임금을 산정하는 절차가 복잡 (2018년)

20 성과급(performance-based pay)

1. 의의

종업원이 조직에 대한 공헌도가 구체적인 업적으로 드러날 때 이에 대하여 보상을 지급하는 제도이다. 성과향상을 위한 과도한 경쟁으로 구성원의 협동심을 저하시키는 단점이 있다.

2. 개인 성과급제

개별 종업원이나 집단이 수행한 작업의 성과를 기준으로 임금을 산정하여 지급하는 것으로 업적급, 변동급, 능률급이라고도 한다.

근로자의 근로에 대한 동기를 높여주며 노동생산성이 향상되는 장점이 있으나, 단기간 내에 최대의 산출을 위하여 제품의 질을 희생시킬 수 있으며, 임금이 변동적이어서 미숙련공이나 고령층의 경우는 소득의 불안정을 느끼게 된다.

1) 단순성과급

생산량에 성과급을 비례시키는 것

2) 차등(복률)성과급

생산량 수준에 따라 지급되는 성과급으로 성과급 지급 비율 자체가 바뀜
① 테일러식 : 복률(2단계)로 된 성과급
② 메릭식 : 3단계 임률을 제시하여 미숙련자도 달성 가능한 중간 임률을 둔 성과급제도
③ 리틀식 : 4단계, 고능률자를 위한 임률
④ 맨체스터플랜식 : 기본적인 최소한의 임금보장 제도

3) 할증 성과급

생산시간을 기준으로 더 많은 시간 절약 시 더 많은 임금 지급

3. 집단성과급제

집단성과급제는 그룹 단위의 보너스제도와 종업원 참여제도가 결합된 조직개발 기법이다. 즉, 집단성과배분제도에서는 종업원들이 경영에 참가하여 원가절감·생산성향상 등의 활동을 통해 조직성과의 향상을 도모하고 그 이익을 회사의 종업원들에게 분배하는 제도이다.

1) 생산이윤분배제(gain sharing)

원가절감, 품질향상이 발생할 때마다 금전적으로 종업원에게 보상하는 제도이다. <u>회사가 적자를 내더라도 생산성 향상이 있으면 생산이윤을 분배할 수 있다.</u>

(1) 스캔론 플랜(Scanlon Plan)
- 매출액을 중시하는 제도
- 영업 실적 향상에 의해 생긴 경제적 이익을 종업원에게 분배해서 종업원이 보다 의욕을 가지고 열심히 일하도록 하는 제도
- 산출 방식은 인건비가 점하는 비율을 정한 뒤, 실제 지불한 임금과의 차액을 임금에 덧붙여준다.
- <u>매출액(판매가치)</u>에 대한 인건비 비율로 성과를 배분(<u>노무비 절감 목표</u>)

(2) 럭커 플랜(Rucker Plan)
- 생산성 향상을 중시(부가가치 분배원리)
- 산출 방식은 부가가치에 대한 임금총액의 비율(분배율)을 미리 정해놓고, 매출액 증가든 인건비가 절약되든 부가가치가 생성되면 그 정도에 따라 임금 총액을 계산하는 방식
- <u>부가가치</u>에 대한 인건비 비율로 성과를 배분(<u>노무비 절감 목표</u>)

(3) 임프로쉐어 플랜(Improshare Plan)
- 표준작업시간과 비교한 <u>절약된 노동시간</u>을 기준으로 보너스를 지급(<u>모든 비용 절감 목표</u>)
- 절약된 노동시간을 종업원 50%, 기업 50% 비율로 배분한다.

(4) 커스터마이즈드 플랜(Customized Plan)
기업들이 각 기업의 환경과 상황에 맞게 집단성과분배제도를 수정하여 사용

2) 성과이윤분배제(profit sharing)

회사가 이익이 나야만 받을수 있는 집단성과분배제도(목표수준 이익이 발생할 때 성과급지급)

21 노사관계 관리

1. 노사관계의 기본구조

노사관계의 기본구조는 근로자(조합), 사용자, 정부가 상호영향을 주고받는 노, 사, 정 3자의 관계로 형성된다.

1) 사용자 조직(갑)

기업체의 소유주, 조직에서 중간관리층이나 최고경영층에 종사하는 자, 사용자 조직의 이익을 도모하기 위한 각종 협회, 경제단체 등을 말한다.

2) 근로자조직(을)

한국노총, 민주노총 산하에 수십 개의 산업별 노동조합 연맹과 단위노조가 있다.

3) 정부 : 노동문제와 관련이 있는 정부기관(노동 관련 각종 위원회)을 의미한다.

2. 노사관계의 변천

1) 자본 전제적 노사관계(~19C)

근로자의 임금, 근로시간, 근로조건 등이 고용주 혹은 자본가의 일방적 의사로서 결정되던 시기

2) 온정주의적 노사관계(19C ~ 20C)

근로자는 사용자가 베푸는 은혜에 보답함으로써 노사관계가 순조롭게 유지된다는 가부장적 온정주의에 입각한 시기

3) 완화적 노사관계(19C말 출현)

자본과 경영의 분화, 근대적 노동시장 형성, 직능별 노동조합 또는 공장위원회 출현 등으로 자본의 전제적 지배를 어느 정도 제약하던 시기

4) 계급투쟁적 노사관계(20C초 일부 국가에서 출현)

사회주의적 노사관계 형태로서 근로조건 등이 노사 간 실력투쟁에 의해 결정

5) 민주적 노사관계(1차 세계대전 이후)

노사 간 대등한 지위를 전제로 단체교섭을 실시하는 등 산업민주주의의 이념이 형성된 시기

3. 노사관계의 성격

노사관계는 대립적 관계와 협력적 관계의 양면성을 가지고 있으면서 수평적 관계와 수직적 관계가 복잡하게 얽혀 있는 속성을 지니고 있다.

1) 협조관계와 대립관계

(1) 생산과정에서 협조관계
생산과정에서 경영성과, 즉 파이를 키우는 일에 노사는 다같이 기업의 동반자로서 생산성 향상을 위하여 상호협력할 수밖에 없는 필연성을 지니고 있다.

(2) 성과분배에서 대립관계
분배과정에서 경영성과를 노사 간에 나누는 일로 "기여도에 따른 합리적 보상"의 적정성을 놓고 노사 간 대립하게 된다.

2) 종속관계와 대등관계

(1) 종업원은 근로자로서 종속관계
경영활동 속의 근로자 신분은 경영자와 종속관계로서 생산의 목적을 달성하기 위해 근로자는 종업원으로서 경영자의 지휘, 명령에 따라야 한다.

(2) 노동조합을 통한 대등관계
교섭 주체로서 노동조합 신분은 사용자와 대등관계로 고용조건의 결정, 운영 및 경영참여 등에서 대등한 관계가 법적으로 보장된다.

3) 경제적 관계와 사회적 관계

(1) 경제적 관계
노사가 경제적 목적을 달성하려는 점에서는 같다.

(2) 사회적 관계

구성원 간 친목과 협조를 통해 공동유대감을 형성한다.

4. 노동조합

1) 노동조합의 기능

경제적 기능	가장 근본적인 기능으로 단체교섭, 경영참가 등
정치적 기능	압력단체로 정부정책 및 법개정 등에 영향력 행사(노동시간, 사회보장 등을 요구 및 사회단체에 요구)
공제적 기능	조합원의 생활안정이 큰 목적으로 노동능력의 일시적인 또는 영구적인 상실에 대비하여 기금을 조성하고 그 기금으로 서로 돕는 상부상조 기능

2) 노동조합의 형태

기업별 노동조합	우리나라의 대표적인 노동조합 형태로 직능, 직종, 숙련도 등에 관계없이 기업에 고용된 근로자를 대상으로 조직하는 형태
직업(직종)별 노동조합	• 동일직종에 종사하는 노동자가 결성한 조합 형태 • 숙련근로자들의 최저생활조건을 확보하기 위한 조직
산업별 노동조합	노동시장의 공급 통제를 목적으로 숙련, 미숙련을 불문하고 동종 산업의 모든 산업의 모든 노동자들을 하나로 조직하는 형태

3) 노동조합 가입방법

오픈숍	• 노동조합에 가입된 조합원이나 가입하지 않은 비조합원 모두 채용 가능 • 노동조합의 가입 여부는 노동자의 의사에 따라 결정
클로즈드 숍	조합원이 되어야만 고용 가능
유니온숍	• 조합원, 비조합원 모두 채용 가능 • 일정 시간이 지나면 노동조합에 가입해야 함
에이전시 숍	조합원, 비조합원 모두 노동조합에 조합비 납부를 요구
프리퍼렌셜 숍	우선 숍 제도라고도 하며 채용에 있어서 조합원에게 우선순위를 주는 제도
메인터넌스 숍	일단 단체협약이 체결되면 기존조합원은 물론 단체협약이 체결된 이후에 가입한 조합원도 협약이 유효한 기간 동안은 조합원 자격을 유지해야 하는 제도

※숍제도(조합원의 참가제도) : 노동조합이 사용주와 체결하는 노동 협약에 종업원 자격과 조합원 자격의 관계를 규정한 조항을 넣어 조합의 유지와 발전을 도모하는 제도

4) 조합비 징수방법

우리나라의 대다수 노동조합에서 조합비 징수는 급여 계산 시 종업원의 월급에서 조합비를 공제하는 체크오프 시스템(check - off system)을 채택하고 있다.

기출 문제 요약

- 숍(shop) 제도는 노동조합의 규모와 통제력을 좌우할 수 있음. 체크오프(check off) 제도는 일괄 공제함. 경영참가 방법 중 종업원 지주제도는 기업방어적 측면임. 준법투쟁은 노동자측 쟁위행위 임. 우리나라 노동조합의 주요 형태는 기업별 노동조합임 (2017년)
- 협상은 둘 이상의 당사자가 **희소한 자원을 어떻게 분배할지 결정**하는 과정임 (2021년)
- 협상에 관한 접근방법으로 분배적 교섭과 통합적 교섭이 있음 (2021년)
- **분배적 교섭**은 내가 이익을 보면 상대방은 손해를 보는 구조임 (2021년)
- **통합적 교섭**은 윈-윈 해결책을 창출하는 타결점이 있다는 것을 전제로 함 (2021년)

22 단체교섭과 노동쟁의

1. 단체교섭

1) 단체교섭의 의미

노동조합이 그의 조직을 토대로 하고 사용자 단체와 노동자의 임금이나 노동시간 등 기타 노동 조건에 관한 협약의 체결을 위해 양측 대표자를 통해 집단적인 타협을 하고 체결된 협약을 이행하고 관리하는 절차다.

2) 단체교섭의 유형

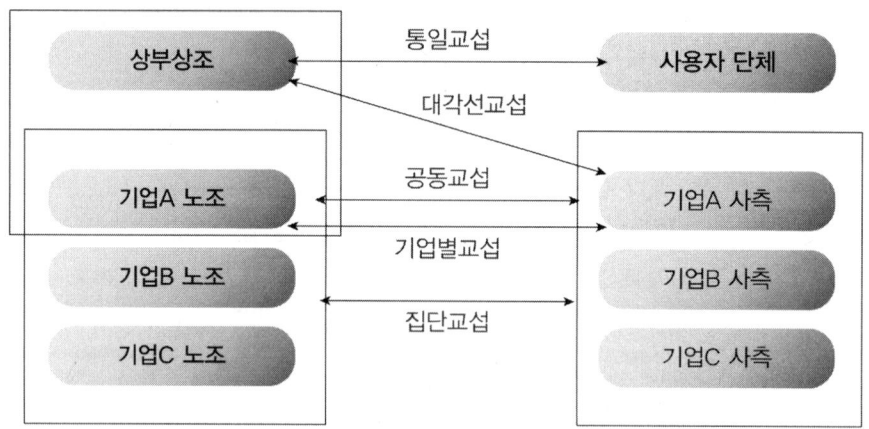

(1) 기업별 교섭(기업노조 ↔ 사용자)
- 우리나라의 일반적인 교섭방법(가장 많음)
- 노동조합 교섭력 강화 시도 : 대각선 교섭, 공동교섭, 집단교섭 등

(2) 공동 교섭(산업별 노조/지부 ↔ 개별 사용자)
- 산업별 노동조합과 그 지부가 사용자와 단체교섭에 참가하는 방식
- 산업별 노동조합이 개별사업장의 특성을 잘 모르기 때문에 대각선 교섭에서 일어날 수 있는 취약점을 보완
  - ex 건설노조단체가 건설현장(단위)을 대상으로 교섭

(3) 대각선 교섭(산업별노조 ↔ 개별 사용자)
- 산업별 노동조합과 개별사용자와 교섭
   ex 건설노조단체가 건설회사를 대상으로 교섭

(4) 집단 교섭(다수 노조 ↔ 다수 사용자)
- 다수의 노동조합과 그에 대응하는 다수의 사용자가 서로 집단을 만들어 교섭
- 기업별 다수 노동조합의 대표자들이 집단을 구성하여 사용자들이 구성한 집단과 단체교섭
   ex 다수 노조 연합 ↔ 경영인협회

(5) 통일 교섭(전국노조/산업별노조/직업별노조 ↔ 전국사용자/직업별사용자)
- 노조의 상부기관(산업별, 직종별 노동조합)과 회사의 상부기관과 단체교섭
   ex 금융노조, 금속노조, 보건의료노조 등

3) 단체협약

노동조합과 사용자 또는 사용자 단체가 임금, 근로시간 및 기타 사항에 대하여 단체교섭 과정을 거쳐 합의한 사항을 서면으로 작성하여 체결한 협정이다.

> 참고
> ※ 단체협약은 2년을 초과할 수 없다.
> ※ 와그너법(Wagner Act) : 1935년 미국, 부당노동행위 방지 위해 제정
> ※ 대체근로의 제한(노조법 제43조)
>   노사관계의 현실을 감안하여 노동조합의 단체행동권과 사용자의 조업의 자유가 조화를 이룰 수 있도록 정당한 쟁의행위기간 중 당해 사업 내 근로자의 대체근로는 허용하되, 쟁의행위로 중단된 업무의 수행을 위하여 당해 사업과 관계없는 자의 채용·대체 또는 도급·하도급을 금지

2. 노동쟁의 유형

1) 노동조합의 쟁의 행위

① 파업 : 노동제공 거부
② 불매운동 : boycott
③ 준법투쟁
④ 태업 : 의도적인 작업 능률저하
⑤ 사보타주 : 의도적으로 생산 설비 손상

2) 사용자측 쟁의 행위

① 직장폐쇄
② 조업계속
③ 대체고용

3. 부당노동행위의 유형

부당노동행위는 사용자가 근로자의 노동조합활동과 관련한 노동3권(단결권, 단체교섭권, 단체행동권)을 침해하는 행위를 말한다.다. 부당노동행위의 주요 유형은 다음과 같다

1) 불이익 취급 : 노조결성, 가입, 활동, 업무수행에 대해 해고 등 불이익을 주는 행위
2) 반조합 계약 : 노조에 가입 또는 탈퇴를 고용조건으로 하는 행위로 비열계약 또는 황견계약(yellow dog contract)라고도 한다.
3) 단체교섭 거부 및 해태 : 정당한 이유 없이 노조와의 단체교섭을 거부하거나 해태하는 행위
4) 지배 및 개입 : 노조를 조직, 운영하는 것을 지배하거나 개입하는 행위, 노동조합의 운영비를 원조하는 행위도 금지

> **참고**
>
> ※ 노사협의회
> 노사협의회 제도란 노사 간에 공통적으로 관련된 문제가 발생했을 때 단체교섭으로 해결하기 힘든 경우 노사가 협의하여 협력을 모색하는 제도적 장치라고 할 수 있으며, 근로자대표와 사용자대표로 구성되며, 근로자대표는 조합원이든 비조합원이든 구분없이 전 종업원이 선출한다.

구 분	노사협의회	단체교섭
목 적	• 생산성 향상과 근로자 복지 증진 등 미래지향적 노사공동의 이익 증진	• 근로조건의 유지 및 개선
대표성	• 전체 근로자를 대표	• 조합원을 대표
배 경	• 노조의 조직 여부와 관계없음 • 쟁의행위를 수반하지 않음	• 노조가 있음을 전제로 함 • 교섭 결렬 시 쟁의행위 가능
당사자	• 근로자위원과 사용자위원	• 노동조합과 사용자(사용자 단체)
과정	• 사용자의 기업경영상황보고 • 안건에 대한 노사 간 협의, 의결	• 단체교섭을 통해 단체협약 체결

기출 문제 요약

- **노동조합측의 쟁의행위 유형**(파업, 태업, 사보타주, 불매운동, 생산통제, 피케팅, 준법투쟁), **사용자측 대항행위 유형**(직장폐쇄, 보이콧, 대체고용) (2020년, 2021년)
- **단체교섭의 절차** (2014년)
  - 노사간의 교섭안을 차례로 제시하고 대응하며 양측에 요구사항을 수시로 수정해야 협상이 가능
  - 노사간의 교섭과정에서 끝까지 타협이 안된다면 정부나 제3자의 조정 및 중재가 필요
  - 노사간의 협상내용이 타결되면 단체협약서를 작성하고 협약내용을 관리할 필요가 있음
  - 노사간의 협상이 결렬되면 양측은 서로에 대해 파업과 직장폐쇄 등으로 실력을 행사할 수 있음
- **단체교섭 방식** (2015년)
  - **기업별 교섭**은 특정기업 또는 사업장 단위로 조직된 노동조합이 단체교섭의 당사자가 되어 기업주 또는 사용자와 교섭하는 방식
  - **공동교섭**은 노동조합이 기업별로 조직되어 있는 경우에 상부단체인 산업별노동조합이 하부 단체인 기업별 노동조합이나 기업단위의 노조지부와 공동으로 개별사용자와 교섭하는 방식
  - **대각선 교섭**은 전국적 또는 지역적 산업별 노동조합이 각각의 개별기업과 교섭하는 방식
  - **통일교섭**은 전국적 또는 지역적인 산업별 또는 직업별 노동조합과 이에 대응하는 전국적 또는 지역적인 사용자와 교섭하는 방식
  - **집단교섭**은 여러 개의 노동조합 지부가 공동으로 이에 대응하는 여러개의 기업들과 집단적으로 교섭하는 방식
- **숍(shop)제도**는 노동조합의 규모와 통제력을 좌우할 수 있음 (2016년)
- **직종별 노동조합**은 산업이나 기업에 관계없이 같은 직업이나 직종 종사자들에 의해 결정됨 (2019년)
- **산업별 노동조합**은 기업과 직종을 초월하여 산업을 중심으로 결정, 직종 간, 회사 간 이해의 조정이 용이하지 않음 (2019년)
- **기업별 노동조합**은 동일 기업에 근무하는 근로자들에 의해 결성됨 (2019년)
- **노사관계에 관한 설명** (2020년)
  - 우리나라에서 단체협약의 유효기간은 2년임
  - 1935년 미국의 와그너법은 부당노동행위를 방지하기 위하여 제정됨
  - 유니온 숍제는 비조합원이 고용된 이후, 일정기간 이후에 조합에 가입하는 형태임
  - 우리나라의 임금교섭은 조합 수 기준으로 기업별 교섭형태가 가장 많음 (2016년, 2020년)
- 노사관계에서 숍제도 중 **기본적인 형태**(클로즈드 숍, 유니온 숍, 오픈 숍), **변형적인 형태**(메인터넌스 숍, 프레퍼렌셜 숍, 에이전시 숍) (2022년)
- **황견계약(반조합 계약)**: 근로자가 어느 노동조합에 가입하지 아니할 것 또는 탈퇴할 것을 고용조건으로 하거나 특정한 노동조합의 조합원이 될 것을 고용조건으로 하는 행위 (2023년)
- **노동쟁의조정에 관한 설명** (2024년)
  - 노동쟁의조정은 노동위원회 또는 제3자가 담당함
  - 노동쟁의조정은 조정, 중재, 긴급조정 등이 있음
  - 노동쟁의조정 방법에 있어서 임의조정제도는 허용됨
  - 확정된 중재내용은 단체협약과 동일한 효력을 가짐
  - 노동쟁의조정 중 조정은 노동위원회에서 조정안을 작성하여 관계당사자들에게 제시하는 방법임

23 반생산적 업무행동(CWB : Counter productive Work Behavior)

1. 정의

조직이 안정적으로 운영되고 생산성을 유지하는 데 장애물이 되는 조직 구성원들의 일탈 행동이나 규범을 어기는 행동

2. 반생산성 업무행동의 원인

1) 사람기반 원인

성실성(conscientiousness), 특성분노(trait anger), 자기통제력(self control), 자기애적 성향(narcissism)

2) 상황기반 원인

규범, 스트레스에 대한 정서적 반응, 외적 통제소재, 불공정성 등

3. 반생산성 업무행동의 구분

조직의 재산이나 조직 구성원의 일을 의도적으로 파괴하거나 손상을 입히는 반생산적 업무행동은 심각성, 반복가능성, 가시성에 따라 구분된다.

4. 직장폭력과 공격을 유발하는 예측치

이는 '조직에서 일어나는 일이 얼마나 중요하게 인식되는가' 하는 유발성 지각으로 예측한다.

> ※ 무례와 사회적 폄하
> Anderson과 Pearson은 직장에서 무례행동의 용수철 효과를 제안했다. 무례행동은 타인에게 해를 끼치고자 하는 약한 일탈행동이지만, 강도가 약하더라도 계속 반복될 때에는 강한 영향력을 지닐수 있다. 무례행동은 생각 없는 행동이나 거친 말투로부터 시작되고, 악의적인 모욕이 뒤따르게 되며, 모욕은 상대로부터 보복적 모욕을 촉발한다. 이러한 상황의 지속은 신체적 행동으로까지 이어질 수 있다.
> 사회적 폄하는 팀 회의에서 배제하는 경우, 뒤에서 흉을 보는 행위(뒷담화)를 예로 들 수 있다.

기출 문제 요약

- **반생산적 업무행동(CWB)에 관한 설명 (2017년)**
  - 반생산적 업무행동의 사람기반 원인에는 성실성, 특성분도, 자기통제력, 자기애적 성향 등이 있음
  - 반생산적 업무행동의 주된 상황기반 원인에는 규범, 스트레스에 대한 정서적 반응, 외적 통제소재, 불공정성 등이 있음
  - 조직의 재산이나 조직 성원의 일을 의도적으로 파괴하거나 손상을 입히는 반생산적 업무행동은 심각성, 반복 가능성, 가시성에 따라 구분되어짐
  - 직장폭력과 공격을 유발하는 중요한 예측치는 조직에서 일어난 일이 얼마나 중요하게 인식되는가를 의미하는 유발성 지각임
- **반생산적 업무행동 중 사보타주의 특징 (2021년)**
  - 고의적으로 조직의 장비나 재산의 일부를 손상시키기, 의도적으로 재료나 공급물품을 낭비하기, 자신의 업무 영역을 더럽히거나 지저분하게 만들기
- **조직에서 생산적 행동과 반생산적 행동에 관한 설명 (2024년)**
  - 조직시민행동(Organizational Citizenship Behavior : OCB)은 생산적 행동에 속함
  - OCB는 친사회적 행동이며 역할 외 행동이라고도 함
  - 조직시민행동 OCB-I(Individual)와 OCB-O(Organizational)로 분류되기도 함
  - CWB는 개인적 범주와 조직적 범주로 분류할 수 있음
  - 일탈행동은 CWB에 속하며 조직에 해로운 행동임

24 분배 협상과 통합 협상

1. 의의

협상은 양방향 의사소통으로 설명되며 이를 통해 다른 사람들이 원하는 것을 얻을 수 있다. 그것은 양 당사자가 그들의 요구를 수정함으로써 상호 갈등을 해결하고 상호 수용 가능한 해결책을 찾기 위해 노력하는 과정이다. 두 가지 일반적인 유형의 협상은 분배 협상과 통합 협상이다.

2. 분배 협상(Distributive Negotiation)

분배 협상은 당사자들이 돈, 자산 등과 같은 고정된 자원을 그들 자신 사이에 배포하려고 할 때 사용되는 경쟁적 협상 전략을 의미한다. 그것은 협상 당사자들이 자신을 위해 최대 분배를 주장하려고 노력하고, 한 당사자가 목표를 달성하거나 도달할 때 상대방이 잃을 때 잃게 될 것이라는 점에서 제로섬(zero-sum) 또는 윈-루즈 협상이라고도 한다.

3. 통합 협상(Integrative Negotiation)

통합 협상이란 당사자들이 분쟁을 해결하기 위해 윈-윈(win-win) 해결책을 모색하는 협력적 협상 전략을 의미한다. 이 과정에서 당사자의 목표와 목표는 당사자 쌍방의 가치를 창출하여 파이를 확대하는 결과를 낳을 수 있다. 관련 당사자의 관심, 필요, 관심사 및 선호를 염두에 두고 상호 이익이 되고 수용 가능한 결과에 도달하는 것을 강조한다.

이 기법은 가치 창출이라는 개념을 기반으로하며 각 당사자에게 상당한 이익을 가져다준다. 이러한 유형의 협상에서는 한 번에 두 가지 이상의 쟁점이 협의된다.

4. 분배 협상과 통합 협상 비교

	분배 협상	통합 협상
의미	분배 협상은 정해진 양의 자원이 당사자들 간에 나뉘는 협상 전략	통합적 협상은 상호 문제 해결 기법을 사용하여 당사자 간에 분배되는 자산을 확대하는 협상의 한 유형
계략	경쟁력 있는	협업
자원	결정된	고정되지 않음
정위	승-패	윈-윈
자극	자기 이익과 개인 이익	상호 이익과 이득
발행물	한 번에 한 가지 문제만 논의	한 번에 여러 가지 문제에 대해 논의
커뮤니케이션 환경	통제되고 선택적인	개방적이고 건설적인
관계	우선순위가 높지 않음	높은 우선순위

25 경영참가제도

1. 의의

경영참가란 일반적으로 근로자 또는 노동조합이 기업의 여러 계층 수준에서 경영상의 의사결정에 참여해서 영향력을 행사하는 과정을 말한다. 이와 같은 경영참가는 본래 경영자 고유의 권한으로 생각해온 기업의 의사결정에 근로자나 노동조합이 참여하여 노사 쌍방의 이익을 증대시키는 것을 목적으로한 "협력적 노사관계제도"이다.

1) 산업화에 따른 노동의 인간성 소외문제를 극복
2) 노사간 협조증대 및 생산성 향상
3) 근로자의 성취동기 유발
4) 산업민주주의를 실현함으로써 사회정의 구현

2. 경영참가제도의 유형

1) 의사결정 참가

(1) 개념

의사결정참가란 근로자 또는 노동조합이 기업경영상의 의사결정에 참여하는 것을 말하는데, 경영참가제도의 가장 핵심이 되는 유형으로 협의의 경영참가, 과정참가라고도 부른다.

(2) 유형

① 인사협의회

주로 공장 및 기업 수준에서 근로자에게 발언권을 주기 위하여 노사협동기구를 조직해 경영에 참가시키는 것

② 공동결정제

근로자 및 노동조합이 모든 수준의 의사결정에 참여하여 최종적으로 경영자의 최종 결정을 공동으로 행하고 책임지는 것

③ QC(Quality control)

품질관리과정에서 비효율적이거나 비합리적인 생산과정에서 종합적인 의견 개진을 통해 경영에 참여하는 것

2) 성과배분참가

(1) 개념
성과배분참가는 노측이 기업에서 선정한 목표매출액, 생산성, 비용절감 등의 경영성과 증진에 기여하고 그 대가(현금, 주식 등)를 배분받는 제도이다.

(2) 유형
① 생산성 이득 배분
생산성 향상이나 노무비 감소를 통한 금전적 이득을 사용자와 종업원 간 배분하는 것

② 이윤 배분제도
기업에 일정 수준의 이윤이 발생했을 때 그 일정 부분을 사전에 교섭단체 등에 의해 정해진 배분방식에 따라 종업원에게 지급하는 것

3) 자본참가

(1) 개념
자본참가란 근로자들이 자사의 수익을 소유하여 자본의 출자자로서 기업 경영에 참가하는 형태를 말한다. 이런 자본참가는 종업원들에게 기업에 대한 애사심을 고취시키고 경영공동체 또는 이익 공동체의 일원으로서 소속감을 형성하는 역할을 한다.

(2) 유형
① 종업원 지주제도
자사의 주식을 회사의 경영방침에 의해 종업원에게 특별한 조건이나 방법으로 취득하도록 권장하는 것

② 스톡옵션
회사의 경영자 또는 종업원에게 장래의 일정한 기간 내에 약정된 가격으로 일정 수량의 자사주를 매입할 수 있는 권리를 부여하는 것

3. 경영참가제도의 장점 및 문제점

1) 경영참가제도의 장점

(1) 불필요한 갈등 비용 절감
경영참가제도를 통해 노사간 협력관계를 지향함으로써 상호신뢰를 증대시킬 수 있기 때문에 불필요한 갈등 비용을 절감할 수 있다.

(2) 생산성 증대

종업원 참여 과정에서 기업 경영에 대한 이해를 높여 생산성 증가, 비용절감 등 경영성과 증진에 기여할 수 있다.

(3) 효과적인 인사관리 수행

경영자 역시 이 과정에서 종업원에 대한 이해를 제고시킬 수 있기 때문에 효과적인 인사관리를 수행할 수 있다.,

2) 경영참가제도의 문제점

(1) 경영권 침해 문제

사용자입장에서 볼 때 경영참가는 일정한 월권행위로 경영권을 침해하는 수단이 될 수 있다.

(2) 노동조합 기능 약화 문제

종업원들의 충성심이 양분되어 전통적으로 노동조합에서 담당했던 업무를 노사협의회 등에서 대신할 수 있다는 불신이 생길 수 있기에 노동조합의 기능이 약화될 수 있다.

(3) 근로자의 경영참가 능력에 대한 불신

경영에 대한 관리능력이 상대적으로 부족한 근로자는 사용자에게 이용당할 수 있고 잘못된 의사결정을 할 수도 있다.

기출 문제 요약

- **경영참가제도**는 단체교섭과 더불어 노사관계의 양대 축을 형성하고 있음 (2017년)
- 독일은 노사공동결정제를 실시하고 있음 (2017년)
- **스캘론 플랜**은 이익참가의 한 형태로 판매금액에 대한 인건비의 비율을 일정하게 정해 놓고 판매금액이 증가하거나 인건비가 절약되었을 때 그 차액을 상여금으로 지급하는 집단 인센티브 제도임 (2017년)
- **종업원 지주제도**는 원래 안정주주의 확보라는 기업방어적인 측면에서 시작됨 (2017년)
- 정치적인 측면에서 볼 때 경영참가제도의 목적은 산업민주주의를 실현하는 데 있음 (2017년)

26 품질관리(QC)

1. 품질(Quality)

1) 품질의 정의

품질이란 용도에 대한 적합성, 제품이 그 사용목적을 수행하기 위하여 갖추고 있어야 할 특성을 의미한다.

2) 품질의 종류

(1) 시장품질(Quality of Market)

소비자가 요구하는 품질을 말하며 사용품질(Quality of Use)이라고도 한다.

(2) 설계품질(Quality of Design)

목표로 하는 품질, 시장품질, 생산능력, 경쟁회사의 제품의 품질, 가격 등을 종합적으로 고려하여 제조 가능하다고 정한 품질을 의미한다.

3) 품질비용(Quality Cost)

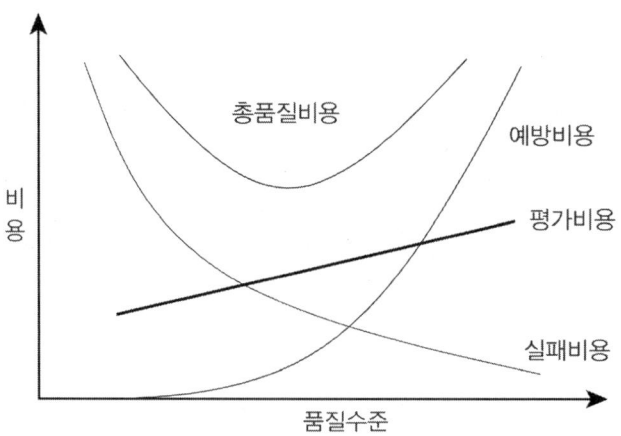

(1) 예방비용(P-cost : Prevention Cost)
- 품질시스템의 설계, 도입 및 유지활동에 관련되어 발생하는 비용이다.
- 실패를 사전에 예방하기 위해 소요되는 경비이다.

(2) 평가비용(A-cost : Appraisal Cost)
- 품질표준 및 성능상의 요구조건에 대한 적합성을 보장하기 위해 제품, 부품, 구입자재에 대해 실시되는 측정, 평가 및 검사행위에 수반하여 발생하는 비용이다.
- 결함을 제거하기 위해 검사하는 데 소요되는 경비이다.

(3) 실패비용(F-cost : Failure Cost)
① 내부 실패비용(IF-cost ; Internal Failure)
제품 출하나 서비스 전달 이전에 발생하는 비용으로, 폐기물, 손상된 제품, 재작업, 실패 분석, 재검사, 재시험, 비가동시간, 등급제품의 기회비용 등이다.

② 외부 실패비용(EF-cost : External Failure)
제품 출하나 서비스 전달 이후에 발견된 결점에 발생되는 비용으로, 품질보증비용, 고객 불만의 조정, 반품, 결함상품의 회수, 제품배상책임 등이 포함된다. 또한 고객 불만조사, 품질보증을 위한 현장검사, 시험·보증수리와 관련된 인건비 및 교통비 등의 직간접비용도 포함한다.

4) 관리(Control)

(1) 목표나 표준을 설정하고 활동해 가면서 목표에서 벗어날 시 시정조치를 취하는 것이다.
(2) PDCA 사이클 : Plan – Do – Check – Action

2. 품질관리(QC : Quality Control)

1) 품질관리의 개념

(1) 품질관리의 정의
① 소비자의 요구에 적합한 품질의 제품과 서비스를 경제적으로 생산할 수 있도록 조직 내의 여러 부문이 품질을 유지 개선하는 관리적 활동의 체계를 의미한다.
② 한국공업규격(KS)
한국공업규격(KS A3001)의 『품질관리 용어』에서 품질을 다음과 같이 정의하였다.
"물품 또는 서비스가 사용목적을 만족시키고 있는지의 여부를 결정하기 위한 평가 대상이 되는 고유의 성질, 성능의 전체"

※ ISO 9000 : 품질요구사항을 충족시키는 능력을 증진시키는 데 중점을 두는 품질경영의 일부

(2) 품질관리의 목표

소비자의 욕구품질을 가장 경제적으로 생산, 제공하는 것이다.

(3) 품질관리의 기능

품질의 설계, 공정의 관리, 품질의 보증(QA ; Quality Assurance), 품질의 조사/개선

2) 통계적 품질관리(SQC : Statistical Quality Control)

유용하고 시장성 있는 제품을 가장 경제적으로 생산할 수 있도록 생산의 모든 단계에 통계적 원리와 기법을 응용하는 것이다.

3) 전사적 품질관리(TQC ; Total Quality Control)

소비자가 만족할 수 있는 품질의 제품을 가장 경제적으로 생산 내지 서비스할 수 있도록 사내 각 부분의 품질개발, 품질유지, 품질개선 노력을 종합하는 효과적인 시스템이다.

4) 전사적 품질경영(TQM ; Total Quality Management)

(1) ISO, 품질을 중심으로 하는 모든 구성원의 참여와 고객 만족을 통한 장기적 성공지향을 기본으로 하며 조직의 모든 구성원과 사회에 이익을 제공하는 조직의 경영적 접근을 의미한다.

(2) QM(품질경영)과 TQC(종합적 품질관리) 바탕에 기업문화의 혁신을 통한 구성원의 의식과 태도 등을 둔다.

기출 문제 요약

- 품질개선 도구와 그 주된 용도 (2019년)
  - 체크시트 : 품질 데이터의 정리와 기록
  - 히스토그램 : 중심위치 및 분포 파악
  - 특성요인도 : 결과에 영향을 미치는 다양한 원인들을 정리
  - 산점도 : 두 변수 간의 관계를 파악
  - 파레토도 : 현장에서 불량품수, 결점수, 클레임건수, 사고발생건수, 손실금액 등의 데이터를 현상이나 원인별로 분류하여, 데이터를 집계해 크기순으로 나열
- 품질비용 : 재료비, 인건비, 장비사용비 등 제품 생산의 직접 비용 이외에 불량 감소를 위한 품질관리 활동비용을 기간 원가로 계산하여 관리하는 것을 말함 (2022년)

27 품질관리(QC)의 7가지 도구

1. 특성요인도

원인이 어떠한 관계로 영향을 미치게 되었는지 계통적으로 정리하여 표시한 그림으로 생선뼈도표(Fishbone Diagram)이라고도 불림

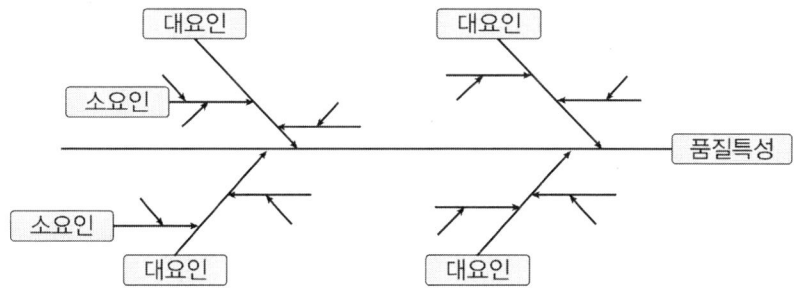

2. 파레토도(파레토그림)

품질에 대한 요인을 항목별로 분류하여 크기 순서대로 나열한 도형으로 가장 중요한 요인을 식별하는 기법

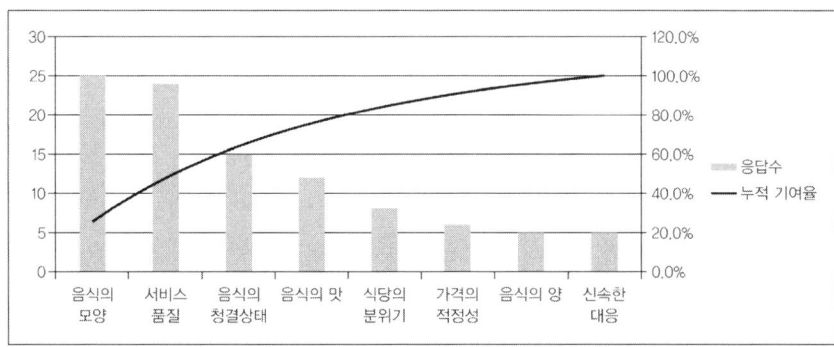

3. 히스토그램

측정데이터(계량치)가 어떠한 분포를 하고 있는지를 표시한 도표

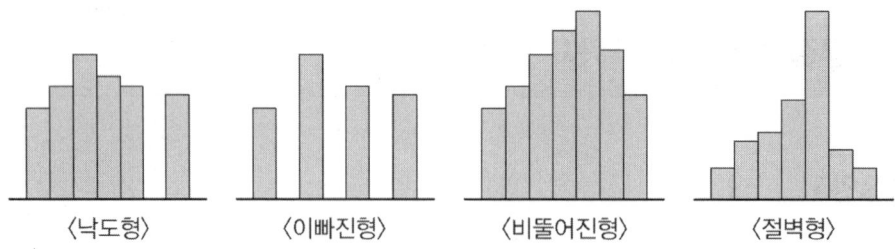

4. 층별

불량이나 고장 발생 시 기계별, 작업자별, 재료별, 시간별 등의 요인을 분류하여 몇 개의 층으로 나누어 불량 원인을 파악하기 위한 도표

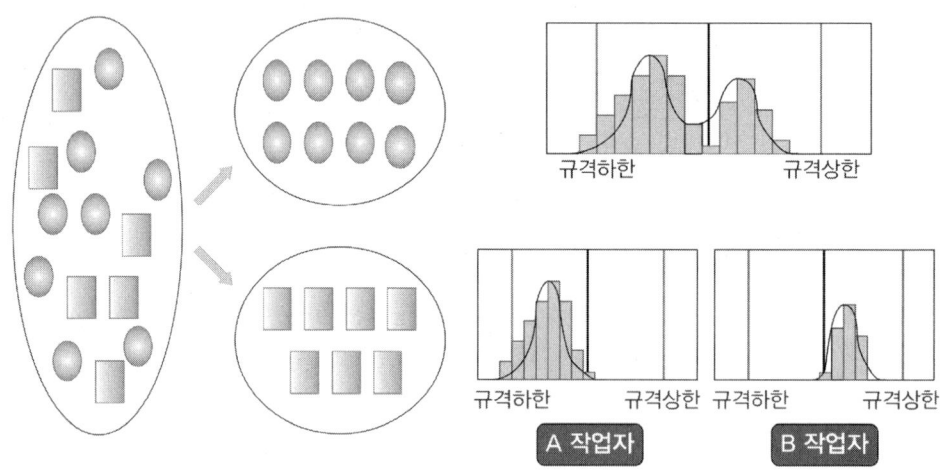

5. 산점도

점의 흩어진 상태를 표시하여 요인들의 상관관계와 경향을 파악하여 원인 발견

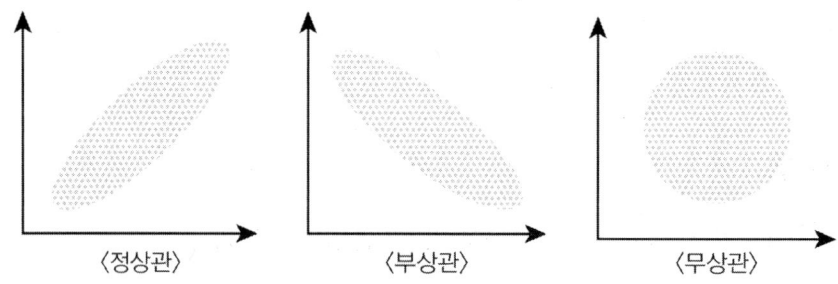

6. 체크시트

체크 항목의 결과를 기록할 수 있는 용지에 원인별 불량발생건수와 같은 빈도 조사 시 활용

항목	월	화	……	일
A	√			
B	√			
C				
D	√			
E	√			

7. 관리도

그래프 안에서 점의 이상 여부를 판단하기 위해 도식화한 것으로 정상구간을 벗어난 구간의 점들을 중요 문제로 판단하고 식별

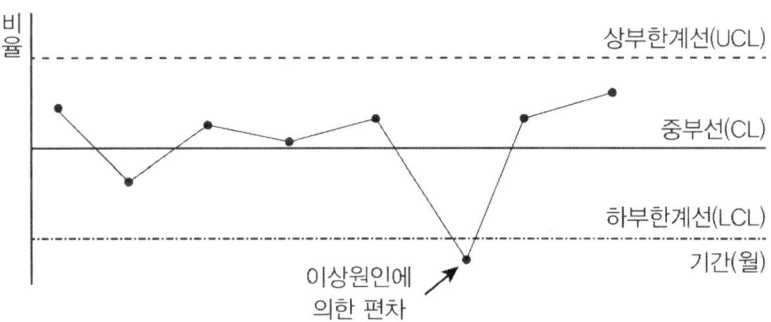

기출 문제 요약

- 품질개선 도구와 그 주된 용도 (2019년)
  - 체크시트 : 품질 데이터의 정리와 기록
  - 히스토그램 : 중심위치 및 분포 파악
  - 관리도 : 우연변동에 따른 공정의 관리상태 판단
  - 특성요인도 : 결과에 영향을 미치는 다양한 원인들을 정리
  - 산점도 : 두 변수 간의 관계를 파악
  - 파레토도 : 가장 중요한 요인을 식별하는 기법

28 신 품질관리(QC) 7가지 도구

1. 연관도법(Relations diagram)

문제가 되는 결과에 대해 요인이 복잡하게 엉켜 있을 경우에 그 인과관계나 요인 상호관계를 명확히 하여 원인과 그 구조의 명확화를 가능하게 하고, 문제해결의 실마리를 찾을 수 있는 방법이다. 또한 어떤 목적을 달성하기 위한 수단을 전개하는 데 효과적인 방법이다.

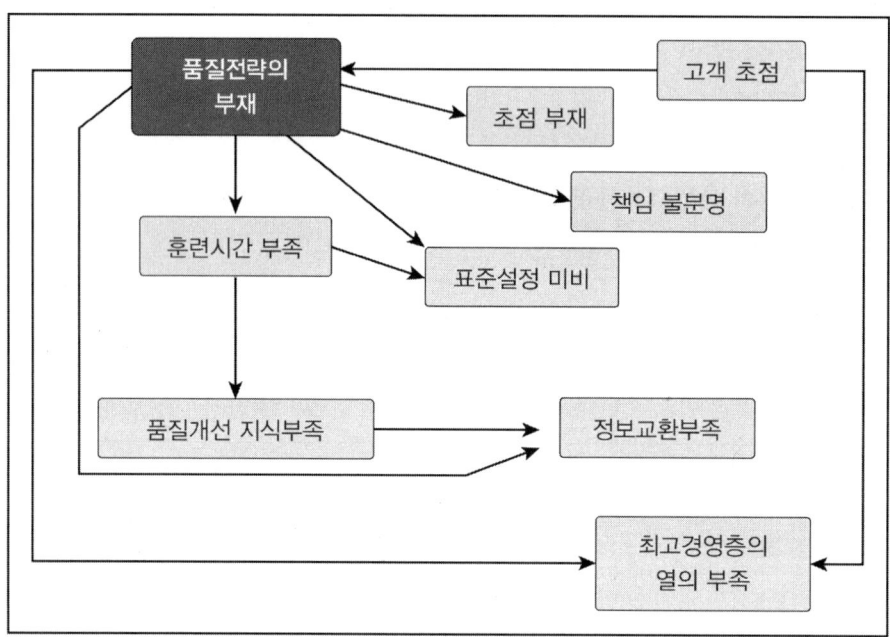

2. 친화도법(Affinity diagram)

경험해보지 못한 분야 등 혼돈된 상태에서 사실, 의견, 발상 등을 언어 데이터에 의해 유도하여 이 데이터를 친화법에 바탕하여 정리함으로써 문제의 본질을 파악하고 문제해결과 새로운 발상을 이끌어 낼 수 있는 방법이다.

품질	제조비
■ 순도 ■ 고객이탈률 ■ 색깔 ■ 클레임건수 ■ 공정능력지수 ■ 재작업률	■ 초과제조비 ■ 자재비 ■ 원자재 활용률 ■ 수율 ■ 유지비 ■ 인당 작업시간

안전 및 환경	매출
■ 재해율 ■ 이직률 ■ 환경관리비	■ 생산량 ■ 조업률 ■ 가동률

3. 계통도법(Tree diagram)

목적, 목표를 달성하기 위한 수단을 계통적으로 전개함으로써 문제의 전모에 대해 가시성을 부여하고 그 문제의 중점을 명확히 하는 것으로, 목표 달성을 위한 최적의 수단을 추구해 가는 방법이다.

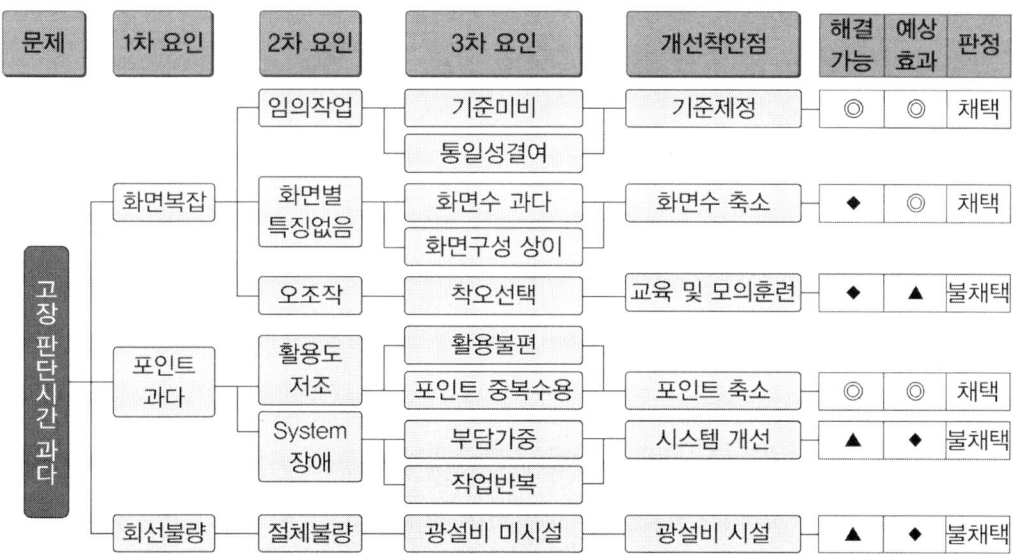

4. 매트릭스도법(Matrix diagram)

문제가 되고 있는 결과 가운데서 대응되는 요소를 찾아내어 이것을 행과 열로 배치하고, 교점에 각 요소간 관련 유무나 관련된 정도를 표시하고 이 교점을 '착상의 포인트'로 하여 이 문제해결을 효과적으로 추진해가는 방법이다.

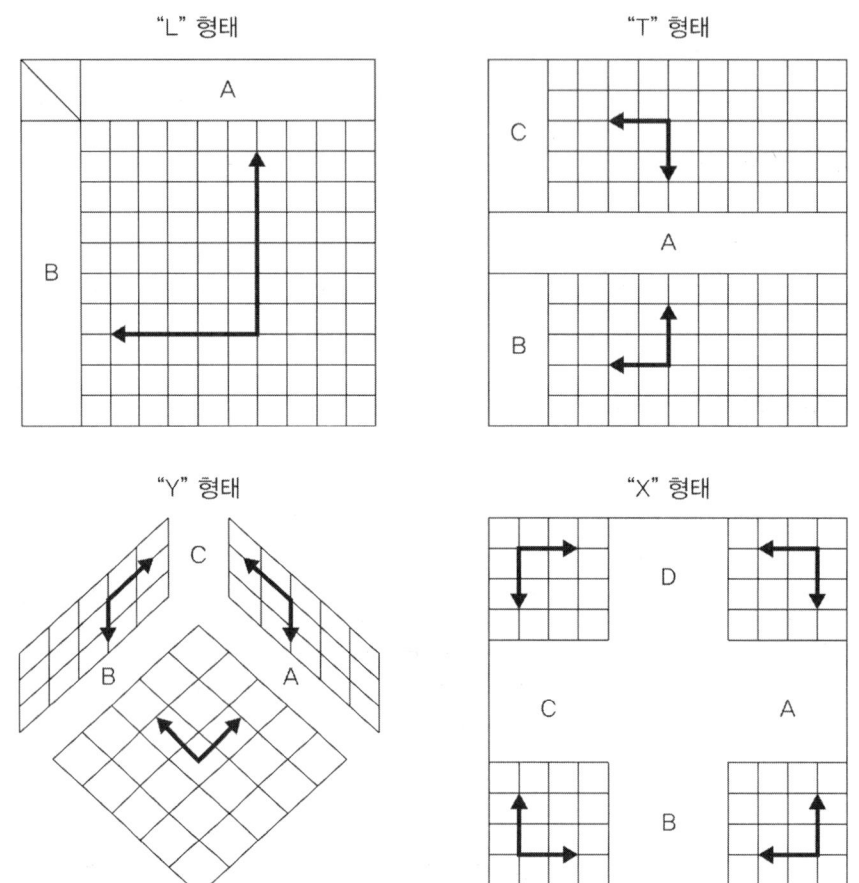

5. 매트릭스 데이터 해석법(Matrix-date analysis)

L형 매트릭스의 각 교점에 수치데이터가 배열되어 있는 경우 그들 데이터간 상관관계를 근거로 하여 그 데이터가 지닌 정보를 한번에 가급적 많이 표현하도록 합성득점을 구함으로써 전체를 알아보기 쉽게 정리하는 방법이다.

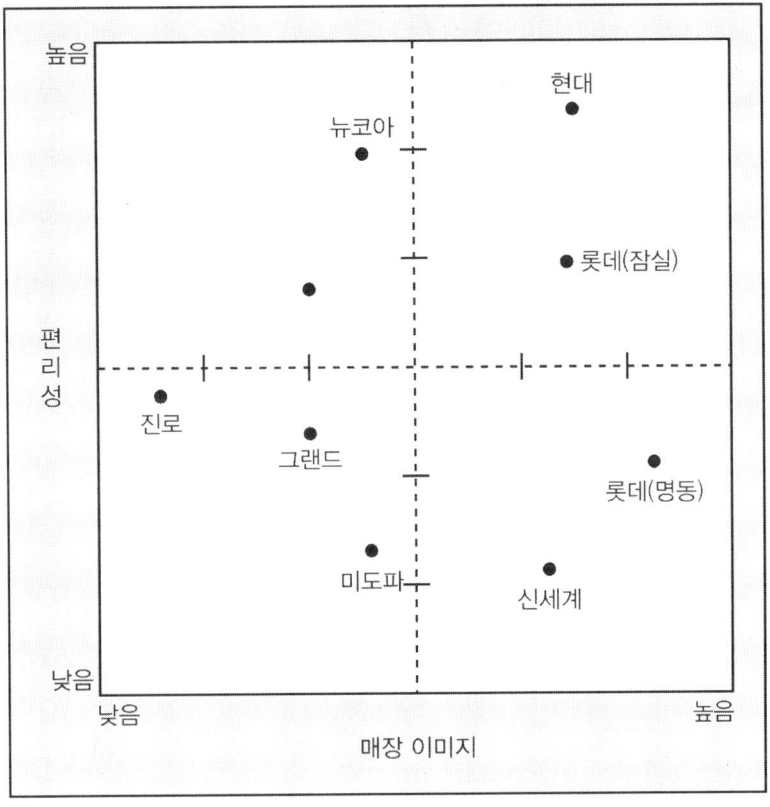

6. PDPC법(Process decision program chart)

  신제품개발, 신기술개발, 제품책임문제 예방, 클레임의 절충, 치명적 중대사태의 회피 등과 같이 최초의 시점에서는 최종결과까지의 행방을 충분히 짐작하기 어려운 문제에 대해 그 진보과정에서 얻어지는 정보에 따라 차례로 시행되는 계획의 정도를 높여 적절한 판단을 내려 사태를 바람직한 방향으로 이끌어 나가거나 중대사태를 회피하는 방법을 얻게 되는 방법이다.

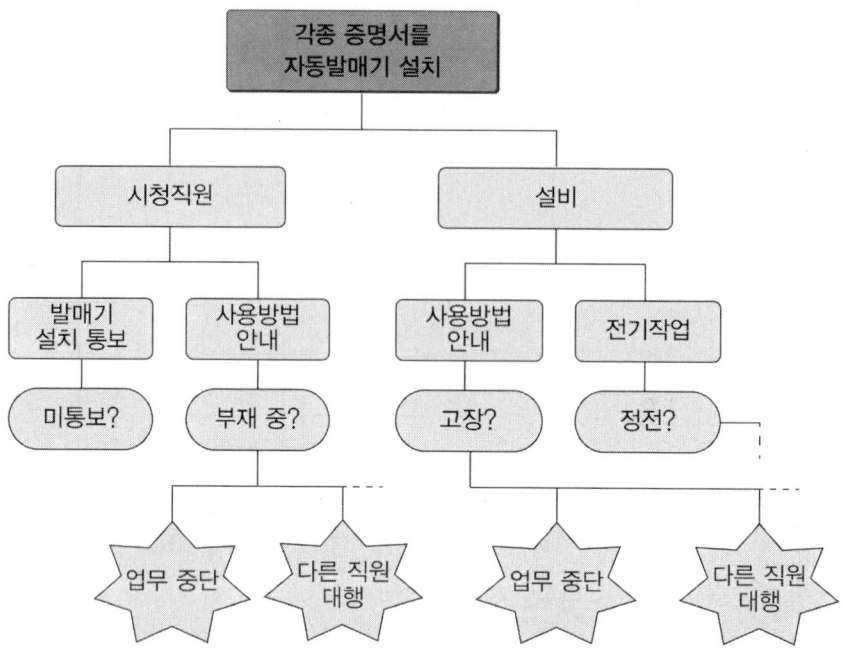

7. 애로우 다이어그램법(Arrow diagram)

문제를 해결하는 활동에 필요한 실시사항을 시계열적인 순서에 따라 네트워크로 나타낸 화살표 그림을 이용하여 최적의 일정계획을 세워 효율적으로 과정을 관리하는 방법이다.

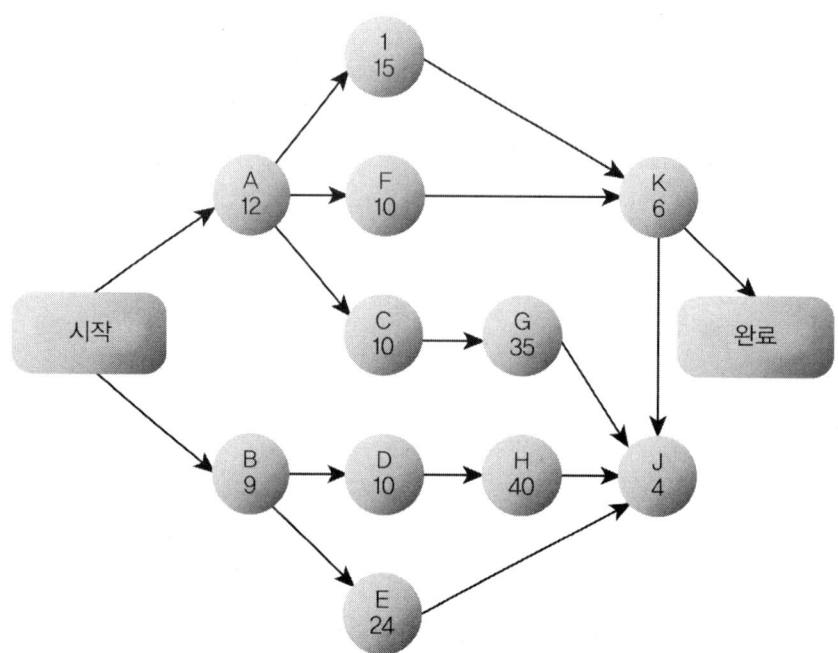

기출 문제 요약

- **애로우 다이어그램**: 문제를 해결하는 활동에 필요한 실시사항을 시계열적인 순서에 따라 네트워크로 나타낸 화살표 그림을 이용하여 최적의 일정계획을 위한 진척도를 관리하는 방법 (2024년)
- ※ 문제 보기에 '친화도, 계통도, PDPC법, 매트릭스 다이어그램' 나옴(내용 숙지 필요)

29 품질보증(QA : Quality Assurance)

1. 품질보증의 의의

품질요구사항이 충족될 것이라는 신뢰를 제공하는 데 중점을 둔 품질경영(QM=QP+QC+QA+QI)의 일부로서 품질관리의 논리적 확장, 사전 예방(계획), 고객만족의 기본정신을 기본으로 한다.

> **참고**
> ※ 품질기획(QP : Quality Planning) : 품질목표를 세우고, 품질목표를 달성하기 위하여 필요한 운영 프로세스 및 관련 자원을 규정하는 데 중점을 둔 품질경영의 일부의 task를 뜻한다.
> ※ 품질관리(QC : Quality Control) : 품질요구사항을 충족하는 데 중점을 둔 품질경영의 일부의 task를 의미한다.
> ※ 품질보증(QA : Quality Assurance) : 품질요구사항이 충족될 것이라는 신뢰를 제공하는 데 중점을 둔 품질경영의 일부의 task를 의미한다.
> ※ 품질개선(QI : Quality Improvement) : 품질요구사항이 충족시키는 능력을 증진하는 데 중점을 둔 품질경영의 일부의 task를 의미한다.

2. 품질보증활동의 발전단계

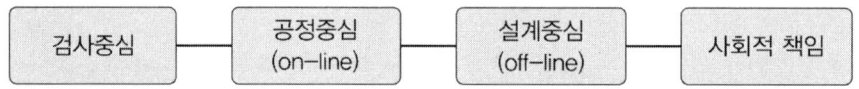

1) 검사에 의한 품질보증활동

① 전수 검사를 하여도 검사 미스 등으로 불량품 출하
② 전수 검사를 할 수 없는 것은 샘플링 검사

2) 공정 관리에 의한 품질보증활동

① 품질은 제조공정에서 완전무결하게 만들어야 함
② 통계적 공정 관리 활동, 자주 검사 활동

3) 설계, 개발 단계를 중요시하는 QA활동

① 고객 NEEDS 파악 및 반영
② 품질 기능 전개, 설계 FMEA
③ 설계심사

4) 제조물 책임에 중점을 준 QA 활동

① 결함 제품을 만들지 않기 위한 예방활동
② 결함 발생 시 소송에 지지 않기 위한 방어 활동

3. 품질보증 효과

1) 고객측면

① 소비자의 안전 확보
② 고객의 경제적 부담 감소
③ 고객의 불만과 피해 감소
④ 첫 구매 욕구에서 부담감을 줄여 줌
⑤ 제품에 대한 바른 지식과 정보 제공
⑥ 고객이 안심하고 제품 구매, 사용

2) 생산자 측면

① 품질 부적합으로 인한 손실 감소
② 제품, 서비스 불만에 대한 품질개선
③ 품질개선과 조직혁신, 경쟁력 증대
④ 만족한 고객들의 반복구매, 신뢰도로 인한 경영목표 달성

4. 품질보증의 기능

(1) 품질방침의 설정과 전개
(2) 품질보증을 위한 방침과 보증기준 설정
(3) 품질보증 시스템의 구축과 운영
(4) 품질보증업무의 명확화
(5) 품질평가
(6) 설계품질 확보
(7) 생산 및 생산 후 단계에서의 품질보증
(8) 품질조사와 클레임 처리
(9) 품질정보의 수집과 해석, 활용
(10) 제조기간 중 품질보증 활동의 총괄

30 전사적 품질경영

1. 전사적 품질경영(TQM : Total Quality Management)의 개념

1) 전사적 품질경영의 의의

① 장기적인 전략적 품질관리를 하기 위한 관리원칙이다.
② 조직구성원의 광범위한 참여하에 조직의 과정, 절차를 지속적으로 개선한다.
③ 총체적 품질관리를 뜻하는 말로 고객만족을 서비스 질의 제1차적 목표로 삼는다.

2) 전사적 품질경영의 목적

① 과정, 절차를 개선하도록 하고 직원에게 권한을 부여한다.
② 관리자에게 서비스의 질을 고객기준으로 평가하는 사고방식을 갖게 한다.
③ 거시적 안목을 갖고 장기적 전략을 세우며 현상에 결코 만족하지 않도록 하는 심리적 압박을 가한다.

3) 전사적 품질경영의 특징

TQM은 환경적 격동성, 경쟁의 격화, 조직의 인간화, 탈 관료화에 대한 요청, 소비자 존중의 요청 등 오늘날 우리가 경험하는 일련의 상황적 조건, 추세에 부응 또는 대응한다.

2. TQM의 구성요소

1) 고객 중심

모든 작업의 가치는 고객에 의해 결정된다. 고객이 품질을 평가하는 주체라는 사용자 중심의 인식이 퍼짐에 따라 품질의 현대적 정의는 고객 기대의 충족 내지는 초과 만족에 모아지고 있다.

2) 지속적 개선

고객의 요구 및 기대와 공정산출물의 차이를 개선하려는 노력이자 경영철학으로 기계, 자재, 생산방법 등에 있어서 끊임없는 개선을 촉구한다.

3) 전원 참여

조직의 모든 계층 및 부문의 참여는 TQM을 성공적으로 실행하는 데 필요한 중요한 요소다. 모든 조직구성원이 적극적으로 참여함으로써 노력이 통합되며 문제해결과 품질개선에 기여하게 된다.

3. TQM을 통한 품질향상

1) 벤치마킹

특정 분야에서 우수한 상대를 표적 삼아 자기 기업과의 성과 차이를 분석하고 이를 극복하기 위해 그들의 뛰어난 운영이나 프로세스를 배우고 이를 향상시켜 성공비결을 찾아내는 부단히 자기 혁신을 추구하는 기업이다.

2) 공정설계

품질문제의 해결을 위해 새로운 기계장비의 도입 여부를 결정하고 동시공학이 설계자와 생산관리자가 초기단계에 생산요구와 공정능력을 동시화 할 수 있다.

3) QFD(Quailty Function Deployment) / 품질기능전개

(1) 고객의 요구를 제품과 서비스의 개발 및 생산의 각 단계에 적합한 기술적 요건으로 전환하는 수단이다.
(2) 품질기능전개 단계
고객의 요구 – 기술적 특성(제품계획) – 부품의 특성(부품설계) – 주요공정의 특성(공정계획) – 생산계획 및 통제방법(생산계획)

4) 구매 고려사항(공급자 품질관리)

결점이 없는 부품을 구매하기 위하여 공급자와 함께 작업하고 구매부서, 엔지니어링, 품질감리 및 다른 부서 간에 의사소통이 잘 되어야 한다.

5) 품질향상 도구

품질향상 분야를 찾아내기 위하여 자료를 조직화하고 표현하는 도구를 말한다.

(1) 체크리스트(checklist)
제품 및 서비스의 품질과 관련된 특정 속성이 발생하는 빈도를 기록한다. **ex** 질량, 지름

(2) 도수분포표(histogram)
연속 척도로 측정된 자료를 요약한 것이다.

(3) 파레토 차트(Pareto chart)
소수의 핵심적인 요인을 찾아내는 방법으로 활용한다.

4. 전사적 품질경영(TQM)과 전사적 품질관리(TQC)의 비교

TQM	TQC
• 소비자 위주(고객 중심) • 시스템 중심, 경영전략지원 • 목표 : 장, 단기 균형 • 고객 욕구가 최우선 • 총체적 품질 향상을 통해 경영목표달성 • 프로세스 지향적(과정지향)	• 투자 수익률 극대화(공급자 위주) • 단위중심, 생산현장 중심 • 단기실적 강조 • 고객 요구가 최상위 순위는 아님 • 불량 감소 목표 • 제품지향적(결과 지향)

> **참고**
> ※ ISO 9000 : 품질 관리와 품질 보증
>   ISO 14000 : 국제환경규격
>   ISO 26000 : 기업의 사회적 책임
>   ISO 27000 : 기업의 정보보안 시스템
>   ISO 31000 : 기업의 위험관리

기출 문제 요약

■ **품질경영기법**에 관한 설명 (2020년, 2021년, 2022년)
- SERVQRAL 모형은 서비스 품질수준을 측정하고 평가하는 데 이용될 수 있음
- TQM(종합적 품질경영)은 고객의 입장에서 품질을 정의하고 조직 내의 모든 구성원이 참여하여 품질을 향상하고자 하는 기법임. 프로세스 향상을 위해 지속적 개선을 지향함. 외부 고객만족 뿐만 아니라 내부 고객만족을 위해 노력함. (2021년)
- HACCP은 식품의 품질 및 위생을 생산부터 유통단계를 거쳐 최종 소비될 때까지 합리적이고 철저하게 관리하기 위하여 도입됨
- ISO 9000 시리즈는 표준화된 품질의 필요성을 인식하여 제정되었으며 제3자(인증기관)가 심사하여 인증하는 제도임
- 쥬란은 품질삼각축으로 품질계획, 관리, 개선을 주장함
- 데밍은 최고경영진의 장기적 관점 품질관리와 종업원 교육훈련 등을 포함한 14가지 품질경영 철학을 주장함

31 통계적품질관리기법

1. 표본검사법(표본추출검사법)

원자재, 제공품, 완성품에 대한 검사기능을 통하여 공정상태를 판단하여 정보를 수집하는 기법이다. 생산자에게는 검사비용의 절약기능을, 소비자에게는 불량품으로부터 보호기능을 수행한다.

1) 계수형 표본검사

크기 N의 로트로부터 표본크기 n의 표본을 1회 추출하여 검사한 후 그 결과로 로트의 합격, 불합격 여부를 결정한다.(1회 표본검사)

n = 표본의 크기(n ≤ N)	$x \leq c$ 면 합격
c = 합격판정개수(acceptance number)	$x > c$ 면 불합격
x = 표본에서 발견되는 불량품의 수	

2) 계량형 표본검사

측정치가 연속적인 값을 갖는 경우에 행하는 방법으로 표본에 포함되는 모든 품목들의 품질특정치를 측정한 다음 이들의 평균치를 계산한다.

3) 검사특성곡선(Operating Characteristic Curve)

(1) 표본 검사에서 로트의 품질에 따른 로트의 합격확률을 나타내는 곡선이다.
(2) 로트의 품질은 주로 불량률을 사용하여 나타내는데 일반적으로 샘플 크기 n과 합격판정계수 c가 주어져 있을 때 여러 가지 상이한 불량률의 로트를 합격으로 판정할 확률을 나타내는 그래프다.

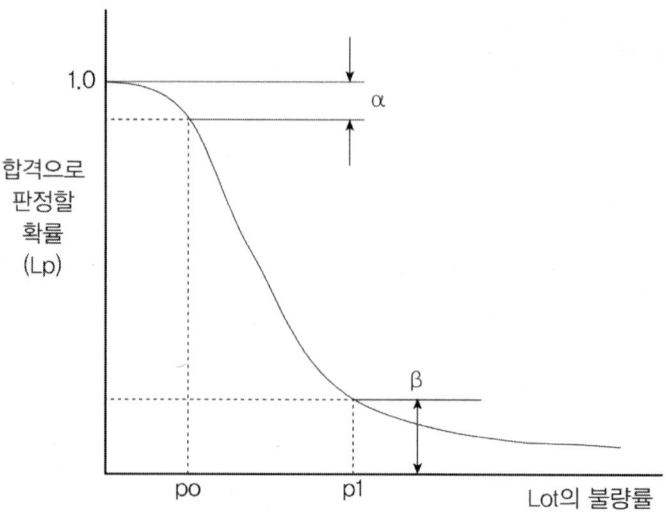

2. 관리도(Control Chart)

1) 관리도의 정의

관리도란 생산공정으로부터 정기적으로 표본을 추출하여 얻은 자료치를 점으로 찍어가면서 이 점들의 위치 또는 움직임의 양상에 따라 공정의 이상 유무를 판단하는 통계적 품질관리기법

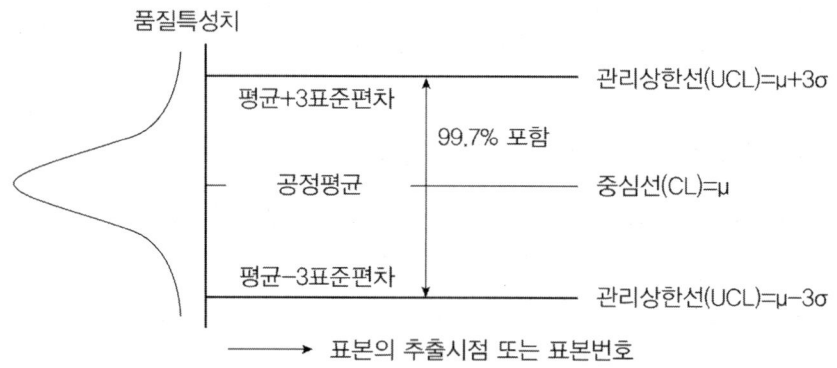

2) 공정상의 품질변동 원인

(1) 우연변동

우연원인에 의한 품질변동으로써 표준화된 제조조건 하에서 생산되었음에도 불구하고 발생하는 자연적인 품질변동

(2) 이상변동

이상원인에 의한 품질변동으로서 우연변동과는 달리 비교적 변동의 폭이 크며, 그 원인을 추적할 수 있음

3) 공정통제의 대상은 이상원인에 의한 품질변동

(1) 품질변동이 우연에 의해서만 발생할 때 이 공정은 관리되고 있는 상태에 있다고 봄
(2) 공정 통제에서는 이상변동의 원인을 찾아내어 제거함으로써 공정을 통계적으로 관리되고 있는 상태로 유지하기 위해 관리도를 사용

4) 관리도의 운용

(1) 생산공정이 안정된 상태가 되면 정기적으로 표본을 추출하여 필요한 표본통계량을 계산하여 관리도 상에 점으로 찍음
(2) 점들이 모두 관리 한계 내에서 무작위로 변동한다면 생산공정에는 우연변동만 있고 이상변동은 없으므로 정상적으로 판단하여 생산공정을 계속 가동시켜 나감
(3) 그러나 점들이 관리한계를 벗어나거나 <u>관리한계 내에 있더라도 작위적인 변동이 보이면 이상원인이 작용하고 있는 것으로 판단</u>하여 생산공정을 중단시키고 이상원인을 찾아 제거

5) 관리도 종류

(1) 계량형관리도

품질특성이 무게, 길이, 인장강도 등과 같이 연속적인 값을 갖는 계량치로 나타낼 때 사용(품질특성치는 평균과 변동폭의 변화)
① 공정의 평균관리 : 평균치관리도($\overline{X}$ 관리도)
② 공정이 분산(변동폭) 관리 : 범위관리도(R 관리도)
③ 공정의 평균과 분산 동시관리 : 평균치와 범위관리도($\overline{X} - R$ 관리도)

(2) 계수형관리도
① 불량률관리도(ρ 관리도)는 제품의 개별단위가 양품 또는 불량품으로 판정될 때 사용되며 불량률의 변동을 통제
② 단위당 결점수관리도(c 관리도)는 산출물의 일정 단위당 결점수의 통제에 사용

기출 문제 요약

■ R-관리도 : 계량형 관리도로 범위관리도라 함(공정 분산 관리) (2022년)
※ 관리도는 관련 요인의 특성 변화 추이를 파악하여 목표를 관리하는 것으로 관리선을 설정하여 분석함

32 서비스품질(SERVQUAL)

1. 서비스 품질의 개념

1) 서비스 품질의 의의

서비스 품질이라고 하면 친절, 환한웃음, 편안함과 같은 직감적인 것들을 연상하기 쉽지만 서비스 품질은 고객만족과 경영성과를 기준으로 한 종합적인 평가가 되어야 한다. 즉, 서비스 품질에 대한 평가는 고객만족수준의 잣대가 되며 이것은 기업 경영의 측면에서 고객과의 경영성과와 서비스기업의 경영성과 모두에 큰 영향을 미친다.

$$\text{서비스 품질 (Service Quality)} = \text{실감서비스 (Perceived service)} - \text{기대서비스 (Expected service)}$$

2) 서비스 품질의 측정

(1) 측정이 어려운 이유
  ① 주관적인 개념이 강하다.
  ② 서비스는 전달 이전에 테스트를 하기가 힘들다.
  ③ 고객으로부터 서비스 품질평가 데이터를 수집하기가 쉽지 않다.
  ④ 서비스자원이 고객과 함께 이동하므로 고객이 자원의 변화를 관찰해야 서비스 평가를 할 수 있다.
  ⑤ 고객은 서비스생산 프로세스의 일부이며 변화 가능성이 있는 요인이다.

(2) 서비스 품질 측정이유
  ① 개선, 향상, 재설계의 출발점이 측정이다.
  ② 경쟁우위 확보와 관련한 서비스 품질의 중요성이 증대되고 있다.

2. SERVQUAL 모형의 5가지 차원

영역	의미
신뢰성	약속한 서비스를 믿게 하며 정확하게 제공하는 능력 (서비스 철저, 청구서 정확도, 정확한 기록, 약속시간 엄수)
확신성	서비스 제공자들의 지식, 정중, 믿음, 신뢰 제공 능력 (종업원 능력, 정중한 태도, 믿음직성, 안전성)
유형성	시설, 장비, 사람, 커뮤니케이션 도구 등이 외형 (최신장비, 시설, 종업원 외모, 분위기, 다른 고객, 의사소통 도구)
공감성	고객에게 개인적인 배려를 제공하는 능력 (개별적 관심, 접근용이성, 원활한 의사소통, 고객에 대한 이해, 고객이익중시)
대응성	기꺼이 고객을 돕고 즉각 서비스를 제공하는 능력 (서비스 적시성, 즉각적 응대, 신속한 서비스)

33 서비스 수율관리(Yield Management)

1. 서비스 수율관리(Yield Management)의 개념

서비스 수율관리(Yield Management)는 서비스 제공 능력이 한정되어 있고, 수요가 변동하는 서비스 산업에서 수익을 최대화하는 관리기법. 이 기법은 고객에게 최적의 가격과 시점에 서비스를 제공함으로써 수익을 극대화하는 데 초점을 맞춘다.

2. 서비스업에서 수율관리가 필요한 이유

서비스업은 상대적으로 ① 고정된 서비스 능력, ② 생산과 소비의 동시성, ③ 심한 수요 변동과 같은 특징을 가지고 있기 때문에 수율관리가 필요

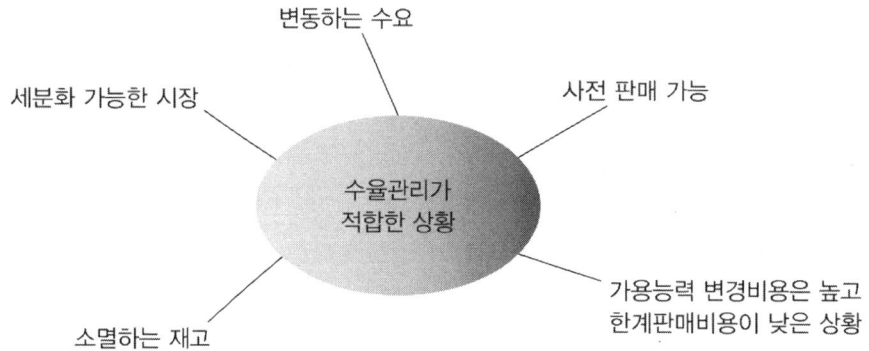

3. 서비스 수율관리가 효과적인 경우

1) 고객 그룹별로 수요가 분리될 수 있는 경우
2) 고정비는 높고 변동비는 낮은 경우
3) 재고(잉여공급능력)는 시간이 지나면 사용 불가
4) 예약으로 사전판매가 가능한 경우
5) 수요가 매우 변동성이 높을 경우

서비스 수율관리는 운송산업(항공사, 철도, 자동차렌탈, 해운), 휴가산업(관광여행운영자, 유람선, 휴양지), 서비스 능력 제약 산업(호텔, 약국, 창고, 방송) 등에서 활용된다. 이러한 산업에서는

서비스 수율관리를 통해 서비스 제공 능력을 최대한 활용하고, 수익을 최대화하는 데 도움이 된다.

기출 문제 요약

- 변동비가 높고 고정비가 낮은 경우는 서비스 수율관리가 효과적으로 나타나지 않음 (2023년)

34. 생산관리

1. 생산관리의 개념

1) 생산관리의 개념

생산관리란 생산목적인 고객만족을 경제적으로 달성할 수 있도록 생산활동이나 생산과정을 관리하는 것. 즉 고객만족을 위해 적합한 품질의 제품이나 서비스를 적기에 적량을 적가로서 생산/공급할 수 있도록 자원을 효율적으로 활용하여 이와 관련되는 생산과정을 이룩하고 생산활동을 관리하는 일이 곧 생산관리이다.

2) 생산관리의 목표(생산성 향상)

(1) 품질

손실과 불량률을 최소화하는 것으로 연구개발부문에서 설계한 품질수준을 만족시키는 것

(2) 원가

최소의 제조경비로 양질의 제품을 생산, 원가 절감 노력과 제조 공정을 단축시키는 것

(3) 납기

정확한 시기, 즉 영업부문에 필요한 시기에 제품을 공급하고 생산 및 재고 관리를 효율적으로 운영하여 물류의 합리화를 추구

(4) 유연성

필요에 따라 즉각적으로 품목이나 수량을 바꿀 수 있도록 해야 한다.

3) 생산관리의 기본적 기능

(1) 생산하고자 하는 제품의 종류와 생산공정의 결정
(2) 수요에 대한 정확한 예측
(3) 적정 생산규모의 결정
(4) 생산시설의 위치 결정
(5) 생산설비의 배치
(6) 직무의 설계와 성과평가

4) 생산관리 시스템

생산시스템이란 여러 가지 투입물을 사용하여 원하는 산출물로 변환시키는 기능을 수행하는 일련의 구성요소들의 집합체

(1) 투입물(input)
생산시스템의 투입물로는 에너지, 원자재, 노동, 자본, 정보, 기술, 정책 등을 들 수 있다. 이러한 투입물은 특정한 방법, 즉 공정기술에 의하여 제품이나 서비스로 변환된다.

(2) 변환공정(transformation process)
투입물은 공정으로 들어가고 산출물은 공정으로 빠져 나온다. 변환은 생산, 공정 또는 운영이라고도 한다. 공정은 여러 가지의 투입물을 필요로 한다.

(3) 산출물(output)
산출물은 조직이 고객 또는 사회에 제공하는 제품

(4) 피드백(feedback)
생산시스템에서는 원하는 제품이나 서비스를 생산하기 위하여 변환공정의 결과인 산출물에 대해서 측정이 이루어지고 이 산출물을 사용하는 고객과 시장에 대한 조사가 이루어지는 것

(5) 통제(comtrol)
측정결과를 사전에 결정한 표준과 비교하여 차이가 발견되면 시정조치를 취하도록 하는 것

5) 생산관리와 SCM의 이해

(1) 과거의 생산관리
공장을 중심으로 생산 부문에 국한한 정보와 소통에 관심을 두었다.

(2) SCM(Supply Chain Management, 공급 사슬 관리)
<u>컴퓨터로 고객의 주문부터 원, 부자재의 공급, 생산, 재고 및 배송의 모든 과정을 일괄적이고 종합적으로 관리하는 방식</u>을 의미한다.

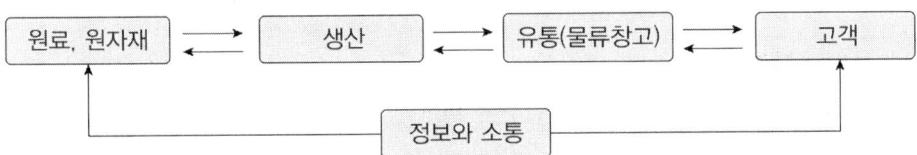

2. 수요예측

1) 수요예측에 영향을 미치는 요인

(1) 외부적요인
- 일반적 경제 상황
- 정부의 조치
- 고객의 기호
- 제품에 대한 이미지
- 경쟁자의 행동
- 보완재의 비용과 제품가용성

(2) 내부적요인
- 제품이나 서비스의 설계
- 가격과 판촉 광고
- 포장 디자인
- 판매원 할당량 혹은 인센티브
- 판매 목표 지역의 확장과 축소
- 제품 구성
- 주문 적체 정책

2) 수요예측기법

(1) 시계열 분석
제품에 대한 과거의 수요량 변화를 파악하여 그 연장선상에서 제품의 수요를 예측하는 방법으로 시간의 경과에 따른 숫자의 변화로 추세나 경향을 분석하는 방법

(2) 상관 분석
환경이나 내부 조건에 대한 수학적 인과관계를 나타내는 모델을 만들어 예측하는 방법

(3) 의견 조사 방법
고객의 의견을 직접 또는 간접적인 방법으로 반영하는 방법

(4) 주관적 분석
경험이 많은 전문가의 주관적 판단에 의한 방법

3. 생산계획

1) 생산계획의 정의

생산계획은 경영 목적 수행 과정의 기본적 직무능력(조달, 생산, 판매)의 하나인 생산의 여러 활동을 계획하는 것을 의미하며 구체적인 생산활동의 기본이 된다.

2) 생산활동의 4M

Man(사람), Machine(설비, 장비), Material(재료), Money(자금)

3) 생산계획 표준

(1) 적절한 산출량의 결정

생산량, 재료, 부품 등의 소요량을 결정

(2) 적절한 투입량의 결정

인원이나 설비, 외주, 재고 등을 얼마만큼 투입하는가를 결정

(3) 관리 로스의 발견과 대책

재료나 외주품 등의 납품 지연을 파악하기 위한 척도(작업을 예정대로 진행시키기 위한 기준)

4) 기준 생산계획 수립

(1) 기준 생산계획의 정의 : 예상되는 제조 또는 구매 스케줄이다.
(2) 대상과 주기 : 독립 수요(제품별)의 경우와 주 단위의 생산 스케줄이다.
(3) 내용 : 납기 예측을 지원하고 자재 계획 운영 시 입력 항목이 된다.

기출 문제 요약

- **생산시스템은 투입, 변환, 산출, 통제, 피드백의 5가지 구성요소로 설명 (2016년)**
  - 투입 : 생산시스템에서 재화나 서비스를 창출하기 위해 여러 가지 요소로 입력하는 것
  - 변환 : 여러 생산자원들을 효용성 있는 제품 또는 서비스로 바꾸는 것, 제조공정의 경우 고정비와 관련성이 큼
  - 산출 : 유형의 재화 또는 무형의 서비스가 창출됨
  - 통제 : 산출의 결과가 초기에 설정한 목표와 차이가 있는지를 비교하여, 계획의 실행 상황을 검토 수정하는 기능
  - 피드백 : 구성요소들 상호 간에 밀접한 영향을 주고 받으며, 정해진 목적을 향해 진행토록 하는 체계를 말함
- **생산관리 최신 경향 중 기업의 사회적 책임과 환경경영에 관한 설명 (2021년)**
  - 지속가능성이란 미래 세대의 니즈(needs)와 상충되지 않도록 현 사회의 니즈(needs)를 충족시키는 정책과 전략임
  - 청정생산 방법으로는 친환경 원자재의 사용, 청정 프로세스의 활용과 친환경생산 프로세스 관리 등이 있음

35 수요예측방법

1. 수요예측

수요예측은 공급 결정을 최적화하기 위해서 고객수요를 이해하고 예견하는 일

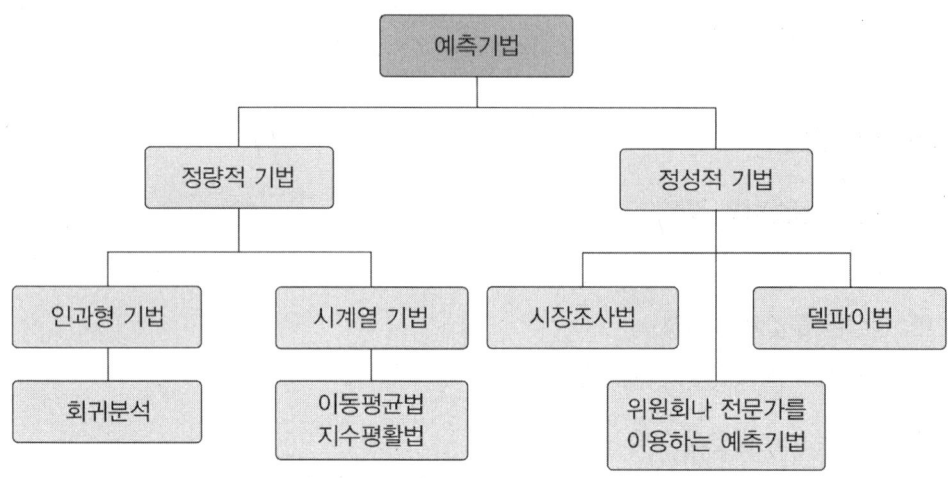

2. 정성적 예측기법(질적 예측기법, 장기적 예측에 활용)

1) 델파이법

전문가 집단에게 여러 차례 설문지를 돌려 의견 수렴, 응답자 익명, 많은 사람 의견을 통계적으로 종합 분석

2) 패널동의법

전문가 의견을 교환하여 일치된 예측 결과

3) 역사적 유추법

도입기, 성장기, 성숙기, 쇠퇴기 과거 수요변화로 유추

4) 시장조사법

(1) 설문지, 인터뷰, 전화, 시제품 발송 후 소비자 의견 조사
(2) 정성적 기법 중 가장 비용이 많이 들지만 비교적 정확

3. 정량적 예측기법(양적예측기법, 중·단기 예측에 활용)

1) 시계열분석법(단순이동평균법, 가중이동평균법, 지수평활법, 박스-젠킨스 모델 등)

(1) 과거의 수요 패턴이 연장선상에서 미래의 수요를 예측하는 방법
(2) 과거의 패턴이 항상 계속적으로 유지된다고 할 수 없으므로 중·단기 예측에 활용
(3) 적은 자료로도 비교적 정확한 예측이 가능
(4) 수요패턴의 전환점이나 근본적 변화 등의 급격한 변화는 예측 불가능
(5) 추세변동(T), 순환변동(C), 계절변동(S), 불규칙 변동(R)(불규칙 변동은 제외)
   ① 추세변동(Trend Variation : T) : 자료의 추이가 점진적, 장기적으로 변화
   ② 순환변동(Cyclical Variation : C) : 경기 순환과 같은 요인으로 변동
   ③ 계절변동(Season Variation : S) : 월, 계절에 따라 증가 또는 감소
   ④ 불규칙 변동(Irregular Variation : R) : 돌발사건, 전쟁 등

2) 단순 이동평균법

(1) 최근 몇 기간 동안 시계열 관측 평균
(2) N개의 종가를 모두 더한 다음 N으로 나누는 방식

3) 가중 이동평균법

최근 몇 기간 동안 시계열 관측치 중 최근 값에 가중치

※ 이동평균법에서 이동평균 기간을 길게 할수록 우연요소에 의한 수요예측치의 변동이 줄어들게 된다.

4) 지수평활법

단기 예측 특성상 시계열 요인인 추세, 순환변동, 계절적 변동이 크게 작용하지 않고 비교적 안정되어 있는 상황에서 지수평활법은 가장 최소의 자료로 단기 예측 활동에 유용하게 활용할 수 있는 예측기법

(1) 지수평활법에서는 최근에 가까운 자료일수록 과거의 자료보다 지수적으로 더 높은 가중치가 부여되어 예측치에 반영됨
(2) 과거 실제 수요량과 예측치 간의 오차에 대해 지수적 가중치를 반영해 예측
(3) 가장 최근 값에 가장 큰 가중치, 오래될수록 가중치는 급격히 감소
(4) 단기 예측에 유용

$$F_{t+1} = \alpha Y_t + (1-\alpha) F_t$$

여기서, F_{t+1} : 기간 $t+1$에서 예측값
Y_t : 기간 t에서의 실측치
F_t : 기간 t에서의 예측치
α : 평활계수($0 \leq \alpha \leq 1$)

ex A자동차 회사의 3월 판매예측치는 20,000대, 3월 판매실적치는 21,000대이며 지수평활계수는 0.3일 때, 지수 평활법을 활용한 4월의 판매예측치는?

$$F_{t+1} = \alpha Y_t + (1-\alpha) F_t = 0.3 \times 21,000 + (1-0.3) \times 20,000 = 20,300 \text{대}$$

5) 추세분석법

추세분석법이란 시계열을 잘 관통하는 추세선을 구한 다음 그 추세선상에서 미래수요를 예측하는 방법

6) 인과형 예측기법(회귀분석법, 투입-산출모형, 선도지표법, 시뮬레이션모형 등)

인과형모형에서는 <u>수요를 종속변수로</u>, <u>수요에 영향을 미치는 요인들을 독립변수로</u> 놓고 양자의 관계를 여러 가지 모형으로 파악하여 수요를 예측

7) 회귀분석법

(1) <u>종속변수</u> 예측 관련 <u>독립변수</u> 파악하여 방정식 구함
(2) 과거 수요자료가 어떤 변수와 선형 관계에 있다고 가정

① 독립변수의 수
 - 1개 : 단순회귀분석
 - 2개 이상 : 다중 회귀분석

② 종속변수와 독립변수의 관계
 - 선형 : 선형회귀분석
 - 비선형 : 비선형회귀분석

8) 전기수요법

가장 최근의 수요로 다음 기간의 수요를 예측하는 기법으로, 주로 수요가 안정적일 경우 효율적으로 사용

기출 문제 요약

- **제품생애주기**(Product Life Cycle)에 관한 설명 (2015년)
  - 도입기 : 고객의 요구에 따라 잦은 설계변경이 있을 수 있으므로 공정의 유연성이 필요함
  - 성장기 : 수요가 증가하므로 공정중심의 생산시스템에서 제품중심으로 변경하여 생산능력을 확장시켜야 함. 도입기에 비하여 마케팅 역할이 크게 요구되는 시기임
  - 성숙기 : 성장기에 비해 이익수준이 높음
  - 쇠퇴기 : 제품이 진부화되어 매출이 줄어듦
- **수요예측 방법**에 관한 설명 (2014년, 2017년, 2020년)
  - 패널법 : 다양한 계층의 지식과 경험을 기초로 하고, 관련 예측정보를 공유함
  - 소비자조사법 : 설문지 및 전화에 의한 조사, 시험판매 등을 활용하여 예측함
  - 단순이동평균법 : 예측값과 과거 n기간 동안 실제 수요의 산술평균을 활용
  - 시계열분해법 : 시계열을 4가지 구성요소로 분해하여 수요를 예측하는 방법, 장래의 수요를 예측하는 방법으로 종속변수인 수요의 과거 패턴이 미래에도 그대로 지속된다는 가정에 근거를 두고 있음
  - 전기수요법 : 가장 최근의 수요로 다음 기간의 수요를 예측하는 기법으로, 수요가 안정적일 경우 효율적으로 사용할 수 있음
  - 이동평균법 : 우연변동만이 크게 작용하는 경우 유용한 기법으로, 가장 최근 n기간 데이터를 산출평균하거나 가중평균하여 다음 기간의 수요를 예측할 수 있음
  - 지수평활법 : 추세나 계절변동을 모두 포함하여 분석할 수 있으나, 평활상수를 작게 하여도 최근 수요 데이터의 가중치를 과거 수요 데이터의 가중치보다 작게 부과할 수 없음(과거 실제 수요량과 예측치 간의 오차에 대해 지수적 가중치를 반영해 예측함)
  - 델파이법 : 특정인에 의한 예측결과가 영향을 받는 단점이 있음
- 수요예측을 위한 **시계열 분석의 변동** (2018년)
  - 추세변동 : 자료의 추이가 점진적, 장기적으로 증가 또는 감소하는 변동
  - 계절변동 : 월, 계절에 다라 증가 또는 감소하는 변동(1년 중 여름에 아이스크림의 매출이 증가하고 겨울에는 스키 장비의 매출이 증가하는 것. 2022년)
  - 순환변동 : 경기순환과 같은 요인으로 인한 변동
  - 불규칙변동 : 돌발사건, 전쟁 등으로 인한 변동
- 수요예측 방법 중 주관적(정성적) 접근방법은? (2024년)
  - 델파이법, 시장조사법, 자료유추법, 판매원 의견종합법 등
※ 정량적 접근방법 : 이동평균법, 시계열분해법, 단순회기분석법, 지수평활법, 전기수요법 등

36 설비배치

1. 설비배치의 정의

설비 배치란 공장 또는 서비스 시설 내에서 부서의 위치와 설비의 배열 결정

2. 설비배치계획

- 1단계 : 위치선정(공장입지선정)
- 2단계 : 전반배치, 공장 내 주요 부서들의 대략적인 크기, 형태, 위치가 전체적으로 결정
- 3단계 : 세부배치계획, 각 부서에 배치될 기계, 장비 등 위치가 필요한 공간 크기를 구체적으로 결정
- 4단계 : 배치계획에 대한 승인, 시행, 감독, 설치 등의 업무를 수행

배치 종류로는 다음과 같다.

3. 공정별 배치(Process layout)

설비와 장비를 동일한 기능을 갖는 것끼리 묶어 집단으로 배치하는 것(기능별 배치)

1) 공정별 배치의 특징

(1) 유사한 기계설비나 기능을 한 곳에 모아 배치한다.
(2) 각 주문작업은 가공요건에 따라 필요한 작업장이나 부서를 찾아 이동하므로 작업흐름이 서로 다르고 혼잡하다.
(3) 단속생산이나 개별주문생산과 같이 다품종, 소량 생산되고 각 제품의 작업흐름이 서로 다른 경우에 적합하다.

2) 공정별 배치의 장단점

(1) 장점
- 인적자원과 설비의 높은 이용률 때문에 기계고장으로 인한 생산중단이 적고 쉽게 극복할 수 있다.

- 고도의 기술과 경험을 적용하는 데서 오는 긍지를 가진다.
- 일정하지 않은 작업속도에서 비롯되는 작업흐름의 상대적인 독립성은 직무만족과 동기를 부여해 준다.
- 범용설비로 비교적 저렴하고 정비가 용이하다.

(2) 단점
- 각 주문마다 특별한 작업준비 및 공정처리 요건의 필요성으로 인하여 단위당 높은 생산 원가가 든다.
- 로트(lot) 생산 시 대량의 제공품 재고가 발생할 수 있다.
- 다양한 제품 형태, 크기 등에 따른 추가 공간과 물량 이동에 필요한 통로, 융통성 있는 운반장비가 필요하다.
- 생산일정계획 및 통제가 복잡하다.
- 공정처리시간이 비교적 길고 설비이용률이 높다.

(3) U자형 배치
- 일본에서 흔히 사용. 작업단순화와 지속적 개선사항을 토대로 공정별 배치
- U자형 배치 원칙은 다공정 담당의 원칙, 작업량 공평의 원칙, 한 개 만들기 원칙, 흐름작업의 원칙.
- U자형 배치 장점으로는 작업의 유연성 증가, 공간 소요 최소화, 운반 최소화, 작업자들의 의사소통 증진

4. 제품별 배치(Product layout)

각 제품별로 제품이 만들어지는 생산라인(작업순서)에 따라 기계설비나 작업장을 배치하는 것을 말한다.(라인별 배치)

1) 제품별 배치의 특징

(1) 작업흐름은 직선적이거나 미리 정해진 패턴을 따라가며 각 작업장은 고도로 전문화된 하나의 작업만을 수행한다.
(2) 하나 또는 소수의 표준화된 제품을 대량으로 반복 생산하는 라인공정에 적합한다.
  ex 자동차 조립라인, 전자제품 생산라인, 카페테리아 라인 등

2) 제품별 배치의 장단점

(1) 장점
- 기계화, 자동화로 자재취급 시간과 비용이 절감된다.
- 원활하고 신속한 이동으로 공정 중 재고량이 감소한다.
- 제공품 저장공간의 소요 및 고정된 이동통로 공간활용이 증대된다.
- 생산일정계획 및 통제의 단순화가 도모된다.

(2) 단점
- 제품 및 공정특성의 변경이 곤란하고 융통성이 결여된다.
- 전용장비의 이용으로 고액의 설비투자가 필요하다.
- 생산 라인상의 한 기계가 고장나면 전체공정의 유휴로 고가의 지연과 높은 정비비용이 든다.
- 단순화되고 반복적인 과업과 빠른 생산속도로 종업원의 사기가 저하될 수 있고 높은 결근율과 이직률이 발생할 수 있다.

3) 제품별 배치의 유형

(1) 고정위치배치(Fix Position layout, 프로젝트 배치)
- 제품의 크기, 무게 및 기타 특성 때문에 제품 이동이 곤란한 경우에 생기는 배치 형태다.
- 제품은 한 장소에 고정되어 있고 자재, 공구, 장비 및 작업자가 제품이 있는 장소로 이동해서 작업을 수행한다.

  ex 비행기, 선박

(2) 혼합형 배치(공정별 배치 + 제품별배치)
- 설비배치의 세 가지 기본 유형이 혼합된 형태이다.
- 공장 전체로는 제작 - 중간조립 - 최종조립의 순으로 제품별 배치를 취하더라도 제작 공정은 공정별 배치를, 조립공정은 제품별 배치를 각각 취할 수 있다.

(3) 셀룰러 배치(혼합형 배치의 형태)
- 유사한 형태 또는 공정경로의 제품을 생산하기 위하여 여러 종류의 기계들을 하나의 장소에 배치하는 것으로 GT(group technology, 유사부품가공법)배치라고도 한다.
- 제조셀을 이용한 제조를 셀룰러 제조라 한다.
- 셀룰러 배치에서는 기계간에 부품의 이동거리와 대기 시간이 짧기 때문에 생산소요시간이 단축되고 재공품 재고가 감소한다.
- 다양한 부품을 중, 소량으로 생산하는 기업에 제품별 배치의 혜택을 제공한다.

참고

※ 제조 셀(manufacturing cell)이란 다수의 유사 부품이나 부품군의 생산에 필요한 서로 다른 기계들을 가공 진행순서에 따라 모아 놓은 것

구분	제품별배치 (라인별배치)	공정별배치 (기능별배치)	위치고정형배치 (프로젝트배치)
생산형태	연속, 대량생산	배치, 개별생산	프로젝트 생산
생산설비	전용설비	작업장	배열작업, 일정관리
생산물의 흐름	제품별 연속 흐름	주문별 다양 흐름	생산물 고정
운반비용	낮음, 단순작업 (미숙련공)	매우높음, 다양한 작업 (숙련공)	높음
설비이용률	높음	낮음	낮음

5. 공정과 설비배치의 관계

공정		설비배치
단속적 공정	주문생산공정	공정별 배치
	묶음생산공정	
연속적 공정	조립생산공정	제품별 배치
	연속생산공정	

기출 문제 요약

- **설비배치계획의 일반적 단계** : 세부배치계획, 전반배치, 설치, 위치결정 (2018년)
- **공장의 설비배치에 관한 설명** (2019년)
  - 제품별 배치는 연속, 대량 생산에 적합한 방식임
  - 고정위치형 배치는 주로 항공기 제조, 조선, 토목건축 현장에서 찾아볼 수 있음
  - 셀형 배치는 다품종소량생산에서 유연성과 효율성을 동시에 추구할 수 있음
  - 공정별 배치는 같은 기능을 가지고 있는 기계설비를 모아서 배치

37 재고관리

1. 재고비용

(1) 주문비용(ordering cost), 생산준비비용
품목을 발주할 때 발생하는 비용
수량에 관계없이 발주(또는 생산준비)마다 일정하게 발생하는 고정비

(2) 준비비용(setup cost)
생산라인의 가동을 1회 준비하는 데 소요되는 비용

(3) 재고유지비용(carrying cost)
재고 유지, 보관 비용, 이자비용(현금대신 재고를 보유하는 기회비용), 창고사용료, 보험료, 파손비용, 진부화비용

※ 진부화비용 : 재고가 오래되어 가치가 떨어지는 비용

(4) 재고부족비용(shortage cost)
재고부족(과소재고)으로 인한 판매기회상실 및 추후납품비용

(5) 재고실사비용(inventory checking, stocktaking)
재고량을 조사하는 데 소요되는 비용(바코드 시스템을 활용하여 줄일 수 있음)

2. 보유목적에 따른 재고의 유형

(1) 완충(decoupling) 재고
작업의 독립성을 유지하기 위해 보유하는 것

(2) 주기(cycle) 재고
생산준비 비용이나 주문비용을 줄이기 위해 보유하는 것(주기적인 주문, 주문기간 동안 존재 재고)

(3) 안전(safety) 재고

　　수요의 불확실성에 대비하기 위해 추가적으로 보유하는 것

(4) 비축(anticipation) 재고

　　계절에 따른 수요변화에 대응하기 위해 보유하는 것

(5) 분리재고

　　공정을 기준으로 공정전·후의 재고로 분리될 경우의 재고

(6) 파이프라인 재고

　　공장에서 물류센터, 물류센터에서 대리점 등으로 이동 중에 있는 재고

(7) 투기 재고

　　원자재 고갈, 가격인상 등에 대비하여 미리 확보해두는 재고

3. 과다 재고보유의 피해

(1) 재고 보관비용이 과다하게 소요된다.
(2) 재고에 자금이 묶여 유동성 부족을 초래할 위험이 있다.
(3) 데드 스톡(dead stock)이 발생하기 쉽다.
(4) 상품에 따라 부패, 변질 가능성이 존재한다.
(5) 상품에 따라 신속한 환경변화에 대응하지 못해 구형화나 유행에 뒤떨어질 가능성이 높다.

※ 데드스톡 : 라이프사이클이 짧은 상품, 부패하기 쉬운 상품, 회전이 늦은 상품 등의 재고는 과잉되면 판매의 기회를 잃을 우려가 있고 언제까지나 창고에 보관하게 된다.

4. 과소 재고보유의 피해

(1) 상품의 품절로 인해 구매자의 수요에 대응하지 못해 손해가 발생한다.
(2) 고객에게 상품의 구색과 구성에 궁색감을 줄 수 있다.
(3) 소량으로 빈번하게 매입해야 하므로 매입 비용이 증가한다.
(4) 소량 매입으로 인해 매입처로부터 덜 중요한 고객이라는 취급을 당한다.

5. 재고의 최적주문량

(1) 재고유지비, 주문비, 재고부족비 등을 함께 고려하여 결정되며, 비용항목을 합한 총 재고 비용이 최소가 되는 점이 최적주문량이다.
(2) 경제적 주문량 공식으로 구할 수 있으며 이는 연간수요량, 주문비, 평균재고 유지비 및 재고품의 단위당 가치(가격)를 이용해 계산한다.
(3) 재고유지비에는 이자비용, 창고비용, 취급비용, 보험, 세금 및 제품의 진부화 등이 있다.
(4) 물류활동은 재고, 수송, 주문처리, 포장 및 하역 등으로 나누어지며 물류관리자는 각 물류 활동과 관련된 일상적인 의사결정을 내린다.

기출 문제 요약

- **재고의 기능에 따른 분류에 관한 설명 (2013년)**
  - 안전재고 : 제품 수요, 리드타임 등의 불확실한 수요에 대비하기 위한 재고
  - 분리재고 : 공정을 기준으로 공정전·후의 재고로 분리될 경우의 재고
  - 파이프라인 재고 : 공장에서 물류센터, 물류센터에서 대리점 등으로 이동 중에 있는 재고
  - 투기 재고 : 원자재 고갈, 가격인상 등에 대비하여 미리 확보해도는 재고
- **재고관리에 관한 설명 (2020년)**
  - 경제적 주문량(EOQ) 모형에서 재고유지비용은 주문량에 비례함
  - 고정주문량 모형은 재고수준이 미리 정해진 재주문점에 도달할 경우 일정량을 주문하는 방식
  - ABC 재고관리는 재고의 품목 수와 재고 금액에 따라 중요도를 결정하고 재고관리를 차별적으로 적용하는 기법임
  - 재고로 인한 금융비용, 창고 보관료, 자재 취급비용, 보험료는 재고유지 비용에 해당됨
- **총재고비용**은 구매비용과 재고유지비가 최소가 되는 발주량의 합임 (2022년)
- **재고유지 비용** : 보관설비 비용, 진부화(자산가치 감소) 비용, 보험비용, 창고보관료, 자재취급비용 (2023년)

38 재고관리시스템

1. 단일기간 재고모형

수요가 1회적이거나 수명이 짧은 제품에 사용되는 재고관리 방법

ex 신문, 잡지, 식료품 등(재고유지비나 주문비를 고려하지 않음)

2. 연속기간 재고모형

1) 고정주문량 모형(Fixed Order Quantity model = 연속조사시스템 = Q system(EOQ, EPQ))

(1) 의의

계속 실사를 통해 현재의 재고수준이 특정한 재주문점(ROP)에 도달할 경우에 미리 정해진 주문량(Q)을 주문하는 모형(기간은 틀리지만 주문량은 일정)

(2) 특징

① 재고수준이 미리 정해진 재주문점(ROP)에 도달하면 일정한 양 Q만큼 주문
② 주문량은 일정하다.
③ 안전재고 수준이 낮아져서 비용을 절감할 수 있다.
④ 고정된 로트(lot) 크기로 주문하므로 수량할인이 가능하다.
⑤ 품목별로 조사 빈도를 달리할 수 있다.
⑥ 재고조사를 계속해서 재고상태(수준)를 파악해야 함

(3) 투빈법(two-bin)

Q-System의 원리를 시각화한 이중상자 시스템, 즉, 재고를 두 상자에 나누어 보관하다가 한 상자가 비면 그 만큼(=ROP)을 다시 주문하는 방식으로 가치나 중요도가 상대적으로 낮은 제품에 사용

2) 고정주문기간모형(fixed-order interval model = 주기조사시스템 = P system, 정기주문모형)

(1) 의의

기간을 중요시해서 정해진 기간이 되면 주문하는 모형(주문량은 다르지만 주문기간 일정)

(2) 특징
① 주문시점은 일정하다. 즉, 미리 정해진 일정한 시간 간격마다 주문
② 주문량은 매번 변동한다.
③ 안전재고의 수준이 더 높다.
④ 정해진 목표 재고수준에 따라 주문시점에 재고수준과 목표재고수준의 차이만큼 주문한다.
⑤ 배달시기와 배달경로의 표준화가 용이하며 같은 공급자에게 여러 품목을 동시에 주문할 수 있는 장점이 있다.
⑥ 주기적으로 재고를 보충하므로 재고관리가 편하며, 주문 간격이 고정되면 배달시기와 배달 경로를 표준화할 수 있다.
⑦ 수요변동이 심하지 않고 가격이 낮은 제품의 재고관리에 적합한 방법
⑧ 동일 공급자로부터 여러 품목을 납품받는 경우
⑨ 재고수준(상태)은 계속 파악하지 않고 주기적으로 파악한다. 즉 재고를 조사할 때에만 재고 수준을 파악하면 됨

(3) 원빈법(One-bin)
P-System의 원리를 시각화한 단일상자 시스템으로 하나의 창고(상자)에 목표재고수준을 표시해 둔 다음 주기적으로 확인하여 현 '재고량과 목표량만큼의 차이를 주문'

3. 고정주문량 모형과 정기주문 모형의 비교

구분	고정주문량 모형	고정주문기간 모형
재고모형	정량주문모형(정량발주모형)	정기주문모형(정기발주모형)
특징	Q(Quantity) 시스템	P(Period) 시스템
주문시기	부정기적 = 재고수준이 재주문점에 도달할 때	정기적 = 미리정한 주문시점에 이르렀을 때
주문량	정량(경제적 주문량)	부정량 (목표재고수준—주문시점의 재고 수준)
재고조사	계속 실사	정기 실사
적용품목	가격과 중요도가 낮은 품목	가격과 중요도가 높은 품목
안전재고	작다	크다

4. ABC 재고관리

1) ABC 재고관리의 개념

(1) ABC 분석기법은 파레토(Pareto)의 80:20 법칙과 관련이 있으며 매출액 80%의 상위 품목을 A라인, 추가적인 15%의 차상위 품목을 B라인, 나머지 품목 5%를 C라인으로 구분한다.

(2) 주란(Juran)이 불량품 개선에 유용하다는 것을 밝혀냈고 디키(Dickie)가 재고관리에 적용하면서 널리 보급되기 시작하여 소매업체들이 기여도가 높은 상품 관리에 집중해야 한다는 관점하에 활용된다.

(3) 상품별 적정 재고수준을 파악하기 위하여 상품에 대한 등위를 매기는 방법으로 ABC 분석의 첫 단계는 한 가지 또는 몇 가지 기준을 사용하여 단품의 순위를 정하는 것이며 이 때 가장 중요한 성과 측정기준의 하나로 공헌이익을 들 수 있다. 다음 단계는 상품을 구분하여 취급하기 위한 분류기준, 즉 수익 또는 판매량 차원의 수준을 결정하는 것이다.

(4) ABC 관리방법은 재고관리나 자재관리뿐만 아니라 원가관리, 품질관리에도 이용할 수 있다. 특정 성과측정 기준으로 상품에 대한 등급을 설정하기 위한 보조수단으로 사용하기에 가장 적합한 방법이다.

(5) 상품의 수가 많아 모든 품목을 동일하게 관리하기 어려울 때 이용하는 방법으로 매출액(매출총이익액, 판매수량을 사용하는 경우도 있음) 순으로 A,B,C 3개의 그룹을 나눠서 중점 관리한다.

범주	연간 총사용액 비중	총 품목 비중
A	80%	20%
B	15%	40%
C	5%	40%

2) ABC 재고관리의 내용

A등급	• 품목은 적고 보관량과 회전수가 많다. 정기발주 시스템 • 관리의 필요도가 가장높은 재고
B등급	• 품목, 보관량, 회전수가 중간 정도이다. 정량발주 시스템 • 상대적으로 주의를 덜 기울여도 되는 재고
C등급	• 품목은 많고 보관량과 회전수는 적다. JIT 방식이나 투빈시스템 • 보유하는 것에 의의를 둔 재고

> **참고**
>
> ※ 투빈시스템 : 저장용기를 두 개 만들어서 첫 번째 저장용기를 다 사용하면 두 번째 저장용기를 사용하면서 새 용기를 주문하는 것으로 볼트나 너트처럼 수량이 많고 부피가 적은 저가품 관리에 활용

> **참고**
>
> ※ VMI 재고관리
>
> VMI는 Vendor-Managed Inventory(공급업체 관리 재고)의 약어로, 공급업체가 고객의 재고 관리를 대신 수행하는 시스템
> - VMI시스템은 공급업체와 고객 간에 전자 데이터 교환(EDI:Electronic Data Interchange)을 통해 구현.
> - 공급업체는 고객의 재고 수준을 실시간으로 모니터링하고, 고객의 요구에 따라 제품을 자동으로 공급.
> - 재고량이 적게 되면 자동으로 주문이 발생하여 재고 관리가 원활하게 이루어진다.
>
> ※ CMI 재고관리
>
> CMI(Customer Managed Inventory)는 고객이 직접 자신의 재고를 관리하는 방식
> - 고객은 주로 자신의 재고를 최적화하고 소비자 수요를 신속하게 충족 시키는 데 집중하고 이를 통해 고객은 재고 유지 비용과 재고 물류를 효율적으로 관리할 수 있다.

> **기출 문제 요약**
>
> - VMI는 공급자주도형 재고관리를 뜻함 (2015년)
> - ABC 재고관리에 관한 설명 (2018년)
>   - 자재 및 재고자산의 차별 관리방법이며, A등급, B등급, C등급으로 구분됨
>   - 품목의 중요도를 결정하고, 품목의 상대적 중요도에 따라 통제를 달리 하는 재고관리시스템임
>   - 파레토 분석 결과에 따라 품목을 등급으로 나누어 분류함
>   - 각 등급별 재고 통제수준은 A등급은 엄격하게, B등급은 중간 정도로, C등급은 느슨하게 함

39 | 리드타임(Lead Time)

1. 리드타임(Lead Time)

어떤 제품이 '발주'되면서부터 주문받은 제품이 실제로 전량 '납품 완료'되기까지 소요되는 전체적인 시간으로 리드타임은 기업 경쟁력의 수준을 결정하는 품질(Q), 코스트(C), 납기(D), 고객 만족(S) 경쟁력과 관련 조달 리드 타임을 고려하여 안전 재고량을 산출할 수 있다.

2. 리드타임의 종류

제조리드타임(MLT : Manufacturing Lead Time)은 재료가 투입되어 생산이 완료되기까지 (제품을 생산하기 위해) 소요되는 시간

1) 가공(조립) 시간

낭비적인 공수, 기종 교체 시간, 설비 고장, 비효율적인 작업조건, 작업 부적합, 부품 부적합품, 재작업 시간 등

2) 정보의 정체 시간

생산 지시 지연 시간, 생산 지시의 오류로 인한 지연 시간, 사양 변경으로 인한 지연 시간, 기종 교체로 발생하는 지연 시간

3) 물건의 정체 시간

부품의 결품으로 인한 대기 시간, 라인 주변 재고 부족으로 인한 대기 시간, 부품 부적합품으로 인한 대기 또는 리워크 작업시간

이러한 낭비적인 시간을 제거해 꼭 필요한 네트(Net) 공수만 남아 있게 하는 것이 리드타임 단축 활동의 핵심이다.

> **참고**
> ※ 총 리드타임(CLT : Cumulative Lead Time) : 행정 소요 시간과 원자재 구입 등의 모든 시간을 누적한 시간
> ※ 조달, 납기 리드타임(DLT : Delivery Lead Time) : 고객이 기대하는 납기로 주문을 받고부터 물건을 전달할 때까지 소요되는 시간

3. 리드 타임에 따른 제조 전략

1) 재고생산(Make-to-Stock)

다른 전략들과 비교해서 제조 리드타임(MLT)과 총 리드타임(CLT)이 <u>가장 짧은 제조 전략</u>
- 납기 리드타임(DLT) : 이미 만들어 놓은 완제품에 대해 고객으로부터 주문이 들어온 시점부터 고객에게 인도하기까지의 시간으로 주문이 들어올 경우 재고로 있는 제품을 고객에게 가져다주는 데 소요되는 시간

2) 주문생산(Make-to-Order)

다른 전략들과 비교해서 제조 리드타임(MLT)과 총 리드타임(CLT)이 <u>가장 긴 제조 전략</u>
- 납기 리드타임(DLT) : 제품을 만들기 위해 제조, 조립, 인도하기까지의 시간으로 고객으로부터 주문이 들어와야 제품을 만들기 시작하므로 소요 시간이 길다.

3) 주문조립생산(Assemble-to-Order)

제조 리드타임(MLT)과 총 리드타임(CLT)이 중간 정도의 시간 소요
- 납기 리드타임(DLT) : 이미 만들어 놓은 반제품을 조립해서 고객에게 인도하기까지의 시간

> **기출 문제 요약**
> - 안전재고 : 제품 수요, **리드타임** 등의 불확실한 수요에 대비하기 위한 재고 (2013년)
> - 공급사실의 리드타임이 길수록 주문량 변동은 증가할 것임 (2020년)

40 EOQ(Economic Order Quantity, 경제적 주문량)

경제적 주문량(EOQ)이란 주문비용과 재고유지비용 간의 관계를 이용하여 가장 합리적인 주문량을 결정하는 방식

1. EOQ 모형의 가정

1) 해당 품목에 대한 단위기간 중의 수요는 정확하게 예측할 수 있다.
2) 주문품의 도착시간이 고정되어야 한다.
3) 주문품이 끊이지 않고 계속 공급받을 수 있어야 한다.
4) 재고의 사용량은 일정하다.
5) 단위당 재고유지비용과 1회 주문비는 주문량에 관계없이 일정하다
6) 수량할인은 없다.
7) 재고부족 현상이나 추후에 납품되는 일은 발생하지 않는다.(주문량 일시 도착하여 보충)
8) 단일품목만을 대상으로 한다.

2. 경제적 주문량 공식

경제적 주문량 $Q = \sqrt{\dfrac{2DS}{H}} = \sqrt{\dfrac{2DS}{pi}}$

여기서, D : 수요량
S : 주문비용
H : 재고유지비용 = 단위당 단가(p) × 재고유지비율(i)

연간주문횟수 = $\dfrac{\text{연간수요량}(D)}{\text{1회 주문량}(Q)}$

연간 총 비용 = 연간 재고유지비용 + 연간 주문비용

연간 재고유지비용 = 연간재고량 × 연간단위당 재고유지비용 = $\dfrac{Q}{2} \times H$

연간 주문비용 = 연간주문횟수 × 주문비용 = $\dfrac{\text{연간수요}}{\text{1회 주문량}} \times$ 주문비용 = $\dfrac{D}{Q} \times S$

ex1 제품 P의 연간수요는 10,000개로 예상된다. 이 제품의 연간 재고유지비용이 단위당 100원이고, 주문 1회당 소요되는 주문비용은 200원이다. 이 경우 경제적 주문량(EOQ)은?

$$경제적\ 주문량\ Q = \sqrt{\frac{2DS}{H}} = \sqrt{\frac{2 \times 10,000 \times 200}{100}} = 200$$

ex2 A기업은 1년간 400개의 부품을 사용한다. 부품가격은 개당 1,000원, 주문비용은 회당 10,000원, 단위당 연간 재고유지비용은 부품가격의 20%라면 이 부품의 경제적 주문량(EOQ)은?

$$경제적\ 주문량\ Q = \sqrt{\frac{2DS}{H}} = \sqrt{\frac{2DS}{pi}} = \sqrt{\frac{2 \times 400 \times 10,000}{1,000 \times 0.2}} = 200개$$

여기서, D : 수요량
S : 주문비용
H : 재고유지비용 = 단위당 단가(p)×재고유지비율(i)

ex3 A기업의 X 부품에 대한 연간 수요는 2,000개이다. X 부품의 1회 주문비용은 1,000원, 연간 단위당 재고 유지비용은 400원 일 때 경제적주문량 모형을 이용하여 1회 경제적주문량과 이때의 연간 총 비용을 구하면?

$$경제적\ 주문량\ Q = \sqrt{\frac{2DS}{H}} = \sqrt{\frac{2 \times 2,000 \times 1,000}{400}} = 100개$$

$$연간\ 주문비용 = \frac{D}{Q} \times S = \frac{2,000}{100} \times 1,000 = 20,000원$$

$$연간\ 재고유지비용 = \frac{Q}{2} \times H = \frac{100}{2} \times 400 = 20,000원$$

연간 총 비용 = 연간 재고유지비용 + 연간 주문비용 = 20,000 + 20,000 = 40,000원

기출 문제 요약

- **경제적주문량(EOQ)** : $\sqrt{(2*수요량*주문비용)/재고유지비용}$ (2015년)
- 경제적주문량 모형에서 재고유지비용은 주문량에 비례함 (2022년)

41 총괄생산계획(APP : Aggregate Production Planning)

1. 의의

총괄생산계획은 계획기간 내에 변화하는 수요를 가장 경제적으로 충족시킬 수 있도록 기업이 보유한 생산능력의 범위 내에서 생산수준, 고용수준, 재고수준, 하청수준 등을 결정하는 중기의 생산계획이다.

2. 제약조건

1년 정도의 중기계획이므로 기업의 생산능력은 기업이 즉각 변경할 수 없는 것으로 간주한다. 그렇기때문에 기업의 생산능력을 증설하는 것은 중기계획인 총괄생산계획에선 제약요건으로 본다.

3. 총괄생산계획의 대안

1) 반응적 대안(수요에 맞춰 생산량을 변경)

(1) 고용수준의 조정(추종전략) : 고용과 해고
　　추종전략 : 수요에 따라 고용수준을 조정하는 것
(2) 생산수준 조정 : 잔업, 유휴시간, 휴가, 일시휴직 등
(3) 재고수준 조정 : 생산수준을 일정하게 유지
(4) 하청이용

2) 공격적 대안

생산량에 맞춰 수요를 변경(주로 마케팅 영역)

4. 총괄생산계획의 전략

1) 수요추구전략(Chase Strategy) : 고용수준의 변동, 생산율의 변동

수요의 변동에 직접 연관시켜 노동력의 규모를 조정시키는 전략으로 수요가 급증하는 경우 신규채용의 어려움, 작업자에 대한 교육, 훈련 등의 비용 증가가 문제시 된다.

2) 생산평준화전략(Level Strategy) : 재고수준의 변동

생산율과 고용수준을 연간 일정하게 유지하고자 하는 전략으로 재고수준을 조절함으로써 수요의 변동을 흡수하는 전략이다.

3) 혼합전략(Mixed Strategy) : 리스크를 줄일 수 있는 유용한 방법

한 가지 방법만 사용하는 순수전략에 비해 리스크를 줄일 수 있는 유용한 방법에 해당한다.

5. 주생산계획(MPS : Master Production Schedule)

APP를 제품별 수요예측에 기초해 각 제품별로 분해하여 제품별, 기간별로 수립하는 세부 생산계획(제품 혹은 작업장 단위, 단기계획)

> 참고
> ※ APP → MPS → BOM → IR → MRP → 발주

기출 문제 요약

- **생산시스템에 관한 설명 (2015년)**
  - VMI(공급자 주도형 재고관리)는 공급주도자형 재고관리를 뜻함
  - MRP(자재소요계획)는 자재소요량계획으로 제품생산에 필요한 부품의 투입시점과 투입량을 관리하는 시스템임
  - ERP(전사적자원관리) 조직의 자금, 회계, 구매, 생산, 판매 등의 업무흐름을 통합관리하는 정보시스템임
  - SCM(공급망관리) 부품 공급업체와 생산업체 그리고 고객에 이르는 제반 거래 참여자들이 정보를 공유함으로써 고객의 요구에 민첩하게 대응하도록 지원하는 것임

42 휴리스틱 계획 기법(Heuristic Programming Methode), 발견적 기법(Heuristic Techniques)

1. 정의

수리적 최적화 기법과는 달리 인간의 직관력이나 경험을 활용하여 실험이나 시행착오에 의한 학습으로 과학적인 시행착오법이라고도 하며 생산계획의 문제를 <u>경험적 내지 탐색적 방법(Heuristic Approach)</u>으로 해결하는 방법

2. 휴리스틱 계획 기법의 종류

1) 경영계수모델(Management Coefficient Method), 관리계수법(Bowman)

(1) 존스(Curtis.A.Jones)에 의해서 총괄생산계획 모델로 개발된 LDR(Linear Decision Rule)과 같이 작업자 수 및 생산율에 관한 과거의 결정들을 이용한 다중회귀분석으로 규칙을 찾음
(2) 바우만(E.H.Bowman)에 의해 제시된 것으로 경영자들이 환경변화에 대해서 경험에 입각한 나름대로의 기준을 갖고 있다는 가정 하에 추정한 경영계수를 회귀분석하여 생산율과 작업자 수를 결정하는 계수를 구하는 생산계획 모형
(3) 경영진이 과거의 의사결정 결과들을 회귀분석으로 생산율 및 작업자 수를 결정하여 경영계수를 구하는 방법

2) 매개변수에 의한 생산계획 모델

3) 지식기반 전문가 시스템(Knowledge-based Expert System), 생산전환탐색법

특정 영역의 문제를 해결하기 위해 전문가들의 축적된 지식을 이용하는 것

4) 탐색결정규칙(SDR : Search Decision Rules), 탐색적 의사결정 규칙법(Taubert)

(1) 2차 함수까지는 미분으로 최저값을 찾을 수 있으나, 함수식이 복잡해지면 찾을 방법이 없어 비선형으로 표현한 문제의 최적 해를 찾기 위한 방법
(2) 비용함수의 형태에 관계없이 계획 기간 중 최소의 비용을 가져오는 작업자 수 및 생산율을 체계적으로 탐색해 나가는 기법

기출 문제 요약

■ 총괄생산계획 기법 중 휴리스틱 계획기법에 해당되는 것은 **선형계획법**임 (2024년)

43 자재소요계획 및 제조자원계획

1. 자재소요계획(MRP : Material Requirements Planning)

1) MRP의 의의

MRP는 자재를 효율적으로 사용하기 위한 계획방식으로 1960년 중반 IBM사에서 일하던 오릭키(Orlicky)가 처음 만들어낸 개념이다. 완제품을 만들기 위해서 어떤 자재가, 얼마나, 언제까지 필요한지를 계산하는 것이 MRP이다.
MRP의 가장 단순한 형태는 자재의 소요량을 구하고 그에 따른 발주계획을 수립하는 것이다. 그런데 생산능력소요계획이 MRP와 통합되어 MRP의 타당성을 검토하고 그 결과를 피드백하는 경우가 있는데, 이를 폐쇄형 자재소요계획(closed-loop MRP)이라고 한다.

2) MRP의 내용

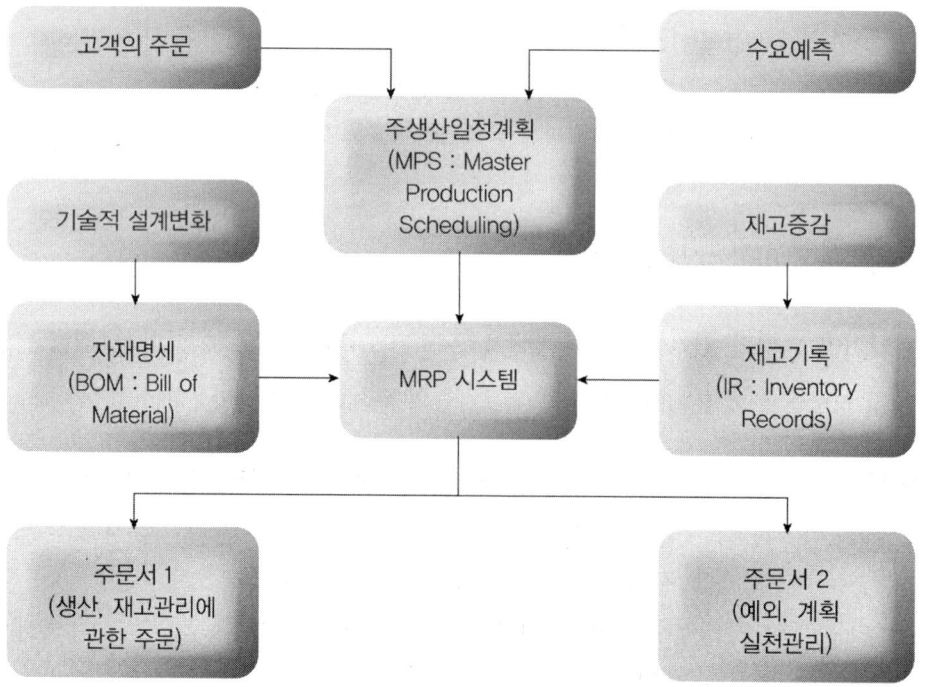

(1) MRP는 수요를 입력요소로 하여 발주시점과 발주량을 결정하는 기법으로 전자제품이나 자동차와 같은 수많은 부품들의 결합체로 이루어진 조립품의 경우처럼 독립수요에 따라 종속적으로 수요가 발생하는 부품들의 재고관리에 유용한 시스템이다.

(2) MRP를 활용함으로써 작업장에 안정적이고 정확하게 작업을 부과할 수 있고 경제적 주문량과 주문점 산정을 기초로 하는 전통적인 재고통제기법의 약점을 보완할 수 있다.

(3) 기업에서는 어떠한 제품이 기간별로 얼마만큼이나 팔릴 것인지를 예측한 자료를 활용하여 생산계획을 수립한다. 생산계획 단계에서는 제품 단위의 계획을 수립하기도 하지만 시장분석을 통해 예측에 따라 제품을 생산하고 시장에 판매하는 전통적 생산방식의 기업에서는 대개 제품군 단위로 생산계획을 수립하는 것이 일반적이다. 생산계획 활동에서는 생산용량(기계 용량, 인력)의 조정까지를 계획 범위에 포함시키는 것이 일반적이다.

(4) 생산계획에 기준하여 제품의 주별 생산 계획량을 수립하는 활동인 기준계획수립(Master Production Schedule)은 최종 제품에 대한 생산 계획(또는 재고 계획 수립)이 필요하고 제품을 구성하는 제품(부품)의 종류 및 그 수량에 대한 정보를 가지고 있는 BOM(Bill of Material) 데이터, 제품(부품)별 주문 방법 및 주문량에 대한 정보를 가지고 있는 품목관리 데이터(Item Master Data), 각 부품 및 제품별 재고에 대한 정보를 가지고 있는 재고 데이터(Inventory Record)를 이용하여 각 부품별 소요량을 시점별로 계산할 수 있으며 이 결과는 MRP 레코드에 저장된다.

> 참고
> ※ 자재명세서(BOM) : 최종제품에 소요되는 모든 부품, 부품관계, 사용량 기록
>   재고기록(IR) : 발주량, 리드타임, 소요량 등

3) MRP의 전개절차

MPS기준 제품생산 일정과 생산량 파악 → 자재명세서를 이용한 제품구조 파악 → 재고기록철을 이용한 품목별 재고현황과 조달기간 파악 → MRP 계획표 작성 → 발주(주문)계획 결정

4) MRP의 특징

(1) 종속품목 대상

MRP는 종속수요품목의 재고관리시스템이다.

(2) 재고계획 및 일정계획에 관한 시스템

발주와 일정계획, 설계된 재고관리 및 최종제품에 필요한 구성 품목의 소요일정을 나타낸다.

(3) 전산화된 경영정보 시스템

MRP는 전산화된 경영정보시스템으로 MRP운영 시 많은 자료 처리가 요구된다.

(4) 컴퓨터 통합생산(CIM) 시스템

확장 MRP(MRP Ⅱ)는 CIM개발에 크게 기여한다.

2. 제조자원계획(MRP Ⅱ : Manufacturing Resource Planning)

1) MRP Ⅱ 의 등장 배경

(1) 자재소요계획은 두 가지 면을 강조한다. 우선, 자재소요계획은 주생산계획에서 필요로 하는 자재소요량에 초점을 맞추며 로트 규모와 안전재고에 대하여 알려 준다.

(2) <u>MRP는 노동력이나 시설에 대한 정보를 제공하지 못한다.</u> MRP와 생산능력을 서로 조화시키기 위하여 능력소요계획을 세우지만 이것은 사실 MRP 외부의 프로그램이다. 따라서 능력소요계획으로 생산능력을 재수립하는 경우에는 주생산계획도 다시 수립해야 하는 경우도 있다.

(3) MRP는 주생산계획 및 능력소요계획과 통합되어야 하는데 이 경우의 MRP 컴퓨터 프로그램의 폐쇄루트의 특성을 가진다. 따라서 폐쇄적인 MRP를 확장하여 생산시스템에 다른 기능을 포함시킬 필요성이 대두되었다.

(4) <u>MRP를 확장하여 사업계획과 각 부문별 계획을 연결시키도록 하는 계획을 MRP Ⅱ 라고 부른다.</u> MRP Ⅱ에서는 생산, 마케팅, 재무, 엔지니어링 등과 같은 기업자산을 함께 전반적으로 계획하고 통제하며 나아가서는 스스로의 시스템을 시뮬레이션한다.

2) JIT(Just In Time)와 MRP

(1) <u>JIT는 일본에서 개발되었으며 목표는 모든 사업 운영에서 낭비의 발생을 제거하는 것이다.</u> 재고는 낭비로 간주되기 때문에 이 시스템은 재고 감소 이상의 의미를 가지는 도구다. JIT는 컴퓨터화 될 수도 있고 되지 않을 수도 있다.

(2) JIT의 원칙은 전사적 품질경영(TQM ; Total Quality Management)과 예방유지시스템을 잘 설치한 후에 기본 MRP에 부가될 수 있다. <u>TQM은 JIT 없이 존재할 수 있지만 TQM 없이 JIT는 존재할 수 없다.</u>

(3) JIT 또는 MRP가 효과적으로 작동하기 위해서는 좋은 부품이 매회 만들어져야 하며 필요할 때에는 생산시설이 언제나 이용될 수 있어야 한다.

(4) <u>MRP는 종속수요의 품목을 주문 처리하기 위한 정보시스템으로 공장 현장에서의 개별적인 주문, 소요자재, 후방 스케줄링과 무한능력계획에 사용하기 위하여 미국에서 개발

되었다.

이 계획절차는 고객주문으로부터 시작하여 완성품의 완료시간과 수량을 나타내는 주생산에 사용된다.

(5) MRP와 JIT를 각각 효과적으로 운영하는 경우에 기업은 커다란 이익을 얻는다. 그러나 두 시스템은 상호배타적이 아니며 통합적인 사용이 가능하다. 서로 다른 환경에서 개발되었지만 제조계획과 통제의 관점에서 특성을 가지고 있기 때문이다. <u>대체로 기업들은 운영을 통제하기 위한 기본 시스템으로 MRP를 사용한다.</u>

3) JIT와 MRP의 특징 비교

구분	JIT	MRP
관리시스템	Pull System : 요구량을 공급	Push System : 필요량을 산출하여 공급
생산계획	안정된 수준의 MPS 운영	수시 변경도 수용가능
자재소요판단	칸반	자재소요계획(MRP)
재고수준	최소한의 재고	조달기간 중 소요량
공급자와의 관계	기업의 일부로 보고 장기거래	경제성을 고려한 단기거래
품질관리	불량 완전 제거 추구	일부 불량의 여지를 인정
적용분야	반복적 생산	비반복적 생산

기출 문제 요약

- 자재소요계획(MRP : material requirements planning)은 주일정계획(기준생산일정)을 기초로 하여 완제품 생산에 필요한 자재 및 구성부품의 종류, 수량 시기 등을 계획하는 시스템임 (2013년)
- 유연생산시스템은 CAD, CAM 및 MRP 등의 기술을 도입, 생산 설비를 빠르게 전환하여 다품종 소량생산을 효율적으로 행하는 시스템임
- MRP는 자재소요계획으로 제품생산에 필요한 부품의 투입시점과 투입량을 관리하는 시스템임 (2015년)

44 적시생산방식(JIT : Just In Time)

1. 적시생산방식(JIT : Just In Time)의 개념

1) JIT의 의의

(1) 재고를 쌓아두지 않고서도 필요한 때 적기에 제품을 공급하는 생산방식이다.
(2) 다품종 소량 생산 체제의 구축 요구에 부응한다.
(3) 적은 비용으로 품질을 유지하여 적시에 제품을 인도하기 위한 생산방식이다.

2) JIT의 특징

(1) 마지막으로 완성해 출고되는 제품의 양에 따라 필요한 모든 재료들이 결정되므로 생산통제는 당기기 방식(Pull System)이다.
(2) 생산이 소시장 수요를 따른다. 즉 계획을 일 단위로 세워 생산하는 것이다.
(3) 생산공정이 신축성을 요구한다. 신축성은 생산제품을 바꿀 때 필요한 설비, 공구의 교체 등에 소요되는 시간을 짧게 하는 것을 말한다.
(4) 현재 필요한 것만 만들고 더 이상은 생산하지 않으므로 큰 로트(lot) 규모가 필요 없으며 생산이 시장수요만을 따라가기 때문에 고속의 자동화는 필요하지 않다.
(5) 작은 로트 규모를 생산하기 위하여 매일 소량씩 원료 혹은 부품이 필요하므로 공급자와의 밀접한 관계가 요구된다.

2. 적시생산방식의 기본원리

1) JIT의 기본요소

(1) **소규모 생산과 제조준비시간 단축**
JIT시스템은 자재의 재고를 최소화하는 데에 목표를 두고 있다. 재고의 최소화는 재고로 인하여 숨겨진 생산성의 문제점을 해결하기 위한 것으로 문제점에는 기계의 고장, 폐기물, 과다한 재공품, 검사의 지연 등이 포함된다.

(2) **생산의 평준화**
JIT시스템을 성공적으로 운영하기 위해서는 안정된 대생산일정계획(MPS)과 생산의 평준화가 이루어져야 한다. 생산의 평준화는 첫째, 생산계획 및 일정계획에 의하여 달성되고 둘째, 제조공정을 재설계하여 로트 크기와 제조 준비시간을 단축함으로써 달성된다.

(3) 작업자의 다기능화

JIT시스템을 적용하기 위해서는 작업자들이 다수의 기능을 보유해야 한다. 다수의 기능이란 몇 개의 상이한 기계를 운전하는 능력뿐만 아니라 이들 기계의 정비능력 및 작업준비를 위한 능력 등을 포함한다.

(4) 품질경영(원천적 품질확보)

JIT시스템의 능력은 기업의 높은 품질수준을 유지하는 것이다. 즉 JIT시스템은 품질면에서 설계품질, 규격과 설계의 적합성, 신뢰성과 내구성, 기술적 탁월성을 제공해준다.

(5) 간판시스템의 운용

JIT시스템에서는 자재의 이동을 <u>가시적으로 통제하기 위한 방법</u>으로 간판시스템을 사용한다.

간판시스템은 후속의 제조공정이 선행제조공정으로부터 부품 등 자재를 끌어가는 인출(pull)시스템이다.

(6) 기계설비의 셀화배치와 집중화공장

소규모 공장을 선호하는 이유는 첫째, 대규모 공장은 관리하기 어렵고 둘째, 소규모 공장을 대규모 공장보다 더욱 경제적으로 운영할 수 있기 때문이다.

(7) 공급자 관계

- JIT 시스템에서 작업자가 변해야 하는 것처럼 부품이나 자재의 공급업체도 변해야 한다. JIT 시스템에서는 공급자를 생산시스템 내 하나의 작업공정으로 간주한다.
- <u>소수의 공급업체를 통하여 안정적 공급과 장기계약</u>을 맺는다.

2) JIT의 효과

(1) 재고의 감소

모든 구성품들이 완제품으로 조립되고 판매되기 위해 적시에 적량이 운반되고 생산되기 때문에 재고량이 줄어든다.
- 창고비용의 감소, 재고관리를 위한 서류업무의 감소, 재고관리 인원의 감소, 진부화, 도난, 세금의 감소, 재고로 인한 이자비용의 감소

(2) 품질의 향상

로트의 규모가 작으므로 한 공정에서 생산된 부품의 불량 여부가 다음 공정에서 바로 발견되어 문제의 원인을 조기에 발견하고 즉시 해결책을 강구할 수 있다.
- 인원의 절감, 재작업의 감소, 자재낭비의 감소

(3) 생산성 향상

재고의 감소는 물론 자원의 낭비를 제거하므로 생산성 향상을 가지고 온다. 적시 생산은 보조 재료와 에너지를 제외하고는 거의 모든 생산시스템의 생산성에 영향을 주고 있다.

(4) 동기부여

작업자 각자가 책임감을 가지게 하며 상호협조적인 분위기를 조성한다. 한 작업자의 잘못으로 부품에 결함이 생기면 전체공정이 지연 또는 중단될 위험에 직면하게 되므로 각 작업자들은 공통의 해결책을 모색하여 할당된 작업량을 수행하기 위해 거의 모든 생산시스템의 공동의 노력을 기울이게 된다.

3. JIIT 구매 특징

1) 구매량 : 소로트, 빈번한 배달
2) 협력업체평가 : 납기일을 준수하는 능력을 높이 평가하고 다음으로 가격, 고품질을 평가
3) 계약 : 품질과 적정가격에 의한 장기계약
4) 납품 : 구매회사가 납기계획을 제시하고 정시에 납기할 것을 요구
5) 문서처리 : 구매에 관한 문서 최소화
6) 수송단위 : 규격화된 상자에 소량을 납품

기출 문제 요약

- **도요타 생산방식**(TPS : toyoto production system)에서 **낭비를 철저하게 제거하기 위한 방법으로 활용된 적시 생산시스템(JIT)에 관한 설명** (2014년)
  - 자동화, 작업자의 라인정 권한 부여, 안돈(andon), 오작동 방지, 5S 활성화로 일관성 있는 고품질을 달성하고 있는 시스템임
  - 고객주문에 의해 생산이 시작되며, 부품의 생산과 공급이 후속 공정의 필요에 의해 결정되는 풀(Pull)시스템의 자재흐름 체계임
- JIT 시스템은 Fool proof 시스템을 활용하여 오류를 방지함. 필요한 만큼 생산하는 pull 생산방식임. 다기능공이 필요함. 설비배치를 U라인으로 구성, 준비교체 횟수와는 무관함 (2016년)
- JIT 생산방식의 특징
  - 간판시스템을 이용한 풀(pull) 시스템, 생산준비시간 단축과 소(小)로트 생산, U자형 라인 등 유연한 설비배치, 여러 설비를 다룰 수 있는 다기능 작업자 활용, 불필요한 재고와 과잉생산 배제 (2019년)
  - 부품 및 공정의 표준화, 공급자와의 원활한 협력, 다기능 작업자 필요, 칸반시스템 활용 (2022년)
- 도요타 생산방식의 주축을 이루는 JIT(Just In Time) 시스템의 장점 (2024년)
  - 한정된 수의 공급자와 친밀한 유대관계를 구축함. JIT생산으로 원자재, 재공품, 제품의 재고수준을 줄임. 유연한 설비배치와 다기능공으로 작업자 수를 줄임. 생산성의 낭비제거로 원가를 낮추고 생산성을 향상시킴

45 린 생산방식(Lean Production)

1. 린 생산방식(Lean Production)의 개념

1) 린 생산방식의 의의

(1) 린 생산방식은 대량생산과 단속 공정의 단점을 극복하고 양쪽의 장점을 규합한 생산 시스템으로 단속 공정의 높은 비용과 대량생산의 비탄력성을 제거하고자 한다.

(2) 린(lean)이 사전적으로 '여윈, 마른'이라는 뜻을 지니고 있듯이 린 생산은 아주 간결하고 최소한도의 필요한 자원만을 이용해 생산하는 시스템이다. 따라서 린 생산은 과거의 대량 생산에 비해 훨씬 적은 노동력, 공구, 엔지니어링, 재고를 필요로 한다.

2) 재고 감축

(1) 조직 과정의 모든 부문에서 재고를 최소화함으로써 조직의 효율성 극대화를 지향한다.

(2) 소인화와 인당 생산성 향상
노동력을 신중히 채용하고 채용된 노동력에는 밀도 높은 사회화와 교육훈련을 통한 조직 내 통합을 기한다.

(3) 눈으로 보는 관리
현재 진행되고 있는 일의 상태가 정상인지 비정상인지에 대한 판단을 현장 종업원 모두가 신속히 할 수 있도록 하여 신속한 대책으로 연결시킨다.

2) 린 생산방식의 특징

(1) 조직
린 생산방식은 기계와 결합하여 여러 수준의 기능도를 가진 다양하고 숙련된 종업원이 팀을 이루어서 생산하는 방식이다. 팀은 현장에 있는 작업자들로 구성되며 팀 리더는 직장이 아닌 작업자 중에서 선발된다. 팀에게는 청소, 간단한 기계수리, 품질검사 그리고 의사결정 권한이 부여된다.

(2) 제품설계
제품설계 초기에 관련 있는 모든 사람들을 참여시키므로 제품개발시간이 상당히 짧다.

(3) 작업자
작업자들은 훈련을 잘 받은 숙련공들로 과거 대량 생산시스템에서 볼 수 있었던 미숙련공들은 전부 숙련공으로 대체된다.

(4) 기계작동준비
기계작동준비를 전문가가 아닌 작업자가 직접 하므로 기계 작동준비가 빠르다.

(5) 자동화
기계설비가 상당히 고도로 자동화되어 있으며 자동화된 기계설비는 과거의 자동화와는 달리 다양한 품목들을 생산할 수 있다.

(6) 배치
- 작업공간이 작으므로 종업원 간의 의사소통이 원활하다.
- 통로가 대체적으로 좁고 재공품 재고를 보관하는 공간이 없다.

(7) 구매
- 제품설계의 초기단계에서부터 공급업자를 참여시켜 공급업자와 많은 정보를 교환한다.
- 장기계약을 맺고 윈-윈(win-win)의 관계를 목표로 한다.
- 비용과 가격을 서로 합의하여 결정한다.

3. 가치흐름도법(Value Stream Mapping : VSM)

(1) 낭비를 제거하기 위해 널리 사용되는 정성적 린시스템 도구
(2) 가치흐름도는 제품의 가치사슬에 수반되는 물자와 정보의 흐름에 관하여 모든 프로세스를 시각적으로 표현하기 때문에 유용하다.
(3) 현상도와 목표도 그리고 목표도의 구현계획으로 구성된다.

4. 린 생산방식의 성과와 한계

1) 린 생산방식의 의의

(1) 부가가치를 창출하지 않는 자재취급, 재고, 검사, 재작업과 같은 업무들을 전부 제거함으로써 비용을 절감시킨다.
(2) 지속적으로 직무 설계를 개선하고 작업자들의 참여를 권장하며 계속적인 훈련과 교육을 실시해 노동력의 질을 향상시킨다.
(3) 종업원들의 권한과 책임을 강화시키고 자율권을 강화시킴으로써 종업원들의 사기를 상승시킨다.
(4) 품질이 향상되어 불량품이 감소한다.(원천적 품질 확보)
　① 작업자의 자주 검사, 불량품 뒤 공정 안 보내기
　② 자동화

③ 포카요케(Poka-yoke)
고장이 발생하면 자동적으로 정지하여 인간의 실수를 최소화하는 시스템의 설계를 목표로 하는 실수 방지 방법

※ 풀프루프(Fool-Proof) 장치
작업자가 무의식중에 일으키는 실수를 방지하고, 또 실수를 하더라도 이를 즉시 알게 하여 조치토록 함으로써 제품불량을 미연에 방지하기 위해 설치된 장치

④ 안돈(andon)
공구 오동작, 품절, 위반 등 비정상적인 상황 발생 시 작업자가 그 즉시 알 수 있도록 함
(5) 다양한 유형의 제품을 고객에게 제공하고 고객의 다양한 욕구를 신속하게 만족시킨다.

2) 린 생산방식의 한계

(1) 현장작업자들의 참여가 중시되고 있지만 생산과정의 문제해결과 불량률 축소라는 좁은 영역에 제한되고 있다.
(2) 노동의 인간화와 조직의 민주화는 거의 고려되지 않고 있다. 생산성과 효율성의 논리가 지배함에 따라 인간화와 민주화는 부차적인 것이 되고 있다.
(3) 초합리화에 의한 효율성 달성만을 강조하여 조직 성원들의 희생을 강요하게 된다.

※ 유연생산시스템(FMS : Flexible Manufacturing System)
공장자동화(Factory Automation)의 기반이 되는 시스템화 기술이다. 여기서 자동화란 전기적 명령어 시퀀스(릴레이, PLC), 마이크로프로세스 또는 컴퓨터에 의해서 제어되는 기기, 수치제어 가공기, 자동 조립기, 로봇, CAD/CAM 등의 자동화 기기와 이를 이용하여 생산성과 유연성을 높일 수 있도록 하는 생산공정의 시스템화를 의미한다.

기출 문제 요약

■ 생산 시스템에 관한 설명 (2013년)
- **모듈생산시스템** : 단납기화 요구강화와 원가절감을 위하여 부품 또는 단위의 조합에 따라 고객의 다양한 주문에 대응하는 생산 시스템임
- **자재소요계획** : 주일정계획(기준생산일정)을 기초로 하여 완제품 생산에 필요한 자재 및 구성부품의 종류, 수량 시기 등을 계획하는 시스템임
- **적시생산시스템**(JIT : Just In Time) : 제품생산에 요구되는 부품 등 자재를 필요한 수량만큼 적기 생산, 조달하여 낭비요소를 근본적으로 제거하려는 생산시스템임
- **셀생산시스템** : 숙련된 작업자가 컨베이어라인이 없는 셀(cell) 내부에서 전체공정을 책임지고 완수하는 사람 중심의 자율생산 시스템임
- **유연생산시스템** : 다품종 소량생산과 다량생산 시스템의 중간형태의 중품종 중량생산 방식임

46 공급사슬관리(SCM ; Supply Chain Management)

1. 공급사슬관리(SCM ; Supply Chain Management)의 개념

1) SCM의 의의

(1) 제조, 물류, 유통업체 등 유통 공급망에 참여하는 전 기업들이 협력을 바탕으로 양질의 상품 및 서비스를 소비자에게 전달하고 소비자는 극대의 만족과 효용을 얻는 것을 목적으로 한다.

(2) 효율적인 SCM은 필요할 때 언제든지 제품을 쓸 수 있다는 전제하에 재고를 줄이는 것이다.

(3) 소비자의 수요를 효과적으로 충족시켜 주기 위하여 신제품 출시, 판촉, 머천다이징 그리고 상표 보충 등의 부문에서 원재료 공급업체, 제조업체, 도소매업체 등이 서로 협력하는 것이다.

(4) SCM은 제품, 정보, 재정의 세 가지 주요 흐름으로 나눌 수 있는데 제품 흐름은 공급자로부터 고객으로의 상품 이동은 물론 어떤 고객의 물품 반환이나 사후 서비스 등이 모두 포함된다. 정보 흐름은 주문의 전달과 배송상황의 갱신 등이 수반된다. 재정 흐름은 신용 조건 지불 계획, 위탁 판매 그리고 소유권 합의 등으로 이루어진다.

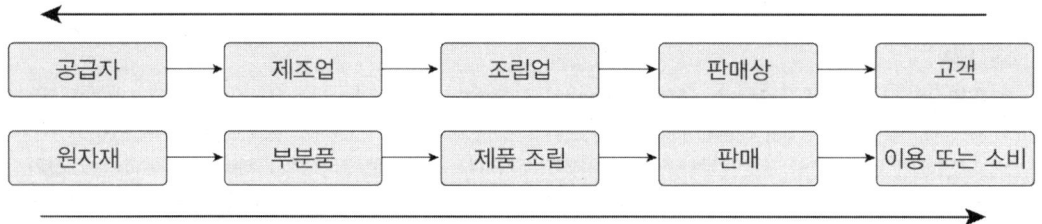

2) SCM의 종류

(1) SCP(Supply Chain Planning)
수요예측, 글로벌 생산계획, 수·배송 계획, 분배 할당 등 공급망의 일상적 운영에 대해 최적화된 계획을 수립한다.

(2) SCE(Supply Chain Execution)
창고, 수·배송 관리 등 현장 물류의 효율화와 바코드(Bar code) 등 정보도구의 인터페이스에 기초해 현장 물류 관리를 한다.

2. SCM 목적

1) 기업 내 부문별 최적화나 개별 기업단위에서의 최적화에서 탈피하여 공급망 구성 요소들 간에 이루어지는 전체 프로세스를 대상으로 전체의 최적화를 달성
2) 공급망 내에 존재하는 불확실성과 낭비요소를 제거
3) 최적의 비용으로 고객이 요구하는 서비스 수준을 제공함으로써 사업의 가치를 최대화
4) 재고수준, 생산공정, 최종 소비자에 대한 서비스 품질의 불확실성과 위험을 감소시켜 물류 수급에 있어서 효율성을 높임
5) 서비스 수준을 높이고, Total Cost를 최소화

3. 공급사슬관리(경로리더십 중요)와 전통적 방식(경로리더십 불필요)의 차이점

1) 공급사슬관리는 시간적으로 장기지향적인데 반해 전통적 방식은 단기 지향성이 강하다.
2) 공급사슬관리는 프로세스 자체에 대한 통제를 요구하고 전통적 방식은 현 거래의 요구에 국한되는 경향이 있다.
3) 공급사슬관리는 장기적 위험을 공유하는 경향이 강한 반면 전통적방식은 장기적 위험공유의 필요성이 존재하지 않는다.

전통적 방식과 공급사슬관리의 비교

구분	전통적 방식	공급사슬관리
재고관리	개별적, 독립적	전체 동시 관리
비용분석	개별 비용절감	전체 비용 최소화
시간적 요인	단기	장기
정보공유	정보공유 제한	계획, 검사과정에 필요한 정보도 공유
결속력	거래에 기반을 둠	지속적인 관계
경영방침	비슷할 필요 없음	핵심적 관계에 있어서 비슷해야 함
위험과 보상의 공유	개별회사 각자 책임	장기에 걸쳐 공유 됨
정보체계	독립적	회사들 사이 공유
공급자의 범위	위험 분산을 위해 커야 함	기업간 조정을 위해 작아야 함

4. SCM의 효과와 특징

1) SCM의 효과

(1) EDI(Electronic Data Interchange)를 통한 유통업체의 운영비용 절감 및 생산계획의 합리화 증가
(2) 수주 처리기간의 단축과 공급업체에 자재를 품목별로 분리하여 주문 가능
(3) 재고의 감소와 생산성 향상, 조달의 불확실성 감소
(4) 제조업체의 생산계획이 가시화되어 공급업체의 자재 재고 축소 가능
(5) 자동 수·발주 및 검품, 업무 절차의 간소화
(6) 정보의 적시 제공과 공유
(7) 수익성의 증가, 고객 만족도 증가
(8) 업무 처리시간의 최소화
(9) 납기 만족에 의한 생산의 효율화
(10) 유통정보기술을 통한 재고관리의 효율화

2) SCM의 특징

(1) 구매, 생산, 배송, 판매 등을 단편적인 책임으로 보는 것이 아니라 하나의 단일체로서 인식하므로 기획 – 생산 – 유통의 모든 단계를 포괄한다.
(2) 공급자, 유통업자, 제3자 서비스 공급자 및 고객 간의 협력과 통합을 포괄한다.
(3) SCM은 물류의 흐름을 고객에게 전달되는 가치의 개념에 기초하여 접근하고 주문 사이클의 소요시간을 단축한다.
(4) 단순한 인터페이스 개념이 아닌 통합의 개념으로 정보시스템에 대한 새로운 접근을 한다.
(5) SCM 구축을 위한 통신기술로는 구내 정보 통신망(LAN ; Local Area Network)이 가장 적합하다.

5. 공급사슬의 효과적 관리방안

1) 통합적 공급사슬의 설계

생산운영 프로세스의 단계적 통합
(관련개념 : Risk Pooling → 여러 지역의 수요를 하나로 합치면 수요변동성이 감소)

2) 대량고객화(mass customization, 대량맞춤생산)

(1) 개념
대량생산의 이점을 누리는 동시에 고객별 니즈의 효과적 반영 도모

(2) 방법
① 모듈화 설계
제품의 구성요소를 표준화하여 생산한 다음 최종 조립단계에서 서로 다른 요소끼리 결합시켜 다양한 제품을 만들어 내는 것(호환성 있는 최소 종류의 부품을 통해 최대한 많은 종류의 제품을 생산하고자 하는 기법)
ex 자동차, 컴퓨터 생산

> ※ 모듈화 생산을 통해 조립시간의 단축, 원가절감, 생산성의 향상, 품질과 기능의 향상, 제품개발 기간의 단축 등의 효과가 있으나 개별주문생산에 비해서는 유연성이 다소 떨어진다.

② 주문조립생산(assembly-to-order)
미리 대량으로 구매해 둔 부품을 고객의 주문에 맞추어 조립

③ 차별화 지연(delayed differentiation)
주문이 접수될 때까지 최종 제품의 생산을 늦추고 있다가 고객이 요청하면 표준화된 모듈을 고객화하는 것으로써 연기(postponement)라고도 불림

④ 채널 조립(channel assembly)
공급사슬상의 한 구성원에게 생산의 일부를 담당케 하는 것

3) 물류 효율성의 증가방안

(1) 물류를 고려한 설계
제품설계 단계에서부터 자재 조달과 물류비용 등을 포함 → 가치밀도(무게당 제품가치), 수송단가, 설비입지 등을 고려

(2) 아웃소싱
기업의 부문적 활동뿐만 아니라 인적자원이나 설비 등도 이전시켜 핵심역량에만 집중할 수 있도록 함

(3) 크로스도킹(cross-docking)
창고에 입고되는 상품을 보관하는 것이 아니라 곧바로 소매점포에 배송하는 물류시스템

4) 불확실성 프레임워크(하우리, Hau Lee의 공급사슬 설계전략)

수요와 공급의 불확실성 측면을 모두 고려하여 공급사슬의 관리특성 파악

구분		수요의 불확실성	
		저(기능성 상품)	고(혁신적 상품)
공급의 불확실성	저(안정적 프로세스)	효율적 공급사슬 식료품, 기본의류, 가스	대응적 공급사슬 패션의류, 컴퓨터, 팝뮤직
	고(진화적 프로세스)	위험회피 공급사슬 수력발전, 일부식품	민첩 공급사슬 텔레콤, 첨단컴퓨터, 반도체

(1) **효율적 공급사슬**
  가장 높은 비용 효율성을 달성하기 위한 전략, 비 부가가치 활동을 제거, 규모의 경제를 추구, 생산과 유통의 최적화 기법을 적용하고 정보의 연계가 잘 이루어지게 하는 것이 목표

(2) **위험회피 공급사슬'**
  공급의 단절로 인한 위험을 회피하는 것이 목표, 안전재고 증가, 거래선의 다양화

(3) **대응적(반응적) 공급사슬**
  고객의 유동적이고 다양한 욕구에 대응하는 것이 목표, 주문생산과 대량고객화

(4) **민첩 공급사슬**
  위험회피 + 대응적 공급사슬

기출 문제 요약

- 하우 리 (H. Lee)가 제안한 **공급사슬 전략** 중, 수요의 불확실성이 낮고 공급의 불확실성이 높은 경우 필요한 전략 : 위험회피 공급사슬 (2017년)
- 식음료 제조업체의 공급망관리팀 팀장인 홍길동은 유통단계에서 최종 소비자의 주문량 변동이 소매상, 도매상, 제조업체로 갈수록 증폭되는 현상을 발견, 이에 대한 설명 (2020년)
  - 공급사슬 상류로 갈수록 주문의 변동이 증폭되는 현상을 채찍효과라고 함
  - 제조업체와 유통업체의 협력적 수요예측시스템은 주문량 변동이 감소하는 데 기여할 것임
  - 공급사슬의 정보공유가 지연될수록 주문량 변동은 증가할 것임
  - 공급사슬의 리드타임(lead time)이 길수록 주문량 변동은 증가할 것임
- **대량고객화**에 관한 설명 (2021년)
  - 대량고객화 달성 전략의 하나로 모듈화 설계와 생산이 사용됨
  - 대량고객화 관련 프로세스는 주로 주문조립생산과 관련이 있음
  - 정유, 가스 산업처럼 대량고객화를 적용하기 어렵고 효과 달성이 어려운 제품이나 산업이 존재함
  - 주문접수 시까지 제품 및 서비스를 연기(postpone)하는 활동은 대량고객화 기법 중 하나임

47 전사적 자원관리(ERP : Enterprise Resource Planning)

1. ERP 정의

전사적 자원관리는 경영정보 시스템의 한 종류이다. 전사적 자원관리는 회사의 모든 정보 뿐만 아니라 공급사슬관리, 고객의 주문정보까지 포함하여 통합적으로 관리하는 시스템이다. ERP를 이해하기 위해서는 ERP의 전신이라고 할 수 있는 MRP를 먼저 이해해야 한다.

MRP(Material Requirement Planning)란 용어를 그대로 번역하면, 자재수급계획 혹은 재료 수급계획을 의미한다. MRP는 회사에서 필요한 자재를 제때에 정확하게 수급할 수 있도록 해주는 컴퓨터 시스템으로 1970년도에 등장하였다.

MRPⅡ(Manufacturing Resource Planning)는 생산자원계획 의미를 가지고 있으며, 위에서 이야기한 MRP와 구분하기 위하여 MRPⅡ라고 부른다. MRPⅡ는 말 그대로 제품생산에 필요한 자원을 잘 계획하여 생산에 차질이 빚어지지 않게 최적화 하는 것이다.

ERP는 전사적 자원관리라는 의미로, 생산에 필요한 자원을 관리하기 위한 MRPⅡ가 발전된 시스템이다.

MRPⅡ는 생산에 필요한 자원(Resource)만을 다루는 반면, ERP는 회사전반에 걸쳐 있는 자원(인력, 설비, 자재, 돈 등)을 관리하기 위한 시스템이다. 즉 회사전반에 걸쳐 필요한 전산시스템을 하나로 통합해 놓은 시스템이다.

2. ERP의 특징

① <u>통합시스템</u> : 수주에서 출하까지 생산, 마케팅, 재무, 인사 등 공급망 통합
② <u>실시간 정보처리체계 구축</u> : 응용프로그램을 상호 연결하여 실시간 정보처리
③ <u>기업 간 자원 활용 최적화 구축</u> : EDI, CALS, 인터넷 등으로 기업 간 연결시스템 확립
④ <u>경영혁신도구와 연결</u> : BPR과 연계되어 경영혁신 도구로 활용
⑤ <u>오픈 클라이언트 서버 시스템</u> : 다른 H/W업체의 시스템과 조합하여 멀티밴더 구성
⑥ 하나의 시스템으로 <u>복수의 생산 재고 거점을 관리</u>
⑦ 경제적인 아웃소싱으로 정보시스템을 개발 보수한다.

※ MRP → MRPⅡ → SCM → ERP

> **기출 문제 요약**
> - **ERP** 조직의 자금, 회계, 구매, 생산, 판매 등의 업무흐름을 통합관리하는 정보시스템임 (2015년)
> - ERP 시스템의 특징에 관한 설명 (2016년)
>   - 수주에서 출하까지 공급망과 생산, 마케팅, 인사, 재무 등 기업의 모든 기간 업무를 지원하는 통합시스템임
>   - EDI(Electronic Data Interchange), CALS(Commerce At Light Speed), 인터넷 등으로 연결시스템을 확립하여 기업 간 자원활용의 최적화를 추구함
>   - 대부분의 ERP시스템은 특정 하드웨어 업체에 의존하지 않는 오픈 클라이언트 서버시스템 형태를 채택하고 있음
>   - 단위별 응용프로그램이 서로 통합, 연결되어 중복업무를 배제하고 실시간 정보관리체계를 구축할 수 있음
>   - 하나의 시스템으로 복수의 생산 재고 거점을 관리

48 비즈니스 리엔지니어링(BPR : Business Process Reengineering)

1. BPR 정의

비지니스 리엔지니어링은 기업의 일부 기능을 고치거나 개선하는 이른바 점진적인 사고방식에서 출발하는 것이 아니라 "처음부터 다시 시작한다."는 각오의 급진적인 변화의 사고방식에서 출발한다. 이런 의미에서 비지니스 리엔지니어링은 비용, 품질, 서비스, 속도와 같은 기업활동의 핵심적 부문에서 극적인 성과향상을 이루기 위해 기업의 업무프로세스를 근본적으로 다시 생각하고 재설계하는 것을 말한다.

2. BPR의 특성

1) 현재의 업무방식을 고려하지 않고 원천적 재설계의 개념에서 출발하여 새로운 업무방식을 구축하는 형태로 진행
2) 변화의 범위가 크므로 구축기간이 장기간 될 수 있다.
3) 종업원들은 현상의 변화를 원하지 않으므로 주로 최고경영층의 의지로 하향식(top-down)의 강제 지시사항 형태로 진행된다.
4) 정보기술을 이용하여 조직의 문화와 구조의 재구축(리스트럭처링(restructuring))을 수반한다.

※ 리스트럭처링(restructuring)은 기업의 경쟁력 강화와 비전달성을 목표로 전사적 차원에서 미래사업구조를 근본적으로 재구축하려는 경영혁신기법(사업 재구축)

3. BPR의 구성요소

1) 발상의 전환

경제성장기의 대량생산과 판매는 생산공정과 기업조직을 거대화하여 저효율성과 고비용을 초래하였다.

2) 기업의 사활을 좌우하는 요소의 개선

비용, 품질, 서비스, 스피드를 개선하기 위해 기능별로 분화된 조직으로 전환한다.

3) 경영자의 강력한 리더십으로 업무의 프로세스를 근본적으로 개혁한다.

4) 매각이나 해고는 목적이 아니라 결과이다.

4. BPR의 추진절차

(1) 기업의 비전과 주요 프로세스의 목표를 설정
(2) 기업 내에 존재하는 프로세스들을 파악한 후 리엔지니어링의 대상 프로세스를 선정
(3) 선정한 프로세스의 현재 업무수행방식과 그 성취도를 측정
(4) 변화된 업무수행방식에 알맞은 정보기술을 찾아냄
(5) 비즈니스 리엔지니어링의 프로세스의 원형을 설계하고 구축

기출 문제 요약

- BPR은 극적인 성과향상을 이루기 위해 기업의 업무프로세스를 근본적으로 다시 생각하고 재설계하는 것 (2015년)

49 제약이론(Theory of Constraints)

1. 제약이론 정의

제약이론은 1974년 이스라엘의 물리학자 Goldratt 박사가 개발한 경영이론이다. 시스템의 효율성을 저해하는 제약조건(Constraints)을 찾아내서 극복하기 위한 시스템 개선방법이다.

2. 제약이론의 특징

1) 전체 최적화

개별부분의 최적화가 아닌 전체관점의 최적화

2) 제약사항 고려

기업의 제약자원을 고려하여 지속적 개선을 추구

3) 집중개선

병목(bottleneck), 즉 가장 약한 부분이 전체를 좌우

3. 절차

병목공정 확인 → 병목공정 가동률 극대화 → 병복공정 산출량 기준으로 운영 → 병목공정 생산능력 확대 → 지속적 개선

3. 제약이론 최적화 위한 DBR(Drum-Buffer-Rope)

1) Drum

전체시스템의 속도는 결국, 병목공정의 속도에 의해 결정되므로 모든 공정의 속도는 병목공정의 속도에 맞춰야 한다는 뜻이다.

2) Buffer

모든 공정이 Drum에 맞춰 진행을 하고 있는데 병목공정 이후 공정에서 문제가 생겨 병목공정이 멈춘다거나 지연된다고 하면 전체공정이 느려지기 때문에 병목공정과 뒷공정 사이에 Buffer를 두어 Drum이 중단되지 않도록 하는 것을 말한다.

3) Rope

Buffer의 경우와 반대로 병목공정 다음의 공정에서 너무 빨리 진행이 되어버리면 병목공정과 뒷공정 사이에 간격이 벌어지게 된다. 이를 방지하고자 병목공정과 뒷공정을 Rope, 즉 줄로 묶어서 벌어지지 않도록 하는 개념이다.

※ 병목공정(bottleneck)이란 일련의 공정에서 가장 산출량이 낮은 공정을 말하며, 전체 시스템의 산출량을 결정한다. 프로세스의 전 작업이 균형을 이루고 있다면 모든 작업이 병목공정이다.

50 | 제품수명주기(PLC : Product Life Cycle)

1. 제품 수명주기의 의의

하나의 제품이 시장에 도입되어 폐기되기까지의 과정으로, 수명의 길고 짧음은 제품의 성격에 따라 다르지만 대체로 도입기 – 성장기 – 성숙기 – 쇠퇴기의 단계로 진행된다.

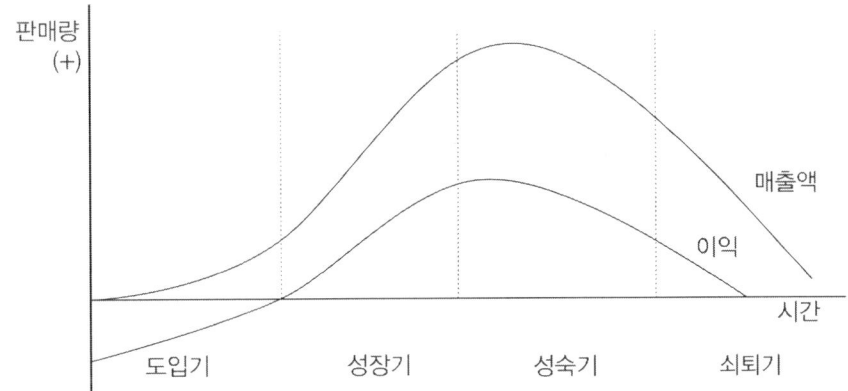

2. 제품 수명주기의 특징

1) 도입기

(1) 제품 도입의 초기에는 상품개발을 위한 투자비와 홍보비용이 많이 소요되므로 매출액이 매우 적으며 매출액 증가속도가 느리다.
(2) 도입기는 판매량이 낮으며 원가가 높아 이익이 거의 발생하지 않고 오히려 손실을 보는 경우가 많다.
(3) 도입기의 고객은 대부분 혁신층이며 경쟁자는 소수다.
(4) 마케팅 전략의 목표는 시장의 주도권을 확보하는 것이므로 4P 전략 중 촉진 전략과 가격 전략이 중요하다.

2) 성장기

(1) 수요량이 급증하고 이익이 많아지는 단계로 품질개선을 통해 새로운 시장을 탐색하는 등 시장에서 우위를 유지하기 위한 마케팅 전략이 필요하다.
(2) 매출과 이익이 급격하게 상승하고 경쟁자 수도 점차 증가하기 때문에 제품차별화정책이 필요하므로 제품 확대, 서비스 보증 등을 해야 한다.

3) 성숙기

(1) 경쟁이 심화되고, 수요는 포화상태에 이르기 때문에 매출량은 가장 많지만 경쟁이 가장 치열하여 매출액이 서서히 감소하는 단계다.
(2) 신제품 개발전략이 요구되고 기존고객의 유지가 중요, 수요를 유지하기 위해서 리마케팅이 필요하다.

4) 쇠퇴기

(1) 판매와 이익이 급속하게 감소하는 단계로 제품의 생산축소와 폐기를 고려해야 한다.
(2) 새로운 대체품의 등장, 소비자 욕구가 기호의 변화로 인해서 시장수요가 감소하는 단계다.

제품 수명주기별 특징

구분	도입기	성장기	성숙기	쇠퇴기
매출액	낮음	급속한 성장	매출액 최대	감소
이익	적자	급속 증대	최대 후 감소	감소
경쟁자	거의 없음	점차 증대	최대 후 점차 감소	감소
고객	혁신층	조기 수용층 조기 다수층	조기 다수층 후기 다수층	최종 수용층

> **참고**
>
> ※ 혁신층(innovators) : 제일 먼저 신제품을 수용하는 사람들의 집단(2.5%)
> 조기수용층(early adopters) : 지역 내에서 사회적으로 긴밀한 관계를 유지하고 있는 계층, 사회에서 존경받고 있다.(13.5%)
> 조기다수층(early majority) : 매우 신중한 소비자로 사회적 또는 경제적으로 평균을 약간 상회하는 수준을 유지하고 있으며, 의견선도자는 아니지만 지역사회의 적극적인 성원으로 활약한다.(34%)
> 후기다수층(late majority) : 신제품에 대하여 항상 소극적인 자세를 취하는 의심이 많은 소비자로, 신제품에 대하여 회의적인 시각을 가지고 있어서 많은 사람들이 제품을 사용하고 난 뒤 구입한다.(34%).
> 최종수용층(laggards) : 신제품을 제일 마지막으로 수용하는 계층으로, 신제품에 대하여 매우 회의적이며 보수적인 구매성향을 보인다.(16%)

기출 문제 요약

- **제품생애주기(Product Life Cycle)에 관한 설명** (2015년
  - 도입기는 고객의 요구에 따라 잦은 설계변경이 있을 수 있으므로 공정의 유연성이 필요함
  - 성장기는 수요가 증가하므로 공정중심의 생산시스템에서 제품중심으로 변경하여 생산능력을 크게 확장시켜야 함
  - 성장기는 도입기에 비하여 마케팅 역할이 크게 요구되는 시기임
  - 성숙기는 성장기에 비하여 이익수준이 높음
  - 쇠퇴기는 제품이 진부화되어 매출이 줄어듬

51 채찍효과(bullwhip effect)

1. 채찍효과의 의의

1) 하류의 고객 주문 정보가 상류 방향으로 전달되면서 정보가 왜곡되고 확대되는 현상을 말한다.
2) 기업의 생산 프로세스가 수요자와 공급자의 반응 형태에 따라 영향을 받기 때문에 생기는 낭비 요인이다.

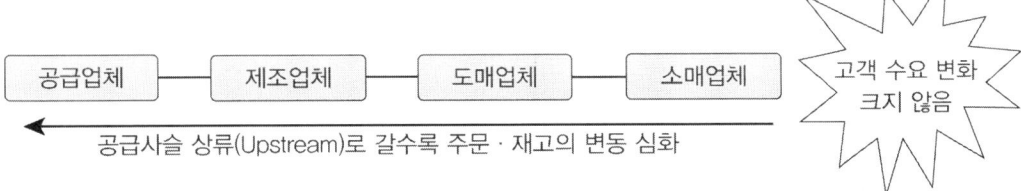

2. 채찍효과의 원인

1) 전통적인 수요예측의 문제

시장에서 재고관리는 소비자들의 실제 수요에 근거를 하지 않으며 과거 방식대로 자사에 들어온 예전 주문량을 근거로 수요예측이 이루어진다.

2) 긴 리드타임

리드타임(제품의 제조 시간)이 길면 그 리드타임 안에 어떤 변동요인이 작용될지 모르므로, 리드타임이 길어질수록 변동요인에 대비하기 위해서 안전재고를 더 많이 두게 된다.

3) 대량 일괄주문(뱃치(batch)식 주문)

평소에는 수요가 없다가 일정 시점에 수요가 집중되는 일괄주문현상도 원인이 된다.

4) 가격변동

가격이 낮을 때 재고를 더 많이 확보하려는 성향이 있다.

5) 과잉주문

제품을 사려고 하는 수요가 공급에 비해 많아져서 제품 품절이 발생하게 되는 경우 과잉주문이 발생한다. 이미 한 번 품절을 경험하게 되면 소매업체에서는 원래의 수요보다 과장된 주문을 할 수 있다.

3. 채찍효과의 해결 방안

1) 수요정보의 집중화(SCM, 전산화)

(1) 수요정보의 공유와 집중화를 통해 공급사슬상의 불확실성을 감소시킨다.
(2) 공급사슬의 모든 단계들이 실제 고객수요에 대한 정보를 공유한다.
(3) 각 단계가 동일한 수요데이터를 이용하더라도 서로 다른 예측기법을 사용하거나 서로 다른 구매 관행이나 기법을 가지고 있다면 채찍효과가 발생할 수 있다.

2) 가격의 변동성 감소

(1) EDLP(Every Day Low Pricing : 경쟁사와 비교해 최저가 유지하는 전략) 방식과 같은 수요관리 전략을 통해서 고객의 수요 변동을 막을 수 있다.
(2) 공급사슬의 상류에 위치하는 도매업체나 제조업체에 대한 수요의 변동을 감소시키는 데 기여한다.

3) 전략적 파트너십

(1) 제조업체와 소매업체 간의 전략적 파트너십을 통해서 재고 조절을 더 완벽하게 할 수 있다.
(2) 수요정보의 중앙집중화도 공급사슬의 상류 단계에서 관찰되는 변동을 획기적으로 감소시킬 수 있다.
(3) 소매업체는 고객수요정보를 공급사슬의 나머지 단계에서 제공하고 상류업체는 소매업체에게 인센티브를 제공하는 전략적 파트너십의 형성을 통해 상호 편익을 얻을 수 있다.

4) 리드타임의 단축

(1) 리드타임에는 제품의 생산과 인도에 소요되는 주문리드타임과 주문처리에 소요되는 정보 리드타임이 포함된다.
(2) 주문리드타임은 크로스도킹(cross – docking)의 도입을 통해, 정보리드타임은 적절한 정보시스템의 도입을 통해 효과적으로 감소시킬 수 있다.

> **기출 문제 요약**
>
> ■ 공급사슬 상류로 갈수록 주문의 변동이 증폭되는 현상을 채찍효과라고 함 (2020년)

52. 6시그마

1. 6시그마 정의

6시그마(미국 Motorola에서 시작)란 "최고 경영자의 리더십 아래 시그마라는 통계척도를 사용하여 모든 품질 수준을 정량적으로 평가하고, 문제해결 과정 및 전문가 양성 등의 효율적인 품질 문화를 조성하며, 품질 혁신과 고객만족을 달성하기 위하여 전사적으로 실행하는 종합적인 기업의 경영전략"이라고 정의할 수 있다.

1) 통계적 척도이다.

6시그마는 100만개의 결함(Defects per million opportunities, DPMO)이 발생할 수 있는 기회당 실제로 발생하는 결함의 개수는 3.4개 정도인 품질수준을 의미한다. 실제로 ±6시그마 수준은 10억 개 중 2개의 불량(0.002ppm 불량률)으로써, 6 시그마는 불량 제로를 추구하는 말이다.

2) 경영철학이다.

"Working Harder"가 아닌 "Working Smarter"를 의미하며, 이것은 모든 일에 실수를 가능한 적게 하는 것을 말한다.

3) 종합적인 기업전략이다.

6시그마는 제품의 품질향상과 비용감소에 목적이 있기 때문에 기업의 경쟁력 확보에 큰 도움이 되고 고객의 만족이 높아진다. 6시그마의 정의에 가깝다

2. 6시그마의 특징

1) 불량에 대한 개념이 다르다

전통적 품질관리 운동은 고객에게 인도되는 최종 생산품의 불량을 줄이는 것이고, 6시그마는 불량이 일어날 수 있는 원인을 근본적으로 제거하는 것이다.

2) 6시그마는 톱-다운(top-down) 방식의 활동 체계를 갖추고 있다.

최고경영자의 강한 의지가 임원 및 일반 사원들에게 전파되고, 그들로 하여금 총체적인 개선활동을 하도록 시스템을 갖춰 나가는 것이다.

3) 6시그마는 또 진정한 의미의 '전사적 품질운동'이다.

4) 6시그마 활동은 매우 체계적이고 과학적인 문제해결기법을 사용하고 있다.

Define(정의), Measure(측정), Analyze(분석), Improve(개선), Control(통제)의 5단계를 거친다. 이를 DMAIC 사이클이라 한다.

5) 6시그마 활동의 또 다른 특징 중 하나는 측정(Measure)을 중요시 한다는 것이다.

6시그마 활동의 기본원칙은 엔지니어의 고정관념을 버리는 것으로, 모든 것은 측정한 데이터에 의해 판단하자는 것이다. 이러한 데이터를 얻는 과정 즉, M(측정)단계를 6시그마에서 가장 중요시한다.

3. 6시그마의 방법(DMAIC)

1) 정의(Define)

고객만족에 핵심적인 프로세스 산출의 특징을 결정하고, 이 특징과 프로세스 능력의 격차를 인지한다.

2) 측정(Measure)

성과격차에 영향을 미치는 프로세스 업무를 계량화한다.

3) 분석(Analyze)

성과지표에 관련된 자료를 이용하여 프로세스를 분석한다.

4) 개선(Improve)

새로운 성과 목표를 달성하기 위하여 기존 방법을 변경하거나 재설계한다.

5) 통제(Control)

프로세스를 관찰하여 높은 성과 수준이 유지되는지 확인한다.

4. 6시그마 각 주체의 역할

구분	지위와 역할
챔피온	6시그마의 전략수립과 실행에 대한 최고 책임자
마스터 블랙 벨트	블랙 벨트 지도 및 확인
블랙 벨트	6시그마 전문가로서 프로젝트 해결의 전담자
그린벨트	개선 프로젝트의 해결과 담당 업무를 병행하는 문제 해결의 전문가
화이트 벨트	전 직원의 의무 자격

5. 6시그마 분석도구

1) 특성요인도

특성요인도(또는 어골도, Ishikawa Diagram, Fishbone Diagram)는 문제의 결과에 영향을 미치는 원인들을 찾아 그 관계를 구조화하여 쉽게 파악할 수 있도록 정리하는 도구. 이 도구는 문제의 근본 원인을 분석하거나, 결과와 영향 요인들 간의 관계를 파악하는 데 매우 유용

※ 원인결과분석도(Cause Consequence Analysis, CCA)는 잠재된 사고의 결과 및 근본적인 원인을 찾아내고, 사고결과와 원인 사이의 상호관계를 예측하며, 리스크를 정량적으로 평가하는 리스크 평가기법. 이 기법은 결함수 분석기법(Fault Tree Analysis, FTA) 및 사건수 분석기법(Event Tree Analysis, ETA)를 결합한 것으로, 사고를 일으키는 장치의 이상이나 운전자 실수의 조합을 연역적으로 분석하는 방법.
따라서, 특성요인도와 원인결과분석도는 모두 원인과 결과를 분석하는 도구이지만, 그 사용 방법과 목적에는 차이가 있다.

2) 가치흐름도

가치흐름도(Value Stream Map)는 프로세스 내에서 가치를 생성하는 활동과 그렇지 않은 활동을 시각적으로 표현하는 도구. 이 도구는 프로세스의 효율성을 개선하고 낭비를 줄이는 데 도움이 된다.

3) 파레토 차트

파레토 차트는 문제의 원인을 분석하고 우선순위를 정하는 데 사용되는 도구. 파레토 차트는 문

제의 원인을 크기 순서대로 나열하여, 가장 큰 문제의 요인을 선택해 개선하는 방식을 취한다. 파레토 차트는 19세기 이탈리아의 경제학자 파레토가 발견한 법칙, 즉 "전체 결과의 80%가 전체 원인의 20%에서 일어난다"는 이론에 기반을 두고 있다. 이를 "80대 20의 법칙"이라고도 한다.

4) 프로세스관리도

프로세스관리도(Process Control Chart)는 프로세스의 성능을 시간에 따라 모니터링하고 분석하는 데 사용되는 통계적 도구. 이 도구는 프로세스가 안정적인지(즉, 예측 가능한지) 아니면 불안정한지(즉, 예측 불가능한지) 판단하는 데 도움이 된다.

프로세스관리도는 일반적으로 수직축에 품질 측정치를, 수평축에 시간을 나타내며, 중앙선은 프로세스의 평균을 나타낸다. 또한, 상한선(UCL : Upper Control Limit)과 하한선(LCL : Lower Control Limit)이 그려져 있어 프로세스가 이 범위 내에서 변동하면 안정적으로 간주되고, 이 범위를 벗어나면 불안정하다고 판단.

기출 문제 요약

- 혁신적인 품질개선을 목적으로 개발된 기업 경영전략인 **6시그마 프로젝트수행단계(DMAIC)**에 관한 설명 (2014년)
  - 정의 : 문제점을 찾아내는 첫 단계
  - 측정 : 문제 수준을 계량화하는 단계
  - 분석 : 상태 파악과 원인분석을 하는 단계
  - 관리 : 관리계획을 실행하는 단계
- 6시그마 **품질혁신 활동**에 관한 설명 (2016년)
  - 모토롤라사의 빌 스미스라는 경영간부의 착상으로 시작됨
  - DPMO란 100만 기획 당 부적합이 발생되는 건수를 뜻하는 용어로 시그마수준과 1대 1로 대응되는 값으로 변환될 수 있음
  - 6시그마 수준의 공정이란 치우침이 없을 경우 부적합품률이 10억 개에 2개 정도로 추정되는 품질수준이라는 뜻임
  - 6시그마 활동을 효과적으로 실행하기 위해 블랙벨트(BB) 등의 조직원을 육성하여 프로젝트 활동을 수행하게 함
- 6시그마 **경영**과 과거의 **품질경영**을 비교 설명 (2018년)
  - 과거의 품질경영 방식은 전체 최적화하였으나 6시그마 경영은 부분 최적화라고 할 수 있음
  - 과거의 품질경영 계획대상은 공장 내 모든 프로세스였으나 6시그마 경영은 문제점이 발생한 곳 중심이라고 할 수 있음
  - 과거의 품질경영 교육은 체계적이고 의무적이였으나 6시그마 경영은 자발적 참여를 중시함
  - 과거의 품질경영 관리단계는 DMAIC를 사용하였으나 6시그마 경영은 PDCA cycle을 사용함
  - 과거의 품질경영 방침결정은 하의상달 방식이였으나 6시그마 경영은 상의하달 방식으로 이루어짐
- 6시그마는 부가가치 활동 분석을 위해 모든 형태의 흐름도를, 린은 가치 흐름도를 주로 사용함 (2021년)
- 식스 시그마 분석도구 중 품질 결함의 원인이 되는 잠재적인 요인들을 체계적으로 표현해주며, Fishbone Diagram으로도 불리는 것은 **원인결과 분석도**임 (2023년)

53 | 공정관리(CPM, PERT, 칸트차트)

1. CPM(Critical Path Method)

크리티컬 패스 분석법(Critical Path Method, CPM)은 프로젝트를 완료하는 데 필요한 작업을 식별하고 일정의 유연성을 판단하는 기술이다. 프로젝트 관리에서 크리티컬 패스는 가장 경로(Path)가 긴 일련의 활동으로, 프로젝트 전체를 끝내기 위해 반드시 기한 내에 완료되어야 하는 활동이다. 중요한 작업이 지연되면 나머지 프로젝트도 지연된다.

CPM은 프로젝트 타임라인에서 가장 중요한 작업을 발견하고, 작업 종속성을 파악하고, 작업 소요 기간을 계산하는 것이 핵심입니다.

1) 크리티컬 패스 분석법을 사용해야 하는 이유

(1) 일정단축(업무지연방지)
(2) 리소스 부족해결(리소스 평준화 기법)
(3) 향후 계획 개선

2) 크리티컬 패스를 찾는 방법

크리티컬 패스를 찾으려면 주요 작업과 비주요 작업의 소요 기간을 파악해야 한다.
(1) 활동 목록 만들기
(2) 작업 종속성 파악하기
(3) 네트워크 다이어그램 생성하기
(4) 작업 소요 기간 추정하기
(5) 크리티컬 패스 계산하기(가장 소요 기간이 긴 작업 순서가 크리티컬 패스)

2. PERT(Project Evaluation and Review Technique)

프로젝트 평가 및 검토 기법(Project Evaluation and Review Technique, PERT)인 PERT는 낙관치 및 비관치 가중 평균을 적용하여 프로젝트 활동의 불확실성을 추정하는 데 사용한다. PERT는 한 가지 활동이 완료되는 데 필요한 시간을 평가한다.

1) PERT는 활동 소요 기간의 범위를 찾기 위해 다음과 같은 세 가지 추정치를 사용

   (1) 가장 가능성이 높은 추정치 (M)
   (2) 낙관치 (O)
   (3) 비관치 (P)
   PERT 계산 방법 : 추정 시간 = (O + 4M + P) / 6

2) PERT와 CPM의 주요 차이점은 활동 소요 기간에 대한 확실성 정도입니다. PERT는 활동을 완료하는 데 필요한 시간을 추정하지만, CPM은 활동 소요 기간이 이미 추정된 후에 사용

3) PERT와 CPM 비교

PERT	CPM
불확실한 프로젝트 활동을 관리	예상할 수 있는 프로젝트 활동을 관리
미팅이나 프로젝트 소요 기간을 최소화하는 데 초점(공기단축)	시간, 비용 상관관계에 초점 (최소비용, 공사비 절감)
확률 모델	결정 모델
각 활동에 대해 세 가지 추정치 사용	각 활동에 대해 하나의 추정치 사용

4) PERT와 CPM 모두 다음과 같은 구성 요소를 분석

   (1) 필요한 작업 목록
   (2) 각 작업의 예상 소요 기간
   (3) 작업 종속성

3. CPM과 칸트 차트

간트 차트는 프로젝트 활동을 계획하는 데 사용되는 가로 막대 차트로, 설정된 타임라인을 기준으로 추적할 수 있다. CPM과 간트 차트 모두 작업 간 종속 관계를 표시한다.
CPM과 간트 차트의 차이점은 다음과 같다

1) CPM

   (1) 주요 및 비주요 공정을 시각화하고 프로젝트 소요 기간을 계산

(2) 상자를 연결하여 네트워크 다이어그램으로 표시
(3) 필요한 리소스를 표시하지 않는다
(4) 네트워크 다이어그램에 활동을 표시하지만, 시간 간격은 표시하지 않는다

2) 칸트차트

(1) 프로젝트 활동의 진행 상태를 시각화
(2) 가로 막대 차트로 표시
(3) 각 활동에 필요한 리소스를 표시
(4) 활동 계획에 시간 간격을 표시

참고
※ 칸트차트의 단점을 보완하기 위해 개발된 기법으로 CPM, PERT가 대표적이다.

기출 문제 요약

- 프로젝트 관리에 활용되는 PERT(program evaluation & review technique)와 CPM(critical path method)의 설명 (2013년)
  - PERT : 1958년 미국 해군에서 Polaris missile 프로젝트의 일정계획 및 통제를 위한 관리기법으로 개발됨. 확률적인 추정치를 애용하여 단계중심의 확률적 모델을 전개. 최단기간에 목표를 달성하기 위함(프로젝트의 시간적 측면만 고려함)
  - CPM : 프로젝트의 완성 시간을 앞당기기 위해 최소비용업을 활용하여 주공정상에 위치하는 작업들의 비용 관계를 분석하여 소요시간을 줄임(시간과 비용을 둘 다 고려함)

MEMO

CHAPTER 04

산업심리

1. 산업안전심리 5요소
2. 산업심리학의 연구방법 5가지
3. 주의와 부주의
4. 앨버트 엘리스의 ABC이론(=ABCDE모형)
5. 착각과 착시
6. 휴먼에러
7. 재해의 기본원인(4M)
8. 하인리히(H.W.Heinrich)의 연쇄성 이론
9. 버드(F.E.Bird)의 연쇄성 이론
10. 각종 산업재해 이론
11. 정보처리이론(정보처리능력)
12. 신호검출이론
13. 양립성(Compatibility)
14. 와르(Warr)의 정신 건강 구성요소 5가지
15. 직무 스트레스
16. 작업부하(Work Load)

산업심리

1 산업안전심리 5요소

1. 개요

안전심리란 인간의 행동과 특성에 영향을 미치는 중요한 요인으로 산업현장의 안전사고와 밀접한 관계를 가지고 있다. 인간의 심리를 관리, 통제하여 불안전 행동을 예방

2. 인간의 행동 특성

1) K.Lewin의 행동법칙

인간의 행동은 내적·외적 요인에 의해 발생되며, 환경과의 상호 관계에 의해 결정

$$B = f(p \times e)$$

여기서, B : 인간의 행동, p : 인적요인, e : 환경요인, f : 함수관계

2) $B = f(p \times e)$의 구성요인

(1) p(인적요인)

① 심리적 : 성격, 기질, 심신상태 등
② 신체적 : 연령, 경험, 건강상태 등

(2) e(환경요인)

① 인간관계 : 가정, 상사 및 동료 등
② 작업환경 : 진동, 소음, 먼지 등

3. 산업안전심리 5요소

1) 동기 : 사람의 마음을 움직이는 원동력
2) 기질 : 인간의 성격, 능력 등 개인적인 특성
3) 감정 : 희노애락 등의 의식
4) 습성 : 인간의 행동에 영향, 동기, 기질 등과 밀접한 관계
5) 습관 : 성장과정을 통하여 형성된 특성

기출 문제 요약

- **직장 내 안전사고와 관련된 요인에 관한 설명 (2014년)**
  - 일을 수행하는 데 안전을 위한 단계를 지켜야 한다는 종업원의 공유된 지각이 필요함
  - 성격 5요인(Big-five) 중에서 성실성은 안전사고와 관련됨
  - 직무만족이 높을수록 안전사고가 감소함
  - 시간급보다 생산성에 따라 급여를 받는 능률급은 안전을 더 저해하는 요인으로 작용할 수 있음

2 산업심리학의 연구방법 5가지

1. 실험법

관찰하고자 하는 대상 중 변인(독립변인)을 체계적으로 변화시켜 다른 변인의 효과(종속변인)를 관찰하는 방법

1) 실험의 3요소

(1) 독립변인
   의도된 결과를 얻기 위해 실험자가 조작, 통제하는 요인

(2) 종속변인
   독립변인에 따라 변화될 것이라고 예상되는 의존변인

(3) 통제변인
   독립변인과 종속변인 이외에 모두 일정하게 유지시키는 통제의 변인

2) 실험법의 장단점

(1) 장점
   과외변인을 통제하여 원하는 변인의 효과를 검증할 수 있어 엄밀한 실험이 가능

(2) 단점
   실험이라는 인위적인 설정에서 얻은 결과를 다른 장면에 일반화하기가 쉽지 않다.

2. 관찰법(자연관찰, 실험관찰, 현장관찰)

관찰 대상을 의도적인 조작 없이 있는 그대로 모습을 관찰하는 방법

1) 자연관찰법의 장단점

(1) 장점
   자연스러운 상황에서의 연구이다.

(2) 단점
   ① 돌발상황에 의해서 관찰이 중단될 수 있다.

② 과외변인의 통제가 어렵다

2) 실험관찰법

자연관찰법의 예기치 않은 상황이 발생하면 관찰이 중단될 수 있다는 단점을 극복하고 더 정확한 관찰을 위해 실험자가 직접 상황이 발생하는 장면을 조작하고 통제하는 형식의 연구방법

3) 현장관찰법

자연관찰법이 연구자의 객관성과 중립성을 요구하는 것과 달리 연구자가 직접 참여관찰하고 체험함으로써 현장 전체를 이해하는 것을 목적으로 하는 연구방식

3. 조사법

질문지법과 면접법이라고도 한다.

1) 질문지법

다수를 상대로 계획적으로 작성된 일련의 문항들을 주고, 피험자가 응답하도록 하는 방법

2) 면접법

어떤 내용에 대해 연구자와 수검자가 대화를 통해 정보를 얻는 방식

4. 검사법

조사법과 달리 정밀한 측정이 요구되는 장면에서 사용되는 연구방법으로 개인의 지능, 적성, 흥미, 태도 및 성격을 측정하기 위해 사용되는 심리검사 MMPI, KWIS, 적성검사, 흥미검사 등이 해당한다.

※ MMPI(Minnesota Multiphasic Personality Inventory) : 미네소타 다면적 인성검사
  KWIS(Korean Wechsler intelligence scale) : 한국판 웩슬러 지능검사

5. 임상법(사례연구법)

문제가 있는 내담자에 대해 주로 면접, 사례연구 등을 사용하며 개인의 성장, 발달 과정의 구체

적인 사례를 임상적으로 연구하는 방법

임상법(사례연구법)의 장단점

(1) 장점
① 한 대상의 심층적이고 정밀한 정보를 얻을 수 있다.
② 여러 실제 상황에서 구체적으로 생생하게 관찰

(2) 단점
① 소수의 사례에서 얻은 결과를 다수의 경우로 일반화하기 어려움
② 판단자의 편견이 개입될 소지가 많음

기출 문제 요약

- **심리검사에 관한 설명 (2015년)**
  - 속도 검사는 시간 제한이 있으며, 배정된 시간 내에 모든 문항을 끝낼 수 없도록 설계함
  - 정신운동능력 검사는 물체를 조작하고 도구를 사용하는 능력을 평가함
  - 정서지능 평가에는 특질 유형의 검사와 정보처리 유형의 검사 등이 있음
- **산업심리학의 연구방법에 관한 설명 (2019년)**
  - 관찰법 : 행동표본을 관찰하여 주요 현상들을 찾아 기술하는 방법임
  - 사례연구법 : 한 개인이나 대상을 심층 조사하는 방법임
  - 설문조사법 : 설문지 혹은 질문지를 구성하여 연구하는 방법임
  - 심리검사법 : 인간의 지능, 성격, 적성 및 성과를 측정하고 정보를 제공하는 방법임
  - 실험법 : 원인이 되는 독립변인과 결과가 되는 종속변인의 인과관계를 살펴보는 방법임
- **심리검사 결과를 분석할 때 상관계수를 이용하여 검증하는 타당도** : 구성 타당도, 준거관련 타당도, 수렴 타당도, 확산 타당도 (2013년)
- **심리평가에서 검사의 신뢰도와 타당도 상호관계 설명** : 타당도가 높으면 신뢰도는 반드시 높음 (2016년), 준거관련 타당도 중 동시 타당도와 예측 타당도 간의 중요한 차이는 예측변인과 준거자료를 수집하는 시점 간 시간 간격임 (2017년)
- **심리평가에서 평가센터에 관한 설명 (2018년)**
  - 신규채용을 위하여 입사 지원자들을 평가하거나 또는 승진 결정 등을 위하여 현재 종업원들을 평가하는 데 사용할 수 있음
  - 기본적인 평가방식은 집단 내 다른 사람들의 수행과 비교하여 개인의 수행을 평가하는 것임
  - 평가도구로는 구두발표, 서류함 기법, 역할수행 등이 있음
  - 다수의 평가자들이 피평가자들을 평가함
- **산업심리학의 연구방법에 관한 설명 (2024년)**
  - 쿠더 리차드슨 공식 20(Kuder-Richardson formula 20)은 검사 문항들 간의 내적 일관성 정도를 알려줌
  - 준실험실보다 실험실에서 통제를 더 많이 함
  - 검사-재검사 신뢰도를 구할 때는 균형화를 실시함

3 주의와 부주의

1. 주의

1) 정의
행동의 목적에 의식주준이 집중되는 현상

2) 특징

(1) 선택성
- 여러 종류의 자극을 지각할 때 소수의 특정한 것에 한하여 선택하는 기능
- 주의는 동시에 2개 방향에 집중하지 못한다.(주의력의 중복 집중 곤란)

(2) 방향성
- 주시점만 인지하는 기능
- 한 지점에 주의를 집중하면 다른 것에 대한 주의는 약해진다.(주의력의 방향성)

(3) 변동성
- 주의에는 주기적으로 부주의의 리듬이 존재함
- 고도의 주의는 장시간 지속할 수 없다.(주의력의 단순성)

3) 주의력과 동작

(1) 인간의 동작은 주의력에 의해 좌우됨
(2) 비정상적인 동작(목적하는 동작의 실패)은 재해사고를 발생시킴

※ 심리학 용어 정리
① 각성 : 우리의 활성화 수준과 경고 수준, 우리가 활기가 있는지 수면 상태인지를 의미한다. 생리적·심리적 활성화를 말한다.
② 초점 주의 : 한 자극에 집중적으로 주의를 시키는 능력
③ 지속적 주의 : 장기간 활동 또는 자극에 집중하는 능력
④ 선택적 주의 : 정신을 산만하게 하는 다른 자극이 존재하는 중에 구체적인 활동 또는 자극에 집중하는 능력
⑤ 교대 주의 : 두 가지 또는 그 이상의 자극에서 주의 초점을 변경할 수 있는 능력
⑥ 분할 주의 : 동시에 다양한 자극과 활동에 주의를 기울일 수 있는 우리의 뇌가 가지고 있는 능력
⑦ 무주의 맹시 : 보았지만 보지 못하는 것을 말한다.

2. 부주의

1) 정의

목적수행을 위한 행동 전개 과정에서 목적에 벗어나는 심리적, 신체적 변화의 현상

2) 특징

① 대부분의 재해는 불안전 상태에 불안전 행동이 겹쳤을 때 발생
② 부주의는 결과적으로 실패한 동작을 하였을 때의 정신 상태를 총칭
③ 여러 가지 부주의라는 정신상태에 들어가는 데에는 각각의 원인이 존재
④ 부주의는 무의식 행위와 그것에 가까운 의식 주변에서 행해지는 행위의 출현

3) 의식의 수준 5단계

의식수준	주의상태	신뢰도	비고
Phase 0	수면중	Zero	의식의 단절, 의식의 우회
Phase 1	졸음상태	0.9 이하	의식수준 저하
Phase 2	일상생활	0.099 ~ 0.99999	정상상태
Phase 3	적극활동	0.99999 이상	주의집중상태, 15분 이상 지속 불가
Phase 4	과 긴장시	0.9 이하	주의의 일점 집중, 의식의 과잉

4) 부주의 현상

① 의식의 저하
② 의식의 혼란
③ 의식의 중단
④ 의식의 우회

5) 부주의 발생원인

(1) 외적요인(불안전 상태)

① 작업, 환경조건 불량 : 불쾌감이나 신체적 기능 저하가 발생하여 주의력 지속 곤란
② 작업순서의 부적정 : 판단의 오차 및 조작 실수 발생

(2) 내적요인(불안전 행동)

① 소실적 조건
② 의식의 우회 : 걱정, 고민, 불만 등으로 인한 부주의

③ 경험, 미경험 : 주의력 산만, 경험에 의한 억측 및 경험 부족으로 인한 대처 방법의 실수

6) 부주의 예방대책

(1) 외적요인
① 작업환경 조건의 정비
② 근로조건의 개선
③ 신체피로 해소
④ 작업순서 정비
⑤ 인간의 능력·특성에 부합되는 설비 기계류의 제공
⑥ 안전작업방법 습득

(2) 내적요인
① 적정 작업 배치
② 정기적인 건강진단, 임상검사
③ 안전 카운슬링(counseling)
④ 안전교육
⑤ 주의력 집중 훈련
⑥ 스트레스의 해소대책 수립 및 실시

참고

※ 뇌파의 종류
1. 델타파(δ) : 주파수 범위 0Hz ~ 4Hz. 델타파는 수면 중에 발생하며 의식이 사라질 때 높아진다.
2. 세타파(θ) : 주파수 범위 4Hz ~ 8Hz. 졸음 상태에서 나타나며 해마에서 기억과 관련된 역할을 한다.
3. 알파파(α) : 주파수 범위 8Hz ~ 13Hz. 안정된 상태에서 발생하며 뇌의 활동을 측정하는 중요한 지표이다. 눈을 감았을 때 뒷머리에서 크게 증가한다.
4. 베타파(β) : 주파수 범위 13Hz ~ 0Hz. 일상적인 각성 상태에서 두드러지게 나타난다. 운동 영역에서도 관찰된다.
5. 감마파(γ) : 주파수 범위 30Hz 이상. 뇌의 활동에서 발생하며 고주파로 갈수록 개별 활동전위를 반영한다.

기출 문제 요약

- 주의력의 특성으로는 선택성, 방향성, 변동성이 있음 (2017년)
- 인간의 뇌파에 관한 설명 (2024년)
  - 델타파(δ) : 무의식, 실신 상태에서 주로 나타나는 뇌파
  - 세타파(θ) : 피로나 졸림 등의 상태에서 주로 나타나는 뇌파
  - 알파파(α) : 편안한 휴식 상태에서 주로 나타나는 뇌파
  - 베타파(β) : 적극적으로 활동할 때 주로 나타나는 뇌파
  - 감마파(γ) : 뇌의 활동에서 발생하며 고주파로 갈수록 개별 활동전위를 반영

4. 앨버트 엘리스의 ABC이론(=ABCDE모형)

개인의 성격은 <u>합리적 또는 비합리적 신념</u>에 의해 좌우되며 성격형성은 그 사람이 가지고 있는 신념을 통해 행동과 정서가 좌우되는 것으로 보았다. 그 과정을 ABCDE모델로서 설명함

A	선행사건 Activating Event	개인의 정서적 혼란을 가져오게 되는 활동, 행동 또는 사건
B	신념체계 Belief system	A에서 일어나는 활동, 행동 또는 사건에 대한 개인이 갖게 되는 신념체계 iB : 비합리적인 신념체계, rB : 합리적인 신념체계
C	결과 Consequence	B에 대한 정서적, 인지적, 행동적 결과이거나 반응 (이성적, 현실적, 합리적결과) VS (비이성적, 비현실적, 비합리적결과)
D	논박 Dispute	비합리적 신념을 바꾸도록 돕는 과학적 방법을 적용하는 논박
E	효과 Effect	논의 또는 논쟁하여 획득하는 효과
F	새로운 감정 Feeling	새로운 감정

📝 ABCDE 적용사례 및 도표

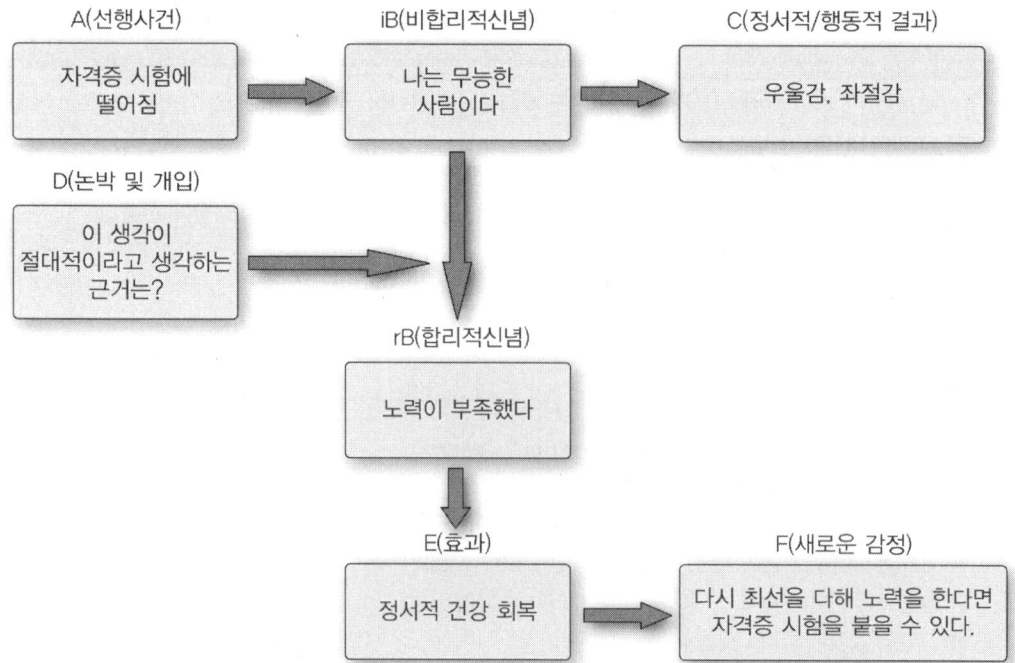

참고

※ 모형이 시사하는 바는 일반적으로 사람들은 어떠한 선행사건 때문에 현재 이러저러한 정서적, 행동적 결과가 나타났다고 설명하지만 현재의 정서적, 행동적 결과의 진정한 원인은 신념체계라는 것이다.

기출 문제 요약

- 용접공이 작업 중에 보호안경을 쓰지 않으면 시력손상을 입는 산업재해가 발생. 용접공의 행동특성을 ABC행동이론(선행사건, 행동, 결과)에 근거하여 기술한 내용 (2020년)
  - 모범적인 보호안경 착용자에게 공개적인 인센티브를 제공하여 위험행동을 감소하도록 유도한다. (선행사건 A)
  - 보호안경을 착용하지 않으면 편리하다는 확실한 결과를 얻을 수 있다. (신념체계 B – 비합리적인 신념)
  - 미래의 불확실한 이득(시력보호)으로 보호안경을 착용 행위를 증가시키는 것은 어렵다. (결과 C)

5 착각과 착시

1. 게슈탈트 법칙(Gestalt Law)

게슈탈트란 원래 형, 형태를 의미하는 독일어로 사용된 사물의 추상적 형태, 형상을 대상자체(구조 내지는 체제를 갖춘)를 뜻한다. 4개의 법칙은 접근성, 유사성, 연속성, 폐쇄성의 법칙이며, 그 외에도 Figure-Ground의 법칙와 상향의 법칙 등이 있다.

1) 접근성

대상을 시각적으로 집단화하려는 경향을 가지며 가까운 것끼리 묶어서 지각을 한다.

2) 유사성

모양, 크기 색상에서 유사한 시각 요소들끼리 그룹을 지어 하나의 패턴으로 보려는 경향으로 다른 요인이 동일하다면 유사성에 따라 형태는 집단화되어 보인다.

3) 연속성

어떤 형태나 그룹이 방향성을 가지고 연속되어 있을 때 형태 전체의 고유한 특성이 될 수 있다는 것으로 직선 또는 곡선을 따라 배열된 대상이 하나의 단위로 보인다.

3) 폐쇄성

불완전한 형태 그룹이 기존의 지식을 토대로 완전한 형태나 그룹으로 지각되는 것으로 닫혀 있지 않은 도형이 심리적으로 닫혀 보이거나 무리지어 보인다.

2. 착각

물리현상을 왜곡하는 지각(인지과정, 판단과정, 조치과정의 착오)

1) 가현운동

두 개의 정지 대상을 0.06초의 시간 간격으로 다른 장소에 제시하면 마치 한 개의 대상이 움직이는 것처럼 보이는 운동현상(움직이지 않는 물체가 움직인다고 느껴지는 것)
ex 영화, 네온사인

2) 유도운동

정지해 있는 것을 움직이는 것으로 느낀다던가 반대로 운동하고 있는 것을 정지해 있는 것으로 느끼는 현상

ex 열차나 자동차가 정차해 있을 때 다른 편 차가 움직이는 것인데도 불구하고 자신이 타고 있는 차가 반대 방향으로 움직이는 것처럼 느끼는 경우

3) 자동운동

암실 내에서 수 미터 거리에 정지된 광점을 놓고 그것을 한동안 응시하고 있으면, 그 광점이 움직이는 것처럼 보이는 현상

3. 착시

물체의 구조가 시각을 통한 인지구조와 일치되지 않게 보이는 현상

착시의 종류

Muller Lyer의 착시 (2014년, 2022년, 2024년 기출)		(a)가 (b)보다 길게 보인다. 실제 (a) = (b)
Helmholz의 착시		(a)는 세로로 길어 보이고, (b)는 가로로 길어 보인다.
Herling의 착시		가운데 두 직선이 곡선으로 보인다.
Köhler의 착시		우선 평행의 호(弧)를 본 경우에 직선은 호의 반대 방향으로 굽어 보인다.
Poggendorf의 착시 (2021년, 2023년, 2024년 기출)		(a)와 (c)가 일직선상으로 보인다. 실제는 (a)와 (b)가 일직선이다.

착시 종류	그림	설명
Zöller의 착시 (2024년)		세로의 선이 굽어 보인다.
Orbigob의 착시		안쪽 원이 찌그러져 보인다.
Sander의 착시		두 점선의 길이가 다르게 보인다.
Ponzo의 착시 (2019년, 2024년 기출)		두 수평선부의 길이가 다르게 보인다.
Ebbinghaus의 착시		좌우 가운데의 오렌지 색 원은 서로 크기가 같지만 오른쪽이 더 크게 보인다.
Delboeuf의 착시		큰 원으로 둘러싸인 작은 원과, 작은 원으로 둘러싸인 큰 원의 크기가 다르게 보이는 현상

기출 문제 요약

- 가현운동 : 실제로 움직이지 않는 대상이, 어떤 조건하에 움직이는 것처럼 보이는 현상 (2017년)
- 착시를 크기 착시와 방향 착시로 구분하는 경우, 동일한 물리적인 길이와 크기를 가지는 선이나 형태를 다르게 지각하는 크기 착시에 해당하지 않지 않는 것은? 포겐도르프 착시 (2023년)
  - 보기 : 뮬러–라이어 착시, 폰조 착시, 에빙하우스 착시, 포겐도르프 착시, 델뵈프 착시
- 에빙하우스(Ebbinghaus) 착시현상은 면적에 관련한 착시현상임 (2024년)

6 휴먼에러

1. 휴먼에러의 정의

시스템의 성능, 안전 또는 효율을 저하시키거나 감소시킬 잠재력을 갖고 있는 부적절하거나 원치 않는 인간의 행동 또는 어떤 허용 범위를 벗어난 일련의 인간 동작 중의 하나로 요구된 수행으로부터의 이탈을 말한다.

2. 휴먼에러의 분류

1) 스웨인(Swain)의 심리적 분류(행위(Behavior) 차원에서의 분류)

미국의 심리학자인 스웨인(Swain)은 원자력발전소의 휴먼에러 유형을 조사하는 과정에서 휴먼에러를 인간 행동(Behavior)의 관점에서 분류하는 방법을 주장. 휴먼에러를 작업수행에 필요한 행동을 하는 과정에서 발생하는 에러와 작업수행에 불필요한 행동을 한 경우의 에러로 분류하였다.

(1) 생략에러(누락오류)
   작업 내지 필요한 절차를 수행하지 않는 데서 기인한 에러

(2) 실행에러(작위오류)
   작업 내지 절차를 수행했으나 잘못한 실수에 기인한 에러(선택, 순서, 시간착오)

(3) 과잉행동에러(부가오류)
   불필요한 작업 내지 절차를 수행함으로써 기인한 에러

(4) 순서에러
   작업수행에 순서를 잘못한 실수

(5) 시간에러
   주어진 시간 내에 동작을 수행하지 못하거나 너무 빠르게, 느리게 수행하는 에러

2) 제임스 리즌의 휴먼에러의 분류(원인(cause) 차원에서의 분류)

제임스 리즌은 불안전한 행동을 의도의 유무와 원인을 토대로 4가지로 분류

(1) 라스무센의 SKR기반 프로세스(인간의 행동단계)
    ① 숙련기반행동(Skill-based behavior) : 인지 → 행동
        - 숙련자의 작업 및 행동단계
        - 자동적인 행위 : 인지 → 행동
        - 상황이나 자극에서 자동적으로 반응
        - 무의식에 가까운 단순화로 습관이라 할 수 있음
        - 속도와 효율성이 높고 특정 자극의 비슷한 경우에도 숙달된 동작을 할 수도 있음

    ② 규칙기반행동(Rule-based behavior) : 인지 → 유추 → 행동
        - 중급자의 작업 및 행동 단계
        - 직관적인 행위 : 인지 → 이전 경험에서 유추 → 행동
        - 상황이나 자극에 대해서 형성된 자신만의 규칙을 사용함
        - 조건-반사의 조합으로 이루어짐

    ③ 지식기반행동(Knowledge-based behavior) : 인지 → 해석 → 사고/결정 → 행동
        - 초보자의 작업 및 행동단계
        - 분석적인 행위 : 지각 → 해석 → 사고 및 결정 → 행동
        - 상황이나 자극에 대해서 적절한 규칙이나 정보가 없어서 0에서 시작
        - 새로운 기기를 처음 사용 시 : 지식이 거의 없어 각 과정마다 읽고 시행착오를 거쳐야 함

(2) 리즌의 휴먼에러 분류기법
    ① 숙련기반에러(skill-based error)
        숙련상태에 있는 행동에서 나타나는 에러(실수, 망각)
        - 실수(slip) : 의도하지 않은 불안전 행동으로, 실수나 실책을 포함
        - 망각(lapse) : 의도하지 않은 불안전 행동으로, 잊어버림이나 기억상실 포함

    ② 규칙기반착오(rule-based mistake)
        처음부터 잘못된 규칙을 기억, 정확한 규칙이나 상황에 맞지 않게 잘못 적용

    ③ 지식기반착오(knowledge-based mistake)
        처음부터 장기기억 속에 지식이 없음, Inference, Analogy로 처리 실패

    ④ 위반(violation)
        지식을 갖고 있고, 이에 알맞은 행동을 할 수 있음에도 나쁜 의도를 가지고 발생시킨 에러

불안전한 행동				
비의도적 행동 (숙련기반에러, skill-based error)		의도적 행동		
^	^	착오(mistake)		위반(violation) 일상위반 상황위반 예외위반
실수(slip) 부주의에 의한 실수	망각(lapse) 기억실패에 의한 망각	• 규칙기반착오 (rule-based mistake)	• 지식기반착오 (knowledge-based mistake)	^

> **참고**
> ※ 제임스 리즌의 휴먼에러는 라스무센의 모델을 사용
> ※ 실수(slip) : 의도하지 않은 불안전 행동으로, 실수나 실책을 포함
>   망각(lapse) : 의도하지 않은 불안전 행동으로, 잊어버림이나 기억상실 포함
>   착오(mistake) : 의도한 불안전 행동으로, 잘못된 판단이나 오해를 포함
>   위반(violation) : 의도한 불안전 행동으로, 규칙이나 지시를 고의로 어기는 행동을 포함

3) 실수 원인의 레벨적 분류

(1) 1차 실수(주과오)

　작업자 자신으로부터 발생한 에러(안전교육을 통해 제거)

(2) 2차 실수(2차 과오)

　작업 형태나 작업조건 중에서 다른 문제가 생겨 그 때문에 필요한 사항을 실행할 수 없는 오류나 어떤 결함으로부터 파생하여 발생하는 에러

(3) 지시과오

　요구되는 것을 실행하고자 하여도 필요한 정보, 에너지 등이 공급되지 않아 작업자가 움직이려 해도 움직이지 않는 에러

4) 인간의 행동과정을 통한 분류

① 입력 에러(Input error) : 감지결함
② 정보처리 에러(Information process error) : 정보처리 절차 과오
③ 의사결정 에러(Decision making error) : 의사결정 과오
④ 출력 에러(Output error) : 출력 과오
⑤ 피드백(Feedback error) : 제어 과오

> **기출 문제 요약**

- 행위적 관점에서 분류한 휴먼에러의 유형에 해당하는 것은 누락오류, 작위오류, 시간오류, **순서오류**, 고양행동오류, 과잉행동오류임 (2015년)
- **스웨인**은 휴먼에러를 작업 완수에 필요한 행동과 불필요한 행동을 하는 과정에서 나타나는 에러로 나눔 (2017년)
- **지식기반행동 모델** : 주로 익숙하지 않은 문제를 해결할 때 사용하는 모델이며 지름길을 사용하지 않고 상황파악, 정보수집, 의사결정, 실행의 모든 단계를 순차적으로 실행하는 방법 (2020년)
- 스웨인과 커트맨이 구분한 인간오류의 유형에 관한 설명 (2021년)
  - 생략오류 : 필요한 직무 또는 절차를 수행하지 않음
  - 시간오류 : 업무를 정해진 시간보다 너무 빠르게 혹은 늦게 수행했을 때 발생하는 오류
  - 실행오류 : 수행해야 할 업무를 부정확하게 수행하기 때문에 생겨나는 오류
  - 부가오류 : 불필요한 절차를 수행하는 경우에 생기는 오류
- 휴먼에러 발생원인을 설명하는 모델에 관한 설명 (2020년)
  - 위반행동 모델 : 지식이 있고 옳은 행동을 할 수 있음에도 나쁜 의도를 가지고 발생
  - 숙련기반 : 숙련상태에서 나타난 에러
  - 규칙기반 : 처음부터 잘못된 규칙을 적용
- 라스뮈센의 수행수준 이론 : 인간의 행동을 숙련에 바탕을 둔 행동, 규칙에 바탕을 둔 행동, 지식에 바탕을 둔 행동으로 분류 (2023년)
- 라스뮈센의 인간행동 분류에 관한 설명 (2024년)
  - 숙련기반행동은 사람이 충분히 습득하여 자동적으로 하는 행동을 말함
  - 지식기반행동은 입력된 정보를 그때마다 의식적이고 체계적으로 처리해서 나타난 행동을 말함
  ※ '규칙기반행동, 숙련기반행동'의 내용도 숙지 필요함
- 스웨인(Swain)이 분류한 휴먼에러 유형 : 생략에러(누락오류), 실행에러(작위오류), 과잉행동에러(부가오류), 순서에러, 시간에러 (2024년)

7 재해의 기본원인(4M)

1. 개요

모든 재해는 불안전한 상태 및 불안전한 행동을 발생시키는 근본원인이 되는 기본원인이 있으며 불안전한 상태 및 행동의 배후에 있는 재해의 기본원인인 4M의 생각에 따라 분석, 결정하는 것이 근본적인 재해예방대책의 수립을 위해 필요하다.

2. 4M에 의한 재해발생 연쇄관계

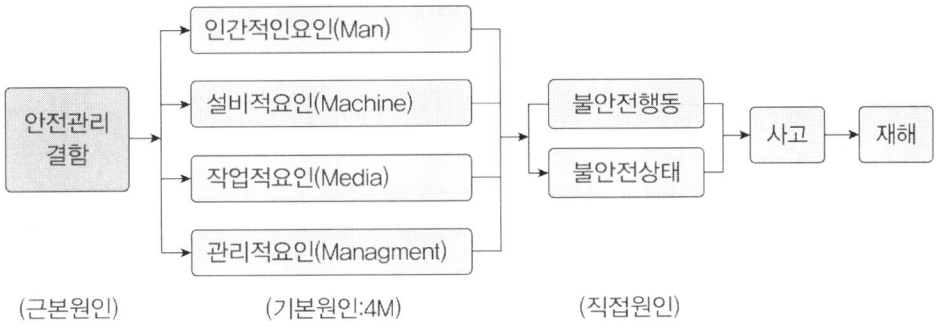

3. 재해의 기본원인(4M)

1) Man(인간적 요인)

(1) 심리적 원인

망각, 주변적 동작, 고민, 무의식 행동, 착오, 생략 행위 등

(2) 생리적 원인

피로, 질병, 수면부족, 신체기능 등

(3) 직장적 원인

직장의 인간관계, 의사소통, 통솔력 등

2) Machine(설비적 요인)

(1) 기계설비의 설계상의 결함

(2) 위험방호의 불량
(3) 근원적으로 안전화 미흡
(4) 점검, 정비의 불량 등

3) Media(작업적 요인)

(1) 작업정보의 부적절
(2) 작업자세, 작업동작의 결함
(3) 작업공간의 불량
(4) 작업환경조건의 불량

4) Management(관리적 요인)

(1) 안전관리조직의 결함
(2) 안전관리규정의 불비
(3) 안전관리계획의 미수립
(4) 안전교육, 훈련의 부족
(5) 적성배치 부적절
(6) 건강관리 불량
(7) 부하에 대한 지도, 감독 부족 등

8 하인리히(H.W.Heinrich)의 연쇄성 이론

1. 개요

하인리히는 재해의 발생은 언제나 사고요인의 연쇄 반응의 결과로 발생된다는 연쇄성이론을 제시하였다. 하인리히는 사고의 발생은 항상 불안전한 행동 및 불안전한 상태에 기인하며, 재해를 수반하는 사고의 대부분은 방지할 수 있다고 했다.

2. 하인리히의 재해발생 과정

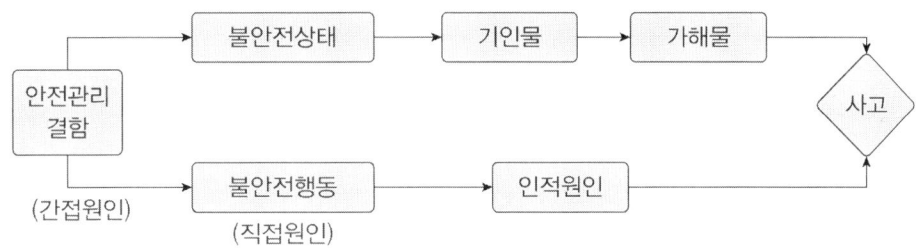

3. 하인리히의 사고발생 연쇄성이론

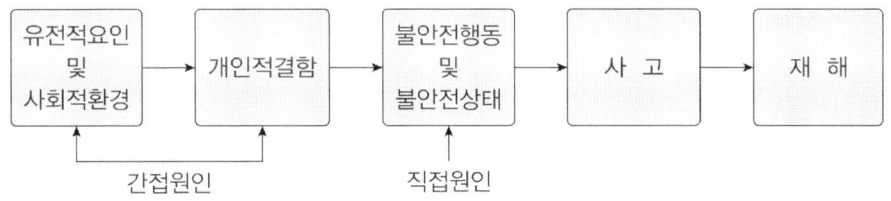

1) 유전적 요인 및 사회적 환경(선천적 결함)

① 무모, 완고, 탐욕 등 성격상 바람직하지 못한 특징은 유전적 가능성
② 환경이 성격의 잘못을 조장
③ 유전 및 환경은 함께 인적 결함의 원인

2) 개인적 결함

① 무모, 포악한 성품, 신경질 등과 같은 선천적(유전적) 또는 후천적인 결함은 불안전한 행

동 유발

② 기계적, 물리적 위험성(불안전한 상태)이 존재하는 이유를 구성

3) 불안전한 행동 및 불안전한 상태

작업 시 매달린 물건 밑에 선다던가, 안전장치 기능을 제거하는 것과 같은 불안전한 행동 유발 또는 부적당한 방호상태, 불충분한 조명 등과 같은 불안전한 상태는 직접사고의 원인이 된다.

4) 사고

고의성이 없는 불안전한 행동 및 상태가 선행되어 작업에 지장을 주거나 작업능률을 저하시키거나 직접 또는 간접적으로 인명이나 재산의 손실을 가져올 수 있는 사건

5) 재해(상해, 손실)

직접적으로 사고로부터 생기는 상해 또는 사고의 최종 결과로 인적, 물적 손실을 가져오는 것

4. 하인리히의 재해예방

하인리히는 직접원인인 제3요소의 불안전한 행동 및 불안전한 상태를 제거하면 재해예방이 된다고 강조

5. 하인리히의 재해 구성 비율(1 : 29 : 300의 법칙)

1) 330회 사고 가운데 사망 또는 중상 1회, 경상 29회, 무상해사고 300회의 비율로 발생
2) 재해의 배후에는 상해를 수반하지 않는 방대한 수(300건/90.9%)의 사고가 발생(재해예방 대상)

사망 또는 중상 1회 : 0.3%

경상해 29회 : 8.8%

무상해사고(물적손실) 300회 : 90.9%

6. 하인리히의 재해예방 4원칙

1) 예방가능의 원칙

① 재해는 원칙적으로 원인만 제거하면 예방이 가능
② 인재(98%)는 미연에 방지 가능
③ 재해 예방에 중점을 두는 것은 "예방가능의 원칙"에 기초

2) 손실 우연의 법칙

손실은 사고 발생 시 사고 대상의 조건에 따라 달라지므로 손실은 우연성에 의해 결정

3) 원인계기의 법칙

① 모든 사고는 반드시 원인이 존재
② 사고와 손실은 우연적 관계이지만 사고와 원인은 필연적 관계
③ 사고 발생 원인 분류
    - 간접원인 : 기술적 원인(10%), 교육적 원인(70%), 관리적 원인(20%)
    - 직접원인 : 불안전 행동(88%), 불안전 상태(10%), 천재지변(2%)

4) 대책선정의 원칙

① 재해예방을 위한 안전대책은 반드시 존재
② 재해 원인은 각기 다르므로 원인을 정확히 규명하여 대책선정 및 실시
③ 대책으로는 3E를 들 수 있다.
    - 기술적(Engineering) 대책
    - 교육적(Education) 대책
    - 관리적(Enforcement) 대책

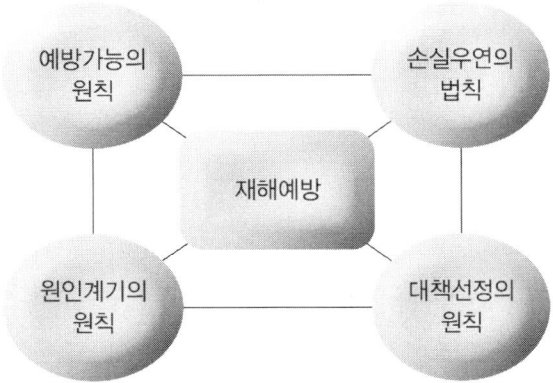

7. 사고예방 기본원리 5단계

1) 제1단계 : 안전조직

① 안전관리 조직과 책임 부여
② 안전관리 규정 제정
③ 안전관리 계획수립

2) 제2단계 : 사실의 발견

① 자료수집 시 확인사항
② 작업공정 분석, 위험확인
③ 점검, 검사 및 조사 실시 등에 의하여 불안전요소를 발견

3) 제3단계 : 분석

불안전요소를 토대로 사고를 발생시킨 직·간접원인을 찾아내는 것
① 재해조사 분석
② 안전성 진단, 평가
③ 작업환경 측정

4) 제4단계 : 시정책의 선정

분석을 통하여 색출된 원인을 토대로 효과적인 개선방법 선정
① 기술적 개선
② 교육·훈련의 개선
③ 인사조정 및 안전행정의 개선
④ 규정 및 규칙 등 제도 개선

5) 제5단계 : 시정책의 적용

① 목표 설정
② 실시(3E, 3S의 적용)
   3E : 기술(Engineering), 교육(Education), 관리(Enforcement)
   3S : 표준화(Standardization), 단순화(Simplication), 전문화(Specialization)
③ 재평가, 시정(후속조치)

8. 하인리히와 버드의 연쇄성이론 비교

단계	하인리히	버드
1	유전적, 사회적 환경 요인	제어의 부족
2	개인적 결함	기본원인(4M)
3	불안전한 행동 및 상태(직접원인)	직접원인
4	사고	사고
5	재해	재해
재해예방	직접원인을 제거하면 재해예방	기본원인을 제거하면 재해예방

> **기출 문제 요약**

- **하인리히의 연쇄성 이론**에 관한 설명 (2018년)
  - 연쇄성 이론은 도미노 이론이라고 불리기도 함 (2021년)
  - 사고를 예방하는 방법은 연쇄적으로 발생하는 사고원인들 중에서 어떤 원인을 제거하여 연쇄적인 반응을 막는 것임
  - 연쇄성 이론에 의하면 5개의 도미노가 있음
  - 사고 발생의 직접적인 원인은 불안전한 행동과 불안전한 상태임
- **하인리히의 도미노 이론** : 사고를 촉발시키는 도미노 중에서 불안전상태와 불안전행동을 가장 중요한 것으로 봄 (2019년)

9 버드(F.E.Bird)의 연쇄성 이론

1. 개요

버드는 손실제어요인(Loss Control Factor)이 연쇄반응의 결과로 재해가 발생된다는 연쇄성 이론을 제시하였다. 버드는 관리 철저와 <u>기본원인</u>을 제거해야만 사고예방이 된다고 강조하였다.

2. 버드의 재해발생 과정

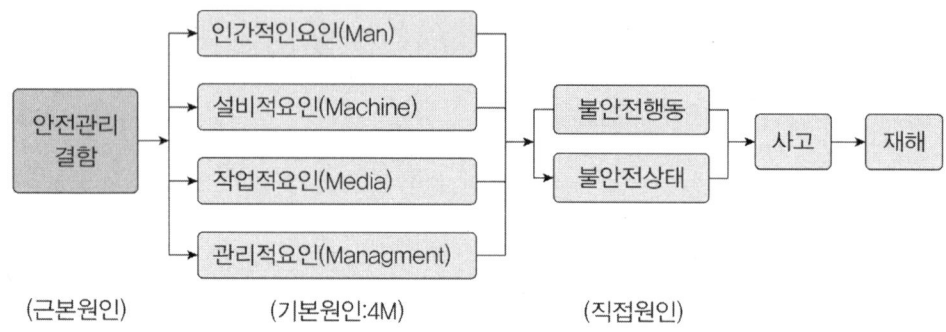

3. 버드의 사고발생 연쇄성이론

1) 제어의 부족(관리결함)

안전관리의 부족으로 주로 안전관리자 또는 Staff의 관리(제어) 부족에 기인

2) 기본원인(기원)

사고발생 원인은 개인적 및 작업상에 관련된 요인이 존재
① 개인적 요인 : 지식 및 기능의 부족, 부적당한 동기부여, 육체적, 정신적 문제 등
② 작업상 요인 : 기계설비의 결함, 부적당한 기기의 사용방법, 부적절한 작업기준, 작업체제 등

3) 직접원인(징후)

불안전한 행동 및 불안전한 상태

4) 사고(접촉)

불안전한 관리 및 기본원인에 의한 신체 접촉에 기인

5) 재해(손실)

육체적 상해 및 물적 손실을 포함하며 사고의 최종 결과는 손실을 의미

4. 버드의 재해예방

버드는 직접원인을 제거하는 것만으로는 재해는 다시 일어나기 때문에 직접원인의 배경 즉, 기본원인(4M)을 제거해야 재해예방이 된다고 강조

5. 버드의 재해구성비율

1) 641회 사고 가운데 사망 또는 중상 1회, 경상(물적 또는 인적 상해) 10회, 무상해사고(물적손실) 30회, 상해도 손실도 없는 사고가 600회의 비율로 발생
2) 재해의 배후에는 상해를 수반하지 않는 방대한 수(630건/98.28%)의 사고가 발생
3) 630건의 사고 즉, 아차사고의 인과가 사업장의 안전대책이 중요한 실마리

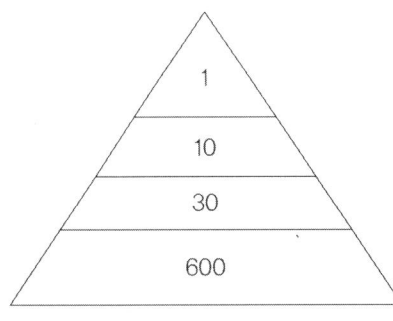

사망 또는 중상 1회 : 0.16%

경상해 10회 : 1.56%

무상해사고(물적손실) 30회 : 4.68%

아차사고(상해도 손실도 없는 사고) 600회 : 93.6%

6. 하인리히와 버드의 연쇄성이론 비교

단계	하인리히	버드
1	유전적, 사회적환경 요인	제어의 부족
2	개인적 결함	기본원인(4M)
3	불안전한 행동 및 상태(직접원인)	직접원인
4	사고	사고
5	재해	재해
재해예방	직접원인을 제거하면 재해예방	기본원인을 제거하면 재해예방

기출 문제 요약

- **버드의 수정도미노 이론** : 하인리히의 도미노 이론을 수정한 이론으로, 사고 발생의 근본적 원인을 관리부족으로 봄 (2019년)

10 각종 산업재해 이론

1. 아담스(E.Adams)의 사고연쇄반응 이론

버드의 도미노 이론과 유사한 연쇄성 이론으로 불안전한 행동 및 상태를 "전술적 에러"로 사고는 관리구조의 결여, 작전적 에러, 전술적 에러, 사고, 재해로 이어진다.

2. 재해 발생 과정

1) 관리(경영) 구조

회사의 목적, 조직, 운영과 관련

2) 작전 에러(운영실수)

회사의 정책, 목적, 권위, 책임소재, 규칙, 지도방침, 적극적 개입, 도덕, 운영관련

3) 전술적 에러(관리, 기술적실수)

작업자의 행동 실수와 작업조건 결함에 기인

4) 사고

아차사고와 부상없는 사고 포함

5) 재해

인적, 물적 피해

3. 리전(J.Reason)의 스위스 치즈 모델

하인리히의 도미노 이론이 인적요인을 강조했다면 스위스 치즈 이론은 인적요인보다는 System 적 요인을 강조한 것으로 스위스 치즈 이론은 스위스 치즈의 구멍처럼 늘 사고가 날 수 있는 잠재적 결함이 도사리고 있다가 이 결함들이 동시에 나타날 때 대형사고가 발생하게 된다.

1) 리즌의 불안전한 행동 유형 4가지

(1) 비의도적 행동(숙련기반 행동)
① 망각 : 기억을 못해 발생하는 것
② 실수 : 주의를 기울이지 못해 발생하는 것

(2) 의도적 행동
① 착오
- 규칙기반 착오 : 규칙을 제대로 정확히 알지 못해 발생하는 것
- 지식기반 착오 : 규칙을 전혀 몰랐기 때문에 발생하는 것

② 위반 : 알면서도 불안전행동을 하는 것
- 일상적 위반 : 평상시 작업 규칙과 절차 등을 위반
- 상황적 위반 : 특수한 상황(시간 압박 등)에서 규칙을 위반
- 예외적 위반 : 생소한 상황에서 문제를 해결하고자 규칙을 어기는 위반

불안전한 행동				
비의도적 행동 (숙련기반에러, skill-based error)		의도적 행동		
실수(slip) 부주의에 의한 실수	망각(lapse) 기억실패에 의한 망각	착오(mistake)		위반(violation) 일상위반 상황위반 예외위반
		• 규칙기반착오 (rule-based mistake)	• 지식기반착오 (knowledge-based mistake)	

2) 이상적 상황은 치즈의 구멍이 없는 상황이지만 실제 상황에서는 결함 없는 완벽한 상황은 있을 수 없으며, 그러므로 결함을 사전에 탐색하여 결함을 최소화하기 위한 시스템을 갖추도록 노력해야 한다.

3) 하인리히와 버드의 이론은 원인과 결과를 기반으로 한 선형적인 사고분석 모형이나, 리즌의 스위스 치즈모델은 개별 접근방식보다는 시스템적 접근방식이라 할 수 있다.

1단계	조직의 문제	자원관리 미흡, 조직풍토와 운영 과정상의 문제
2단계	감독의 문제	부적절한 관리감독, 부적절한 실행계획의 수립, 감독자 위반
3단계	불안전행위의 유발조건	부족한 의사소통, 협조부족, 조직원의 피로, 부적절한 실행
4단계	불안전행위	기술, 지각, 의사 결정상의 에러, 통상적 또는 예외적 위반

3. 하돈(W.haddon)의 매트릭스 모델

1) 개요

사고 예방을 위하여 '사고 전' '사고 당시' '사고 후' 3가지 상황에서 사고의 피해를 최소화하기 위한 영역들을 분석하기 위한 틀로 활용

2) 사고관련요인 4가지

(1) 사람
(2) 원인인자
(3) 물리적 환경
(4) 사회적 환경

기출 문제 요약

- **애덤스의 사고연쇄반응 이론** : 불안전행동과 불안전상태를 유발하거나 방치하는 오류는 재해의 직접적인 원인임 (2019년)
- **리전은 인간의 불완전한 행동을 의도적인 경우와 비의도적인 경우로 구분하여 에러유형을 분류함 (2017년)
- **리전의 스위스 치즈 모델** : 스위스 치즈 조각들에 뚫려 있는 구멍들이 모두 관통되는 것처럼 모든 요소의 불안전이 겹쳐져서 산업재해가 발생한다는 이론임 (2019년)
- **산업재해의 인적요인**은 불안전행동, 인간 오류, 사고 경향성, 직무 스트레스 등이 있음 (2022년)
- **리전의 불안전행동**에 관한 설명 (2022년)
  - 위반은 고의성 있는 위험한 행동임
  - 실책은 부적합한 의도(계획)에서 발생함
  - 착오는 의도하지 않은 잘못된 행위를 말함
  - 불안전행동 중에는 실제 행동으로 나타나지 않고 당사자만 인식하는것도 있음
- **산업재해이론**에 관한 설명 (2021년)
  - 매트릭스 모델(하돈) : 사고의 인간관계를 세분화한 모델로 작업자의 긴장수준이 사고를 유발한다고 봄 (2019년)
  - 연쇄성 이론(버드) : 재해는 관리부족, 기본원인, 직접원인, 사고가 연쇄적으로 발생하면서 일어나는 것으로 봄
  - 전술적 오류(아담스) : 재해의 직접적인 원인은 불안전행동과 불안전상태를 유발하거나 방치한 전술적 오류에서 비롯된다고 봄
  - 스위치 치즈모델(리전) : 모든 요소의 불안전이 겹쳐져서 사고가 발생한다고 주장함
- **아담스의 사고연쇄 이론**에 관한 설명 (2023년)
  - 관리구조의 결함, 전술적 오류, 관리기술 오류가 연속적으로 발생하게 되며 사고와 재해로 이어짐

11 정보처리이론(정보처리능력)

1. 개요

정보처리이론은 정보가 뇌에서 어떻게 처리되고 기억되는지에 관한 이론으로서 1950년대 중반 미국의 심리학자 조지 밀러에 의해 최초 제안되었으며, 정보가 기억되기 위해서는 세 단계의 과정 "입력-처리-출력(input-processing-output)"을 거친다.

앳킨슨과 쉬프린(Atkinson and Shiffrin, 1968)이 진전된 정보처리이론으로 '감각기억-단기기억(작업기억)-장기기억'이라는 다중기억모형을 제안하였다.

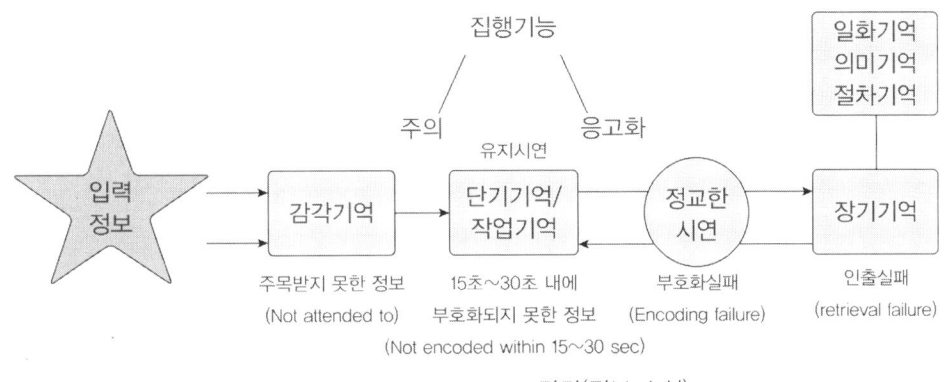

2. 각 요소별 내용

1) 감각기억(sensory memory)

시각, 촉각, 청각, 후각, 미각의 오감을 통해 입력된 자극들을 마치 스냅샷(snapshot)과 같이 순간적으로 저장하여 매우 짧은 시간 동안(0.5~3초) 기억하는 것

※ 감각기억에 있는 정보를 단기기억으로 이전하기 위해서는 주의가 필요하다.

2) 단기기억(short-term memory)

- 단기기억은 일시적으로 저장되었다가 사라지는 기억(15~30초)
- 단기기억에는 한순간 담아 둘 수 있는 정보의 양이 극히 제한되어 있다.(밀러의 신비의수 7±2)
- 단기기억에 의해 신뢰성 있게 정보 전달을 할 수 있는 최대용량(channel capacity)을 경

로 용량이라고 한다.

3) 작업기억(working memory)

작업기억은 감각기억에서 유입된 정보와 장기기억에서 인출된 정보가 이해·학습·의사결정과 같은 복잡한 과제를 수행하기 위하여 일시적으로 유지되는 인지 시스템

4) 장기기억(long-term memory)

장기기억은 며칠, 몇 개월, 또는 몇 년 이상 지속될 수 있는 형태의 기억

5) 시연/되뇌기(rehearsal)

시연이란 정보를 단기기억에서 장기기억으로 옮기기 위해 마음속에서 반복적으로 되뇌거나 재처리하는 연습 과정

6) 인코딩/부호화(encoding)

인코딩은 뇌가 정보에 노출되었을 때 일어나는 과정인데 두 가지 방식으로 일어난다.
- 하나는 청각, 시각, 촉각 등에 의해 감각기억으로 들어오는 정보를 처리하는 과정
- 다른 하나는 그 정보를 유의미하게 조직해서 장기기억에 저장되어 있는 기존의 정보 (prior knowledge)와 연결하는 과정이다.

7) 응고화(consolidation)

응고화는 최초의 정보 습득 이후 기억의 흔적이 안정되는 일련의 과정

3. 인간의 정보처리과정

감각 → 지각 → 선택 → 조직화 → 해석 → 의사결정 → 실행

(1) 감각(sensing)
물리적 자극을 감각기관을 통해서 받아들이는 과정

(2) 지각(perception)
감각기관을 거쳐 들어온 신호를 장기기억 속에 담긴 기존 기억과 비교

(3) 선택

　　여러 가지 물리적 자극 중 인간이 필요한 것을 골라냄

(4) 조직화

　　선택된 자극은 게슈탈트 과정을 거쳐 조직화 됨

(5) 게슈탈트

　　감각 현상이 하나의 전체적이고 의미있는 내용으로 체계화되는 과정

(6) 의사결정

　　지각된 정보는 어떻게 행동할 것인지 결정

(7) 실행

　　의사결정에 의해 목표가 수립되면 이를 달성하기 위해 행동이 이루어짐

4. 인간의 정보처리능력

(1) 단기기억에 대한 처리능력으로 나타낸다.
(2) 절대식별 능력으로 나타낸다.
(3) 절대식별이란 여러 그룹으로 규정된 신호 중에서 특정 부류에 속하는 신호가 단독으로 제시 되었을 때 이를 식별할 수 있는 능력을 의미한다. 상대적인 비교가 아니라 일시적 기억에 의해 신호를 구별해야 한다.
(4) 단일 자극보다는 여러 차원을 조합하여 자극하는 경우 신뢰성 있게 전송할 수 있는 가지 수가 증가한다.

5. 정보이론

1) 정보

(1) 정보란 불확실성을 감소시켜주는 지식이나 소식
(2) 정보의 단위는 비트(Bit)
(3) 1Bit : 동일하게 나타낼 수 있는 2가지 대안 중에서 한 가지 대안이 명시되었을 때 얻을 수 있는 정보량

2) 피츠의 법칙(Fitts's law)

이동시간은 이동길이가 길수록, 폭이 작을수록 오래 걸린다는 법칙

3) 힉스의 법칙(Hick's law)

선택반응시간은 자극과 반응의 수가 증가할수록 로그에 비례하여 증가한다는 법칙(선택반응시간과 자극 정보량 사이의 선형함수 관계)

6. 정보처리이론의 주요 용어

1) 선택적 주의집중

학습의 시작은 주의집중에서 시작된다. 감각기억으로 들어오는 정보는 주의집중을 하지 않으면 소멸된다. 수많은 정보를 처리하는 능력은 한계가 있기 때문에 한꺼번에 들어오는 많은 양의 정보 중에 중요한 것만 걸러내는 여과 과정이 필요한데, 이를 선택적 주의집중이라고 한다. 이렇게 주의집중을 통해 지각된 정보는 단기기억으로 전이된다.

2) 지각

경험에 의미와 해석을 부여하는 과정이다. 지각이 일어난 자극은 객관적 실재로서의 자극이 아닌 개인마다 다르게 받아들이는 주관적 실재로서의 자극이다.

3) 시연

지각된 자극을 암송하는 것이다. 단기기억 안의 정보는 시연을 통해 파지되고 장기기억으로 전이가 이루어진다. 시연의 종류는 단순 암기인 유지형 시연과 새로운 정보를 기존의 지식과 연합하거나 심상을 이용하는 암기인 정교형 시연이 있다. 효과적인 시연을 위해서는 집중학습보다 분산학습이 효과적이다.

4) 부호화

가장 중요한 정보처리 과정이다. 감각기억의 정보를 처리하여 단기기억 및 장기기억에 저장하기 위해 정보를 변형시키는 것을 말한다. 정보를 부호화하는 데 있어서 가장 중요한 것은 정보를 유의미화하는 것이다.

5) 인출

인출은 저장되어 있는 정보를 탐색하여 재생하는 과정이다. 장기기억에 저장된 정보는 단기기억을 통해 인출된다. 자신이 분명히 알고 있는 정보도 인출되지 않는 경우가 있는데, 이럴

때에는 자신이 알고 있는 정보를 연상시켜 주는 여러 가지 인출단서를 활용할 수 있어야 한다.

5) 메타인지

자신의 인지과정을 통제하고 조절하는 것이다. '자신의 사고에 관한 지식'과 '자신의 사고에 관한 조절'을 포함하는 인지전략이다. 메타인지는 개인의 기억, 이해, 주의집중, 의사소통, 문제 해결 등에 중요한 역할을 한다.

(1) 자신의 사고에 관한 지식
자신의 사고 상태, 사고 내용, 사고 능력에 대한 지식 등을 나타낸다.

(2) 자신의 사고에 관한 조절
문제해결 과정을 계획하고, 적절한 전략을 선택 및 사용하며, 과정을 점검 및 통제한다. 또 결과를 반성 및 평가하는 사고 능력에 대한 지식을 말한다.

기출 문제 요약

- 인간의 **정보처리 능력**에 관한 설명 (2015년)
  - **경로용량** : 절대식별에 근거하여 정보를 신뢰성 있게 전달할 수 있는 최대용량임
  - **절대식별** : 특정 부류에 속하는 신호가 단독으로 제시되었을 때 이를 식별할 수 있는 능력임
  - 인간의 정보처리 능력은 단기기억에 대한 처리 능력을 의미하여, 절대 식별 능력으로 조사함
  - 밀러에 의하면 인간의 절대적 판단에 의한 단일 자극의 판별범위는 보통 5~9가지임
- 선택, 조직, 해석의 세가지 지각과정 중 게슈탈트 지각 원리들이 나타나는 것은 지각과정임 (2017년)
- 인간정보처리 이론에서 **정보량**과 관련된 설명 (2018년)
  - 인간정보처리이론에서 사용하는 정보 측정단위는 비트(bit)임
  - 힉-하이만 법칙은 선택반응시간과 자극 정보량 사이의 선형함수 관계로 나타남
  - 자극-반응 실험에서 인간에게 입력되는 정보량(자극 정보량)과 출력되는 정보량(반응 정보량)은 다르다고 가정함
  - 정보란 불확실성을 감소시켜주는 지식이나 소식을 의미함
  - 자극-반응 실험에서 전달된 정보량을 계산하기 위해서는 소음 정보량과 손실 정보량도 고려해야 함
- **선택적 주의** : 인간의 정보처리 방식 중 정보의 한 가지 측면에만 초점을 맞추고 다른 측면은 무시함 (2019년)
- 인간의 정보처리과정에 관한 설명 (2020년)
  - 단기기억의 용량은 덩이 만들기를 통해 확장할 수 있음
  - 감각기억에 있는 정보를 단기기억으로 이전하기 위해서는 주의가 필요함
  - weber의 법칙에 따르면 10kg의 물체에 대한 무게 변화감지역(JND)이 1kg의 물체에 대한 무게 변화감지역보다 더 큼
- 인간의 일반적인 정보처리 순서에서 행동실행 바로 전 단계는? (2022년)
  - 정보처리 순서 : 자극, 감각, 지각 → 선택, 조직화, 해석 → 착시 → **의사결정, 행동실행**, 주의력, 반응, 기억

12 신호검출이론

신호검출이론(SDT : signal-detection theory)은 소음(noise)이 신호검출에 미치는 영향을 파악하고 이와 관련된 최적의 의사결정 기준을 다룬 이론

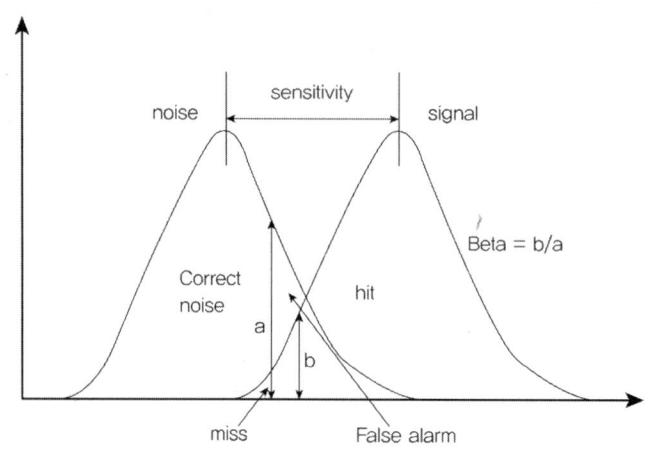

1) 신호상황에 따른 인간의 판정결과 4가지

① Hit : 신호를 신호로 판정 (올바른 채택)
② False Alarm : 소음(Noise)을 신호로 오인 (허위경보)
③ Miss : 신호가 있으나 탐지 못함 (누락)
④ Correct Rejection : 소음(Noise)을 소음(Noise)으로 판정 (올바른 거부)

2) 판단기준

(1) 반응기준보다 자극의 강도가 클수록 신호가 나타나는 것으로 인정
(2) 반응 기준점에서 두 곡선이 교차할 경우 $\beta = 1$
① $\beta > 1$, 오른쪽으로 이동. 신호판정과 허위경보가 줄어든다(보수적)
② $\beta < 1$, 왼쪽으로 이동. 신호판정과 허위경보가 증가한다.(모험적, 자율적)

> ※ $\beta = \dfrac{b}{a}$ (a : Noise의 높이(틀린 신호), b : Signal의 높이(올바른 신호))

기출 문제 요약

- 신호검출이론 : 신호가 있는데도 없다고 잘못 판단하는 경우가 있음 (2020년)

13 양립성(Compatibility)

1. 양립성 정의

1) 자극들 간의, 반응들 간의 혹은 자극-반응들 간의 관계가 인간의 기대에 일치하는 정도
2) 양립성 정도가 높을수록 정보처리 시 정보변환이 줄어들게 되어 학습이 더 빨리 진행되고, 반응시간이 더 짧아지고, 오류가 적어지며, 정신적 부하가 감소하게 된다.

2. 양립성 종류

1) 개념양립성(Conceptual Compatibility)

외부로부터의 자극에 대해 인간이 가지는 개념적 현상의 양립성
ex 빨간색 버튼=정지, 녹색버튼=운전

2) 공간양립성(Spatial Compatibility)

표시장치나 조종장치의 물리적인 형태나 공간적인 배치의 양립성
ex 우측=오른속 조작장치, 좌측=왼손 조작장치

3) 운동양립성(Movement Compatibility)

표시장치, 조종장치, 체계반응 등의 운동방향의 양립성
ex 조종장치를 우측으로 돌리면 지침도 우측으로 이동

4) 양식양립성(Modality Compatibility)

직무에 알맞은 자극과 응답의 존재에 대한 양립성
ex 소리로 제시된 정보는 말로 반응케 하고, 시각적으로 제시된 정보는 손으로 반응케 하는 것

기출 문제 요약

- 인간의 정보처리와 표시장치의 **양립성**에 관한 내용 (2019년)
  - 양립성은 인간의 인지기능과 기계의 표시장치가 어느 정도 일치하는가를 말함
  - 양립성은 향상되면 입력과 반응의 오류율이 감소함

14 와르(Warr)의 정신 건강 구성요소 5가지

1. 정서적 행복감

쾌감과 각성이라는 2가지 독립된 차원을 가지고 있으며 특정수준의 쾌감을 얻기 위해서는 높거나 낮은 수준의 각성이 있어야 한다.

2. 역량

대인관계, 문제해결, 직무해결, 직무수행 등과 같은 다양한 활동에서 개인이 어느 정도나 성공하였는지 또는 어느 정도 역량을 발휘하고 있는지에 의해 알 수 있다.

3. 자율

자율은 환경적 영향력에 저항하고 자신의 의견이나 행동을 결정할 수 있는 개인의 능력을 말한다. 자율은 개인이 생활에서 어려움에 처했을 때 무기력하지 않고 스스로 영향력을 발휘할 수 있다는 생각을 가지고 행동하는 경향성이다.

4. 포부

정신적으로 건강한 사람은 환경에 적극적으로 대처하는 사람이다. 그러한 사람들은 목표를 설정하고 그것을 달성하기 위하여 적극적인 노력을 한다. 개인의 포부 수준이 높다는 것은 동기수준이 높고, 새로운 기회를 적극적으로 탐색하고 목표달성을 위해 도전한다.

5. 통합된 기능

전체로서의 개인을 말한다. 심리적으로 건강한 사람들은 균형감이 있고 조화를 이루며 내부적으로 모순적인 요소를 찾아보기 힘들다.

기출 문제 요약

- **와르(Warr)의 정신 건강 구성요소에 대한 설명 (2013년)**
  - 정서적 행복감 : 쾌감과 각성이라는 두 가지 독립된 차원을 가지고 있음
  - 역량 : 생활에서 당면하는 문제들을 효과적으로 다룰 수 있는 충분한 심리적 자원을 가지고 있는 정도를 의미함
  - 포부 : 포부수준이 높다는 것은 동기수준과 관계가 있으며, 새로운 기회를 적극적으로 탐색하고, 목표 달성을 위하여 도전하는 것을 의미함
  - 통합된 기능 : 목표달성이 어려울 때 느끼는 긴장감과 그렇지 않을 때 느끼는 이완감 사이에 조화로운 균형을 유지할 수 있는 정도를 의미함

15 직무 스트레스

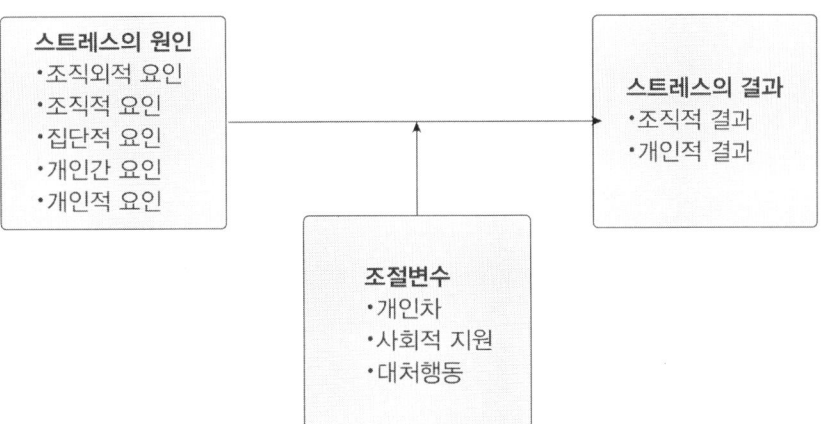

1. 직무스트레스 원인

1) 개인수준

직무요구, 직무통제, 역할모호성, 경력압박 등

2) 집단수준

대인갈등, 응집력, 사회적 지원, 리더십 등

3) 조직수준

조직구조, 인사제도, 조직정치, 조직변화 등

2. 조절변수

1) 개인차

① 스트레스의 적정 수준은 개인마다 상이하다.
② 동일한 스트레스 원천에 노출되더라도 개인의 성별, 나이 등에 따라 스트레스를 느끼는

정도가 상이하고, 같은 수준의 스트레스를 경험하더라도 개인에 따라 그 결과 또한 상이하다.

③ 같은 상황에서 통제 내재론자와 A형 성격 유형이 스트레스의 부정적 영향을 더욱 많이 받는다.

2) 사회적 지원

타인, 타 집단에서 얻는 위안, 지원 및 정보를 사회적 지원이라 하는데, 이는 스트레스로부터 개인을 보호하거나 충격을 완화하는 역할을 한다.

3) 대처행동

대처행동이 우수하다면 스트레스를 감소시킬수 있고, 그렇지 못하면 적은 스트레스에서도 영향을 크게 받는다.

3. 직무 스트레스의 결과

1) 직무태도

높은 스트레스는 직무불만족과 직무소진을 유발하고, 직무몰입 및 조직몰입을 감소시킨다.

2) 종업원 행동

높은 스트레스는 종업원의 결근/이직률을 높이고, 몰입도를 감소시켜 안전사고 발생율이 증가한다.

3) 직무성과: 역U커브

스트레스가 과다한 경우, 일에 대한 혐오감으로 자신감을 상실하고 신체 피로도가 증가하여 성과가 감소한다. 또한 스트레스가 과소한 경우, 매너리즘에 빠지고 권태감을 느껴 성과가 감소한다.

스트레스가 적정한 경우, 긍정적인 각성 상태에서 성취에 대한 동기가 부여되어 성과가 증대된다.

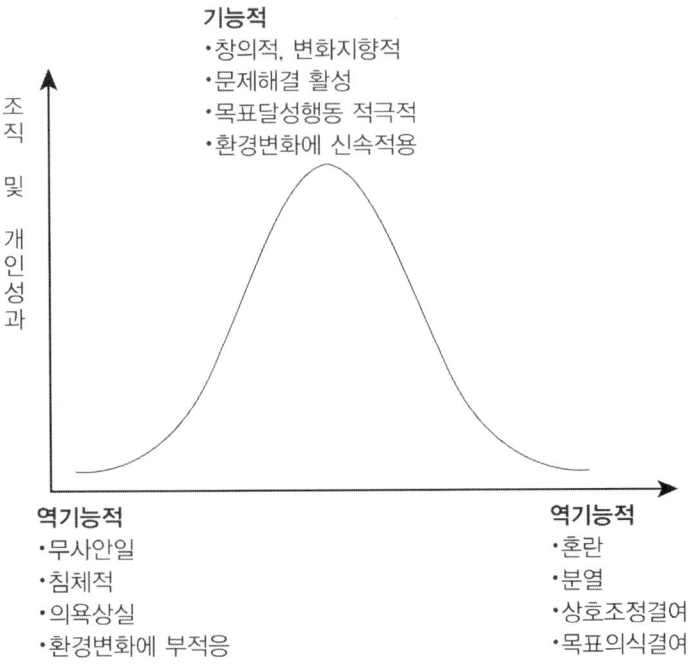

4. 스트레스 대처방안

1) 문제중심적 대처(problem-focused coping)

스트레스를 유발하는 문제행동이나 환경적인 조건을 변화시켜 스트레스를 해소하고자 하는 노력(위협이나 문제 자체를 직접적으로 관리하는 것)

2) 정서중심적 대처(emotion-focused coping), 정서적 균형

스트레스에 의해 유발된 정서적 반응 즉, 불안이나 초조 등의 정서적 고통을 감소시키는 데 초점을 두는 방법으로 스트레스의 원인을 회피하거나 스트레스 상황을 인지적으로 재구성하는 대처방식(정서적 균형)

3) 문제-정서 혼합 대처

일반적으로 사람들은 스트레스 상황에서 문제중심적 대처와 정서중심적 대처를 함께 사용하는 경향이 있음
- 문제중심적 대처 : 스트레스 상황의 조건들을 변화시킬 수 있다고 평가되는 중간 수준의 스트레스에서 자주 사용

– 정서중심적 대처 : 위협을 주는 조건들을 수정하기 위해서 자신이 아무것도 할 수 없다고 평가되는 높은 수준의 스트레스 하에서 자주 사용

5. 작업장 스트레스의 대처방안

1) 개인 수준

(1) 스트레스 요인 지향적 관리
스트레스 지각 방식, 작업환경, 생활환경에 대한 관리

(2) 반응 지향적 관리
스트레스 완화 훈련, 해소 훈련 등

(3) 증후군 지향적 관리
상담 및 심리요법

(4) 사회적 지원
자긍심, 정보공유, 기분전환, 자원제공 등

2) 집단 및 조직수준

과업재설계, 역할분석, 참여관리, 경력개발, 융통성 있는 작업계획, 팀 형성, 목표 설정 등

> **참고**
>
> ※ 야간 교대근무 부정적인 효과
> - 생체시계 이상 및 면역체계 약화
> - 멜라토닌 생성 조절방해
> - 배우자와 자녀와의 가족생활 영위 불량
> - 역행적 교대근무는 순행 교대근무보다 힘듦
> - 야간조명은 자연광선이 아니라 비타민 합성되지 않음
> - 낮잠은 밤잠과 동일한 효과를 내지 못함
> - 순환적 야간근무는 고정 야간근무보다 신체, 심리적 건강 위험 심함
> - IARC(국제암연구소)에서는 인체발암추정물질(2A)로 분류

6. 성격의 구분

구분	A형 성격(공격적)	B형 성격(느긋한)
정의	매우 경쟁적이고 열심히 일하는 사람	더 편안하고 쉽게 가는 사람
목표	• 목표는 반드시 달성하려고 함 • 매우 도전적인 목표를 설정함	달성하려 노력하지만 한계를 인정함
실패	실패에 대한 두려움이 큼	실패해도 다시 하면 된다고 생각
스트레스	스트레스 잘 받음	스트레스 수준이 낮음
경쟁에 대한 태도	경쟁적	비 경쟁적
성취감	• 일에 대한 성취감을 덜 느낌 • 목표를 달성하고도 더 많은 것을 얻고 싶어함	• 일에 성취감을 더 느낌 • 이룬 것들에 대해서 즐김
시간제약	시간 제약으로 인한 압박감을 느낌	시간 제약으로 인해 압박감을 느끼지 않음
언행	• 일반적으로 성미가 급하고 말이 빠름 • 식사나 보행속도가 빠름	느긋하고 수동적이며 변화에 쉽게 순응함.
공격성	쉽게 공격적이 됨	• 공격적이 되지 않음 • 다른 사람들에게 관대함
성격상 장단점	• 자기 컨트롤을 잘함 • 목표달성에 대한 동기, 유능감, 멀티태스킹 잘함 • 고질적인 경쟁심리, 인내심이 약함, 공격성, 적대적인 태도	• 상황 변화에 잘 적응함 • 경쟁이나 갈등보다는 화합과 팀워크를 지향함 • 타인에 대해 개방적이고 친화적임 • 마감 시간까지 미루기 • 멀티태스킹이 잘 안됨

7. 셀리에(Selye) 스트레스 반응 단계

셀리에는 신체가 유해한 상황으로부터 자신을 방해하려는 일반화된 시도를 일반 적응 증후군이라 하면서 경고(alarm), 저항(resistance), 소진(exhaustion, 탈진)의 3단계로 구분하였다.

1) 경고단계(경계단계)

① 정신적, 육체적 위험 앞에 갑자기 노출되어 나타나는 최초의 즉각적 반응 단계.
② 어떤 스트레스의 자극을 받게 되면 신체는 첫 반응으로 경고반응을 보이며, 이는 쇼크단계와 역쇼크단계를 거친다

2) 저항단계

① 스트레스가 지속되면 스트레스를 극복하려는 저항단계가 나타난다.
② 저항력이 높아지고 초기의 신체적, 생리적 변화가 없어진다.
③ 애초에 제시된 스트레스 유발요인에 대한 저항은 증가되지만, 신체의 전반적인 저항력은 저하된다는 것이 특징이다.

3) 탈진단계(소진단계)

① 장기간 스트레스가 지속되는 상태로 스트레스에 대한 적응에너지가 고갈된다.
② 신체적 증상으로 탈진상태로 이어질 수 있으며 질병과 죽음을 유발하기도 한다.

8. 스트레스 강도에 영향을 주는 요인

스트레스의 강도에 영향을 주는 상황요인으로는 예측가능성, 통제가능성, 사회적 지원, 평가 등이 있다. 이중에서 스트레스 완화효과가 가장 큰 것은 예측가능성이다.

어떤 사건에 대한 예측을 할 수 있게 되면 이에 대응할 수 있는 준비나 마음자세를 갖출 수 있기 때문이다.

9. 직무 스트레스 발생 모형

1) 인간-환경 적합성 모형

불충분한 작업 적합성, 보유기술과 직무 요구 사이의 부조화, 경력상 목표와 실제적 기회 사이의 부조화를 인지할 때 정서적 스트레스를 받는다.

2) 요구-조절 모형(Demand-Control Model)

스트레스를 결정짓는 두 인자로 직무요구도(job demand)와 이에 대한 의사결정범위를 들고 있다.

구분	직무요구도가 낮을 때	직무요구도가 높을 때
의사결정 범위 낮을 때	수동적 집단	고긴장 집단
의사결정 범위 높을 때	저긴장 집단	능동적 집단

3) 요구-조절-지지 모형(Demand-Control-Support Model)

사회적 지지가 있는 경우에는 고긴장 집단이라도 스트레스를 낮추고 관리할 수 있다는 모형

4) 노력-보상 모형(Effort-Reward Model)

외적으로 직무에 있어서 요구되는 노력과 보상(금전적 보상, 승진, 자존감, 직무안정 등)의 불균형으로 스트레스가 발생한다고 본다. 높은 노력에 비해 낮은 보상이 계속될 때 심한 스트레스에 노출된다.

10. 여키스-도슨(YERkes-Dodson) 법칙

동기부여(상과 벌)가 너무 약하면 집중력이 떨어져 능력을 발휘할 수 없고 반대로 동기부여가 지나치게 강하면 과도한 스트레스로 자기 능력을 충분히 발휘하지 못해 능력을 발휘할 수 없다는 법칙. 적당한 긴장은 능률을 올리지만 긴장이 너무 낮거나 높으면 오히려 능률을 떨어뜨린다.(일의 효율성은 스트레스가 중간 수준일 때 가장 높다.)

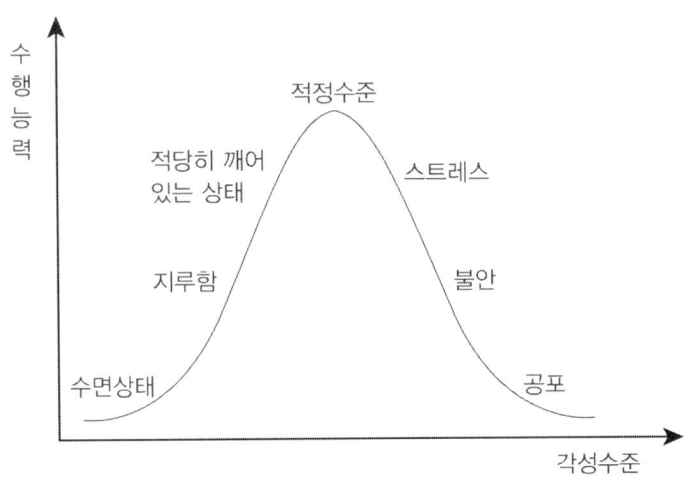

여키스-도슨 곡선(스트레스와 성취도의 상관관계)

11. 직업 스트레스 모델

1) 자원보조이론(Conservation of Resources, COR)

- 역할과 역할 내 스트레스의 연관 관계 설명
- 일과 가정 중 상실에 의한 스트레스

2) 요구-통제 모델(Demands-Control Model)

- 개인능력-일(work)에서 요구되는 것
- 개인의 목표나 열망-일의 환경 제공물 간의 불일치에 따른 스트레스
  (종업원이 심한 업무 요구를 받게 되면서 동시에 자신의 업무에 대한 통제권이 없는 상황)
- <u>통제력은 요구의 부정적 효과를 줄이거나 완충해주는 역할을 함</u>

3) 요구-자원 모델(Demands-Resources Model)

- 종업원들의 외적요인과 내적요인이 개인적으로 스트레스 요인에 완충 역할을 한다는 이론
  - 외적요인 : 조직의 지원, 의사결정과정에 대한 참여
  - 내적요인 : 자신의 업무요구에 대한 종업원의 정신적 접근방법

4) 사람-환경 적합 모델(Person-Enviroment Model)

- 개인과 환경 간의 적합도가 부족할 때 업무 환경이 스트레스를 주는 것으로 지각
- 스트레스는 인간이나 환경으로부터 독립적으로 발생하는 것이 아님

5) 노력-보상 불균형 모델(Effort-Reward Model)

개인 차원에서 스트레스를 일으키는 가장 큰 원인은 본인이 지출하는 노력의 내용과 크기와 본인이 직접 체험하는 보상의 내용과 크기 간의 불균형

12. 일과 가정모델(자원보존이론에 관계됨)

1) 일과 가정 간의 관계를 설명하는 세 가지 개념적 모델

(1) <u>파급 모델(spillover model)</u>
   직장에서 일과 가정에서 일어나는 일 사이에는 유사성이 있으며, 일에 대한 태도가 가정과 다른 사람들에게 파급효과를 미친다는 주장으로 일과 가정 변인들 간에는 정적관계가 있다고 본다

(2) <u>보충 모델(compensation model)</u>
   파급 모델과 반대 개념으로 일과 가정 간에 역의 관계가 있다는 주장으로 개인이 일이나 가정에 부족함이 있다면 다른 부분에서 보충하려고 한다는 주장으로 일과 가정 변인들 간에는 부정적관계가 있다고 본다.

(3) 분리 모델(segmentation model)

일과 가정은 서로 독립적이어서 서로의 영역에 영향을 미치지 않으며 한 영역에서 성공할 수 있다고 본다. 가정은 친밀감과 공감대를 형성하는 영역이며, 일은 비인간적이고 수단적인 영역이라고 본다.

2) 직장과 가정 간의 갈등(WFC : Work-Family Conflict) 3가지 차원

(1) 시간에 기초한 갈등(time-based conflict)

한 역할의 수행에 소요되는 시간이 다른 역할의 후행에 저해하는 경우

(2) 행동에 기초한 갈등(behavior-based conflict)

한 역할에서의 행동이 다른 역할에서의 행동과 양립되지 않는 경우

(3) 긴장에 기초한 갈등(strain-based conflict)

한 역할로부터의 압력이 다른 역할의 수행을 방해할 경우

기출 문제 요약

- 레윈의 조직변화 과정(해빙 – 변화 – 재동결) (2022년)
- **확증 편향** : 어떤 가설을 받아들이고 나면 다른 가능성은 검토하지도 않고 그 가설을 지지하는 증거만을 탐색해서 받아들이는 현상 (2020년)
- 작업장 스트레스의 대처방안 중 조직차원의 기법은? 작업 과부하 제거, 사회적 지지의 제공, 조직 분위기 개선 (2013년)
- 작업스트레스에 관한 설명 (2014년)
  - 스트레스 출처에 대한 이해가능성, 예측가능성, 통제가능성 중에서 스트레스 완화효과가 가장 큰 것은 예측가능성이 있음
- 직무스트레스 요인에 관한 설명 (2015년)
  - 역할 내 갈등은 직무상 요구가 여럿일 때 발생함
  - 역할 모호성은 상사가 명확한 지침과 방향성을 제시하지 못하는 경우에 유발
  - 요구-통제 모형에 의하면 통제력은 요구의 부정적 효과를 줄이거나 완충해주는 역할을 함
  - 대인관계 갈등과 타인과의 소원한 관계는 다양한 스트레스 반응을 유발할 수 있음
- 요구-자원 모델 : 직업 스트레스 모델 중 다양한 직무요구에 대해 종업원들의 외적 요인(조직의 지원, 의사결정 과정에 대한 참여)과 내적 요인(자신의 업무요구에 대한 종업원의 정신적 접근방법)이 개인적으로 직면하는 스트레스 요인에 완충 역할을 하는 것 (2017년)
- 스트레스의 작용과 대응에 관한 설명 (2020년)
  - A유형이 B유형 성격의 사람에 비해 스트레스에 더 취약함
  - Selye가 구분한 스트레스 3단계 중에서 2단계는 저항단계임
  - 스트레스 관련 정보수집, 시간관리, 구체적 목표의 수립은 문제중심적 대처 방법임
  - 자신의 사건을 예측할 수 있고, 통제 가능하다고 지각하면 스트레스를 덜 받음
  - 수행 수준은 적절한 스트레스일 때 증가하다가 과도하면 감소함(역U자형)

기출 문제 요약

- **직무 요구-자원 모델** : 직업 스트레스 모델 중 종단 설계를 사용하여 업무량과 이외의 다양한 직무요구가 종업원의 안녕과 동기에 미치는 영향을 살펴보기 위한 것임 (2021년)
- **조직 스트레스원 자체의 수준을 감소시키기 위한 방법** (2021년)
  - 더 많은 자율성을 가지도록 직무를 설계하는 것
  - 조직의 의사결정에 대한 참여기회를 더 많이 제공하는 것
  - 갈등해결기법을 효과적으로 사용할 수 있도록 종업원을 훈련하는 것
- **직업스트레스 모델에 대한 설명** (2022년)
  - 노력-보상 불균형 모델 : 직장에서 제공하는 보상이 종업원의 노력에 비례하지 않을 때 종업원이 많은 스트레스를 느낀다고 주장함
  - 직무요구-자원모델 : 업무량 이외에도 다양한 요구가 존재한다는 점을 인식하고, 이러한 다양한 요구가 종업원의 안녕과 동기에 미치는 영향을 연구함
  - 자원보존 모델 : 자원의 실제적 손실 또는 손실의 위협이 종업원에게 스트레스를 경험하게 한다고 주장함
  - 사람-환경 적합 모델 : 종업원은 개인과 환경 간의 적합도가 낮은 업무 환경을 스트레스원으로 지각함
- **일과 가정 간의 관계를 설명하는 3가지 모델** : **파급 모델, 보충 모델, 분리 모델** (2014년)
- **일-가정 갈등에 관한 설명** (2019년)
  - 일과 가정의 요구가 서로 충돌하여 발생함
  - 장시간 근무나 과도한 업무량은 일-가정 갈등을 유발하는 주요한 원인이 될 수 있음
  - 적은 시간에 많은 것을 해내기를 원하는 경향이 강한 사람은 더 많은 일-가정 갈등을 경험함
  - 돌봐주어야 할 어린 자녀가 많을수록 더 많은 일-가정 갈등을 경험함
- **회피하기 방식** : 근로자가 동료나 관리자와 같은 제3자에게 갈등에 대해 언급하여, 자신과 갈등하는 대상을 직접 만나지 않고 저절로 갈등이 해결되는 것을 희망함 (2019년)
- **직업 스트레스에 관한 설명** (2023년)
  - **비르와 프랜즈**는 직업스트레스를 의학적 접근, 임상·상담적 접근, 공학심리학적 접근, 조직심리학적 접근 등 네 가지 다른 관점에서 설명할 수 있다고 제안함
  - **요구-자원모델**은 업무량 이외에도 다양한 요구가 존재한다는 점을 인식, 이러한 다양한 요구가 종업원의 안녕과 동기에 미치는 영향을 연구함
  - **자원보존 이론**은 종업원들은 시간에 걸쳐 자원을 축적하려는 동기를 가지고 있으며, 자원의 실제적 손실 또는 손실의 위협이 그들에게 스트레스를 경험하게 한다고 주장함
  - **셀리에의 일반적 적응증후군 모델**은 경고, 저항, 소진의 세가지 단계로 구성됨
  - 직업스트레스 요인 중 **역할 모호성**은 종업원이 자신의 직무기능과 책임이 무엇인지 불명확하게 느끼는 정도를 말함

16 작업부하(Work Load)

1. 작업부하 정의

작업부하는 작업수행에 따라 작업자에게 요구되는 육체적, 정신적 기능 정도를 말하며, 작업부하에는 압박을 가하여 작업성능을 저하시키는 속도압박과 작업특성을 변화시키는 부하압박이 있다.

2. 작업부하 평가방법

1) 주관적 방법

작업자 자신의 자각적인 판단에 의존하는 방법으로 심리학적 방법, 물리학적 방법을 이용하는데 시스템의 안락함, 작업 중량의 적절함, 작업에 의한 심리적 부담 등 개개인의 심리적 요인과 관련된 작업부담을 평가하는 데 이용된다.

2) 객관적방법

작업자의 정보처리 용량이나 작업기억 등의 가시적 측정이 곤란한 작업기능을 평가하는 데 이용되는 심리학적 방법과 정신적 부담작업을 평가하는 데 주로 이용되는 생리학적 방법 등이 있다.

(1) 생리학적 방법
에너지대사율(RMR), 근전도(EMG), 심전도(ECG), 뇌전도(EEG), 산소소비량(VO_2)

(2) 생화학적 방법
아드레날린 배설량, 배뇨 중의 스테로이드 양

3. 피로의 종류와 원인

작업부담이 계속되면서 생기는 신체상의 변화가 피로현상이다. 일반적으로 작업강도가 강할수록 피로의 진행이 빨라서 급속히 에너지를 지속적으로 소비한다.

1) 피로의 현상(표로의 3표지)

(1) 주관적 피로
① 종류
- 피곤하다는 지각
- 권태감, 주의력 감소, 흥미 상실

- 불안감, 초조감 증가
② 해소방법
- 적성에 맞는 인사배치
- 육체적, 시간적, 사회적, 작업조건의 변화
- 물리적 작업환경의 변화

(2) 객관적 피로
① 종류
- 작업능률 감퇴, 주의산만, 착오 증가
- 작업수행 의욕 저하, 생산성 저하
② 해소방법
- 휴식(생산효율을 높이는 방법)

(3) 생리적 피로
① 종류
- 인체의 생리상태 검사, 물질의 변화 등으로 추정
- 고유한 생리반응, 증상 없음
② 검사방법
- 말초신경의 반응
- 정보수용계의 반응
- 근육긴장 등의 측정

2) 원인

(1) 개체조건 : 성별, 연령, 경력, 체력, 숙련도, 성격, 질병 유무 등

(2) 작업조건
① 질적조건 : 근육, 정신적, 심적 부담이 큰 작업, 작업방식과 기계설비 등
② 양적조건 : 작업부담, 작업속도, 근무시간 등

(3) 작업환경조건 : 온·습도, 조도, 소음, 진동, 대기오염, 유독가스 등

(4) 생활조건 : 수면, 식사, 자유시간, 레크레이션 등

(5) 사회적 조건 : 임금관계, 임금과 생활수준 등

기출 문제 요약

■ 작업부하는 업무 요구량에 관한 것으로 양적 유형과 질적 유형이 있음 (2015년)

CHAPTER 05

산업위생

1. 산업위생개론
2. 작업환경 노출기준
3. 작업위생 측정 및 평가
4. 환기
5. 건강검진과 근로자 건강관리

CHAPTER 05 산업위생

1 산업위생개론

1. 산업보건의 정의

① 작업조건으로 인한 건강 장해로부터 근로자를 보호한다.
② 모든 직업에 종사하는 근로자들의 육체적, 정신적, 사회적 건강을 유지 증진한다.
③ 작업조건으로 인한 질병 예방 및 건강에 유해한 취업을 방지한다.
④ 근로자를 심리적, 생리적으로 적합한 작업환경에 배치한다.
⑤ 작업이 인간에게 또는 일하는 사람이 그 직무에 적합하도록 마련하는 것
(사람에 대한 작업의 적응과 그 직업에 대한 각자의 적응을 목표로 한다.)

2. 미국산업위생학회(AIHA)의 산업위생의 정의

근로자나 일반 대중에게 질병, 건강장애와 안녕방해, 심각한 불쾌감 및 능률 저하 등을 초래하는 작업환경 요인과 스트레스를 <u>예측, 측정, 평가, 관리</u>하는 과학과 기술이다.

3. 산업위생의 목적

① 작업환경과 근로조건의 개선 및 직업병의 근원적 예방
② 최적의 작업환경 및 작업조건을 개선하여 질병을 예방
③ 근로자의 건강을 유지, 증진시키고 작업능률을 향상
④ 근로자의 육체적, 정신적, 사회적 건강 유지 및 증진
⑤ 산업재해 예방 및 직업성 질환 유소견자의 작업 전환

4. 산업위생의 영역 중 기본과제

① 작업능력의 향상과 저하에 따른 작업조건 및 정신적 조건의 연구
② 최적 작업환경 조성에 관한 연구 및 유해 작업환경에 의한 신체적 영향 연구
③ 노동력의 재생산과 사회, 경제적 조건에 관한 연구

5. 산업위생의 활동

1) 예측(anticipation)

산업위생 활동에서 <u>처음으로 요구되는 활동</u>으로 기존의 작업환경 측정 및 조건, 새로운 물질, 공정, 기계의 도입, 새로운 제품의 생산 및 부산물로 인한 근로자의 건강장애 등을 사전에 예측함

① 근로자의 근무기간별 직무활동을 기록한다.
② 근로자가 과거에 소속된 공정을 설문으로 조사한다.
③ 구매할 기계장비에 발생될 수 있는 유해요인을 예측한다.
④ 새로운 화학물질을 공정에 도입, 계획할 때 알려진 참고자료를 바탕으로 노출 위험성을 예측한다.
⑤ 동일한 직무를 수행하는 노동자 그룹별로 직무특성을 상세하게 기술하고 유사 노출그룹을 분류한다.

2) 인지(recognition)

현존 상황에서 <u>존재 혹은 잠재하고 있는 유해인자를 파악</u>, 유해인자의 특성을 구체적으로 파악하는 것으로 <u>위험성 평가(Risk Assessment)</u>가 이루어져야 함.

※위험성평가 : 유해위험요인을 파악하여 제거 또는 관리로 피해 최소화

3) 측정(measurement)

작업환경이나 조건의 유해 정도를 구체적으로 정성적 또는 정량적으로 계측하는 것으로 기계조작에 의한 직독식 방법에서부터 고도의 기술이 요구되는 기기분석까지 다양하다.

4) 평가(evaluation)

유해인자에 대한 양, 정도가 근로자들의 건강에 어떤 영향을 미칠 것인지를 판단하는 의사결정단계로 넓은 의미에서는 측정까지도 포함
(시료 채취, 분석 / 예비조사의 목적과 범위 결정 / 현장조사로 유해인자 양 측정)
측정값을 노동부의 노출기준 고시, 미국의 허용기준 등 기타 문헌의 값들과 비교

5) (작업)관리(control)

유해인자로부터 근로자를 보호하는 모든 수단
① 공학적 대책 : 제거, 대체(공정변경, 설비대책), 환기, 밀폐, 차단
② 행정적 대책 : 작업시간 조정, 교대근무, 교육 등
③ 개인보호장구 관리

6. 산업위생의 업무

① 유해작업환경에 대한 공학적인 조치
② 작업조건에 대한 인간공학적 평가
③ 작업환경에 대한 정확한 분석기법 개발

7. 외국의 산업위생의 역사

- 기원전(460~370) 히포크라테스 : 광산의 납중독 기술(최초의 직업병 : 납중독)
- 기원후(23~79) 가이우스 플리니우스 세쿤두스 : 먼지 마스크로 동물의 방광막 사용을 주장함
- 1973~1541년 파라셀수스 : 독성학의 아버지
  "모든 화학 물질은 독물이며 독물이 아닌 화학물질은 없다"
- 1566년 아그리콜라 : 저서 "광물에 대하여"에서 광부들의 사고 및 질병, 예방법 등에 대하여 기록, 광산에서의 규폐증의 유해성 언급
- 1700년 라마니치 : 산업보건의 시조, 산업의학의 아버지
  저서 "직업인의 질병"에서 수공업자의 질병을 집대성함.
- 1760 ~ 1820년 : 산업혁명
  • 공장이라는 형태의 밀집된 생산시스템이 시작
  • 증기기관이 발명되어 생산의 기계화가 진행되면서 화학물질 사용량이 크게 증가
  • 노동자에 대한 인권 유린도 산업혁명 때부터 대두되기 시작

- 어린이 노동이라는 비상식적인 일이 발생
- 산업혁명 초기에는 공장 안은 물론 인접지역까지 공기, 물 등의 오염으로 개인위생이 중요한 문제로 대두
- 산업혁명 이전에도 금속의 채광 및 제련업에 종사하는 사람들의 직업병 문제가 제기됨
- 초기의 공장은 청소, 작업복의 세탁 불량, 작업장 내 식사 등 위생적인 문제 해결만으로도 작업환경이 개선되었기 때문에 산업위생이라는 이름을 붙였다.

- 1775년 포트 : 영국의 외과의사
  굴뚝 청소부에게서 최초의 직업성 암인 "음낭암"을 발견
  암의 원인 물질은 "검댕"(다핵방향족 화합물 PHA)
  "굴뚝 청소부법" 제정하는 계기가 됨
- 1785년 베이커 : 사이다. 공장에서 납에 의한 복통 발견
- 공장법(1833)
  영국에서 여성과 아동의 노동시간을 규제하는 것을 내용으로 제정한 법령으로 산업 보건에 관한 최초의 법률로서 실제로 효과를 거둔 최초의 법이다. 주요내용은 다음과 같다.
  ① 감독관을 임명하여 공장을 감독한다.
  ② 근로자에게 교육을 시키도록 의무화한다.
  ③ 18세 미만 근로자의 야간작업을 금지한다.
  ④ 작업할 수 있는 연령을 13세 이상으로 제한한다.
  ⑤ 주간 작업시간을 48시간으로 제한한다.
- 1883년~ 비스마르크 : 독일에서 근로자 질병보험법과 공장재해보험법 제정
- 1862년 레이노드 박사 : 고압진동 수공구 사용에 따른 백지증, 사지증 발표
- 1895년 렌 : 염료로 인한 직업성 방광암 발견
- 1910년 해밀턴 : 미국의 여의사, 미국 최초의 산업보건학자, 산업의학자
- 1911년 로리가 : 진동공구에 의한 수지의 레이노드(Raynaud) 현상을 보고
- 1912년 영국의 황린사용금지
- 1948년 : 세계보건기구(WHO) 발족

8. 한국의 산업위생역사

- 1953년 : 근로기준법 제정 공포
- 1954년 : 광산에서 진폐증 발견
- 1958년 : 석탄공사 장성병원 중앙실험실 설치
- 1961년 : 근로기준법 시행규칙 제정
- 1962년 : 카톨릭의대 산업의학연구소 설립, 근로기준법 시행령 제정

- 1963년 : 대한산업보건협회 창립, 산업재해 보상보험법 제정
- 1977년 : 근로복지공단 설립
- 1981년 : 산업안전보건법 제정 공표, 노동청을 노동부로 승격
- 1986년 : 유해물질의 허용농도 제정
- 1987년 : 한국산업안전공단 설립
- 1988년 : 문송면 군(15세)의 수은중독 사망 발생(온도계 제조공장)
- 1991년 : 우리나라 ILO(국제노동기구) 가입, 원진레이온 이황화탄소(CS2) 중독 발견
  (1998년 집단 중독 발생)
- 1992년 : 작업환경측정 실시규정제정
- 1995년 : 전자부품회사의 접촉형 스위치 제조공정에서 발생
  (2-브로모프로판의 독성에 의한 생식기능 저하)
- 2004년 : LCD 부품제조업체에서 외국인근로자 노말헥산에 의한 다발성신경병증 이환
- 2006년 : 디메틸포름아미드에 의한 급성간염(간독성)으로 사망
- 2016년 : 휴대폰 부품업체 메탄올 중독으로 뇌손상 및 실명
- 2018년 : 라돈, 대진침대
- 2022년 : 디클로로메탄에의한 중추신경, 심장질환, 김해두성산업

9. 국가별 산업보건 허용기준

노출기준의 형태	제안기구
PEL(법적기준)	미국 OSHA
REL(권고)	미국 NIOSH
TLV	미국 ACGIH
WEEL	미국 AIHA
MAK	독일 GCIHHCC
WEL(법적기준)	영국 HSE
CL(법적기준)	일본 노동성
OEL	일본 JOSH
OEL	스웨덴
법적기준/허용기준	고용노동부(대한민국)

※ 산업위생관련기관
- IH는 Industrial Hygienist : 산업위생
- Sh는 Safety and Health : 산업안전보건
    - ACGIH(미국정부산업위생전문가협의회) : C(Conference)가 협의회
      American conference of governmental Industrial hygienists
    - AIHA(미국산업위생학회) : A(Associstion)가 학회
      American industrial hygiene association
    - OSHA(미국산업안전보건청) : O(Occupational)가 청
      occupational safety and health administration
- NIOSH(국립산업안전보건연구원)
- National Institute for occupational safety and health

※ ACGIH의 허용농도 적용상의 주의사항
1) TLV는 대기오염 평가 및 지표(관리)에 적용될 수 없다.
2) TLV는 안전농도와 위험농도를 명확히 구분하는 경계선이 아니다
3) TLV는 독성의 강도를 비교할 수 있는 지표가 아니다.
4) 24시간 또는 정상작업시간을 초과한 노출에 대한 독성평가에는 적용될 수 없다.
5) 기존의 질병이나 육체적 조건을 판단하기 위한 척도로 사용될 수 없다.
6) 작업조건이 미국과 다른 나라에서는 ACGIH-TLV를 그대로 적용할 수 없다.
   TLV는 반드시 산업위생전문가에 의해서 적용되어야 한다. 피부로 흡수되는 양은 고려하지 않은 기준이다.
   건강장해를 예방하기 위한 지침이다.

10. 산업위생 전문가의 윤리강령(미국산업위생학술원 : AIHA)

1) 산업위생전문가로서의 책임

① 학문적 실력 면에서 최고 수준 유지
② 자료의 해석에서 객관성을 유지
③ 산업위생을 학문적으로 발전시킨다.
④ 과학적 지식을 공개하고 발표
⑤ 기업체의 기밀은 누설하지 않는다
⑥ 이해관계가 있는 상황에는 개입하지 않는다.

2) 근로자에 대한 책임

① 근로자의 건강보호가 산업위생전문가의 1차적 책임
② 위험요인을 측정, 평가 및 관리에 있어서 중립적 태도
③ 위험요소와 예방조치에 대해 근로자와 상담

3) 기업주와 고객에 대한 책임

① 정확한 기록을 유지하고 산업위생 전문부서들을 운영 관리
② 궁극적인 책임은 근로자의 건강보호
③ 책임있게 행동
④ 정직하게 권고, 권고사항을 정확히 보고

4) 일반 대중에 대한 책임

① 일반 대중에 관한 사항을 정직하게 발표
② 전문적인 견해를 발표

> **참고**
>
> ※ 국제노동기구(ILO)와 세계보건기구(WHO) 공동위원회의 산업보건의 정의
> "모든 직업에서 일하는 근로자들의 신체적, 정신적, 사회적 건강을 고도로 유지·증진시키며, 작업조건으로 인한 질병을 예방, 건강에 유해한 취업을 방지하며, 근로자를 생리적으로나 심리적으로 적합한 작업환경에 배치하여 일하도록 하는 것"

11. 보건관리자의 자격(제21조 관련, 별표6)

보건관리자는 다음 각 호의 어느 하나에 해당하는 사람으로 한다.
1. 법 제143조제1항에 따른 산업보건지도사 자격을 가진 사람
2. 「의료법」에 따른 의사
3. 「의료법」에 따른 간호사
4. 「국가기술자격법」에 따른 산업위생관리산업기사 또는 대기환경산업기사 이상의 자격을 취득한 사람
5. 「국가기술자격법」에 따른 인간공학기사 이상의 자격을 취득한 사람
6. 「고등교육법」에 따른 전문대학 이상의 학교에서 산업보건 또는 산업위생 분야의 학위를 취득한 사람(법령에 따라 이와 같은 수준 이상의 학력이 있다고 인정되는 사람을 포함한다.)

12. 보건관리자의 업무(산업안전보건법 시행령 제22조)

1. 보건관리자의 업무는 다음 각 호와 같다.
   ① 산업안전보건위원회 또는 노사협의체에서 심의·의결한 업무와 안전보건관리규정 및 취업규칙에서 정한 업무

② 안전인증대상기계등과 자율안전확인대상기계등 중 보건과 관련된 보호구(保護具) 구입 시 적격품 선정에 관한 보좌 및 지도·조언
③ 법 제36조에 따른 위험성평가에 관한 보좌 및 지도·조언
④ 법 제110조에 따라 작성된 물질안전보건자료의 게시 또는 비치에 관한 보좌 및 지도·조언
⑤ 제31조제1항에 따른 산업보건의의 직무(보건관리자가 별표 6 제2호에 해당하는 사람인 경우로 한정한다.)
⑥ 해당 사업장 보건교육계획의 수립 및 보건교육 실시에 관한 보좌 및 지도·조언
⑦ 해당 사업장의 근로자를 보호하기 위한 다음 각 목의 조치에 해당하는 의료행위(보건관리자가 별표 6 제2호 또는 제3호에 해당하는 경우로 한정한다.)
　가. 자주 발생하는 가벼운 부상에 대한 치료
　나. 응급처치가 필요한 사람에 대한 처치
　다. 부상·질병의 악화를 방지하기 위한 처치
　라. 건강진단 결과 발견된 질병자의 요양 지도 및 관리
　마. 가목부터 라목까지의 의료행위에 따르는 의약품의 투여
⑧ 작업장 내에서 사용되는 전체 환기장치 및 국소 배기장치 등에 관한 설비의 점검과 작업 방법의 공학적 개선에 관한 보좌 및 지도·조언
⑨ 사업장 순회점검, 지도 및 조치 건의
⑩ 산업재해 발생의 원인 조사·분석 및 재발 방지를 위한 기술적 보좌 및 지도·조언
⑪ 산업재해에 관한 통계의 유지·관리·분석을 위한 보좌 및 지도·조언
⑫ 법 또는 법에 따른 명령으로 정한 보건에 관한 사항의 이행에 관한 보좌 및 지도·조언
⑬ 업무 수행 내용의 기록·유지
⑭ 그 밖에 보건과 관련된 작업관리 및 작업환경관리에 관한 사항으로서 고용노동부장관이 정하는 사항

2. 보건관리자는 제1항 각 호에 따른 업무를 수행할 때에는 안전관리자와 협력해야 한다.

3. 사업주는 보건관리자가 제1항에 따른 업무를 원활하게 수행할 수 있도록 권한, 시설, 장비, 예산, 그 밖의 업무 수행에 필요한 지원을 해야 한다. 이 경우 보건관리자가 별표 6 제2호 또는 제3호에 해당하는 경우에는 고용노동부령으로 정하는 시설 및 장비를 지원해야 한다.

4. 보건관리자의 배치 및 평가·지도에 관하여는 제18조제2항 및 제3항을 준용한다. 이 경우 "안전관리자"는 "보건관리자"로, "안전관리"는 "보건관리"로 본다.

13. 근로자의 건강증진활동 지침

근로자 건강활동지침 제4조(건강증진활동계획 수립·시행)

1) 사업주는 근로자의 건강증진을 위하여 다음 각 호의 사항이 포함된 건강증진활동계획을 수립·시행하여야 한다.
   ① 사업주가 건강증진을 적극적으로 추진한다는 의사표명
   ② 건강증진활동계획의 목표 설정
   ③ 사업장 내 건강증진 추진을 위한 조직구성
   ④ 직무스트레스 관리, 올바른 작업자세 지도, 뇌심혈관계질환 발병위험도 평가 및 사후관리, 금연, 절주, 운동, 영양개선 등 건강증진활동 추진내용
   ⑤ 건강증진활동을 추진하기 위해 필요한 예산, 인력, 시설 및 장비의 확보
   ⑥ 건강증진활동계획 추진상황 평가 및 계획의 재검토
   ⑦ 그 밖에 근로자 건강증진활동에 필요한 조치

2) 사업주는 제1항에 따른 건강증진활동계획을 수립할 때에는 다음 각 호의 조치를 포함하여야 한다.
   ① 법 제43조제5항에 따른 건강진단결과 사후관리조치
   ② 안전보건규칙 제660조제2항에 따른 근골격계질환 징후가 나타난 근로자에 대한 사후조치
   ③ 안전보건규칙 제669조에 따른 직무스트레스에 의한 건강장해 예방조치

3) 상시 근로자 50명 미만을 사용하는 사업장의 사업주는 근로자건강센터를 활용하여 건강증진활동계획을 수립·시행할 수 있다.

기출 문제 요약

- **우리나라와 세계적으로 널리 인용되고 있는 노출기준과 제정기관에 관한 내용 (2013년)**
  - 노출기준의 명칭(TLV), 제정기관(ACGIH, 미국)
  - 노출기준의 명칭(허용기준), 제정기관(고용노동부, 대한민국)
- **산업위생의 궁극적 목적**은 근로자의 건강을 보호하기 위한 대책을 강구하는 것으로 일반적인 대책의 우선순위는 제거-대체-공학적개선-행정적개선-개인보호구 착용 순임 (2013년)
- **산업위생전문가**가 수행한 활동 (2015년)
  - 트리클로로에틸렌을 사용하는 작업자가 하루 10시간 동안 이 물질에 노출되는 것을 발견하고, 노출기준을 보정하여 측정치를 평가하였음
  - 유성페인트를 여러 가지 유기용제가 포함된 시너로 희석하여 도장하는 작업장에서 노출평가 시 각각의 노출기준과 상호작용을 고려하여 평가하였음
  - 발암성이 있는 목재분진도 있으므로 원목의 재질을 조사하여 평가하였음
  - 폭이 넓은 도금조에 측방형 후드가 설치되어 있는 작업장에서 적절한 제어속도가 나오지 않아 이를 푸쉬-풀 후드로 교체할 것을 제안함

- 결정체 석영은 노출기준이 호흡성 분진으로 되어 있어 이에 노출되는 작업자에 대하여 여과채취방법으로 채취함

■ **산업위생의 목적 달성을 위한 활동**(2019년)
  - 메탄올의 생물학적 노출지표를 검사하기 위하여 작업자의 소변을 채취하여 분석함
  - 노출기준과 작업환경측정결과를 이용하여 작업환경을 평가함
  - 피토관을 이용하여 국소배기장치 덕트의 속도압(동압)과 정압을 주기적으로 측정함
  - 금속 흄 등과 같이 열적으로 생기는 분진 등이 발생하는 작업장에서는 1급 이상의 방진마스크를 착용하게 함
  - 인간공학적 평가도구인 OWAS를 활용하여 작업자들에 대한 작업 자세를 평가함

■ **산업위생의 범위**에 관한 설명(2020년)
  - 새로운 화학물질을 공정에 도입하려고 계획할 때, 알려진 참고자료를 바탕으로 노출 위험성을 예측함
  - 화학물질 관리를 위해 국소배기장치 설치를 제안함
  - 작업환경에서 발생할 수 있는 감염성질환을 포함한 생물학적 유해인자에 대한 위험성 평가를 실시함
  - 노출기준이 설정되지 않은 물질에 대하여 노출수준을 측정하고 참고자료와 비교하여 평가함
  - 동일한 직무를 수행하는 노동자 그룹별로 직무특성을 상세하게 기술하고 유사노출그룹을 분류함

■ **미국산업위생학회에서 산업위생의 정의**에 관한 설명(2020년)
  - 인지란 현재 상황의 유해인자를 파악하는 것으로 위험성 평가를 통해 실행할 수 있음
  - 측정은 유해인자의 노출 정도를 정량적으로 계측하는 것이며 정성적 계측도 포함함
  - 평가의 대표적인 활동은 측정된 결과를 참고자료 혹은 노출기준과 비교하는 것임
  - 관리에서 개인보호구의 사용은 최후의 수단이며 공학적, 행정적인 관리와 병행하여야 함
  - 산업위생 활동 순서 : 예측 → 인지 → 측정 → 평가 → 관리

■ 산업위생관리의 기본원리 중 작업관리는 작업개선이 있음(2020년)
■ 독일의 GCIHHCC의 MAK는 법적 제재력이 없음(2020년)
■ 산업위생은 유해인자 예측 및 관리, 작업조건의 인간공학적 개선, 작업환경 개선 및 직업병 예방, 작업자의 건강보호 및 생산성 향상 등의 목적이 있음(2021년)
■ 근로자 건강을 보호하기 위한 **작업환경관리의 우선순위**는 제거 → 대체 → 환기 → 교육 → 보호구착용 임 (2014년)
■ 주요 국가에서 설정한 **노출기준 용어** : 미국(OSHA) – PEL, 미국(NOISH) – REL, 영국(HSE) – WEL, 독일 – MAK
■ **산업위생전문가**의 주요 활동은(2018년)
  - 근로자의 근무기간별 직무활동을 기록함
  - 근로자가 과거에 소속된 공정을 설문으로 조사함
  - 구매할 기계장비에서 발생될 수 있는 유해요인을 예측함
  - 유해인자 노출을 평가함

■ 산업혁명 전후의 산업보건 역사에 관한 설명(2014년)
  - 산업혁명으로 공장이라는 형태의 밀집된 생산시스템이 시작됨
  - 산업혁명 이전에도 금속의 채광 및 제련업에 종사하는 사람들의 직업병 문제가 제기됨
  - 굴뚝청소부 음낭암의 원인이 굴뚝의 검댕이라는 것이 밝혀졌고, 이것이 최초의 직업성암의 사례임
  - 초기의 공장은 청소, 작업복의 세탁불량, 작업장 내 식사 등 위생적인 문제 해결만으로도 작업환경이 개선되었기 때문에 산업위생이라는 이름이 붙여짐

■ 산업위생 분야에 관한 설명(2015년)
  - 산업위생 목적은 궁극적으로 근로환경 개선을 통한 근로자의 건강보호에 있음
  - 국내 사업장의 산업위생 분야를 관장하는 행정부처는 고용노동부임

- B. Ramazzini는 직업병의 원인으로 작업환경 중 유해물질과 부자연스러운 작업 자세를 제안함
- 사업장에서 산업보건 직무담당자를 보건관리자라고 함
- 세계보건기구는 산업보건 관련 국제연합기구로서 근로조건의 개선도모를 목적으로 1948년 설치

■ 1900년 이전에 일어난 산업보건 역사에 해당하는 일은? (2017년)
- 영국에서 음낭암 발견(1775), 독일 뮌헨대학에서 위생학 개설(1883), 영국에서 공장법 제정(1802~1833), 독일에서 노동자질병보호법 제정(1883)

■ 1988년 문송면씨 사망으로 수은 중독이 사회적 이슈가 되었음(2016년)

■ **우리나라에서 발생한 대표적인 직업병 집단 발생 사례(2022년)**
- 1991년 : 원진레이온에서 발생한 이황화탄소 중독 사례
- 1995년 : 전자부품 업체의 2-bromopropane에 의한 생식독성 사례
- 2004년 : 노말-헥산에 의한 외국인 근로자들의 다발성 말초신경제 장해 사례
- 2016년 : 휴대전화 부품 협력업체의 메탄올에 의한 시신경 장해 사례
- 2022년 : 경남 소재 에어컨 부속 제조업체의 세척 작업 중 트리클로로메탄에 의한 간독성 사례

■ Georgius Agricola : 독일의 의사, "광물에 대하여(De Re Metallica)" 저술, 먼지에 의한 규제증 기록(2023년)

2 작업환경 노출기준

★ 화학물질 및 물리적 인자의 노출기준

[시행 2020. 1. 16.] [고용노동부고시 제2020-48호, 2020. 1. 14., 일부개정]

제1장 총칙

제1조(목적) 이 고시는 「산업안전보건법」 제106조 및 제125조, 「산업안전보건법 시행규칙」 제144조에 따라 인체에 유해한 가스, 증기, 미스트, 흄이나 분진과 소음 및 고온 등 화학물질 및 물리적 인자(이하 "유해인자"라 한다.)에 대한 작업환경평가와 근로자의 보건상 유해하지 아니한 기준을 정함으로써 유해인자로부터 근로자의 건강을 보호하는데 기여함을 목적으로 한다.

제2조(정의) ① 이 고시에서 사용하는 용어의 뜻은 다음과 같다.
1. "노출기준"이란 근로자가 유해인자에 노출되는 경우 노출기준 이하 수준에서는 거의 모든 근로자에게 건강상 나쁜 영향을 미치지 아니하는 기준을 말하며, 1일 작업시간동안의 시간가중평균노출기준(Time Weighted Average, TWA), 단시간노출기준(Short Term Exposure Limit, STEL) 또는 최고노출기준(Ceiling, C)으로 표시한다.
2. "시간가중평균노출기준(TWA)"이란 1일 8시간 작업을 기준으로 하여 유해인자의 측정치에 발생시간을 곱하여 8시간으로 나눈 값을 말하며, 다음 식에 따라 산출한다.

$$TWA \text{ 환산값} = \frac{C_1 T_1 + C_2 T_2 + \cdots + C_n T_n}{8}$$

주) C : 유해인자의 측정치(단위 : ppm, mg/m³ 또는 개/cm³)
    T : 유해인자 발생시간(단위 : 시간)
3. "단시간노출기준(STEL)"이란 15분간의 시간가중평균노출값으로서 노출농도가 시간가중평균노출기준(TWA)을 초과하고 단시간노출기준(STEL) 이하인 경우에는 1회 노출 지속시간이 15분 미만이어야 하고, 이러한 상태가 1일 4회 이하로 발생하여야 하며, 각 노출의 간격은 60분 이상이어야 한다.
4. "최고노출기준(C)"이란 근로자가 1일 작업시간동안 잠시라도 노출되어서는 아니 되는 기준을 말하며, 노출기준 앞에 "C"를 붙여 표시한다.

제3조(노출기준 사용상의 유의사항) ① 각 유해인자의 노출기준은 해당 유해인자가 단독으로 존재하는 경우의 노출기준을 말하며, 2종 또는 그 이상의 유해인자가 혼재하는 경우에는 각 유해인자의 상가작용으로 유해성이 증가할 수 있으므로 제6조에 따라 산출하는 노출기준을 사

용하여야 한다.
② 노출기준은 1일 8시간 작업을 기준으로 하여 제정된 것이므로 이를 이용할 경우에는 근로시간, 작업의 강도, 온열조건, 이상기압 등이 노출기준 적용에 영향을 미칠 수 있으므로 이와 같은 제반요인을 특별히 고려하여야 한다.
③ 유해인자에 대한 감수성은 개인에 따라 차이가 있고, <u>노출기준 이하의 작업환경에서도 직업성 질병에 이환되는 경우가 있으므로 노출기준은 직업병진단에 사용하거나 노출기준 이하의 작업환경이라는 이유만으로 직업성질병의 이환을 부정하는 근거 또는 반증자료로 사용하여서는 아니 된다.</u>
④ <u>노출기준은 대기오염의 평가 또는 관리상의 지표로 사용하여서는 아니 된다.</u>

제4조(적용범위) ① <u>노출기준은 법 제39조에 따른 작업장의 유해인자에 대한 작업환경개선기준과 법 제125조에 따른 작업환경측정결과의 평가기준으로 사용할 수 있다.</u>
② 이 고시에 유해인자의 노출기준이 규정되지 아니하였다는 이유로 법, 영, 규칙 및 안전보건규칙의 적용이 배제되지 아니하며, 이와 같은 유해인자의 노출기준은 미국산업위생전문가협회(American Conference of Governmental Industrial Hygienists, ACGIH)에서 매년 채택하는 노출기준(TLVs)을 준용한다.

제2장 노출기준

제5조(화학물질) ① 화학물질의 노출기준은 별표 1과 같다. (별표 1은 첨부문서 확인)

※ 별표 1 내의 발암성 경보 물질 표기 방법

1A : 사람에게 충분한 발암성 증거가 있는 물질

1B : 시험동물에서 발암성 증거가 충분히 있거나, 시험동물과 사람 모두에게 제한된 발암성 증거가 있는 물질

2 : 사람이나 동물에게 제한된 증거가 있지만, 구분 1로 분류하기에는 충분하지 않은 물질

---

② 별표 1의 발암성, 생식세포 변이원성 및 생식독성 정보는 법상 규제 목적이 아닌 정보제공 목적으로 표시하는 것으로서 발암성은 국제암연구소(International Agency for Research on Cancer, IARC), 미국산업위생전문가협회(American Conference of Governmental Industrial Hygienists, ACGIH), 미국독성프로그램(National Toxicology Program, NTP),「유럽연합의 분류·표시에 관한 규칙(European Regulation on the Classification, Labelling and Packaging of substances and mixtures, EU CLP)」또는 미국산업안전보건청(American Occupational Safety & Health Administration, OSHA)의 분류를 기준으로, 생식세포 변이원성 및 생식독성은 유럽연합의 분류·표시에 관한 규칙(European Regulation on the Classification, Labelling and Packaging of substances and mixtures, EU CLP)을 기준으로 「화학물질의 분류·표시 및 물질안전보건자료에 관한 기준」에 따라 분류한다.

제6조(혼합물) ① 화학물질이 2종 이상 혼재하는 경우에 혼재하는 물질간에 유해성이 인체의 서로 다른 부위에 작용한다는 증거가 없는 한 유해작용은 가중되므로 노출기준은 다음식에 따라 산출하되, 산출되는 수치가 1을 초과하지 아니하는 것으로 한다.

$$\frac{C_1}{T_1} + \frac{C_2}{T_2} + \cdots + \frac{C_n}{T_n}$$

주) C : 화학물질 각각의 측정치
　　 T : 화학물질 각각의 노출기준

② 제1항의 경우와는 달리 혼재하는 물질간에 유해성이 인체의 서로 다른 부위에 유해작용을 하는 경우에 유해성이 각각 작용하므로 혼재하는 물질 중 어느 한 가지라도 노출기준을 넘는 경우 노출기준을 초과하는 것으로 한다.

제7조(분진) 삭제

제8조(용접분진) 삭제

제9조(소음) ① 소음수준별 노출기준은 별표 2-1과 같다.

📝 **별표 2-1.** 소음의 노출기준(충격소음제외)

1일 노출시간(hr)	소음강도 dB(A)
8	90
4	95
2	100
1	105
1/2	110
1/4	115

주 : 115 dB(A)를 초과하는 소음 수준에 노출되어서는 안됨

② 충격소음의 노출기준은 별표 2-2와 같다.

별표 2-2. 충격소음의 노출기준

1일 노출회수	충격소음의 강도 dB(A)
100	140
1,000	130
10,000	120

주 : 1. 최대 음압수준이 140 dB(A)를 초과하는 충격소음에 노출되어서는 안 됨
2. 충격소음이라 함은 최대음압수준에 120 dB(A) 이상인 소음이 1초 이상의 간격으로 발생하는 것을 말함

제10조(고온) 작업의 강도에 따른 고온의 노출기준은 별표 3과 같다.

별표 3. 고온의 노출기준

(단위 : ℃, WBGT)

작업휴식시간비 \ 작업강도	경작업	중등작업	중작업
계 속 작 업	30.0	26.7	25.0
매시간 75%작업, 25%휴식	30.6	28.0	25.9
매시간 50%작업, 50%휴식	31.4	29.4	27.9
매시간 25%작업, 75%휴식	32.2	31.1	30.0

주 : 1. 경 작 업 : 200kcal까지의 열량이 소요되는 작업을 말하며, 앉아서 또는 서서 기계의 조정을 하기 위하여 손 또는 팔을 가볍게 쓰는 일 등을 뜻함
2. 중등작업 : 시간당 200~350kcal의 열량이 소요되는 작업을 말하며, 물체를 들거나 밀면서 걸어다니는 일 등을 뜻함
3. 중 작 업 : 시간당 350~500kcal의 열량이 소요되는 작업을 말하며, 곡괭이질 또는 삽질하는 일 등을 뜻함

제10조의2(라돈) 라돈의 노출기준은 별표 4와 같다.

별표 4. 라돈의 노출기준(신설 2018.3.20.)

작업장 농도(Bq/m³)
600

주 : 1. 단위환산(농도) : 600 Bq/m³ = 16pCi/L (※ 1pCi/L=37.46 Bq/m³)
2. 단위환산(노출량) : 600 Bq/m³인 작업장에서 연 2,000시간 근무하고, 방사평형인자(Feq) 값을 0.4로 할 경우 9.2 mSv/y 또는 0.77 WLM/y에 해당 (※ 800 Bq/m³(2,000시간 근무, Feq=0.4) = 1WLM = 12 mSv)

제11조(표시단위) ① 가스 및 증기의 노출기준 표시단위는 피피엠(ppm)을 사용한다.
② 분진 및 미스트 등 에어로졸(Aerosol)의 노출기준 표시단위는 세제곱미터당 밀리그램(mg/m³)을 사용한다. 다만, 석면 및 내화성세라믹섬유의 노출기준 표시단위는 세제곱센

티미터당 개수(개/cm³)를 사용한다.
③ 고온의 노출기준 표시단위는 습구흑구온도지수(이하 "WBGT"라 한다.)를 사용하며 다음 각 호의 식에 따라 산출한다.
  1. 태양광선이 내리쬐는 옥외 장소:
     WBGT(℃) = 0.7 × 자연습구온도 + 0.2 × 흑구온도 + 0.1 × 건구온도
  2. 태양광선이 내리쬐지 않는 옥내 또는 옥외 장소:
     WBGT(℃) = 0.7 × 자연습구온도 + 0.3 × 흑구온도

제12조(재검토기한) 고용노동부장관은 「행정규제기본법」 및 「훈령·예규 등의 발령 및 관리에 관한 규정」에 따라 이 고시에 대하여 2020년 1월 1일을 기준으로 매 3년이 되는 시점(매 3년째의 12월 31일까지를 말한다.)마다 그 타당성을 검토하여 개선 등의 조치를 하여야 한다.

※ 혼합물의 노출지수(EI), 혼합물의 노출기준(mg/m³), 비정상 작업시간에 대한 허용농도 보정

1. 혼합물의 노출지수(EI : Exposure index)

① 2가지 이상의 독성이 유사한 유해화학물질이 공기 중에 공존할 때는 대부분의 물질은 유해성의 상가작용(additive effect)를 나타내기 때문에 유해성 평가는 다음의 식에 의하여 계산된 노출지수에 의하여 결정한다.

$$노출지수(EI) = \frac{C_1}{TLV_1} + \frac{C_2}{TLV_2} + \cdots + \frac{C_n}{TLV_n}$$

여기서, C_n : 각 혼합물질의 공기 중 농도
TLV_n : 각 혼합물의 노출기준

② 노출지수가 1을 초과하면 노출기준을 초과한다고 평가한다.

③ 다만, 혼합된 물질의 유해성이 상승작용 또는 상가작용이 없을 때는 각 물질에 대하여 개별적으로 노출기준 초과여부를 결정한다. (독립작용)

④ 혼합물의 보정된 허용농도(기준)

$$혼합물의\ 허용농도(기준) = \frac{혼합물의\ 공기중\ 농도\ (\sum_{i=1}^{n} C_i)}{노출지수(EI)}$$

ex 공기 중 혼합물 A(TLV-10ppm) 5ppm, B(TLV-50ppm) 25ppm, C(TLV-20ppm) 5ppm으로 존재 시 허용농도의 초과여부를 평가하고, 허용기준을 구하여라. (단, 혼합물은 상가작용을 한다.)

$$노출지수(EI) = \frac{5}{10} + \frac{25}{50} + \frac{5}{20} = 1.25$$

∴ 1을 초과함으로 허용농도를 초과 판정

$$혼합물의\ 허용농도(기준) = \frac{혼합물의\ 공기중\ 농도\ (\sum_{i=1}^{n} C_i)}{노출지수(EI)}$$
$$= \frac{5 + 25 + 5}{1.25} = 28\ ppm$$

2. 혼합물질의 구성성분을 알 때 혼합물의 허용농도

$$\text{혼합물의 노출기준}(TLV) = \frac{1}{\frac{f_a}{TLV_a} + \frac{f_b}{TLV_b} + \cdots + \frac{f_n}{TLV_n}} \,(\text{mg/m}^3)$$

여기서, f_n : 액체 혼합물에서 각 성분 무게(중량)의 구성비(%)

TLV_n : 해당물질의 TVL(mg/m³)

ex 유기용제가 다음의 중량비로 혼합되어 공기중으로 휘발(증발)되었을 때 공기 중 혼합물의 노출기준(허용농도)는?

- 50% A (TLV = 1,000 mg/m³)
- 30% B (TLV = 2,000 mg/m³)
- 20% C (TLV = 150 mg/m³)

$$\text{혼합물의 노출기준}(TLV) = \frac{1}{\frac{f_a}{TLV_a} + \frac{f_b}{TLV_b} + \cdots + \frac{f_n}{TLV_n}} \text{에서}$$

$$= \frac{1}{\frac{0.5}{1000} + \frac{0.3}{2000} + \frac{0.2}{150}} = 504.2\,(\text{mg/m}^3)$$

혼합물이 504.2 mg/m³ 기준 이상으로 노출시 허용기준을 초과했다고 판정

📝 물질간 상호작용

상호작용	정의	수치표현 (수치는 독성의 크기)
상가작용 (additive effect)	유해인자가 2종 이상 혼재하는 경우에 있어서 혼재하는 유해인자가 인체의 같은 부위에 작용함으로써 그 유해성이 가중되는 것	2 + 3 = 5
상승작용 (synergism effect)	각각 단일물질에 노출되었을 때 원래의 독성보다 훨씬 독성이 커짐	2 + 3 = 20
가승작용 (potentiation effect)	인체의 어떤 기관이나 계통에 여항을 나타내지 않는 물질이 독성이 있는 다른 물질과 복합적으로 노출되었을 때 그 독성이 커지는 것	2 + 0 = 10
길항작용 (antagonism effect)	두가지 화학물이 함께 있었을 때 서로의 작용을 방해하는 것	2 + 3 = 1

3. 비정상 작업시간에 대한 허용농도 보정

1) OAHA의 보정방법

① 노출기준 보정계수(RF)를 구하여 노출기준에 곱하여 계산한다.
② 급성중독을 일으키는 물질(대표적 : 일산화탄소) 보정된 노출기준
 = 8시간 노출기준 × 8시간/노출시간(일)
③ 만성중독을 일으키는 물질(대표적 : 중금속) 보정된 노출기준
 = 8시간 노출기준 × 40시간/작업시간(주)
④ 노출기준(허용노동)에 보정 생략할 수 있는 경우
 - 천정값(C : Ceiling)으로 되어있는 노출기준
 - 가벼운 자극(만성중독 야기 안함)을 유발하는 물질에 대한 노출기준
 - 기술적으로 타당성이 없는 노출기준

2) Brief와 Scala의 보정방법

① 노출기준 보정계수(RF)를 구하여 노출기준에 곱하여 계산한다.
② 노출기준 보정계수 (RF)

$$RF = \frac{8}{H} \times \frac{24-H}{16}, \quad RF = \frac{40}{H} \times \frac{168-H}{128}$$

여기서, H : 비정상적인 작업시간(노출시간/일, 노출시간/주)
16 : 휴식시간 의미 (16시간 = 24시간 − 8시간)

③ 보정된 노출기준= $RF \times$ 노출기준(TLV, 허용농도)

> **ex** 허용노동가 100ppm인 유기용제를 취급하는 작업을 하루 10시간 근무할 때 허용농도 보정계수 및 보정된 허용농도를 구하시오.
>
> 노출기준 보정계수 $RF = \dfrac{8}{H} \times \dfrac{24-H}{16} = \dfrac{8}{10} \times \dfrac{24-10}{16} = 0.7$
>
> 보정된 허용농도= $TLV \times RF$ = 100 ppm × 0.7 = 70 ppm

※ 체내흡수량(안전폭로량, 안전흡수량 : SHD Safety Human Dose)

1. 체내에 흡수되더라도 인간에게 안전하다고 여겨지는 양(Dose)

2. 관계식

    체내흡수량(mg) = $C \times T \times V \times R$
    여기서, C : 공기 중 유해물질 농도(mg/m^3)
    T : 노출시간 (hr)
    V : 호흡률(폐환기율)
    R : 체내 잔유율 (보통 1.0)

    체내흡수량(SHD) : 안전계수와 체중을 고려한 것(체중당 흡수량 × 체중 = mg/kg×kg)

3. 동물실험을 통하여 산출한 독물량의 한계치(NOEL : No Observed Effect Level : 무관찰 작용량)를 사람에게 적용하기 위하여 인간의 안전폭로량(SHD)을 계산할 때 체중을 기준으로 외삽(extrapolation)한다.

    참고

    외삽(extropolation) : 독립변수의 범위를 벗어난 input값에 대해 회귀선을 연장하여 ouput 값을 찾는 것을 말함

    ex A(독성물질)의 인체실험 결과 안전흡수량이 체중(kg)당 0.1mg이다. 1일 8시간 작업 시 A물질의 체내 흡수를 안전흡수량 이하로 유지하려면 공기 중 A의 농도는 얼마이어야 하나? (단, 평균체중 70kg, 작업시 폐환기율 $1.2 m^3/hr$, 체내 잔유율 1.0)

    - 체내 흡수량(mg) = $C \times T \times V \times R$
    - 안전폭로량(SHD) : 0.1 mg/kg × 70kg = 7mg
    - T(노출시간) → 8 hr
    - V(폐환기율) → $1.2 m^3/hr$
    - R(체내 잔유율) → 1.0

    따라서, 7 = $C \times 8 \times 1.2 \times 1.0$ 임으로 C = $0.73 mg/m^3$ 이다.

★ 산업안전보건법 시행규칙

제141조(유해인자의 분류기준) 법 제104조에 따른 근로자에게 건강장해를 일으키는 화학물질 및 물리적 인자 등(이하 "유해인자"라 한다.)의 유해성·위험성 분류기준은 별표 18과 같다.

■ 산업안전보건법 시행규칙 [별표 18]

유해인자의 유해성·위험성 분류기준(제141조 관련)

1. 화학물질의 분류기준
   가. 물리적 위험성 분류기준
      1) 폭발성 물질: 자체의 화학반응에 따라 주위환경에 손상을 줄 수 있는 정도의 온도·압력 및 속도를 가진 가스를 발생시키는 고체·액체 또는 혼합물
      2) 인화성 가스: 20℃, 표준압력(101.3 kPa)에서 공기와 혼합하여 인화되는 범위에 있는 가스와 54℃ 이하 공기 중에서 자연발화하는 가스를 말한다.(혼합물을 포함한다.)
      3) 인화성 액체: 표준압력(101.3 kPa)에서 인화점이 93℃ 이하인 액체
      4) 인화성 고체: 쉽게 연소되거나 마찰에 의하여 화재를 일으키거나 촉진할 수 있는 물질
      5) 에어로졸: 재충전이 불가능한 금속·유리 또는 플라스틱 용기에 압축가스·액화가스 또는 용해가스를 충전하고 내용물을 가스에 현탁시킨 고체나 액상입자로, 액상 또는 가스상에서 폼·페이스트·분말상으로 배출되는 분사장치를 갖춘 것
      6) 물반응성 물질: 물과 상호작용을 하여 자연발화되거나 인화성 가스를 발생시키는 고체·액체 또는 혼합물
      7) 산화성 가스: 일반적으로 산소를 공급함으로써 공기보다 다른 물질의 연소를 더 잘 일으키거나 촉진하는 가스
      8) 산화성 액체: 그 자체로는 연소하지 않더라도, 일반적으로 산소를 발생시켜 다른 물질을 연소시키거나 연소를 촉진하는 액체
      9) 산화성 고체: 그 자체로는 연소하지 않더라도 일반적으로 산소를 발생시켜 다른 물질을 연소시키거나 연소를 촉진하는 고체
      10) 고압가스: 20℃, 200킬로파스칼(kpa) 이상의 압력 하에서 용기에 충전되어 있는 가스 또는 냉동액화가스 형태로 용기에 충전되어 있는 가스(압축가스, 액화가스, 냉동액화가스, 용해가스로 구분한다.)
      11) 자기반응성 물질: 열적(熱的)인 면에서 불안정하여 산소가 공급되지 않아도 강렬하게 발열·분해하기 쉬운 액체·고체 또는 혼합물
      12) 자연발화성 액체: 적은 양으로도 공기와 접촉하여 5분 안에 발화할 수 있는 액체
      13) 자연발화성 고체: 적은 양으로도 공기와 접촉하여 5분 안에 발화할 수 있는 고체
      14) 자기발열성 물질: 주위의 에너지 공급 없이 공기와 반응하여 스스로 발열하는 물질(자기발화성 물질은 제외한다.)
      15) 유기과산화물: 2가의 -o-o-구조를 가지고 1개 또는 2개의 수소 원자가 유기라디칼에 의하여 치환된 과산화수소의 유도체를 포함한 액체 또는 고체 유기물질
      16) 금속 부식성 물질: 화학적인 작용으로 금속에 손상 또는 부식을 일으키는 물질

   나. 건강 및 환경 유해성 분류기준
      1) 급성 독성 물질: 입 또는 피부를 통하여 1회 투여 또는 24시간 이내에 여러 차례로 나누어 투여하거나 호흡기를 통하여 4시간 동안 흡입하는 경우 유해한 영향을 일으키는 물질

2) 피부 부식성 또는 자극성 물질: 접촉 시 피부조직을 파괴하거나 자극을 일으키는 물질(피부 부식성 물질 및 피부 자극성 물질로 구분한다.)
3) 심한 눈 손상성 또는 자극성 물질: 접촉 시 눈 조직의 손상 또는 시력의 저하 등을 일으키는 물질(눈 손상성 물질 및 눈 자극성 물질로 구분한다.)
4) 호흡기 과민성 물질: 호흡기를 통하여 흡입되는 경우 기도에 과민반응을 일으키는 물질
5) 피부 과민성 물질: 피부에 접촉되는 경우 피부 알레르기 반응을 일으키는 물질
6) 발암성 물질: 암을 일으키거나 그 발생을 증가시키는 물질
7) 생식세포 변이원성 물질: 자손에게 유전될 수 있는 사람의 생식세포에 돌연변이를 일으킬 수 있는 물질
8) 생식독성 물질: 생식기능, 생식능력 또는 태아의 발생·발육에 유해한 영향을 주는 물질
9) 특정 표적장기 독성 물질(1회 노출): 1회 노출로 특정 표적장기 또는 전신에 독성을 일으키는 물질
10) 특정 표적장기 독성 물질(반복 노출): 반복적인 노출로 특정 표적장기 또는 전신에 독성을 일으키는 물질
11) 흡인 유해성 물질: 액체 또는 고체 화학물질이 입이나 코를 통하여 직접적으로 또는 구토로 인하여 간접적으로, 기관 및 더 깊은 호흡기관으로 유입되어 화학적 폐렴, 다양한 폐 손상이나 사망과 같은 심각한 급성 영향을 일으키는 물질
12) 수생 환경 유해성 물질: 단기간 또는 장기간의 노출로 수생생물에 유해한 영향을 일으키는 물질
13) 오존층 유해성 물질: 「오존층 보호를 위한 특정물질의 제조규제 등에 관한 법률」 제2조제1호에 따른 특정물질

2. 물리적 인자의 분류기준
가. 소음: 소음성난청을 유발할 수 있는 85데시벨(A) 이상의 시끄러운 소리
나. 진동: 착암기, 손망치 등의 공구를 사용함으로써 발생되는 백랍병·레이노 현상·말초순환장애 등의 국소 진동 및 차량 등을 이용함으로써 발생되는 관절통·디스크·소화장애 등의 전신 진동
다. 방사선: 직접·간접으로 공기 또는 세포를 전리하는 능력을 가진 알파선·베타선·감마선·엑스선·중성자선 등의 전자선
라. 이상기압: 게이지 압력이 제곱센티미터당 1킬로그램 초과 또는 미만인 기압
마. 이상기온: 고열·한랭·다습으로 인하여 열사병·동상·피부질환 등을 일으킬 수 있는 기온

3. 생물학적 인자의 분류기준
가. 혈액매개 감염인자: 인간면역결핍바이러스, B형·C형 간염바이러스, 매독바이러스 등 혈액을 매개로 다른 사람에게 전염되어 질병을 유발하는 인자
나. 공기매개 감염인자: 결핵·수두·홍역 등 공기 또는 비말감염 등을 매개로 호흡기를 통하여 전염되는 인자
다. 곤충 및 동물매개 감염인자: 쯔쯔가무시증, 렙토스피라증, 유행성출혈열 등 동물의 배설물 등에 의하여 전염되는 인자 및 탄저병, 브루셀라병 등 가축 또는 야생동물로부터 사람에게 감염되는 인자

※ 비고
제1호에 따른 화학물질의 분류기준 중 가목에 따른 물리적 위험성 분류기준별 세부 구분 기준과 나목에 따른 건강 및 환경 유해성 분류기준의 단일물질 분류기준별 세부 구분기준 및 혼합물질의 분류기준은 고용노동부장관이 정하여 고시한다.

> 참고

※ 감염병의 종류
1. 세균성 감염병 : 콜레라, 장티푸스, 파라티푸스, 세균성 이질, 장출혈성 대장균 감염증, A형 간염, 결핵, 레지오넬라증, 파상풍, 탄저병 등
2. 바이러스 감염병 : 인플루엔자, 코로나19, 에이즈, 일본뇌염, 뎅기열, 지카바이러스 감염증, 광견병 등
3. 진균 감염병 : 피부진균감염, 무포자균감염, 칸디다감염 등
4. 기생충 감염병 : 말라리아, 뇌낭충증, 회충증, 편충증, 요충증 등

제143조(유해인자의 관리 등) ① 고용노동부장관은 법 제105조제1항에 따른 유해성·위험성 평가 결과 등을 고려하여 다음 각 호의 물질 또는 인자로 정하여 관리해야 한다.

1. 법 제106조에 따른 노출기준(이하 "노출기준"이라 한다.) 설정 대상 유해인자
   : 화학물질 및 물리적 인자의 노출기준(고용노동부 고시)

2. 법 제107조제1항에 따른 허용기준(이하 "허용기준"이라 한다.) 설정 대상 유해인자
   : 유해인자 허용기준 이하 유지대상 유해인자(산안법 시행령 제84조 관련 별표26) : 38종

■ **산업안전보건법 시행령 [별표 26]**
<u>유해인자 허용기준 이하 유지 대상 유해인자</u>(제84조 관련)
1. 6가크롬[18540-29-9] 화합물(Chromium VI compounds)
2. 납[7439-92-1] 및 그 무기화합물(Lead and its inorganic compounds)
3. 니켈[7440-02-0] 화합물(불용성 무기화합물로 한정한다.)(Nickel and its insoluble inorganic compounds)
4. 니켈카르보닐(Nickel carbonyl; 13463-39-3)
5. 디메틸포름아미드(Dimethylformamide; 68-12-2)
6. 디클로로메탄(Dichloromethane; 75-09-2)
7. 1,2-디클로로프로판(1,2-Dichloropropane; 78-87-5)
8. 망간[7439-96-5] 및 그 무기화합물(Manganese and its inorganic compounds)
9. 메탄올(Methanol; 67-56-1)
10. 메틸렌 비스(페닐 이소시아네이트)(Methylene bis(phenyl isocyanate); 101-68-8 등)
11. 베릴륨[7440-41-7] 및 그 화합물(Beryllium and its compounds)
12. 벤젠(Benzene; 71-43-2)
13. <u>1,3-부타디엔(1,3-Butadiene; 106-99-0)</u>
14. 2-브로모프로판(2-Bromopropane; 75-26-3)
15. 브롬화 메틸(Methyl bromide; 74-83-9)
16. 산화에틸렌(Ethylene oxide; 75-21-8)
17. 석면(제조·사용하는 경우만 해당한다.)(Asbestos; 1332-21-4 등)
18. 수은[7439-97-6] 및 그 무기화합물(Mercury and its inorganic compounds)

19. 스티렌(Styrene; 100-42-5)
20. 시클로헥사논(Cyclohexanone; 108-94-1)
21. 아닐린(Aniline; 62-53-3)
22. 아크릴로니트릴(Acrylonitrile; 107-13-1)
23. 암모니아(Ammonia; 7664-41-7 등)
24. 염소(Chlorine; 7782-50-5)
25. 염화비닐(Vinyl chloride; 75-01-4)
26. 이황화탄소(Carbon disulfide; 75-15-0)
27. 일산화탄소(Carbon monoxide; 630-08-0)
28. 카드뮴[7440-43-9] 및 그 화합물(Cadmium and its compounds)
29. 코발트[7440-48-4] 및 그 무기화합물(Cobalt and its inorganic compounds)
30. 콜타르피치[65996-93-2] 휘발물(Coal tar pitch volatiles)
31. 톨루엔(Toluene; 108-88-3)
32. 톨루엔-2,4-디이소시아네이트(Toluene-2,4-diisocyanate; 584-84-9 등)
33. 톨루엔-2,6-디이소시아네이트(Toluene-2,6-diisocyanate; 91-08-7 등)
34. 트리클로로메탄(Trichloromethane; 67-66-3)
35. 트리클로로에틸렌(Trichloroethylene; 79-01-6)
36. 포름알데히드(Formaldehyde; 50-00-0)
37. n-헥산(n-Hexane; 110-54-3)
38. 황산(Sulfuric acid; 7664-93-9)

3. 법 제117조에 따른 제조 등 금지물질(산안법 시행령 제87조) : 7종

제87조(제조 등이 금지되는 유해물질) 법 제117조제1항 각 호 외의 부분에서 "대통령령으로 정하는 물질"이란 다음 각 호의 물질을 말한다. 〈개정 2020. 9. 8.〉

1. β-나프틸아민[91-59-8]과 그 염(β-Naphthylamine and its salts)
2. 4-니트로디페닐[92-93-3]과 그 염(4-Nitrodiphenyl and its salts)
3. 백연[1319-46-6]을 포함한 페인트(포함된 중량의 비율이 2퍼센트 이하인 것은 제외한다.)
4. 벤젠[71-43-2]을 포함하는 고무풀(포함된 중량의 비율이 5퍼센트 이하인 것은 제외한다.)
5. 석면(Asbestos; 1332-21-4 등)
6. 폴리클로리네이티드 터페닐(Polychlorinated terphenyls; 61788-33-8 등)
7. 황린(黃燐)[12185-10-3] 성냥(Yellow phosphorus match)
8. 제1호, 제2호, 제5호 또는 제6호에 해당하는 물질을 포함한 혼합물(포함된 중량의 비율이 1퍼센트 이하인 것은 제외한다.)
9. 「화학물질관리법」 제2조제5호에 따른 금지물질(같은 법 제3조제1항제1호부터 제12호까지의 규정에 해당하는 화학물질은 제외한다.)

10. 그 밖에 보건상 해로운 물질로서 산업재해보상보험및예방심의위원회의 심의를 거쳐 고용노동부장관이 정하는 유해물질

4. 법 제118조에 따른 제조 등 허가물질(산안법 시행령 제88조) : 12종

제88조(허가 대상 유해물질) 법 제118조제1항 전단에서 "대체물질이 개발되지 아니한 물질 등 대통령령으로 정하는 물질"이란 다음 각 호의 물질을 말한다. 〈개정 2020. 9. 8.〉
1. α-나프틸아민[134-32-7] 및 그 염(α-Naphthylamine and its salts)
2. 디아니시딘[119-90-4] 및 그 염(Dianisidine and its salts)
3. 디클로로벤지딘[91-94-1] 및 그 염(Dichlorobenzidine and its salts)
4. 베릴륨(Beryllium; 7440-41-7)
5. 벤조트리클로라이드(Benzotrichloride; 98-07-7)
6. 비소[7440-38-2] 및 그 무기화합물(Arsenic and its inorganic compounds)
7. 염화비닐(Vinyl chloride; 75-01-4)
8. 콜타르피치[65996-93-2] 휘발물(Coal tar pitch volatiles)
9. 크롬광 가공(열을 가하여 소성 처리하는 경우만 해당한다.)(Chromite ore processing)
10. 크롬산 아연(Zinc chromates; 13530-65-9 등)
11. o-톨리딘[119-93-7] 및 그 염(o-Tolidine and its salts)
12. 황화니켈류(Nickel sulfides; 12035-72-2, 16812-54-7)
13. 제1호부터 제4호까지 또는 제6호부터 제12호까지의 어느 하나에 해당하는 물질을 포함한 혼합물(포함된 중량의 비율이 1퍼센트 이하인 것은 제외한다.)
14. 제5호의 물질을 포함한 혼합물(포함된 중량의 비율이 0.5퍼센트 이하인 것은 제외한다.)
15. 그 밖에 보건상 해로운 물질로서 산업재해보상보험및예방심의위원회의 심의를 거쳐 고용노동부장관이 정하는 유해물질

5. 제186조제1항에 따른 <u>작업환경측정 대상 유해인자</u>(산안법 시행규칙 별표 21)

6. 별표 22 제1호부터 제3호까지의 규정에 따른 <u>특수건강진단 대상 유해인자</u>

7. 안전보건규칙 제420조제1호에 따른 <u>관리대상 유해물질</u>

② 고용노동부장관은 제1항에 따른 유해인자의 관리에 필요한 자료를 확보하기 위하여 유해인자의 취급량·노출량, 취급 근로자 수, 취급 공정 등을 주기적으로 조사할 수 있다.

■ 산업안전보건기준에 관한 규칙 [별표 12] 〈개정 2022. 10. 18.〉

관리대상 유해물질의 종류(제420조, 제439조 및 제440조 관련)

1. 유기화합물(123종)
　1) 글루타르알데히드(Glutaraldehyde; 111-30-8)
　2) 니트로글리세린(Nitroglycerin; 55-63-0) (2024년 기출)
　3) 니트로메탄(Nitromethane; 75-52-5)
　4) 니트로벤젠(Nitrobenzene; 98-95-3)
　5) p-니트로아닐린(p-Nitroaniline; 100-01-6)
　6) p-니트로클로로벤젠(p-Nitrochlorobenzene; 100-00-5)
　7) 2-니트로톨루엔(2-Nitrotoluene; 88-72-2)(특별관리물질)
　8) 디(2-에틸헥실)프탈레이트(Di(2-ethylhexyl)phthalate; 117-81-7)
　9) 디니트로톨루엔(Dinitrotoluene; 25321-14-6 등)(특별관리물질)
　10) N,N-디메틸아닐린(N,N-Dimethylaniline; 121-69-7)
　11) 디메틸아민(Dimethylamine; 124-40-3)
　12) N,N-디메틸아세트아미드(N,N-Dimethylacetamide; 127-19-5)(특별관리물질)
　13) 디메틸포름아미드(Dimethylformamide; 68-12-2)(특별관리물질)
　14) 디부틸 프탈레이트(Dibutyl phthalate; 84-74-2)(특별관리물질)
　15) 디에탄올아민(Diethanolamine; 111-42-2)
　16) 디에틸 에테르(Diethyl ether; 60-29-7)
　17) 디에틸렌트리아민(Diethylenetriamine; 111-40-0)
　18) 2-디에틸아미노에탄올(2-Diethylaminoethanol; 100-37-8)
　19) 디에틸아민(Diethylamine; 109-89-7)
　20) 1,4-디옥산(1,4-Dioxane; 123-91-1)
　21) 디이소부틸케톤(Diisobutylketone; 108-83-8)
　22) 1,1-디클로로-1-플루오로에탄(1,1-Dichloro-1-fluoroethane; 1717-00-6)
　23) 디클로로메탄(Dichloromethane; 75-09-2)
　24) o-디클로로벤젠(o-Dichlorobenzene; 95-50-1)
　25) 1,2-디클로로에탄(1,2-Dichloroethane; 107-06-2)(특별관리물질)
　26) 1,2-디클로로에틸렌(1,2-Dichloroethylene; 540-59-0 등)
　27) 1,2-디클로로프로판(1,2-Dichloropropane; 78-87-5)(특별관리물질)
　28) 디클로로플루오로메탄(Dichlorofluoromethane; 75-43-4)
　29) p-디히드록시벤젠(p-dihydroxybenzene; 123-31-9)
　30) 메탄올(Methanol; 67-56-1)
　31) 2-메톡시에탄올(2-Methoxyethanol; 109-86-4)(특별관리물질)
　32) 2-메톡시에틸 아세테이트(2-Methoxyethyl acetate; 110-49-6)(특별관리물질)
　33) 메틸 n-부틸 케톤(Methyl n-butyl ketone; 591-78-6)
　34) 메틸 n-아밀 케톤(Methyl n-amyl ketone; 110-43-0)
　35) 메틸 아민(Methyl amine; 74-89-5)
　36) 메틸 아세테이트(Methyl acetate; 79-20-9)
　37) 메틸 에틸 케톤(Methyl ethyl ketone; 78-93-3)
　38) 메틸 이소부틸 케톤(Methyl isobutyl ketone; 108-10-1)

39) 메틸 클로라이드(Methyl chloride; 74-87-3)
40) 메틸 클로로포름(Methyl chloroform; 71-55-6)
41) 메틸렌 비스(페닐 이소시아네이트)(Methylene bis(phenyl isocyanate); 101-68-8 등)
42) o-메틸시클로헥사논(o-Methylcyclohexanone; 583-60-8)
43) 메틸시클로헥사놀(Methylcyclohexanol; 25639-42-3 등)
44) 무수 말레산(Maleic anhydride; 108-31-6)
45) 무수 프탈산(Phthalic anhydride; 85-44-9)
46) 벤젠(Benzene; 71-43-2)(특별관리물질)
47) 벤조(a)피렌[Benzo(a)pyrene; 50-32-8](특별관리물질)
48) 1,3-부타디엔(1,3-Butadiene; 106-99-0)(특별관리물질)
49) n-부탄올(n-Butanol; 71-36-3)
50) 2-부탄올(2-Butanol; 78-92-2)
51) 2-부톡시에탄올(2-Butoxyethanol; 111-76-2)
52) 2-부톡시에틸 아세테이트(2-Butoxyethyl acetate; 112-07-2)
53) n-부틸 아세테이트(n-Butyl acetate; 123-86-4)
54) 1-브로모프로판(1-Bromopropane; 106-94-5)(특별관리물질)
55) 2-브로모프로판(2-Bromopropane; 75-26-3)(특별관리물질)
56) 브롬화 메틸(Methyl bromide; 74-83-9)
57) 브이엠 및 피 나프타(VM&P Naphtha; 8032-32-4)
58) 비닐 아세테이트(Vinyl acetate; 108-05-4)
59) 사염화탄소(Carbon tetrachloride; 56-23-5)(특별관리물질)
60) 스토다드 솔벤트(Stoddard solvent; 8052-41-3)(벤젠을 0.1% 이상 함유한 경우만 특별관리물질)
61) 스티렌(Styrene; 100-42-5)
62) 시클로헥사논(Cyclohexanone; 108-94-1)
63) 시클로헥사놀(Cyclohexanol; 108-93-0)
64) 시클로헥산(Cyclohexane; 110-82-7)
65) 시클로헥센(Cyclohexene; 110-83-8)
66) 시클로헥실아민(Cyclohexylamine; 108-91-8)
67) 아닐린[62-53-3] 및 그 동족체(Aniline and its homologues)
68) 아세토니트릴(Acetonitrile; 75-05-8)
69) 아세톤(Acetone; 67-64-1)
70) 아세트알데히드(Acetaldehyde; 75-07-0)
71) 아크릴로니트릴(Acrylonitrile; 107-13-1)(특별관리물질)
72) 아크릴아미드(Acrylamide; 79-06-1)(특별관리물질)
73) 알릴 글리시딜 에테르(Allyl glycidyl ether; 106-92-3)
74) 에탄올아민(Ethanolamine; 141-43-5)
75) 2-에톡시에탄올(2-Ethoxyethanol; 110-80-5)(특별관리물질)
76) 2-에톡시에틸 아세테이트(2-Ethoxyethyl acetate; 111-15-9)(특별관리물질)
77) 에틸 벤젠(Ethyl benzene; 100-41-4)
78) 에틸 아세테이트(Ethyl acetate; 141-78-6)
79) 에틸 아크릴레이트(Ethyl acrylate; 140-88-5)
80) 에틸렌 글리콜(Ethylene glycol; 107-21-1)
81) 에틸렌 글리콜 디니트레이트(Ethylene glycol dinitrate; 628-96-6)

82) 에틸렌 클로로히드린(Ethylene chlorohydrin; 107-07-3)
83) 에틸렌이민(Ethyleneimine; 151-56-4)(특별관리물질)
84) 에틸아민(Ethylamine; 75-04-7)
85) 2,3-에폭시-1-프로판올(2,3-Epoxy-1-propanol; 556-52-5 등)(특별관리물질)
86) 1,2-에폭시프로판(1,2-Epoxypropane; 75-56-9 등)(특별관리물질)
87) 에피클로로히드린(Epichlorohydrin; 106-89-8 등)(특별관리물질)
88) 와파린(Warfarin; 81-81-2)(특별관리물질)
89) 요오드화 메틸(Methyl iodide; 74-88-4)
90) 이소부틸 아세테이트(Isobutyl acetate; 110-19-0)
91) 이소부틸 알코올(Isobutyl alcohol; 78-83-1)
92) 이소아밀 아세테이트(Isoamyl acetate; 123-92-2)
93) 이소아밀 알코올(Isoamyl alcohol; 123-51-3)
94) 이소프로필 아세테이트(Isopropyl acetate; 108-21-4)
95) 이소프로필 알코올(Isopropyl alcohol; 67-63-0)
96) 이황화탄소(Carbon disulfide; 75-15-0)
97) 크레졸(Cresol; 1319-77-3 등)
98) 크실렌(Xylene; 1330-20-7 등)
99) 2-클로로-1,3-부타디엔(2-Chloro-1,3-butadiene; 126-99-8)
100) 클로로벤젠(Chlorobenzene; 108-90-7)
101) 1,1,2,2-테트라클로로에탄(1,1,2,2-Tetrachloroethane; 79-34-5)
102) 테트라히드로푸란(Tetrahydrofuran; 109-99-9)
103) 톨루엔(Toluene; 108-88-3)
104) 톨루엔-2,4-디이소시아네이트(Toluene-2,4-diisocyanate; 584-84-9 등)
105) 톨루엔-2,6-디이소시아네이트(Toluene-2,6-diisocyanate); 91-08-7 등)
106) 트리에틸아민(Triethylamine; 121-44-8) (2024 기출)
107) 트리클로로메탄(Trichloromethane; 67-66-3)
108) 1,1,2-트리클로로에탄(1,1,2-Trichloroethane; 79-00-5)
109) 트리클로로에틸렌(Trichloroethylene; 79-01-6)(특별관리물질)
110) 1,2,3-트리클로로프로판(1,2,3-Trichloropropane; 96-18-4)(특별관리물질)
111) 퍼클로로에틸렌(Perchloroethylene; 127-18-4)(특별관리물질)
112) 페놀(Phenol; 108-95-2)(특별관리물질)
113) 페닐 글리시딜 에테르(Phenyl glycidyl ether; 122-60-1 등)
114) 포름아미드(Formamide; 75-12-7)(특별관리물질)
115) 포름알데히드(Formaldehyde; 50-00-0)(특별관리물질)
116) 프로필렌이민(Propyleneimine; 75-55-8)(특별관리물질)
117) n-프로필 아세테이트(n-Propyl acetate; 109-60-4)
118) 피리딘(Pyridine; 110-86-1)
119) 헥사메틸렌 디이소시아네이트(Hexamethylene diisocyanate; 822-06-0)
120) n-헥산(n-Hexane; 110-54-3)
121) n-헵탄(n-Heptane; 142-82-5)
122) 황산 디메틸(Dimethyl sulfate; 77-78-1)(특별관리물질)
123) 히드라진[302-01-2] 및 그 수화물(Hydrazine and its hydrates)(특별관리물질)
124) 1)부터 123)까지의 물질을 중량비율 1%[N,N-디메틸아세트아미드(특별관리물질), 디메틸포름아미드

(특별관리물질), 디부틸 프탈레이트(특별관리물질), 2-메톡시에탄올(특별관리물질), 2-메톡시에틸 아세테이트(특별관리물질), 1-브로모프로판(특별관리물질), 2-브로모프로판(특별관리물질), 2-에톡시에탄올(특별관리물질), 2-에톡시에틸 아세테이트(특별관리물질), 와파린(특별관리물질), 페놀(특별관리물질) 및 포름아미드(특별관리물질)는 0.3%, 그 밖의 특별관리물질은 0.1%] 이상 함유한 혼합물

2. 금속류(25종)
   1) 구리[7440-50-8] 및 그 화합물(Copper and its compounds)
   2) 납[7439-92-1] 및 그 무기화합물(Lead and its inorganic compounds)(특별관리물질)
   3) 니켈[7440-02-0] 및 그 무기화합물, 니켈 카르보닐(Nickel and its inorganic compounds, Nickel carbonyl)(불용성화합물만 특별관리물질)
   4) 망간[7439-96-5] 및 그 무기화합물(Manganese and its inorganic compounds)
   5) 바륨[7440-39-3] 및 그 가용성 화합물(Barium and its soluble compounds)
   6) 백금[7440-06-4] 및 그 화합물(Platinum and its compounds)
   7) 산화마그네슘(Magnesium oxide; 1309-48-4)
   8) 산화붕소(Boron oxide; 1303-86-2)(특별관리물질)
   9) 셀레늄[7782-49-2] 및 그 화합물(Selenium and its compounds)
   10) 수은[7439-97-6] 및 그 화합물(Mercury and its compounds)(특별관리물질. 다만, 아릴화합물 및 알킬화합물은 특별관리물질에서 제외한다.)
   11) 아연[7440-66-6] 및 그 화합물(Zinc and its compounds)
   12) 안티몬[7440-36-0] 및 그 화합물(Antimony and its compounds)(삼산화안티몬만 특별관리물질)
   13) 알루미늄[7429-90-5] 및 그 화합물(Aluminum and its compounds)
   14) 오산화바나듐(Vanadium pentoxide; 1314-62-1)
   15) 요오드[7553-56-2] 및 요오드화물(Iodine and iodides)
   16) 은[7440-22-4] 및 그 화합물(Silver and its compounds)
   17) 이산화티타늄(Titanium dioxide; 13463-67-7)
   18) 인듐[7440-74-6] 및 그 화합물(Indium and its compounds)
   19) 주석[7440-31-5] 및 그 화합물(Tin and its compounds)
   20) 지르코늄[7440-67-7] 및 그 화합물(Zirconium and its compounds)
   21) 철[7439-89-6] 및 그 화합물(Iron and its compounds)
   22) 카드뮴[7440-43-9] 및 그 화합물(Cadmium and its compounds)(특별관리물질)
   23) 코발트[7440-48-4] 및 그 무기화합물(Cobalt and its inorganic compounds)
   24) 크롬[7440-47-3] 및 그 화합물(Chromium and its compounds)(6가크롬 화합물만 특별관리물질)
   25) 텅스텐[7440-33-7] 및 그 화합물(Tungsten and its compounds)
   26) 1)부터 25)까지의 물질을 중량비율 1%[납 및 그 무기화합물(특별관리물질), 산화붕소(특별관리물질), 수은 및 그 화합물(특별관리물질. 다만, 아릴화합물 및 알킬화합물은 특별관리물질에서 제외한다.)은 0.3%, 그 밖의 특별관리물질은 0.1%] 이상 함유한 혼합물

3. 산·알칼리류(18종)
   1) 개미산(Formic acid; 64-18-6)
   2) 과산화수소(Hydrogen peroxide; 7722-84-1)
   3) 무수 초산(Acetic anhydride; 108-24-7)
   4) 불화수소(Hydrogen fluoride; 7664-39-3)
   5) 브롬화수소(Hydrogen bromide; 10035-10-6)

6) 사붕소산 나트륨(무수물, 오수화물)(Sodium tetraborate; 1330-43-4, 12179-04-3)(특별관리물질)
7) 수산화 나트륨(Sodium hydroxide; 1310-73-2)
8) 수산화 칼륨(Potassium hydroxide; 1310-58-3)
9) 시안화 나트륨(Sodium cyanide; 143-33-9)
10) 시안화 칼륨(Potassium cyanide; 151-50-8)
11) 시안화 칼슘(Calcium cyanide; 592-01-8)
12) 아크릴산(Acrylic acid; 79-10-7)
13) 염화수소(Hydrogen chloride; 7647-01-0)
14) 인산(Phosphoric acid; 7664-38-2)
15) 질산(Nitric acid; 7697-37-2)
16) 초산(Acetic acid; 64-19-7)
17) 트리클로로아세트산(Trichloroacetic acid; 76-03-9)
18) 황산(Sulfuric acid; 7664-93-9)(pH 2.0 이하인 강산은 특별관리물질)
19) 1)부터 18)까지의 물질을 중량비율 1%[사붕소산나트륨(무수물, 오수화물)(특별관리물질)은 0.3%, pH 2.0 이하인 황산(특별관리물질)은 0.1%] 이상 함유한 혼합물

4. 가스 상태 물질류(15종)
1) 불소(Fluorine; 7782-41-4)
2) 브롬(Bromine; 7726-95-6)
3) 산화에틸렌(Ethylene oxide; 75-21-8)(특별관리물질)
4) 삼수소화 비소(Arsine; 7784-42-1)
5) 시안화 수소(Hydrogen cyanide; 74-90-8)
6) 암모니아(Ammonia; 7664-41-7 등)
7) 염소(Chlorine; 7782-50-5)
8) 오존(Ozone; 10028-15-6)
9) 이산화질소(nitrogen dioxide; 10102-44-0)
10) 이산화황(Sulfur dioxide; 7446-09-5)
11) 일산화질소(Nitric oxide; 10102-43-9)
12) 일산화탄소(Carbon monoxide; 630-08-0)
13) 포스겐(Phosgene; 75-44-5)
14) 포스핀(Phosphine; 7803-51-2)
15) 황화수소(Hydrogen sulfide; 7783-06-4)
16) 1)부터 15)까지의 물질을 중량비율 1%(특별관리물질은 0.1%) 이상 함유한 혼합물

비고: '등'이란 해당 화학물질에 이성질체 등 동일 속성을 가지는 2개 이상의 화합물이 존재할 수 있는 경우를 말한다.

기출 문제 요약

- 단시간 노출기준은 8시간 시간가중평균 노출기준보다 높게 설정됨 (2014년)
- 작업환경측정에서 비극성 유기용제는 주로 활성탄으로 채취함 (2014년)
- 고용노동부 노출기준은 작업환경 측정 결과의 평가와 작업환경 개선 기준으로 사용할 수 없음 (2015년)
- 화학물질 및 물리적 인자의 노출기준에 관한 설명 (2023년)

- "최고노출기준(C)"이란 근로자가 1일 작업시간 동안 잠시라도 노출되어서는 아니되는 기준
- 노출기준을 이용하는 경우에는 근로시간, 작업의 강도, 온열조건, 이상기압도 고려하여야 함
- "Skin"표시물질은 피부자극성을 뜻하는 것은 아니며, 점막과 눈 그리고 경피로 흡수되어 전신 영향을 일으킬 수 있는 물질임
- 발암성 정보물질의 표기는 화학물질의 분류·표시 및 물질안전보건자료에 관한 기준에 따라 1A, 1B, 2로 표기함
- "단시간노출기준(STEL)"이란 15분간의 시간가중평균노출값으로서 노출농도가 시간가중평균노출기준(TWA)을 초과하고 단시간노출기준(STEL) 이하인 경우에는 1회 노출 지속시간이 15분 미만이어야 하고, 이러한 상태가 1일 3회 이하로 발생하여야 하며, 각 노출의 간격은 60분 이상이어야 함

■ 신체와 환경의 열교환 종류에 관한 설명 (2024년)
- 대류(convection)는 피부와 공기의 온도 차이로 생긴 기류를 통해서 열을 교환하는 것임
- 증발(evaporation)은 땀이 피부의 열로 가열되어 수증기로 변하면서 열교환이 발생하는 것임
- 복사(ratiation)는 전자파에 의해 물체들 사이에서 일어나는 열전달 방법임
- 전도(conduction)는 신체가 고체나 유체와 직접 접촉할 때 열이 전달되는 방법임

■ 화학물질 및 물리적 인자의 노출기준에서 노출기준 사용상의 유의사항 (2024년)
- 각 유해인자의 노출기준은 해당 유해인자가 단독으로 존재하는 경우의 노출기준임
- 노출기준은 1일 8시간 작업을 기준으로 하여 제정된 것임
- 노출기준은 작업병진단에 사용하거나 노출기준 이하의 작업환경이라는 이유만으로 직업성 질병의 이환을 부정하는 근거 또는 반증자료로 사용하여서는 아니 됨
- 노출기준은 대기오염의 평가 또는 관리상의 지표로 사용하여서는 아니 됨
- 상승작용을 하는 화학물질이 2종 이상 혼재하는 경우에는 유해인자별로 각각 독립적인 노출기준을 사용하여서는 아니 됨

■ 작업환경측정 및 정도관리 등에 관한 고시에서 정하는 용어의 정의 관련 (2024년)
- "정밀도"란 일정한 물질에 대해 반복측정·분석을 했을 때 나타나는 자료 분석치의 변동크기가 얼마나 작은가 하는 수치상의 표현을 말함
- "직접채취방법"이란 시료공기를 흡수, 흡착 등의 과정을 거치지 아니하고 직접채취대 또는 진공채취병 등의 채취용기에 물질을 채취하는 방법을 말함
- "호흡성분진"이란 호흡기를 통하여 폐포에 축적될 수 있는 크기의 분진을 말함
- "흡입성분진"이란 호흡기의 어느 부위에 침착하더라도 독성을 일으키는 분진을 말함
- "고체채취방법"이란 시료공기를 고체의 입자층을 통해 흡입, 흡착하여 해당 고체입자에 측정하려는 물질을 채취하는 방법을 말함

■ 작업환경측정 및 정도관리 등에 관한 고시에서 정하는 시료채취에 관한 설명 (2024년)
- 8명이 있는 단위작업 장소에서 최고 노출근로자 2명 이상에 대하여 동시에 개인 시료채취 방법으로 측정함
- 개인 시료채취 시 동일 작업근로자수가 10명을 초과하는 경우에는 매 5명당 1명 이상 추가하여 측정하여야 함
- 개인 시료채취 시 동일 작업근로자수가 100명을 초과하는 경우에는 최대 시료채취 근로자를 10명으로 조정할 수 있음
- 지역 시료채취 방법으로 측정을 하는 경우 단위작업장소 내에서 2개 이상의 지점에 대하여 동시에 측정하여야 함
- 지역시료 채취 시 단위작업 장소의 넓이가 50평방미터 이상인 경우에는 매 30평망미터마다 1개 지점 이상을 추가로 측정하여야 함

3 작업위생 측정 및 평가

1. 용어 정의

1) 개인시료채취

(1) 정의
① 개인시료채취기를 이용하여 가스, 증기, 흄(fume), 미스트(mist) 등을 근로자의 호흡위치에서 채취하는 것
② 호흡위치 : 호흡기를 중심으로 반경 30cm인 반구에서 채취하는 것

(2) 특징
① 작업환경측정에서는 개인시료채취가 원칙, 개인시료채취가 곤란한 경우 지역시료로 채취 할 수 있다.
② 분석화학의 발달로 미량분석이 가능하게 됨에 따라 시료채취기기가 소형화 됨
③ 대상이 근로자일 경우 노출되는 유해인자의 양이나 강도를 간접적으로 측정하는 방법
④ 노출평가 시 활용됨

2) 지역시료채취

(1) 정의
시료채취기를 이용하여 가스, 증기, 분진, 흄(fume), 미스트(mist) 등을 근로자의 작업 행동 범위에서 호흡기 높이에 고정하여 채취하는 것

(2) 특징
① 근로자에게 노출되는 유해인자의 배경농도와 시간별 변화 등을 평가
② 개인시료채취가 곤란한 경우 보조적으로 사용함
③ 지역시료채취기는 개인시료 채취기를 대신할 수 없으며, 근로자의 노출정도를 평가 할 수 없음

(3) 적용 가능한 경우
① 유해물질의 오염원이 확실하지 않은 경우
② 환기시설의 성능을 평가하는 경우(작업환경개선의 효과 측정)
③ 개인시료 채취가 곤란한 경우
④ 특정공정의 계절별 농도변화 및 공정의 주기별 농도변화를 확인하는 경우

⑤ 유해인자의 배경농도와 시간별 변화 등을 평가하는 경우

3) 단위작업장소
작업환경측정 대상이 되는 작업장 또는 공정에서 정상적인 작업을 수행하는 동일 노출집단의 근로자가 작업하는 장소

4) 정확도
분석치가 참값에 얼마나 접근하였는가 하는 수치상의 표현

5) 정밀도
일정한 물질에 대해 반복측정, 분석을 했을 때 나타나는 자료 분석치의 변동크기가 얼마나 작은가 하는 수치상의 표현. 산업위생계통에서 측정방법의 정밀도는 변이계수로 나타낸다.

2. 작업환경측정 제외 대상 작업장

① 임시작업 및 단시간 작업을 하는 작업장 : 고용노동부장관이 정하여 고시하는 물질을 취급하는 작업은 제외한다.
② 관리대상 유해물질의 허용 소비량을 초과하지 아니하는 작업장 : 그 관리대상 유해물질에 관한 작업환경측정만 해당한다.
③ 분진작업의 적용 제외 사업장 : 분진에 관한 작업환경측정만 해당한다.
④ 그 밖에 작업환경측정 대상 유해인자의 노출수준이 노출기준에 비하여 현저히 낮은 경우로서 고용노동부장관이 정하여 고시하는 작업장(석유 및 석유 대체연료 사업법 시행령에 따른 주유소)

3. 작업환경 측정의 목표

① 유해인자에 대한 근로자의 노출정도 파악(허용기준 초과여부를 결정)
② 환기시설의 성능 평가
③ 역학 조사 시 근로자의 노출량 파악
④ 정부 노출기준과 비교
⑤ 최소의 오차범위내에서 최소의 시료수를 가지고 최대의 근로자를 보호한다.

⑥ 작업공정, 물질, 노출요인의 변경으로 인해 근로자에 대한 과대한 노출의 가능성을 최소화한다.
⑦ 과거의 노출농도가 타당한가를 확인한다.
⑧ 노출기준을 초과하는 상황에 근로자가 더 이상 노출되지 않게 보호한다.
⑨ 위의 가장 큰 목적은 근로자의 노출정도를 알아내는 것으로 질병에 대한 질병원인을 규명하는 것은 아니며 근로자의 노출수준을 간접적 방법으로 파악하는 것이다.

4. 작업환경측정 주기

1) 3개월에 1회 이상 작업환경측정을 하여야 하는 경우

① 화학적 인자의 측정치가 노출 기준을 초과하는 경우(고용노동부장관이 정하여 고시하는 물질만 해당)
② 화학적 인자의 측정치가 노출 기준을 2배 이상 초과하는 경우(고용노동부장관이 정하여 고시하는 물질은 제외)

2) 1년 1회 이상 작업환경측정을 할 수 있는 경우

① 작업공정 내 소음의 작업환경측정 결과가 최근 2회 연속 85dB 미만인 경우
② 작업공정 내 소음 외에 다른 모든 인자의 작업환경측정 결과가 최근 2회 연속 노출기준 미만인 경우

3) 측정 시기는 전회 측정 완료후 간격

① 측정 횟수가 6개월에 1회 이상인 경우 3개월 이상
② 측정 횟수가 3개월에 1회 이상인 경우 45일 이상
③ 측정 횟수가 1년에 1회 이상인 경우 6개월 이상

5. 작업환경 측정순서

예비조사 → 작업측정계획 및 준비 → 측정 → 시료운반 및 저장 → 시료분석 → 시료평가 → 보고서 작성

6. 작업환경측정 시간

　화학물질 및 물리적 인자의 노출기준에 시간가중평균기준(TWA)이 설정되어 있는 대상물질을 측정하는 경우 1일 작업시간동안 6시간 이상 연속 측정하거나 작업시간을 등간격으로 나누어 6시간 이상 연속 분리하여 측정하여야 한다.

7. 시료채취 근로자수

① 단위작업 장소에서 최고 노출근로자 2명 이상, 동시에 개인 시료채취방법으로 측정하되, 단위 작업장소에 근로자 1명인 경우에는 그러하지 아니하며, 동일 작업 근로자 수가 10명을 초과하는 경우에는 매 5명당 1명 이상 추가하여 측정하여야 한다.
　다만, 동일 작업근로자수가 100명 초과하는 경우 최대 시료채취 근로자를 20명으로 조정 할 수 있다.
② 지역 시료채취 방법으로 측정을 하는 경우 단위작업장소 내에서 2개 이상의 지점에 대하여 동시에 측정하여야 한다.
　다만, 단위작업 장소의 넓이가 50평방미터 이상인 경우에는 매 30평방미터마다 1개 지점을 추가로 측정하여야 한다.

8. 작업환경 측정의 단위표시

① 석면 : 개/cm^3
② 가스, 증기, 분진, 흄, 미스트 : mg/m^3
③ 고열(복사열 포함) : 습구흑구온도지수를 구하여 ℃로 표시
④ 소음 : dB(A)

9. 소음측정방법

　소음이 1초 이상의 간격을 유지하면서 최대 음압수준이 120dB(A) 이상의 소음인 경우에는 소음수준에 따른 1분동안의 발생횟수를 측정할 것

10. 소음측정기기

1) 소음측정에 사용되는 기기는 누적소음 노출량측정기, 적분형소음계 또는 이와 동등이상의 성능이 있는 것으로 하되 개인시료채취방법이 불가능한 경우에는 지시소음계를 사용할 수 있으며, 발생시간을 고려한 등가소음레벨방법으로 측정할 것
2) 소음계의 청감보정회로는 A특성으로 할 것
3) 소음측정은 다음과 같이 할 것
   ① 소음계 지시침의 동작은 느린(slow) 상태로 한다.
   ② 소음계의 지시치가 변동하지 않는 경우, 해당 지시치를 그 측정점의 소음수준으로 한다.
4) <u>누적소음노출량 측정기로 소음을 측정하는 경우 Criteria는 90dB, Exchange Rate는 5dB, Threshold는 80dB로 기기를 설정할 것</u>

📝 A, B, C 소음계

A 특성치	40 phon
B 특성치	70 phon
C 특성치	100 phon

11. 소음의 측정시간

1) 단위작업장소에서 소음수준은 규정된 측정위치 및 지점에서 1일 작업시간동안 6시간 이상 연속측정을 하거나 작업시간을 1시간 간격으로 나누어 6회 이상 측정하여야 한다.
   다만, 소음 발생특성이 연속음으로 측정치가 변동이 없다고 자격자 또는 지정측정기관이 판단한 경우에는 1시간 동안 등간격으로 나누어 3회 이상 측정할 수 있다.
2) 단위작업 장소에서 소음 발생시간이 6시간 이내인 경우나 소음발생원에서의 발생시간이 간헐적인 경우에는 발생시간 동안 연속 측정하거나 등간격으로 나누어 4회 이상 측정하여야 한다.

12. 소음의 노출기준

별표 2-1. 소음의 노출기준(충격소음제외)

1일 노출시간(hr)	소음강도 dB(A)
8	90
4	95
2	100
1	105
1/2	110
1/4	115

주 : 115dB(A)를 초과하는 소음 수준에 노출되어서는 안됨

별표 2-2. 충격소음의 노출기준

1일 노출회수	충격소음의 강도 dB(A)
100	140
1,000	130
10,000	120

주 : 1. 최대 음압수준이 140dB(A)를 초과하는 충격소음에 노출되어서는 안 됨
　　 2. 충격소음이라 함은 최대음압수준에 120dB(A) 이상인 소음이 1초 이상의 간격으로 발생하는 것을 말함

※ 소리와 소음
1. 소음과 주파수
   - 인간의 가청주파수 : 20 ~ 20,000Hz
   - 일시적 청력손실 : 300 ~ 3,000Hz
   - 청력저하 : 4,000Hz

2. 인간이 지각한(perceived) 음의 크기 = 음의 세기(dB)의 log 비례
   - log10 : 1배
   - log100 : 2배
   - log1000 : 3배

3. 강력한 소음에 노출된 직후 발생하는 일시적 청력손실 → 휴식 후 회복 가능

4. 0dB 청력수준 : 20대 정상 청력을 근거로 산출된 최소 역치수준
   • 역치 : 생물이 자극에 대해 어떤 반응을 일으키는 데 필요한 최소한의 자극의 세기

5. 은폐효과(Masking Effect)
2개의 소음이 동시에 존재할 때 낮은음의 소음이 높은음에 가려 들리지 않는 현상
- 의미 있는 소음은 정보를 전달하거나 특정한 목적을 가지며, 예를 들어 음악, 말소리, 자연 소리 등 반면 의미 없는 소음은 특별한 의미나 목적 없이 발생하는 소리를 말한다.

6. 소음의 기준
- 소음 : 1일 8시간 시간가중평균 80dB 이상 (산업안전보건법)
- 소음작업 : 1일 8시간 85dB 이상 (산업안전보건법 기준에 의한 정의)
- (노출) 강렬한 소음 : 90dB 이상 8시간 노출
- (노출) 충격소음 : 120dB 초과 10,000회 / 일
- Threshold (한계점) : 80dB / Criteria(기준) : 90dB / Exchange rage (차이) : 5dB
  - 노출의 개념으로 접근할 때는 강렬한 소음과 충격소음 기준으로 해야한다.
  - '소음작업' : 1일8시간 기준으로 85dB 이상인 작업 [특수건강검진대상-사람]
  - '소음' : 8시간 시간가중평균 80dB 이상 [작업환경측정대상-작업장]

📝 소음성 난청에 영향을 미치는 요소

소음의 크기	음압수준이 높을수록 유해하다.
개인의 감수성	개인의 감수성에 따라 소음반응이 다양하다.
소음의 주파수 구성	고주파음이 저주파음 보다 더 유해하다.
노출시간	간헐적 노출이 계속적 노출보다 덜 유해하다.

※ 3000~6000Hz 범위에서 지속적 노출, 4000Hz에서 가장 큰 청력장애가 일어난다.

13. 고열의 측정방법

1) 고열의 측정기기

고열은 습구흑구온도지수(WBGT)를 측정할 수 있는 기기 또는 이와 동등 이상의 성능을 가진 기기를 사용한다.

2) 고열의 측정방법

① 측정은 단위작업 장소에서 측정대상이 되는 근로자의 주 작업 위치에서 측정한다.
② 측정기의 위치는 바닥면으로부터 50cm 이상, 150cm 이하의 위치에서 측정한다.
③ 측정기를 설치한 후 충분히 안정화시킨 상태에서 1일 작업시간 중 가장 높은 고열에 노출되는 <u>1시간을 10분간격으로 연속하여 측정</u>

> **※ 습구흑구온도지수(WBGT)**
> - 옥외(태양광선이 내려쪼는 장소)
>   WBGT(℃) = 0.7 × 자연습구온도 + 0.2 × 흑구온도 + 0.1 × 건구온도
> - 옥내, 옥외(태양광선이 내려쬐지 않는 장소)
>   WBGT(℃) = 0.7 × 자연습구온도 + 0.3 × 흑구온도

14. 고온의 노출기준

별표 3. 고온의 노출기준

(단위 : ℃, WBGT)

작업휴식시간비 \ 작업강도	경작업	중등작업	중작업
계 속 작 업	30.0	26.7	25.0
매시간 75%작업, 25%휴식	30.6	28.0	25.9
매시간 50%작업, 50%휴식	31.4	29.4	27.9
매시간 25%작업, 75%휴식	32.2	31.1	30.0

주 : 1. 경 작 업 : 200kcal까지의 열량이 소요되는 작업을 말하며, 앉아서 또는 서서 기계의 조정을 하기 위하여 손 또는 팔을 가볍게 쓰는 일 등을 뜻함
　　2. 중등작업 : 시간당 200~350kcal의 열량이 소요되는 작업을 말하며, 물체를 들거나 밀면서 걸어다니는 일 등을 뜻함
　　3. 중 작 업 : 시간당 350~500kcal의 열량이 소요되는 작업을 말하며, 곡괭이질 또는 삽질하는 일 등을 뜻함

15. 가스상 물질의 측정

1) 개인 시료채취 방법으로 측정하는 경우에는 측정기기를 작업근로자의 호흡기 위치에 장착하여야 한다.
2) 지역 시료채취 방법으로 측정하는 경우에는 측정기기를 발생원의 근접한 위치 또는 작업 근로자의 주 작업행동 범위 내에서 작업근로자 호흡기 높이에 설치한다.
3) 검지관방식의 측정
　① 검지관 방식으로 측정하는 경우에는 해당 작업근로자의 호흡기 및 가스상 물질 발생원에 근접한 위치 또는 근로자의 작업행동 범위의 주 작업 위치에서의 근로자 호흡기 높이에 측정하여야 한다.
　② 검지관 방식으로 측정하는 경우에는 1일 작업시간 동안 1시간 간격으로 6회 이상 측정하되 측정시간마다 2회 이상 반복 측정하여 평균값을 산출하여야 한다.

다만, 가스상 물질의 발생시간이 6시간 이내일 경우에는 작업 시간동안 1시간 간격으로 나누어 측정
③ 검지관 방식으로 측정할 수 있는 경우
- 예비조사 목적인 경우
- 검지관 방식 외에 다른 측정방법이 없는 경우
- 발생하는 가스상 물질이 단일물질인 경우(자격자가 측정하는 사업장에 한정)

📝 **검지관 방식의 장단점**

장점	단점
사용이 간편하다	민감도가 낮아 고농도에만 적용 가능하다
반응시간이 빠르다	특이도가 낮아 다른 방해물질의 영향을 받기 쉽다
비전문가도 어느 정도 숙지하면 사용할 수 있다.	측정대상물의 동정이 되어 있어야 측정을 용이하게 할 수 있다.
맨홀 등 밀폐공간에서 유용하게 사용된다.	단시간 측정에만 가능하다

*검지관 방식으로 측정하는 경우에는 1일 작업시간 동안 1시간 간격으로 6회 이상 측정하되 측정 시간마다 2회 이상 반복 측정하며 평균값을 산출하여야 한다.

16. 입자상 물질의 측정방법

(1) 석면의 농도는 여과채취방법으로 측정하고 계수방법 또는 이와 동등 이상의 분석방법으로 분석할 것
(2) 광물성 분진은 여과채취방법으로 측정하고 석영, 크리스토바라이트, 트리디마이트를 분석할 수 있는 적합한 방법으로 분석할 것
다만, 규산염과 그밖의 광물성 분진은 중량분석법으로 분석
(3) 용접 흄은 여과채취방법으로 측정하되, 용접보안면을 착용한 경우에는 그 내부에서 시료를 채취하고 중량분석법과 원자흡광광도계 또는 유도결합플라즈마를 이용한 방법으로 분석할 것
(4) 석면, 광물성 분진 및 용접 흄을 제외한 입자상 물질은 여과채취방법으로 측정한 후 중량 분석법이나 유해물질 종류에 따른 적합한 방법으로 분석할 것
(5) 호흡성분진은 호흡성분진용 분립장치 또는 호흡성분진을 채취할 수 있는 기기를 이용한 여과채취방법으로 측정할 것
(6) 흡입성분진은 흡입성분진용 분립장치 또는 흡입성분진을 채취할 수 있는 기기를 이용한 여과채취방법으로 측정할 것

17. 입자상 물질의 측정위치

(1) 개인 시료채취방법 방법으로 측정하는 경우에는 측정기기를 작업근로자의 호흡기 위치에 장착하여야 한다.
(2) 지역 시료채취방법 방법으로 측정하는 경우에는 측정기기를 발생원의 근접한 위치 또는 작업근로자의 주 작업행동 범위 내에서 작업근로자 호흡기 높이에 설치하여야 한다.

18. 입자상 물질 및 가스상 물질의 농도 평가

(1) 측정한 입자상 물질 농도는 8시간 작업 시의 평균농도로 한다.
　다만, 6시간 이상 연속 측정한 경우에 있어 측정하지 아니한 나머지 작업시간 동안의 입자상 물질발생이 측정기간보다 현저히 낮거나 입자상 물질이 발생하지 않은 경우에는 측정시간 동안의 농도를 8시간 시간가중평균하여 8시간 작업 시의 평균농도로 한다.
(2) 1일 작업시간 동안 6시간 이내 측정한 경우의 입자상 물질 농도는 측정시간 동안의 시간 가중평균치를 산출하여 그 기간 동안의 평균농도로 하고 이를 8시간 시간가중평균하여 8시간 작업 시의 평균농도로 한다.
(3) 단시간노출기준(STEL)이 설정되어있는 물질의 단시간 측정 및 최고노출기준(Ceiling, C)이 설정되어 있는 대상물질의 최고노출 수준을 평가할 수 있는 최소한의 시간 동안을 측정한 경우에는 측정시간 동안의 농도를 해당 노출기준과 직접 비교 평가하여야 한다.
　다만, 2회 이상 측정한 단시간 노출농도 값이 단시간 노출기준과 시간가중평균 기준값 사이의 경우로서 다음 각 호의 어느 하나의 경우에는 노출기준 초과로 평가하여야 한다.
　① 15분 이상 연속 노출되는 경우
　② 노출과 노출 사이의 간격이 1시간 미만인 경우
　③ 1일 4회를 초과하는 경우

19. 사업장 내 라돈 농도 측정

1) 사업주는 다음 주기에 따라 라돈 농도를 측정하여야 한다.
　다만, 라돈 농도에 현저한 변화가 있을 만한 상황이 발생한 경우에는 1개월 이내에 측정을 실시하여야 한다.

등급	라돈 농도	측정주기
I (관심)	100 Bq/m³	5년
II (주의)	300 Bq/m³	2년
III (위험)	600 Bq/m³	1년

*라돈 발생 물질을 직접 취급하는 사업장은 농도에 관계없이 1년 주기로 측정
*100 Bq/m³ 이하인 경우에는 10년 주기로 측정

2) 측정방법 : 단기측정 또는 장기측정 방법을 선택하여 실시한다.

단기측정	• 2~90일의 기간 동안 라돈농도를 측정하는 경우 • 단기측정방법으로 측정한 결과가 300 Bq/m³을 초과하는 경우에는 장기측정방법으로 추가측정을 실시한다. • 라돈 발생 물질 취급 작업장은 2~7일 동안 측정
장기측정	짧게는 90일에서 길게는 1년간 측정하는 경우

3) 측정기기의 선택

단기측정	충전막 전리함 측정 또는 이와 동등한 측정기기로 측정
장기측정	알파비적검출기 또는 이와 동등한 측정기기로 측정

4) 시료채취 수

시료채취 수	중복 측정	공시료
작업장소별 2개 이상	전체 시료수의 10% (최소 1개 이상, 최대 50개 이내)	전체 시료수의 5% (최소 1개 이상, 최대 25개 이내)

20. 라돈의 노출기준

📝 **별표 4.** 라돈의 노출기준(신설 2018.3.20.)

작업장 농도(Bq/m³)
600

주: 1. 단위환산(농도) : 600 Bq/m³ = 16pCi/L (※ 1 pCi/L = 37.46 Bq/m³)
　　2. 단위환산(노출량) : 600 Bq/m³인 작업장에서 연 2,000시간 근무하고, 방사평형인자(Feq) 값을 0.4로 할 경우 9.2 mSv/y 또는 0.77 WLM/y에 해당(※ 800 Bq/m³(2,000시간 근무, Feq=0.4) = 1WLM = 12 mSv)

21. 노출기준의 종류

1) 시간가중평균노출기준(TWA)

① 1일 8시간 작업을 기준하여 유해인자 측정치에 발생시간을 곱하여 8시간으로 나눈 값

$$TWA \text{ 환산값} = \frac{C_1 T_1 + C_2 T_2 + \cdots + C_n T_n}{8}$$

주) C : 유해인자의 측정치(단위 : ppm, mg/m³ 또는 개/cm³)
   T : 유해인자 발생시간(단위 : 시간)

② 1일 8시간 및 1주일 40시간 동안의 평균농도로서 모든 근로자가 나쁜 영향을 받지 않고 노출될 수 있는 농도

2) 단시간노출기준(STEL)

① 15분간의 시간가중평균노출 값(근로자가 1회 15분간 유해인자에 노출되는 경우의 기준)
② 노출농도가 시간가중평균노출기준(TWA)을 초과하고 단시간노출기준(STEL) 이하인 경우에는 1회 노출시간이 15분 미만이어야 하고 이러한 상태가 1일 4회 이하로 발생하여야 하며, 각 노출 간격은 60분 이상이어야 한다.

3) 최고노출기준(C)

근로자가 1일 작업시간 동안 잠시라도 노출되어서는 아니되는 기준

※ 노출기준 설정방법
기능장애를 방어할 수 있는, 즉 질병의 전 단계인 대상성(compensation) 조절기능을 유지할 수 있는 노출량

※ 노출기준 설정근거
화학물질 구조의 유사성, 동물실험자료, 인체실험자료, 사업장 역학조사

※ Hatch 박사(1972)의 양-반응 관계와 허용농도 설정단계
 1. 기관장애와 기능장애 : 기관장애가 온 후에 기능장해가 옴
 2. 기관장애의 진전 3단계
    1) 항상성(homeostasis) 유지단계 : 유해인자 노출에 대하여 적응할 수 있는 단계로 정상상태를 유지할 수 있는 단계
    2) 보상(compensation) 단계 : 방어기전을 동원하여 기능장애를 방어할 수 있는 단계(허용농도 설정단계)
    3) 고장(breakdown) 단계 : 보상이 불가능하여 기관이 파괴되는 단계
    위 3단계중 허용농도 설정은 보상단계에서 이루어진다.

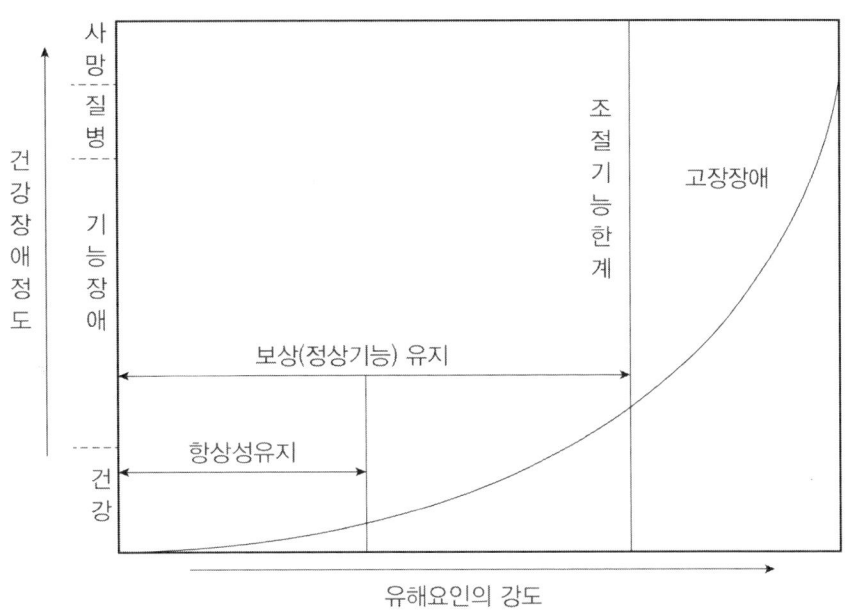

22. 예비조사의 목적

(1) 동일노출그룹(유사노출그룹 HEG : Homogeneous Exposure Group)의 설정
(2) 정확한 시료채취 전략 수립

> 참고
>
> ※ 작업환경측정 예비조사 및 측정계획서
> ① 작업환경측정을 실시하기 전 예비조사와 측정계획서를 작성해야 함
> ② 근로자의 작업특성(근로자의 수, 작업내용, 업무분석)
> ③ 작업장의 공정 특성(측정대상공정, 공정도면, 공정보고서)
> ④ 유해인자(측정대상이 되는 유해인자 종류 및 발생주기, 측정방법 및 측정 소요시간, 유해인자의 사용량, 사용시기, 유해인자의 유해성 정보)

23. 동일노출그룹(유사노출그룹) 설정 목적

(1) 시료 채취수를 경제적으로 하기 위함
(2) 모든 근로자를 유사한 노출 그룹별로 구분하고 그룹별로 대표적인 근로자를 선택하여 측정하면 측정하지 않은 근로자의 노출농도까지도 추정할 수 있다.
(3) 해당 근로자가 속한 동일노출그룹의 노출농도를 근거로 노출원인 및 농도를 추정할 수 있다.

(4) 작업장에서 모니터링하고 관리해야 할 우선적인 그룹을 결정하기 위함이다.

> **참고**
> ※ 동일노출그룹(유사노출그룹)
>   ① 유사노출그룹은 노출되는 유해인자의 농도와 특성이 유사하거나 동일한 근로자 그룹
>   ② 역학조사를 수행할 때 사건이 발생된 근로자가 속한 유사노출그룹의 노출농도를 근거로 노출원인 및 농도를 추정 가능
>   ③ 유사노출그룹은 모든 근로자의 노출 상태를 측정하는 효과를 가짐

24. 유사 노출군의 설정방법

조직 → 공정 → 작업범주 → 작업내용(유해인자) → 업무별로 세분하여 분류

25. 1차 표준기구 및 2차 표준기구

1차 표준기구 (물리적 크기에 의해서 공간의 부피를 측정할 수 있는 기구, 정확도 : ±1% 이내)	2차표준기구 (1차 표준기구를 기준으로 보정하여 사용할 수 있는 기구, 정확도 : ±5% 이내)
1. 비누거품미터 2. 폐활량계 3. 가스치환병 4. 유리피스톤미터 5. 흑연피스톤미터 6. 피토튜브	1. 로타미터 2. 습식테스트미터 3. 건식가스미터 4. 오리피스 미터 5. 열선기류계

26. 화학시험의 일반사항

1) 온도표시

온도의 표시는 셀시우스(Celcius)법에 따라 아라비아 숫자의 오른쪽에 ℃를 붙인다
① 절대온도 : °K로 표시
② 절대온도 0°K : -273℃
③ 상온 : 15 ~ 25℃
④ 실온 : 1 ~ 35℃
⑤ 미온 : 30 ~ 40℃

⑥ 찬 곳은 따로 규정이 없는 한 0 ~ 15℃
⑦ 냉수 : 15℃ 이하
⑧ 온수 : 60 ~ 70℃
⑨ 열수 : 약 100℃

2) 용기

(1) 밀폐용기
물질을 취급 또는 보관하는 동안에 이물이 들어가거나 내용물이 손실되지 않도록 보호하는 용기

(2) 기밀용기
물질을 취급 또는 보관하는 동안에 외부로부터 공기 또는 다른 기체가 침입하지 않도록 보호하는 밀폐용기

(3) 밀봉용기
기체 또는 미생물이 침입하지 않도록 보호하는 용기

(4) 차광용기
① 광선이 투과되지 않는 갈색용기 또는 투과하지 않도록 포장한 용기
② 물질을 취급 또는 보관하는 동안에 내용물의 광화학적 변화를 방지할 수 있는 용기

3) 용어

(1) 함량이 될 때까지 건조하다 또는 강렬하다
규정된 건조온도에서 1시간 더 건조 또는 강렬할 때 전후 무게의 차가 매 g당 0.3mg 이하 일 때

(2) 시험조작 중 즉시
30초 이내에 표시되는 조작을 하는 것

(3) 감압 또는 진공
따로 규정이 없는 한 15mmHg 이하

(4) 이상, 초과, 이하, 미만
① 이자가 쓰여진 쪽은 어느 것이나 기산점 또는 기준점인 숫자를 포함
② 미만 또는 초과는 기산점 또는 기준점의 숫자를 포함하지 않음
③ a ~ b라 표시한 것은 a 이상 b 이하를 말함

(5) 바탕시험을 하여 보정한다.
시료에 대한 처리 및 측정을 할 때 시료를 사용하지 않고 같은 방법으로 조작한 측정치를 빼는 것

(5) 중량을 정확하게 단다
지시된 수량의 중량을 그 자릿수까지 단다는 것

(6) 약
그 무게 또는 부피에 대하여 ± 10% 이상의 차가 있지 아니한 것

(7) 검출한계
분석기기가 검출할 수 있는 가장 작은 양

(8) 정량한계
분석기기가 정량할 수 있는 가장 작은 양

(9) 회수율
여과지에 채취된 성분을 추출과정을 거쳐 분석 시 실제 검출되는 비율

(10) 탈착효율
흡착제에 흡착된 성분을 추출과정을 거쳐 분석 시 실제 검출되는 비율

27. 현미경 분석

1) 위상차 현미경

① 공기 중 석면을 막여과지에 채취한 후 전처리하여 분석하는 방법
② 다른 방법에 비하여 간편하나 석면의 감별에 어려움
③ 석면 측정에 가장 많이 사용

2) 전자 현미경

① 공기 중 석면 시료 분석에 가장 정확한 방법
② 석면의 성분분석(감별분석)이 가능
③ 위상차 현미경으로 볼 수 없는 매우 가는 섬유도 관찰 가능
④ 분석 시간이 길고 값이 비쌈

3) 편광 현미경

① 석면을 감별 분석
② 석면 광물의 빛의 편광성을 이용

4) X-선 회절법

① 값이 비싸고 조작이 복잡함
② 고형시료 중 크리소타일 분석에 사용
③ 토석, 암석 및 광물성 분진(석면분진 제외) 중의 유리규산(SiO_2) 함유율 분석에 사용
④ 석면 포함 물질은 은막 여과지에 놓고 X선을 조사

28. 유도결합플라즈마의 특징

1) 장점

① 분석의 정밀도가 높다.
② 원자흡광광도계보다 더 좋거나 적어도 같은 정밀도를 갖는다.
③ 검량선의 직선상 범위가 넓다.
④ 적은 양의 시료로 한꺼번에 많은 금속을 분석할 수 있다.
⑤ 동시에 여러 성분의 분석이 가능
⑥ 비금속을 포함한 대부분의 금속을 측정할 수 있다.
⑦ 화학물질에 의한 방해로부터 거의 영향을 받지 않는다.

2) 단점

① 원자들은 높은 온도에서 많은 복사선을 방출하므로 분광학적 방해 영향이 있을 수 있다.
② 아르곤 가스를 소비하기 때문에 유지비용이 많이 들고 기기 구입 가격이 높다.
③ 컴퓨터 처리과정에서 교정을 요한다.
④ 이온화 에너지가 낮은 원소들은 검출한계가 높으며 다른 금속의 이온화에 방해를 준다.

29. 원자흡광광도계 특징

1) 원리

① 시료를 적당한 방법으로 해리시켜 중성원자로 증기화하여 생긴 바닥상태(Ground State)의 원자가 이 원자 증기층을 투과하는 특유 파장의 빛을 흡수하는 현상을 이용하여 광전측광과 같은 개개의 특유 파장에 대한 흡광도를 측정하여 시료 중의 원소 농도를 정량하는 방법

② 많은 금속 원소의 정량 방법으로서 선택성이 우수하고 ppm부터 ppb까지 높은 감도를 가진다.

2) 장점

① 정확도 그리고 정밀도가 좋다.
② 대부분의 원소에 있어서 최저 특정 한계가 낮고 조작이 단순하다.
③ 시료 중의 어떤 원소를 미량 또는 소량 분석하는 데 특히 효과적이다.
④ 분석이 빠르며, 분석비가 저렴하다.
  (하나의 시료를 분해해서 많은 원소를 분석할 수 있으므로 분석비를 절약할 수 있다.)

3) 단점

① 단원소 분석이다.(한 번에 한 개의 원소만을 분석할 수 있다.)
② 분석 목적에 따라서 가스가 다르다.
③ 측정 중에 바람이나 온도 및 가스 압력의 변동에 주의해야 한다.

> 참고
> ※ 금속시료를 분석하는 기기로는 원자흡광광도계(AAS)와 유도결합플라즈마분광광도계(ICP)가 있다. 다양한 장점을 가지고 감도가 좋은 ICP의 경우 AAS보다 훨씬 고가의 장비로 아직까지 측정기관에서 많이 보유하고 있지는 않은 실정이다.
>
> ※ 불꽃방식 원자흡광광도계의 장단점
> ① 장점
>   - 조작이 쉽고 간편하다
>   - 가격이 흑연로장치나 유도결합플라즈마-원자발광분석기에 비하여 저렴하다.
>   - 분석시간이 흑연로장치에 비하여 적게 소요된다. 즉, 한 가지 물질을 분석하는 데 걸리는 시간은 불꽃방식일 경우 10초 이내이고 흑연로장치는 2분 이상 소요된다.
> ② 단점
>   - 감도가 낮다. 이는 주입 시료액의 대부분이 큰 방울로 되어 버려지고 일부분만이 불꽃 부분으로 보내지기 때문이다.

- 시료양이 많이 소요된다. 만일 시료의 양이 10mL일 경우 여러 가지 금속을 여러 번 분석할 수 없는 경우가 생길 수 있다.
- 고체시료의 경우 전처리에 의하여 매트릭스를 제거해야 한다. 또한 용질이 고농도로 용해되어 있는 경우 버너의 슬롯을 막을 수도 있고, 점성이 큰 용액은 분무가 어려우며 분무 구멍을 막아버릴 수 있다.

※ 유도결합플라즈마-원자발광분석기의 장단점

① 장점
- 원자방출분광법을 사용하여 동시에 많은 금속을 분석할 수 있다.
- 원자흡광광도계보다 더 좋거나 적어도 같은 정밀도를 갖는다.
- 화학물질에 의한 방해로부터 거의 영향을 받지 않는다.
- 검량선의 직선성 범위가 넓다.
- 여러 금속을 분석할 경우 시간이 적게 소요된다.

② 단점
- 원자들은 높은 온도에서 많은 복사선을 방출하므로 분광학적 방해 영향이 있을 수 있다. 화학적 간섭은 덜하나 분광학적 간섭의 가능성이 더 높다.
- 시료의 분해과정 동안에 NO, CO, CN, C_2 등 안정한 화합물을 형성하여 바탕방출(background emission) 이 있다. 이것은 컴퓨터처리 과정을 통해서 교정이 필요하다.
- ICP-AES의 기기비용이 원자흡광광도계의 두 배 이상으로 매우 비싸다.
- 알칼리금속과 같이 이온화에너지가 낮은 원소들은 검출한계가 높으며 이들이 공존하면 다른 금속의 이온화에 방해를 주기도 한다.

30. 흡수용액을 이용하여 시료를 포집할 때 흡수효율을 높이는 방법

① 포집 용액의 온도를 낮추어 오염물질의 휘발성을 제한한다.(증기압을 감소시킨다)
② 흡수액의 양을 늘인다.
③ 두 개 이상의 임핀저나 버블러를 연속적으로 연결(직렬연결)하여 용액의 양을 늘인다.
④ 시료 채취 속도를 낮춘다.(기포의 체류시간을 길게한다.)
⑤ 가는 구멍이 많은 Fritted 버블러 등 채취효율이 좋은 기구를 사용한다.(기체와 액체의 접촉 면적을 크게 한다.)
⑥ 액체의 교반을 강하게 한다.
⑦ 시료채취 유량을 낮춘다

31. 흡착관(활성탄관, 실리카겔관) 이용 시 고려사항

① 오염물질이 흡착농도 이상 포집(파과)되면 더 이상 흡착되지 않으므로 농도를 과소평가할 우려가 있다.

> **참고**
> ※ 파과(破過) : 방독마스크에는 독성을 중화시키기 위해 정화통에 약제가 들어 있지만, 이러한 약제는 경연변화가 있고 또 사용에 따라 변화해서 효력이 없어진다. 이렇게 효력을 점차 감퇴해서 사용하지 못하게 되는 것이 파과이다.

② 포집시료 보관 및 저장 시 흡착물질 이동 현상이 일어난다
③ 흡착관은 앞 층이 100mg, 뒷 층이 50mg으로 구성, 오염물질에 따라 다른 크기의 흡착제를 사용한다.
④ 대개 극성 오염물질에는 극성 흡착제를, 비극성 오염물질에는 비극성 흡착제를 사용한다.
⑤ 채취효율을 높이기 위하여 흡착제에 시약을 처리하여 사용하기도 한다.
⑥ 실리카, 알루미나 흡착제는 탄소의 불포화 결합을 가진 분자를 흡착한다.

32. 흡착제를 이용하여 시료 채취 시의 특징

(1) 흡착제의 크기
입자의 크기가 작을수록 표면적이 증가하여 채취효율이 증가하나 압력강하가 심하다.

(2) 흡착관의 크기(튜브의 내경)
흡착제 양이 많아지면 채취용량은 증가한다.

(3) 습도
극성 흡착제 사용 시 수증기를 흡착하여 흡착능력이 떨어진다(파과가 일어나기 쉽다).

(4) 온도
① 온도가 높을수록 흡착능력이 떨어진다.
② 흡착 대상 물질간 반응속도가 증가하여 흡착능력 떨어지며 파과되기 쉽다.

(5) 혼합물
① 혼합기체의 경우 단독성분보다 흡착량이 적어진다.
② 혼합물 중 흡착제와 결합을 하는 물질에 의하여 치환반응이 일어난다.

(6) 오염물질 농도
공기 중 오염물질 농도가 높을수록 파괴용량(흡착제에 흡착된 오염물질량)은 증가하나 파괴 공기량(파괴가 일어날 때까지 채취공기량)은 감소한다.

(7) 시료채취속도
시료채취속도가 빠르고 코팅된 흡착제일수록 파과되기 쉽다.

(8) 시료채취유량

시료채취유량이 높을수록 코팅된 흡착제일수록 파괴되기 쉽다.

33. 활성탄관(Charcoal Tube)

① 탄소함유물질을 탄화 및 활성화하여 만든 흡착능력이 큰 무정형 탄소의 일종
② 유리관 안에 앞 층(공기입구 쪽) 100mg, 뒷 층 50mg의 두 개 층으로 활성탄을 충전
③ 공기 중 가스상 물질의 고체포집법으로 이용된다.
④ 비극성 유기용제, 방향족 유기용제(방향족 탄화수소류), 할로겐화 지방족 유기용제(할로겐화 탄화수소류), 에스테르류, 알코올류 등
⑤ 오염물질이 흡착허용수준 이상으로 포집되면 더 이상 흡착되지 않고 그대로 통과(파과현상)하므로 농도를 과소평가할 우려 있다.
⑥ 유기용제증기, 수은증기 등 무거운 증기는 잘 흡착하고 메탄, 일산화탄소 등은 흡착되지 않고 휘발성이 큰 저분자량의 탄화수소 화합물의 채취효율이 떨어진다.
⑦ 활성탄은 다른 흡착제에 비하여 물을 포함하는 반응에 의해 파괴되어 탈착률과 안정성에서 부적절하다.
⑧ 탈착된 용출액은 가스크로마토그래프 분석법으로 정량한다.
⑨ 제조과정 중 탄화과정은 약 600℃ 무산소 상태에서 이루어진다.
⑩ 사업장에서 작업 시 발생되는 유기용제를 포집하기 위해 가장 많이 사용된다.
⑪ 탈착용매로 이황화탄소(CS_2)가 사용된다.

34. 실리카겔관(Silicagel Tube)

1) 특징

① 실리카겔은 규산나트륨과 황산과의 반응에서 유도된 무정형의 물질이다.
② 극성을 띠고 흡수성이 강하여 습도가 높을수록 파과되기 쉽고 파과용량이 감소한다.
③ 실리카 및 알루미나 흡착제는 탄소의 불포화 결합을 가진 분자를 선택적으로 흡착한다.
④ 실리카 및 알루미나 흡착제는 그 표면에서 물과 같은 극성분자를 선택적으로 흡착한다.
⑤ 극성의 유기용제, 산(무기산 : 불산, 염산), 방향족 아민류, 지방족 아민류, 아닐린, 아미노 에탄올, 아마이드류, 니트로벤젠류, 페놀류
⑥ 실리카겔의 친화력(극성이 강한 순서)
   물 > 알코올류 > 알데하이드류 > 케톤류 > 에스테르류 > 방향족탄화수소류 > 올레핀류 > 파라핀류

2) 실리카겔관의 장, 단점

(1) 장점
① 극성 물질을 채취한 경우 물, 에탄올 등 다양한 용매로 쉽게 탈착
② 추출액이 화학분석이나 기기분석에 방해물질로 작용하는 경우가 많지 않다.
③ 활성탄으로 채취가 어려운 아닐린, 오르쏘-톨루이딘 등의 아민류나 몇몇 무기물질의 채취가 가능하다.
④ 매우 유독한 이황화탄소를 탈착용매로 사용하지 않는다.
⑤ 다양한 용매로 쉽게 탈착할 수 있다.
⑥ 추출물질이 기기분석에 방해되지 않는다.

(2) 단점
수분을 잘 흡수(친수성)하여 습도의 증가에 따라 흡착용량이 감소된다.

> **참고**
>
> ※ 유기용제의 특성
> 유기용제는 다른 물질을 녹이는 용해능력을 가진 물질로 거의 모든 작업장에서 사용된다. 종류는 지방족, 방향족, 치환족 등이 있다. 유기용제의 일반적인 독성의 원리는 다음과 같다.
> 중추신경계에 대한 억제작용은 탄소사슬의 길이가 길수록, 작용기가 할로겐족으로 치환될수록, 불포화될수록 큰 것으로 알려져 있다.

35. 파과

(1) 공기 중 오염물질이 시료채취매체에 포함되지 않고 빠져나가는 것으로 오염물질이 흡착관의 앞 층에 포함된 다음 뒷 층에 흡착되기 시작되어 기류를 따라 흡착관을 빠져 나가는 현상
(2) 파과가 일어나면 유해물질 농도를 과소평가할 우려가 있다.
(3) 시료채취유량
시료채취유량이 높고 코팅된 흡착제일수록 파과되기 쉽다.
(4) 온도
① 고온일수록 흡착대상 오염물질과 흡착제의 표면 사이 또는 2종 이상의 흡착 대상물질 간 반응속도가 증가하여 흡착성질이 감소하여 파과되기 쉽다.
② 모든 흡착은 발열반응이므로 온도가 낮을수록 흡착에 좋다.
(5) 흡착제의 크기
입자의 크기가 작을수록 채취효율이 증가하나 압력강하가 심하다.
(6) 극성흡착제를 사용할 경우 파과되기 쉽다.

(7) 습도가 높을수록 파과되기 쉽다.(습도가 높으면 파과 공기량이 작아진다)
(8) 오염물질농도
   ① 공기 중 오염물질의 농도가 높을수록 파과공기량이 감소한다.
   ② 공기 중에 오염물질이 많으므로 적은 공기량으로 파과가 일어난다.

36. 파과에 영향을 미치는 요인

① 포집을 끝마친 후부터 분석까지의 시간
② 유속
③ 작업장의 온도
④ 작업장의 습도
⑤ 포집된 오염물질의 종류

37. ACGIH의 입자상 물질의 입자 크기별 분류

1) 흡입성 분진(IPM)

① 호흡기 어느 부위에 침착하더라도 독성을 유발하는 분진
② 평균 입경 : $100\mu m$(입경범위 : $0 \sim 100\mu m$)

2) 흉곽성 분진(TPM)

① 기도나 하기도(가스교환부위) 또는 폐포나 폐기도에 침착하여 독성을 나타내는 물질
② 평균 입경 : $10\mu m$

3) 호흡성 분진(RPM)

① 가스교환부위(폐포)에 침착하여 독성을 나타내는 물질
② 평균 입경 : $4\mu m$

38. 입자상 물질의 크기 결정방법

1) 가상직경

(1) 공기역학적 직경(Aero-dynamic diameter)
① 대상입자와 침강속도가 같고 밀도가 $1g/cm^3$, 구형인 먼지의 직경으로 환산한 직경
② 입자의 역학적 특성(침강속도, 종단속도)에 의해 측정되는 먼지 크기
③ 직경분립충돌기(cascade impactor)를 이용하여 측정

(2) 질량 중위 직경(Mass median diameter)
① 입자 크기별로 농도를 측정하여 50%의 누적분포에 해당하는 입자의 크기
② 입자를 밀도, 크기, 형태에 따라 측정기기의 단계별로 질량을 측정한 것
③ 직경분립충돌기(cascade impactor)를 이용하여 측정

2) 기하학적(물리적) 직경

(1) 마틴직경(martin diameter)
① 입자의 면적을 2등분하는 선의 길이로 나타내는 직경
② 선의 방향은 항상 일정하여야 하며 과소평가될 수 있다.

(2) 페렛직경(feret diameter)
① 입자의 가장자리를 이등분한 직경
(먼지의 한쪽 끝 가장자리에 다른 쪽 끝 가장자리까지의 거리로 나타내는 직경)
② 과대평가 될 수 있다.

(3) 등면적 직경(projected area diameter)
① 입자의 면적과 동일한 면적을 가진 원의 직경으로 환산한 직경
② 가장 정확한 직경
③ 측정은 현미경 접안경에 porton reticle를 삽입하여 측정한다.

39. 여과포집 원리(채취기전)

① 직접차단(간섭 : interception)
② 관성충돌(intertial impaction)
③ 확산(diffusion)
④ 중력침강(gravitional settling)

⑤ 정전기 침강(electrostatic settling)
⑥ 체질(sieving)

여과포집에 기여하는 3가지 기전	• 직접차단(간섭) • 관성충돌 • 확산
호흡기도(폐)에 침착하는 데 중요한 3가지 기전	• 관성충돌 • 확산 • 중력침강
입자크기별 여과기전	• 입경 0.1μm 미만 입자 : 확산 • 입경 0.1 ~ 0.5μm : 확산, 직접차단(간섭) • 입경 0.5μm 이상 : 관성충돌, 직접차단(간섭) • 가장 낮은 채집효율을 가지는 입경 : 0.3μm

40. 입자상 물질의 채취 기구

(1) 카세트

카세트에 장착된 여과지에 의해 여과한다.

(2) 사이클론(10mm nylon cyclon)

① 원심력을 이용하여 호흡성 입자상 물질을 측정한다.
② 사용이 간편하고 경제적이다.
③ 호흡성 먼지에 대한 자료를 쉽게 얻을 수 있다.
④ 시료의 되튐(recoil)으로 인한 손실이 없다.
⑤ 매체의 코팅과 같은 별도의 특별한 처리가 필요 없다.
⑥ 공기역학적 직경인 10μm인 입자는 통과하지 못한다.

(3) 입경분립충돌기(직경분립충돌기 : cascade impactor, Anderson impactor)

① 공기 중에 부유하고 있는 분진을 충돌의 원리에 의해 입자 크기별로 분리하여 측정할 수 있다.
② 호흡기에 부분별로 침착된 입자크기의 자료를 추정할 수 있다.
③ 흡입성, 흉곽성, 호흡성 입자의 크기별 분포와 농도를 계산할 수 있다.
④ 입자의 질량크기 분포를 얻을 수 있다.
⑤ 시료채취가 까다롭다.
⑥ 경험이 있는 전문가가 철저한 준비를 통해 측정하여야 한다.
⑦ 시료채취 준비 시간이 길고 비용이 많이 든다.

⑧ 되튐으로 인한 시료의 손실이 있다.
⑨ 공기가 옆으로 유입되지 않도록 각 충돌기의 철저한 조립과 장착이 필요하다.

> 참고
>
> ※ 수동식 시료채취기
> 1) 공기시료 채취장치의 작동에 전기에너지나 인력을 필요로 하지 않고 채취하는 방식
> 2) 펌프없이 <u>가스나 증기가 고농도에서 저농도로 이동, 확산, 투과하는 현상을 이용</u> 또는 <u>입자상 물질의 침강을 이용한 채취</u>로 채취를 위해 <u>공기를 움직일 필요 없다</u>.
> 3) 장단점
>   (1) 장점 : 취급방법이 편리, 시료채취가 간단
>   (2) 단점 : 정확도와 정밀도가 낮음. 저 농도 시 시료채취에 많은 시간 소요

41. 여과지(여과재) 선정 시 고려사항

(1) 채취효율
   포집효율(채취효율)이 높을 것

(2) 압력손실
   포집 시의 흡인저항(흡입저항)은 낮을 것. 압력손실이 적을 것

(3) 기계적인 강도
   접거나 구부리더라도 파손되지 않고 찢어지지 않을 것

(4) 흡습성
   흡습률이 낮을 것

(5) 가볍고 1매당 무게의 불균형이 적을 것

(6) 측정대상 물질의 분석상 방해가 되는 불순물을 함유하지 않을 것

42. 막여과지(Membrane filter)와 섬유상 여과지의 특성

1) 막여과지

   ① 셀룰로스에스테르, PVC, 니트로아크릴과 같은 중합체를 일정한 조건에서 침착시켜 만든 다 공정의 얇은 막 형태
   ② 막여과지에서 유해물질은 여과지 표면이나 그 근처에서 채취된다.

③ 여과지 표면에 채취된 입자들이 이탈되는 경향이 있다.
④ 섬유상 여과지에 비하여 채취 입자상 물질이 작다.
⑤ 섬유상 여과지에 비하여 공기저항이 심하다.

2) 섬유상 여과지

① 20μm 이하의 직경을 가진 섬유를 압착 제조한 것으로 막여과지에 비해서 가격이 비싸다.
② 막여과지에 비해 물리적 강도가 약하다.
③ 막여과지에 비해 흡습성이 작다.
④ 막여과지에 비해 열에 강하고 과부하에도 채취효율이 높다.
⑤ 여과지 표면뿐만 아니라 단면 깊게 입자상 물질이 들어가므로 더 많은 입자상 물질을 채취할 수 있다.

43. 막여과지의 종류

1) MCE 막 여과지(Mixed cellulose ester membrane filter)

① 산에 쉽게 용해되므로 입자상 물질 중의 금속을 채취하여 원자흡광광도법으로 분석하는 데 적당하다.
② 유해물질이 여과지의 표면에 주로 침착되어 석면 등 현미경 분석을 위한 시료채취에 유리하다.
③ MCE 여과지의 원료인 셀룰로오스는 수분을 흡수하는 특성을 가지고 있다.
④ 흡습성이 높아 오차를 유발할 수 있어 중량분석에 적합하지 못함
⑤ 중금속, 석면, 살충제, 산, 알카리미스트, 불소화합물 및 기타 무기물질 채취에 이용된다.

2) PVC 막 여과지(Polyvinyl Chloride membrane filter)

① 수분의 영향이 크지 않고 가벼워 공해성 먼지, 총 먼지 등의 중량분석을 위한 측정에 이용된다.
② 흡습성이 낮아 분진의 중량분석에 사용
③ 유리규산을 채취하여 X-선 회절법으로 분석하는 데 적절하고, 6가 크롬, 산화아연의 채취에 이용된다.
④ 채취 시에 입자를 반발하여 채취효율을 떨어뜨리는 단점이 있어 채취 전 필터를 세정용액으로 세정하여 오차를 줄일 수 있다.

3) PTFE 막 여과지(테프론 : Polytetrafluoroethylene membrane filter)

① 열, 화학물질, 압력 등에 강한 특성을 가지고 있다.
② 압력에 강하여 석탄건류나 증류 등의 고열 공정에서 발생되는 다핵방향족탄화수소(PAHs)를 채취하는 데 이용된다.
③ 농약, 알카리성 먼지, 콜타르 피치 등을 채취하여 $1\mu m$, $2\mu m$, $3\mu m$의 구멍크기를 가지고 있다.

4) 은막 여과지

① 균일한 금속은을 소결하여 만들며 열적, 화학적 안전성이 있다.
② 코크스 오븐 배출물질, 다핵방향족탄화수소 등을 채취하는 데 이용된다.
③ 결합제나 섬유제가 포함되어 있지 않다.

5) Nuclepore(뉴클레포어) 여과지

① Polycarbonate로 만들어진 것으로 강도가 우수하고 화학물질과 열에 안정적
② 체(sieve)처럼 구멍이 일직선(straight-through holes)으로 되어 있다.
③ TEM 분석에 사용할 수 있다.

44. 가스 및 증기상 물질의 측정

1) 순간시료 채취를 하여야 하는 경우

① 미지의 가스상 물질의 동정을 알고자 할 때
② 간헐적 공정에서도 순간농도 변화를 알고자 할 때
③ 오염발생원 확인을 하고자 할 때
④ 직접 포집해야 되는 메탄, 일산화탄소, 산소측정에 사용

2) 연속시료 채취를 하여야 하는 경우

① 오염물질의 농도가 시간에 따라 변할 때
② 공기 중 오염물질의 농도가 낮을 때
③ 시간가중평균치를 구하고자 할 때

45. 흡수액의 흡수효율을 높이기 위한 방법

① 가는 구멍이 많은 프리티드 버블로 등 채취효율이 좋은 기구를 사용한다.(기포와 액체의 접촉 면적을 크게 한다.)
② 시료채취 속도를 낮춘다(체류시간을 길게 한다).
③ 용액의 온도를 낮추어 휘발성을 제한시킨다(증기압을 감소시킨다).
④ 두 개 이상의 버블러를 연속적으로 연결한다.
⑤ 흡수액의 양을 늘린다.
⑥ 액체의 교반을 강하게 한다.

46. 검지관의 장단점

1) 장점

① 사용이 간편하다.
② 반응시간이 빨라서 빠른시간에 측정결과를 알 수 있다.
③ 빠른 측정이 요구될 때 사용
④ 숙련된 산업위생전문가가 아니더라도 어느 정도만 숙지하면 사용할 수 있다.
⑤ 맨홀, 밀폐공간에서의 산소가 부족하거나 폭발성 가스로 인하여 안전이 문제가 될 때 유용하게 사용될 수 있다.
⑥ 재현성이 높다.

2) 단점

① 민감도가 낮으며 비교적 고농도에 적용이 가능하다.
② 특이도가 낮다.
③ 다른 방해 물질의 영향을 받기 쉬워 오차가 크다.
④ 단시간 측정만 가능하다.
⑤ 미리 측정 대상물질의 동정이 되어 있어야 측정이 가능하다.
⑥ 색이 시간에 따라 변화하므로 제조자가 정한 시간에 읽어야 한다.
⑦ 한 검지관으로 단일 물질만을 측정할 수 있어 각 오염물질에 맞는 검지관을 선정해야 한다.
⑧ 색 변화가 선명하지 않아 주관적으로 읽을 수 있어 판독자에 따라 변이가 심하다.

> **참고**

- 공기시료채취펌프유량

$$채취유량[L/min] = \frac{비누거품이\ 통과한\ 용량[L]}{비누거품이\ 통과한\ 시간[min]}$$

ex 공기시료채취펌프를 무마찰 비누거품관을 이용하여 보정하고자 한다. 비누거품관의 부피는 500 cm³이었고 3회에 걸쳐 측정한 평균시간이 20초였다면, 펌프의 유량(L/min)은?

$$채취유량[L/min] = \frac{비누거품이\ 통과한\ 용량[L]}{비누거품이\ 통과한\ 시간[min]} = \frac{0.5[L]}{20[sec]/60[min]} = 1.5[L/min]$$

※ $m^3 = 10^6 cm^3$
  $1[L] = 0.001[m^3]$
  $1[L] = 0.001[m^3] \times 10^6 [cm^3] = 1000[cm^3]$ 이므로 500[cm³]은 0.5[L] 임.

- 베릴륨 등과 같은 독성이 강한 물질들을 함유한 분진이 발생하는 장소에는 <u>특급방진</u> 마스크를 착용하여야 한다.
- 금속흄 등과 같이 열적으로 생기는 분진이 발생하는 장소에서는 <u>1급 방진마스크</u>를 착용하여야 한다.
- 방진마스크 선정 조건(구비조건)
  - 흡, 배기 저항이 낮을 것 (흡, 배기 저하 상승률이 낮을 것)
  - 포집효율이 높을 것
  - 시야가 확보될 것
  - 중량이 가벼울 것
  - 안면 밀착성이 좋을 것
  - 피부 접촉부 고무질이 좋을 것
  - 비휘발성 입자에 대한 보호가 가능할 것
  - 여과효율이 우수하려면 필터에 사용되는 섬유의 직경이 작고 조밀하게 압축된 것

📝 방진마스크의 포집효율

분리식	특급	99.95% 이상
	1급	94.0% 이상
	2급	80.0% 이상
안면부 여과식	특급	99.0% 이상
	1급	94.0% 이상
	2급	80.0% 이상

- 방독마스크의 흡착제 종류 : 활성탄, 실리카겔, 소다라임, 호프카라이트, 큐프라마이트
- 고체입자상 물질
  1. 에어로졸 : 유기물의 불완전연소 시 발생한 액체와 고체의 미세한 입자가 공기 중 부유된 상태
  2. 먼지(Dust) : 고체 물질이 분쇄, 연마, 마찰 등에 의해 미세한 고체 미립자 형태로 변환되어 공기 중에 부유하거나 부유된 후 침강되어 있는 물질
  3. 흄(Fume) : 금속이 용접이나 고열에 의해 기화되어 공기 중으로 비산된 후 급속히 응축되어 생성된 고체 상태의 미립자
  4. 미스트(Mist) : 액체가 외부의 충격이나 힘에 의해 액체 입자 형태로 공기 중으로 비산되어 있는 물질

5. 스모크(smoke) : 불완전 연소에 의하여 발생하는 에어로졸로서, 주로 고체 상태이고 탄소와 기타 가연성 물질로 구성됨
6. 나노(nano)먼지 : 기관 및 학자에 따라 입자지름이 0.1 μm, 0.05 μm 등으로 다양하게 정의하고 나노먼지는 용접, 유리용융, 선철용해, 디젤연소, 타이어 마모, 폐기물 소각, 발전소, 나노물질 제조 등에서 발생

기출 문제 요약

- 공기 중 화학물질 농도(섬유 포함)를 표현하는 단위는? ppm, ug/m³, 개수/cc, mg/m³ (2016년)
- 일반적으로 노출기준 설정은 인체면역에 의한 보상 수준을 고려한 것임 (2016년)
- 화학물질 및 물리적 인자의 노출기준에서 공기 중 석면 농도의 표시 단위는 개/cm³임 (2017년)
- 화학물질 급성 중독으로 인한 건강영향을 예방하기 위한 노출기준 중 STEL(단시간노출기준), Ceiling(최고노출기준) 이다. (2018년)
- 라돈은 화학물질 및 물리적 인자의 노출기준 중 2018년 3월 20일에 신설된 유해인자임 (2019년)
- 노출기준 설정방법 등에 관한 설명 (2021년)
  - 노출에 따른 활동능력의 상실과 조절능력의 상실 관계는 지수형 곡선으로 나타남
  - 항상성이란 노출에 대해 적응할 수 있는 단계로 정상조절이 가능한 단계임
  - 정상기능 유지단계는 노출에 대해 방어기능을 동원하여 기능장해를 방어할 수 있는 대상성 조절기능 단계임
  - 대상성 조절기능 단계를 벗어나면 회복이 불가능하여 질병이 야기됨
  - 산업독성학에서 보통 화학물질이 생체에 미치는 영향을 정립한 사람은 Theodore Hatch(1972)임
- 크롬산 아연 – 발암성 1A (2021년)
- "단시간노출기준(STEL)"이란 (15)분의 시간가중평균노출값으로서 노출농도가 시간가중평균노출기준(TWA)을 초과하고 단시간노출기준이하인 경우에는 1회 노출 지속시간이 (15)분 미만이어야 하고, 이러한 상태가 1일 4회 이하로 발생하여야 하며, 각 노출의 간격은 (60)분 이상이어야 함 (2022년)
- 라돈에 관한 설명 (2022년)
  - 색, 냄새, 맛이 없는 방사성 기체임
  - 밀도는 9.73g/L로 공기보다 무거움
  - 고용노동부에서는 작업장에서의 노출기준으로 600 Bq/m³를 제시하고 있음
  - 미국 환경보호청(EPA)에서는 4 pCi/L를 규제기준으로 제시
- 파상풍, 탄저병, 레지오넬라증, 결핵은 세균성 질환이고, 광견병은 세균성 질환이 아님 (2022년)
- 일반적으로 실내에서 온열환경을 측정하기 위해서는 자연습구온도(NWBT)와 흑구온도(GT)만 측정함 (2013년)
- 소음노출량계로 소음을 측정할 때에는 Threshold는 80dbB, Criteria는 90dB, Exchange rate는 5dB로 설정함 (2014년)
- 콜타르피치, 코크스오븐배출물질, 디젤배출물질에 공통적으로 함유된 산업보건학적 유해인자 중 하나는 다핵방향족탄화수소임 (2015년)
- 유해인자 노출평가 시 고려사항은 흡수경로(침입경로), 노출시간, 노출빈도, 작업강도 등이 있음 (2016년)
- 공기 중 유기용제는 대부분 **고체 흡착관으로 채취**함 (2018년)
- 작업환경측정(유해인자 노출평가) 과정에서 예비조사 활동은? (2018년)
  - 여러 유해인자 중 위험이 큰 측정대상 유해인자 선정, 시료채취전략 수립, 공정과 직무 파악, 노출 가능한 유해인자 파악 등이 있음
- 화학적 인자(트리클로로에틸렌) – 시료채취 매체(활성탄관) (2021년)
- 수동식 시료채취기에 관한 설명 (2022년)
  - 장점은 간편성과 편리성임. 작업장 내 최소한의 기류가 있어야 함. 시료채취시간, 기류, 온도, 습도 등의 영향을 받음. 매우 낮은 농도를 측정하려면 능동식에 비하여 더 많은 시간이 소요됨

4 환기

1. 산업환기의 목적

(1) 실내환기시설을 설치하는 통상적인 목적으로 유해물질 농도를 허용농도 이하로 낮춘다.
(2) 오염물질로부터 건강을 보호하고 온도와 습도를 조절한다.
(3) 불필요한 고열을 제거하고 화재폭발방지 및 작업생산능률을 향상시킨다.

2. 자연환기와 강제환기(전체환기)

1) 자연환기

① 실내외의 온도차와 바람에 의한 자연통풍 방식
② 기계환기에 비해 소음, 진동이 적다.
③ 운전에 따른 에너지 비용이 없다.
④ 냉방비 절감효과를 가진다.
⑤ 계절, 온도, 압력 등의 기상조건, 작업장 내부조건 등에 따라 환기량 변화가 크다.
⑥ 실내외 온도차가 높을수록 환기효율은 증가한다.
⑦ 건물이 높을수록 환기효율이 증가한다.
⑧ 환기량 예측자료를 구하기 어렵다.

2) 강제환기

① 송풍기(fan)를 사용하여 강제적으로 환기하는 방식
② 외부 조건에 관계없이 작업환경을 일정하게 유지할 수 있다.
③ 송풍기 기동에 따른 소음, 진동의 발생과 운전에 따른 에너지 비용이 소요된다.

3. 1기압

1기압(atm) = 760 mmHg = 10332.2576 mmH$_2$O = 101325 Pa (101.325 kPa)
= 1013.25 mb(밀리바) = 1.033227 kgf/cm^2

4. 표준상태

(1) 순수과학(물리, 화학 등) 분야의 표준상태 : 0℃
   1atm(1기압)
   기체 1mol의 부피 22.4L

(2) 산업환기 분야의 표준상태 : 21℃
   1atm(1기압)
   기체 1mol의 부피 24.1L

(3) 산업위생(작업환경) 분야의 표준상태 : 25℃
   1atm(1기압)
   기체 1mol의 부피 24.45L

5. 유체역학적 원리의 전제조건

(1) 공기는 건조하다고 가정한다.
(2) 공기의 압축과 팽창은 무시한다.
(3) 환기시설 내외의 열교환은 무시한다.
(4) 공기 중에 포함된 유해물질의 무게와 용량은 무시한다.
(5) 공기는 상대습도를 기준으로 한다.

6. 각종 법칙

1) 보일의 법칙

일정한 온도에 부피와 압력은 반비례

$$p \propto \frac{1}{V} \quad \text{또는} \quad pV = k$$

여기서, p는 기체의 압력, V는 기체의 부피, k는 상수

2) 샤를의 법칙

일정한 압력에서 온도와 부피는 비례

$$\frac{V}{T} = k$$

여기서, V는 부피, T는 절대온도, k는 상수

3) 게이-루삭의 법칙

일정한 부피조건에서 압력과 온도는 비례

$$P \propto T$$

여기서, P는 압력, T는 절대온도

7. 전체환기의 목적

(1) 작업장 전체를 환기시키는 방식으로 공기를 희석하여 유해인자의 농도를 낮춘다
(2) 유해물질의 농도를 감소시켜 건강을 유지, 증진한다.
(3) 화재나 폭발을 예방한다.
(4) 실내의 온도와 습도를 조절한다.

8. 환기방식의 결정

(1) 오염이 높은 작업장은 주변에 오염물질의 확산을 방지하기 위하여 실내압을 음압(-)으로 유지
(2) 청정공기를 필요로 하는 작업장은 오염물질이 포함된 외부공기가 유입되지 않도록 실내압을 양압(+)으로 유지

9. 전체환기가 필요한 경우

(1) 유해물질의 독성이 비교적 낮은 경우
(2) 유해물질의 발생량이 적은 경우
(3) 발생원이 이동하는 경우
(4) 유해물질이 시간에 따라 균일하게 발생될 경우
(5) 오염원이 근무자가 근무하는 장소로부터 멀리 떨어져 있는 경우
(6) 동일한 작업장에 다수의 오염원이 분산된 경우
(7) 국소배기로 불가능한 경우
(8) 가연성 가스의 농축으로 폭발위험이 있는 경우
(9) 유해물질이 증기나 가스일 경우

※ 전체환기

1. 개요

1) 산업환기 시스템의 분류
   (1) 작업장 내부 오염된 공기를 급배기 방법에 따라 전체환기(genertal ventilation)와 국소배기(local ventilation)로 분류함.

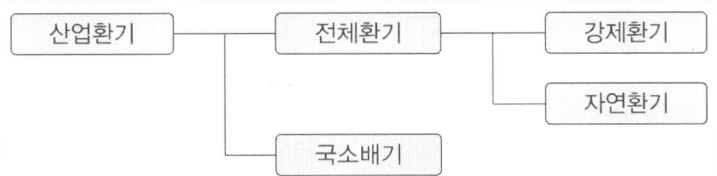

   (2) 전체환기는 유해물질을 외부에서 공급된 신선한 공기와의 혼합으로 유해물질의 농도를 희석시키는 방법으로 희석환기(dilution ventilation)라고도 하며 유해물질을 오염원에서 완전히 제거한 것이 아니라 희석하거나 치환하여 농도를 낮추는 방법
      ① 유해물질의 독성이 낮은 경우
      ② 가스상물질의 발생원이 분산되고 발생량이 균일한 경우
      ③ 작업에 방해되지 않고 실지제약이 없음
      ④ 환기효율이 낮아(환기량이 많아 비효율적) 난방과 환기팬의 동력가동 비용이 소요됨

   (3) 전체환기의 종류
      자연환기 방식 : 작업장 내외의 온도, 압력차에 의해 발생하는 기류의 흐름(대류현상)을 이용함
      인공환기 방식 : 환기를 위한 기계적 시설을 이용하는 방식

2. 목적

1) 유해물질의 농도를 희석, 감소시켜 근로자의 건강을 유지 증진함
2) 화재나 폭발을 예방하며, 작업장 내부의 각종 시설물을 보호함(LEL 이하로 유지)
3) 작업장 내부 온열관리(온도 및 습도)를 하여 근로자의 건강보호로 인해 제품의 생산성이 향상됨
4) 이동성이 강한 작업이나 발생원이 작업장 전체에 산재한 경우 국소배기의 대안으로 사용함

3. 종류

1) 자연환기
   (1) 개요
      ① 기계시설이 필요없이 작업장의 개구부(문, 창, 환기통 등)를 통해 바람(풍력)이나 작업장 내외의 온도, 기압차에 대한 대류작용을 이용하며, 실내외 온도차가 클수록, 건물이 높을수록 환기효율이 증가함
      ② 급기는 자연상태, 배기는 밴틸레이터를 사용하는 경우는 실내압을 언제나 음압으로 유지 가능함

   (2) 영향인자
      ① 실내외 온도차
      ② 풍향 및 풍속
      ③ 건물 형태 및 창문면적 및 위치

④ 지붕 모니터 및 자연환기구 형태
- (3) 장점
  - ① 설치비 및 유지·보수비가 적게 듦(적당한 온도차이와 바람이 있다면 운전비용이 거의 들지 않음)
  - ② 효율적인 자연환기는 에너지비용을 최소화할 수 있음(냉방비 절감 효과)
  - ③ 소음발생이 적음
- (4) 단점
  - ① 외부 기상조건과 내부 조건에 따라 환기량이 일정하지 않아 작업환경 개선용으로 이용하는 데 제한적임(환기량의 변화가 심함)
  - ② 계절변화에 불안정함(여름보다 겨울철 환기효율이 높음)
  - ③ 정확한 환기량 산정이 어려워 환기량 예측자료를 구하기 힘듦
  - ④ 환기량이 많아 유해물질의 농도를 완벽하게 제거하기가 곤란하며, 여름이나 겨울 냉난방비용이 과다 사용됨

2) 강제환기
- (1) 개요
  - ① 자연환기의 작업장 내외의 압력차가 적은 차이로 공기를 정화해야 할 때는 인공환기를 해야 함
  - ② 지붕 또는 벽면에 배기팬을 설치하여 강제적으로 오염물질을 환기시키는 방법
  - ③ 급기는 루버나 창문을 이용한 자연급기 또는 팬을 사용한 강제급기 모두 사용함
- (2) 장점
  - ① 외부조건(계절변화)에 관계없이 작업조건을 안정적으로 유지할 수 있음
  - ② 환기량을 기계적(송풍기)으로 결정하므로 정확한 예측이 가능함
- (3) 단점
  - ① 송풍기 가동에 따른 소음, 진동 문제가 발생함
  - ② 운전비용이 증대하고, 설비비 및 유지·보수 비용이 많이 듦
- (4) 종류
  - ① 급·배기법
    - ㉠ 가장장 효과적인 인공환기법으로 급·배기를 동력에 의해 운전함
    - ㉡ 실내압을 양압이나 음압으로 조정이 가능함
    - ㉢ 정확한 환기량이 예측 가능하여 작업환경관리에 적합함
  - ② 급기법
    - ㉠ 급기는 동력, 배기는 개구부로 자연 배출함
    - ㉡ 고온 작업장에서 많이 사용함
    - ㉢ 실내압은 양압으로 유지되어 청정산업(전자, 식품, 의약)에 적용함
  - ③ 배기법
    - ㉠ 급기는 개구부, 배기는 동력으로함
    - ㉡ 실내압은 음압으로 유지되어 고독성, 발암성, 방사성 등 오염이 높은 작업장에 적용함

4. 자연환기 효율 제고방안
1) 실내·외 온도차가 클수록 환기효율이 높음(중력환기)

2) 건물과 주풍 방향이 직각을 때 환기효율이 높음(풍력환기)
3) 모니터 형태에 따라 환기효율이 크게 차이가 남
4) 급기구 형태 및 면적

5. 전체환기 적용시 필요한(환경적) 제한요건
1) 오염원에서 유해물질 발생량이 적거나 필요환기량이 많지 않아서 국소환기보다 실용성이 있는 경우
2) 근로자들의 근무장소가 오염원에서 충분히 멀리 떨어져 있거나, 작업장 내의 공기 중 유해물질 농도가 허용농도 이하로 충분히 낮아서 실제로 근로자에게 영향을 주지 않는 경우
3) 유해물질의 독성이 낮은 경우, 즉 TLV가 높은 경우(가장 중요한 제한조건)
4) 소량의 유해물질이 시간에 따른 발생량이 균일한 경우
5) 동일 작업장에 다수의 오염원이 분산되어 있는 경우
6) 오염원이 이동성인 경우
7) 작업방법 및 공정상 국소배기가 불가능한 경우
8) 유해물질이 증기나 가스일 경우
9) 가연성 가스의 농축으로 폭발의 위험이 있는 경우

6. 전체환기(강제환기) 시설 기본 원칙
1) 실제적으로 이용할 수 있는 자료나 실험치들로부터 희석에 필요한 충분한 양(오염물질의 사용량 조사)의 환기량을 산출해야 함
2) 오염물질 배출구는 가능한 한 오염원으로부터 가까운 곳에 설치하여 점환기(spot ventilation)의 효과를 얻음
3) 기류나 오염원을 통과하도록 급·배기구의 위치를 선정하며, 오염원은 작업자와 배기구 사이에 위치하여야함
4) 배출되는 공기를 보충하기 위한 청정공기를 공급하는 보충용 공기장치, 즉 급기시설이 필요함
5) 작업장 내 압력을 경우에 따라 양압이나 음압으로 조정함
6) 배출된 공기가 다시 작업장 안으로 들어오지 못하게 함
7) 오염물질의 발생은 가능하면 일정한 속도로 유출되도록 조정하며 오염된 공기는 작업자가 호흡하기 전에 충분히 희석되어야 함

10. 국소배기방치 설치가 필요한 경우

(1) 유해물질 독성이 강한 경우(TLV가 낮을 때)
(2) 유해물질 발생량이 많은 경우
(3) 발생원이 고정되어 있는 경우
(4) 발생주기가 균일하지 않은 경우
(5) 유해물질 발생원과 작업위치가 근접해 있는 경우
(6) 높은 증기압의 유기용제
(7) 법적의무 설치사항의 경우

📝 **전체환기와 국소배기 비교**

구분	전체환기	국소배기
적용조건	• 오염물질 독성도가 낮을 때 • 가스상물질 환기에 적합 (분진 또는 미스트 환기에는 부적합) • 오염물질 발생량이 균일하고 발생원이 산재해 있을 때	• 오염물질 발생량이 많고 독성이 높은 경우 • 오염물질 발생원 근처에 작업자가 위치한 경우 • 오염물질 발생원이 고정되어 있고, 주기적으로 고농도가 발생되는 경우
장점	• 작업에 방해가 적고, 설치에 제약이 없음	• 적은 유량으로 효율적인 환기가 가능 • 작업자 호흡영역으로 보호가능
단점	• 환기 효율이 낮음 • 필요 환기량이 많아 에너지 비효율적임 (냉난방비, 송풍기 운전비용 증가)	• 작업방해로 인한 설치 제약이 따름

참고

※ 국소배기는 "배기"라는 의만 포함되고 있기 때문에 "급기"를 포함하지 않는 것으로 오해할 수 있다. 하지만 급기가 부족할 경우 실내에 음압 형성으로 배기량이 줄거나, 틈을 통해 유입된 길에 의한 실내 방해 기류 형성으로 후드 배기 효율이 크게 저하될수 있어 국소배기에 있어서는 급기는 중요하다.

11. 강제환기를 실시할 때 환기효과를 제고시킬 수 있는 방법

(1) 오염물질 사용량을 조사하여 필요환기량을 계산한다.
(2) 필요환기량은 오염물질이 충분히 희석될 수 있는 양으로 설계한다.
(3) 오염물질 배출구는 가능한 한 오염원으로부터 가까운 곳에 설치하여 '점환기'의 효과를 얻는다.
(4) 배출공기를 보충하기 위하여 청정공기를 공급한다.
(5) 공기배출구와 근로자 작업위치 사이에 오염원이 위치하여야 한다.
(6) 건물 밖으로 배출된 오염공기가 다시 건물 안으로 유입되지 않도록 배출구 높이를 적절히 설계하고 창문이나 문 근처에 위치하지 않도록 한다.
(7) 오염된 공기는 작업자가 호흡하기 전에 충분히 희석되도록 한다.
(8) 오염원 주위에 다른 작업 공정이 있으면 공기배출량을 공급량보다 약간 크게 하여 음압을 형성하여 주위 근로자에게 오염물질이 확산되지 않도록 한다.

12. 국소배기시설의 구성

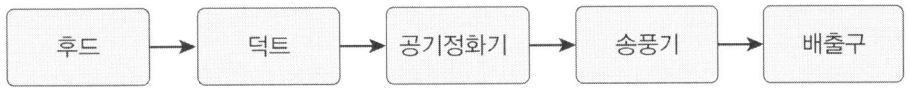

오염물질을 포집해 주는 후드(hood), 오염물질을 함유한 공기를 이송하기 위한 통로역할을 하는 덕트(duct), 오염물질을 정화시켜주는 공기정화기(air cleaning device), 공기 이송에 필요한 동력을 제공해주는 송풍기(fan), 정화된 공기를 외부로 배출시켜주는 배출구(stack) 등으로 구성

1) 후드(hood)

국소배기의 시작점으로 오염물질이 포함된 공기를 끌어오는 곳

① 플랜지(flange)
후드의 개구부에 붙여 후드 뒤쪽에서 들어오는 공기의 흐름을 차단하여 제어 효율을 증가시키기 위하여 부착된 판

② 충만실(plenum chamber)
균질혼합실 또는 공기충만실이라고도 하며 후드의 바로 뒤쪽, 즉 덕트의 바로 앞쪽에 위치하며 공기의 흐름을 균일하게 유지시켜 공기속도와 압력을 균일화시키는 공간

③ 개구면 속도(face velocity)
면속도라고도 하며 후드 개구면에서 측정한 기류의 속도

④ 제어속도(capture velocity or control velocity)
제어풍속, 포착속도라고도 하며 제어하고자 하는 거리에서 발생한 오염물질을 후드로 적정하게 끌어들이는 데 필요한 최소한의 속도, 즉 다시 말하여 발생원에서 근로자를 향해 오는 유해물질을 잡아 횡단 방해기류를 극복하고 후드 방향으로 흡입하는 데 필요한 기류의 속도

2) take off

후드와 덕트의 연결부분으로 후드에서 덕트로 기류가 흐르는 복잡한 부분

3) 덕트(duct, 송풍관)

후드에서 흡인한 기류를 운반하기 위한 관

① 흡기덕트
후드에서 송풍기까지의 덕트로 내부응 음압(-) 상태

② 배기덕트
송풍기에서 배기구까지의 덕트로 내부는 양압(+) 상태
③ 가지덕트
후드와 주 덕트를 연결하는 덕트
④ 주덕트
2개 이상의 가지 덕트가 합류된 덕트
⑤ 반송속도(transport velocity)
유해물질이 덕트 내에서 퇴적이 일어나지 않고 이동하기 위하여 필요한 최소속도

4) 공기정화장치

후드에서 흡입한 공기 속에 포함된 유해물질을 제거하여 공기를 정화하는 장치

① 집진장치
입자상 오염물질을 포집하는 공기정화장치
② 유해가스 처리장치
가스상 오염물질을 제거하는 공기정화장치

5) 송풍기(fan)

배기 덕트라고도 하며 공기를 이송하기 위하여 에너지를 주는 장치

6) 배기구(stack)

공기를 최종적으로 실외로 이송시키는 배출구

7) 일반적인 국소배기장치 설치 원칙

① 국소배기장치는 반드시 후드 → 덕트 → 공기정화장치 → 송풍기 → 배기구의 순서대로 설치한다.
② 국소배기장치의 작동이 잘되기 위해서는 보충용 공기를 공급하여 작업장 안을 양압으로 유지시켜야 한다.
③ 공정에 지장을 받지 않는 한 후드는 유해물질 배출원에 가능한 한 가깝게 설치한다.
④ 처리조에서 공기보다 무거운 유해물질이 배출된다고 하더라도 후드의 위치는 바닥이 아닌 오염원의 상방 또는 측방이어야 한다.
⑤ 덕트는 될 수 있으면 사각형관이 아닌 원형관이어야 한다.

13. 국소배기장치의 설계순서

후드형식의 선정 → 제어속도 결정 → 소요풍량 계산 → 반응속도 결정 → 배관내경 산출 → 후드 크기 결정 → 배관 배치와 설치장소 선정 → 공기정화장치선정 → 국소배기 계통도와 배치도 작성 → 총 압력 손실량 계산 → 송풍기 선정

14. 압력의 종류

정압 SP Static Pressure	• 공기의 유동이 없을 때 발생하는 압력, 덕트내의 공기가 주위에 미치는 압력으로 모든 방향에서 같은 크기를 나타내는 압력으로 정지하고 있는 유체 뿐만 아니라 운동하고 있는 유체 중에도 존재 • 대기압보다 낮을 때는 음압(−), 대기압보다 높을 때는 양압(+) • 송풍기 앞에서는 음압(−), 송풍기 뒤에서는 양압(+) • 국소배기장치의 배출구 압력은 항상 대기압보다 높아야 함 • 송풍기 저항에 대항하는 압력으로 저항압력 또는 마찰압력이라고 함
동압 VP Velocity Pressure	• 공기의 흐름이 있을 때 발생하는 압력, 공기의 흐름방향의 속도에 의해 생기는 압력 • 속도압은 공기가 이동하는 힘으로 항상 양압(0 이상의 압력) • 공기의 운동에너지에 비례
전압 TP Total Pressure	전압(TP) = 동압(VP) + 정압(SP)

15. 후드의 정압과 동압의 측정

후드에서 정압과 속도압을 동시에 측정하고자 할 때 측정공의 위치는 후드 또는 덕트의 연결부로부터 덕트 직경 4~6배 떨어진 지점에서 측정한다.

※ 후드정압(SPh)

$$\text{후드정압(SPh)} = VP + \Delta p$$
$$= VP + (VP \times F)$$
$$= VP(1+F)z$$

여기서, VP : 속도압(동압) (mmH$_2$O) ($VP = \dfrac{\gamma V^2}{2g}$, γ : 공기밀도, g : 중력가속도)

　　　　　　　정지상태의 실내공기를 일정한 속도로 가속화 시키는 데 필요한 에너지

　　　Δp : 후드압력손실(mmH$_2$O), 유입손실
　　　　　공기가 후드나 덕트로 유입될 때 후드 덕트의 모양에 따라 발생하는 난류가 공기의 흐름을 방해함으로써 생기는 에너지 손실을 의미함

F : 유입손실계수 $\left(F = \left(\dfrac{1}{C_e^2} - 1\right)\right.$ 여기서, C_e : 유입계수(후드정압(SPh) $= VP/C_e^2$))

유량(공기량) $Q = A \times V$
여기서, Q : 유량(m³/s)
A : 단면적(m²)
V : 속도(m/s)

ex 유입계수 $C_e = 0.82$인 원형 후드가 있다. 덕트의 원면적이 0.0314 m²이고, 필요환기량 $Q = 30$ m³/min이라고 할 때 후드정압은? (단, 공기밀도 1.2kg/m³ 기준)

후드정압(SPh) $= VP + \Delta p$
$= VP + (VP \times F)$
$= VP(1+F)z$ 에서

- 유입손실계수 $F = \left(\dfrac{1}{C_e^2} - 1\right) = \dfrac{1}{0.82^2} - 1 = 0.487$

- 속도 $V = \dfrac{Q}{A} = \dfrac{30 \text{ m}^3/\text{min} \times \text{min}/60\text{sec}}{0.0314 \text{ m}^2} = 15.92$ m/sec

- 속도압 $VP = \dfrac{\gamma V^2}{2g} = \dfrac{1.2 \times 15.92^2}{2 \times 9.8} = 15.52$ mmH₂O

∴ 후드정압(SPh) $= VP(1+F) = 15.52(1+1.487) = 23.07$ mmH₂O

16. 후드 선택지침(필요환기량을 감소시키기 위한 방법)

(1) 가급적 공정의 포위를 최대화한다.
(2) 포집형이나 레시버형 후드를 사용할 때에는 후드를 배출오염원에 가깝게 설치한다.
(3) 주위 방해기류를 최소화하여 후드 개구면에서 기류가 균일하게 분포되도록 설계한다.
(4) 오염물질 발생특성을 고려하여 설계한다.
(5) 작업조건을 고려하여 적정하게 제어속도를 선정한다.
(6) 공정에서 발생 또는 배출되는 오염물질의 절대량을 감소시킨다.
(7) 플랜지 등을 설치하여 후드 유입기류를 조절한다.

17. 포위식(포위형, 부스식) 후드의 특징

(1) 발생원을 완전히 감싸는 형태로 유해물질을 외부로 나가지 못하게 한다. 오염물질 발생원이 후드 내에 있음
(2) 외부기류(난기류)의 영향을 받지 않아 효율성이 높다
(3) 필요한 환기량을 최소한으로 줄일 수 있어 경제적이며 효율적이다.
(4) 고농도 분진의 비산, 유기용제, 맹독성 물질 등을 취급하는 작업장에 적합하다.

※ 종류 : 포위형, 장갑부착상자형, 드래프트 챔버형, 건축부스형

18. 후드의 선택지침(후드 선정 시 고려사항, 선정 요령)

(1) 필요환기량을 최소화할 것
(2) 작업자의 호흡영역을 최소화할 것
(3) 추천된 설계사양을 사용할 것
(4) 작업자가 사용하기 편리하도록 만들 것
(5) 후드 설계 시 일반적 오류를 범하지 말 것

19. PUSH-PULL

도금조와 같이 폭이 넓은 경우(오염물질 발생 면적이 넓어 한쪽 방향에 후드를 설치하는 것으로 충분한 흡인력이 발생되지 않는 경우)에 사용하면 포집효율을 증가시키면서 필요유량을 감소(측방형후드에 비해 환기량 50% 정도 감소) 시킬 수 있다.

1) 특징

(1) 푸시-풀 후드의 경우 중간에 물체가 놓여 있다면 푸시공기가 물체에 부딪혀 유해물질이 작업장으로 비산된다.
(2) 배기유량이 급기유량의 1.5~2.0배가 적합하다

2) 장단점

(1) 장점
① 작업자 방해가 적고 적용이 쉽다.

② 포집효율을 증가시키면서 필요유량을 감소시킬수 있다.

(2) 단점
　① 원료의 손실이 크다.
　② 설계가 어렵다.
　③ 잘못 설계 시 유해물질을 비산시킬 위험이 있다.

> ※ 전기도금 공정에 가장 적합한 후드 형식 : 슬롯 후드

20. 제어속도(포착속도)의 정의

후드 전면 또는 후드 개구면에서 유해물질이 함유된 공기를 당해 후드로 흡입시킴으로써 그 지점의 유해물질을 제어할 수 있는 공기속도로 오염물질을 후드 안쪽으로 흡입하기 위하여 필요한 최소풍속(후드 근처에서 발생되는 오염물질을 주변의 방해기류를 극복하고 후드 쪽으로 흡인하기 위한 유체의 속도를 의미, 후드 앞 오염원에서의 기류로 오염공기를 후드 쪽으로 흡인하는 데 방해기류를 극복해야 한다.)

21. 제어속도 결정 시 고려사항(제어속도에 영향을 주는 인자)

(1) 후드의 모양
(2) 후드에서 오염원까지의 거리
(3) 오염물질(유해물질)의 종류 및 확산상태
(4) 오염물질(유해물질)의 비산방향 및 비산거리
(5) 오염물질(유해물질)의 사용량과 독성 정도
(6) 작업장 내 방해 기류

22. 제어속도범위(ACGIH)

오염물질 발생조건	작업공정 사례	제어속도(m/s)
• 움직이지 않는 공기 중에서 속도없이 배출되는 작업조건 • 조용한 대기 중에 실제 거의 속도가 없는 상태로 발산하는 작업조건	• 액면에서 발생하는 가스나 증기, 흄 • 탱크에서 증발, 탈지시설	0.25~0.5
비교적 조용한(약간의 공기 움직임) 대기 중에서 저속도로 비산하는 작업조건	• 용접 및 도금작업 • 스프레이 도장 • 주형을 부수고 모래를 터는 경우	0.5~1.0
발생기류가 높고 유해물질이 활발하게 발생하는 작업조건	• 스프레이 도장 • 컨베이어 적재 • 분쇄기	1.0~2.5
초고속기류가 있는 작업장소에 초고속으로 비산하는 작업조건	• 회전 연삭작업 • 연마작업 • 블라스트 작업	2.5~10

23. 후드의 제어 풍속

(1) 관리대상 유해물질 관련 국소배기장치 후드의 제어풍속

물질의 상태	후드형식	제어풍속(m/s)
가스 상태	포위식 포위형	0.4
	외부식 측방흡인형	0.5
	외부식 하방흡인형	0.5
	외부식 상방흡인형	1.0
입자 상태	포위식 포위형	0.7
	외부식 측방흡인형	1.0
	외부식 하방흡인형	1.0
	외부식 상방흡인형	1.2

[비고] 1. "가스상태"란 관리대상 유해물질이 후드로 빨아들여질 때의 상태가 가스 또는 증기인 경우를 말한다.
2. "입자상태"란 관리대상 유해물질이 후드로 빨아들여질 때의 상태가 흄 분진 또는 미스트인 경우를 말한다.
3. "제어풍속"이란 국소배기장치의 모든 후드를 개방한 경우의 제어풍속으로 다음에 따른 위치에서 풍속을 말한다.
  1) 포위식 후드에서는 후드 개구면의 풍속
  2) 외부식 후드에서는 해당 후드에 이하면 관리대상 유해물질을 빨아드리려는 범위 내에서 해당 후드 개구면으로 부터 가장 먼 거리의 작업위치에서의 풍속

(2) 허가대상 유해물질(베릴륨 및 석면제외) 관련 국소배기장치 후드의 제어풍속

물질의 상태	제어풍속(m/s)
가스상태	0.5
입자상태	1.0

[비고] 1. 이 표에서 제어풍속이란 국소배기장치의 모든 후드를 개방한 경우의 제어풍속을 말한다.
2. 이 표에서 제어풍속이란 후드의 형식에 따라 다음에서 정한 위치에서의 풍속을 말한다.
    1) 포위식 또는 부스식 후드에서는 후드 개구면에서의 풍속
    2) 외부식 또는 레시버식 후드에서는 유해물질의 가스·증기 또는 분진이 빨려들어가는 범위에서 해당 개구면으로 부터 가장 먼 작업위치에서의 풍속

(3) 분진작업장소에서 설치하는 국소배기장치의 제어풍속
① 국소배기장치(연삭기·드럼 샌더(drum sander) 등의 회전체를 가지는 기계에 관련되어 분진작업을 하는 장소에 설치하는 것은 제외한다.)의 제어풍속

분진작업장소	제어풍속(m/s)			
	포위식 후드	외부식 후드		
		측방흡인	하방흡인	상방흡인
암석 등 탄소원료 또는 알루미늄박을 체로 거르는 장소	0.7	–	–	–
주물모래를 재생하는 장소	0.7	–	–	–
주형을 부수고 모래를 터는 장소	0.7	1.3	1.3	–
그 밖의 분진작업장소	0.7	1.0	1.0	1.2

② 국소배기장치 중 연삭기·드럼 샌더 등의 회전체를 가지는 기계에 관련되어 분진작업을 하는 장소에 설치된 국소배기장치의 후드 설치방법에 따른 제어풍속

후드의 설치방법	제어풍속(m/s)
회전체를 가지는 기계 전체를 포위하는 방법	0.5
회전체를 회전에 의하여 발생하는 분진의 흩날림방향을 후드의 개구면으로 덮는 방법	5.0
회전체만을 포위하는 방법	5.0

24. 후드 개구면의 유속(면속도)을 균일하게 분포시키는 방법

(1) 테이퍼(taper) 부착 : 경사각 60도 이내로 설치
(2) 슬롯(slot) 사용 : 도금조와 같이 길이가 긴 탱크에 사용한다.
(3) 차폐막 사용 : 사각형 후드나 포위형 부스의 내부에 설치하여 개구면의 유속을 균일하게 해주는 판
(4) 분리날개(splitter vanes) 설치 : 후드 개구부를 여러 개로 나누어 유입하는 형식

> 참고

※ 후드의 종류
1. 개요
1) 후드의 형태는 작업형태(작업공정), 유해물질의 발생특성, 근로자와 발생원 사이의 관계 등에 의해서 결정되며 일반적으로 포위식(부스식), 외부식, 레시버 후드로 구분함.(포위식>부스식>외부식)
20 후드는 발생원을 가능한 포위하는 형태인 포위식 형식의 구조로 하고, 불가능할 경우 발생원과 가장 가까운 위치에 외부식 후드를 설치하며, 유해물질이 일정한 방향성을 가지고 발생될 때는 레시버식 후드를 설치함.

※ 포위식 후드(Enclosing Hood)
1. 개요
1) 발생원을 완전히 포위하는 형태의 후드로 후드개구면에서 측정한 속도인 면속도가 제어속도가 됨
2) 국소배기설비의 후드 형태 중 가장 효과적으로 필요한 환기량을 최소화할 수 있음

2. 종류
1) cover type : 유해물질 제거효과가 가장 크며 주로 분쇄, 혼합, 파쇄 공정에서 사용함
2) glove box type : Box 내부에 음압이 형성되어 독성가스 및 방사성 동위원소, 발암성 물질 취급에 사용

📝 포위식(부스식) : 유해물질의 발생원을 전부 또는 부분적으로 포위하는 후드

포위형

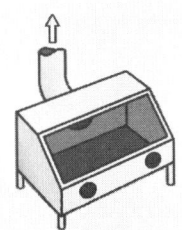
장갑부착상자형

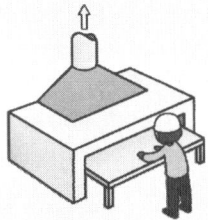
트래프트 챔버형

건축부스형

3. 특징
1) 후드 개구면에서 측정한 면속도가 제어속도가 됨
2) 유해물질의 완벽한 흡인이 가능함(개구면의 속도를 유지하지 못할 경우 외부로 노출될 우려가 있음)
3) 유해물질 제거 공기량(송풍량)이 다른 형태 보다 훨씬 적음
4) 작업장 내 방해기류(난기류)의 영향을 거의 받지 않음

4. 포위식(부스식)의 송풍량 절약방법
1) 부스의 안을 가능한 깊게 하여 가급적 공정의 포위를 최대화함

2) 개구면의 상부를 밀폐함
3) take off를 경사지게 하며 되도록 구석에 부착함

※ 외부식 후드(Exterior Hood)

1. 개요
1) 후드의 흡인력이 외부까지 미치도록 설계한 후드로 포집형 후드라고 함
2) 작업 여건상 발생원에 독립적으로 설치하여 유해물질을 포집하는 후드로 후드와 작업지점과의 거리를 줄이면 제어속도가 증가함
3) 외부식 후드 결정 시 근로자 작업영역 보호 및 노출가능성의 최소 유지가 요구됨

2. 종류
1) 슬롯형(slot) : 도금, 세척작업, 분무도장 공정에 적용됨
2) 루버형(louver) : 주물사 제거공정 등에 적용됨
3) 그리드형(grid) : 도장 및 분쇄 공정 등에 적용됨
4) 자립형(free standing)

> 외부식 : 유해물질의 발생원을 포위하지 않고 발생원 가까운 위치에 설치하는 후드

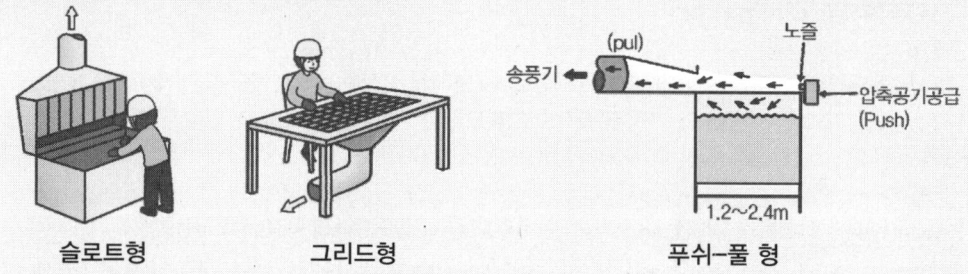

슬로트형　　　그리드형　　　푸쉬-풀 형

3. 특징
1) 타 후드에 비해 작업자가 방해를 받지 않고 작업을 할 수 있어 일반적으로 많이 사용함
2) 포위식에 비하여 필요 송풍량이 많이 소요됨
3) 방해기류(난기류)의 영향이 작업장 내에 있을 경우 흡인효과가 저하됨
4) 기류속도가 후드 주변에 매우 빠르므로 쉽게 흡인되는 물질(유기용제, 미세분말 등)의 손실이 큼
5) 오염물질 만을 제어하는 제어효율이 높지 않음

4. 고독성 물질 취급시 주의사항
1) 상황에 따라 고독성 물질을 충분히 포집할 수 없는 경우가 있음
2) 대부분의 경우 포집속도(제어속도)가 증가하면 오염물질을 효과적으로 제거할 수 있음
3) 외부 난기류의 영향을 받지 않도록 후드를 위치시켜야 함

5. 외부식 후드의 송풍량 절약방법
1) 발생원의 형태와 크기에 맞는 후드를 선정하고 가능한 후드 개구면을 발생원에 근접하여 설치함.
2) 작업상 방해가 되지 않는 범위에서 플랜지, 칸막이, 커튼, 풍향판 등을 사용하여 주위에 유입되는 방해기류(난기류)의 영향을 최소화함
3) 후드의 크기는 오염물질이 새지 않는 한 작은편이 좋고, 가능한 발생원의 일부만이라도 후드 개구안에 들어가도록 설치함

※ 레시버식 후드(Receiver Hood)
1. 개요
1) 작업공정에서 발생되는 오염물질이 회전에 의한 운동량(관성력)이나 열부력에 의한 열상승력을 가지고 자체적으로 발생될 때, 발생되는 방향 쪽에 후드의 입구를 설치함으로서 보다 적은 풍량으로 오염물질을 포집할 수 있도록 설계한 후드임
2) 필요 송풍량 계산 시 제어속도의 개념이 필요 없음

2. 적용
가열로, 용융로, 단조, 연마, 연삭 공정 등에 적용 함(고온 작업 시 가장 적합한 후드)

3. 종류
1) 천개형(canopy type)
2) 그라인더형(grinder type)
3) 자립형(free standing type)

📝 레시버식 : 유해물질이 발생원에서 상승기류, 관성기류 등 일정방향의 흐름을 가지고 발생할 때 설치하는 후드

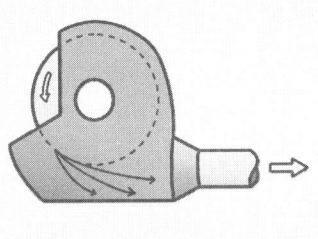
그라인더 커버형

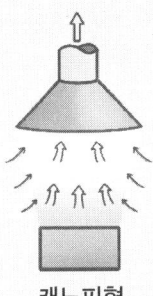
캐노피형

4. 특징
1) 비교적 유해성이 적은 유해물질을 포집하는 데 적합함
2) 잉여공기량이 비교적 많이 소요됨
3) 한랭공정에는 사용을 금함

※ 압인환기장치(Push-Pull ventilation)
1. 개요
1) 한쪽 면에서는 급기(air suppiy)를 하고 한쪽 면에서는 배기(air exhaust)하는 형태로 push제트가 개방로 표면을 따라 에어커튼을 형성하여 오염물질 제어효율이 증가됨
2) 흡인기류에 비해 분사기류의 속도는 비교적 먼 곳까지 도달하여 흡인 후드 앞에 또 하나의 후드를 설치한 것처럼 분사기류와 흡인기류가 서로 도와 두 후드 사이가 떨어져 있어도 효과적으로 환기시킴
3) 제어속도는 push 제트기류에 의해 발생되며, 여러 가지 영향인자가 존재하므로 ±20% 정도의 유량조정이 가능하도록 설계 되어야 함

2. 적용
1) 도금조 및 자동차 도장공정과 같이 오염물질 발생원의 개방면적이 큰(발산면의 폭이 넓은) 작업공정에 주로 많이 적용됨
2) 포착거리(제어거리)가 일정거리 이상일 경우 push-pull형 환기장치가 적용됨
3) 작업자의 방해가 적고 용이함

3. 특징
1) 포집효율을 증가시키면서 필요유량을 대폭 감소시킬 수 있는 후드임(약 50% 정도 절감)
2) 먼 거리에 있는 유해물질도 공기중으로 확산시키지 않고 쉽게 환기시킴
3) 작업자의 방해가 적고 용이함
4) 원료의 손실이 큼
5) 설계방법의 타 방법보다 어려움
6) 효과적으로 기능을 발휘하지 못하는 경우가 있음

4. 형태분류
1) push-pull형 국소환기장치 : 유해물질을 발산하는 장소에서 포집하여 흡인·배출하는 설비
2) push-pull형 입체식 환기장치 : 작업 시 근로자에게 신선한 공기를 공급함과 동시에 유해한 유해물질을 흡인·배출하는 설비
3) push-pull형 차단장치 : 고열을 비롯한 유해물질로부터 근로자를 차단하는 설비

※ 사진은 산업안전보건공단 자료 참조

25. 덕트 설치기준(산안법)

(1) 가능하면 길이를 짧게하고 굴곡부의 수를 적게 할 것(손실이 줄어서 풍량이 증가함)
(2) 접속부의 안쪽은 돌출된 부분이 없도록 할 것
(3) 청소구를 설치하는 등 청소하기 쉬운 구조로 할 것
(4) 덕트 내부에 오염물질이 쌓이지 않도록 이송속도를 유지할 것
(5) 연결 부위 등은 외부 공기가 들어오지 않도록 할 것

26. 덕트 설치의 주요 원칙

(1) 밴드 수는 가능한 적게 한다.
(2) 구부러짐 전, 후에는 청소구를 만든다.
(3) 덕트는 가급적 짧게 배치한다.
(4) 공기 흐름은 하향 구배를 원칙으로 한다.
(5) 가급적 원형 덕트를 사용, 사각 덕트 사용 시에는 정방향을 사용한다.

(6) 수분이 응축될 경우 덕트 내로 들어가지 않도록 하며 경사나 배수구를 마련한다.
(7) 덕트와 송풍기 연결부위는 진동을 고려하여 유연한 재질로 한다.
(8) 후드는 덕트보다 두꺼운 재질로 한다.
(9) 직경이 다른 덕트 연결 시에는 경사 30도 이내의 테이퍼를 부착한다.
(10) 송풍기를 연결할 때에는 최소 덕트 직경의 6배는 직선구간으로 한다.
(11) 곡관은 직관보다 0.76mm 정도 두꺼운 재질을 선택한다.
(12) 가능한 한 곡선의 곡률반경을 크게 한다.
　　　곡률반경은 최소 덕트 직경의 1.5배 이상, 주로 2.0으로 한다.

27. 덕트의 접속

(1) 접속부의 내면은 돌기물이 없도록 할 것
(2) 곡관(Elbow)은 5개 이상의 새우등 곡관으로 연결하거나 곡관의 중심선 곡률반경이 덕트 지름의 2.5배 내외가 되도록 할 것
(3) 주덕트와 가지덕트의 접속은 30도 이내가 되도록 할 것
(4) 확대 또는 축소되는 덕트의 관은 경사각을 15도 이하로 하거나, 확대 또는 축소 전후의 덕트 지름 차이가 5배 이상 되도록 할 것
(5) 가지덕트가 2개 이상인 경우 주덕트와의 접속은 각각 적절한 방향과 간격을 두고 접속하여 저항이 최소화되는 구조로 하고, 2개 이상의 가지덕트를 확대관 또는 축소관의 동일한 부위에 접속하지 않도록 할 것

> **참고**
> ※ 배기덕트 내의 마찰손실은 덕트의 길이, 직경, 표면조도, 공기의 속도 등에 따라 달라진다. 일반적으로 마찰손실은 단위 길이당 압력손실로 표현되며, 이는 덕트 내부의 공기가 이동하면서 덕트 표면과의 마찰로 인해 발생하는 에너지 손실을 나타낸다.
> 덕트의 마찰손실을 최소화하기 위한 방법 중 하나는 덕트의 표면을 가능한 한 매끄럽게 만드는 것이다. 이는 덕트 내부의 공기흐름을 개선하고 마찰을 줄이는 데 도움이 된다.
>
> ※ **덕트 내에서 압력손실이 발생하는 경우**
> 1. 덕트의 길이가 길어질수록 압력손실이 커진다.
> 2. 덕트 내부의 마찰저항이 커질수록 압력손실이 커진다.
> 3. 덕트 내부에 물체가 존재 할 경우 압력손실이 커진다.
> 4. 덕트 내부의 곡률이 크거나 각도가 큰 경우 압력손실이 커진다.
> 5. 덕트 내부의 유동성이 좋지 않을 경우 압력손실이 커진다

28. 유해물질의 덕트내 반응속도

유해물질	유해물질의 종류	반응속도 (m/s)
가스, 증기, 흄 및 극히 가벼운 물질	각종 가스, 증기, 산화아연 및 산화 알루미늄 등의 흄, 목재분진, 솜먼지 등	10
가벼운 건조먼지	원면, 곡물분, 고무, 플라스틱,경금속 분진 등	15
일반 공업 분진	털, 나무 부스러기, 샌드블라스트, 글라인더 분진 등	20
무거운 분진	납 분진, 선반 작업 시 먼지, 주조 후 모래털기 작업 시 먼지	25
무겁고 비교적 큰 입자의 젖은 먼지	적은 납 분진, 젖은 주조작업 발생 먼지	25 이상

> **참고**
>
> ※ 제어풍속 VS 반송속도
>
> • 제어풍속
>   후드 전면 또는 후드 개구면에서 유해물질이 함유된 공기를 당해 후드로 흡입시킴으로써 그 지점의 유해물질을 제어할 수 있는 공기속도를 말한다. 다만, 포위식 및 부스식 후드에서는 후드의 개구면에서 흡입되는 기류의 풍속을 말하며, 외부식 및 레시버식 후드에서는 후드의 개구면으로부터 가장 먼 거리의 유해물질 발생원 또는 작업위치에서 후드 쪽으로 흡인되는 기류의 속도를 말한다.
>
> • 반응속도
>   덕트를 통하여 이동하는 유해물질이 덕트 내에서 퇴적이 일어나지 않는 상태로 이동시키기 위하여 필요한 최소속도를 말한다. 반응속도가 빠르면 덕트 내 마찰, 난류 등에 의해 압력손실이 증가하고, 배풍기 소요동력을 크게한다. 반응속도가 느리면 분진 등이 덕트 내 퇴적되어 배풍량이 줄어 유해물질 제거 효과가 저하된다.

29. 송풍기의 풍량 조절방법

(1) 회전수 조절법
   풍량을 크게 바꾸려고 할 때 가장 적절한 방법

(2) 안내익 조절법
   송풍기 흡입구에 부착한 방사상 blade의 각도를 변경하여 풍량을 조절하는 방법

(3) 댐퍼 부착법
   배관 내에 댐퍼를 설치하여 송풍량을 조절하는 방법으로 송풍량 조절이 가장 쉽다

30. 송풍기 성능곡선·시스템 요구곡선·동작점(작동점)

(1) 성능곡선

송풍기의 소요동력, 정압, 전압, 전압효율 등에 따른 송풍기의 성능(송풍량변화)을 나타낸 곡선

(2) 시스템 요구곡선

송풍량에 따른 정압의 변화를 나타내는 곡선

(3) 동작점(작동점)
① 송풍기 성능곡선과 시스템 요구곡선이 만나는 점
② 송풍기가 국소배기장치에 공급해야 할 송풍량을 나타냄

31. 송풍기의 종류 및 특징

1) 전향날개형(다익형) 송풍기

① 송풍기의 회전날개가 회전방향과 동일한 방향으로 설치되어 있다.(임펠러가 다람쥐 쳇바퀴 모양으로 생김)
② 계속 덕트용 송풍기로 다익형 송풍기라고도 한다.
③ 높은 압력손실에는 송풍량이 급격히 떨어진다.(압력손실이 작게 걸리는 전체환기나 공기조화용으로 이용)

장점	• 임펠러의 회전속도가 낮아 소음문제가 없다.(회전수가 작다.) • 송풍기 크기가 적고, 특히 팬코일유닛(FCU)에 적합하다. • 저가 제작이 가능하며 전체환기, 공기조화용으로 사용된다.
단점	• 효율이 낮고 고속회전이 어렵다. • 큰 동력의 용도에 적합하지 않다. • 큰 압력손실에서 송풍량이 급격히 떨어진다.

2) 방사 날개형(평판형, 플레이트) 송풍기

① 날개가 평판 모양으로 강도 높게 설계되어 있다.
② 깃의 구조가 분진을 자체 정화할 수 있다.(self cleaning의 특성이 있다.)
③ 고농도 분진 함유공기, 부식성이 강한공기 이송에 적합하다.
④ 효율은 다익형보다는 약간 높으나 터보형보다는 낮다.(다익형＜평판형＜터보형)
⑤ 소음 수준은 중간 정도이다.(다익형＜평판형＜터보형)

3) 후향 날개형(터보형, 한계부하) 송풍기

① 회전날개(깃)가 회전방향 반대편으로 경사지게 설계되어 있다.(충분한 압력을 발생시킬 수 있다.)
② 송풍량이 증가해도 동력이 증가하지 않기 때문에 한계부하 송풍기라고도 한다.
③ 고농도 분진함유 공기 이송 시 깃 뒷면에 분진이 퇴적된다.
④ 효율이 높고 고속에서도 비교적 정숙한 운전을 할 수 있다.

장 점	• 송풍기 중 효율이 가장 좋다. • 풍압이 바뀌어도 풍량의 변화가 적다.(하향구배특성) • 장소에 제약을 받지 않는다.
단 점	• 소음이 크다. • 고농도 분진 함유 공기 이송시 집진기 후단에 설치해야 한다.

32. 집진장치

1) 원심력 집진장치(사이클론, cyclone)

① 비용이 적게 들고 유지보수가 간단하여 다른 집진장치의 전처리장치로 이용된다.
② 고온에서 운전이 가능하다.
③ 직렬 또는 병렬로 연결하여 사용이 가능하다.(사용폭을 넓힐수 있다.)
④ 입자의 직경과 밀도가 클수록 집진효율이 증가한다.(사이클론 원통직경이 클수록 집진효율 감소)
⑤ 먼지부하, 유량변동에 민감하고 미세입자에 대한 집진효율이 낮다.
⑥ 접착성, 부식성, 조해성 등의 가스에는 부적합하다.

> **참고**
>
> ※ 블로우다운(blow-down) 효과
> (1) 사이클론의 집진효율을 증대시키기 위한 방법
> (2) 더스트 박스 및 호퍼부에서 처리가스의 5~10%를 흡인하여 난류현상 억제, 원심력을 증대시키는 운전방식
> (3) 효과
>   ① 사이클론 내의 난류현상 억제
>   ② 집진효율 증대
>   ③ 장치 내부의 먼지 퇴적 억제(가교현상 억제)

> **참고**
>
> ※ 최소입경, 절단입경, 분리계수
> (1) 최소입경
>   100%의 처리효율로 제거되는 입자의 크기를 나타낸다.
> (2) 절단입경
>   50%의 처리효율로 제거되는 입자의 크기를 나타낸다.
> (3) 분리계수
>   사이클론의 분리능력(잠재적효율)을 나타내는 지표(분리계수가 클수록 분리효율 양호)

2) 세정식 집진장치

부유분진을 액체와 접촉시켜 제거하는 습식세정식 집진장치

장 점	• 협소한 장소에 설치가 가능하다.(초기비용 절약) • 분진의 상승, 확산력이 감소되어 분진의 비산염려가 없다. • 고온 다습한 가스의 처리가 가능하다.(가스상 물질을 가장 효과적으로 처리한다.) • 인화성, 폭발성 입자를 처리할 수 있다. • 부식성 물질 및 가스를 중화 처리할 수 있다.
단 점	• 한랭기에 동결우려가 있다. • 수질 오염원이 된다.(폐수사 발생)

3) 여과 집진장치

분진함유 공기를 여과재를 통과시켜 직접차단, 관성충돌, 정전기침강에 의하여 입자를 분리 포집하는 장치

장 점	• 집진효율이 높다. • 건식공정으로 포집먼지의 처리가 용이하다.(여러가지 형태의 분집포집 가능) • 다양한 용량을 처리할 수 있으며 설치 적용 범위가 광범위하다. • 연속집진방식은 먼지부하의 변동이 있어도 운전효율에는 영향이 없다.
단 점	• 집진장치 중 압력손실이 가장 크다. • 산, 알카리가스 등은 여과재의 수명을 단축시킨다. • 고온가스 처리시에는 특수여과재를 사용해야 한다.

4) 전기집진장치

정전력을 사용하여 입자를 집진하는 장치

장점	• 넓은 범위의 입경과 분진농도에서 집진효율이 높다. • 광범위한 온도범위에서 적용이 가능하다.(고온가스 처리가능) • 보일러, 철강로 등에 설치할 수 있다. • 압력손실이 낮고 대용량의 처리가스가 가능하다. • 운전 및 유지비가 저렴하다. • 미세입자 처리가 가능하다.(0.1~0.9㎛ 입자에 대한 집진효율이 높다)
단점	• 설치공간을 많이 차지하고 설치비용도 많이 든다. • 설치된 후 운전조건 변화에 유연성이 적다. • 전압변동과 같은 조건변동(부하변동)에 적용하기 어렵다. • 분진포집에 적용되며 가연성입자 및 기체상 물질 처리는 곤란하다.

33. 국소 배기장치 성능검사 시 반드시 갖추어야 할 필수장비

① 발연관(연기발생기)
② 청음기 또는 청음봉
③ 절연저항계
④ 초자온도계 및 표면온도계
⑤ 줄자

(1) 송풍기의 풍량조절기법 중 풍량을 가장 크게 조절할 수 있는 것 : 회전수 조절법

(2) 송풍기 축의 회전수를 측정하기 위한 측정도구 : 타코미터

(3) 덕트에서 속도압 및 정압을 측정할 수 있는 표준기구 : 피토관

(4) 덕트 내에서 마찰계수를 결정하는 데 영향을 미치는 요소 : 덕트의 표면 조도

(5) 베르누이 공식

정의 : 비점성(완전유체), 비압축성, 정상상태(자연유동 – 중력만 작용)의 유체가 관내의 한 유선을 따라서 연속적으로 흐를 때, 그 유로의 어떤 점에서도 위치수두, 속도수두 및 압력수두의 합은 일정하다.

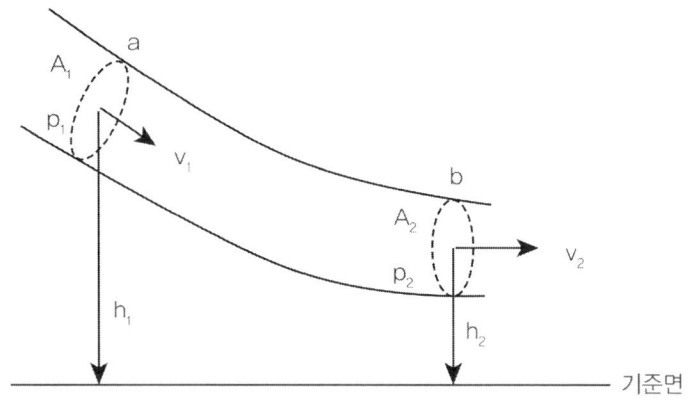

$$P + \frac{1}{2}\rho v^2 + \rho g h = \text{constant}$$

여기서, P : 압력
        ρ : 밀도
        v : 속도
        g : 중력가속도
        h : 높이

적정공기

적정공기	범위
산소 농도	18% 이상 ~ 23.5% 미만
탄산가스 농도	1.5% 미만
일산화탄소 농도	30ppm 미만
황화수소의 농도	10ppm 미만

- "산소결핍"이란 공기 중의 산소농도가 18% 미만인 상태를 말한다.
- "유해가스"란 탄산가스·일산화탄소·황화수소 등의 기체로서 인체에 유해한 영향을 미치는 물질

자외선의 종류

종류	파장	작용
근자외선 (UV-A)	315(300)~400nm	피부의 색소 침착
도르노선 (UV-B)	280~315nm (2800Å~3150Å)	소독작용, 비타민 D형성 등 인체에 유익한 영향 홍반, 각막염, 피부염 유발
UV-C	100~280nm	살균작용(살균효과가 있어 수술용 램프로 사용)

투과력

방사선 인체 투과력	중성자 > X선 or 감마선(γ) > 베타선(β) > 알파선(α)
방사선에 대한 세포의 감수성	골수, 비장, 임파절, 생식선, 발육 중인 태아 > 피부, 장내분비선 > 눈, 혈관, 중추신경 > 뼈, 근육, 지반조직, 말초신경
입자방사선	α선, β선, 중성자
전리방사선	α선, β선, 중성자, X선, γ선
비전리방사선	적외선, 레이저, 라디오파
전리/비전리 방사선의 분류인자	파장, 주파수, 진동수, 이온화하려는 성질

(7) 송풍기 필요송풍량

필요송풍량 $Q[\mathrm{m^3/min}] = 60 \times A \times V$

여기서, A : 개구면적[m²]

V : 제어속도[m/sec]

ex 원형 덕트에서 반송속도가 10 m/sec이고, 이곳을 흐르는 공기량은 20 m³/min이다. 이 덕트 직경의 크기(mm)는?

$Q[\mathrm{m^3/min}] = 60 \times A[\mathrm{m^2}] \times V[\mathrm{m/sec}]$에서

$20[\mathrm{m^3/min}] = 60 \times A[\mathrm{m^2}] \times 10[\mathrm{m/sec}]$

$\therefore A = 0.033[\mathrm{m^2}]$

$A = \dfrac{\pi D}{4}$ 에서

덕트의 직경 $D = \sqrt{\dfrac{4A}{\pi}} = \sqrt{\dfrac{4 \times 0.033}{3.14}} = 0.205[\mathrm{m}] = 205[\mathrm{mm}]$

(8) 송풍기 법칙(상사법칙 : Law of similarity)

① 송풍기 크기가 같고 공기의 비중이 일정할 때
 - 풍량은 회전속도(회전수)비에 비례

$$\dfrac{Q_2}{Q_1} = \dfrac{N_2}{N_1}$$

 - 풍압(전압)은 회전속도(회전수)비의 제곱에 비례

$$\dfrac{FTP_2}{FTP_1} = \left(\dfrac{N_2}{N_1}\right)^2$$

– 동력은 회전속도(회전수)비의 세제곱에 비례

$$\frac{kW_2}{kW_1} = \left(\frac{N_2}{N_1}\right)^3$$

② 송풍기 회전수, 공기의 중량이 일정할 때
– 풍량은 송풍기 크기(회전차 직경)의 세제곱에 비례

$$\frac{Q_2}{Q_1} = \left(\frac{D_2}{D_1}\right)^3$$

– 풍압(전압)은 송풍기 크기(회전차 직경)의 제곱에 비례

$$\frac{FTP_2}{FTP_1} = \left(\frac{D_2}{D_1}\right)^2$$

– 동력은 송풍기 크기(회전차직경)의 오제곱에 비례

$$\frac{kW_2}{kW_1} = \left(\frac{D_2}{D_1}\right)^5$$

③ 송풍기 회전수와 송풍기 크기가 같을 때
– 풍량은 비중(량)의 변화에 무관

$$Q_1 = Q_2$$

– 풍압은 동력은 비중(량)에 비례, 절대온도 반비례

$$\frac{FTP_2}{FTP_1} = \frac{kW_2}{kW_1} = \frac{\rho_2}{\rho_1} = \frac{T_1}{T_2}$$

※ 송풍기 소요동력

$$kW = \frac{Q \times \Delta P}{6120 \times \eta} \times \alpha$$

여기서, Q : 송풍량(m³/m)
ΔP : 송풍기유효전압(전압 : 정압)(mmH₂O)
η : 송풍기 효율(%)
α : 안전인자(여유율) (%)

(9) 레이놀드 수(Re)
① 레이놀드 수(Reynolds number) 정의
• 유체가 유동을 함에 있어서 층류 유동과 난류 유동이 발생
• 층류(laminar flow) 유동 : 유체의 각 부분이 질서를 유지하면서 층모양으로 흐르는 상태

- 난류(turbulent flow) 유동 : 유체가 불규칙적으로 혼합하여 소용돌이를 일으키면서 흐르는 상태.

이러한 층류와 난류와 같이 유체의 흐름이 발생하는 이유로는 물리적인 요인으로 관성력과 점성력의 상대적인 크기에 따라 결정되는데 이를 판단하는 무차원수가 레이놀드 수(Re)이다.

② 공식

레이놀드 수 $Re = \dfrac{관성력}{점성력} = \dfrac{\rho VL}{\mu} = \dfrac{VL}{v}$

여기서, ρ : 유체(공기)의 밀도(kg/m³)
μ : 점성계수(kg/m²·s)
V : 속도(m/s)
v : 동점성계수(m²/s)
L : 길이 또는 직경(m)

③ 층류, 난류의 레이놀드 수의 구분

유체는 레이놀드 수가 낮을때는 층상의 흐름을 보이는 층류(레이놀드 수 2100 이하)를 보이며, 높을 때는 난류(레이놀드 수 4000 이상) 현상을 보이게 된다. 레이놀드 수가 2900에서 4000 사이는 천이영역

(10) 빛, 밝기

① 광도 : 광원으로부터 나오는 빛의 세기
② 조도 : 어떤 면에 들어오는 광속의 양에 비례, 입사각의 단면적에 반비례
③ 휘도 : 단위 면적당 표면에 반사 또는 방출되는 빛의 양
④ 반사율 : 휘도와 조도의 비

(11) 빛과 밝기의 단위

① 럭스(Lux) : 조도, 1루멘의 빛이 1m²의 평면상(구면상)에 수직으로 비칠 때의 밝기
② 칸델라(cd) : 광도, 광원으로부터 나오는 빛의 세기
③ 촉광(candle) : 빛의 세기인 광도를 나타내는 단위
④ 루멘(lumen) : 광속, 1촉광의 광원으로부터 한 단위입체각으로 나가는 광속의 단위
⑤ 풋캔들(foot Candle) : 1루멘의 빛이 $1ft^2$의 평면상의 수직으로 비칠 때 그 평면의 빛 밝기

chapter 05 산업위생

기출 문제 요약

- 사업장에서 탈지제로 사용되는 사염화에틸렌에 대한 국소배기시스템을 설계할 때는 공기보다 비중이 높다는 점을 고려할 필요 없이 후드는 정상적으로 설치하면 됨 (2013년)
- 덕트의 길이를 줄이면 후드에서의 풍향은 증가함. 송풍기 날개의 회전수를 2배 늘리면 송풍기의 풍량은 2배 증가. 송풍기의 배출구 뒤쪽에 있는 덕트 내의 압력은 대기압보다 높음. 덕트 내에 분진이 퇴적되어 내경이 좁아지면 후드정압이 감소함. 송풍기의 앞쪽에 있는 덕트에 구멍이 생기면 후드에서 풍량이 감소함 (2014년)
- 덕트 내 공기에 의한 마찰손실을 표시하는 **레이놀드 수**에 포함되는 요소는 **공기 속도, 덕트 직경, 공기 밀도, 공기 점도** 등임 (2017년)
  - 레이놀드 수 = 밀도×속도×특성길이 / 점성계수
- 국소배기장치 덕트 크기는 후드 **유입 공기량(Q)과 반응속도(V)를 근거로 결정함** (2018년)
- 국소배기장치의 환기효율을 위한 설계나 설치방법에 관한 내용 (2019년)
  - 사각형관 닥트보다 원형관 닥트를 사용함
  - 공정에 방해를 주지 않는 한 포위형 후드로 설치함
  - 푸수-풀(push-pull) 후드의 배기량은 급기량보다 많아야 함
  - 유기화합물 증기가 발생하는 개방처리조 후드는 일반적으로 사각형 후드 대신 슬롯형 후드를 사용함
- 관리대상 유해물질 관련 국소배기장치 **후드의 제어풍속**에 관한 설명 (2020년)
  - 가스 상태 물질 포위식 포위형 후드는 제어풍속이 0.4m/s 이상임
  - 가스 상태 물질 외부식 측방흡인형 후드는 제어풍속이 0.5m/s 이상임
  - 가스 상태 물질 외부식 상방흡인형 후드는 제어풍속이 1.0m/s 이상임
  - 입자 상태 물질 외부식 상방흡인형 후드는 제어풍속이 1.2m/s 이상임
  - 입자 상태 물질 포위식 포위형 후드는 제어풍속이 0.7m/s 이상임
- 공기정화장치 중 집진(먼지제거) 장치에 사용되는 방법 및 원리에 해당되는 것은?
세정, 여과(여포), 원심력, 전기 전하 (2021년)
- 국소배기장치에 관한 설명 (2022년)
  - 공기보다 무거운 증기가 발생하더라도 발생원보다 낮은 위치에 후드를 설치해서는 안됨
  - 공정에 지장을 받지 않으면 후드 개구부에 플랜지를 부착하여 오염원 가까이 설치함

5 건강검진과 근로자 건강관리

1. 건강진단 종류 및 시기

건강진단종류	대상근로자	실시 주기 또는 시기
일반건강진단	상시 근로자	사무직 1회/2년 비사무직 1회/1년
특수건강진단	특수건강진단 유해인자(178종) 노출근로자	유해인자별 6개월~24개월 1회 (다만, 배치 후 첫 번째 특수건강진단의 경우 유해인자별 1개월~12개월)
배치전 건강진단		업무배치전
수시건강진단		근로자에게 건강장해 의심증상을 보이거나 의학적 소견이 있는 경우
임시건강진단	지방고용노동관서의 장이 필요하다고 인정하는자	명령시 지체없이

2. 특수건강진단 대상 유해인자(산압법 시행규칙 별표 22)

1) 화학적 인자

가. 유기화합물 109종

나. 금속류 20종

다. 산 및 알카리류 8종

라. 가스 상태 물질류 14종

마. 영 88조에 따른 허가 대상 유해물질 12종

바. 금속가공유 : 미네랄 오일 미스트(광물성 오일)

2) 분진 7종 : 곡물성 분진, 광물성 분진, 면 분진, 목재 분진, 용접 흄, 유리 섬유, 석면 분진

3) 물리적인자 8종 : 소음작업, 강렬한 소음작업, 충격 소음작업, 진동작업, 방사선, 고기압, 저기압, 유해광선(자외선, 적외선, 마이크로파 및 라디오파)

4) 야간작업 2종

- 6개월간 12시부터 오전 5시까지의 시간을 포함하여 계속되는 8시간 작업을 월 평균 4회 이상 수행하는 경우
- 6개월간 오후 10시부터 다음날 오전 6시 사이의 시간 중 작업을 월 평균 60시간 이상 수행하는 경우

※ 교대근무제
1. 야근 후 다음 반으로 가는 간격 최저 48시간 이상
2. 신체적 적응을 위하여 야간근무의 연속 일수는 2~3일
3. 누적피로를 회복하기 위해서는 역교대 방식보다 정교대 방식

3. 특수건강진단의 시기 및 주기

■ 산업안전보건법 시행규칙 [별표 23]

특수건강진단의 시기 및 주기(제202조제1항 관련)

구분	대상 유해인자	시기 (배치 후 첫 번째 특수 건강진단)	주기
1	N,N-디메틸아세트아미드 디메틸포름아미드	1개월 이내	6개월
2	벤젠	2개월 이내	6개월
3	1,1,2,2-테트라클로로에탄 사염화탄소 아크릴로니트릴 염화비닐	3개월 이내	6개월
4	석면, 면 분진	12개월 이내	12개월
5	광물성 분진 목재 분진 소음 및 충격소음	12개월 이내	24개월
6	제1호부터 제5호까지의 대상 유해인자를 제외한 별표22의 모든 대상 유해인자	6개월 이내	12개월

4. 건강관리의 구분 판정

건강관리구분		건 강 관 리 구 분 내 용
A		건강관리상 사후관리가 필요 없는 근로자(건강한 근로자)
C	C_1	직업성 질병으로 진전될 우려가 있어 추적검사 등 관찰이 필요한 근로자 (직업병 요관찰자)
	C_2	일반질병으로 진전될 우려가 있어 추적관찰이 필요한 근로자 (일반질병 요관찰자)
D_1		직업성 질병의 소견을 보여 사후관리가 필요한 근로자(직업병 유소견자)
D_2		일반 질병의 소견을 보여 사후관리가 필요한 근로자(일반질병 유소견자)
R		건강진단 1차 검사결과 건강수준의 평가가 곤란하거나 질병이 의심되는 근로자 (제2차건강진단 대상자)

5. 야간작업 특수 건강진단 건강관리 구분 판정

건강관리구분	건 강 관 리 구 분 내 용
A	건강관리상 사후관리가 필요 없는 근로자(건강한 근로자)
C_N	질병으로 진전될 우려가 있어 야간작업 시 추적관찰이 필요한 근로자(질병 요관찰자)
D_N	질병의 소견을 보여 야간작업 시 사후관리가 필요한 근로자(질병 유소견자)
R	건강진단 1차 검사결과 건강수준의 평가가 곤란하거나 질병이 의심되는 근로자(제2차건강진단 대상자)

6. 근로자 건강증진활동계획 수립시 포함사항

1) 건강진단결과 사후관리조치
2) 근골격계질환 징후가 나타난 근로자에 대한 사후조치
3) 직무스트레스에 의한 건강장해 예방조치
4) 단, 상시근로자 50명 미만을 사용하는 사업장의 사업주는 근로자건강센터를 활용하여 건강 증진활동계획을 수립·시행할 수 있다.

7. 근로자의 건강 보호를 위해 사업주가 실시하는 프로그램

'산업안전보건기준에 관한 규칙'에서 근로자의 건강 보호를 위해 사업주가 실시하는 프로그램의 종류는 다음과 같다.

① 청력보존 프로그램
② 호흡기보호 프로그램
③ 밀폐공간 보건작업 프로그램
④ 근골격계 예방관리 프로그램
⑤ 금연, 고혈압관리 건강증진 프로그램

8. 발암성 물질 분류

1) 국제암연구소(IARC)의 발암성 물질 분류표

- Group 1 : 인체 발암성 물질
- Group 2A : 인체 발암성 추정물질
- Group 2B : 인체 발암성 가능 물질
- Group 3 : 인체 발암성 비분류 물질
- Group 4 : 인체 비발암성 추정물질

2) ACGIH 기준(우리나라 포함)

- A1 : 인간에게 발암성이 확인됨
- A2 : 인간에게 발암성이 의심됨
- A3 : 동물 발암성 확인물질, 인체 발암성 모름
- A4 : 인간에게 발암성으로 분류할 수 없음

※ A1 확인물질
석면, 우라늄, 6가 크롬, 아크릴로니트릴, 벤지딘, 염화비닐, b-나프틸아민, 베릴륨 등.
라돈은 IARC에서 Group 1으로 분류

9. 유해요인별 중독 증세

유해요인	중독증세	시료채취매체	분석장비
수은	미나마타병, 구내염, 신장장애	고체흡착튜브	유도결합플라즈마 분광광도계, 원자흡광광도계

- 노출기준 : 무기수은(0.05mg/m³), 유기수은(0.01mg/m³)
- 수은은 혈액뇌장벽이나 태반을 통과할 수 있는 것으로 알려져 있음(호흡기계와 중추신경계)
- 수은은 SH- 기능기와 친화력이 높아 SH- 기능기를 가진 효소에 작용하여 기능장애를 일으키는 것으로 알려져 있음
- 형광등 제조, 치과용 아말감 산업
- 급성중독시 우유나 흰자를 먹여 단백질과 결합, 만성중독시 취급을 즉시 중지하고 BAL 투여
- 1988년 문송면 군 수은 중독(온도계 제조업체)

유해요인	중독증세	시료채취매체	분석장비
납 (2024년 기출)	빈혈, 조혈장애, 말초신경장애, heme합성장애	MCE막여과지, PVC막여과지	유도결합플라즈마 분광광도계, 원자흡광광도계

- 역사상 최초의 직업병(히포크라테스)
- 노출기준 : 무기납(0.2mg/m³), 유기납(0.075mg/m³)
- PVC 압출 혼합, 크리스탈제조, 축전지 등
- 작업장에서 무기납의 노출경로는 호흡기이며, 체내로 흡수된 후 가장 많이 축적되는 조직은 뼈인 것으로 알려져 있음.
- 납의 주요 표적기관은 중추신경계의 조혈기계이다.
- 물과 유기용제에 잘 녹지 않는다.
- 복통, 식욕감퇴, 피로, 두통, 근육통, 변비 등
- 신경증상 : 신경독성, 발목·팔목 신경근 마비
- heme의 대사
  - 혈청 중 δ-ALA 증가, δ-ALAD 작용억제, 적혈구내 프로토플피린 증가, heme 합성효소 작용억제, 망상 적혈구 증가, 혈청내 철 증가
  - heme의 생합성 방해로 빈혈 초래
- 납 혈액 현상
  - K^+와 수분의 손실, 삼투압에 의한 적혈구 위축, 적혈구 생존시간 감소, 적혈구 내 전해질 급격히 감소
- 만성중독 시 Ca-EDTA(배설촉진제) 투여

유해요인	중독증세	시료채취매체	분석장비
카드뮴	이타이타이병, 신장장애, 호흡기장애, 폐암	MCE막여과지, PVC막여과지	유도결합플라즈마 분광광도계, 원자흡광광도계

- 노출기준 : 산화카드뮴의 흄(0.1 mg/m³), 카드뮴 금속의 먼지와 수용성 염류(0.2 mg/m³), 수질오염의 기준(0.01 mg/m³)
- 용접, 축전지제조, 페인트 제조 등 노출기준은 0.0 1mg/m³
- 연성이 있고, 아연광물 등을 제련할 때 부산물로 얻어지며, 합금과 전기도금에 사용
- 경구 또는 호흡을 통한 만성 노출시 표적장기는 신장이며, 가장 흔한 증상은 <u>효소뇨와 단백뇨</u>이다.
- 음식물 섭취로 체내 흡수되거나, 호흡기를 통해 흡수
- 발암성 1A, 생식세포변이성2. 생식독성, 호흡성으로 표기(노출기준에 따르면)
- BAL, Ca-EDTA 투여금지하고 비타민 D를 주사

유해요인	중독증세	시료채취매체	분석장비
크롬	비중격천공증, 비강암, 폐암, 크롬폐증	PVC막여과지	이온크로마토그래프, 전도도검출기, 분광검출기

- 노출기준 : 크롬산 및 크롬산염(0.1 mg/m³), 3가크롬화합물(0.5 mg/m³), 불용성 크롬염류(0.1 mg/m³ 이하))
- 피부를 통해 흡수, 주로 소변을 통해 배출된다.
- 6가크롬은 발암성(A1)
- 3가크롬은 발암성이 없다
- 비중격 연골 부위에 궤양을 일으키고 나아가서 천공(코 중간막 구멍)을 일으키며, 드물게 폐암을 유발하기도 한다.
- 우유와 비타민 C 섭취, 만성 크롬 중독은 특별한 치료방법이 없다

망간	파킨슨증후군, 신장염, 신경염		

- 작업장에서 주요 노출경로는 호흡기이다.
- 전기용접봉 제조업, 도자기제조 등(철강제조분야)
- 만성중독은 2가 이상 망간화합물에 발생

비소	피부색소침착, 피부각화증, 피부암		원자흡광광도계

- 반도체 이온 주입 공정
- 무기물질의 경우 장관계에서 매우 잘 흡수 된다.
- 무기물질에 만성적으로 노출되는 경우 피부 색소침착, 피부각화 등의 피부 증상이 가장 흔하게 나타난다
- 3가 비소화합물이 5가 비소화합물 보다 독성이 더 크다.
- 발암성 구분은 1A이며, 노출기준(TWA)은 0.01mg/m³

벤젠	빈혈, 백혈병, 조혈장애	활성탄관	가스크로마토그래프, 불꽃이온화검출기

- 방향족화합물(A2 물질군)
- 염료, 합성고무 등의 원료로 사용
- 저농도로 장시간 폭로시 혈액장애, 간장장애를 일으키고 재생불량성 빈혈, 백혈병 까지 발생
- 발암성을 나타내는 단계 : 1단계:백혈구 감소, 2단계:골수과다증식, 3단계:재생불량성빈혈, 백혈병 발생
- ACGIH 노출기준 : TWA:0.5ppm, STEL:2.5ppm

톨루엔(2,4 디이소시아네이트)	중추신경독성, 천식	유리섬유여과지	고성능액체크로마토그래프, 형광검출기

- IARC Group3, ACGIH A4
- TWA:50ppm, STEL:150ppm

다핵 방향족 탄화수소 (PAH)	후두암, 비강암		

- 벤젠고리가 2개 이상 연결된 것
- 철강제조, 코크스제조, 담배, 연소공정 시 발생
- 소화관을 통하여 흡수
- 인체 대사효소에 의하여 형성되는 중간대사물(metabolite)이 체내 DNA, protein 등의 변성을 초래하여 암을 일으키는 물질

유해요인	중독증세	시료채취매체	분석장비
트리클로로에틸렌 (삼염화에틸렌)	스티븐스 존스 증후군, 신장암, 독성간염	활성탄관	가스크로마토그래프, 불꽃이온화검출기
– 발암성 1A, 생식세포변이원성 2로 구분			
2브로모프로판	생식독성, 생리중단	활성탄관	가스크로마토그래프, 불꽃이온화검출기
– 1995년 접촉형 스위치 제조공정(생식기능저하)			
디메틸포름아미드	급성간염, 급성간독성	실리카겔	가스크로마토그래프, 불꽃이온화검출기
– 폴리우레탄을 이용해 아크릴 등의 섬유, 필름, 표면코팅, 합성가죽 등을 제조하는 과정에서 노출 – 2006년 중국동포 급성 간독성			
메탄올 (메틸알코올)	시신경손상, 실명		
– 2016년 휴대폰 부품업체			
에탄올	중추신경계 억제 (병원, 소독제)		
노말헥산	다발성신경염, 앉은뱅이병	활성탄관	가스크로마토그래프, 불꽃이온화검출기
– 노말헥산 대사산물인 2,5-hexanedione은 독성이 강하며, 생물학적 노출지표로 이용된다. – 2004년 LCD 부품업체			
시크로헥산	피부염, 두통, 의식장애	활성탄관	가스크로마토그래프, 불꽃이온화검출기
이황화탄소 (2024년 기출)	말초신경장애, 뇌병증	Drying+흡착관	가스크로마토그래프, 불꽃이온화검출기
– 인조견, 셀로판 및 사염화탄소 생산 작업장 – 말초신경 전도속도의 지연 및 활동전위의 저하 – 생물학적 노출지표 소변 중 TTCA(2-thiothiazolidine-4-carboxylic acid)이다. – 1991년 원진레이온			
구리	정신과적 이상 과잉행동, 불안, 조울증, 정신분열증	MCE막여과지, PVC막여과지	원자흡광광도계
니켈(Group-2B)	피부염, 폐암, 코암	MCE막여과지, PVC막여과지	유도결합플라즈마, 분광광도계, 원자흡광광도계
베릴륨	폐렴, 육아종양		

유해요인	중독증세	시료채취매체	분석장비
유기주석(농약)		유리섬유여과지+흡착튜브	고성능액체크로마토그래프, 원자흡광광도계
불화수소	시력저하, 폐렴		
황산	후두암		
암모니아			

- 암모니아는 용해도가 커서 대부분 인후두부 및 상기도에서 흡수되므로 코와 상기도에 자극을 일으키는 물질로 알려져 있다.

유해요인	중독증세	시료채취매체	분석장비
일산화탄소	혼수, 사망, 보행장애, 실어증		

- 일산화탄소는 헤모글로빈과 친화력이 산소보다 약 200배 이상 높기 때문에 산소보다 먼저 헤모글로빈과 결합하여 혈액의 산소운반 능력을 저해하는 것으로 알려져 있음

유해요인	중독증세	시료채취매체	분석장비
이산화탄소			

- 고농도 흡입 : 혼수상태 또는 사망, 질식
- 낮은농도 흡입 : 두통, 판단력상실, 감각이 무뎌짐, 정신적불안정, 피로

유해요인	중독증세	시료채취매체	분석장비
디젤배출물	폐렴, 폐암		
석면	악성중피종, 석면폐증, 폐암	MCE막여과지	위상차현미경
유리규산	진폐증		
라돈	폐암		

- 색, 냄새, 맛이 없는 방사성 기체
- 밀도는 9.73 g/L 로 공기보다 무겁다(지구 대기의 약 8배에 해당)
- 국제암연구기구(IARC)에서는 사람에게 확실히 암을 일으키는 물질인 group 1로 분류
  (백혈병에 대해서는 암을 일으키는 개연성이 있는 물질인 group 2A로 분류)
- 고용노동부에서는 노출기준을 600Bq/m³
- 미국 환경보호청(EPA)에서는 4pCi/L를 규제기준으로 제시
- 2018년 대진침대

유해요인	중독증세	시료채취매체	분석장비
이상기압	잠함병, 폐수종		
국소진동	레이노현상(레이노드씨 병)		
적외선	백내장, 각막염		
자외선	각막염(전리방사선이 아니다)		

(1) 유기용제의 특성

유기용제는 다른 물질을 녹이는 용해능력을 가진 물질로 거의 모든 작업장에서 사용된다. 종류는 지방족, 방향족, 치환족 등이 있다. 유기용제의 일반적인 독성의 원리는 다음과 같다.

① 포화탄화수소는 탄소수가 5개 정도까지 갈수록 중추신경계에 대한 억제작용이 증가한다.
② 할로겐화된 기능기가 첨가되면 마취작용이 증가하여 중추신경계에 대한 억제작용이 증가한다. 일반적으로 기능기 중 할로겐족(F, Cl, Br 등)의 독성이 가장 큰 것으로 알려져 있다.
③ 중추신경계에 대한 억제작용은 <u>탄소사슬의 길이가 길수록</u>, 작용기가 <u>할로겐 족으로 치환될수록</u>, <u>불포화될수록</u> 큰 것으로 알려져 있다.
④ 유기용제가 중추신경계를 억제하는 원리는 유기용제가 지용성이기 때문으로, 중추신경계의 신경세포의 지질막에 흡수되어 영향을 미친다.
⑤ 알켄족이 알칸족보다 중추신경계에 대한 억제작용이 크다.

(2) 레이노 증후군 : 진동이나 추위, 심리적 변화 등으로 인해 나타나는 말초혈관 운동의 장애로 손가락이 창백해지고 통증을 느끼는 증상(혈액순환 장애)

(3) 수근관증후군 : 주부, 악기연주자, 디자이너, 컴퓨터의 키보드나 마우스를 오래 사용하는 작업자 등에게 발생하는 반복 긴장성 손상

(4) 영상단말기증후군(VTD) : 컴퓨터의 키보드나 마우스를 오래 사용하는 작업자에게 발생하는 반복 긴장성 손상의 대표적인 질환(컴퓨터 관련 총칭으로 수근관증후군, 경견완 증후군, 근골격계 증상, 눈의 피로, 피부증상, 정신신경계 증상)

(5) 감압병(잠함병)

감압병(잠함병)은 고압환경에서 작업을 하다 급격히 압력이 감소되면 호흡 시에 체내로 유입된 질소기체로 인해 발병된다. 이 질소기체는 신체조직이나 지방조직으로 들어가 <u>질소기포</u>를 형성한다. 이렇게 형성된 질소기포는 체외로 배출되지 못하고 혈중으로 용해되어 혈액순환을 방해하거나 조직에 영향을 주어 문제를 일으킨다. 증상으로는 피로, 근육과 관절 통증이 있으며, 더 심각한 경우 뇌졸중과 유사한 증상이 발생할 수 있다.

(6) 고열장애

고온환경에 폭로되면 체온조절 기능의 생리적 변조 또는 장해를 초래하여 자각적으로나 임상적으로 증상을 나타내는 것을 말한다.

1) 열사병(Heat stroke)

땀을 많이 흘려 수분과 염분손실이 많을 때 발생하며, 고온 다습한 작업환경에 격렬한 육체노동을 하거나 옥외에서 고열을 직접 받는 경우에 뇌의 온도가 상승하여 체온조절 중추의 기능에 영향을 주는 것

2) 열경련(Heat cramps)

고온환경에 심한 육체적 노동을 할 때 발생하며, 지나친 발한에 의한 탈수와 염분손실이 많을 때 발생

3) 열탈진(Heat exhaustion) : 일사병

고온환경에 오랫동안 폭로된 결과로 말초혈관, 운동신경의 조절장애로 인해 탈수와 나트륨 전해질의 결핍이 많이 이루어질 때 발생

4) 열쇠약(Heat prostration)

고열에 의한 만성체력 소모를 말하며, 특히 고온에서 일하는 근로자에게 제일 많이 나타나는 증상

5) 열허탈(Heat collapse)

고열에 계속적으로 노출되어 심박수가 증가되어 일정 한도를 넘을 때 일어나며 염분이 소실되어 경련이 일어나는 등 순환장해를 일으키는 것을 말한다.

6) 열피로(Heat fatigue)

고열환경에서 정적인 작업을 할 때 발생하며 대량의 발한으로 혈액이 농축되어 혈류분포의 이상 때문에 발생하는 것

(1) 진폐증

진폐증이란 분진을 흡입함으로써 폐포에 병적변화를 초래하는 질환을 총칭하며 석면폐증 및 악성중피종·규폐증 등이 있다.
- 석면폐증 및 악성중피종 : 석면 분진을 장기간 흡입한 경우에 생기며 악성 중피종으로 발전하면 늑막에 물이 차고 심한 통증과 호흡 곤란이 생긴다.

- 규폐증 : 유리규산 분진의 흡입에 의한 대표적인 진폐증으로 폐에 만성 섬유증식을 일으켜서 호흡 곤란, 기침, 흉통, 폐활량 감소 등을 일으키고 말기에는 규폐성 폐결핵으로 진행될 수 있다.

분진에 의한 진폐증

무기성 분진에 의한 진폐증	유기성 분진에 의한 진폐증
규폐증, 규조토폐증, 탄소폐증, 탄광부 진폐증, 용접공폐증, 석면폐증, 활석폐증, 철폐증, 베릴륨폐증, 흑연폐증, 주석폐증, 칼륨폐증, 바륨폐증	면폐증
	연초폐증
	농부폐증
	설탕폐증
	목재분진폐증
	모발분진폐증

(2) 빛과 밝기의 단위

① 럭스(Lux) : 조도, 1루멘의 빛이 1㎡의 평면상(구면상)에 수직으로 비칠 때의 밝기
② 칸델라(cd) : 광도, 광원으로부터 나오는 빛의 세기
③ 촉광(candle) : 빛의 세기인 광도를 나타내는 단위
④ 루멘(lumen) : 광속, 1촉광의 광원으로부터 한 단위입체각으로 나가는 광속의 단위
⑤ 풋캔들(foot Candle) : 1루멘의 빛이 $1ft^2$의 평면상의 수직으로 비칠 때 그 평면의 빛 밝기

오염물질 관리기준, 산업안전보건법 제13조 1항 관련

오염물질	관리기준(8시간 시간가중평균농도)	측정횟수(시기)	시료채취시간
미세먼지(PM10)	100 ㎍/㎥	연 1회 이상	업무시간동안 (6시간 이상 연속측정)
초미세먼지(PM2.5)	50 ㎍/㎥		업무시간동안 (6시간 이상 연속측정)
이산화탄소(CO_2)	1,000ppm		업무시작 후 2시간 전후 및 종료전 2시간 전후(각각 10분)
일산화탄소(CO)	10ppm		업무시작 후 2시간 전후 및 종료전 2시간 전후(각각 10분)
이산화질소(NO_2)	0.1ppm		업무시작 후 1시간 ~ 종료 1시간전(1시간 측정)
포름알데히드(HCHO)	100 ㎍/㎥	연 1회 이상 및 신축	업무시작 후 1시간 ~ 종료

오염물질	관리기준(8시간 시간가중평균농도)	측정횟수(시기)	시료채취시간
총휘발성유기화합물 (TVOC)	500 μg/m³	건물입주전	1시간전(30분간 1회 측정) 업무시작 후 1시간 ~ 종료 1시간전(30분간 1회 측정)
총부유세균	800 CFU/m³	연 1회 이상	업무시작 후 1시간 ~ 종료 1시간전 (최고 실내온도에서 1회 측정)
곰팡이	500 CFU/m³		
라돈	148 Bq/m³		3월 이상 ~ 3개월 이내 연속측정

※ 실내공기질 오염물질종류 및 인체영향

1. 미세먼지(PM : Particulate Matter)
   - 눈에 보이지 않을 정도로 아주 가늘고 작은 직경10μm 이하의 먼지 입자를 말하며, 숨을 쉴 때 호흡기관을 통해 폐로 들어와 폐의 기능을 떨어뜨리고 면역력을 약하게 만든다.
   - 공기역학적으로 직경이 10μm 이하의 미세먼지는 미세먼지(PM10), 2.5μm 이하의 미세먼지는 미세먼지(PM2.5)를 뜻하며, 미세먼지의 직경이 작을수록 폐 깊숙이 도달될 수 있기 때문에 선진국의 경우 PM10보다 직경이 더 작은 미세먼지를 중요시하고 있는 추세이다.

2. 이산화탄소 (CO_2 : Carbon Dioxide)
   - 탄소나 그 화합물이 완전 연소하거나 생물이 호흡 또는 발효할 때 발생하며, 건조한 공기 중에 약 0.03% 함유되어 있다.
   - 독성은 없지만 그 양이 증가하면 혈액 속에 녹아 있는 이산화탄소가 폐에서 사라지지 않게 되며, 18% 이상인 곳에서는 생명이 위험해진다.

3. 포름알데히드(HCHO : Formaldehyde) (2024년 기출)
   - 강한 자극성 냄새를 가진 무색 투명한 기체로 수용성이 강하며, 살충, 살균제, 합성수지 원료 등으로 사용된다. 포름알데히드는 호흡기를 통해 빠르게 흡수되고 피부접촉에 의한 노출은 극히 적다.
   - 급성독성, 피부자극성, 발암성 등의 인체 유해성을 가지고 있어 국제암연구센터에서는 '발암우려 물질'로 분류하고 있다.
   대사경로는 포름알데히드 → 포름산 → 이산화탄소이다.

4. 부유세균
   먼지나 수증기 등에 미생물들이 부착되어 있는 것이 부유세균이며, 주로 호흡기관에 영향을 주고 병원성 감염 등을 초래할 수 있다.

5. 일산화탄소(CO : Carbon monoxide)
   - 연소 시 산소가 부족하거나 연소온도가 낮으면 완전연소가 일어나지 못하여 생성된다.
   - 혈액 중의 산소를 운반하는 헤모글로빈과의 친화력이 산소의 250배 정도 되어 산소결핍에 따른 각종 질환을 유발할 수 있다.

6. 이산화질소(NO_2 : Nitrogen Dioxide)
   - 알카리 및 클로로포름에 용해되는 자극성 냄새의 적갈색 기체로서 취사용 시설이나 난방, 흡연 등으로 발생된다.
   - 호흡할 때 폐포 깊이 도달하여 헤모글로빈의 산소 운반능력을 저하시켜 호흡곤란 등을 일으키는 독성이

강한 물질이다.

7. 라돈(Rn : Radon)
- 토양이나 암석 등 자연계의 물질 중에 함유된 우라늄이 연속 붕괴하면서 생성되는 라듐이 붕괴할 때 생성되는 원소로서 무색, 무미, 무취의 방사성 가스이다.
- 기관 시 세포에 악영향을 미칠 수 있는 방사성 입자를 방출시키기 때문에 미량일지라도 인체에 영향을 미칠 수 있으며 발암성 물질로 알려져 있다.

8. 휘발성 유기화합물(VOC : Volatile Organic Compound)
- 비점(끓는점)이 낮아서 대기중으로 쉽게 증발되는 액체 또는 기체상 유기화합물의 총칭
- 액체연료, 파라핀, 올레핀, 방향족화합물 등 생활 주변에서 흔하게 사용되는 유기물질들이 거의 휘발성유기화합물이며, 실내에서는 건축재료, 세탁용제, 페인트, 살충제 등이 주요 발생원이다.
- 주로 호흡 및 피부를 통해 인체에 흡수되며 급성중독일 경우 호흡곤란, 무기력, 두통, 구토 등을 초래하며 만성중독일 경우 혈액장애, 빈혈 등을 일으킬 수 있다.
- 대표적인 휘발성유기화합물로 톨루엔(Toluene)을 비롯하여 벤젠(Benzene), 에틸벤젠(Ethylbenzene), 자일렌(Xylene), 스티렌(Styrene) 등이 있다.

9. 곰팡이
곰팡이란 미생물의 한 종류이며, 우리 주변 환경의 어디에나 존재하고 있다. 대부분의 곰팡이는 해롭지 않지만, 일부 곰팡이들은 감염을 일으킬 수 있으며, 장기간 흡입하거나 노출될 경우 알레르기 질환을 악화시킬 가능성이 있어 곰팡이 발생예방을 위한 지속적인 환경관리가 필요하다.

📝 생물학적 노출지표

화학물질	생물학적 노출물질(체내 대사산물)	시료채취시기
톨루엔	뇨중 마뇨산, 톨루엔 및 o-크레졸	작업종료 시
벤젠	뇨 중 페놀	작업종료 시
크실렌	뇨 중 메틸마뇨산	작업종료 시
니트로벤젠	혈 중 메타헤모글로빈	작업종료 시
에틸벤젠	뇨 중 만델리산	작업종료 시
이황화탄소	뇨 중 TTCA, 뇨 중 이황화탄소	-
메탄올	뇨 중 메탄올	-
노말헥산(N-헥산)	뇨 중 n-헥산, 뇨 중 2,5hexandione	작업종료 시
아세톤	뇨 중 아세톤	작업종료 시
납	혈중 납, 뇨 중 납	-
카드뮴	혈중 카드뮴, 뇨 중 카드뮴	-
일산화탄소	호기중 일산화탄소 혈중 카르복사헤모글로빈	작업종료 시
트리클로로에틸렌	뇨 중 트리클로로초산(삼염화초산)	주말 작업종료 시
클로로벤젠	뇨 중 총 4-chlorocatechol 뇨 중 총 P-chlorophenol	주간 작업중 작업종료 시

■ 산업안전보건법 시행규칙 [별표 25] 〈개정 2021. 11. 19.〉

건강관리카드의 발급 대상(제214조 관련)

구분	건강장해가 발생할 우려가 있는 업무	대상 요건
1	베타-나프틸아민 또는 그 염(같은 물질이 함유된 화합물의 중량 비율이 1퍼센트를 초과하는 제제를 포함한다.)을 제조하거나 취급하는 업무	3개월 이상 종사한 사람
2	벤지딘 또는 그 염(같은 물질이 함유된 화합물의 중량 비율이 1퍼센트를 초과하는 제제를 포함한다.)을 제조하거나 취급하는 업무	3개월 이상 종사한 사람
3	베릴륨 또는 그 화합물(같은 물질이 함유된 화합물의 중량 비율이 1퍼센트를 초과하는 제제를 포함한다.) 또는 그 밖에 베릴륨 함유물질(베릴륨이 함유된 화합물의 중량 비율이 3퍼센트를 초과하는 물질만 해당한다.)을 제조하거나 취급하는 업무	제조하거나 취급하는 업무에 종사한 사람 중 양쪽 폐부분에 베릴륨에 의한 만성 결절성 음영이 있는 사람
4	비스-(클로로메틸)에테르(같은 물질이 함유된 화합물의 중량 비율이 1퍼센트를 초과하는 제제를 포함한다.)를 제조하거나 취급하는 업무	3년 이상 종사한 사람
5	가. 석면 또는 석면방직제품을 제조하는 업무	3개월 이상 종사한 사람
	나. 다음의 어느 하나에 해당하는 업무 1) 석면함유제품(석면방직제품은 제외한다.)을 제조하는 업무 2) 석면함유제품(석면이 1퍼센트를 초과하여 함유된 제품만 해당한다. 이하 다목에서 같다)을 절단하는 등 석면을 가공하는 업무 3) 설비 또는 건축물에 분무된 석면을 해체·제거 또는 보수하는 업무 4) 석면이 1퍼센트 초과하여 함유된 보온재 또는 내화피복제(耐火被覆劑)를 해체·제거 또는 보수하는 업무	1년 이상 종사한 사람
	다. 설비 또는 건축물에 포함된 석면시멘트, 석면마찰제품 또는 석면개스킷제품 등 석면함유제품을 해체·제거 또는 보수하는 업무	10년 이상 종사한 사람
	라. 나목 또는 다목 중 하나 이상의 업무에 중복하여 종사한 경우	다음의 계산식으로 산출한 숫자가 120을 초과하는 사람: (나목의 업무에 종사한 개월 수)×10+(다목의 업무에 종사한 개월 수)
	마. 가목부터 다목까지의 업무로서 가목부터 다목까지의 규정에서 정한 종사기간에 해당하지 않는 경우	흉부방사선상 석면으로 인한 질병 징후(흉막반 등)가 있는 사람
6	벤조트리클로라이드를 제조(태양광선에 의한 염소화반응에 의하여 제조하는 경우만 해당한다.)하거나 취급하는 업무	3년 이상 종사한 사람

구분	건강장해가 발생할 우려가 있는 업무	대상 요건

7	가. 갱내에서 동력을 사용하여 토석(土石)·광물 또는 암석(습기가 있는 것은 제외한다. 이하 "암석등"이라 한다.)을 굴착 하는 작업
	나. 갱내에서 동력(동력 수공구(手工具)에 의한 것은 제외한다.)을 사용하여 암석 등을 파쇄(破碎)·분쇄 또는 체질하는 장소에서의 작업
	다. 갱내에서 암석 등을 차량계 건설기계로 싣거나 내리거나 쌓아 두는 장소에서의 작업
	라. 갱내에서 암석 등을 컨베이어(이동식 컨베이어는 제외한다.)에 싣거나 내리는 장소에서의 작업
	마. 옥내에서 동력을 사용하여 암석 또는 광물을 조각 하거나 마무리하는 장소에서의 작업
	바. 옥내에서 연마재를 분사하여 암석 또는 광물을 조각하는 장소에서의 작업
	사. 옥내에서 동력을 사용하여 암석·광물 또는 금속을 연마·주물 또는 추출하거나 금속을 재단하는 장소에서의 작업
	아. 옥내에서 동력을 사용하여 암석등·탄소원료 또는 알미늄박을 파쇄·분쇄 또는 체질하는 장소에서의 작업
	자. 옥내에서 시멘트, 티타늄, 분말상의 광석, 탄소원료, 탄소제품, 알미늄 또는 산화티타늄을 포장하는 장소에서의 작업
	차. 옥내에서 분말상의 광석, 탄소원료 또는 그 물질을 함유한 물질을 혼합·혼입 또는 살포하는 장소에서의 작업
	카. 옥내에서 원료를 혼합하는 장소에서의 작업 중 다음의 어느 하나에 해당하는 작업
	  1) 유리 또는 법랑을 제조하는 공정에서 원료를 혼합하는 작업이나 원료 또는 혼합물을 용해로에 투입하는 작업(수중에서 원료를 혼합하는 작업은 제외한다.)
	  2) 도자기·내화물·형상토제품(형상을 본떠 흙으로 만든 제품) 또는 연마재를 제조하는 공정에서 원료를 혼합 또는 성형하거나, 원료 또는 반제품을 건조하거나, 반제품을 차에 싣거나 쌓아 두는 장소에서의 작업 또는 가마 내부에서의 작업(도자기를 제조하는 공정에서 원료를 투입 또는 성형하여 반제품을 완성하거나 제품을 내리고 쌓아 두는 장소에서의 작업과 수중에서 원료를 혼합하는 장소에서의 작업은 제외한다.)
	  3) 탄소제품을 제조하는 공정에서 탄소원료를 혼합하거나 성형하여 반제품을 노(爐: 가공할 원료를 녹이거나 굽는 시설)에 넣거나 반제품 또는 제품을 노에서 꺼내거나 제작하는 장소에서의 작업
	타. 옥내에서 내화 벽돌 또는 타일을 제조하는 작업 중 동력을 사용하여 원료(습기가 있는 것은 제외한다.)를 성형하는 장소에서의 작업
	파. 옥내에서 동력을 사용하여 반제품 또는 제품을 다듬질하는 장
		3년 이상 종사한 사람으로서 흉부방사선 사진 상 진폐증이 있다고 인정되는 사람(「진폐의 예방과 진폐근로자의 보호 등에 관한 법률」에 따라 건강관리수첩을 발급받은 사람은 제외한다.). 다만, 너목의 업무에 대해서는 5년 이상 종사한 사람(「진폐의 예방과 진폐근로자의 보호 등에 관한 법률」에 따라 건강관리수첩을 발급받은 사람은 제외한다.)으로 한다.

구분	건강장해가 발생할 우려가 있는 업무	대상 요건
	소에서의 작업 중 다음의 의 어느 하나에 해당하는 작업 1) 도자기·내화물·형상토제품 또는 연마재를 제조하는 공정에서 원료를 혼합 또는 성형하거나, 원료 또는 반제품을 건조하거나, 반제품을 차에 싣거나 쌓은 장소에서의 작업 또는 가마 내부에서의 작업(도자기를 제조하는 공정에서 원료를 투입 또는 성형하여 반제품을 완성하거나 제품을 내리고 쌓아 두는 장소에서의 작업과 수중에서 원료를 혼합하는 장소에서의 작업은 제외한다.) 2) 탄소제품을 제조하는 공정에서 탄소원료를 혼합하거나 성형하여 반제품을 노에 넣거나 반제품 또는 제품을 노에서 꺼내거나 제작하는 장소에서의 작업 하. 옥내에서 거푸집을 해체하거나, 분해장치를 이용하여 사형(似形: 광물의 결정형태)을 부수거나, 모래를 털어 내거나 동력을 사용하여 주물모래를 재생하거나 혼련(열과 기계를 사용하여 내용물을 고르게 섞는 것)하거나 주물품을 절삭(切削)하는 장소에서의 작업 거. 옥내에서 수지식(手指式) 용융분사기를 이용하지 않고 금속을 용융분사하는 장소에서의 작업 너. 석탄을 원료로 사용하는 발전소에서 발전을 위한 공정[하역, 이송, 저장, 혼합, 분쇄, 연소, 집진(集塵), 재처리 등의 과정을 말한다.] 및 관련 설비의 운전·정비가 이루어지는 장소에서의 작업	
8	가. 염화비닐을 중합(결합 화합물화)하는 업무 또는 밀폐되어 있지 않은 원심분리기를 사용하여 폴리염화비닐(염화비닐의 중합체를 말한다.)의 현탁액(懸濁液)에서 물을 분리시키는 업무 나. 염화비닐을 제조하거나 사용하는 석유화학설비를 유지·보수하는 업무	4년 이상 종사한 사람
9	크롬산·중크롬산 또는 이들 염(같은 물질이 함유된 화합물의 중량 비율이 1퍼센트를 초과하는 제제를 포함한다.)을 광석으로부터 추출하여 제조하거나 취급하는 업무	4년 이상 종사한 사람
10	삼산화비소를 제조하는 공정에서 배소(낮은 온도로 가열하여 변화를 일으키는 과정) 또는 정제를 하는 업무나 비소가 함유된 화합물의 중량 비율이 3퍼센트를 초과하는 광석을 제련하는 업무	5년 이상 종사한 사람
11	니켈(니켈카보닐을 포함한다.) 또는 그 화합물을 광석으로부터 추출하여 제조하거나 취급하는 업무	5년 이상 종사한 사람
12	카드뮴 또는 그 화합물을 광석으로부터 추출하여 제조하거나 취급하는 업무	5년 이상 종사한 사람
13	가. 벤젠을 제조하거나 사용하는 업무(석유화학 업종만 해당한다.) 나. 벤젠을 제조하거나 사용하는 석유화학설비를 유지·보수하는 업무	6년 이상 종사한 사람

구분	건강장해가 발생할 우려가 있는 업무	대상 요건
14	제철용 코크스 또는 제철용 가스발생로를 제조하는 업무(코크스로 또는 가스발생로 상부에서의 업무 또는 코크스로에 접근하여 하는 업무만 해당한다.)	6년 이상 종사한 사람
15	비파괴검사(X-선) 업무	1년 이상 종사한 사람 또는 연간 누적선량이 20mSv 이상이었던 사람

(3) 안전보건표지 종류 및 색상

- 안전보건표지 종류

  안전보건표지 종류는 크게 금지표지, 경고표지, 지시표지, 안내표지 및 관계자 외 출입금지표지 등 설치 용도에 따라 5가지로 구분할 수 있다.

종류	용도	세부표지 예시
금지표지	근로자의 특정 행동 금지	출입금지, 보행금지, 차량통행금지, 사용금지, 탑승금지, 금연, 화기금지, 물체이동금지
경고표지	위험장소 경고	인화성물질 경고, 산화성물질 경고, 폭발성물질 경고, 급성독성물질 경고, 부식성물질 경고, 고압전기 경고, 매달린 물체 경고, 낙하물 경고, 고온 경고, 저온 경고, 몸균형 상실 경고, 레이저광선 경고, 발암성·변이원성·생식독성·전신독성·호흡기 과민성 물질 경고, 위험장소 경고
지시표지	보호구 등의 착용지시	보안경 착용, 방독마스크 착용, 방진마스크 착용, 보안면 착용, 안전모 착용, 귀마개 착용, 안전화 착용, 안전장갑 착용, 안전복 착용
안내표지	응급상황 시 비상구 등 안내	녹십자표지, 응급구호표지, 들것, 세안장치, 비상용기구, 비상구, 좌측비상구, 우측비상구
관계자 외 출입금지표지	지정 근로자 외 출입금지	허가대상물질 작업장, 석면취급/해체 작업장, 금지대상물질의 취급 실험실 등

2. 안전보건표지 색상

1) 금지표지: 바탕은 흰색, 기본모형은 빨간색, 관련 부호 및 그림은 검은색
2) 경고표지: 바탕은 노란색, 기본모형, 관련 부호 및 그림은 검은색(예외 기준은 산안법시행규칙 별표 7 참조)
3) 지시표지: 바탕은 파란색, 관련 그림은 흰색
4) 안내표지: 바탕은 흰색, 기본모형 및 관련 부호는 녹색 또는 바탕은 녹색, 관련 부호 및 그림은 흰색
5) 관계자 외 출입금지표지: 글자는 흰색 바탕에 흑색, 주요 문구는 적색

참고

※ CHARM(Chemical Hasard Risk Management) 시스템(화학물질 위험성 평가기법)
   산업안전보건법상 MSDS 제도 및 작업환경측정제도를 활용

단계별 수행방법

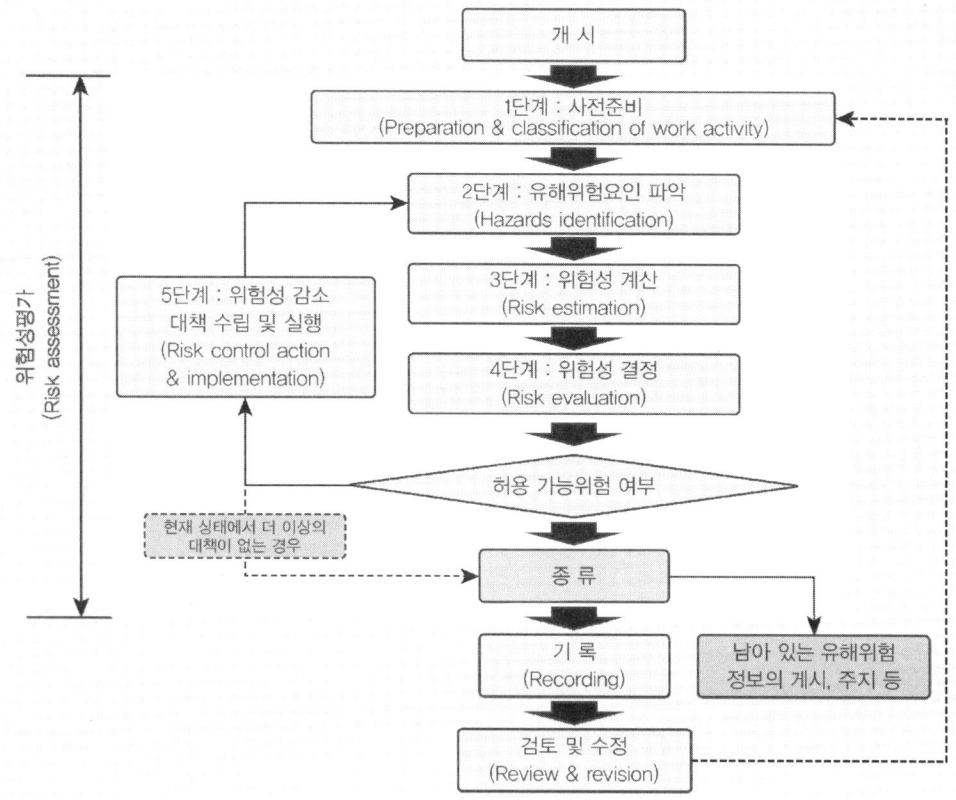

참고

〈위험성평가 추진절차〉

1단계 : 사전준비
- 위험성평가 실시계획서 작성 : 시료채취전략 수립
- 위험성평가 공정(작업) 구분 : 공정과 직무 파악
- 위험성평가 대상 공정(작업) 선정 : 여러 유해인자 중 위험이 큰 측정대상 유해인자 선정
- 안전보건정보의 확보 : 평가에 필요한 안전보건정보 사전조사, 노출 가능한 유해인자 파악

2단계 : 유해·위험요인 파악
- 사업장 순회점검, 청취조사, MSDS 등을 이용하여 위험성평가 대상 공정(작업)에서 취급하는 유해·위험요인 (화학물질)의 종류, 취급량, 물질 특성 및 유해성·위험성 정보 등을 파악하는 단계

3단계 : 위험성 추정
- 작업환경측정 결과나 노출기준 등을 이용하여 노출수준(가능성)과 유해성(중대성) 등급을 정하고, 결정된 노출수준과 유해성을 조합하여 위험성을 추정하는 단계

■ 위험성 계산은 해당 화학물질에 대한 작업환경측정결과나 노출기준 등에 따라 아래의 세가지 방법 중 하나를 적용한다.

위험성 (Risk)	=	노출수준 (Probability)	×	유해성 (Severity)
① 측정결과가 있는 경우 (노출기준 설정물질)		작업환경측정결과 (1~4등급)	×	노출기준 (1~4등급)
② 측정결과가 없는 경우 (노출기준 설정물질)		하루 취급량과 비산성/휘발성의 조합 (1~4등급)	×	노출기준 (1~4등급)
③ 측정결과가 없는 경우 (노출기준 미설정물질)		하루 취급량과 비산성/휘발성의 조합 (1~4등급)	×	MSDS의 위험문구나 유해·위험문구 (1~4등급)

■ 직업병 유소견자(D_1)가 발생한 경우 노출수준을 4등급으로, 화학물질이 CMR 물질(1A, 1B, 2)인 경우 유해성을 4등급으로 우선 적용한다.

- 화학 물질별 측정결과를 활용하여 노출수준 등급 분류

등급	내 용
1	화학물질의 노출수준이 10% 미만
2	화학물질의 노출수준이 10% 이상 ~ 50% 미만
3	화학물질의 노출수준이 50% 이상 ~ 100% 미만
4	화학물질의 노출수준이 100% 초과

작업환경측정시 유의사항
♦ 화학물질의 노출수준 계산방법

$$노출수준(\%) = \frac{측정결과}{노출기준(TWA)} \times 100$$

♦ 작업환경측정결과 반영 원칙
  - 가장 최근에 측정된 "작업환경측정결과" 사용
  - 공정설비, 작업방법 또는 사용 화학물질의 변경 등 작업조건의 변화가 있는 경우에는 "재 측정결과"를 반영하거나 하루취급량, 비산성/휘발성, 밀폐·환기상태 확인

4단계 : 위험성 결정
- 위험성 추정 결과와 사업장 자체적으로 설정한 허용 가능한 위험성 기준을 비교하여 위험성 크기를 허용 가능한지 여부를 판단하는 단계

- 혼합물질을 구성하고 있는 단일물질이나 혼합물질에서 노출되는 유해인자에 대한 위험성 추정 결과 가장 높은 값을 혼합물질의 위험성으로 결정한다.(사업장 특성에 따라 결정)

5단계 : 위험성 감소 대책 수립 및 실행
- 위험성 측정 결과 허용 가능한 위험성이 아니라고 판단되는 경우 위험성 감소대책을 수립하고, 우선순위를 정하여 실행하는 단계
- 작업환경 개선대책 수립 및 실행 우선순위

  화학물질 제거 → 화학물질 대체 → 공정 변경(습식) → 격리(차단, 밀폐) → 환기장치 설치 또는 개선 → 보호구 착용 등 관리적 개선

6단계 : 기록
- 사업장에서 위험성평가 활동을 수행한 근거와 그 결과를 문서로 작성하여 보존하는 단계
- 위험성평가 실시내용 및 결과 기록·보존 : 3년 이상 보존

7단계 : 검토 및 수정

기출 문제 요약

- CHARM(Chemical Hazard Risk Management) 시스템에 따른 사업장의 화학물질에 대한 위험성 평가에 있어서 작업환경측정 결과를 활용한 노출수준 등급 구분(2015년)
  - 1등급 – 화학물질 노출기준의 10% 미만
  - 2등급 – 화학물질 노출기준의 10% 이상 ~ 50% 미만
  - 3등급 – 화학물질 노출기준의 50% 이상 ~ 100% 이하
  - 4등급 – 화학물질 노출기준 초과
- 유해인자에 대한 첫 번째 진단시기와 주기에 대한 설명(2015년)

유해인자	첫 번째 진단시기	주기
N, N-디메틸아세트아미드	1개월 이내	6개월
벤젠	2개월 이내	6개월
면 분진	12개월 이내	12개월
충격소음	12개월 이내	24개월

- 특수건강진단 대상 유해인자는 염화비닐, 트리클로로에틸렌, 니켈, 자외선 등이 있음 (2016년)
- 특수건강진단 결과의 활용 (2018년)
  - 근로자가 소속된 공정별로 분석하여 직무관련성을 추정함
  - 근로자의 근무시기별로 비교하여 직무관련성을 분석함
  - 특수건강진단 대상자가 걸린 질병의 직무 영향을 고찰함
  - 직업병 요관찰자 또는 유소견자는 작업을 전환하는 방안을 강구함
- 근로자 건강증진활동 지침에 따라 건강증진활동 계획을 수립할 때 포함되어야 하는 내용 (2018년)
  - 건강진단결과 사후관리조치, 근곡결계질환 징후가 나타난 근로자에 대한 사후조치, 직무스트레스에 의한 건강장해 예방조치

- 근로자 건강진단에 관한 설명 (2020년)
  - 납땜 후 기판에 묻어 있는 이물질을 제거하기 위하여 아세톤을 취급하는 근로자는 특수건강진단 대상임
  - 6개월간 오후 10시부터 다음날 오전 6시 사이의 시간 중 작업을 월 평균 60시간 이상 수행하는 근로자는 야간작업 특수건강진단 대상자임
  - 직업성 천식 및 직업성 피부염이 의심되는 근로자에 대한 수시건강진단의 검사항목이 있음
  - 정밀기계 가공작업에서 금속가공유 취급 시 노출되는 근로자는 배치전 특수건강진단 대상자임
- CN : 질병으로 진전될 우려가 있어 야간작업 시 추적관찰이 필요한 근로자 (2017년)
- 근로자 건강진단 결과 판정에 따른 사후관리 조치 판정에 해당되는 것은? 건강상담, 추적검사, 작업전환, 근로제한 및 금지 등 (2020년)
- U : 2차 건강진단 미실시로 건강관리구분을 판정할 수 없음 (2021년)
- 산업안전보건법 시행규칙 별지 제85호 서식(특수·배치전·수시·임시 건강진단 결과표)의 작성 사항은? 유해인자별 건강진단을 받은 근로자 현황, 질병코드별 질병유소견자 현황, 질병별 조치 현황, 건강진단 결과표 작성일, 송부일, 건진기관명 등 (2021년)
- 호흡성 입자상 물질(a)과 흡입성 물질(b)의 농도비(a/b)는 일반적으로 용접작업장이 목재가공작업장보다 큼 (2015년)
- 유해인자(디젤배출물) – 건강영향(폐암) (2016년)
- 나노먼지가 주로 발생되는 공정 또는 작업은? 용접, 유리 용융, 선철 용해, 디젤 연소 등 (2018년)
- 작업(유리가공작업) – 유해요인(적외선) – 건강장애(백내장) (2013년)
- 작업(페인트칠작업) – 유해요인(카드뮴) – 건강장애(백혈병) (2013년)
- 작업(금속세척작업) – 유해요인(노말헥산) – 건강장애(앉은뱅이 증후군) (2013년)
- 작업(굴착작업) – 유해요인(진동) – 건강장애(백색수지증) (2013년)
- 작업(목재가공작업) – 유해요인(목분진) – 건강장애(진폐증) (2013년)
- 유해인자별 건강장애에 관한 설명 (2013년)
  - 아세톤에 만성적으로 노출되면 다발성 신경염이 발생함
  - 크롬은 손톱 및 구강점막의 색소침착, 모공의 흑점화, 간장애를 일으킴
  - 삼염화에틸렌은 스펀지의 원료로 사용되며, 화재 시 치명적인 가스를 발생시켜 폐수종을 일으킴
  - 라돈은 방사성 물질 중 유일한 기세상의 물질이며, 폐포나 기관지에 침착되어 β-입자를 방출함
- 직업병과 원인물질(비중격천공–크롬, 중피종–석면, 신장장해–수은, 진폐증–유리규산) (2014년)
- **디메틸포름아미드** : 2006년에 이 화학물질을 취급하던 중국동포가 수개월 만에 급성간독성을 일으켜 사망한 사례가 있음. 이 화학물질은 폴리우레탄을 이용해 아크릴 등의 섬유, 필름, 표면코팅, 합성가죽 등을 제조하는 과정에서 노출될 수 있음 (2019년)
- 유기용제의 일반적인 특성 및 독성에 관한 설명 (2020년)
  - 탄소사실의 길이가 길수록 유기화학물질의 중추신경 억제효과는 증가함
  - 유기분자에 아민이 첨가되면 피부에 대한 부식성이 증가함
- 유해인자와 주요 건강 장해의 연결(감압환경–관절 통증, 망간–파킨슨병 유사 증상, 납–조혈기능 장해, 사염화탄소–간독성) (2022년)
- 납에 의한 건강상의 영향은 신경독성, 복통, 혈색소 합성이 저해되어 나타는 빈혈 증상 등을 들수 있음 (2013년)
- 납 중독시 나타나는 heme 합성 장해에 관한 설명(혈중 유리철분 증가, 혈청 중 δ-ALA 증가, δ-ALAD 작용 억제, 적혈구내 프로토폴피린 증가, heme 합성효소 작용 억제 등) (2017년)
- 교대근무의 부정적 효과에 관한 설명 (2014년)
  - 야간작업은 멜라토닌 생성·조절을 방해하여 면역체계를 약화시킴
  - 교대작업은 배우자나 자녀와의 여가생활을 어렵게 하여 사회적 문제를 유발할 수 있음
  - 순행적 교대근무보다 역행적 교대근무가 적응하기 더 어려움

- 야간조명은 자연광선 효과를 대신할 수 없고, 낮잠은 밤에 자는 것과 같은 효과를 나타내지 못함
■ 작업환경 중 **물리적 요인**에 관한 설명 (2014년)
- 적외선에 과다하게 노출되면 백내장을 일으킴. 진동으로 인한 대표적인 건강장해는 레이노 증후군임. 해수면으로부터 20m를 잠수할 경우 잠수작업자가 받는 압력은 약 3기압임
■ 컴퓨터 자판 작업이나 타이핑 작업을 많이 하는 사람들은 수근관 증후군의 위험성이 높음 (2015년)
■ 소음의 영향에 관한 설명 (2015년)
- 의미 있는 소음이 의미 없는 소음보다 작업능률 저해 효과가 더 크게 나타남
- 강력한 소음에 노출된 직후에 일시적으로 청력이 저하되는 것을 일시성 청력손실이라 하며, 휴식하면 회복됨.
- 초기 소음성 청력손실은 대화 범주 이상의 주파수에서 생겨 대화에 장애를 느끼지 못하다가 이후에 다른 주파수까지 진행됨
- 소음 작업장에서 전화벨 소리가 잘 안 들리고, 작업지시 내용 등을 알아듣기 어려운 현상을 은폐효과라고 함.
- 일시적 청력 손실은 300~3,000Hz 사이에서 가장 많이 발생하며, 4,000Hz 부근의 음에 대한 청력저하가 가장 심함 (2015년)
■ 소리의 수준이 10 dB까지 증가하면 소리의 크기는 10배 증가하며, 20 dB까지 증가하면 100배 증가함 (2015년)
■ 직장에서 소음에 대한 노출은 창각 손상에 영향을 주고, 심장혈관계 질병과도 관련이 있음 (2015년)
■ 소음에 관한 설명(2016년) : 큰 소음에 반복적으로 노출되면 일시적으로 청지각의 임계값이 변할 수 있음. 소음원과 작업자 사이에 차단벽을 설치하는 것은 효과적인 소음 통제 방법임
■ 작업 환경과 건강에 관한 설명(2017년)
- 안전한 절차, 실행, 행동을 관리자가 장려하고 보상한다는 종업원의 공유된 지각을 조직지지 지각이라고 함
- 레이노 증후군이란 진동이나 추위, 심리적 변화 등으로 인해 나타나는 말초혈관 운동의 장애로 손가락이 창백해지고 통증을 느끼는 증상을 말함.
- 눈부심의 불쾌감은 배경의 휘도가 클수록, 광원의 크기가 작을수록 감소함
- VDT(Visual Display Terminal) 증후군은 컴퓨터의 키보드나 마우스를 오래 사용하는 작업자에게 잘생기는 반복긴장성 손상이 대표적인 질환임
■ **작업장**의 **적절한 조명수준**을 결정에 관한 내용(2018년)
- 직접조명은 간접조명보다 조도는 높으나 눈부심이 일어나기 쉬움
- 정밀 조립작업을 수행할 경우에는 일반 사무작업을 할 때보다 권장조도가 높음
- 40세 이하의 작업자보다 55세 이상의 작업자가 작업할 때 권장조도가 높음
■ 우리나라 소음노출기준은 소음강도 90dB(A)에 8시간 노출될 때를 허용기준선으로 정하고 있음 (2018년)
■ **조명**과 **직무환경**에 관한 설명 (2019년)
- 조도는 어떤 물체나 표면에 도달하는 빛의 양을 말함
- 눈부심은 시각 정보 처리의 효율을 떨어트리고, 눈의 피로도를 증가시킴
- 작업장에 조명을 설치할 때에는 빛의 밝기뿐만 아니라 빛의 배분도 고려해야 함
- 최적의 밝기는 작업자의 연령에 따라서 달라짐.
■ **소음의 특성**과 **청력손실**에 관한 설명 (2020년)
- 0 dB 청력수준은 20대 정상 청력을 근거로 산출된 최소역치수준임
- 소음성 난청은 달팽이관의 유모세포 손상에 따른 영구적 청력손실임.
- 소음작업이란 1일 8시간 작업을 기준으로 85 dB(A) 이상의 소음이 발생하는 작업임
- 중이염 등으로 고막이나 이소골이 손상된 경우 기도와 골도 청력에 차이가 발생할 수 있음
- 소음성 난청은 4,000Hz 이상에서 발생함
■ **조명의 측정단위**에 관한 설명 (2022년)
- 광도는 광원의 밝기 정도임. 조도는 물체의 표면에 도달하는 빛의 양임. 휘도는 단위 면적당 표면에서 반사 혹은 방출되는 빛의 양임. 반사율은 휘도와 조도의 비를 말함

- 나노입자에 노출되는 경우 특급 방진마스크를 착용하도록 함 .(2014년)
- 포위식 후드는 후드 개구부 면에서 제어속도를 측정해야 하는 후드 형태에 해당함 (2023년)
- 혈중 카드뮴은 카드뮴 및 그 화합물에 대한 특수건강진단 시 제1차 검사항목에 해당됨 (2023년)
- 근로자 건강진단 실시기준에서 유해요인과 인체에 미치는 영향 (2023년)
  - 니켈 : 폐암, 비강암, 눈의 자극증상
  - 오산화바나듐 : 천식, 폐부종, 피부습진
  - 베릴륨 : 기침, 호흡곤란, 폐의 육아종 형성
  - 카드뮴 : 만성 폐쇄성 호흡기 질환 및 폐기종
  - 망간 : 파킨슨병
- **디에틸에테르, 무수프탈산, 브롬화메틸, 피리딘**은 **특수건강진단 대상 유해인자**에 해당함 (2023년)
- 산업안전보건기준에 관한 규칙에서 정하고 있는 특별관리물질 (2024년)
  - 디메틸포름아미드(68-12-2), 벤젠(71-43-2), 포름알데히드(50-00-0)
  - 납(7439-92-1) 및 그 무기화합물, 1-브로모프로판(106-94-5), 아크릴로니트릴(107-13-1)
  - 아크릴아미드(79-06-1), 포름아미드(75-12-7), 사염화탄소(56-23-5)
  - 트리클로로에틸렌(79-01-6), 2-브로모프로판(75-26-3), 1,3-부타디엔(106-99-0) 등이 있음
- 산업안전보건법령상 근로자 건강진단의 종류는? (2024년)
  - 특수건강진단, 배치전건강진단, 건강관리카드 소지자 건강진단, 임시건강진단
  ※ "종합건강진단"은 대상이 아님

부록

기출문제(2013년 ~ 2024년)

2013년 기출문제

01 테일러(Taylor)의 과학적 관리법(scientific management)에 관한 설명으로 옳은 것만을 모두 고른 것은?

> ㄱ. 부품을 표준화하고, 작업이 동시에 시작하며 동시에 끝나므로 동시관리라고도 한다.
> ㄴ. 과업 중심의 관리로 인간의 심리적, 사회적 측면에 대한 문제의식이 부족하다.
> ㄷ. 동일작업에 대하여 과업을 달성하는 경우 고임금, 달성하지 못하는 경우에는 저임금을 지급한다.
> ㄹ. 작업을 전문화하고 전문화된 작업마다 직장(foreman)을 두어 관리하게 한다.
> ㅁ. 작업환경에 관계없이 작업자의 동기부여가 작업능률을 증가시키는 결과를 보여주었다.

① ㄱ, ㅁ ② ㄷ, ㄹ ③ ㄴ, ㄷ, ㄹ
④ ㄴ, ㄹ, ㅁ ⑤ ㄱ, ㄷ, ㄹ, ㅁ

해설
ㄱ. 포드시스템(동시관리, 고임금, 저가격), ㄴ. 메이요의 인간관계론
※ 교재 : 「과학적 관리론과 포드시스템」 참조

02 재고의 기능에 따른 분류에 관한 설명으로 옳지 않은 것은?
① 안전재고 : 제품 수요, 리드타임 등의 불확실한 수요에 대비하기 위한 재고
② 분리재고 : 공정을 기준으로 공정전·후의 재고로 분리될 경우의 재고
③ 파이프라인 재고 : 공장에서 물류센터, 물류센터에서 대리점 등으로 이동 중에 있는 재고
④ 투기재고 : 원자재 고갈, 가격인상 등에 대비하여 미리 확보해두는 재고
⑤ 완충재고 : 생산 계획에 따라 주기적인 주문으로 주문기간 동안 존재하는 재고

해설
- 완충재고 : 현물의 시가가 올랐을 때는 방출, 시가가 폭락했을 때는 현금으로 사들이는 재고
- 주기재고 : 생산 계획에 따라 주기적인 주문으로 주문기간 동안 존재하는 재고
※ 교재 : 「재고관리, 재고관리시스템」 참조

정답 01 ③ 02 ⑤

03 생산 시스템에 관한 설명으로 옳지 않은 것은?

① 모듈생산시스템(MPS : modular production system)은 단납기화 요구강화와 원가절감을 위하여 부품 또는 단위의 조합에 따라 고객의 다양한 주문에 대응하는 생산 시스템이다.
② 자재소요계획(MRP : material requirements planning)은 주일정계획(기준생산일정)을 기초로 하여 완제품 생산에 필요한 자재 및 구성부품의 종류, 수량 시기 등을 계획하는 시스템이다.
③ 적시생산시스템(JIT : just in time)은 제품생산에 요구되는 부품 등 자재를 필요한 시기에 필요한 수량만큼 적기에 생산, 조달하여 낭비요소를 근본적으로 제거하려는 생산 시스템이다.
④ 유연생산시스템(FMS : flexible manufacturing system)은 CAD, CAM 및 MRP 등의 기술을 도입, 생산 설비를 빠르게 전환하여 소품종 대량생산을 효율적으로 행하는 시스템이다.
⑤ 셀생산시스템(CMS : cellular manufacturing system)은 숙련된 작업자가 컨베이어라인이 없는 셀(cell) 내부에서 전체공정을 책임지고 완수하는 사람중심의 자율 생산 시스템이다.

해설
- 유연생산시스템 : 다품종 소량생산 방식임
- ※ 교재 : 「생산관리, 린생산시스템」 참조

04 프로젝트 관리에 활용되는 PERT(program evaluation &review technique)와 CPM(critical path method)의 설명으로 옳은 것은?

① PERT는 개개의 활동에 대해 낙관적 시간치, 최빈 시간치, 비관적 시간치를 추정한 후 그들이 정규분포를 이룬다고 가정하여 평균기대 시간치를 구한다.
② CPM은 프로젝트의 완성시간을 앞당기기 위해 최소비용법을 활용하여 주공정상에 위치하는 작업들의 비용관계를 분석하여 소요시간을 줄인다.
③ 과거자료나 경험을 기초로 한 PERT는 활동중심의 확정적 시간을 사용하고, 불확실한 작업을 기초로 한 CPM은 단계중심의 확률적 시간 추정치를 사용한다.
④ PERT/CPM은 활동의 전후 관계를 명확히 하고 체계적인 일정 및 예상통제로 효율적 진도관리를 위해 간트(Gantt)차트와 같은 도식적 기법을 활용한다.
⑤ PERT/CPM은 TQM(total quality management)과 연계되어 있어 제품 및 서비스에 대한 고객만족 프로세스를 지향하는 프로젝트 관리도구로 적합하다.

해설
- PERT : 확률적 추정치를 이용하여 단계중심의 확률적 모델을 전개, 최단시간에 목표를 달성하기 위해 프로젝트의 시간적 측면만 고려함
- CPM : 과거의 실적이나 경험 등의 확정적 결과값을 이용하여 활동중심의 확정적 시간 추정치를 사용하고 프로젝트의 완정 시간을 앞당기기 위해 최소비용법을 활용하여 주공정상에 위치하는 작업들의 비용관계를 분석하여 소요시간을 줄임
- ※ 교재 : 「공정관리(CPM, PERT, 칸트차트)」 참조

05 직무와 관련된 설명으로 옳은 것은?

① 직무충실화는 허즈버그(F.Herzberg)가 2요인 이론을 직무에 구체적으로 적용하기 위하여 제창한 것이다.
② 직무분석에는 서열법, 분류법, 점수법, 요소비교법 등의 방법들이 활용된다.
③ 직무기술서에는 직무수행에 요구되는 기능, 지식, 육체적 능력과 교육수준이 기술되어 있다.
④ 직무명세서에는 직무가치와 직무확대에 대한 구체적인 지침이 제시되어 있다.
⑤ 직무평가의 1차적 목적은 직무기술서나 직무명세서를 작성하는 것이며, 2차적으로는 조직, 인사관리를 위한 자료를 제공하는 것이다.

> **해설**
> - 직무분석 방법 : 면접법, 질문지법, 관찰법, 체험법, 중요사건 기록법, 임상적 방법, 혼합병용법 등
> - 직무평가 방법 : 서열법, 분류법, 점수법, 요소비교법 등
> - 직무기술서 : 직무요건을 중심으로 기술, 직무명세서 : 직무의 인적요건에 초점
> - 직무평가 : 서로 다른 가치를 가진 직무에 대해 서로 다른 임금을 지급하기 위해서 조직 내의 여러 직무의 상대적인 가치를 결정하는 과정
> ※ 교재 : 「직무분석, 직무평가, 동기부여 내용이론」 참조

06 커뮤니케이션과 의사결정에 관한 설명으로 옳은 것은?

① 암묵지를 체계적, 조직적으로 형식지화한다고 하여도 의사결정의 가치창출 수준은 높아지지 않는다.
② 커뮤니케이션 효과를 높이기 위하여 메시지 전달자는 공식 서신, 전자우편, 전화, 직접 대면 등 다양한 방식 중 한 가지 방식에 집중할 필요가 있다.
③ 커뮤니케이션의 문제 상황이 복잡한 경우 공식적인 수치와 공식적 서신이 소통방식으로 적합하다.
④ 공식적인 서신과 공식적인 수치는 대면적 의사소통에 비하여 의미있는 정보를 전달할 잠재력이 높다.
⑤ 제한된 합리성이론에 따르면 '의사결정자가 현 상태에 만족한다면 새로운 대안모색에 나서지 않는다' 라고 한다.

> **해설**
> - 비공식 경로 : 커뮤니케이션의 문제 상황이 복잡한 경우 공식 경로보다 효율적일 수도 있음
> ※ 교재 : 「커뮤니케이션과 의사결정」 참조

정답 05 ① 06 ⑤

07 임금관리 공정성에 관한 설명으로 옳은 것은?

① 내부공정성은 노동시장에서 지불되는 임금액에 대비한 구성원의 임금에 대한 공평성 지각을 의미한다.
② 외부공정성은 단일 조직 내에서 직무 또는 스킬의 상대적 가치에 임금 수준이 비례하는 정도를 의미한다.
③ 직무급에서는 직무의 중요도와 난이도 평가, 역량급에서는 직무에 필요한 역량 기준에 따른 역량 평가에 따라 임금수준이 결정된다.
④ 개인공정성은 다양한 직무 간 개인의 특질, 교육정도, 동료들과의 인화력, 업무몰입수준 등과 같은 개인적 특성이 임금에 반영되는 정도를 의미한다.
⑤ 조직은 조직구성원에 대한 면접조사를 통하여 자사 임금수준의 내부, 외부 공정성 수준을 평가할 수 있다.

해설
- 내부공정성 : 단일 조직 내에서 직무 또는 스킬의 상대적 가치에 임금 수준이 비례하는 정도
- 외부공정성 : 노동시장에서 지불되는 임금액에 대비하여 구성원의 임금에 대한 공평성
- 개인공정성 : 개인의 특성이 임금에 반영되지 않음
- 면접조사의 경우 외부 공정성을 평가할 수 없음
※ 교재 : 「임금체계」 참조

08 막스 베버(M. Weber)가 제시한 관료제의 특징은?

① 조직의 활동을 합리적으로 조정하기 위해서는 업무처리를 위한 절차가 명확하게 규정되어야 한다.
② 조직구성원 간 의사소통의 활성화를 위해 수평적 조직구조를 선호한다.
③ 환경에 대한 적절한 대응을 위해 조직구성원 간의 정보공유를 중시한다.
④ '기계적 관료제'라 불리며 복잡한 환경의 대규모 조직에 효과적이다.
⑤ 하급자는 상급자의 감독과 통제 하에 놓이게 되나 성과 평가를 할 때에는 하급자도 상급자의 평가과정에 참여한다.

해설
- 막스 베버의 관료제는 수직적 조직구조를 선호하고, 외부와의 정보공유를 중요시하며, 단순하고 소규모 조직에 적합함
※ 교재 : 「관리일반이론과 관료제론」 참조

09 BSC(Balanced Score Card)에 관한 설명으로 옳지 않은 것은?

① 내부 프로세스 관점과 학습 및 성장 관점도 평가의 주요 관점이다.
② 재무적 관점 이외에 고객관점도 평가의 주요 관점이다.
③ 로버트 카플란(R. Kaplan)과 노튼(D. Norton)이 제안한 성과 평가 방식이다.
④ 균형잡힌 성과 측정을 위한 것으로 대개 재무와 비재무지표, 결과와 과정, 내부와 외부, 노와 사 간의 균형을 추구하는 도구이다.
⑤ 전략 모니터링 또는 전략 실행을 관리하기 위한 도구로 활용하는 경우에는 성과평가 결과를 보상에 연계시키지 않는 것이 바람직하다는 견해가 있다.

해설
- BSC의 4가지 관점 : 재무적 관점, 고객 관점, 내부 비즈니스 프로세스 관점, 학습과 성장관점
※ 교재 : 「균형성과표(BSC)」 참조

10 A과장은 근무평정을 할 때 자신의 부하직원 B가 평소 성실하다는 이유로 자신이 직접 관찰하지 않아서 잘 모르는 B의 창의성, 도덕성, 기획력 등을 모두 높게 평가하였다. 이러한 경우 A과장은 어떤 평정오류를 범하고 있는가?

① 관대화오류   ② 후광오류   ③ 엄격화오류
④ 중앙집중오류   ⑤ 대비오류

해설
- 현혹(후광)효과 : 개인의 지능, 사교성, 용모 등과 같은 특성들 중에서 어느 하나에 기초하여 그 개인에 대한 일반적 인상을 형성하게 되어 범하는 오류(개인의 일부 특성을 기반으로 개인 전체를 평가
※ 교재 : 「인사평가 오류」 참조

11 직무만족의 선행변인에 관한 설명으로 옳은 것은?

① 통제소재에서 내재론자들은 외재론자들보다 자신들의 직무에 대해 더 만족한다.
② 직무특성과 직무만족간의 상관은 질문지로 측정한 연구에서는 나타나지 않았다.
③ 집단주의적 아시아 문화권에서는 직무특성과 직무만족 간에 상관이 높은 것으로 나타났다.
④ 급여만족은 분배공정성보다 절차공정성이 더 밀접한 관련이 있다.
⑤ 직무특성 차원과 직무만족간의 상관을 산출해 본 결과 직무만족과 가장 낮은 상관을 나타내는 직무특성은 기술 다양성이었다.

해설
- 직무특성과 직무만족 간의 상관은 질문지로 측정한 연구에서도 나타나고, 집단주의적 아시아 문화권에서는 직무특성과 직무만족 간에 상관이 낮은 것으로 나타남
- 급여만족은 분배공정과 절차공정 둘 다 중요함
※ 교재 : 「동기부여 과정이론」 참조

12 사회적 권력(social power)의 유형에 대한 설명으로 옳지 않은 것은?

① 합법권력 : 상사의 직책에 고유하게 내재하는 권력
② 강압권력 : 상사가 징계 해고 등 부하를 처벌할 수 있는 능력
③ 보상권력 : 상사가 부하에게 수당, 승진 등 보상해 줄 수 있는 능력
④ 전문권력 : 상사가 보유하고 있는 지식과 전문기술 등에 근거하는 능력
⑤ 참조권력 : 상사가 부하에게 규범과 명확한 지침을 전달하고, 문제발생 시 도움을 줄 수 있는 능력

해설
- 참조권력 : 상사에게 매력적으로 느끼거나 존경함에서 나타나는 영향력
※ 교재 : 「권력과 갈등」 참조

13 와르(Warr)의 정신 건강 구성요소에 대한 설명으로 옳지 않은 것은?

① 정서적 행복감 : 쾌감과 각성이라는 두 가지 독립된 차원을 가지고 있다.
② 결단 : 환경적 영향력에 저항하고 자신의 의견이나 행동을 결정할 수 있는 개인의 능력을 의미한다.
③ 역량 : 생활에서 당면하는 문제들을 효과적으로 다룰 수 있는 충분한 심리적 자원을 가지고 있는 정도를 의미한다.
④ 포부 : 포부수준이 높다는 것은 동기수준과 관계가 있으며, 새로운 기회를 적극적으로 탐색하고, 목표 달성을 위하여 도전하는 것을 의미한다.
⑤ 통합된 기능 : 목표달성이 어려울 때 느끼는 긴장감과 그렇지 않을 때 느끼는 이완감 사이에 조화로운 균형을 유지할 수 있는 정도를 의미한다.

해설
- 자율 : 환경적 영향력에 저항하고 자신의 의견이나 행동을 결정할 수 있는 개인의 능력을 의미
  (와르의 정신 건강 구성요소에 "결단"은 포함되지 않음)
※ 교재 : 「와르(Warr)의 정신 건강 구성요소 5가지」 참조

14 직무분석에 대한 설명으로 옳지 않은 것은?

① 특정직무에 대한 훈련 프로그램을 개발하기 위해서는 직무의 속성과 요구하는 기술을 알아야 한다.
② 효과적인 수행을 하기 위한 직무나 작업장을 설계하는 데 도움을 준다.
③ 작업 시 시간과 노력의 낭비를 제거할 수 있고 안전 저해요소나 위험요소를 발견할 수 있다.
④ 특정직무에 대한 직무분석을 하는 기법으로 면접법, 질문지법, 관찰법, 행동기법, 중대사건기법, 투사기법 등이 있다.
⑤ 과업수행에 사용되는 도구, 기구, 수행목적, 요구되는 교육훈련, 임금수준 및 안전저해요소 등에 대한 정보가 포함되어 있다.

해설
- 행동기법과 투사기법은 직무분석의 방법에 해당되지 않음
※ 교재 : 「직무분석」 참조

정답 12 ⑤ 13 ② 14 ④

15 호프스테드(Hofstede)의 문화간 차이를 이해하는 4가지 차원에 속하지 않는 것은?
① 불확실성 회피 ② 개인주의–집합주의 ③ 남성성–여성성
④ 신뢰–불신 ⑤ 세력차이

해설
※ 교재 : 「조직문화」 참조

16 작업장 스트레스의 대처방안 중 조직차원의 기법에 해당하는 것만을 모두 고른 것은?

| ㄱ. 바이오 피드백 | ㄴ. 작업 과부하의 제거 | ㄷ. 사회적 지지의 제공 |
| ㄹ. 이완훈련 | ㅁ. 조직분위기 개선 | |

① ㄱ, ㄴ, ㄷ ② ㄱ, ㄷ, ㄹ ③ ㄴ, ㄷ, ㅁ
④ ㄴ, ㄹ, ㅁ ⑤ ㄷ, ㄹ, ㅁ

해설
■ 조직차원 : 과업재설계(작업 과부하 제거), 사회적 지지의 제공, 역할분석, 참여관리, 경력개발, 융통성 있는 작업계획, 팀 형성, 목표 설정, 조직분위기 개선 등
※ 교재 : 「직무 스트레스」 참조

17 심리검사 결과를 분석할 때 상관계수를 이용하여 검증하는 타당도(validity)를 모두 고른 것은?

| ㄱ. 구성 타당도 | ㄴ. 내용 타당도 | ㄷ. 준거관련 타당도 |
| ㄹ. 수렴 타당도 | ㅁ. 확산 타당도 | |

① ㄱ, ㄴ, ㄹ ② ㄱ, ㄴ, ㅁ ③ ㄷ, ㄹ, ㅁ
④ ㄱ, ㄴ, ㄷ, ㄹ ⑤ ㄱ, ㄷ, ㄹ, ㅁ

해설
■ 타당성을 평가하기 위한 방법 : 구성(개념) 타당도, 기준(준거)관련 타당도, 수렴 타당도, 확산타당도
※ 교재 : 「타당도」 참조

18 작업자의 수행을 평가할 때 평가자에 의한 관대화 오류가 가장 많이 발생할 수 있는 방법은?
① 종업원 순위법 ② 강제배분법 ③ 도식적 평정법
④ 정신운동능력 평정법 ⑤ 행동기준 평정법

해설
■ 작업자의 특성을 일직선상에 기술하고, 점으로 해당지점에 표시하는 "도식적 평정법"이 해당
※ 교재 : 「인사평가 오류」 참조

정답 15 ④ 16 ③ 17 ⑤ 18 ③

19 우리나라와 세계적으로 널리 인용되고 있는 노출기준에 대해 명칭과 제정기관이 옳은 것만을 모두 고른 것은?

보기	노출기준의 명칭	제정기관(국가)
ㄱ	PEL	HSE(영국)
ㄴ	REL	OSHA(미국)
ㄷ	TLV	ACGIH(미국)
ㄹ	WEEL	NIOSH(미국)
ㅁ	허용기준	고용노동부(대한민국)

① ㄱ, ㄴ   ② ㄱ, ㄷ   ③ ㄷ, ㄹ
④ ㄷ, ㅁ   ⑤ ㄹ, ㅁ

◎ 해설

- PEL(법적기준) : OSHA(미국), REL(권고) : NIOSH(미국), WEEL(법적기준) : AIHA(미국)
※ 교재 :「산업위생개론」참조

20 축전지 제조 작업장에서 측정된 5개의 공기 중 카드뮴 시료의 농도가 0.02, 0.08, 0.05, 0.25, 0.01 mg/m³일 때, 다음 중 옳은 것은?

① 측정치들은 정규분포를 하고 있다.
② 대표치는 노출기준을 초과하였다.
③ 측정치의 변이가 너무 커서 재측정하여야 한다.
④ 측정치의 대표치인 기하평균(GM)은 0.082 mg/m³이다.
⑤ 측정치의 변이인 기하표준편차(GSD)는 약 0.098이다.

◎ 해설

- 축전지는 정적편포 하고 있음
- 대표값은 (0.01, 0.02, 0.05, 0.08, 0.25) 0.05로 노출기준(0.01mg/m³)을 초과함
- 측정치 변이 판단이 불가능함
- 기하평균(GM) = (0.01, 0.02, 0.05, 0.08, 0.25)$^{1/5}$ = 0.046mg/m³
- 기하표준편차(GSD) [{(log0.01−log0.046)² + (log0.02−log0.046)² + (log0.05−log0.046)²
  + (log0.08−log0.046)² + (log0.25−log0.046)²} / (5−1)]$^{0.5}$ = $10^{\log(GSD)}$

※ 교재 :「건강검진과 근로자 건강관리」참조

21 작업환경 측정방법에 관한 설명으로 옳은 것은?

① 일반적으로 입자상 물질의 측정결과 단위는 mg/m³ 또는 ppm으로 표기한다.
② 시너와 같은 비극성 유기용제를 공기 중에서 시료채취하기 위해서는 실리카겔관을 매체로 사용한다.
③ 일반적으로 실내에서 온열환경을 측정하기 위해서는 자연습구온도(NWBT)와 흑구온도(GT)만 측정한다.
④ 작업장 근로자의 소음 노출수준을 측정하기 위해 사용하는 지시소음계는 'fast' 모드로 설정하여 측정하여야 한다.
⑤ MCE 여과지를 이용하여 석면을 포집하기 전·후에 실시하는 시료채취펌프의 유량보정을 실제보다 낮게 평가했다면 최종 측정결과인 공기 중 석면농도는 과소평가하게 된다.

해설
- 일반적으로 입자상 물질의 측정결과 단위 : 개수/m³
- 시너와 같은 비극성 유기용제를 공기 중에서 시료채취하기 위해서는 활성탄을 매체로 사용
- 작업장 근로자의 소음 노출수준을 측정하기 위해 사용하는 지시소음계는 'fast-slow' 모드로 설정하여 측정
※ 교재 : 「작업환경 노출기준」 참조, 작업환경측정 및 정도에 관한 고시 제20조 및 제26조, 작업환경측정·분석 기술지침[KOSHA GUIDE]

22 국소배기시스템에 관한 설명으로 옳은 것은?

① 후드 개구면에서 유해물질까지의 거리를 가깝게 하면 필요환기량이 증가한다.
② 외부식 포집형 후드(capture type hood)의 제어속도를 측정하는 대표적인 기구는 피토관(pitot tube)이다.
③ 후드에서 덕트로 공기가 유입될 때의 속도압이 같다면 유입계수(Ce)가 큰 후드 일수록 후드정압이 더 커진다.
④ 베르누이 정리는 덕트내에서 유체가 흐를 때, 에너지 손실은 유체밀도, 유체의 속도 및 관의 직경에 비례하며, 유체의 점도에는 반비례한다는 것을 의미한다.
⑤ 사업장에서 탈지제로 사용되는 사염화에틸렌에 대한 국소배기시스템을 설계할 때는 공기보다 비중이 높다는 점을 고려할 필요 없이 후드는 정상적으로 설치하면 된다.

해설
- 후드 개구면에서 유해물질까지의 거리를 가깝게 하면 필요환기량이 감소함
- 피토관 : 덕트에서 속도압 및 정압을 측정할 수 있는 표준기구
- 유입계수(Ce)가 큰 후드일수록 후드 정압이 작아짐
- 베르누이 정리(압력, 밀도, 속도, 중력가속도, 높이)는 점도와 무관함
※ 교재 : 「환기」 참조

23 다음 작업에서 발생하는 유해요인과 건강장애가 옳게 짝지어진 것은?

① 유리가공작업 – 적외선 – 백내장(cataract)
② 페인트칠작업 – 카드뮴 – 백혈병(leukemia)
③ 금속세척작업 – 노말헥산 – 진폐증(pneumoconiosis)
④ 굴착작업 – 진동 – 사구체신염(glomerular nephritis)
⑤ 목재가공작업 – 목분진 – 간혈관육종(hepatic angiosarcoma)

해설
- 페인트칠작업 – 카드뮴 – 진폐증
- 금속세척작업 – 노말헥산 - 앉은뱅이 증후군
- 굴착작업 – 진동 – 백색수지증
- 목재가공작업 – 목분진 – 진폐증
※ 교재 :「건강검진과 근로자 건강관리」참조

24 유해인자별 건강장애에 관한 설명으로 옳은 것은?

① 아세톤에 만성적으로 노출되면 다발성 신경염이 발생한다.
② 크롬은 손톱 및 구강점막의 색소침착, 모공의 흑점화, 간장애를 일으킨다.
③ 삼염화에틸렌은 스펀지의 원료로 사용되며, 화재 시 치명적인 가스를 발생시켜 폐수종을 일으킨다.
④ 라돈은 방사성 물질 중 유일한 기체상의 물질이며, 폐포나 기관지에 침착되어 β-입자를 방출한다.
⑤ 납에 의한 건강상의 영향은 신경독성, 복통, 혈색소 합성이 저해되어 나타나는 빈혈 증상 등을 들 수 있다.

해설
- 아세톤에 만성적으로 노출되면 당뇨, 폐암 발생
- 크롬은 비충격 천광과 폐암을 일으킴
- 삼염화에틸렌은 스티븐존슨 증후군을 일으킴
- 라돈은 β-입자를 방출하지 않음
※ 교재 :「작업위생 측정 및 평가」참조

25 산업위생과 관련된 설명 중 옳은 것은?

① 작업환경 중 유해요인으로부터 근로자의 건강을 보호하기 위해 국제적으로 통일 하여 제정한 노출기준은 MAK이다.
② 최근 사업장에 도입되고 있는 위험성 평가(risk assessment)는 산업위생 분야의 작업환경측정과는 관련성이 없는 제도라고 할 수 있다.
③ 산업위생은 근로자 개인위생을 기본으로 하고 있으며, 개인의 생활습관 및 체력관리를 통하여 건강을 유지·관리하는 것을 최우선으로 하고 있다.
④ 산업위생의 궁극적 목적은 근로자의 건강을 보호하기 위한 대책을 강구하는 것으로 일반적인 대책의 우선순위는 제거-대체-공학적개선-행정적개선-개인보호구착용 순이다.
⑤ 작업환경 중 건강 유해요인은 크게 물리적, 화학적, 생물학적, 육체적 또는 정신적 부담 요인으로 나눌 수 있으며, 이중에서 산업위생분야는 정신적 부담 요인을 제외한 나머지를 관리대상으로 한다.

해설
- 각 나라마다 노출기준은 다름. MAK는 독일의 산업보건 허용기준임
- 위험성 평가는 산업위생 분야의 작업환경측정과 관련성이 있는 제도임
- 산업위생의 목적은 작업환경과 근로조건의 개선 및 직업병의 근원적 예방, 최적의 작업환경 및 작업조건을 개선하여 질병을 예방. 근로자의 건강을 유지, 증진시키고 작업능률을 향상. 근로자의 육체적, 정신적, 사회적 건강 유지 및 증진. 산업재해 예방 및 직업성 질환 유소견자의 작업 전환 등임
- 산업위생분야는 정신적 부담 요인을 관리대상에 포함함
※ 교재 : 「산업위생 개론」 참조

정답 25 ④

2014년 기출문제

01 관찰 및 측정이 가능하고 직무와 관련된 피평가자의 행동을 평가기준으로 하는 행동기준고과법(BARS: behaviorally anchored rating scales)의 개발 절차를 순서대로 옳게 나열한 것은?

① 행동기준고과법 개발위원회 구성 → 중요사건의 열거 → 중요사건의 범주화 → 중요사건의 재분류 → 중요사건의 등급화 → 확정 및 실시
② 행동기준고과법 개발위원회 구성 → 중요사건의 열거 → 중요사건의 범주화 → 중요사건의 등급화 → 중요사건의 재분류 → 확정 및 실시
③ 행동기준고과법 개발위원회 구성 → 중요사건의 열거 → 중요사건의 등급화 → 중요사건의 재분류 → 중요사건의 범주화 → 확정 및 실시
④ 행동기준고과법 개발위원회 구성 → 중요사건의 열거 → 중요사건의 등급화 → 중요사건의 범주화 → 중요사건의 재분류 → 확정 및 실시
⑤ 행동기준고과법 개발위원회 구성 → 중요사건의 열거 → 중요사건의 재분류 → 중요사건의 범주화 → 중요사건의 등급화 → 확정 및 실시

해설
※ 교재 : 「행동기준고과법(BARS)」 참조

02 카플란(Kaplan)과 노턴(Norton)에 의해 개발된 균형성과표(BSC : balanced scorecard)의 운용체계는 4가지 관점에서 파생되는 핵심성공요인(KPI : keyperformance indicators)들의 유기적 인과관계로 구성되는데, 4가지 관점으로 모두 옳은 것은?

① 재무적 관점, 고객 관점, 외부 경쟁환경 관점, 학습·성장 관점
② 재무적 관점, 고객 관점, 내부 프로세스 관점, 학습·성장 관점
③ 재무적 관점, 자재 관점, 외부 경쟁환경 관점, 학습·성장 관점
④ 재무적 관점, 고객 관점, 외부 경쟁환경 관점, 직무표준 관점
⑤ 재무적 관점, 자재 관점, 내부 프로세스 관점, 직무표준 관점

해설
※ 교재 : 「균형성과표(BSC)」 참조

03 도요타생산방식(TPS: toyota production system)에서 낭비를 철저하게 제거하기 위한 방법으로 활용된 적시생산시스템(JIT: just in time)에 관한 설명으로 옳은 것만을 모두 고른 것은?

> ㄱ. 기본적 요소는 간판(kanban)방식, 생산의 평준화, 생산준비시간의 단축과 대로트화, 작업표준화, 설비배치와 단일기능공제도이다.
> ㄴ. 오릭키(Orlicky)에 의하여 개발된 자재관리 및 재고통제기법으로, 종속수요품의 소요량과 소요시기를 결정하기 위한 시스템이다.
> ㄷ. 자동화, 작업자의 라인정지 권한 부여, 안돈(andon), 오작동 방지, 5S의 활성화로 일관성 있는 고품질을 달성하고 있는 시스템이다.
> ㄹ. 고객 주문에 의해 생산이 시작되며, 부품의 생산과 공급이 후속 공정의 필요에 의해 결정되는 풀(pull)시스템의 자재흐름 체계이다.
> ㅁ. 생산준비비용(주문비용)과 재고유지비용의 균형점에서 로트 크기(lot size)를 결정하며, 로트 크기가 큰 것을 추구하는 시스템이다.

① ㄱ, ㄹ ② ㄴ, ㅁ ③ ㄷ, ㄹ
④ ㄱ, ㄷ, ㄹ ⑤ ㄴ, ㄷ, ㅁ

◎해설
ㄱ. 적시생산방식은 소로드, 다기능공(다품종 소량 생산 체제의 구축 요구에 부응)
ㄴ. 적시생산방식과 관계없는 내용임
ㅁ. 적시생산방식은 적은 비용으로 품질을 유지하여 적시에 제품을 인도하기 위한 생산방식
※ 교재 : 「적시생산방식」 참조

04 혁신적인 품질개선을 목적으로 개발된 기업 경영전략인 6시그마 프로젝트 수행단계(DMAIC)에 관한 설명으로 옳지 않은 것은?

① 정의(define) : 문제점을 찾아내는 첫 단계
② 측정(measurement) : 문제 수준을 계량화하는 단계
③ 통합(integration) : 원인과 대책을 통합하는 단계
④ 분석(analysis) : 상태 파악과 원인분석을 하는 단계
⑤ 관리(control) : 관리계획을 실행하는 단계

◎해설
■ 6시그마 방법 : 정의, 측정, 분석, 개선, 통제(관리)
※ 교재 : 「6시그마」 참조

05 생산시스템을 설계하고 계획, 통제하는 초기단계로 총괄생산계획(APP : aggregate production planning), 주생산일정계획(MPS : master production schedule), 자재소요계획(MRP : material requirement planning) 등에 기초자료로 활용되는 수요예측(demand forecasting) 방법에 관한 설명으로 옳지 않은 것은?

① 패널법(panel consensus)은 다양한 계층의 지식과 경험을 기초로 하고, 관련 예측정보를 공유한다.
② 소비자조사법(market research)은 설문지 및 전화에 의한 조사, 시험판매 등을 활용하여 예측한다.
③ 단순이동평균법(simple moving average method)의 예측값은 과거 n기간 동안 실제 수요의 산술평균을 활용한다.
④ 시계열분해법(time series method)은 시계열을 4가지 구성요소로 분해하여 수요를 예측하는 방법이다.
⑤ 델파이법(delphi method)은 설득력 있는 특정인에 의해 예측결과가 영향을 받는 장점이 존재한다.

해설
- 델파이법 : 전문가 집단에게 여러 차례 설문지를 돌려 의견 수렴, 응답자 익명, 많은 사람 의견을 통계적으로 종합분석(특정인에 의해 예측결과가 영향을 받는 단점이 존재)
※ 교재 : 「수요예측방법」 참조

06 단체교섭의 절차에 관한 설명으로 옳지 않은 것은?

① 노사간의 교섭안을 차례로 제시하고 대응하며 양측에 요구사항을 수시로 수정해야 협상이 가능하다.
② 노사간의 교섭과정에서 끝까지 타협이 안 된다면 정부나 제3자의 조정 및 중재가 필요하다.
③ 노사간의 협상내용이 타결되면 단체협약서를 작성하고 협약내용을 관리할 필요가 있다.
④ 사용자가 파업근로자 대신 임시직을 채용하거나 비조합원들을 파업 장소로 이동시켜 대체할 수 있다.
⑤ 노사간의 협상이 결렬되면 양측은 서로에 대해 파업과 직장폐쇄 등으로 실력을 행사할 수 있다.

해설
- 사용자가 파업근로자 대신 임시직을 채용하거나 비조합원들을 파업 장소로 이동시켜 대체할 경우 노조의 더 큰 반발이 일어남
※ 교재 : 「단체교섭과 노동쟁의」 참조

07 기능별 조직과 프로젝트(project) 팀조직을 결합시킨 형태의 조직으로, 1명의 직원이 2명 이상의 상사로부터 명령을 받을 수 있어 명령통일의 원칙(principle of unity command)에 혼란을 겪을 수 있는 조직구조는?

① 매트릭스 조직   ② 사업부제 조직   ③ 네트워크 조직
④ 가상네트워크 조직   ⑤ 가상 조직

> **해설**
> ■ 매트릭스 조직 : 다양한 전문적 기술을 가진 사람들의 집단에 의해 해결될 수 있는 프로젝트를 중심으로 조직화된 것으로 신속한 변화와 적응이 가능한 일시적 시스템
> ※ 교재 : 「조직의 형태」 참조

08 리더십 이론에 관한 설명으로 옳은 것은?
① 행동이론 중 미시간 대학의 연구에서 직무중심 리더는 부하의 인간적 측면에 관심을 갖고, 종업원중심 리더는 부하의 업무에 관심을 갖고 있다는 것을 규명하였다.
② 상황이론 중 경로-목표 이론에서는 리더행동을 지시적 리더십, 지원적 리더십, 참여적 리더십, 성취지향적 리더십으로 분류하였다.
③ 특성이론에서는 여러 특성을 가진 리더가 모든 상황에서 효과적이라고 주장하였다.
④ 행동이론 중 오하이오 주립대학의 연구에서 배려하는 리더와 부하 사이의 관계는 상호신뢰를 형성하기가 어렵다는 것을 규명하였다.
⑤ 상황이론 중 규범모형은 기본적으로 부하들이 의사결정에 참여하는 정도가 상황의 특성에 맞게 달라질 필요가 없다고 가정하였다.

> **해설**
> ■ 매트릭스 조직 : 다양한 전문적 기술을 가진 사람들의 집단에 의해 해결될 수 있는 프로젝트를 중심으로 조직화된 것으로 신속한 변화와 적응이 가능한 일시적 시스템
> ※ 교재 : 「조직의 형태」 참조

09 조직문화의 순기능에 관한 설명으로 옳지 않은 것은?
① 조직구성원들에게 일체감을 조성한다.
② 조직구성원들의 생각과 행동지침이나 규범을 제공한다.
③ 조직의 안정성과 계속성을 갖게 한다.
④ 조직구성원들에게 획일성을 갖게 한다.
⑤ 조직구성원들의 태도와 행동을 통제하는 기제(mechanism) 기능을 한다.

> **해설**
> ■ 조직구성원들에게 획일성을 갖게 하는 것은 역기능임 (집단사고)
> ※ 교재 : 「조직문화」 참조

정답 07 ① 08 ② 09 ④

10 "신입사원 선발시험점수(예측점수)와 업무성과(준거점수)의 상관계수가 0.4이다."의 설명으로 옳은 것은?

① 선발시험점수가 업무성과 변량의 16 %를 설명한다.
② 입사 지원자의 16 %가 합격할 것이다.
③ 선발시험점수가 업무성과 변량의 40 %를 설명한다.
④ 입사 지원자의 40 %가 합격할 것이다.
⑤ 입사 지원자의 선발시험점수가 40점 이상일 경우 합격한다.

🔑 해설
- 상관계수(r), 결정계수(r^2) 이므로 상관계수를 적용시 결정계수는 0.16이므로 16%임
※ 교재 : 「인적자원의 선발」 참조

11 동일한 길이의 두 선분에서 양쪽끝 화살표의 방향이 달라짐에 따라 선분의 길이가 서로 다르게 지각되는 착시 현상은?

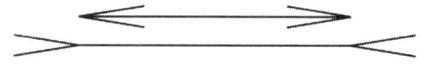

① 뮬러 – 라이어 착시 ② 유도운동 착시 ③ 파이운동 착시
④ 자동운동 착시 ⑤ 스트로보스코픽운동 착시

🔑 해설
※ 교재 : 「착각과 착시」 참조

12 선발도구의 효과성에 관한 설명으로 옳은 것만을 모두 고른 것은?

> ㄱ. 선발률이 1 이상이 되어야 선발도구의 사용이 의미가 있다.
> ㄴ. 선발도구의 타당도가 높을수록 선발도구의 효과성은 증가한다.
> ㄷ. 선발률이 낮을수록 선발도구의 효과성 가치는 작아진다.
> ㄹ. 기초율이 100 %라면 새로운 선발도구의 사용은 의미가 없다.
> ㅁ. 선발도구의 효과성을 이해하는데 중요한 개념은 기초율, 선발률, 타당도이다.

① ㄱ, ㄴ ② ㄱ, ㄹ ③ ㄴ, ㄷ, ㅁ
④ ㄴ, ㄹ, ㅁ ⑤ ㄷ, ㄹ, ㅁ

🔑 해설
- 선발률이 1 이상의 여부는 선발도구의 사용 의미와 관계없음
- 선발률이 낮을수록 선발도구 효과성 가치는 커짐
※ 교재 : 「인적자원의 선발」 참조

13 효과적인 팀 수행을 위해서 공유된 정신모델(shared mental model)을 구축하고자 할 때, 주의해야 하는 잠재적·부정적 측면인 집단사고(groupthink)에 관한 설명으로 옳지 않은 것은?

① 집단사고의 예로는 1960년대 미국이 쿠바의 피그만을 침공한 것과 1980년대 우주왕복선 챌린저호의 폭발사고가 있다.
② 팀 구성원들은 만장일치로 의견을 도출해야 한다는 환상을 가지고 있다.
③ 자신이 속한 집단에 대한 강한 사회적 정체성을 느끼는 팀에서는 일어나지 않는다.
④ 팀 안에서 반대 의견을 표출하기가 힘들다.
⑤ 선택 가능한 대안들을 충분히 고려하지 않고 선택적으로 정보처리를 하는 데서 발생한다.

해설
- 자신이 속한 집단에 대한 강한 사회적 정체성을 느끼는 팀에서는 집단사고가 일어남
※ 교재 : 「집단의사결정」 참조

14 다음 공식의 a와 b에 들어갈 요소를 순서대로 나열한 것은?

$$\text{직무동기의 힘} = \text{기대} \times \sum_{1}^{n}(a \times b)$$

① 기대, 유인가
② 기대, 도구성
③ 공정성, 유인가
④ 공정성, 도구성
⑤ 유인가, 도구성

해설
- 브룸의 기대이론 : 동기 = 함수(기대×도구성×유인가)
※ 교재 : 「동기부여 과정이론」 참조

15 교대근무의 부정적 효과에 관한 설명으로 옳지 않은 것은?

① 야간작업은 멜라토닌 생성·조절을 방해하여 면역체계를 약화시킨다.
② 순환적 야간근무보다 고정적 야간근무가 신체·심리적 건강을 더 위협한다.
③ 교대작업은 배우자나 자녀와의 여가생활을 어렵게 하여 사회적 문제를 유발할 수 있다.
④ 순행적 교대근무보다 역행적 교대근무가 적응하기 더 어렵다.
⑤ 야간조명은 자연광선 효과를 대신할 수 없고, 낮잠은 밤에 자는 것과 같은 효과를 나타내지 못한다.

해설
- 순환적 야간근무는 고정 야간근무보다 신체, 심리적 건강 위험이 심함
※ 교재 : 「직무스트레스」 참조

16 직장 내 안전사고와 관련된 요인에 관한 설명으로 옳지 않은 것은?

① 일을 수행하는 데 안전을 위한 단계를 지켜야 한다는 종업원의 공유된 지각이 필요하다.
② 성격 5요인(Big-five) 중에서 성실성은 안전사고와 관련된다.
③ 직무만족이 높을수록 안전사고가 감소한다.
④ 일과 무관한 개인적 스트레스 요인은 안전사고에 영향을 주지 않는다.
⑤ 시간급보다 생산성에 따라 급여를 받는 능률급은 안전을 더 저해하는 요인으로 작용할 수 있다.

⊙ 해설
- 일과 무관한 스트레스도 안전사고에 영향을 줌
※ 교재:「직무스트레스」참조

17 작업스트레스에 관한 설명으로 옳은 것은?

① 급하고 의욕이 강한 A유형 성격의 사람들은 스트레스 조절능력이 강해서 느긋 하고 이완된 B유형의 사람들과 비교하여 심장질환에 걸릴 확률이 절반 정도로 낮다.
② 스트레스 출처에 대한 이해가능성, 예측가능성, 통제가능성 중에서 스트레스 완화효과가 가장 큰 것은 예측가능성이다.
③ 내적 통제형의 사람들은 자신들이 스트레스 출처에 대해 직접적인 영향력을 행사하려고 하지 않고 그냥 견딘다.
④ 공항에서 근무하는 소방관의 경우 한 건의 화재도 없이 몇 주 동안 대기근무만 하였을 때 스트레스가 없다.
⑤ 작업스트레스는 역할 과부하에서 주로 발생하며, 역할들 간의 갈등으로는 발생하지 않는다.

⊙ 해설
- 급하고 의욕이 강하면 심장질환에 걸릴 확률이 높음
- 내적 통제형의 사람들은 자신들이 스트레스 출처에 대해 직접적인 영향력을 행사하려고 함
- 스트레스가 없는 것도 스트레스가 될 수 있음
- 작업스트레스는 역할들 간의 갈등으로도 발생함
※ 교재:「직무스트레스」참조

18 일과 가정 간의 관계를 설명하는 3가지 기본 모델을 모두 고른 것은?

> ㄱ. 파급모델(spillover model)
> ㄴ. 과학자 – 실무자 모델(scientist – practitioner model)
> ㄷ. 보충모델(compensation model)
> ㄹ. 유인 – 선발 – 이탈 모델(attraction – selection – attrition model)
> ㅁ. 분리모델(segmentation model)

① ㄱ, ㄴ, ㄷ 　② ㄱ, ㄷ, ㄹ 　③ ㄱ, ㄷ, ㅁ
④ ㄴ, ㄷ, ㄹ 　⑤ ㄴ, ㄹ, ㅁ

⊙ 해설
- 일과 가정 간의 관계를 설명하는 세 가지 개념모델: 파급모델, 보충모델, 분리모델
※ 교재:「직무스트레스」참조

정답 16 ④ 17 ② 18 ③

19 산업혁명 전후의 산업보건 역사에 관한 설명으로 옳지 않은 것은?
① 산업혁명으로 공장이라는 형태의 밀집된 생산시스템이 시작되었다.
② 산업혁명 이전에도 금속의 채광 및 제련업에 종사하는 사람들의 직업병 문제가 제기되었다.
③ 증기기관이 발명되어 생산의 기계화가 진행되면서 화학물질 사용량이 크게 감소하였다.
④ 굴뚝청소부 음낭암의 원인이 굴뚝의 검댕(soot)이라는 것이 밝혀졌고, 이것이 최초의 직업성 암의 사례이다.
⑤ 초기의 공장은 청소, 작업복의 세탁불량, 작업장 내 식사 등 위생적인 문제 해결만으로도 작업환경이 개선되었기 때문에 산업위생이라는 이름이 붙었다.

◎해설
- 증기기관이 발명되어 생산의 기계화가 진행되면서 화학물질 사용이 크게 증가함
※ 교재 : 「산업위생론」 참조

20 근로자 보호를 위한 작업환경 노출기준에 관한 설명으로 옳은 것은?
① 단시간 노출기준은 8시간 시간가중평균 노출기준보다 높게 설정된다.
② TLV란 미국 산업안전보건청(OSHA)에서 설정한 법적 노출기준을 말한다.
③ 단시간 노출기준은 주로 만성독성을 일으키는 물질을 대상으로 설정된다.
④ 노출기준은 직업병의 발생 여부를 판단하는 기준이다.
⑤ 두 가지 이상의 화학물질에 동시에 노출될 때는 기준이 낮은 화학물질을 기준으로 노출기준여부를 판단한다.

◎해설
- TLV : 미국 ACGIH(산업안전보건청)에서 설정한 노출기준(법정기준 아님)으로 건강장해 예방하기 위한 지침임
- 단시간 노출기준은 만성독성이 아닌 급성임
- 노출기준은 산업현장의 유해조건을 평가하는 것임
- 두 가지 이상의 화학물질에 동시에 노출될 때는 종합적 판단하여야 함
※ 교재 : 「산업위생개론, 작업환경 노출기준」 참조

21 직업병의 원인이 되는 요인으로 옳지 않은 것은?
① 비중격천공 – 크롬   ② 중피종-석면   ③ 신장장해 – 수은
④ 진폐증 – 유리규산   ⑤ 말초신경장해-메탄올

◎해설
- 위축성 시신경염, 실명, 치매-메탄올
※ 교재 : 「건강검진과 근로자 건강관리」 참조

22 작업환경측정에 관한 설명으로 옳은 것은? (문제 오류로 가답안 발표 시 1번으로 발표되었지만 확정 답안 발표 시 1, 4번이 정답처리 되었습니다.)

① 비극성 유기용제는 주로 활성탄으로 채취한다.
② 작업환경측정에서 일반적으로 개인시료는 직독식 측정기기를, 지역시료는 시료채취용 펌프를 이용한다.
③ 최고노출기준(ceiling)이 설정되어 있는 화학물질은 15분 동안 측정하여야 한다.
④ 소음노출량계로 소음을 측정할 때에는 Threshold는 80 dB, Criteria는 90 dB, Exchange rate는 5 dB로 설정한다.
⑤ 산업안전보건법에 의하여 실시하는 작업환경측정에서 8시간 시간가중평균(8hr-TWA)을 측정하기 위해서는 최소한 5시간 이상 측정하여야 한다.

해설
- 작업환경측정에서 개인시료채취는 개인시료채취기를 이용, 지역시료채취는 시료채취기를 이용하여 채취함
- 최고노출기준이 설정되어 있는 대상물질에 대하여는 순간농도측정을 위한 기기를 이용하여 최고 노출기준 값의 측정이 가능한 최소한의 시간 동안 실시
  다만, 순간농도 측정이 곤란한 경우에는 1회에 15분간, 1시간 이상의 등간격으로 4회 이상 단시간 측정할 수 있음
- 시간가중평균이란 1일 8시간 작업을 기준으로 하여 유해인자의 측정치에 발생시간을 곱하여 8시간으로 나눈 값을 말함
※ 교재 : 「작업위생 측정 및 평가, 작업환경측정·분석 기술지침(KOSHA GUIDE), 작업환경측정 및 정도관리에 관한 고시」 참조

23 작업환경 중 물리적 요인에 관한 설명으로 옳지 않은 것은? (문제 오류로 가답안 발표시 1번으로 발표되었지만 확정 답안 발표시 1, 5번이 정답처리 되었습니다.)

① 우리나라 8시간 소음기준은 85 dB이다.
② 적외선에 과다하게 노출되면 백내장을 일으킨다.
③ 진동으로 인한 대표적인 건강장해는 레이노 증후군이다.
④ 해수면으로부터 20 m를 잠수할 경우 잠수작업자가 받는 압력은 약 3기압이다.
⑤ 자외선 중 파장이 짧은 영역은 전리방사선이며, 피부에 노출될 경우 피부암을 일으킬 수 있다.

해설
- 소음작업 : 1일 8시간 작업을 기준으로 85데시벨 이상의 소음이 발생하는 작업을 말함
  - 1일 8시간 소음기준은 90 dB임
- 자외선은 전리방사선이 아니고, 각막염을 일으킬 수 있음
※ 교재 : 「산업위생개론」 참조

정답 22 ①④ 23 ①⑤

24 유해요인 노출로부터 근로자를 보호하기 위한 개인보호구에 관한 설명으로 옳은 것은?

① 산소농도가 18 % 이하인 작업장에서는 방독마스크를 착용하여야 한다.
② 나노입자에 노출되는 경우 특급 방진마스크를 착용하도록 한다.
③ 발암성 유기용제에 노출되는 경우 특급 이상의 방진마스크를 착용하여야 한다.
④ 방진마스크는 여과효율이 낮을수록, 흡기저항이 높을수록 성능은 향상된다.
⑤ 방독마스크는 오래 사용하면 여과효율은 증가하지만 흡배기 저항은 감소한다.

해설
- 산소농도가 18% 이하이면 송기마스크 또는 공기호흡기를 착용
- 발암성 유기용제에 노출 시 방독마스크 착용
- 방진마스크는 여과효율이 높을수록, 흡기저항이 낮을수록 성능은 향상됨
- 방독마스크는 오래 사용하면 여과효율은 떨어지고 흡배기 저항은 증가함
※ 교재 : 「산업위생개론」 참조

25 작업장에 설치되어 있는 기존의 국소배기시스템에 관한 설명으로 옳지 않은 것은?

① 덕트의 길이를 줄이면 후드에서의 풍량은 감소한다.
② 송풍기 날개의 회전수를 2배 늘리면 송풍기의 풍량은 2배 증가한다.
③ 송풍기의 배출구 뒤쪽에 있는 덕트 내의 압력은 대기압보다 높다.
④ 덕트 내에 분진이 퇴적되어 내경이 좁아지면 후드정압이 감소한다.
⑤ 송풍기의 앞쪽에 있는 덕트에 구멍이 생기면 후드에서 풍량이 감소한다.

해설
- 덕트의 길이를 줄이면 후드에서 풍량은 증가함
※ 교재 : 「환기」 참조

정답 24 ② 25 ①

제3회 2015년 기출문제

01 A기업에서는 평가등급을 5단계로 구분하고 가능한 정규분포를 이루도록 등급별 기준인원을 정하였으나, 평가자에 의하여 다음의 표와 같은 결과가 나타났다. 이와 같은 평가결과의 분포도상의 오류는? (평가등급의 상위순서는 A, B, C, D, E 등급의 순이다.)

평가등급	A	B	C	D	E
기준인원	1명	2명	4명	2명	1명
평가결과	5명	3명	2명	0명	0명

① 논리적 오류
② 대비오류
③ 관대화경향
④ 중심화경향
⑤ 가혹화경향

◎ 해설
- 관대화경향 : 평가대상을 평가할 때 가급적 후하게 평가하는 것. 이와 반대로 대상을 가혹하게 평가하는 것을 가혹화 현상이라고 함
※ 교재 : 「지각 판단의 오류」 참조

02 조직구조에 관한 설명으로 옳지 않은 것은?
① 가상네트워크 조직은 협력업체와 갈등해결 및 관계유지에 상대적으로 적은 시간이 필요하다.
② 기능별 조직은 각 기능부서의 효율성이 중요할 때 적합하다.
③ 매트릭스 조직은 이중보고 체계로 인하여 종업원들이 혼란을 느낄 수 있다.
④ 사업부제 조직은 2개 이상의 이질적인 제품으로 서로 다른 시장을 공략할 경우에 적합한 조직구조이다.
⑤ 라인스텝 조직은 명령전달과 통제기능을 담당하는 라인과 관리자를 지원하는 스텝으로 구성된다.

◎ 해설
- 가상네트워크 조직은 조직은 협력업체와 갈등해결 및 관계유지에 상대적으로 많은 시간이 필요함
※ 교재 : 「조직의 형태」 참조

03 인적자원관리에서 이루어지는 기능 또는 활동에 관한 설명으로 옳은 것은?

① 직접보상은 유급휴가, 연금, 보험, 학자금지원 등이 있다.
② 직무평가는 구성원들의 목표치와 실적을 비교하여 기여도를 판단하는 활동이다.
③ 현장직무교육은 직무순환제, 도제제도, 멘토링 등이 있다.
④ 직무분석은 장래의 인적자원 수요를 파악하여 인력의 확보와 배치, 활용을 위한 계획을 수립하는 것이다.
⑤ 직무기술서의 작성은 직무를 성공적으로 수행하는데 필요한 작업자의 지식과 특성, 능력 등을 문서로 만드는 것이다.

해설
- 유급휴가, 연금, 보험, 학자금지원 등은 간접보상임
- 직무평가는 직무의 가치를 평가하는 것임(구성원들의 목표치와 실적을 비교하여 기여도를 판단하는 것은 인사평가 내용임)
- 직무분석은 직무의 상대적 가치를 결정하는 직무평가를 위한 자료에 이용되고 근로자의 채용조건과 교육훈련에 필요하며 인사고과와 정원제의 확립, 의사결정, 안전위생관리 등에 유용한 기본자료를 제공
- 직무기술서 : 직무요건(직무명칭, 배치, 직무요지, 실무, 기계, 도구 등에 중심
- 직무명세서 : 직무의 인적(교육, 경험, 훈련, 판단, 정서적 특징 등) 요건에 초점
- ※ 교재 : 「직무분석」 참조

04 조직문화에 관한 설명으로 옳은 것을 모두 고른 것은?

> ㄱ. 조직문화는 일반적으로 빠르고 쉽게 변화한다.
> ㄴ. 파스칼과 마토스(R. Pascale and A. Athos)는 조직문화의 구성요소가 7가지를 제시하고 그 가운데 공유가치가 가장 핵심적인 의미를 갖는다고 주장하였다.
> ㄷ. 딜과 케네디(T. Deal and A. Kennedy)는 위험 추구성향과 결과에 대한 피드백 기간이라는 2개의 기준에 의해 조직문화유형을 합의문화, 개발문화, 계층문화, 합리문화로 구분하고 있다.
> ㄹ. 샤인(E. Schein)에 의하면 기업의 성장기에는 소집단 또는 부서별 하위 문화가 형성되며, 조직문화의 여러 요소들이 제도화 된다.
> ㅁ. 홉스테드(G. Hofstede)에 의하면 불확실성 회피 성향이 강한 사회의 구성원들은 미래에 대한 예측 불가능성을 줄이기 위해 더 많은 규칙과 규범을 제정하려는 노력을 기울인다.

① ㄱ, ㄴ, ㄹ ② ㄴ, ㄷ, ㄹ ③ ㄴ, ㄷ, ㅁ
④ ㄴ, ㄹ, ㅁ ⑤ ㄷ, ㄹ, ㅁ

해설
- 조직문화는 일반적으로 느리고 쉽게 변화하지 않음
- 딜과 케네디는 ① 기업활동과 관련된 위험의 정도, ② 의사결정 전략의 성공여부에 관한 피드백의 속도라는 두 가지 차원에서 4가지의 조직문화로 분류(거친 남성문화, 일 잘하고 잘 노는 문화, 사운을 거는 문화, 과정문화)
- ※ 교재 : 「조직문화」 참조

05 생산시스템에 관한 설명으로 옳지 않은 것은?
① VMI는 공급자주도형 재고관리를 뜻한다.
② MRP는 자재소요량계획으로 제품생산에 필요한 부품의 투입시점과 투입량을 관리하는 시스템이다.
③ ERP는 조직의 자금, 회계, 구매, 생산, 판매 등의 업무흐름을 통합관리하는 정보시스템이다.
④ SCM은 부품 공급업체와 생산업체 그리고 고객에 이르는 제반 거래 참여자들이 정보를 공유함으로써 고객의 요구에 민첩하게 대응하도록 지원하는 것이다.
⑤ BPR은 낭비나 비능률을 점진적이고 지속적으로 개선하는 기능중심의 경영관리기법이다.

◎ 해설
■ BPR : 극적인 성과향상을 이루기 위해 기업의 업무프로세스를 근본적으로 다시 생각하고 재설계하는 것을 말함
※ 교재 : 「비즈니스 리엔지니어링(BPR)」 참조

06 인형을 판매하는 A사는 경제적 주문량(EOQ) 모형을 이용하여 재고정책을 수립하려고 한다. 다음과 같은 조건일 때 1회의 경제적 주문량은?

| - 연간수요량 | 20,000개 | - 연간단위당 재고유지비용 | 50원 |
| - 1회 주문비용 | 5,000개 | - 개당 제품가격 | 10,000원 |

① 1,000개 ② 2,000개 ③ 3,000개
④ 3,500개 ⑤ 4,000개

◎ 해설
■ EOQ = $\sqrt{(2 \ast 수요량 \ast 주문비용)/재고유지비용}$ = $\sqrt{2 \ast 20,000 \ast 5,000/50}$
※ 교재 : 「EOQ(Economic Order Quantity, 경제적 주문량)」 참조

07 동기부여이론에 관한 설명으로 옳지 않은 것은?
① 데시(E. Deci)의 인지평가이론에 의하면 외재적 보상이 주어지면 내재적 동기가 증가된다.
② 로크(E. Locke)의 목표설정이론에 의하면 목표가 종업원들의 동기유발에 영향을 미치며, 피드백이 주어지지 않을 때보다는 피드백이 주어질 때 성과가 높다.
③ 엘더퍼(C. Alderfer)의 ERG이론은 매슬로우(A. Maslow)의 욕구단계이론과 달리 좌절-퇴행 개념을 도입하였다.
④ 브룸(V. Vroom)의 기대이론에 의하면 종업원의 직무수행 성과를 정확하고 공정하게 측정하는 것은 수단성을 높이는 방법이다.
⑤ 아담스(J. Adams)의 공정성이론에 의하면 종업원은 자신과 준거집단이나 준거인물의 투입과 산출 비율을 비교하여 불공정하다고 지각하게 될 때 공정성을 이루는 방향으로 동기유발 된다.

◎ 해설
■ 데시의 자기결정이론에 따르면 외재적 보상(물질)이 주어져도 내재적동기가 증가되지 않음
※ 교재 : 「데시(Edward Deci)의 자기결정이론(인지평가이론)」 참조

08 단체교섭의 방식에 관한 설명으로 옳지 않은 것은?

① 기업별 교섭은 특정기업 또는 사업장 단위로 조직된 노동조합이 단체교섭의 당사자가 되어 기업주 또는 사용자와 교섭하는 방식이다.
② 공동교섭은 상부단체인 산업별, 직업별 노동조합이 하부단체인 기업별 노조나 기업 단위의 노조지부와 공동으로 지역적 사용자와 교섭하는 방식이다.
③ 대각선 교섭은 전국적 또는 지역적인 산업별 노동조합이 각각의 개별 기업과 교섭하는 방식이다.
④ 통일교섭은 전국적 또는 지역적인 산업별 또는 직업별 노동조합과 이에 대응하는 전국적 또는 지역적인 사용자와 교섭하는 방식이다.
⑤ 집단교섭은 여러 개의 노동조합 지부가 공동으로 이에 대응하는 여러 개의 기업들과 집단적으로 교섭하는 방식이다.

해설
- 공동교섭은 노동조합이 기업별로 조직되어 있는 경우에 상부단체인 산업별노동조합이 하부 단체인 기업별노동조합이나 기업단위의 노조지부와 공동으로 개별사용자와 교섭하는 방식
※ 교재 : 「단체교섭과 노동쟁의」 참조

09 제품생애주기(Product Life Cycle)에 관한 설명으로 옳지 않은 것은?

① 도입기는 고객의 요구에 따라 잦은 설계변경이 있을 수 있으므로 공정의 유연성이 필요하다.
② 쇠퇴기는 제품이 진부화되어 매출이 줄어든다.
③ 성장기는 수요가 증가하므로 공정중심의 생산시스템에서 제품중심으로 변경하여 생산능력을 크게 확장시켜야 한다.
④ 성숙기는 성장기에 비하여 이익 수준이 낮다.
⑤ 성장기는 도입기에 비하여 마케팅 역할이 크게 요구되는 시기이다.

해설
- 성숙기는 성장기에 비하여 이익수준이 높음
※ 교재 : 「수요예측방법」 참조

10 작업장에서 사고와 질병을 유발하는 위해요인에 관한 설명으로 옳은 것은?

① 5요인 성격 특질과 사고의 관계를 보면, 성실성이 낮은 사람이 높은 사람보다 사고를 일으킬 가능성이 더 낮다.
② 소리의 수준이 10 dB까지 증가하면 소리의 크기는 10배 증가하며, 20 dB까지 증가하면 20배 증가한다.
③ 컴퓨터 자판 작업이나 타이핑 작업을 많이 하는 사람들은 수근관 증후군(carpal tunnel syndrome)의 위험성이 높다.
④ 직장에서 소음에 대한 노출은 청각 손상에 영향을 주지만 심장혈관계 질병과는 관련이 없다.
⑤ 사회복지기관과 병원은 직장 폭력이 발생할 위험성이 가장 적은 장소이다.

해설
- 5요인 성격 특질과 사고의 관계를 보면, 성실성이 낮은 사람이 높은 사람보다 사고를 일으킬 가능성이 더 높음
- 소리의 수준이 10 dB까지 증가하면 소리의 크기는 10배 증가하며, 20 dB까지 증가하면 100배 증가함
- 직장에서 소음에 대한 노출은 청각 손상에 영향을 주지만 심장혈관계 질병과는 관련이 있음
- 사회복지기관과 병원은 직장 폭력이 발생할 위험성이 가장 적은 장소는 아님
※ 교재 : 「작업환경 노출기준」 참조

11 심리검사에 관한 설명으로 옳은 것을 모두 고른 것은?

> ㄱ. 성격형 정직성 검사는 생산적 행동을 예측하는 것으로 밝혀진 성격특성을 평가한다.
> ㄴ. 속도 검사는 시간 제한이 있으며, 배정된 시간내에 모든 문항을 끝낼 수 없도록 설계한다.
> ㄷ. 정신운동능력 검사는 물체를 조작하고 도구를 사용하는 능력을 평가한다.
> ㄹ. 정서지능 평가에는 특질 유형의 검사와 정보처리 유형의 검사 등이 있다.
> ㅁ. 생활사 검사는 직무수행을 예측하지만 응답자의 거짓반응은 예방하기 어렵다.

① ㄱ, ㄴ, ㄹ ② ㄱ, ㄷ, ㄹ ③ ㄱ, ㄹ, ㅁ
④ ㄴ, ㄷ, ㄹ ⑤ ㄴ, ㄷ, ㅁ

해설
- 성격형 정직성 검사는 생산적 행동이 아님
- 생활사 검사는 직무수행을 예측하고 응답자의 거짓반응을 예방하기가 어렵지 않음
※ 교재 : 「산업심리학의 연구방법 5가지」 참조

12 직무스트레스 요인에 관한 설명으로 옳지 않은 것은?

① 역할 내 갈등은 직무상 요구가 여럿일 때 발생한다.
② 역할 모호성은 상사가 명확한 지침과 방향성을 제시하지 못하는 경우에 유발된다.
③ 작업부하는 업무 요구량에 관한 것으로 직접 유형과 간접 유형이 있다.
④ 요구-통제 모형에 의하면 통제력은 요구의 부정적 효과를 줄이거나 완충해 주는 역할을 한다.
⑤ 대인관계 갈등과 타인과의 소원한 관계는 다양한 스트레스 반응을 유발할 수 있다.

해설
- 작업부하는 양적유형과 질적유형이 있음
※ 교재 : 「작업부하」 참조

13 인사선발에 관한 설명으로 옳은 것은?

① 선발검사의 효용성을 증가시키는 가장 중요한 요소는 검사 신뢰도이다.
② 인사선발에서 기초율이란 지원자들 중에서 우수한 지원자의 비율을 말한다.
③ 잘못된 불합격자(false negative)란 검사에서 불합격점을 받아서 떨어뜨렸고, 채용하였더라도 불만족스러운 직무수행을 나타냈을 사람이다.
④ 인사선발에서 예측변인의 합격점이란 선발된 사람들 중에서 우수와 비우수 수행자를 구분하는 기준이다.
⑤ 선발률과 예측변인의 가치 간의 관계는 선발률이 낮을수록 예측변인의 가치가 더 커진다.

해설
- 선발검사의 효용성을 증가시키는 중요한 요소 : 타당도, 선발률, 기초율
- 인사선발에서 기초율 : 지원자들 중에서 우수한 지원자의 비율
- 잘못된 불합격자(false negative) : 검사에서 불합격점을 받아 떨어뜨렸지만, 채용하였다면 만족스런 직무수행 할 사람
- 인사선발에서 예측변인의 합격점 : 합격자와 불합격자를 구분하는 검사점수
※ 교재 : 「인적자원의 선발」 참조

14 인간의 정보처리 능력에 관한 설명으로 옳지 않은 것은?

① 경로용량은 절대식별에 근거하여 정보를 신뢰성 있게 전달할 수 있는 최대용량이다.
② 단일 자극이 아니라 여러 차원을 조합하여 사용하는 경우에는 정보전달의 신뢰성이 감소한다.
③ 절대식별이란 특정 부류에 속하는 신호가 단독으로 제시되었을 때 이를 식별할 수 있는 능력이다.
④ 인간의 정보처리 능력은 단기기억에 대한 처리 능력을 의미하며, 절대식별 능력으로 조사한다.
⑤ 밀러(Miller)에 의하면 인간의 절대적 판단에 의한 단일 자극의 판별범위는 보통 5~9가지이다.

해설
- 단일 자극이 아니라 여러 차원을 조합하여 사용하는 경우에는 정보전달의 신뢰성이 증가함
※ 교재 : 「정보처리이론(정보처리능력)」 참조

15 소음의 영향에 관한 설명으로 옳지 않은 것은?

① 의미있는 소음이 의미없는 소음보다 작업능률 저해 효과가 더 크게 나타난다.
② 강력한 소음에 노출된 직후에 일시적으로 청력이 저하되는 것을 일시성 청력손실이라하며, 휴식하면 회복된다.
③ 초기 소음성 청력손실은 대화 범주 이상의 주파수에서 생겨 대화에 장애를 느끼지 못하다가 이후에 다른 주파수까지 진행된다.
④ 소음 작업장에서 전화벨 소리가 잘 안 들리고, 작업지시 내용 등을 알아듣기 어려운 현상을 은폐효과(masking effect)라고 한다.
⑤ 일시적 청력 손실은 300 Hz~3,000 Hz 사이에서 가장 많이 발생하며, 3,000 Hz 부근의 음에 대한 청력저하가 가장 심하다.

해설
- 일시적 청력 손실은 4,000 Hz에서 가장 큼
※ 교재 : 「작업위생 측정 및 평가」 참조

16 집단 의사결정에 관한 설명으로 옳지 않은 것은?
① 팀의 혁신을 촉진할 수 있는 최적의 상황은 과업에 대한 구성원 간의 갈등이 중간정도일 때다.
② 집단극화는 집단 구성원의 소수가 모험적인 선택을 할 때 이를 따르는 상황에서 발생한다.
③ 집단사고는 개별 구성원의 생각으로는 좋지 않다고 생각하는 결정을 집단이 선택할 때 나타나는 현상이다.
④ 집단사고는 집단 응집성, 강력한 리더, 집단의 고립, 순응에 대한 압력 때문에 나타난다.
⑤ 집단사고를 예방하기 위해서 다양한 사회적 배경을 가진 집단 구성원이 있는 것이 좋다.

해설
- 집단극화 : 집단일 때 더 극단적인 의사결정을 하게 되는 경향
※ 교재 : 「집단의사결정」 참조

17 행위적 관점에서 분류한 휴먼에러의 유형에 해당하는 것은?
① 순서 오류(sequence error)
② 피드백 오류(feedback error)
③ 입력 오류(input error)
④ 의사결정 오류(decision making error)
⑤ 출력 오류(output error)

해설
- 스웨인(Swain)의 심리적 분류(행위(Behavior) 차원에서의 분류) : 생략에러(누락오류), 실행에러(작위오류), 과잉행동에러(부가오류), 순서에러, 시간에러
- 제임스 리즌의 휴먼에러의 분류(원인(cause) 차원에서의 분류) : 숙련기반에러, 규칙기반착오, 지식기반착오, 위반
※ 교재 : 「휴먼에러」 참조

18 직무분석을 위한 정보를 수집하는 방법의 장점과 한계에 관한 설명으로 옳은 것을 모두 고른 것은?

> ㄱ. 관찰의 장점은 동일한 직무를 수행하는 재직자 간의 차이를 보여준다는 것이다.
> ㄴ. 면접의 장점은 직무에 대해 다양한 관점을 얻는다는 것이다.
> ㄷ. 질문지의 장점은 직무에 대해 매우 세부적인 내용을 얻을 수 있다는 것이다.
> ㄹ. 질문지의 한계는 직무가 수행되는 상황을 무시한다는 것이다.
> ㅁ. 직접 수행의 한계는 분석가에게 폭넓은 훈련이 필요하는 것이다.

① ㄱ, ㄷ, ㄹ
② ㄴ, ㄷ, ㄹ
③ ㄴ, ㄷ, ㅁ
④ ㄴ, ㄹ, ㅁ
⑤ ㄷ, ㄹ, ㅁ

해설
ㄱ. 관찰자의 주관이 개입될 수 있는 단점이 있음
ㄷ. 질문지는 질문지 내 국한되어 세부적인 분석은 불가능함
※ 교재 : 「직무분석」 참조

정답 16 ② 17 ① 18 ④

19 직무 배치 후 유해인자에 대한 첫 번째 특수건강진단의 시기 및 주기로 옳지 않은 것은?

	유해인자	첫 번째 진단 시기	주기
①	나무 분진	6개월 이내	12개월
②	N,N-디메틸 아세트아미드	1개월 이내	6개월
③	벤젠	2개월 이내	6개월
④	면 분진	12개월 이내	12개월
⑤	충격소음	12개월 이내	12개월

① ①
② ②
③ ③
④ ④
⑤ ⑤

⊙ 해설
- 나무분진 - 첫 번째 진단시기(12개월) - 주기(24개월)
※ 교재 : 「작업환경 노출기준」 참조

20 다음 중 노출기준(occupational exposure limits)에 관한 설명으로 옳은 것은?
① 고용노동부 노출기준은 작업환경 측정 결과의 평가와 작업환경 개선 기준으로 사용 할 수 있다.
② 일반 대기오염의 평가 또는 관리상의 기준으로는 사용할 수 없으나, 실내공기오염의 관리 기준으로는 사용할 수 있다.
③ MSDS에서 아세톤의 노출기준은 500 ppm, 폭발하한한계(LEL)는 2.5%로 표시되었다면, LEL은 노출기준보다 500배 높은 수준이다.
④ 우리나라는 작업자가 노출되는 소음을 누적노출량계로 측정할 때 Threshold 80 dB, Criteria 90 dB, Exchange rate 5 dB 기준을 적용하므로, 만일 78 dBA에 8시간 동안 노출되었다면 누적소음량은 10~50 % 사이에 있을 것이다.
⑤ 최고노출기준(C)은 1일 작업시간 중 잠시라도 넘어서는 안 되는 농도이므로, 만일 15분 동안 측정했다면 측정치를 15로 보정하여 노출기준과 비교한다.

⊙ 해설
- 일반 대기오염의 평가 또는 관리상의 기준으로는 사용할 수 없으나, 실내외 공기오염의 관리 기준으로는 사용할 수 있음
- MSDS에서 아세톤의 노출기준은 500 ppm, 폭발하한한계(LEL)는 2.5%로 표시되었다면, LEL은 노출기준보다 50배 높은 수준임
- 우리나라는 작업자가 노출되는 소음을 누적노출량계로 측정할 때 Threshold 80 dB, Criteria 90 dB, Exchange rate 5 dB 기준을 적용하므로, 만일 78 dBA에 8시간 동안 노출되었다면 누적소음량은 "0" 임
- 최고노출기준(C)은 다양한 요인을 모두 고려하여야 함
※ 교재 : 「작업환경 노출기준」 참조

21 CHARM(Chemical Hazard Risk Management) 시스템에 따른 사업장의 화학물질에 대한 위험성 평가에 있어서 작업환경측정 결과를 활용한 노출수준 등급구분으로 옳지 않은 것은?

① 4등급 - 화학물질 노출기준 초과
② 3등급 - 화학물질 노출기준의 50% 이상 ~ 100 % 이하
③ 2등급 - 화학물질 노출기준의 10% 이상 ~ 50 % 미만
④ 1등급 - 화학물질 노출기준의 10 % 미만
⑤ 1등급 상향조정 - 직업병 유소견자가 확인된 경우

해설
- CHARM(Chemical Hasard Risk Management) 시스템(화학물질 위험성 평가기법)에서 직업병 유소견자가 확인된 경우는 4등급으로 구분함
※ 교재 : 「건강검진과 근로자 건강관리」 참조

22 산업위생전문가가 수행한 활동으로 옳지 않은 것은?

① 트리클로로에틸렌을 사용하는 작업자가 하루 10시간 동안 이 물질에 노출되는 것을 발견하고, 노출기준을 보정하여 측정치를 평가하였다.
② 결정체 석영은 노출기준이 호흡성 분진으로 되어 있어 이에 노출되는 작업자에 대하여 은막여과지로 채취하였다.
③ 유성페인트를 여러 가지 유기용제가 포함된 시너로 희석하여 도장하는 작업장에서 노출평가 시 각각의 노출기준과 상호작용을 고려하여 평가하였다.
④ 발암성이 있는 목재분진도 있으므로 원목의 재질을 조사하여 평가하였다.
⑤ 폭이 넓은 도금조에 측방형 후드가 설치되어 있는 작업장에서 적절한 제어속도가 나오지 않아 이를 푸쉬-풀 후드로 교체할 것을 제안하였다.

해설
- "결정체 석영은 노출기준이 호흡성 분진으로 되어 있어 이에 노출되는 작업자에 대하여 은막여과지로 채취하였다." 는 공인 기관의 인정된 자가 수행함
※ 교재 : 「산업위생개론」 참조

23 다음 유해인자의 평가 및 인체영향에 관한 설명으로 옳은 것은?

① 호흡성 입자상 물질(a)과 흡입성 입자상 물질(b)의 농도비(a/b)는 일반적으로 용접작업장이 목재가공작업장 보다 크다.
② 석면이 치명적인 이유는 폐포에 있는 대식세포가 석면에 전혀 접근하지 못하여 탐식작용을 못하기 때문이다.
③ 옥외 작업장에서 누출될 수 있는 불화수소를 관리하기 위하여 작업환경 노출기준인 0.5 ppm을 3으로 나누어(24시간 노출) 0.17 ppm을 기준으로 정하였다.
④ 석영, 크리스토발라이트, 트리디마이트는 모두 실리카가 주성분인 물질로 암을 유발한다.
⑤ 주성분이 카드뮴인 나노입자는 피부흡수를 우선적으로 고려하여야 한다.

🔎 **해설**
- 석면 등의 분진은 대식세포에 탐식되어 용해소체막이나 세포막과 반응하여 손상을 일으키고 용해소체효소가 대식세포내로 유출되어 세포사멸을 초래함
- 가스상 물질의 농도 평가는

  보정노출기준 = 8시간 노출기준 × $\dfrac{8}{h}$ (h : 노출시간 /일)

  – 따라서, 노출기준시간인 8시간을 초과노출시간(24시간)으로 나눈값을 8시간노출기준에 곱하여 기준을 정함
- 석영, 크리스토발라이트, 트리디마이트는 모두 실리카가 주성분인 물질로 진폐증(규폐증)을 유발함
- 나노입자는 호흡기를 통한 흡수를 우선적으로 고려하여야 함
※ 교재 : 「작업환경 노출」, 안전보건기술지침, 작업환경측정 및 정도관리에 관한 고시 제35조 참조

24 다음 작업환경 측정 및 평가에 관한 설명으로 옳은 것은?
① 가스상 물질을 시료 채취할 때 일반적으로 수동식 방법이 능동식 방법 보다 정확성과 정밀도가 더 높다.
② 유기용제나 중금속의 검출한계는 시료를 반복 분석하여 구할 수 있지만, 중량분석을 하는 호흡성 분진은 검출한계를 구할 수 없다.
③ 월 30시간 미만인 임시 작업을 행하는 작업장의 경우 법적으로 작업환경측정 대상에서 제외될 수 있다.
④ 작업환경측정 자료에서 만일 기하표준편차가 1미만이라면 이 통계치는 높은 신뢰성을 가졌다고 할 수 있다.
⑤ 콜타르피치, 코크스오븐배출물질, 디젤배출물질에 공통적으로 함유된 산업보건학적 유해인자 중 하나는 다핵방향족탄화수소이다.

🔎 **해설**
- ①~④ 옳지 않은 표현임
※ 교재 : 「작업위생 측정 및 평가」 참조

25 산업위생 분야에 관한 설명으로 옳지 않은 것은?
① 산업위생 목적은 궁극적으로 근로환경 개선을 통한 근로자의 건강보호에 있다.
② 국내 사업장의 산업위생 분야를 관장하는 행정부처는 고용노동부이다.
③ B. Ramazzini는 직업병의 원인으로 작업환경 중 유해물질과 부자연스러운 작업 자세를 제안하였다.
④ 사업장에서 산업보건 직무담당자를 보건관리자라고 한다.
⑤ 세계보건기구는 산업보건 관련 국제연합기구로서 근로조건의 개선도모를 목적으로 1919년에 설치되었다.

🔎 **해설**
- 세계보건기구(WHO)는 1984년 발족
※ 교재 : 「산업위생개론」 참조

정답 24 ⑤ 25 ⑤

제4회 2016년 기출문제

01 인간관계론의 호손실험에 관한 설명으로 옳지 않은 것은?
① 종업원의 작업능률에 영향을 미치는 요인을 연구하였다.
② 조명실험은 실험집단과 통제집단을 나누어 진행하였다.
③ 작업능률향상은 작업장에서 물리적 작업조건 변화가 가장 중요하다는 것을 확인하였다.
④ 면접조사를 통해 종업원의 감정이 작업에 어떻게 작용하는가를 파악하였다.
⑤ 작업능률은 비공식조직과 밀접한 관련이 있다는 것을 발견하였다.

해설
- 작업능률향상은 물리적 조건도 효과가 있을 수 있으나 종업원의 심리적 요소가 더욱 중요함
※ 교재 : 「인간관계론과 행동과학」 참조

02 노사관계에 관한 설명으로 옳은 것은?
① 숍(shop) 제도는 노동조합의 규모와 통제력을 좌우할 수 있다.
② 체크오프(check off) 제도는 노동조합비의 개별납부제도를 의미한다.
③ 경영참가 방법 중 종업원 지주제도는 의사결정 참가의 한 방법이다.
④ 준법투쟁은 사용자측 쟁위행위의 한 방법이다.
⑤ 우리나라 노동조합의 주요 형태는 직종별 노동조합이다.

해설
- 체크오프(check off) 제도는 노동조합비를 일괄 공제함
- 경영참가 방법 중 종업원 지주제도는 기업방어적 측면임
- 준법투쟁은 노동자측 쟁위행위임
- 우리나라 노동조합의 주요 형태는 기업별 노조임
※ 교재 : 「노사관계 관리」 참조

03 조직문화에 관한 설명으로 옳지 않은 것은?
① 조직사회화란 신입사원이 회사에 대하여 학습하고 조직문화를 이해하기 위한 다양한 활동이다.
② 조직의 핵심가치가 더 강조되고 공유되고 있는 강한 문화(strong culture)가 조직에 끼치는 잠재적 역기능을 무시해서는 안 된다.
③ 조직문화는 하루아침에 갑자기 형성된 것이 아니고 한번 생기면 쉽게 없어지지 않는다.
④ 창업자의 행동이 역할모델로 작용하여 구성원들이 그런 행동을 받아들이고 창업자의 신념, 가치를 외부화(externalization) 한다.
⑤ 구성원 모두가 공동으로 소유하고 있는 가치관과 이념, 조직의 기본목적 등 조직체 전반에 관한 믿음과 신념을 공유가치라 한다.

정답 01 ③ 02 ① 03 ④

◎ 해설
- 창업자의 행동이 역할모델로 작용하여 구성원들이 그런 행동을 받아들이고 창업자의 신념, 가치를 내부화 함
※ 교재 : 「조직문화」 참조

04 기술과 조직구조에 관한 설명으로 옳은 것을 모두 고른 것은?

> ㄱ. 모든 조직은 한 가지 이상의 기술을 가지고 있다.
> ㄴ. 비일상적 활동에 관하여는 조직은 기계적 구조를, 일상적 활동에 관여하는 조직은 유기적 구조를 선호한다.
> ㄷ. 조직구조의 영향요인으로 기술에 대하여 최초로 관심을 가진 학자는 우드워드(J. Woodward)이다.
> ㄹ. 톰슨(J. Thompson)은 기술유형을 체계적으로 분류한 한자로 중개형 기술, 연속형 기술, 집중형 기술로 유형화 했다.
> ㅁ. 여러가지 기술을 구별하는 공통적인 주제는 일상성의 정도(degree of routineness)이다.

① ㄱ, ㄴ ② ㄷ, ㄹ ③ ㄴ, ㄷ, ㄹ
④ ㄷ, ㄹ, ㅁ ⑤ ㄱ, ㄷ, ㄹ, ㅁ

◎ 해설
- 비일상적 활동에 관여하는 조직은 유지적 구조를, 일상적 활동에 관여하는 조직은 기계적 구조를 선호함
※ 교재 : 「조직구조 주요연구」 참조

05 생산시스템은 투입, 변환, 산출, 통제, 피드백의 5가지 구성요소로 설명할 수 있다. 생산시스템에 관한 설명으로 옳지 않은 것은?

① 변환은 제조공정의 경우 고정비와 관련성이 크다.
② 투입은 생산시스템에서 재화나 서비스를 창출하기 위해 여러 가지 요소를 입력하는 것이다.
③ 변환은 여러 생산자원들을 효용성 있는 제품 또는 서비스로 바꾸는 것이다.
④ 산출에서는 유형의 재화 또는 무형의 서비스가 창출된다.
⑤ 피드백은 산출의 결과가 초기에 설정한 목표와 차이가 있는지를 비교하고 또한 목표를 달성할 수 있도록 배려하는 것이다.

◎ 해설
- 피드백은 산출의 결과가 초기에 설정한 목표와 차이가 있는지를 비교하고 또한 목표를 달성할 수 있도록 통제하는 것임
※ 교재 : 「생산관리」 참조

정답 04 ⑤ 05 ⑤

06 ERP 시스템의 특징에 관한 설명으로 옳지 않은 것은?
① 수주에서 출하까지의 공급망과 생산, 마케팅, 인사, 재무 등 기업의 모든 기간업무를 지원하는 통합시스템이다.
② 하나의 시스템으로 하나의 생산·재고거점을 관리하므로 정보의 분석과 피드백 기능의 최적화를 실현한다.
③ EDI(Electronic Data Interchange), CALS(Commerce At Light Speed), 인터넷 등으로 연결시스템을 확립하여 기업 간 자원 활용의 최적화를 추구한다.
④ 대부분의 ERP시스템은 특정 하드웨어 업체에 의존하지 않는 오픈 클라이언트 서버시스템 형태를 채택하고 있다.
⑤ 단위별 응용프로그램이 서로 통합, 연결되어 중복업무를 배제하고 실시간 정보관리체계를 구축할 수 있다.

해설
- 하나의 시스템으로 복수의의 생산·재고거점을 관리
※ 교재 : 「전사적 자원관리(ERP)」 참조

07 6시그마 품질혁신 활동에 관한 설명으로 옳지 않은 것은?
① 모토롤라사의 빌 스미스(Bill Smith)라는 경영간부의 착상으로 시작되었다.
② 6시그마 활동을 도입하는 조직은 규격 공차가 표준편차(시그마)의 6배라는 우수한 품질수준을 추구한다.
③ DPMO란 100만 기회 당 부적합이 발생되는 건수를 뜻하는 용어로 시그마수준과 1 대 1로 대응되는 값으로 변환될 수 있다.
④ 6시그마 수준의 공정이란 치우침이 없을 경우 부적합품률이 10억 개에 2개 정도로 추정되는 품질수준이란 뜻이다.
⑤ 6시그마 활동을 효과적으로 실행하기 위해 블랙벨트(BB) 등의 조직원을 육성하여 프로젝트 활동을 수행하게 한다.

해설
- 6시그마 활동을 도입하는 조직은 규격 공차와 관계가 없음
※ 교재 : 「6시그마」 참조

08 JIT(Just In Time) 시스템의 특징에 관한 설명으로 옳은 것은?
① 수요예측을 통해 생산의 평준화를 실현한다.
② 팔리는 만큼만 만드는 Push 생산방식이다.
③ 숙련공을 육성하기 위해 작업자의 전문화를 추구한다.
④ Fool proof 시스템을 활용하여 오류를 방지한다.
⑤ 설비배치를 U라인으로 구성하여 준비교체 횟수를 최소화 한다.

정답 06 ② 07 ② 08 ④

> 해설
- 고객주문에 의해 생산이 시작되며, 부품의 생산과 공급이 후속 공정의 필요에 의해 결정되는 풀(Pull)시스템의 자재 흐름 체계임
- 마지막으로 완성해 출고되는 제품의 양에 따라 필요한 모든 재료들이 결정되므로 생산 통제는 당기기 방식(Pull System)
- 다기능공을 육성하기 위해 작업자의 전문화를 추구함
- 설비배치를 U라인으로 구성하는 것은 유연한 설비배치임(준비교체 횟수와는 무관함)
※ 교재 : 「적시생산방식(JIT)」 참조

09 카플란(R. Kaplan)과 노턴(D. Norton)이 주창한 BSC(Balance Score Card)에 관한 설명으로 옳은 것은?

① 균형성과표로 생산, 영업, 설계, 관리부문의 균형적 성장을 추구하기 위한 목적으로 활용된다.
② 객관적인 성과 측정이 중요하므로 정성적 지표는 사용하지 않는다.
③ 핵심성과지표(KPI)는 비재무적요소를 배제하여 책임소재의 인과관계가 명확한 평가가 이루어지도록 한다.
④ 기업문화와 비전에 입각하여 BSC를 설정하므로 최고경영자가 교체되어도 지속적으로 유지된다.
⑤ BSC의 실행을 위해서는 관리자들이 조직에서 어느 개인, 어느 부서가 어떤 지표의 달성에 책임을 지는지 확인하여야 한다.

> 해설
- 기업의 전체적인 전략목표에 맞는 팀별, 기업별 이행과제를 수립해 조직의 역량을 키우는 데 초점을 맞추고 있음(균형적 성장을 추구하지 않음)
- 측정지표는 정량정 지표와 정성적 직표를 모두 사용함
- 핵심성과지표에 지재무적요소도 포함됨
- 최고경영자가 교체되면 조직의사결정이 바뀌므로 BSC도 교체됨
※ 교재 : 「균형성과표(BSC)」 참조

10 심리평가에서 검사의 신뢰도와 타당도의 상호관계에 관한 설명으로 옳은 것은?

① 타당도가 높으면 신뢰도는 반드시 높다.
② 타당도가 낮으면 신뢰도는 반드시 낮다.
③ 신뢰도가 낮아도 타당도는 높을 수 있다.
④ 신뢰도가 높아야 타당도가 높게 나온다.
⑤ 신뢰도와 타당도는 직접적인 상호관계가 없다.

> 해설
- 타당도는 얼마나 정확하고 충실하게 측정하는가를 나타냄
※ 교재 : 「타당도」 참조

정답 09 ⑤ 10 ①

11
종업원은 흔히 투입과 이로부터 얻게되는 성과를 다른 종업원과 비교하게 된다. 그 결과, 과소보상으로 인한 불형평 상태가 지각되었을 때, 아담스의 형평이론에서 예측하는 종업원의 후속 반응에 관한 설명으로 옳지 않은 것은?

① 현재의 상황을 형평 상태로 되돌리기 위하여 자신의 투입을 낮출 것이다.
② 자신의 성과를 높이기 위하여 조직의 원칙에 반하는 비윤리적 행동도 불사할 수 있다.
③ 자신과 타인의 투입-성과 간 불형평 상태에 어떤 요인이 영향을 주었을 거라는 등 해당 상황을 왜곡하여 해석하기도 한다.
④ 애초에 비교 대상이 되었던 타인을 다른 비교 대상으로 교체할 수 있다.
⑤ 개인의 '형평민감성'이 높고 낮음에 관계없이 형평 상태로 되돌리려는 행동에서 차이가 없다.

해설
- 개인의 '형평민감성'이 높고 낮음에 관계없이 형평 상태로 되돌리려는 행동에서 차이가 발생함
※ 교재 : 「동기부여 과정이론」 참조

12
조직 내 종업원들에게 요구되는 바람직한 특성이나 성공적인 수행을 예측해주는 '인적 특성이나 자질'을 찾아내는 과정은?

① 작업자 지향 절차
② 기능적 직무분석
③ 역량모델링
④ 과업 지향적 절차
⑤ 연관분석

해설
- 직무역량모델링
  - 원하는 결과를 만들고 성과를 극대화하기 위해 지식, 기술, 태도, 지적 전략을 포함하는 역량모델을 정의하고 만드는 활동
  - 조직 내 종업원들에게 요구되는 바람직한 특성이나 성공적인 수행을 예측해주는 인적특성이나 자질을 찾아내는 과정
※ 교재 : 「산업심리」 참조

13
영업 1팀의 A팀장은 팀원들의 직무수행을 긍정적으로 평가하는 것으로 유명하다. 영업 1팀의 팀원들은 실제 직무수행 수준보다 언제나 높은 평가를 받는다. 한편 영업 2팀의 B팀장은 대부분 팀원을 보통 수준으로 평가한다. 특히 B팀장 자신이 잘 모르는 영역 평가에서 이러한 현상이 두드러진다. 직무수행 평가 패턴에서 A와 B팀장이 각각 범하고 있는 오류(또는 편향)를 순서대로(A, B) 옳게 나열한 것은?

| ㄱ. 후광오류 | ㄴ. 관대화오류 | ㄷ. 엄격화오류 |
| ㄹ. 중앙집중오류 | ㅁ. 자기본위적 편향 | |

① ㄱ, ㄷ
② ㄱ, ㄹ
③ ㄴ, ㄷ
④ ㄴ, ㄹ
⑤ ㄴ, ㅁ

정답 11 ⑤ 12 ③ 13 ④

> **해설**
> - 현혹(후광)오류 : 개인에 대한 일반적 인상을 형성하게 되어 범하는 오류(개인의 일부 특성을 기반으로 개인 전체를 평가)
> - 중앙집중오류 : 평가결과가 정규분포 형태로 나타나지 않고, 평가자 모두를 평균치에 놓고 평가하는 경향
> ※ 교재 : 「인사평가 오류」 참조

14 다음을 설명하는 용어는?

> 대부분의 중요한 의사결정은 집단적 토의를 거치기 마련이다. 이 과정에서 구성원들은 타인의 영향을 받거나 상황 압력 등에 따라 본인의 원래 태도에 비하여 더욱 모험적이거나 보수적인 방향으로 변화될 가능성이 있다.

① 집단사고　　② 집단극화　　③ 동조
④ 사회적 촉진　　⑤ 복종

> **해설**
> - 집단사고 : 구성원간 강한 응집력을 보이는 집단에서 의사 결정시, 만장일치 분위기가 다른 대안 등의 의견을 억압할 때 나타나는 구성원들의 왜곡되고 비합리적인 사고를 말함
> - 동조 : 압력이 있는 사회적 규범, 대다수의 의견 등에 개인의 의견 및 행동을 동화
> - 사회적 촉진 : 다른 사람들이 있을 때, 잘하는 과제를 더 잘하게 되는 현상
> - 복종 : 권위 있는 타인의 명령이나 의사를 그대로 따르는 것을 말함
> ※ 교재 : 「집단의사결정」 참조

15 산업현장에서 운영되고 있는 팀(team)의 유형에 관한 설명으로 옳지 않은 것은?

① 전술적 팀(tactical team) : 수행절차가 명확히 정의된 계획을 수행할 목적으로 하며, 경찰 특공대 팀이 대표적임
② 문제해결 팀(problem-solving team) : 특별한 문제나 이슈를 해결할 목적으로 구성되며, 질병통제센터의 진단 팀이 대표적임
③ 창의적 팀(creative team) : 포괄적 목표를 가지고 가능성과 대안을 탐색할 목적으로 구성되며, IBM의 PC 설계 팀이 대표적임
④ 특수 팀(ad hoc team) : 조직에서 일상적이지 않고 비전형적인 문제를 해결할 목적으로 구성되며, 팀의 임무를 완수한 후 해체됨
⑤ 다중 팀(multi-team) : 개인과 조직시스템 사이를 조정(moderating)하는 메타(meta)적 성격을 갖고 있음

> **해설**
> - 다중 팀 : 조직과 조직시스템 사이를 조정하는 메타(Meta)적 성격을 갖고 있는 팀으로 병원수술팀(각파트별), 교통사고 대처를 위한 여러팀(상호 연관)
> ※ 교재 : 「집단」 참조

16 인사선발에서 활발하게 사용되는 성격측정 분야의 하나로 5요인(Big 5) 성격모델이 있다. 성격의 5요인에 해당되지 않는 것은?

① 성실성(conscientiousness)
② 외향성(extraversion)
③ 신경성(neuroticism)
④ 직관성(immediacy)
⑤ 경험에 대한 개방성(openness to experience)

해설
- 5가지 성격 특성 요소 : 경험에 대한 개방성, 성실성, 외향성, 우호성, 신경성
※ 교재 : 「5가지 성격 특성 요소(Big Five personality traits)」 참조

17 소음에 관한 설명으로 옳은 것을 모두 고른 것은?

> ㄱ. 소음의 크기 지각은 소음의 주파수와 관련이 없다.
> ㄴ. 8시간 근무를 기준으로 작업장 평균 소음 크기가 60 dB이면 청력손실의 위험이 있다.
> ㄷ. 큰 소음에 반복적으로 노출되면 일시적으로 청지각의 임계값이 변할 수 있다.
> ㄹ. 소음원과 작업자 사이에 차단벽을 설치하는 것은 효과적인 소음 통제 방법이다.
> ㅁ. 한 여름에는 전동 공구 작업자에게 귀마개를 착용하지 않도록 한다.

① ㄱ, ㄴ
② ㄴ, ㄷ
③ ㄷ, ㄹ
④ ㄱ, ㄹ, ㅁ
⑤ ㄴ, ㄷ, ㄹ

해설
- 소음의 크기 지각은 주파수와 관련 있음
- 8시간 근무를 기준으로 작업장 평균 소음 크기가 90dB이면 청력 손실의 위험이 있음
- 보호구는 계절과 무관하게 착용하여야 함
※ 교재 : 「작업환경 노출기준」 참조

18 주의(attention)에 관한 설명으로 옳은 것은?

① 용량의 제한이 없기 때문에 한 번에 여러 과제를 동시에 수행할 수 있다.
② 많은 사람들 가운데 오직 한 사람의 목소리에만 주의를 기울일 수 있는 것은 선택주의(selective attention) 덕분이다.
③ 선택된 자극의 여러 속성을 통합하고 처리하기 위해 분할주의(divided attention)가 필요하다.
④ 운전하면서 친구와 대화하기처럼 두 과제 모두를 성공적으로 수행하기 위해서는 초점주의(focused attention)가 필요하다.
⑤ 무덤덤한 여러 얼굴 가운데 유일하게 화난 얼굴은 의식하지 않아도 쉽게 눈에 띄는데, 이는 무주의 맹시(inattentional blindness) 때문이다.

해설
- 주의는 단속(변동)성으로 고도의 주의는 장시간 지속이 불가하고, 중복 집중이 곤란함. 주의 집중은 좋은 태도이나 반드시 최상은 아님. 한 지점에 주의를 집중하면 다른 곳으 주의는 약해지며 감시하는 대상이 많아지면 주의의 폭은

정답 16 ④ 17 ③ 18 ②

넓어지고 깊이는 얕아짐
- 선택성 : 한번에 여러 종류의 자극을 지각한다거나 수용하지 못하고 특정한 것으로 한정하여 선택
- 방향성 : 공간적으로 시선의 초점에 맞았을 때는 쉽게 인지하나, 시선에서 벗어난 부분은 무시함
- 변동성 : 주의는 리듬이 있어 언제나 일정한 수준을 지키지는 못함

※ 교재 : 「주의와 부주의」 참조

19 공기 중 화학물질 농도(섬유 포함)를 표현하는 단위가 아닌 것은?

① ppm ② $\mu g/m^3$ ③ CFU/m^3
④ 개수/cc ⑤ mg/m^3

해설
- CFU/m^3은 미생물학을 표현하는 단위임

※ 교재 : 「작업위생 측정 및 평가」 참조

20 원형 덕트에서 반송속도가 10 m/sec이고, 이곳을 흐르는 공기량은 20 m³/min이다. 이 덕트 직경의 크기(mm)는?

① 약 100 ② 약 200 ③ 약 300
④ 약 400 ⑤ 약 500

해설
- $Dd = \sqrt{\dfrac{4Ad}{\pi}} \quad A = \dfrac{Q}{V \times 60}$

A = 20/(10×10) = 0.03333

$D = \sqrt{(4 \times 0.3333)/3.14}$ = 0.206m = 206mm (약 200mm)

※ 교재 : 「환기」 참조

21 다음 중 유해인자별 건강영향을 연결한 것으로 옳은 것은?

① 디젤배출물 - 폐암 ② 수은 - 피부암 ③ 벤젠 - 비강암
④ 에탄올 - 시각 손상 ⑤ 황산 - 뇌암

해설
- 수은 - 구내염 및 설사, 벤젠 - 조혈장애 및 백혈병, 에탄올 - 중추신경계 억제, 황산 - 후두암

※ 교재 : 「건강검진과 근로자 건강관리」 참조

22 다음 중 특수건강진단 대상 유해인자가 아닌 것은?

① 염화비닐 ② 트리클로로에틸렌 ③ 니켈
④ 수산화나트륨 ⑤ 자외선

> **해설**
> ■ 특수건강진단 유해인자(178종) 노출근로자가 대상임
>   - 화학적 인자, 분진 7종, 물리적 인자 8종, 야간작업 2종
> ※ 교재 : 「건강검진과 근로자 건강관리」 참조

23 유해인자 노출평가에서 고려할 사항이 아닌 것은?

① 흡수경로(침입경로) ② 노출시간 ③ 노출빈도
④ 작업강도 ⑤ 작업숙련도

> **해설**
> ■ 작업숙련도가 높다고 유해인자 노출평가가 달라지지 않음
> ※ 교재 : 「작업위생 측정 및 평가」 참조

24 유해인자 노출기준에 관한 설명으로 옳은 것은?

① ACGIH TLV는 미국에서 법적 구속력이 있다.
② 대부분의 노출기준은 인체 실험에 의한 결과에서 설정된 것이다.
③ 우리나라 노출기준은 미국 OSHA PEL을 준용하고 있다.
④ 노출기준을 초과하면 대부분 질병이 발생한다.
⑤ 일반적으로 노출기준 설정은 인체면역에 의한 보상 수준을 고려한 것이다.

> **해설**
> ■ ACGIH TLV는 미국에서 법적 구속력이 없음
> ■ 인체 실험은 불가함
> ■ 우리나라 노출기준은 자체 노출기준을 사용함
> ■ 노출기준이 초과하여도 개인차이에 따라 질병이 발생할 수도 있고, 아닐 수도 있음
>   - "노출기준"이란 근로자가 유해인자에 노출되는 경우 노출기준 이하 수준에서는 거의 모든 근로자에게 건강상 나쁜 영향을 미치지 아니하는 기준을 말함
> ※ 교재 : 「작업환경 노출기준」 참조

정답 22 ④ 23 ⑤ 24 ⑤

25 우리나라 산업보건 역사에 관한 설명으로 옳은 것은?

① 원진레이온 이황화탄소 중독을 계기로 산업안전보건법이 제정되었다.
② 1988년 문송면씨 사망으로 수은 중독이 사회적 이슈가 되었다.
③ 2004년 외국인 근로자 다발성 신경 손상에 의한 하지마비(앉은뱅이병) 원인인자는 벤젠이었다.
④ 2016년 메탄올 중독 사건은 특수건강진단에서 밝혀졌다.
⑤ 1995년 전자부품제조 근로자 생식독성의 원인 인자는 납이었다.

해설
- 1981년 : 산업안전보건법 제정 공표, 노동청을 노동부로 승격
- 1991년 : 우리나라 ILO(국제노동기구) 가입, 원진레이온 이황화탄소(CS2) 중독 발견 (1998년 집단 중독 발생)
- 1995년 : 전자부품회사의 접촉형 스위치 제조공정에서 발생
 (2-브로모프로판의 독성에 의한 생식기능 저하)
- 2004년 : LCD 부품제조업체에서 외국인근로자 노말헥산에 의한 다발성신경병증 이환
- 2016년 : 메탄올 중독 사건은 실제 발병한 것임

※ 교재 : 「산업위생개론」 참조

정답 25 ②

2017년 기출문제

01 파스칼(R. Pascale)과 애토스(A. Athos)의 7S 조직문화 구성요소 중 가장 핵심적인 요소는?
① 전략
② 공유가치
③ 구성원
④ 제도·절차
⑤ 관리스타일

해설
- 공유가치(Shared Values) : 구성원이 함께 공유하는 가치관으로 다른 조직문화 구성요소에 영향을 주는 핵심요소
※ 교재 : 「조직문화」 참조

02 상황적합적 조직구조이론에 관한 설명으로 옳지 않은 것은?
① 우드워드(J. Woodward)는 기술을 단위생산기술, 대량생산기술, 연속공정기술로 나누었는데, 대량생산에는 기계적 조직구조가 적합하고, 연속공정에는 유기적 조직구조가 적합하다고 주장하였다.
② 번즈(T. Burns)와 스탈커(G. Stalker)는 안정적인 환경에서는 기계적인 조직이, 불확실한 환경에서는 유기적인 조직이 효과적이라고 주장하였다.
③ 톰슨(J. Thompson)은 기술을 단위작업 간의 상호의존성에 따라 중개형, 장치형, 집약형으로 유형화하고, 이에 적합한 조직구조와 조정형태를 제시하였다.
④ 페로우(C. Perrow)는 기술을 다양성 차원과 분석가능성 차원을 기준으로 일상적 기술, 공학적 기술, 장인기술, 비일상적 기술로 유형화하였다.
⑤ 블라우(P. Blau), 차일드(J. Child)는 환경의 불확실성을 상황변수로 연구하였다.

해설
- 블라우(P. Blau), 차일드(J. Child)는 규모가 증대됨에 따라 "복잡성, 공식화는 높아지나 집권화 수준은 낮아짐"을 밝힘
- 번스(Burns)와 스토커(Staker)는 환경의 불확실성을 상황변수로 연구
※ 교재 : 「조직구조 주요연구」 참조

정답 01 ② 02 ⑤

03 인사고과에 관한 설명으로 옳은 것을 모두 고른 것은?

ㄱ. 캐플란(R. Kaplan)과 노턴(D. Norton)이 주장한 균형성과표(BSC)의 4가지 핵심 관점은 재무관점, 고객관점, 외부환경관점, 학습·성장관점이다.
ㄴ. 목표관리법(MBO)의 단점 중 하나는 권한위임이 이루어지기 어렵다는 것이다.
ㄷ. 체크리스트법(대조법)은 평가자로 하여금 피평가자의 성과, 능력, 태도 등을 구체적으로 기술한 단어나 문장을 선택하게 하는 인사고과법이다.
ㄹ. 대부분의 전통적인 인사고과법과는 달리, 종합평가법 혹은 평가센터법(ACM)은 미래의 잠재능력을 파악할 수 있는 인사고과법이다.
ㅁ. 행동기준평가법(BARS)은 척도설정 및 기준행동의 기술—중요과업의 선정—과업행동의 평가 순으로 이루어진다.

① ㄱ, ㅁ   ② ㄷ, ㄹ   ③ ㄱ, ㄴ, ㄷ
④ ㄷ, ㄹ, ㅁ   ⑤ ㄱ, ㄷ, ㄹ, ㅁ

해설
- BSC 4가지 핵심 : (과거)재무관점, (미래)학습과 성장, (외부)고객, (내부)프로세스
- MBO : 단점은 피평가자 업적달성의 통제력 없을 경우 적용이 불가함(권한위임이 아님)
  - 목표관리는 상사와 부하가 협조하여 목표를 설정하고 그러한 목표의 진척 상황을 정기적으로 검토하여 진행시켜 나간 다음 목표의 달성 여부를 근거로 평가하는 제도를 의미
- 행동기준평가법(BARS)는 개발위원회 구성 - 중요사건열거 - 범주화 - 재분류 - 등급화 - 확정/실행 순으로 이루어짐
※ 교재 : 「인사평가방법」 참조

04 프로젝트 활동의 단축비용이 단축일수에 따라 비례적으로 증가한다고 할 때, 정상활동으로 가능한 프로젝트 완료일을 최소의 비용으로 하루 앞당기기 위해 속성으로 진행되어야 할 활동은?

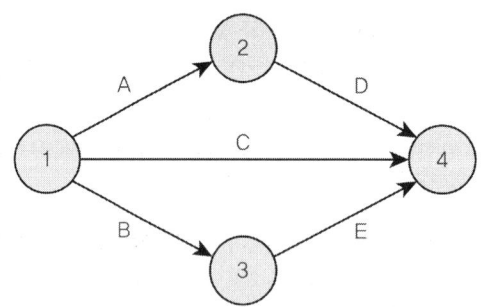

활동	직전 선행활동	활동시간(일) 정상	활동시간(일) 속성	활동비용(만원) 정상	활동비용(만원) 속성
A	-	7	5	100	130
B	-	5	4	100	130
C	-	12	10	100	140
D	A	6	5	100	150
E	B	9	7	100	150

① A   ② B   ③ C
④ D   ⑤ E

◎ 해설
- 프로젝트 완료를 위한 진행활동경로는 3가지임 (AD 경로, C 경로, BE 경로)

활동경로	활동시간(일)		활동비용(만원)	
	정상	속성	정상	속성
AD	7+6 = 13	5+5 = 10	100+100=200	130+150=280
C	12	10	100	140
BE	5+9=14	4+7=11	100+100=200	130+150=280

- 주공정(CP)는 BE임
- 그러므로 프로젝트의 정상활동을 기준으로 1일 단축이 BE활동에서 가능함
- 정상활동을 2일 이상 단축하는 경우 AD경로로 동시에 단축해야 하고, 단축에 따른 추가 비용이 발생하게 됨

활동	활동시간(일)			활동비용(만원)			
	정상	속성	단축일수	정상	속성	단축활동비용	1일 단축활동에 소요되는 비용
A	7	5	7-5=2	100	130	130-100=30	30/2=15
B	5	4	5-4=1	100	130	130-100=30	30/1=30
C	12	10	12-10=2	100	140	140-100=40	40/2=20
D	6	5	6-5=1	100	150	150-100=50	50/1=50
E	9	7	9-7=2	100	110	110-100=10	50/2=25

- 단축 가능 활동경로인 BE 활동 경로 중 B활동은 1일 30만원의 단축비용이 소요됨
- E활동은 1일 25만원의 비용이 소요되므로 E활동에서 단축이 진행되어야 함

05 경력개발에 관한 설명으로 옳은 것은?

① 경력 정체기에 접어든 종업원들이 보여주는 반응유형은 방어형, 절망형, 성과미달형, 이상형으로 구분된다.
② 샤인(E. Schein)은 개인의 경력욕구 유형을 관리지향, 기술-기능지향, 안전지향 등 세 가지로 구분하였다.
③ 홀(D. Hall)의 경력단계 모델에서 중년의 위기가 나타나는 단계는 확립단계이다.
④ 이중 경력경로(dual-career path)는 개인이 조직에서 경험하는 직무들이 수평적뿐만 아니라 수직적으로 배열되어 있는 경우이다.
⑤ 경력욕구는 조직이 개인에게 기대하는 행동인 경력역할과 개인 자신이 추구하려고 하는 경력방향에 의해 결정된다.

◎ 해설
- 샤인(E. Schein)은 경력목표설정 동기를 5가지(관리능력, 전문능력, 안정성, 창의성, 자율성)로 제시
- 홀(D.T.Hall) 이론 : 경력개발모형(탐색 → 확립 → 유지 → 쇠퇴) 4단계 제시, 그 중에 중년의 위기가 나타나는 시기는 "유지"단계임
- 이중 경력경로는 기술직과 관리직의 이분법적 경력경로 시스템을 말함
- 경력욕구는 경력개발의 필요성을 인식하는 근거가 되는 것으로서 종업원 개인과 조직이 추구하는 경력개발 방향으로 구분됨
※ 교재 : 「조직문화, 경력개발 등」 참조

정답 05 ①

06 경영참가제도에 관한 설명으로 옳지 않은 것은?

① 경영참가제도는 단체교섭과 더불어 노사관계의 양대 축을 형성하고 있다.
② 독일은 노사공동결정제를 실시하고 있다.
③ 스캔론플랜(Scanlon plan)은 경영참가제도 중 자본참가의 한 유형이다.
④ 종업원지주제(ESOP)는 원래 안정주주의 확보라는 기업방어적인 측면에서 시작되었다.
⑤ 정치적인 측면에서 볼 때 경영참가제도의 목적은 산업민주주의를 실현하는 데 있다.

해설
- 스캘론 플랜은 이익참가의 한 형태로 판매금액에 대한 인건비의 비율을 일정하게 정해 놓고 판매금액이 증가하거나 인건비가 절약되었을 때 그 차액을 상여금으로 지급하는 집단 인센티브 제도임
※ 교재 :「경영참가제도」참조

07 동기부여이론에 관한 설명으로 옳지 않은 것은?

① 동기부여이론을 내용이론과 과정이론으로 구분할 때 알더퍼(C. Alderfer)의 ERG이론은 내용이론이다.
② 맥클랜드(D. McClelland)의 성취동기이론에서 성취욕구를 측정하기에 가장 적합한 것은 TAT(주제통각검사)이다.
③ 허츠버그(F. Herzberg)의 이요인이론에 따르면, 동기유발이 되기 위해서는 동기요인은 충족시키고, 위생요인은 제거해 주어야 한다.
④ 브룸(V. Vroom)의 기대이론은 기대감, 수단성, 유의성에 의해 노력의 강도가 결정되는데 이들 중 하나라도 0이면 동기부여가 안된다고 한다.
⑤ 아담스(J. Adams)는 페스팅거(L. Festinger)의 인지부조화 이론을 동기유발과 연관시켜서 공정성이론을 체계화하였다.

해설
- 허츠버그 2요인 이론 중 위생요인(정책, 규정, 감독, 임금, 작업조건, 인간관계 등), 동기(성취, 성장, 책임, 인정, 일 자체, 발전 등)이 있음
  - 허츠버그의 2요인이론에 따르면 동기유발을 위해서는 동기요인과 위생요인 둘다 충족시켜야 함
※ 교재 :「동기부여 내용이론」참조

08 수요예측을 위한 시계열분석에 관한 설명으로 옳지 않은 것은?

① 시계열분석은 장래의 수요를 예측하는 방법으로, 종속변수인 수요의 과거 패턴이 미래에도 그대로 지속된다는 가정에 근거를 두고 있다.
② 전기수요법은 가장 최근의 수요로 다음 기간의 수요를 예측하는 기법으로, 수요가 안정적일 경우 효율적으로 사용할 수 있다.
③ 이동평균법은 우연변동만이 크게 작용하는 경우 유용한 기법으로, 가장 최근 n기간 데이터를 산술평균하거나 가중평균하여 다음 기간의 수요를 예측할 수 있다.
④ 추세분석법은 과거 자료에 뚜렷한 증가 또는 감소의 추세가 있는 경우, 과거 수요와 추세선상 예측치 간 오차의 합을 최소화하는 직선 추세선을 구하여 미래의 수요를 예측할 수 있다.
⑤ 지수평활법은 추세나 계절변동을 모두 포함하여 분석할 수 있으나, 평활상수를 작게 하여도 최근 수요 데이터의 가중치를 과거 수요 데이터의 가중치보다 작게 부과할 수 없다.

> **해설**
> - 최소자승법 : 과거 자료에 뚜렷한 증가 또는 감소의 추세가 있는 경우, 과거 수요와 추세선상 예측치 간 오차의 합을 최소화하는 직선 추세선을 구하여 미래의 수요를 예측할 수 있는 방법임
> ※ 교재 : 「수요예측방법」 참조

09 하우 리(H. Lee)가 제안한 공급사슬 전략 중, 수요의 불확실성이 낮고 공급의 불확실성이 높은 경우 필요한 전략은?

① 효율적 공급사슬 ② 반응적 공급사슬 ③ 민첩한 공급사슬
④ 위험회피 공급사슬 ⑤ 지속가능 공급사슬

> **해설**
> - 하우 리 : 수요와 공급의 불확실성 측면을 모두 고려하여 공급사슬의 관리특성 파악
>   - 효율적 공급사슬 : 가장 높은 비용 효율성을 달성하기 위한 전략, 비 부가가치 활동을 제거, 규모의 경제를 추구, 생산과 유통의 최적화 기법을 적용하고 정보의 연계가 잘 이루어지게 하는 것이 목표
>   - 위험회피 공급사슬 : 공급의 단절로 인한 위험을 회피하는 것을 목표, 안전재고 증가, 거래선의 다양화
>   - 대응적(반응적) 공급사슬 : 고객의 유동적이고 다양한 욕구에 대응하는 것을 목표, 주문생산과 대량고객화
>   - 민첩 공급사슬 : 위험회피 + 대응적 공급사슬
> ※ 교재 : 「공급사슬관리(SCM)」 참조

10 심리평가에서 신뢰도와 타당도에 관한 설명으로 옳은 것은?

① 내적일치 신뢰도(internal consistency reliability)를 알아보기 위해서는 동일한 속성을 측정하기 위한 검사를 두 가지 다른 형태로 만들어 사람들에게 두 가지형 모두를 실시한다.
② 다양한 신뢰도 측정방법들은 모두 유사한 의미를 지니고 있기 때문에 서로 바꾸어서 사용해도 된다.
③ 검사-재검사 신뢰도(test-retest reliability)는 두 번의 검사 시간간격이 길수록 높아진다.
④ 준거관련 타당도 중 동시 타당도(concurrent validity)와 예측 타당도(predictive validity) 간의 중요한 차이는 예측변인과 준거자료를 수집하는 시점 간 시간간격이다.
⑤ 검사가 학문적으로 받아들여지기 위해 바람직한 신뢰도 계수와 타당도 계수는 70~80의 범위에 존재한다.

> **해설**
> - 내적일치 신뢰도는 단일 추정치를 계산 할 수 있는 방법으로, 각각 문항을 동형의 검사로 간주하여 문항들의 동질성을 측정하는 방법임(수검자가 반응한 각 문항의 점수가 일관될수록 검사의 신뢰도는 증가함)
> - 다양한 신뢰도 측정방법들을 서로 바꾸어서 사용하면 측정이 정확치 않음
> - 검사-재검사 신뢰도(test-retest reliability)는 두 번의 검사 시간간격이 짧을수록 높아짐
> - 신뢰도와 타동도 계수는 0~1 사이임
> ※ 교재 : 「신뢰도, 타당도」 참조

정답 09 ④ 10 ④

11 개인의 수행을 판단하기 위해 사용되는 준거의 특성 중 실제준거가 개념준거 전체를 나타내지 못하는 정도를 의미하는 것은?

① 준거 결핍(criterion deficiency)
② 준거 오염(criterion contamination)
③ 준거 불일치(criterion discordance)
④ 준거 적절성(criterion relevance)
⑤ 준거 복잡성(criterion composite)

◎해설
- 준거결핍 : 실제준거에 개념준거가 얼마나 결핍되어 있는지를 나타낸다. 준거결핍은 어느 정도 항상 존재함
※ 교재 : 「인적자원의 선발」참조

12 직업 스트레스 모델 중 다양한 직무요구에 대해 종업원들의 외적요인(조직의 지원, 의사결정과정에 대한 참여)과 내적요인(자신의 업무요구에 대한 종업원의 정신적 접근방법)이 개인적으로 직면하는 스트레스 요인에 완충 역할을 한다는 것은?

① 자원보존(Conservation of Resources, COR) 이론
② 요구-통제 모델(Demands-Control Model)
③ 요구-자원 모델(Demands-Resources Model)
④ 사람-환경 적합 모델(Person-Environment Fit Model)
⑤ 노력-보상 불균형 모델(Effort-Reward Imbalance Model)

◎해설
- 요구-자원 모델 : 종업원들의 외적요인과 내적요인이 개인적으로 스트레스 요인에 완충 역할을 한다는 이론(외적요인 : 조직의 지원, 의사결정과정에 대한 참여, 내적요인 : 자신의 업무요구에 대한 종업원의 정신적 접근방법)
※ 교재 : 「직무 스트레스」참조

13 작업동기이론에 관한 설명으로 옳지 않은 것은?

① 기대이론(expectancy theory)은 다른 사람들 간의 동기의 정도를 예측하는 것보다는 한 사람이 서로 다양한 과업에 기울이는 노력의 수준을 예측하는 데 유용하다.
② 형평이론(equity theory)에 따르면 개인마다 형평에 대한 선호도에 차이가 있으며, 이러한 형평 민감성은 사람들이 불형평에 직면하였을 때 어떤 행동을 취할지를 예측한다.
③ 목표설정이론(goal-setting theory)에 따르면 목표가 어려울수록 수행은 더욱 좋아질 가능성이 크지만, 직무가 복잡하고 목표의 수가 다수인 경우에는 수행이 낮아진다.
④ 자기조절이론(self-regulation theory)에서는 개인이 행위의 주체로서 목표를 달성하기 위하여 주도적인 역할을 한다고 주장한다.
⑤ 자기결정이론(self-determination theory)은 자기효능감이 긍정적인 결과를 초래할지 아니면 부정적인 결과를 초래할지에 대한 문제를 이해하는 데 도움을 주는 이론이다.

◎해설
- 자기결정이론 : 인간은 유능감, 자율성, 관계성의 욕구를 타고나며, 이러한 욕구가 충족될 때까지 내재적 학습동기가 촉진된다고 설명함
※ 교재 : 「데시(Edward Deci)의 자기결정이론(인지평가이론)」참조

정답 11 ① 12 ③ 13 ⑤

14 조직 내 팀에 관한 설명으로 옳지 않은 것을 모두 고른 것은?

ㄱ. 터크만(B. Tuckman)의 팀 생애주기는 형성(forming) - 규범형성(norming) - 격동(storming) - 수행(performing) - 해체(adjourning)의 순이다.
ㄴ. 집단사고는 효과적인 팀 수행을 위하여 공유된 정신모델을 구축할 때 잠재적으로 나타나는 부정적인 면이다.
ㄷ. 집단극화는 개별구성원의 생각으로는 좋지 않다고 생각하는 결정을 집단이 선택할 때 나타나는 현상이다.
ㄹ. 무임승차(free riding)나 무용성 지각(felt dispensability)은 팀에서 개인에게 개별적인 인센티브를 주지 않음으로써 일어날 수 있는 사회적 태만이다.
ㅁ. 마크(M. Marks)가 제안한 팀 과정의 3요인 모형은 전환과정, 실행과정, 대인과정으로 구성되어 있다.

① ㄱ, ㄴ   ② ㄱ, ㄷ   ③ ㄱ, ㄷ, ㅁ
④ ㄷ, ㄹ, ㅁ   ⑤ ㄱ, ㄴ, ㄷ, ㄹ

해설
- 터크만의 팀 생애 주기 : 형성기 - 격동(갈등)기 - 정착기(규범형성) - 수행기(성취, 성과달성) - 해체기
- 집단극화 : 집단 구성원들의 위험에 대한 태도가 토론 전에는 별 차이가 없었으나 토론 후 극단적으로 치우치는 현상
※ 교재 : 「집단」 참조

15 반생산적 업무행동(CWB)에 관한 설명으로 옳지 않은 것은?

① 반생산적 업무행동의 사람기반 원인에는 성실성(conscientiousness), 특성분노(trait anger), 자기통제력(self control), 자기애적 성향(narcissism) 등이 있다.
② 반생산적 업무행동의 주된 상황기반 원인에는 규범, 스트레스에 대한 정서적 반응, 외적 통제 소재, 불공정성 등이 있다.
③ 조직의 재산이나 조직 성원의 일을 의도적으로 파괴하거나 손상을 입히는 반생산적 업무행동은 심각성, 반복가능성, 가시성에 따라 구분되어진다.
④ 사회적 폄하(social undermining)는 버릇없거나 의욕을 떨어뜨리는 행동으로 직장에서 용수철 효과(spiraling effect)처럼 작용하는 반생산적 업무행동이다.
⑤ 직장폭력과 공격을 유발하는 중요한 예측치는 조직에서 일어난 일이 얼마나 중요하게 인식되는가를 의미하는 유발성 지각(perceived provocation)이다.

해설
- 사회적 폄하는 구성원들 간에 좋은 관계를 형성하지 못하게 하고, 업무에서 성공적이지 못하도록 하는 행동을 말함
  예) 팀 회의에서 배제하는 경우, 뒤에서 흉을 보는 행위(뒷담화)
※ 교재 : 「반생산적 업무행동(CWB)」 참조

16 인간지각 특성에 관한 설명으로 옳지 않은 것은?

① 평행한 직선들이 평행하게 보이지 않는 방향착시는 가현운동에 의한 착시의 일종이다.
② 선택, 조직, 해석의 세 가지 지각과정 중 게슈탈트 지각 원리들이 나타나는 것은 조직 과정이다.
③ 전체적인 맥락에서 문자나 그림 등의 빠진 부분을 채워서 보는 지각 원리는 폐쇄성(closure)이다.
④ 일반적으로 감시하는 대상이 많아지면 주의의 폭은 넓어지고 깊이는 얕아진다.
⑤ 주의력의 특성으로는 선택성, 방향성, 변동성이 있다.

해설
- 가현운동 : 두 개의 정지 대상을 0.06초의 시간 간격으로 다른 장소에 제시하면 마치 한 개의 대상이 움직이는 것처럼 보이는 운동현상(움직이지 않는 물체가 움직인다고 느껴지는 것)
  예) 영화, 네온사인
※ 교재 : 「착각과 착시」참조

17 휴먼에러(human error)에 관한 설명으로 옳은 것은?

① 리전(J. Reason)의 휴먼에러 분류는 행위의 결과만을 보고 분류하므로 에러 분류가 비교적 쉽고 빠른 장점이 있다.
② 지식기반 착오(knowledge based mistake)는 무의식적 행동 관례 및 저장된 행동 양상에 의해 제어되는 것이다.
③ 라스무센(J. Rasmussen)은 인간의 불완전한 행동을 의도적인 경우와 비의도적인 경우로 구분하여 에러 유형을 분류하였다.
④ 누락오류, 작위오류, 시간오류, 순서오류는 원인적 분류에 해당하는 휴먼에러이다.
⑤ 스웨인(A. Swain)은 휴먼에러를 작업 완수에 필요한 행동과 불필요한 행동을 하는 과정에서 나타나는 에러로 나누었다.

해설
- 리전의 휴먼에러는 원인 차원에서의 분류로 숙련기반에러, 규칙기반착오, 지식기반착오, 위반으로 분류함
- 지식기반착오는 의식적 행동 관례 및 저장된 행동 양상에 의해 제어되는 것으로 처음부터 장기기억 속에 지식이 없음, Inference, Analogy로 처리 실패
- 리전은 인간의 불완전한 행동을 의도적인 경우와 비의도적인 경우로 구분하여 에러 유형을 분류
- 누락오류, 작위오류, 시간오류, 순서오류는 행위적, 심리학적 분류에 해당됨
※ 교재 : 「휴먼에러」참조

18 작업 환경과 건강에 관한 설명으로 옳은 것을 모두 고른 것은? (문제 오류로 가답안 발표 시 1번으로 발표되었지만 확정답안 발표 시 모두 정답처리 되었습니다.)

> ㄱ. 안전한 절차, 실행, 행동을 관리자가 장려하고 보상한다는 종업원의 공유된 지각을 조직지지 지각(perceived organizational support)이라고 한다.
> ㄴ. 레이노 증후군(Raynaud's syndrome)이란 진동이나 추위, 심리적 변화 등으로 인해 나타나는 말초혈관 운동의 장애로 손가락이 창백해지고 통증을 느끼는 증상을 말한다.
> ㄷ. 눈부심의 불쾌감은 배경의 휘도가 클수록, 광원의 크기가 작을수록 감소하게 된다.
> ㄹ. VDT(Visual Display Terminal)증후군은 컴퓨터의 키보드나 마우스를 오래 사용하는 작업자에게 발생하는 반복긴장성 손상의 대표적인 질환이다.

① ㄱ, ㄴ
② ㄴ, ㄷ
③ ㄱ, ㄷ, ㄹ
④ ㄴ, ㄷ, ㄹ
⑤ ㄱ, ㄴ, ㄷ, ㄹ

해설
- 모두 정답임
※ 교재 : 「산업위생개론」 참조

19 화학물질 및 물리적 인자의 노출기준에서 공기 중 석면 농도의 표시 단위는?

① ppm
② mg/m³
③ mppcf
④ CFU/m³
⑤ 개/cm³

해설
- 석면 : 개/cm³
- 가스, 증기, 분진, 흄, 미스트 : mg/m³
- 고열(복사열 포함) : 습구흑구온도지수를 구하여 ℃로 표시
- 소음 : dB(A)
※ 교재 : 「작업위생 측정 및 평가」 참조

20 1900년 이전에 일어난 산업보건 역사에 해당하지 않는 것은?

① 영국에서 음낭암 발견
② 독일 뮌헨대학에서 위생학 개설
③ 영국에서 공장법 제정
④ 영국에서 황린 사용금지
⑤ 독일에서 노동자질병보호법 제정

해설
- 영국에서 황린 사용 금지 : 1912년
※ 교재 : 「산업위생 개론」 참조

21 산업위생전문가의 윤리강령 중 사업주에 대한 책임에 해당하지 않는 것은?

① 쾌적한 작업환경을 만들기 위하여 산업위생의 이론을 적용하고 책임있게 행동한다.
② 신뢰를 바탕으로 정직하게 권고하고 결과와 개선점은 정확히 보고한다.
③ 결과와 결론을 위해 사용된 모든 자료들을 정확히 기록·보관한다.
④ 업무 중 취득한 기밀에 대해 비밀을 보장한다.
⑤ 근로자의 건강에 대한 궁극적인 책임은 사업주에게 있음을 인식시킨다.

해설
- 업무 중 취득한 기밀에 대해 비밀을 보장 : 산업위생전문가로서의 책임
※ 교재 : 「산업위생개론」 참조

22 납 중독시 나타나는 heme 합성 장해에 관한 설명으로 옳지 않은 것은?

① 혈중 유리철분 감소
② 혈청 중 δ-ALA 증가
③ δ-ALAD 작용 억제
④ 적혈구 내 프로토폴피린 증가
⑤ heme 합성효소 작용 억제

해설
- heme의 대사
  - 혈청 중 δ-ALA 증가, δ-ALAD 작용억제, 적혈구내 프로토플피린 증가, heme 합성효소 작용억제, 망상 적혈구 증가, 혈청 내 철 증가
  - heme의 생합성 방해로 빈혈 초래
- 납 혈액 현상
  - K^+와 수분의 손실, 삼투압에 의한 적혈구 위축, 적혈구 생존시간 감소, 적혈구 내 전해질 급격히 감소
※ 교재 : 「건강검진과 근로자 건강관리」 참조

23 근로자 건강진단 실시기준에 따른 건강관리구분 C_N의 내용은?

① 직업성 질병으로 진전될 우려가 있어 추적검사 등 관찰이 필요한 근로자
② 일반질병으로 진전될 우려가 있어 추적관찰이 필요한 근로자
③ 질병으로 진전될 우려가 있어 야간작업 시 추적관찰이 필요한 근로자
④ 질병의 소견을 보여 야간작업 시 사후관리가 필요한 근로자
⑤ 건강진단 1차 검사결과 건강수준의 평가가 곤란하거나 질병이 의심되는 근로자

해설
- C_N : 질병으로 진전될 우려가 있어 야간작업 시 추적관찰이 필요한 근로자(질병 요관찰자)
※ 교재 : 「건강검진과 근로자 건강관리」 참조

정답 21 ④ 22 ① 23 ③

24 비누거품미터의 뷰렛 용량은 500 ml이고, 거품이 지나가는데 10초가 소요되었다면 공기시료채취기의 유량(L/min)은?

① 2.0   ② 3.0   ③ 4.0
④ 5.0   ⑤ 6.0

> **해설**
> ■ 채취유량(LPM) = 용량(L)/시간(min) = (500 ml × 1/1000) L / (10 sec × 1/10)min
> ※ 교재 : 「작업위생 측정 및 평가」 참조

25 덕트 내 공기에 의한 마찰손실을 표시하는 레이놀드 수(Reynolds No.)에 포함되지 않는 요소는?

① 공기 속도(velocity)   ② 덕트 직경(diameter)   ③ 덕트면 조도(roughness)
④ 공기 밀도(density)   ⑤ 공기 점도(viscosity)

> **해설**
> ■ 레이놀드 수 = 밀도×속도×특성길이 / 점성계수
> ※ 교재 : 「환기」 참조

2018년 기출문제

01 해크만(J. Hackman)과 올드햄(G. Oldham)이 제시한 직무특성모델(jobcharacteristic model)에서 5가지 핵심직무차원(core job dimensions)에 포함되지 않는 것은?

① 기술다양성(skill variety)
② 성장욕구(growth need)
③ 과업정체성(task identity)
④ 자율성(autonomy)
⑤ 피드백(feedback)

해설
- 해크만과 올드햄이 제시한 직무특성모델에서 5가지 핵심직무차원 : 기술 다양성, 과업 정체성, 과업 중요도, 자율성, 피드백
- ※ 교재 : 「기계적 직무설계와 동기부여적 직무설계」 참조

02 직무급(job-based pay)에 관한 설명으로 옳은 것을 모두 고른 것은?

ㄱ. 동일노동 동일임금의 원칙(equal pay for equal work)이 적용된다.
ㄴ. 직무를 평가하고 임금을 산정하는 절차가 간단하다.
ㄷ. 유능한 인력을 확보하고 활용하는 것이 가능하다.
ㄹ. 직무의 상대적 가치를 기준으로 하여 임금을 결정한다.
ㅁ. 직무를 중심으로 한 합리적인 인적자원관리가 가능하게 됨으로써 인건비의 효율성을 증대시킬 수 있다.

① ㄱ, ㄴ, ㄷ
② ㄷ, ㄹ, ㅁ
③ ㄱ, ㄴ, ㄹ, ㅁ
④ ㄱ, ㄷ, ㄹ, ㅁ
⑤ ㄱ, ㄴ, ㄷ, ㄹ, ㅁ

해설
- 직무급 : 직무분석을 통해 직무평가로 상대적 가치를 평가하여 임금을 결정
- ※ 교재 : 「기계적 직무설계와 동기부여적 직무설계」 참조

03 홍길동이 A회사에 입사한 후 3년이 지났다. 홍길동이 그 동안 있었던 승진자들을 살펴보니 모두 뛰어난 업적을 보인 사람들이었다. 이에 홍길동은 자신도 뛰어난 성과를 보여 승진하겠다는 결심을 하고 지속적으로 열심히 노력하였다. 이 경우 홍길동과 관련된 학습이론은?

① 사회적 학습(social learning)
② 조직적 학습(organizational learning)
③ 고전적 조건화(classical conditioning)
④ 작동적 조건화(operant conditioning)
⑤ 액션 러닝(action learning)

해설
- 사회적 학습 : 자신이 속해 있는 집단의 규칙, 습관, 태도 등을 학습하는 것을 말함
- ※ 교재 : 「산업심리」 참조

정답 01 ② 02 ④ 03 ①

04 허즈버그(F. Herzberg)가 제시한 2요인 이론(two factor theory)에서 동기부여요인(motivators)에 포함되지 않는 것은?

① 성취(achievement) ② 임금(wage) ③ 책임(responsibility)
④ 성장(growth) ⑤ 인정(recognition)

해설
- 허즈버그 2요인 이론 중 위생요인(정책, 규정, 감독, 임금, 작업조건, 인간관계 등), 동기요인(성취, 성장, 책임, 인정, 일 자체, 발전 등)이 있음
- ※ 교재 : 「동기부여 내용이론」 참조

05 사업부제 조직구조(divisional structure)에 관한 설명으로 옳지 않은 것은?

① 각 사업부는 사업영역에 대해 독자적인 권한과 책임을 보유하고 있어 독립적인 이익센터(profit center)로서 기능할 수 있다.
② 각 사업부들이 경영상의 책임단위가 됨으로써 본사의 최고경영층은 일상적인 업무로부터 벗어나 전사적인 차원의 문제에 집중할 수 있다.
③ 각 사업부 간에 기능의 중복현상이 발생하지 않는다.
④ 각 사업부마다 시장특성에 적합한 제품과 서비스를 생산하고 판매할 수 있게 됨으로써 시장세분화에 따른 제품차별화가 용이하다.
⑤ 각 사업부의 이해관계를 중시하는 사업부 이기주의로 인하여 사업부 간의 협조가 원활하지 못할 수 있다.

해설
- 사업부제 조직구조는 각 사업부 간에 기능의 중복현상 발생 가능성이 있음
- ※ 교재 : 「민쯔버그의 조직유형」 참조

06 6시그마 경영은 모토로라(Motorola)사에서 혁신적인 품질개선의 목적으로 시작된 기업경영전략이다. 6시그마 경영과 과거의 품질경영을 비교 설명한 것으로 옳은 것은?

① 과거의 품질경영 방식은 전체 최적화였으나 6시그마 경영은 부분 최적화라고 할 수 있다.
② 과거의 품질경영 계획대상은 공장 내 모든 프로세스였으나 6시그마 경영은 문제점이 발생한 곳 중심이라고 할 수 있다.
③ 과거의 품질경영 교육은 체계적이고 의무적이었으나 6시그마 경영은 자발적 참여를 중시한다.
④ 과거의 품질경영 관리단계는 DMAIC를 사용하였으나 6시그마 경영은 PDCA cycle을 사용한다.
⑤ 과거의 품질경영 방침결정은 하의상달 방식이었으나 6시그마 경영은 상의하달 방식으로 이루어진다.

해설
- 6시그마 정의 : "최고 경영자의 리더십 아래 시그마라는 통계척도를 사용하여 모든 품질 수준을 정량적으로 평가하고, 문제해결 과정 및 전문가 양성 등의 효율적인 품질 문화를 조성하며, 품질 혁신과 고객만족을 달성하기 위하여 전사적으로 실행하는 종합적인 기업의 경영전략"
- ※ 교재 : 「6시그마」 참조

정답 04 ② 05 ③ 06 ⑤

07 ABC 재고관리에 관한 설명으로 옳지 않은 것은?

① 자재 및 재고자산의 차별 관리방법이며, A등급, B등급, C등급으로 구분된다.
② 품목의 중요도를 결정하고, 품목의 상대적 중요도에 따라 통제를 달리하는 재고관리시스템이다.
③ 파레토 분석(Pareto Analysis) 결과에 따라 품목을 등급으로 나누어 분류한다.
④ 일반적으로 A등급에 속하는 품목의 수가 C등급에 속하는 품목의 수보다 많다.
⑤ 각 등급별 재고 통제수준은 A등급은 엄격하게, B등급은 중간 정도로, C등급은 느슨하게 한다.

> **해설**
> ■ A등급 : 품목은 적고 보관량과 회전수가 많음. 정기 발주 시스템. 관리의 필요도가 가장 높은 재고
> ※ 교재 : 「재고관리, 재고관리시스템」 참조

08 수요예측을 위한 시계열 분석에서 변동에 해당하지 않는 것은?

① 추세변동(trend variation) : 자료의 추이가 점진적, 장기적으로 증가 또는 감소하는 변동
② 계절변동(seasonal variation) : 월, 계절에 따라 증가 또는 감소하는 변동
③ 위치변동(locational variation) : 지역의 차이에 따라 증가 또는 감소하는 변동
④ 순환변동(cyclical variation) : 경기순환과 같은 요인으로 인한 변동
⑤ 불규칙변동(irregular variation) : 돌발사건, 전쟁 등으로 인한 변동

> **해설**
> ■ 시계열 변동 4가지 : 추세(자료의 추이가 점진적, 장기적 변화), 계절(월, 계절에 따라 증가 또는 감소), 불규칙(돌발사건, 전쟁 등), 순환(경기 순환과 같은 요인으로 변동)
> ※ 교재 : 「수요예측방법」 참조

09 설비배치계획의 일반적 단계에 해당하지 않는 것은?

① 구성계획(construct plan)
② 세부배치계획(detailed layout plan)
③ 전반배치(general overall layout)
④ 설치(installation)
⑤ 위치(location)결정

> **해설**
> ■ 구성계획은 배치 이전에 실시함
> - 설비배치 계획 4단계 : 위치선정 - 전반배치 - 세부배치 - 배치계획 시행·승인·감독
> ※ 교재 : 「설비배치」 참조

정답 07 ④ 08 ③ 09 ①

10 심리평가에서 평가센터(assessment center)에 관한 설명으로 옳지 않은 것은?

① 신규채용을 위하여 입사 지원자들을 평가하거나 또는 승진 결정 등을 위하여 현재 종업원들을 평가하는 데 사용할 수 있다.
② 관리 직무에 요구되는 단일 수행차원에 대해 피평가자들을 평가한다.
③ 기본적인 평가방식은 집단 내 다른 사람들의 수행과 비교하여 개인의 수행을 평가하는 것이다.
④ 평가도구로는 구두발표, 서류함 기법, 역할수행 등이 있다.
⑤ 다수의 평가자들이 피평가자들을 평가한다.

해설
- 평가센터 : 단일 수행이 아닌 피평가자들이 수행하는 다양한 과제를 평가함
※ 교재 : 「산업심리학의 연구방법 5가지」 참조

11 목표설정 이론(goal setting theory)에서 종업원의 직무수행을 향상시킬 수 있는 요인들을 모두 고른 것은?

ㄱ. 도전적인 목표	ㄴ. 구체적인 목표
ㄷ. 종업원의 목표 수용	ㄹ. 목표 달성 과정에 대한 피드백

① ㄱ, ㄹ   ② ㄴ, ㄷ   ③ ㄱ, ㄴ, ㄹ
④ ㄴ, ㄷ, ㄹ   ⑤ ㄱ, ㄴ, ㄷ, ㄹ

해설
- 모두 해당됨
※ 교재 : 「동기부여 내용이론」 참조

12 인사선발에 관한 설명으로 옳은 것은?

① 올바른 합격자(true positive)란 검사에서 합격점을 받아서 채용되었지만 채용된 후에는 불만족스러운 직무수행을 나타내는 사람이다.
② 잘못된 합격자(false positive)란 검사에서 불합격점을 받아서 떨어뜨렸지만 채용하였다면 만족스러운 직무수행을 나타냈을 사람이다.
③ 올바른 불합격자(true negative)란 검사에서 불합격점을 받아서 떨어뜨렸고 채용하였더라도 불만족스러운 직무수행을 나타냈을 사람이다.
④ 잘못된 불합격자(false negative)란 검사에서 합격점을 받아서 채용되었고 채용된 후에도 만족스러운 직무수행을 나타내는 사람이다.
⑤ 인사선발 과정의 궁극적인 목적은 올바른 합격자와 잘못된 불합격자를 최대한 늘리고 올바른 불합격자와 잘못된 합격자를 줄이는 것이다.

해설
- 올바른 합격자 : 검사에서 합격점을 받아서 채용되었고, 채용 후에도 만족스런 직무수행 할 사람
- 잘못된 불합격자 : 검사에서 불합격점을 받아 떨어뜨렸지만, 채용하였다면 만족스런 직무수행 할 사람
- 올바른 불합격자 : 검사에서 불합격점을 받아 떨어뜨렸고, 채용하였더라도 불만족스러운 직무수행 할 사람
- 잘못된 합격자 : 검사에서 합격점을 받아 채용되었지만 채용 후에는 불만족스러운 직무수행 할 사람
※ 교재 : 「인적자원의 선발」 참조

정답 10 ② 11 ⑤ 12 ③

13 심리평가에서 타당도와 신뢰도에 관한 설명으로 옳지 않은 것은?

① 구성타당도(construct validity)는 검사문항들이 검사용도에 적절한지에 대하여 검사를 받는 사람들이 느끼는 정도다.
② 내용타당도(content validity)는 검사의 문항들이 측정해야 할 내용들을 충분히 반영한 정도다.
③ 검사-재검사 신뢰도(test-retest reliability)는 검사를 반복해서 실시했을 때 얻어지는 검사점수의 안정성을 나타내는 정도다.
④ 평가자 간 신뢰도(inter-rater reliability)는 두 명 이상의 평가자들로부터의 평가가 일치하는 정도다.
⑤ 내적 일치 신뢰도(internal-consistency reliability)는 검사 내 문항들 간의 동질성을 나타내는 정도다.

⊙해설
- 내용타당도 : 검사문항들이 검사용도에 적절한지에 대하여 검사를 받는 사람들이 느끼는 정도임
※ 교재 : 「타당도, 신뢰도」 참조

14 인사평가 시기가 되자 홍길동 부장은 매우 우수한 성과를 보인 이순신 사원을 평가하고, 다음 차례로 이몽룡 사원을 평가하였다. 이 때 이몽룡 사원은 평균적인 성과를 보였음에도 불구하고, 평균 이하의 평가를 받았다. 홍길동 부장의 평가에서 발생한 오류는?

① 후광 오류　　② 관대화 오류　　③ 중앙집중화 오류
④ 대비 오류　　⑤ 엄격화 오류

⊙해설
- 대비오류 : 지각대상을 평가할 때 다른 대상과 비교를 통해 평가하는 것으로 지각자는 자신이 더 좋아하는 지각대상을 호의적으로 평가하는 지각오류를 범할 수도 있으며, 이를 유사효과라고도 함
※ 교재 : 「지각 판단의 오류」 참조

15 인간정보처리(human information processing)이론에서 정보량과 관련된 설명이다. 다음 중 옳지 않은 것은?

① 인간정보처리이론에서 사용하는 정보 측정단위는 비트(bit)다.
② 힉-하이만 법칙(Hick-Hyman law)은 선택반응시간과 자극 정보량 사이의 선형함수 관계로 나타난다.
③ 자극-반응 실험에서 인간에게 입력되는 정보량(자극 정보량)과 출력되는 정보량(반응 정보량)은 동일하다고 가정한다.
④ 정보란 불확실성을 감소시켜주는 지식이나 소식을 의미한다.
⑤ 자극-반응 실험에서 전달된(transmitted) 정보량을 계산하기 위해서는 소음(noise) 정보량과 손실(loss) 정보량도 고려해야 한다.

⊙해설
- 자극-반응 실험에서 인간에게 입력되는 정보량(자극 정보량)과 출력되는 정보량(반응 정보량)은 동일하지 않다고 가정함
※ 교재 : 「정보처리이론(정보처리능력)」 참조

16 하인리히(H. Heinrich)의 연쇄성 이론에 관한 설명으로 옳지 않은 것은?

① 연쇄성 이론은 도미노 이론이라고 불리기도 한다.
② 사고를 예방하는 방법은 연쇄적으로 발생하는 사고원인들 중에서 어떤 원인을 제거하여 연쇄적인 반응을 막는 것이다.
③ 연쇄성 이론에 의하면 5개의 도미노가 있다.
④ 사고 발생의 직접적인 원인은 불안전한 행동과 불안전한 상태다.
⑤ 연쇄성 이론에서 첫 번째 도미노는 개인적 결함이다.

해설
- 하인리히의 연쇄성 이론 : 유전적 – 개인적 – 불안전행동/불안전한상태 – 사고 – 재해
※ 교재 : 「하인리히(H.W.Heinrich)의 연쇄성 이론」 참조

17 작업장의 적절한 조명수준을 결정하려고 한다. 다음 중 옳은 것을 모두 고른 것은?

> ㄱ. 직접조명은 간접조명보다 조도는 높으나 눈부심이 일어나기 쉽다.
> ㄴ. 정밀 조립작업을 수행할 경우에는 일반 사무작업을 할 때보다 권장조도가 높다.
> ㄷ. 40세 이하의 작업자보다 55세 이상의 작업자가 작업할 때 권장조도가 높다.
> ㄹ. 작업환경에서 조명의 색상은 작업자의 건강이나 생산성과 무관하다.
> ㅁ. 표면 반사율이 높을수록 조도를 높여야 한다.

① ㄱ, ㄴ
② ㄱ, ㄴ, ㄷ
③ ㄱ, ㄷ, ㅁ
④ ㄴ, ㄷ, ㄹ
⑤ ㄱ, ㄴ, ㄷ, ㄹ, ㅁ

해설
- 작업환경의 조명 색상은 작업자의 건강 및 생산성과 연관이 있음
- 표면 반사율이 높을수록 조도는 낮아야 함
※ 교재 : 「작업부하」 참조

18 소리와 소음에 관한 설명으로 옳은 것은?

① 인간의 가청주파수 영역은 20,000 Hz~30,000 Hz다.
② 인간이 지각한(perceived) 음의 크기는 음의 세기(dB)와 항상 정비례한다.
③ 강력한 소음에 노출된 직후에 발생하는 일시적 청력손실은 휴식을 취하더라도 회복되지 않는다.
④ 우리나라 소음노출기준은 소음강도 90 dB(A)에 8시간 노출될 때를 허용기준선으로 정하고 있다.
⑤ 소음노출지수가 100 % 이상이어야 소음으로부터 안전한 작업장이다.

해설
- 인간의 가청주파수 영역 : 20 ~ 20,000 Hz
- 음의 크기 = 음의 세기(dB)의 log 비례 (log 10 : 1배, log 100 2배, log 1000 3배)
- 강력한 소음에 노출된 직후에 발생하는 일시적 청력손실은 휴식을 취하면 회복됨
- 소음노출지수가 100 % 이하이어야 소음으로부터 안전한 작업장
※ 교재 : 「작업위생 측정 및 평가」 참조

정답 16 ⑤ 17 ② 18 ④

19 산업위생전문가(industrial hygienist)의 주요 활동으로 옳지 않은 것은?

① 근로자 건강영향을 설문으로 묻고 진단한다.
② 근로자의 근무기간별 직무활동을 기록한다.
③ 근로자가 과거에 소속된 공정을 설문으로 조사한다.
④ 구매할 기계장비에서 발생될 수 있는 유해요인을 예측한다.
⑤ 유해인자 노출을 평가한다.

해설
- 근로자 건강영향을 설문으로 묻고 진단하는 것은 법정 전문기관에서 실시함
※ 교재 : 「건강검진과 근로자 건강관리」 참조

20 화학물질 급성 중독으로 인한 건강영향을 예방하기 위한 노출기준만으로 옳은 것은?

① TWA, STEL   ② Excursion limit, TWA   ③ STEL, Ceiling
④ STEL, TLV   ⑤ Excursion limit, TLV

해설
- 단시간노출기준(STEL) : 15분간 가중 평균 노출값
- 최고노출기준(Ceiling) : 1일 작업시간동안 잠시라도 노출되어서는 안되는 기준
※ 교재 : 「작업환경 노출기준」 참조

21 특수건강진단 결과의 활용으로 옳지 않은 것은?

① 근로자가 소속된 공정별로 분석하여 직무관련성을 추정한다.
② 근로자의 근무시기별로 비교하여 직무관련성을 분석한다.
③ 특수건강진단 대상자가 걸린 질병의 직무 영향을 고찰한다.
④ 직업병 요관찰자 또는 유소견자는 작업을 전환하는 방안을 강구한다.
⑤ 유해인자 노출기준 초과여부를 평가한다.

해설
- 유해인자 노출기준 초과 여부의 평가는 작업환경을 측정해봐야 함
※ 교재 : 「작업환경 노출기준」 참조

정답 19 ① 20 ③ 21 ⑤

22 유해물질 측정과 분석에 관한 설명으로 옳은 것은?

① 공기 중 먼지 농도를 표현하는 단위는 ppm이다.
② 공기 채취 펌프와 화학물질 분석기기는 1차 표준기구이다.
③ 미세먼지에서 중금속은 크로마토그래피로 정량한다.
④ 개인시료(personal sample) 채취에 의한 농도는 종합적인 유해인자 노출을 나타낸다.
⑤ 공기 중 유기용제는 대부분 고체 흡착관으로 채취한다.

> **해설**
> - 공기 중 먼지 농도를 표현하는 단위는 ug/m³
> - 화학물질 분석기기는 2차 표준기구임
> - 미세먼지에서 중금속은 중금속 측정기로 측정함
> - 개인시료 채취에 의한 농도는 노출량과 강도를 간접적으로 평가함
>   - 근로자의 호흡기 30 cm 주변에서 농도를 측정하여 노출농도를 추정하고 허용기준과 비교함
> ※ 교재 : 「작업환경 노출기준」 참조

23 작업장에서 기계를 이용한 환기(ventilation)에 관한 설명으로 옳은 것은?

① HVACs(공조시설)는 발암물질을 제거하기 위해 설치하는 환기장치이다.
② 국소배기장치 덕트 크기(size)는 후드 유입 공기량(Q)과 반송속도(V)를 근거로 결정한다.
③ HVACs(공조시설) 공기 유입구와 국소배기장치 배기구는 서로 가까이 설치하는 것이 좋다.
④ HVACs(공조시설)에서 신선한 공기와 환류공기(returned air)의 비는 7:3이 적정하다.
⑤ 국소배기장치에서 송풍기는 공기정화장치 앞에 설치하는 것이 좋다.

> **해설**
> - HVACs(공조시설) : 발암물질 제거를 한정하지 않음
> - HVACs(공조시설) 공기 유입구와 국소배기장치 배기구는 멀리 설치하는 것이 좋음
> - HVACs(공조시설)에서 신선한 공기와 환류공기의 비는 3:7임
> - 국소배기장치 : 후드 - 덕트 - 공기정화장치 - 배기구 순으로 설치함
> ※ 교재 : 「환기」 참조

24 작업환경측정(유해인자 노출평가) 과정에서 예비조사 활동에 해당하지 않는 것은?

① 여러 유해인자 중 위험이 큰 측정대상 유해인자 선정
② 시료채취전략 수립
③ 노출기준 초과 여부 결정
④ 공정과 직무 파악
⑤ 노출 가능한 유해인자 파악

> **해설**
> - 노출기준 초과 여부 결정은 작업환경 측정 후 결정
> ※ 교재 : 「건강검진과 근로자 건강관리」 참조

25 나노먼지가 주로 발생되는 공정 또는 작업이 아닌 것은?

① 용접   ② 유리 용융   ③ 선철 용해
④ CNC 가공   ⑤ 디젤 연소(diesel combustion)

해설
- CNC 가공은 나노먼지가 발생하지 않음
  - CNC(computer numerical control)로 "공작기계"라고 불리며 다양한 절삭 공구를 사용하며, 다양한 재료로 제작할 수 있음
※ 교재 : 「건강검진과 근로자 건강관리」 참조

제7회 2019년 기출문제

01 직무관리에 관한 설명으로 옳지 않은 것은?

① 직무분석이란 직무의 내용을 체계적으로 분석하여 인사관리에 필요한 직무정보를 제공하는 과정이다.
② 직무설계는 직무 담당자의 업무 동기 및 생산성 향상 등을 목표로 한다.
③ 직무충실화는 작업자의 권한과 책임을 확대하는 직무설계방법이다.
④ 핵심직무특성 중 과업중요성은 직무담당자가 다양한 기술과 지식 등을 활용하도록 직무설계를 해야 한다는 것을 말한다.
⑤ 직무평가는 직무의 상대적 가치를 평가하는 활동이며, 직무평가 결과는 직무급의 산정에 활용된다.

해설
- 직무담당자가 다양한 기술과 지식 등을 활용하도록 직무설계를 해야 한다는 것은 "핵심직무특성 중 기술 다양성"을 말함
※ 교재 : 「직무분석, 직무평가, 직무설계」 참조

02 노동조합에 관한 설명으로 옳지 않은 것은?

① 직종별 노동조합은 산업이나 기업에 관계없이 같은 직업이나 직종 종사자들에 의해 결성된다.
② 산업별 노동조합은 기업과 직종을 초월하여 산업을 중심으로 결성된다.
③ 산업별 노동조합은 직종 간, 회사 간 이해의 조정이 용이하지 않다.
④ 기업별 노동조합은 동일 기업에 근무하는 근로자들에 의해 결성된다.
⑤ 기업별 노동조합에서는 근로자의 직종이나 숙련 정도를 고려하여 가입이 결정된다.

해설
- 기업별 노동조합 : 우리나라의 대표적인 노동조합 형태로 직능, 직종, 숙련도 등에 관계없이 기업에 고용된 근로자를 대상으로 조직하는 형태
※ 교재 : 「노사관계 관리」 참조

03 조직구조 유형에 관한 설명으로 옳지 않은 것은?

① 기능별 구조는 부서 간 협력과 조정이 용이하지 않고 환경변화에 대한 대응이 느리다.
② 사업별 구조는 기능 간 조정이 용이하다.
③ 사업별 구조는 전문적인 지식과 기술의 축적이 용이하다.
④ 매트릭스 구조에서는 보고체계의 혼선이 야기될 가능성이 높다.
⑤ 매트릭스 구조는 여러 제품라인에 걸쳐 인적자원을 유연하게 활용하거나 공유할 수 있다.

해설
- 사업별 구조는 전문적인 지식과 기술의 축적이 어려움
※ 교재 : 「조직의 형태」 참조

정답 01 ④ 02 ⑤ 03 ③

04 JIT(just-in-time) 생산방식의 특징으로 옳지 않은 것은?
① 간판(kanban)을 이용한 푸시(push) 시스템
② 생산준비시간 단축과 소(小)로트 생산
③ U자형 라인 등 유연한 설비배치
④ 여러 설비를 다룰 수 있는 다기능 작업자 활용
⑤ 불필요한 재고와 과잉생산 배제

> **해설**
> - 마지막으로 완성해 출고되는 제품의 양에 따라 필요한 모든 재료들이 결정되므로 생산 통제는 당기기 방식(Pull System)임
> ※ 교재 : 「적시생산방식(JIT : Just In Time)」 참조

05 매슬로우(A. Maslow)의 욕구단계이론 중 자아실현욕구를 조직행동에 적용한 것은?
① 도전적 과업 및 창의적 역할 부여
② 타인의 인정 및 칭찬
③ 화해와 친목분위기 조성 및 우호적인 작업팀 결성
④ 안전한 작업조건 조성 및 고용 보장
⑤ 냉난방 시설 및 사내식당 운영

> **해설**
> - 매슬로우는 인간의 욕구를 생리적 욕구, 안전 욕구, 사회적 욕구, 존경 욕구, 자아실현 욕구의 5단계로 구분
> ※ 교재 : 「동기부여 내용이론」 참조

06 품질개선 도구와 그 주된 용도의 연결로 옳지 않은 것은?
① 체크시트(check sheet) : 품질 데이터의 정리와 기록
② 히스토그램(histogram) : 중심위치 및 분포 파악
③ 파레토도(Pareto diagram) : 우연변동에 따른 공정의 관리상태 판단
④ 특성요인도(cause and effect diagram) : 결과에 영향을 미치는 다양한 원인들을 정리
⑤ 산점도(scatter plot) : 두 변수 간의 관계를 파악

> **해설**
> - 파레토도 : 현장에서 불량품수, 결점수, 클레임건수, 사고발생건수, 손실금액 등의 데이터를 현상이나 원인별로 분류하여, 데이터를 집계해 크기순으로 나열
> - 관리도 : 우연변동에 따른 공정의 관리상태 판단
> ※ 교재 : 「품질관리」 참조

정답 04 ① 05 ① 06 ③

07 어떤 프로젝트의 PERT(program evaluation and review technique) 네트워크와 활동소요시간이 아래와 같을 때, 옳지 않은 설명은?

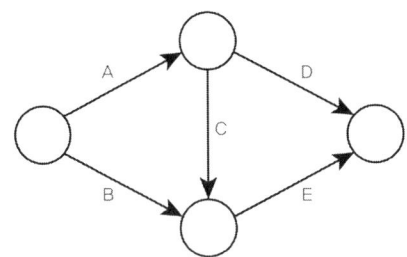

활동	소요시간(B)
A	10
B	17
C	10
D	7
E	8
계	52

① 주경로(critical path)는 A-C-E이다.
② 프로젝트를 완료하는 데에는 적어도 28일이 필요하다.
③ 활동 D의 여유시간은 11일이다.
④ 활동 E의 소요시간이 증가해도 주경로는 변하지 않는다.
⑤ 활동 A의 소요시간을 5일만큼 단축시킨다면 프로젝트 완료시간도 5일 만큼 단축된다.

해설
- 프로젝트 완료를 위한 진행활동 경로는 AD, ACE, BE 경로

활동경로	활동시간(일)	내용
AD	10+7=17	활동 D의 여유기간 : (C+E)-D=11(일)
ACE	10+10+8=28	주경로
BE	17+8=25	

- 주공정(CP)는 ACE임(적어도 프로젝트 완료하는데 28일 필요)
- 활동 E의 소요시간이 증가하면 주경로 전체의 소요시간이 증가하므로 주경로는 변하지 않음
- 활동 A의 소요시간일 5일만큼 단축시켜도 완료시간은 3일만 단축됨
  (BE경로의 소요기간이 25일이므로 최소 25일 이상의 기간이 소요)

08 공장의 설비배치에 관한 설명으로 옳은 것을 모두 고른 것은?

> ㄱ. 제품별 배치(product layout)는 연속, 대량 생산에 적합한 방식이다.
> ㄴ. 제품별 배치를 적용하면 공정의 유연성이 높아진다는 장점이 있다.
> ㄷ. 공정별 배치(process layout)는 범용설비를 제품의 종류에 따라 배치한다.
> ㄹ. 공정위치형 배치(fixed position layout)는 주로 항공기 제조, 조선, 토목 건축 현장에서 찾아볼 수 있다.
> ㅁ. 셀형 배치(cellular layout)는 다품종소량생산에서 유연성과 효율성을 동시에 추구할 수 있다.

① ㄱ, ㅁ
② ㄱ, ㄹ, ㅁ
③ ㄴ, ㄷ, ㄹ
④ ㄱ, ㄴ, ㄹ, ㅁ
⑤ ㄱ, ㄷ, ㄹ, ㅁ

해설
- 제품별 배치(제품의 종류가 적고, 생산량이 많을 때 적용)

- 공정순서에 따라 배열, 단순화로 고장 시 전체 공정 지연
■ 공정별 배치(제품 종류가 많고, 생산량이 적을 때 적용)
- 기능별 배치(동일 설비 등을 한 곳에), 설비관리가 용이, 설비에 따라 자재가 이동함
※ 교재 : 「설비배치」 참조

09 리더십 이론의 설명으로 옳은 것을 모두 고른 것은?

> ㄱ. 블레이크(R. Blake)와 머튼(J. Mouton)의 리더십 관리격자모형에 의하면 일(생산)에 대한 관심과 사람에 대한 관심이 모두 높은 리더가 이상적 리더이다.
> ㄴ. 피들러(F. Fiedler)의 리더십 상황이론에 의하면 상황이 호의적일 때 인간중심형 리더가 과업지향형 리더보다 효과적인 리더이다.
> ㄷ. 리더-부하 교환이론(leader-member exchange theory)에 의하면 효율적인 리더는 믿을만한 부하들을 내집단(in-group)으로 구분하여, 그들에게 더 많은 정보를 제공하고, 경력개발 지원 등의 특별한 대우를 한다.
> ㄹ. 변혁적 리더는 예외적인 사항에 대해 개입하고, 부하가 좋은 성과를 내도록 하기 위해 보상시스템을 잘 설계한다.
> ㅁ. 카리스마 리더는 강한 자기 확신, 인상관리, 매력적인 비전 제시 등을 특징으로 한다.

① ㄱ, ㄴ, ㄹ ② ㄱ, ㄷ, ㅁ ③ ㄴ, ㄷ, ㄹ
④ ㄱ, ㄴ, ㄷ, ㅁ ⑤ ㄱ, ㄷ, ㄹ, ㅁ

해설
■ 피들러 리더십 상황이론 : 상황이 호의적일 때는 과업지향형 리더, 상황이 어려울 때는 인간중심적 리더가 효과적임
■ 거래적 리더 : 예외적인 사항에 대해 개입하고 부하가 좋은 성과를 내도록 보상
※ 교재 : 「피들러의 리더십 상황이론」 참조

10 산업심리학의 연구방법에 관한 설명으로 옳지 않은 것은?

① 관찰법: 행동표본을 관찰하여 주요 현상들을 찾아 기술하는 방법이다.
② 사례연구법: 한 개인이나 대상을 심층 조사하는 방법이다.
③ 설문조사법: 설문지 혹은 질문지를 구성하여 연구하는 방법이다.
④ 실험법: 원인이 되는 종속변인과 결과가 되는 독립변인의 인과관계를 살펴보는 방법이다.
⑤ 심리검사법: 인간의 지능, 성격, 적성 및 성과를 측정하고 정보를 제공하는 방법이다.

해설
■ 실험법 : 관찰하고자 하는 대상 중 변인(독립변인)을 체계적으로 변화시켜 다른 변인의 효과(종속변인)를 관찰하는 방법
※ 교재 : 「산업심리학의 연구방법 5가지」 참조

정답 09 ② 10 ④

11 일-가정 갈등(work-family conflict)에 관한 설명으로 옳지 않은 것은?

① 일과 가정의 요구가 서로 충돌하여 발생한다.
② 장시간 근무나 과도한 업무량은 일-가정 갈등을 유발하는 주요한 원인이 될 수 있다.
③ 적은 시간에 많은 것을 해내기를 원하는 경향이 강한 사람은 더 많은 일-가정 갈등을 경험한다.
④ 직장은 일-가정 갈등을 감소시키는 데 중요한 역할을 담당하지 않는다.
⑤ 돌봐주어야 할 어린 자녀가 많을수록 더 많은 일-가정 갈등을 경험한다.

해설
- 일과 가정 갈등을 감소시키는데 직장은 중요한 역할을 담당함
※ 교재 : 「직무 스트레스」 참조

12 인간의 정보처리 방식 중 정보의 한 가지 측면에만 초점을 맞추고 다른 측면은 무시하는 것은?

① 선택적 주의(selective attention)   ② 분할 주의(divided attention)
③ 도식(schema)   ④ 기능적 고착(functional fixedness)
⑤ 분위기 가설(atmosphere hypothesis)

해설
- 선택적 주의 : 한가지 측면과 초점을 맞추고, 다른 것은 무시함
  - 수많은 정보를 처리하는 능력은 한계가 있기 때문에 한꺼번에 들어오는 많은 양의 정보 중에 중요한 것만 걸러내는 여과 과정이 필요하다.
※ 교재 : 「정보처리이론(정보처리능력)」 참조

13 다음에 해당하는 갈등 해결방식은?

> 근로자가 동료나 관리자와 같은 제3자에게 갈등에 대해 언급하여, 자신과 갈등하는 대상을 직접 만나지 않고 저절로 갈등이 해결되는 것을 희망한다.

① 순응하기 방식(accommodating style)
② 협력하기 방식(collaborating style)
③ 회피하기 방식(avoiding style)
④ 강요하기 방식(forcing style)
⑤ 타협하기 방식(compromising style)

해설
- 순응하기 방식 : 나서서 처리하려는 경쟁대립형의 사람들 뒤에 조용히 줄을 서는 편임
- 협력하기 방식 : 공동체의 문제 해결을 위해서는 구성원 모두의 협력이 중요하다는 전제
- 강요하기 방식 : 자신의 주장을 위해서 상대와의 관계는 깨져도 상관없다는 식의 행동
- 타협하기 방식 : 협상을 통해 관계를 해치지 않으면서 적당히 서로 목표를 충족하는 데 관심 있음
※ 교재 : 「직무 스트레스」 참조

정답 11 ④ 12 ① 13 ③

14 직무분석에 관한 설명으로 옳은 것을 모두 고른 것은?

> ㄱ. 직무분석 접근 방법은 크게 과업 중심(task-oriented)과 작업자 중심(worker-oriented)으로 분류할 수 있다.
> ㄴ. 기업에서 필요로 하는 업무의 특성과 근로자의 자질을 파악할 수 있다.
> ㄷ. 해당 직무를 수행하는 근로자에게 필요한 교육훈련을 계획하고 실시할 수 있다.
> ㄹ. 근로자에게 유용하고 공정한 수행 평가를 실시하기 위한 준거(criterion)를 획득할 수 있다.

① ㄱ, ㄴ
② ㄴ, ㄷ
③ ㄴ, ㄹ
④ ㄱ, ㄷ, ㄹ
⑤ ㄱ, ㄴ, ㄷ, ㄹ

해설
- 모두 맞음
※ 교재 : 「직무분석」 참조

15 조명과 직무환경에 관한 설명으로 옳지 않은 것은?

① 조도는 어떤 물체나 표면에 도달하는 빛의 양을 말한다.
② 동일한 환경에서 직접조명은 간접조명보다 더 밝게 보이도록 하며, 눈부심과 눈의 피로도를 줄여준다.
③ 눈부심은 시각 정보 처리의 효율을 떨어트리고, 눈의 피로도를 증가시킨다.
④ 작업장에 조명을 설치할 때에는 빛의 밝기뿐만 아니라 빛의 배분도 고려해야 한다.
⑤ 최적의 밝기는 작업자의 연령에 따라서 달라진다.

해설
- 동일한 환경에서 직접조명은 간접조명보다 더 밝게 보이도록 하며, 눈부심과 눈의 피로도를 증가시킴
※ 교재 : 「건강검진과 근로자 건강관리」 참조

16 다음 중 인간의 정보처리와 표시장치의 양립성(compatibility)에 관한 내용으로 옳은 것을 모두 고른 것은?

> ㄱ. 양립성은 인간의 인지기능과 기계의 표시장치가 어느 정도 일치하는가를 말한다.
> ㄴ. 양립성이 향상되면 입력과 반응의 오류율이 감소한다.
> ㄷ. 양립성이 감소하면 사용자의 학습시간은 줄어들지만, 위험은 증가한다.
> ㄹ. 양립성이 향상되면 표시장치의 일관성은 감소한다.

① ㄱ, ㄴ
② ㄴ, ㄷ
③ ㄷ, ㄹ
④ ㄱ, ㄴ, ㄹ
⑤ ㄱ, ㄴ, ㄷ, ㄹ

해설
- 양립성이 감소하면 사용자의 학습시간은 증가함
- 양립성이 향상되면 표시장치의 일관성이 증가함
※ 교재 : 「양립성」 참조

정답 14 ⑤ 15 ② 16 ①

17 아래 그림에서 평행한 두 선분은 동일한 길이임에도 불구하고 위의 선분이 더 길어 보인다. 이러한 현상을 나타내는 용어는?

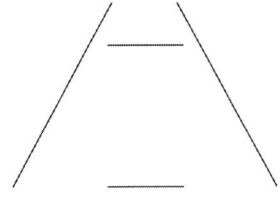

① 포겐도르프(Poggendorf) 착시현상
② 뮬러-라이어(M?ller-Lyer) 착시현상
③ 폰조(Ponzo) 착시현상
④ 티체너(Titchener) 착시현상
⑤ 죌너(Z?llner) 착시현상

해설
- 폰조 착시현상 : 두 수평선부의 길이가 다르게 보임
※ 교재 : 「착각과 착시」 참조

18 다음 중 산업재해이론과 그 내용의 연결로 옳지 않은 것은?
① 하인리히(H. Heinrich)의 도미노 이론 : 사고를 촉발시키는 도미노 중에서 불안전상태와 불안전행동을 가장 중요한 것으로 본다.
② 버드(F. Bird)의 수정된 도미노 이론 : 하인리히(H. Heinrich)의 도미노 이론을 수정한 이론으로, 사고 발생의 근본적 원인을 관리 부족이라고 본다.
③ 애덤스(E. Adams)의 사고연쇄반응 이론 : 불안전행동과 불안전상태를 유발하거나 방치하는 오류는 재해의 직접적인 원인이다.
④ 리전(J. Reason)의 스위스 치즈 모델 : 스위스 치즈 조각들에 뚫려 있는 구멍들이 모두 관통되는 것처럼 모든 요소의 불안전이 겹쳐져서 산업재해가 발생한다는 이론이다.
⑤ 하돈(W. Haddon)의 매트릭스 모델 : 작업자의 긴장 수준이 지나치게 높을 때, 사고가 일어나기 쉽고 작업 수행의 질도 떨어지게 된다는 것이 핵심이다.

해설
- 하돈(W. Haddon)의 매트릭스 모델 : 사고 예방을 위하여 '사고전' '사고당시' '사고후' 3가지 상황에서 사고의 피해를 최소화하기 위한 영역들을 분석하기 위한 틀로 활용
  - 사고관련 요인 4가지 : 사람, 원인인자, 물리적 환경, 사회적 환경
※ 교재 : 「각종 산업재해 이론」 참조

19 국소배기장치의 환기효율을 위한 설계나 설치방법으로 옳지 않은 것은?

① 사각형관 닥트보다는 원형관 닥트를 사용한다.
② 공정에 방해를 주지 않는 한 포위형 후드로 설치한다.
③ 푸쉬-풀(push-pull) 후드의 배기량은 급기량보다 많아야 한다.
④ 공기보다 증기밀도가 큰 유기화합물 증기에 대한 후드는 발생원보다 낮은 위치에 설치한다.
⑤ 유기화합물 증기가 발생하는 개방처리조(open surface tank) 후드는 일반적인 사각형 후드 대신 슬롯형 후드를 사용한다.

해설
- 공정에 지장이 없는 한 후드는 유해물질 배출원에 최대한 가깝게 설치하고, 공기보다 무거운 유해물질이 배출되어도 후드는 바닥이 아닌 오염원의 상방 혹은 측방이어야 함
※ 교재 : 「환기」 참조

20 산업위생의 목적 달성을 위한 활동으로 옳지 않은 것은?

① 메탄올의 생물학적 노출지표를 검사하기 위하여 작업자의 혈액을 채취하여 분석한다.
② 노출기준과 작업환경측정결과를 이용하여 작업환경을 평가한다.
③ 피토관을 이용하여 국소배기장치 닥트의 속도압(동압)과 정압을 주기적으로 측정한다.
④ 금속 흄 등과 같이 열적으로 생기는 분진 등이 발생하는 작업장에서는 1급 이상의 방진마스크를 착용하게 한다.
⑤ 인간공학적 평가도구인 OWAS를 활용하여 작업자들에 대한 작업 자세를 평가한다.

해설
- 메탄올의 생물학적 노출지표를 검사하기 위하여 작업자의 소변을 채취하여 분석함
※ 교재 : 「산업위생개론」 참조

21 화학물질 및 물리적 인자의 노출기준 중 2018년에 신설된 유해인자로 옳은 것은?

① 우라늄(가용성 및 불용성 화합물)
② 몰리브덴(불용성 화합물)
③ 이브롬화에틸렌
④ 이염화에틸렌
⑤ 라돈

해설
- 라돈은 2018.3.20. 유해인자로 신설(작업장 농도 100 Bq/m³)
  - 라돈 발생 물질을 직접 취급하는 사업장은 농도에 관계없이 1년 주기로 측정
※ 교재 : 「 」 참조

22 공기시료채취펌프를 무마찰 비누거품관을 이용하여 보정하고자 한다. 비누거품관의 부피는 500 cm³이었고 3회에 걸쳐 측정한 평균시간이 20초였다면, 펌프의 유량(L/min)은?

① 1.0 ② 1.5 ③ 2.0
④ 2.5 ⑤ 3.0

해설
- 채취유량(LPM) = 용량(L) / 시간(min) = (500ml × 1/1000)L / (20sec × 1/10)min
※ 교재 : 「작업위생 측정 및 평가」 참조

23 작업장에서 휘발성 유기화합물(분자량 100, 비중 0.8) 1 L가 완전히 증발하였을 때, 공기 중 이 물질이 차지하는 부피(L)는? (단, 25 ℃, 1기압)

① 179.2 ② 192.8 ③ 195.6
④ 241.0 ⑤ 244.5

해설
- 작업환경표준상태 (25℃, 1기압)에서 공기 부피 : 24.45
- 휘발성 유기화합물 사용량 = 1L×0.8(비중)×1000 = 800
- 유기화합물 발생량 = 800(사용량) × (24.45/100(분자량)) = 195.6
※ 교재 : 「건강검진과 근로자 건강관리」 참조

24 근로자 건강증진활동 지침에 따라 건강증진활동 계획을 수립할 때, 포함해야 하는 내용을 모두 고른 것은?

> ㄱ. 건강진단결과 사후관리조치
> ㄴ. 작업환경측정결과에 대한 사후조치
> ㄷ. 근골격계질환 징후가 나타난 근로자에 대한 사후조치
> ㄹ. 직무스트레스에 의한 건강장해 예방조치

① ㄱ, ㄴ ② ㄱ, ㄹ ③ ㄱ, ㄷ, ㄹ
④ ㄴ, ㄷ, ㄹ ⑤ ㄱ, ㄴ, ㄷ, ㄹ

해설
- 작업환경 측정결과는 작업장에 관한 사항임
※ 교재 : 「작업환경 노출기준」 참조

25 다음에서 설명하는 화학물질은?

- 2006년에 이 화학물질을 취급하던 중국동포가 수개월 만에 급성간독성을 일으켜 사망한 사례가 있었다.
- 이 화학물질은 폴리우레탄을 이용해 아크릴 등의 섬유, 필름, 표면코팅, 합성가죽 등을 제조하는 과정에서 노출될 수 있다.

① 벤젠　　　　　　　② 메탄올　　　　　　　③ 노말헥산
④ 이황화탄소　　　　⑤ 디메틸포름아미드

해설

- 디메틸포름아미드
  - 중독증세(급성간염, 급성간독성), 시료채취매체(실리카겔), 분석장비(가스크로마토그래피, 불꽃 이온화검출기)
- ※ 교재 : 「건강검진과 근로자 건강관리」 참조

정답　25 ⑤

제8회 2020년 기출문제

01 인사평가 방법에 관한 설명으로 옳지 않은 것은?

① 서열(ranking)법은 등위를 부여해 평가하는 방법으로, 평가 비용과 시간을 절약할 수 있다.
② 평정척도(rating scale)법은 평가 항목에 대해 리커트(Likert) 척도 등을 이용해 평가한다.
③ BARS(Behaviorally Anchored Rating Scale) 평가법은 성과 관련 주요 행동에 대한 수행정도로 평가한다.
④ MBO(Management by Objectives) 평가법은 상급자와 합의하여 설정한 목표대비 실적으로 평가한다.
⑤ BSC(Balanced Score Card) 평가법은 연간 재무적 성과 결과를 중심으로 평가한다.

◎ 해설
- BSC 평가법은 재무적 성과와 비재무적 성과를 모두 평가함
  - 4가지 핵심성능지표 : 재무적 관점, 고객 관점, 내부적(내부업무 프로세스) 관점, 학습(교육) 성장 관점
- ※ 교재 : 「균형성과표(BSC : Balanced Score Card)」 참조

02 노사관계에 관한 설명으로 옳지 않은 것은?

① 우리나라에서 단체협약은 1년을 초과하는 유효기간을 정할 수 없다.
② 1935년 미국의 와그너법(Wagner Act)은 부당노동행위를 방지하기 위하여 제정되었다.
③ 유니온 숍제는 비조합원이 고용된 이후, 일정기간 이후에 조합에 가입하는 형태이다.
④ 우리나라에서 임금교섭은 조합 수 기준으로 기업별 교섭형태가 가장 많다.
⑤ 직장폐쇄는 사용자측의 대항행위에 해당한다.

◎ 해설
- 우리나라에서 단체협약은 2년을 초과할 수 없음
  - 단체협약 : 노동조합과 사용자 또는 사용자 단체가 임금, 근로시간 및 기타 사항에 대하여 단체교섭 과정을 거쳐 합의한 사항을 서면으로 작성하여 체결한 협정
- ※ 교재 : 「단체교섭과 노동쟁의」 참조

정답 01 ⑤ 02 ①

03 조직문화 중 안전문화에 관한 설명으로 옳은 것은?

① 안전문화 수준은 조직구성원이 느끼는 안전 분위기나 안전풍토(safety climate)에 대한 설문으로 평가할 수 있다.
② 안전문화는 TMI(Three Mile Island) 원자력발전소 사고 관련 국제원자력기구(IAEA) 보고서에 의해 그 중요성이 널리 알려졌다.
③ 브래들리 커브(Bradley Curve) 모델은 기업의 안전문화 수준을 병적-수동적-계산적-능동적-생산적 5단계로 구분하고 있다.
④ Mohamed가 제시한 안전풍토의 요인들은 재해율이나 보호구 착용률과 같이 구체적이어서 안전문화 수준을 계량화하기 쉽다.
⑤ Pascale의 7S모델은 안전문화의 구성요인으로 Safety, Strategy, Structure, System, Staff, Skill, Style을 제시하고 있다.

해설
- 안전문화를 진단하는 방법은 크게 양적 접근법과 질적 접근법으로 나눔
- 안전문화(Safety Culture)라는 개념은 체르노빌 사고 이후, 국제원자력기구(IAEA)의 국제원자력안전자문그룹(INSAG : International Nuclear Safety Advisory Group)에 의해 최초로 등장.
- 브래들리 커브 모델의 안전문화 단계별 구분 : 반응적 단계 → 의존적 단계 → 독립적 단계 → 상호의존적 단계
- 파스칼과 피터스는 조직문화의 중요 요소와 이들 간의 상호관계를 개념화한 것이 7S모형
  - 구성요소 : 공유가치(핵심), 전략, 조직구조, 관리시스템, 구성원, 기술, 리더십스타일
※ 교재 : 「안전문화」 참조

04 동기부여 이론에 관한 설명으로 옳은 것을 모두 고른 것은?

ㄱ. 매슬로우(A. Maslow)의 욕구 5단계이론에서 가장 상위계층의 욕구는 자기가 원하는 집단에 소속되어 우의와 애정을 갖고자 하는 사회적 욕구이다.
ㄴ. 허츠버그(F. Herzberg)의 2요인이론에서 급여와 복리후생은 동기요인에 해당한다.
ㄷ. 맥그리거(D. McGregor)의 X이론에 의하면 사람은 엄격한 지시·명령으로 통제되어야 조직목표를 달성할 수 있다.
ㄹ. 맥클랜드(D. McClelland)는 주제통각시험(TAT)을 이용하여 사람의 욕구를 성취욕구, 권력욕구, 친교욕구로 구분하였다.

① ㄱ, ㄴ   ② ㄱ, ㄹ   ③ ㄷ, ㄹ
④ ㄱ, ㄴ, ㄷ   ⑤ ㄴ, ㄷ, ㄹ

해설
- 매슬로우 욕구 5단계 : 생리적 욕구, 안전 욕구, 사회적 욕구, 존경 욕구, 자아실현 욕구
- 허츠버그 2요인 : 동기요인(성취감, 달성에 관한 안정감, 책임감, 인정 등), 위생요인(봉급, 작업조건, 대인관계, 안정과 지위 등)
※ 교재 : 「동기부여 내용이론」 참조

정답 03 ① 04 ③

05 리더십(leadership)에 관한 설명으로 옳은 것은?

① 리더십 행동이론에서 리더의 행동은 상황이나 조건에 의해 결정된다고 본다.
② 리더십 특성이론에서 좋은 리더는 리더십 행동에 대한 훈련에 의해 육성될 수 있다고 본다.
③ 리더십 상황이론에서 리더십은 리더와 부하 직원들 간의 상호작용에 따라 달라질 수 있다고 본다.
④ 헤드십(headship)은 조직 구성원에 의해 선출된 관리자가 발휘하기 쉬운 리더십을 의미한다.
⑤ 헤드십은 최고경영자의 민주적인 리더십을 의미한다.

해설
- 특성이론 : 리더의 행동은 상황이나 조건에 의해 결정된다고 봄
- 행동이론 : 좋은 리더는 리더십 행동에 대한 훈련에 의해 육성될 수 있다고 봄
- 헤드십은 지명에 의한 리더십이고, 비민주적임
※ 교재 : 「리더십」 참조

06 수요예측 방법에 관한 설명으로 옳은 것은?

① 델파이 방법은 일반 소비자를 대상으로 하는 정량적 수요예측 방법이다.
② 이동평균법은 과거 수요예측치의 평균으로 예측한다.
③ 시계열분석법의 변동요인에 추세(trend)는 포함되지 않는다.
④ 단순회귀분석법에서 수요량 예측은 최대자승법을 이용한다.
⑤ 지수평활법은 과거 실제 수요량과 예측치 간의 오차에 대해 지수적 가중치를 반영해 예측한다.

해설
- 델파이 방법 : 전문가들이 서면상으로 토론하고 협의하는 방법
- 이동평균 : 실제 수요의 산술평균으로 예측함
- 시계열분석법의 변동요인에 추세를 포함
- 단순회귀분석법에서 수요예측은 최대자승법을 이용함
※ 교재 : 「인적자원 수요예측」 참조

07 재고관리에 관한 설명으로 옳지 않은 것은?

① 경제적 주문량(EOQ) 모형에서 재고유지비용은 주문량에 비례한다.
② 신문판매원 문제(newsboy problem)는 확정적 재고모형에 해당한다.
③ 고정주문량모형은 재고수준이 미리 정해진 재주문점에 도달할 경우 일정량을 주문하는 방식이다.
④ ABC 재고관리는 재고의 품목 수와 재고 금액에 따라 중요도를 결정하고 재고관리를 차별적으로 적용하는 기법이다.
⑤ 재고로 인한 금융비용, 창고 보관료, 자재 취급비용, 보험료는 재고유지비용에 해당한다.

해설
- 단일기간 재고모형 : 수요가 1회적이거나 수명이 짧은 제품에 사용되는 재고관리 방법
  예) 신문, 잡지, 식료품 등(재고유지비나 주문비를 고려하지 않음)
※ 교재 : 「재고관리시스템」 참조

08 품질경영기법에 관한 설명으로 옳지 않은 것은?

① SERVQUAL 모형은 서비스 품질수준을 측정하고 평가하는 데 이용될 수 있다.
② TQM은 고객의 입장에서 품질을 정의하고 조직 내의 모든 구성원이 참여하여 품질을 향상하고자 하는 기법이다.
③ HACCP은 식품의 품질 및 위생을 생산부터 유통단계를 거쳐 최종 소비될 때까지 합리적이고 철저하게 관리하기 위하여 도입되었다.
④ 6시그마 기법에서는 품질특성치가 허용한계에서 멀어질수록 품질비용이 증가하는 손실함수 개념을 도입하고 있다.
⑤ ISO 9000 시리즈는 표준화된 품질의 필요성을 인식하여 제정되었으며 제3자(인증기관)가 심사하여 인증하는 제도이다.

해설
- 6시그마(미국 Motorola에서 시작) : "최고 경영자의 리더십 아래 시그마라는 통계척도를 사용하여 모든 품질 수준을 정량적으로 평가하고, 문제해결 과정 및 전문가 양성 등의 효율적인 품질 문화를 조성하며, 품질 혁신과 고객만족을 달성하기 위하여 전사적으로 실행하는 종합적인 기업의 경영전략"
- 손실함수 개념은 "다구찌의 손실함수 방식"임
※ 교재 : 「6시그마」 참조

09 식음료 제조업체의 공급망관리팀 팀장인 홍길동은 유통단계에서 최종 소비자의 주문량 변동이 소매상, 도매상, 제조업체로 갈수록 증폭되는 현상을 발견하였다. 이에 관한 설명으로 옳지 않은 것은?

① 공급사슬 상류로 갈수록 주문의 변동이 증폭되는 현상을 채찍효과(bullwhipeffect)라고 한다.
② 유통업체의 할인 이벤트 등으로 가격 변동이 클 경우 주문량 변동이 감소할 것이다.
③ 제조업체와 유통업체의 협력적 수요예측시스템은 주문량 변동이 감소하는 데 기여할 것이다.
④ 공급사슬의 정보공유가 지연될수록 주문량 변동은 증가할 것이다.
⑤ 공급사슬의 리드타임(lead time)이 길수록 주문량 변동은 증가할 것이다.

해설
- 유통업체의 할인 이벤트 등으로 가격 변동이 클 경우 주문량 변동이 증가할 것임
※ 교재 : 「공급사슬관리(SCM ; Supply Chain Management)」 참조

10 스트레스의 작용과 대응에 관한 설명으로 옳지 않은 것은?

① A유형이 B유형 성격의 사람에 비해 스트레스에 더 취약하다.
② Selye가 구분한 스트레스 3단계 중에서 2단계는 저항단계이다.
③ 스트레스 관련 정보수집, 시간관리, 구체적 목표의 수립은 문제중심적 대처 방법이다.
④ 자신의 사건을 예측할 수 있고, 통제 가능하다고 지각하면 스트레스를 덜 받는다.
⑤ 긴장(각성) 수준이 높을수록 수행 수준은 선형적으로 감소한다.

해설
- 수행 수준은 적절한 스트레스일 때 증가하다가 과도하면 감소하는 역U자형임
※ 교재 : 「직무 스트레스」 참조

정답 08 ④ 09 ② 10 ⑤

11 김부장은 직원의 직무수행을 평가하기 위해 평정척도를 이용하였다. 금년부터는 평정오류를 줄이기 위한 방법으로 '종업원 비교법'을 도입하고자 한다. 이때 제거 가능한 오류(a)와 여전히 존재하는 오류(b)를 옳게 짝지은 것은?

① a : 후광오류, b : 중앙집중오류
② a : 후광오류, b : 관대화오류
③ a : 중앙집중오류, b : 관대화오류
④ a : 관대화오류, b : 중앙집중오류
⑤ a : 중앙집중오류, b : 후광오류

해설
- 중앙집중오류 : 평가결과가 정규분포 형태로 나타나지 않고, 평가자 모두를 평균치에 놓고 평가하는 경향
- 후광오류 : 개인에 대한 일반적 인상을 형성하게 되어 범하는 오류(개인의 일부 특성을 기반으로 개인 전체를 평가)
※ 교재 : 「인사평가 오류」 참조

12 인사 담당자인 김부장은 신입사원 채용을 위해 적절한 심리검사를 활용하고자 한다. 심리검사에 관한 설명으로 옳지 않은 것은?

① 다른 조건이 모두 동일하다면 검사의 문항 수는 내적 일관성의 정도에 영향을 미치지 않는다.
② 반분 신뢰도(split-half reliability)는 검사의 내적 일관성 정도를 보여주는 지표이다.
③ 안면 타당도(face validity)는 검사문항들이 외관상 특정 검사의 문항으로 적절하게 보이는 정도를 의미한다.
④ 준거 타당도(criterion validity)에는 동시 타당도(concurrent validity)와 예측타당도(predictive validity)가 있다.
⑤ 동형 검사 신뢰도(equivalent-form reliability)는 동일한 구성개념을 측정하는 두 독립적인 검사를 하나의 집단에 실시하여 측정한다.

해설
- 다른 조건이 모두 동일하다면 검사의 문항 수는 내적 일관성의 정도에 영향을 줌
※ 교재 : 「신뢰도, 타당도」 참조

13 다음에 설명하는 용어는?

> 응집력이 높은 조직에서 모든 구성원들이 하나의 의견에 동의하려는 욕구가 매우 강해, 대안적인 행동방식을 객관적이고 타당하게 평가하지 못함으로써 궁극적으로 비합리적이고 비현실적인 의사결정을 하게 되는 현상이다.

① 집단사고(groupthink)
② 사회적 태만(social loafing)
③ 집단극화(group polarization)
④ 사회적 촉진(social facilitation)
⑤ 남만큼만 하기 효과(sucker effect)

정답 11 ⑤ 12 ① 13 ①

해설
- 집단사고는 집단 내부의 압력 때문에 정신적 효율성이 떨어지고 현실에 대한 검토가 불충분, 도덕적 판단이 흐려지는 현상임
※ 교재 : 「집단의 결정」 참조

14 용접공이 작업 중에 보호안경을 쓰지 않으면 시력손상을 입는 산업재해가 발생한다. 용접공의 행동특성을 ABC행동이론(선행사건, 행동, 결과)에 근거하여 기술한 내용으로 옳은 것을 모두 고른 것은? (문제 오류로 확정 답안 발표 시 모두 정답처리 되었습니다.)

> ㄱ. 보호안경을 착용하지 않으면 편리하다는 확실한 결과를 얻을 수 있다.
> ㄴ. 보호안경 착용으로 나타나는 예방효과는 안전행동에 결정적인 영향을 미친다.
> ㄷ. 미래의 불확실한 이득(시력보호)으로 보호안경의 착용 행위를 증가시키는 것은 어렵다.
> ㄹ. 모범적인 호보안경 착용자에게 공개적인 인센티브를 제공하여 위험행동을 감소하도록 유도한다.

① ㄱ, ㄷ   ② ㄴ, ㄹ   ③ ㄱ, ㄷ, ㄹ
④ ㄴ, ㄷ, ㄹ   ⑤ ㄱ, ㄴ, ㄷ, ㄹ

해설
- 모범적인 보호안경 착용자에게 공개적인 인센티브를 제공하여 위험행동을 감소하도록 유도한다. (선행사건 A)
- 보호안경을 착용하지 않으면 편리하다는 확실한 결과를 얻을 수 있다. (신념체계 B - 비합리적인 신념)
- 미래의 불학실한 이득(시력보호)으로 보호안경을 착용 행위를 증가시키는 것은 어렵다. (결과 C)
※ 교재 : 「앨버트 엘리스의 ABC이론(=ABCDE모형)」 참조

15 휴먼에러 발생 원인을 설명하는 모델 중, 주로 익숙하지 않은 문제를 해결할 때 사용하는 모델이며 지름길을 사용하지 않고 상황파악, 정보수집, 의사결정, 실행의 모든 단계를 순차적으로 실행하는 방법은?

① 위반행동 모델(violation behavior model)
② 숙련기반행동 모델(skill-based behavior model)
③ 규칙기반행동 모델(rule-based behavior model)
④ 지식기반행동 모델(knowledge-based behavior model)
⑤ 일반화 에러 모형(generic error modeling system)

해설
- 위반행동 모델 : 지식이 있고 옳은 행동을 할 수 있음에도 나쁜 의도를 가지고 발생
- 숙련기반행동 모델 : 숙련상태에서 나타난 에러
- 규칙기반행동 모델 : 처음부터 잘못된 규칙을 적용
※ 교재 : 「휴먼에러」 참조

16 소음의 특성과 청력손실에 관한 설명으로 옳지 않은 것은?

① 0 dB 청력수준은 20대 정상 청력을 근거로 산출된 최소역치수준이다.
② 소음성 난청은 달팽이관의 유모세포 손상에 따른 영구적 청력손실이다.
③ 소음성 난청은 주로 1,000 Hz 주변의 청력손실로부터 시작된다.
④ 소음작업이란 1일 8시간 작업을 기준으로 85 dBA 이상의 소음이 발생하는 작업이다.
⑤ 중이염 등으로 고막이나 이소골이 손상된 경우 기도와 골도 청력에 차이가 발생할 수 있다.

해설
- 소음성 난청은 주로 4,000 Hz 주변의 청력손실로부터 시작
※ 교재 : 「작업위생 측정 및 평가」 참조

17 인간의 정보처리과정에 관한 설명으로 옳은 것을 모두 고른 것은?

> ㄱ. 단기기억의 용량은 덩이 만들기(chunking)를 통해 확장할 수 있다.
> ㄴ. 감각기억에 있는 정보를 단기기억으로 이전하기 위해서는 주의가 필요하다.
> ㄷ. 신호검출이론(signal-detection theory)에서 누락(miss)은 신호가 없는데도 있다고 잘못 판단하는 경우이다.
> ㄹ. Weber의 법칙에 따르면 10kg의 물체에 대한 무게 변화감지역(JND)이 1kg의 물체에 대한 무게 변화감지역보다 더 크다.

① ㄴ, ㄷ　　② ㄱ, ㄴ, ㄹ　　③ ㄱ, ㄷ, ㄹ
④ ㄴ, ㄷ, ㄹ　　⑤ ㄱ, ㄴ, ㄷ, ㄹ

해설
- 신호상황에 따른 인간의 판정결과 4가지
  - Hit : 신호를 신호로 판정 (올바른 채택)
  - False Alarm : 소음(Noise)를 신호로 오인 (허위경보)
  - Miss : 신호가 있으나 탐지 못함 (누락)
  - Correct Rejection : 소음(Noise)를 소음(Noise)로 판정 (올바른 거부)
※ 교재 : 「신호검출이론」 참조

18 어떤 가설을 받아들이고 나면 다른 가능성은 검토하지도 않고 그 가설을 지지하는 증거만을 탐색해서 받아들이는 현상에 해당하는 것은?

① 대표성 어림법(representativeness heuristic)
② 가용성 어림법(availability heuristic)
③ 과잉확신(overconfidence)
④ 확증 편향(confirmation bias)
⑤ 사후확신 편향(hindsight bias)

> 🔎 **해설**
> - 대표성 어림법 : 일어나지 않았던 일이 자주 일어났던 일보다 더 자주 일어날 것이라는 믿음
> - 가용법 어림법 : 우리의 기억에 보다 쉽게 떠오르는 사건을 더 자주 일어나는 일로 판단
> - 과잉확산 : 사람들이 자기의 판단이나 지식 등에 대해 실제보다 과장되게 평가하는 경향
> - 사후확신 편향 : 이미 일어난 사건을 그 일이 일어나기 전보다 더 예측가능한 것으로 생각
> ※ 교재 : 「직무스트레스」 참조

19 근로자 건강진단에 관한 설명으로 옳지 않은 것은?
① 납땜 후 기판에 묻어 있는 이물질을 제거하기 위하여 아세톤을 취급하는 근로자는 특수건강진단 대상자이다.
② 우레탄수지 코팅공정에 디메틸포름아미드 취급 근로자의 배치 후 첫 번째 특수건강진단 시기는 3개월 이내이다.
③ 6개월간 오후 10시부터 다음날 오전 6시 사이의 시간 중 작업을 월 평균 60시간 이상 수행하는 근로자는 야간작업 특수건강진단 대상자이다.
④ 직업성 천식 및 직업성 피부염이 의심되는 근로자에 대한 수시건강진단의 검사 항목이 있다.
⑤ 정밀기계 가공작업에서 금속가공유 취급 시 노출되는 근로자는 배치전·특수건강진단 대상자이다.

> 🔎 **해설**
> - 우레탄수지 코팅공정에 디메틸포름아미드 취급 근로자의 배치후 첫 번째 특수건강진단 시기는 1개월 이내임
> ※ 교재 : 「건강검진과 근로자 건강관리」 참조

20 관리대상 유해물질 관련 국소배기장치 후드의 제어풍속에 관한 설명으로 옳지 않은 것은?
① 가스 상태 물질 포위식 포위형 후드는 제어풍속이 0.4 m/s 이상이다.
② 가스 상태 물질 외부식 측방흡인형 후드는 제어풍속이 0.5 m/s 이상이다.
③ 가스 상태 물질 외부식 상방흡인형 후드는 제어풍속이 1.0 m/s 이상이다.
④ 입자 상태 물질 포위식 포위형 후드는 제어풍속이 1.0 m/s 이상이다.
⑤ 입자 상태 물질 외부식 상방흡인형 후드는 제어풍속이 1.2 m/s 이상이다.

> 🔎 **해설**
> - 입자 상태 물질 포위식 포위형 후드는 제어풍속이 0.7 m/s 이상임
> ※ 교재 : 「환기」 참조

정답 19 ② 20 ④

21 산업위생의 범위에 관한 설명으로 옳지 않은 것은?

① 새로운 화학물질을 공정에 도입하려고 계획할 때, 알려진 참고자료를 바탕으로 노출 위험성을 예측한다.
② 화학물질 관리를 위해 국소배기장치를 직접 제작 및 설치한다.
③ 작업환경에서 발생할 수 있는 감염성 질환을 포함한 생물학적 유해인자에 대한 위험성 평가를 실시한다.
④ 노출기준이 설정되지 않은 물질에 대하여 노출수준을 측정하고 참고자료와 비교하여 평가한다.
⑤ 동일한 직무를 수행하는 노동자 그룹별로 직무특성을 상세하게 기술하고 유사노출그룹을 분류한다.

해설
- 화학물질 관리를 위해 국소배기장치 설치를 제안함
※ 교재 : 「산업위생개론」 참조

22 미국산업위생학회에서 산업위생의 정의에 관한 설명으로 옳지 않은 것은?

① 인지란 현재 상황의 유해인자를 파악하는 것으로 위험성 평가(Risk Assessment)를 통해 실행할 수 있다.
② 측정은 유해인자의 노출 정도를 정량적으로 계측하는 것이며 정성적 계측도 포함한다.
③ 평가의 대표적인 활동은 측정된 결과를 참고자료 혹은 노출기준과 비교하는 것이다.
④ 관리에서 개인보호구의 사용은 최후의 수단이며 공학적, 행정적인 관리와 병행해야 한다.
⑤ 예측은 산업위생 활동에서 마지막으로 요구되는 활동으로 앞 단계들에서 축적된 자료를 활용하는 것이다.

해설
- 미국산업위생학회(AIHA)의 산업위생의 정의
  - 근로자나 일반 대중에게 질병, 건강장애와 안녕 방해, 심각한 불쾌감 및 능률 저하 등을 초래하는 작업환경 요인과 스트레스를 예측, 측정, 평가, 관리하는 과학과 기술임
※ 교재 : 「산업위생개론」 참조

23 국가별 노출기준 중 법적 제재력이 없는 것은?

① 독일 GCIHHCC의 MAK
② 영국 HSE의 WEL
③ 일본 노동성의 CL
④ 우리나라 고용노동부의 허용기준
⑤ 미국 OSHA의 PEL

해설
- 독일 GCIHHCC의 MAK은 법적 제재력이 없음
※ 교재 : 「산업위생개론」 참조

정답 21 ② 22 ⑤ 23 ①

24 산업위생관리의 기본원리 중 작업관리에 해당하는 것은?

① 유해물질의 대체　　② 국소배기 시설　　③ 설비의 자동화
④ 작업방법 개선　　　⑤ 생산공정의 변경

> 해설
> ■ 작업방법 개선은 작업관리에 해당함
> ※ 교재 : 「산업위생개론」 참조

25 유기용제의 일반적인 특성 및 독성에 관한 설명으로 옳은 것을 모두 고른 것은?

> ㄱ. 탄소사슬의 길이가 길수록 유기화학물질의 중추신경 억제효과는 증가한다.
> ㄴ. 염화메틸렌이 사염화탄소보다 더 강력한 마취 특성을 가지고 있다.
> ㄷ. 불포화탄화수소는 포화탄화수소보다 자극성이 작다.
> ㄹ. 유기분자에 아민이 첨가되면 피부에 대한 부식성이 증가한다.

① ㄱ, ㄴ　　　　② ㄱ, ㄷ　　　　③ ㄱ, ㄹ
④ ㄴ, ㄷ　　　　⑤ ㄴ, ㄹ

> 해설
> ■ 유기용제는 다른 물질을 녹이는 용해능력을 가진 물질로 거의 모든 작업장에서 사용되고, 종류는 지방족, 방향족, 치환족 등이 있음. 유기용제의 일반적인 독성의 원리는 다음과 같음
> - 중추신경계에 대한 억제작용은 탄소사슬의 길이가 길수록, 작용기가 할로겐족으로 치환될수록, 불포화될수록 큰 것으로 알려져 있음
> ※ 교재 : 「작업위생 측정 및 평가」 참조

제9회 2021년 기출문제

01 조직구조 설계의 상황요인에 해당하는 것을 모두 고른 것은?

ㄱ. 조직의 규모   ㄴ. 표준화   ㄷ. 전략
ㄹ. 환경   ㅁ. 기술

① ㄱ, ㄴ, ㄷ
② ㄱ, ㄴ, ㄹ
③ ㄴ, ㄷ, ㅁ
④ ㄱ, ㄴ, ㄷ, ㄹ
⑤ ㄱ, ㄷ, ㄹ, ㅁ

◎ 해설
- 조직구조 설계의 상황요인 : 조직의 규모, 전략, 환경, 기술
※ 교재 :「조직론 기초」참조

02 프렌치(J. French)와 레이븐(B. Raven)의 권력의 원천에 관한 설명으로 옳지 않은 것은?
① 공식적 권력은 특정역할과 지위에 따른 계층구조에서 나온다.
② 공식적 권력은 해당지위에서 떠나면 유지되기 어렵다.
③ 공식적 권력은 합법적 권력, 보상적 권력, 강압적 권력이 있다.
④ 개인적 권력은 전문적 권력과 정보적 권력이 있다.
⑤ 개인적 권력은 자신의 능력과 인격을 다른 사람으로부터 인정받아 생긴다.

◎ 해설
- 프렌치와 레이븐의 개인적 권력
  - 준거적 권력 : 인간적 특성이나 바람직한 자원에서 유래
  - 전문적 권력 : 특정 분야의 전문 지식을 가지고 있음으로 인해 생기는 영향력
※ 교재 :「권력과 갈등」참조

03 직무분석과 직무평가에 관한 설명으로 옳지 않은 것은?
① 직무분석은 인력확보와 인력개발을 위해 필요하다.
② 직무분석은 교육훈련 내용과 안전사고 예방에 관한 정보를 제공한다.
③ 직무명세서는 직무수행자가 갖추어야 할 자격요건인 인적 특성을 파악하기 위한 것이다.
④ 직무평가 요소비교법은 평가대상 개별직무의 가치를 점수화하여 평가하는 기법이다.
⑤ 직무평가는 조직의 목표달성에 더 많이 공헌하는 직무를 다른 직무에 비해 더 가치가 있다고 본다.

◎ 해설
- 요소비교법 : 핵심이 되는 몇 개의 기준직무를 선정하고 각 평가요소를 비교함으로써 모든 직무의 상대적 가치를 결정하는 방법(계량적임)
※ 교재 :「직무평가」참조

정답 01 ⑤ 02 ④ 03 ④

04 협상에 관한 설명으로 옳지 않은 것은?

① 협상은 둘 이상의 당사자가 희소한 자원을 어떻게 분배할지 결정하는 과정이다.
② 협상에 관한 접근방법으로 분배적 교섭과 통합적 교섭이 있다.
③ 분배적 교섭은 내가 이익을 보면 상대방은 손해를 보는 구조이다.
④ 통합적 교섭은 윈-윈 해결책을 창출하는 타결점이 있다는 것을 전제로 한다.
⑤ 분배적 교섭은 협상당사자가 전체자원(pie)이 유동적이라는 전제하에 협상을 진행한다.

해설
- 분배적 교섭 : 한정된 전체자원을 어떻게 나누는지 협상(내가 이익을 보면 상대방은 손해를 보는 구조임)
※ 교재 : 「노사관계 관리」 참조

05 노동쟁의와 관련하여 성격이 다른 하나는?

① 파업 ② 준법투쟁 ③ 불매운동
④ 생산통제 ⑤ 대체고용

해설
- 노동자측 쟁의행위 : 파업, 준법투쟁, 불매운동, 태업(의도적 작업 능률저하), 사보타주(의도적으로 생산설비 손상)
- 사용자측 쟁의행위 : 직장폐쇄, 조업계속, 대체고용
※ 교재 : 「단체교섭과 노동쟁의」 참조

06 대량고객화(mass customization)에 관한 설명으로 옳지 않은 것은?

① 높은 가격과 다양한 제품 및 서비스를 제공하는 개념이다.
② 대량고객화 달성 전략의 하나로 모듈화 설계와 생산이 사용된다.
③ 대량고객화 관련 프로세스는 주로 주문조립생산과 관련이 있다.
④ 정유, 가스 산업처럼 대량고객화를 적용하기 어렵고 효과 달성이 어려운 제품이나 산업이 존재한다.
⑤ 주문접수 시까지 제품 및 서비스를 연기(postpone)하는 활동은 대량고객화 기법 중의 하나이다.

해설
- 대량고객화(mass customization, 대량맞춤생산) : 대량생산의 이점을 누리는 동시에 고객별 니즈의 효과적 반영 도모
※ 교재 : 「공급사슬관리(SCM ; Supply Chain Management)」 참조

07 품질경영에 관한 설명으로 옳지 않은 것은?

① 쥬란(J. Juran)은 품질삼각축(quality trilogy)으로 품질 계획, 관리, 개선을 주장했다.
② 데밍(W. Deming)은 최고경영진의 장기적 관점 품질관리와 종업원 교육훈련 등을 포함한 14 가지 품질경영 철학을 주장했다.
③ 종합적 품질경영(TQM)의 과제 해결 단계는 DICA(Define, Implement, Check, Act)이다.
④ 종합적 품질경영(TQM)은 프로세스 향상을 위해 지속적 개선을 지향한다.
⑤ 종합적 품질경영(TQM)은 외부 고객만족 뿐만 아니라 내부 고객만족을 위해 노력한다.

해설

- 전사적 품질경영(TQM ; Total Quality Management) : 고객만족을 서비스 질의 제1차적 목표
  - 특징 : 소비자 위주(고객 중심), 시스템 중심, 경영전략지원, (목표) 장, 단기 균형, 고객 욕구가 최우선, 총체적 품질 향상을 통해 경영목표달성, 프로세스 지향적(과정지향)
  - 품질기능전개 단계 : 고객의 요구 – 기술적 특성(제품계획) – 부품의 특성(부품설계) – 주요공정의 특성(공정계획) – 생산계획 및 통제방법(생산계획)

※ 교재 : 「전사적 품질경영」 참조

08 6시그마와 린을 비교 설명한 것으로 옳은 것은?

① 6시그마는 낭비 제거나 감소에, 린은 결점 감소나 제거에 집중한다.
② 6시그마는 부가가치 활동 분석을 위해 모든 형태의 흐름도를, 린은 가치흐름도를 주로 사용한다.
③ 6시그마는 임원급 챔피언의 역할이 없지만, 린은 임원급 챔피언의 역할이 중요하다.
④ 6시그마는 개선활동에 파트타임(겸임) 리더가, 린은 풀타임(전담) 리더가 담당한다.
⑤ 6시그마의 개선 과제는 전략적 관점에서 선정하지 않지만, 린은 전략적 관점에서 선정한다.

해설

- 6시그마 경영 : 근본 원인 분석, 결점감소나 제거, 부가가치 활동 분석을 위해 모든 형태의 흐름도를 사용함. 체계적이고 의무적인 교육과정을 이수한 벨트 인증자가 문제 해결, 개선과제를 전략적 관점에서 선정
- 린 경영 : 가치흐름 개선, 낭비 제거나 감소, 부가가치 활동 분석을 위해 가치흐름도를 주로 사용함. 낭비제거를 통한 생산성향상 및 원가절감을 목표로 과제그룹, 투자업무, 소개선 그룹 등이 집합과제 해결, 개선과제를 전략적 관점에서 선정하지 않음

※ 교재 : 「6시그마」 참조

정답 07 ③ 08 ②

09 생산운영관리의 최신 경향 중 기업의 사회적 책임과 환경경영에 관한 설명으로 옳은 것을 모두 고른 것은?

> ㄱ. ISO 29000은 기업의 사회적 책임에 관한 국제 인증제도이다.
> ㄴ. 포터(M. Porter)와 크래머(M. Kramer)가 제안한 공유가치창출(CSV: Creation Shared Value)은 기업의 경쟁력 강화보다 사회적 책임을 우선시한다.
> ㄷ. 지속가능성이란 미래 세대의 니즈(needs)와 상충되지 않도록 현 사회의 니즈(needs)를 충족시키는 정책과 전략이다.
> ㄹ. 청정생산(cleaner production) 방법으로는 친환경 원자재의 사용, 청정 프로세스의 활용과 친환경생산 프로세스 관리 등이 있다.
> ㅁ. 환경경영시스템인 ISO 14000은 결과 중심 경영시스템이다.

① ㄱ, ㄴ
② ㄷ, ㄹ
③ ㄹ, ㅁ
④ ㄷ, ㄹ, ㅁ
⑤ ㄱ, ㄷ, ㄹ, ㅁ

해설
- ISO 21000 : 기업의 사회적 책임에 관한 국제표준화 기구
- 포터와 크래머가 제안한 공유가치창출은 기업의 경쟁력 강화와 사회적 책임을 중요시 함
- ISO 14000 : 국제환경규격으로 과정과 결과를 모두 포함한 경영시스템임
※ 교재 : 「전사적 품질경영」 참조

10 직무분석을 위해 사용되는 방법들 중 정보입력, 정신적 과정, 작업의 결과, 타인과의 관계, 직무맥락, 기타 직무특성 등의 범주로 조직화되어 있는 것은?

① 과업질문지(Task Inventory: TI)
② 기능적 직무분석(Functional Job Analysis: FJA)
③ 직위분석질문지(Position Analysis Questionnaire: PAQ)
④ 직무요소질문지(Job Components Inventory: JCI)
⑤ 직무분석 시스템(Job Analysis System: JAS)

해설
- 과업질문지 : 분석대상에서 수행될 수 있는 특정한 과업들의 목록을 담고 있음
- 기능적 직무분석 : 각 직무를 자료, 사람, 사물과 관련시켜 종업원의 각 기능을 분류, 비교, 종합분석함
- 직무요소 질문지 : 근로자의 특성과 직무요건 특성을 맞춰봐야 할 필요성
- 직무분석 시스템 : 직무를 분석하여 개선함
※ 교재 : 「직무분석」 참조

정답 09 ② 10 ③

11 직업 스트레스 모델 중 종단 설계를 사용하여 업무량과 이외의 다양한 직무요구가 종업원의 안녕과 동기에 미치는 영향을 살펴보기 위한 것은?

① 요구-통제 모델(Demands-Control model)
② 자원보존이론(Conservation of Resources theory)
③ 사람-환경 적합 모델(Person-Environment Fit model)
④ 직무 요구-자원 모델(Job Demands-Resources model)
⑤ 노력-보상 불균형 모델(Effort-Reward Imbalance model)

◎해설
- 요구-통제 모델 : 개인의 목표나 열망-일의 환경 제공물 간의 불일치에 따른 스트레스(종업원이 심한 업무 요구를 받게 되면서 동시에 자신의 업무에 대한 통제권이 없는 상황)
- 자원보존이론 : 일과 가정 중 상실에 의한 스트레스
- 사람-환경 적합 모델 : 개인과 환경 간의 적합도가 부족할 때 업무 환경이 스트레스를 주는 것으로 지각
- 노력-보상 불균형 모델 : 개인 차원에서 스트레스를 일으키는 가장 큰 원인은 본인이 지출하는 노력의 내용과 크기와 본인이 직접 체험하는 보상의 내용과 크기 간의 불균형
※ 교재 : 「직무 스트레스」 참조

12 자기결정이론(self-determination theory)에서 내적동기에 영향을 미치는 세 가지 기본욕구를 모두 고른 것은?

| ㄱ. 자율성 | ㄴ. 관계성 | ㄷ. 통제성 |
| ㄹ. 유능성 | ㅁ. 소속성 | |

① ㄱ, ㄴ, ㄷ   ② ㄱ, ㄴ, ㄹ   ③ ㄱ, ㄷ, ㅁ
④ ㄴ, ㄷ, ㅁ   ⑤ ㄷ, ㄹ, ㅁ

◎해설
- 자기결정이론에서 내적동기에 영향을 미치는 세가지 기본욕구(자율성, 관계성, 유능성)
※ 교재 : 「데시(Edward Deci)의 자기결정이론(인지평가이론)」 참조

13 터크만(B. Tuckman)이 제안한 팀 발달의 단계 모형에서 '개별적 사람의 집합'이 '의미 있는 팀'이 되는 단계는?

① 형성기(forming)   ② 격동기(storming)   ③ 규범기(norming)
④ 수행기(performing)   ⑤ 휴회기(adjourning)

◎해설
- 터크만의 팀 생애주기는 형성 - 격동 - 규범 - 수행 - 휴회의 순임
※ 교재 : 「집단」 참조

14 반생산적 업무행동(CWB) 중 직·간접적으로 조직 내에서 행해지는 일을 방해하려는 의도적 시도를 의미하며 다음과 같은 사례에 해당하는 것은?

> – 고의적으로 조직의 장비나 재산의 일부를 손상시키기
> – 의도적으로 재료나 공급물품을 낭비하기
> – 자신의 업무영역을 더럽히거나 지저분하게 만들기

① 철회(withdrawal)
② 사보타주(sabotage)
③ 직장무례(workplace incivility)
④ 생산일탈(production deviance)
⑤ 타인학대(abuse toward others)

해설
- 사보타주 : 노동조합의 쟁의 행위의 하나로 '의도적으로 생산 설비에 손상'을 입히는 것임
※ 교재 : 「단체교섭과 노동쟁의」 참조

15 스웨인(A. Swain)과 커트맨(H. Cuttmann)이 구분한 인간오류(human error)의 유형에 관한 설명으로 옳지 않은 것은?

① 생략오류(omission error) : 부분으로는 옳으나 전체로는 틀린 것을 옳다고 주장하는 오류
② 시간오류(timing error) : 업무를 정해진 시간보다 너무 빠르게 혹은 늦게 수행했을 때 발생하는 오류
③ 순서오류(sequence error) : 업무의 순서를 잘못 이해했을 때 발생하는 오류
④ 실행오류(commission error) : 수행해야 할 업무를 부정확하게 수행하기 때문에 생겨나는 오류
⑤ 부가오류(extraneous error) : 불필요한 절차를 수행하는 경우에 생기는 오류

해설
- 생략오류 : 필요한 직무 또는 절차를 수행하지 않음
※ 교재 : 「휴먼에러」 참조

정답 14 ② 15 ①

16 아래 그림에서 (a)와 (c)가 일직선으로 보이지만 실제로는 (a)와 (b)가 일직선이다. 이러한 현상을 나타내는 용어는?

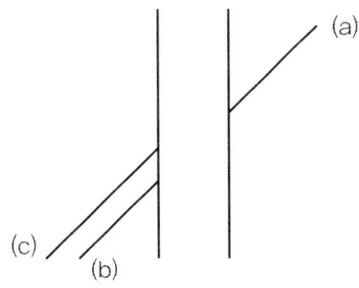

① 뮬러-라이어(Müller-Lyer) 착시현상
② 티체너(Titchener) 착시현상
③ 폰조(Ponzo) 착시현상
④ 포겐도르프(Poggendorf) 착시현상
⑤ 죌너(Zöllner) 착시현상

해설
- (a)와 (c)가 일직선상으로 보이나, 실제로는 (a)와 (b)가 일직선임
※ 교재 : 「착각과 착시」 참조

17 산업재해이론 중 하인리히(H. Heinrich)가 제시한 이론에 관한 설명으로 옳은 것은?

① 매트릭스 모델(Matrix model)을 제안하였으며, 작업자의 긴장수준이 사고를 유발한다고 보았다.
② 사고의 원인이 어떻게 연쇄반응을 일으키는지 도미노(domino)를 이용하여 설명하였다.
③ 재해는 관리부족, 기본원인, 직접원인, 사고가 연쇄적으로 발생하면서 일어나는 것으로 보았다.
④ 재해의 직접적인 원인은 불안전행동과 불안전상태를 유발하거나 방치한 전술적 오류에서 비롯된다고 보았다.
⑤ 스위스 치즈 모델(Swiss cheese model)을 제시하였으며, 모든 요소의 불안전이 겹쳐져서 사고가 발생한다고 주장하였다.

해설
- 하돈의 매트릭스 모델은 작업자의 긴장수준이 사고를 유발한다고 봄
- 버즈의 연쇄성 이론에 따르면 재해는 관리부족, 기본원인, 직접원인, 사고가 연쇄적으로 발생하면서 일어나는 것으로 봄
- 아담스의 사고연쇄반응 이론에 따르면 불안전한 행동 및 상태를 "전술적 에러"로 사고는 관리구조의 결여, 작전적 에러, 전술적 에러, 사고, 재해로 이어진다고 봄
- 리전의 스위스 치즈 이론은 인적요인보다는 System적 요인을 강조한 것으로 스위스 치즈 이론은 스위스 치즈의 구멍처럼 늘 사고가 날 수 있는 잠재적 결함이 도사리고 있다가 이 결함들이 동시에 나타날 때 대형사고가 발생하게 됨
※ 교재 : 「각종 산업재해 이론」 참조

정답 16 ④ 17 ②

18 조직 스트레스원 자체의 수준을 감소시키기 위한 방법으로 옳은 것을 모두 고른 것은?

> ㄱ. 더 많은 자율성을 가지도록 직무를 설계하는 것
> ㄴ. 조직의 의사결정에 대한 참여기회를 더 많이 제공하는 것
> ㄷ. 직원들과 더 효과적으로 의사소통할 수 있도록 관리자를 훈련하는 것
> ㄹ. 갈등해결기법을 효과적으로 사용할 수 있도록 종업원을 훈련하는 것

① ㄱ, ㄴ   ② ㄷ, ㄹ   ③ ㄱ, ㄴ, ㄹ
④ ㄴ, ㄷ, ㄹ   ⑤ ㄱ, ㄴ, ㄷ, ㄹ

해설
- 모두 맞음
※ 교재 : 「직무 스트레스」 참조

19 산업위생의 목적에 해당하는 것을 모두 고른 것은?

> ㄱ. 유해인자 예측 및 관리   ㄴ. 작업조건의 인간공학적 개선
> ㄷ. 작업환경 개선 및 직업병 예방   ㄹ. 작업자의 건강보호 및 생산성 향상

① ㄱ, ㄴ, ㄷ   ② ㄱ, ㄴ, ㄹ   ③ ㄱ, ㄷ, ㄹ
④ ㄴ, ㄷ, ㄹ   ⑤ ㄱ, ㄴ, ㄷ, ㄹ

20 노출기준 설정방법 등에 관한 설명으로 옳지 않은 것은?
① 노동으로 인한 외부로부터 노출량(dose)과 반응(response)의 관계를 정립한 사람은 Pearson Norman(1972)이다.
② 노출에 따른 활동능력의 상실과 조절능력의 상실 관계는 지수형 곡선으로 나타난다.
③ 항상성(homeostasis)이란 노출에 대해 적응할 수 있는 단계로 정상조절이 가능한 단계이다.
④ 정상기능 유지단계는 노출에 대해 방어기능을 동원하여 기능장해를 방어할 수 있는 대상성(compensation) 조절기능 단계이다.
⑤ 대상성(compensation) 조절기능 단계를 벗어나면 회복이 불가능하여 질병이 야기된다.

해설
- 산업독성학에서 보통 화학물질이 생체에 미치는 영향을 정립한 사람은 Theodore Hatch(1922)임
※ 교재 : 「작업위생 측정 및 평가」 참조

21 우리나라 작업환경측정에서 화학적 인자와 시료채취 매체의 연결이 옳은 것은?

① 2-브로모프로판 - 실리카겔관
② 디메틸포름아미드 - 활성탄관
③ 시클로헥산 - 실리카겔관
④ 트리클로로에틸렌 - 활성탄관
⑤ 니켈 - 활성탄관

해설
- 2-브로모프로판-활성탄관, 디메틸포름아미드-실리카겔관, 시클로헥산-활성탄관, 니켈-막여과지와 패드가 정착된 3단 카세트
※ 교재 : 「작업위생 측정 및 평가」 참조

22 공기정화장치 중 집진(먼지제거) 장치에 사용되는 방법 또는 원리에 해당하지 않는 것은?

① 세정   ② 여과(여포)   ③ 흡착
④ 원심력   ⑤ 전기 전하

해설
- 집진장치의 종류 : 원심력, 세정식, 여과, 전기
※ 교재 : 「환기」 참조

23 산업안전보건법 시행규칙 별지 제85호 서식(특수·배치전·수시·임시 건강진단 결과표)의 작성 사항이 아닌 것은?

① 작업공정별 유해요인 분포 실태
② 유해인자별 건강진단을 받은 근로자 현황
③ 질병코드별 질병유소견자 현황
④ 질병별 조치 현황
⑤ 건강진단 결과표 작성일, 송부일, 검진기관명

해설
- 작업공정별 유해요인 분포 실태는 작업환경 측정에 관한 사항임
※ 교재 : 「건강검진과 근로자 건강관리」 참조

정답 21 ④ 22 ③ 23 ①

24 산업안전보건기준에 관한 규칙상 사업주가 근로자에게 송기마스크나 방독마스크를 지급하여 착용하도록 하여야 하는 업무에 해당하지 않는 것은?

① 국소배기장치의 설비 특례에 따라 밀폐설비나 국소배기장치가 설치되지 아니한 장소에서의 유기화합물 취급업무
② 임시작업인 경우의 설비 특례에 따라 밀폐설비나 국소배기장치가 설치되지 아니한 장소에서의 유기화합물 취급업무
③ 단시간작업인 경우의 설비 특례에 따라 밀폐설비나 국소배기장치가 설치되지 아니한 장소에서의 유기화합물 취급업무
④ 유기화합물 취급 장소에 설치된 환기장치 내의 기류가 확산될 우려가 있는 물체를 다루는 유기화합물 취급업무
⑤ 유기화합물 취급 장소에서 청소 등으로 유기화합물이 제거된 설비를 개방하는 업무

◉ 해설
- 유기화합물 취급 장소에서 청소 등으로 유기화합물이 제거된 설비를 개방하는 업무는 규칙에 따라 송기마스크나 방독마스크를 지급하여 착용토록 하지 않아도 됨
※ 교재 : 「환기」 참조

25 화학물질 및 물리적 인자의 노출기준에서 유해물질별 그 표시 내용의 연결이 옳은 것은?

① 인듐 및 그 화합물 – 흡입성
② 크롬산 아연 – 발암성 1A
③ 일산화탄소 – 호흡성
④ 불화수소 – 생식세포 변이원성 2
⑤ 트리클로로에틸렌 – 생식독성 1A

◉ 해설
- 발암성 정보물질의 표기는 화학물질의 분류·표시 및 물질안전보건자료에 관한 기준에 따라 1A, 1B, 2로 표기함
  - 1A : 사람에게 충분한 발암성 증거가 있는 물질
  - 1B : 시험동물에서 발암성 증거가 충분히 있거나, 시험동물과 사람 모두에게 제한된 발암성 증거가 있는 물질
  - 2 : 사람이나 동물에게 제한된 증거가 있지만, 구분 1로 분류하기에는 충분하지 않은 물질
※ 교재 : 「작업환경 노출기준」 참조

정답 24 ⑤ 25 ②

제10회 2022년 기출문제

01 균형성과표(BSC: Balanced Score Card)에서 조직의 성과를 평가하는 관점이 아닌 것은?
① 재무 관점
② 고객 관점
③ 내부 프로세스 관점
④ 학습과 성장 관점
⑤ 공정성 관점

해설
- BSC 4가지 관점 : 재무적 관점, 고객 관점, 내부 비즈니스 프로세스 관점, 학습과 성장 관점
- ※ 교재 : 「균형성과표(BSC : Balanced Score Card)」 참조

02 노사관계에서 숍제도(shop system)를 기본적인 형태와 변형적인 형태로 구분할 때, 기본적인 형태를 모두 고른 것은?

ㄱ. 클로즈드 숍(closed shop)	ㄴ. 에이전시 숍(agency shop)
ㄷ. 유니온 숍(union shop)	ㄹ. 오픈 숍(open shop)
ㅁ. 프레퍼렌셜 숍(preferential shop)	ㅂ. 메인티넌스 숍(maintenance shop)

① ㄱ, ㄴ, ㄷ
② ㄱ, ㄷ, ㄹ
③ ㄱ, ㄷ, ㅂ
④ ㄴ, ㄹ, ㅁ
⑤ ㄴ, ㅁ, ㅂ

해설
- 노사관계에서 숍제도 중 기본적인 형태(클로즈드 숍, 유니온 숍, 오픈 숍), 변형적인 형태(메인터넌스 숍, 프레퍼렌셜 숍, 에이전시 숍)
- ※ 교재 : 「단체교섭과 노동쟁의」 참조

03 홉스테드(G. Hofstede)가 국가 간 문화차이를 비교하는 데 이용한 차원이 아닌 것은?
① 성과지향성(performance orientation)
② 개인주의 대 집단주의(individualism vs collectivism)
③ 권력격차(power distance)
④ 불확실성 회피성향(uncertainty avoidance)
⑤ 남성적 성향 대 여성적 성향(masculinity vs feminity)

해설
- 홉스테드가 국가 간 문화차이를 비교(이해)하는 데 이용한 차원(개인주의대 집단주의, 권력격차, 불확실성 회피성향, 남성적 성향 대 여성적 성향)
- ※ 교재 : 「조직문화」 참조

정답 01 ⑤ 02 ② 03 ①

04 레윈(K. Lewin)의 조직변화의 과정으로 옳은 것은?

① 점검(checking) – 비전(vision) 제시 – 교육(education) – 안정(stability)
② 구조적 변화 – 기술적 변화 – 생각의 변화
③ 진단(diagnosis) – 전환(transformation) – 적응(adaptation) – 유지(maintenance)
④ 해빙(unfreezing) – 변화(changing) – 재동결(refreezing)
⑤ 필요성 인식 – 전략수립 – 실행 – 해결 – 정착

◎ 해설
- 레윈의 조직변화 과정 : 해빙 – 변화 – 재동결
※ 교재 : 「직무 스트레스」 참조

05 하우스(R. House)의 경로-목표 이론(path-goal theory)에서 제시되는 리더십 유형이 아닌 것은?

① 지시적 리더십(directive leadership)
② 지원적 리더십(supportive leadership)
③ 참여적 리더십(participative leadership)
④ 성취지향적 리더십(achievement-oriented leadership)
⑤ 거래적 리더십(transactional leadership)

◎ 해설
- 하우스의 경로-목표 이론에서 제시되는 리더십의 유형 : 지시적 리더십, 지원적 리더십, 참여적 리더십, 성취지향적 리더십
※ 교재 : 「리더십 상황이론」 참조

06 재고관리에 관한 설명으로 옳은 것은?

① 재고비용은 재고유지비용과 재고부족비용의 합이다.
② 일반적으로 재고는 많이 비축할수록 좋다.
③ 경제적 주문량(EOQ) 모형에서 재고유지비용은 주문량에 비례한다.
④ 1회 주문량을 Q라고 할 때, 평균재고는 Q/3이다.
⑤ 경제적 주문량(EOQ) 모형에서 발주량에 따른 총 재고비용선은 역U자 모양이다.

◎ 해설
- 경제적 주문량(EOQ)이란 주문비용과 재고유지비용 간의 관계를 이용하여 가장 합리적인 주문량을 결정하는 방식 ($\sqrt{(2*수요량*주문비용)/재고유지비용}$)
  – 경제적 주문량(EOQ) 모형에서 재고유지비용은 주문량에 비례(연간총비용 = 연간 재고유지비용 + 연간 주문비용)
※ 교재 : 「EOQ(Economic Order Quantity, 경제적 주문량)」 참조

07 품질경영에 관한 설명으로 옳은 것은?

① 품질비용은 실패비용과 예방비용의 합이다.
② R-관리도는 검사한 물품을 양품과 불량품으로 나누어서 불량의 비율을 관리하고자 할 때 이용한다.
③ ABC 품질관리는 품질규격에 적합한 제품을 만들어 내기 위해 통계적 방법에 의해 공정을 관리하는 기법이다.
④ TQM은 고객의 입장에서 품질을 정의하고 조직 내의 모든 구성원이 참여하여 품질을 향상하고자 하는 기법이다.
⑤ 6시그마운동은 최초로 미국의 애플이 혁신적인 품질개선을 목적으로 개발한 기업경영전략이다.

해설
- 품질비용은 예방비용, 평가비용, 실패비용의 합임
- R-관리도 : 계량형 관리도로 범위관리도라 함(공정 분산 관리) (2022년)
  - 관리도는 관련 요인의 특성 변화 추이를 파악하여 목표를 관리하는 것으로 관리선을 설정하여 분석함
- ABC 분석기법은 파레토(Pareto)의 80 : 20 법칙과 관련이 있으며 매출액 80 %의 상위 품목을 A 라인, 추가적인 15 %의 차상위 품목을 B라인, 나머지 품목 5 %를 C라인으로 구분
  - ABC 관리방법은 재고관리나 자재관리뿐만 아니라 원가관리, 품질관리에도 이용할 수 있음
- 6시그마(미국 Motorola에서 시작)란 "최고 경영자의 리더십 아래 시그마라는 통계척도를 사용하여 모든 품질 수준을 정량적으로 평가하고, 문제해결 과정 및 전문가 양성 등의 효율적인 품질 문화를 조성하며, 품질 혁신과 고객만족을 달성하기 위하여 전사적으로 실행하는 종합적인 기업의 경영전략" 이라고 정의함
※ 교재 : 「품질관리, 6시그마」참조

08 JIT(Just In Time) 생산시스템의 특징에 해당하지 않는 것은?

① 부품 및 공정의 표준화
② 공급자와의 원활한 협력
③ 채찍효과 발생
④ 다기능 작업자 필요
⑤ 칸반시스템 활용

해설
- 채찍효과 : 공급사슬 상류로 갈수록 주문의 변동이 증폭되는 현상
※ 교재 : 「적시생산방식(JIT : Just In Time)」참조

09 1년 중 여름에 아이스크림의 매출이 증가하고 겨울에는 스키 장비의 매출이 증가한다고 할 때, 이를 설명하는 변동은?

① 추세변동
② 공간변동
③ 순환변동
④ 계절변동
⑤ 우연변동

해설
- 정량적 예측기법의 시계열분석법 중 계절변동(월, 계절에 따라 증가 또는 감소)에 해당됨
※ 교재 : 「수요예측방법」참조

정답 07 ④ 08 ③ 09 ④

10 업무를 수행 중인 종업원들로부터 현재의 생산성 자료를 수집한 후 즉시 그들에게 검사를 실시하여 그 검사 점수들과 생산성 자료들과의 상관을 구하는 타당도는?

① 내적 타당도(internal validity)
② 동시 타당도(concurrent validity)
③ 예측 타당도(predictive validity)
④ 내용 타당도(content validity)
⑤ 안면 타당도(face validity)

해설
- 타당도는 측정하고자 하는 원래 의도한 개념을 얼마나 정확하고 충실하게 측정하는 가를 나타냄(측정의 정확성)
  - 내적 타당도 : 검사 문항들이 검사가 측정하려고 하는 내용을 얼마나 잘 반영하는가(논리적타당성)
  - 예측 타당도 : 선발시험에 합격한 사람들의 시험성적과 입사 후의 직무성과를 비교하여 타당성을 검사
  - 내용 타당도 : 요구하는 내용을 시험이 얼마나 잘 나타내는가를 검토하는 것으로, 통계적 상관계수가 아닌 논리적 판단으로 검사함
  - 안면 타당도 : 검사문항들이 외관상 특정 검사의 문항으로 적절하게 보이는 정도를 의미함
- ※ 교재 : 「타당도(Validity)」 참조

11 직무분석에 관한 설명으로 옳지 않은 것은?

① 직무분석가는 여러 직무 간의 관계에 관하여 정확한 정보를 주는 정보 제공자이다.
② 작업자 중심 직무분석은 직무를 성공적으로 수행하는데 요구되는 인적 속성들을 조사함으로써 직무를 파악하는 접근 방법이다.
③ 작업자 중심 직무분석에서 인적 속성은 지식, 기술, 능력, 기타 특성 등으로 분류할 수 있다.
④ 과업 중심 직무분석 방법의 대표적인 예는 직위분석질문지(Position Analysis Questionnaire)이다.
⑤ 직무분석의 정보 수집 방법 중 설문조사는 효율적이며 비용이 적게 드는 장점이 있다.

해설
- 직위분석질문지법 : 작업자 활동에 관한 187개 문항과 임금에 관한 7개 문항을 포함하여 총 194개의 문항으로 구성. 이 문항들은 직무수행에 필요한 6개의 차원들에 대해 평정하도록 구분
  - 6개 차원(정보의 투입, 정신적 과정, 작업산출, 타인과의 관계, 작업환경 및 직무상황, 기타로 구성)
- ※ 교재 : 「직무분석」 참조

12 리전(J. Reason)의 불안전행동에 관한 설명으로 옳지 않은 것은?

① 위반(violation)은 고의성 있는 위험한 행동이다.
② 실책(mistake)은 부적절한 의도(계획)에서 발생한다.
③ 실수(slip)는 의도하지 않았고 어떤 기준에 맞지 않는 것이다.
④ 착오(lapse)는 의도를 가지고 실행한 행동이다.
⑤ 불안전행동 중에는 실제 행동으로 나타나지 않고 당사자만 인식하는 것도 있다.

해설
- 착오는 의도적 행동으로 규칙기반착오(규칙을 제대로 정확히 알지 못해 발생하는 것), 지식기반 착오(규칙을 전혀 몰랐기 때문에 발생하는 것)
- ※ 교재 : 「각종 산업재해 이론」 참조

13 작업동기 이론에 관한 설명으로 옳은 것을 모두 고른 것은?

ㄱ. 기대 이론(expectancy theory)에서 노력이 수행을 이끌어 낼 것이라는 믿음을 도구성(instrumentality) 이라고 한다.
ㄴ. 형평 이론(equity theory)에 의하면 개인이 자신의 투입에 대한 성과의 비율과 다른 사람의 투입에 대한 성과의 비율이 일치하지 않는다고 느낀다면 이러한 불형평을 줄이기 위해 동기가 발생한다.
ㄷ. 목표설정 이론(goal-setting theory)의 기본전제는 명확하고 구체적이며 도전적인 목표를 설정하면 수행동기가 증가하여 더 높은 수준의 과업수행을 유발한다는 것이다.
ㄹ. 작업설계 이론(work design theory)은 열심히 노력하도록 만드는 직무의 차원이나 특성에 관한 이론으로, 직무를 적절하게 설계하면 작업 자체가 개인의 동기를 촉진할 수 있다고 주장한다.
ㅁ. 2요인 이론(two-factor theory)은 동기가 외부의 보상이나 직무 조건으로부터 발생하는 것이지 직무 자체의 본질에서 발생하는 것이 아니라고 주장한다.

① ㄱ, ㄴ, ㅁ
② ㄱ, ㄷ, ㄹ
③ ㄴ, ㄷ, ㄹ
④ ㄴ, ㄹ, ㅁ
⑤ ㄷ, ㄹ, ㅁ

해설
- 기대이론 : 동기 = 함수(기대×도구성×유인가)
- 허츠버그 2요인 이론 : 위생요인(정책, 규정, 감독, 임금, 작업조건, 인간관계 등), 동기(성취, 성장, 책임, 인정, 일 자체, 발전 등)이 있음
- ※ 교재 : 「동기부여 과정이론, 동기부여 내용이론」 참조

14 직업 스트레스 모델에 관한 설명으로 옳지 않은 것은?

① 노력-보상 불균형 모델(Effort-Reward Imbalance Model)은 직장에서 제공하는 보상이 종업원의 노력에 비례하지 않을 때 종업원이 많은 스트레스를 느낀다고 주장한다.
② 요구-통제 모델(Demands-Control Model)에 따르면 작업장에서 스트레스가 가장 높은 상황은 종업원에 대한 업무 요구가 높고 동시에 종업원 자신이 가지는 업무통제력이 많을 때이다.
③ 직무요구-자원 모델(Job Demands-Resources Model)은 업무량 이외에도 다양한 요구가 존재한다는 점을 인식하고, 이러한 다양한 요구가 종업원의 안녕과 동기에 미치는 영향을 연구한다.
④ 자원보존 모델(Conservation of Resources Model)은 자원의 실제적 손실 또는 손실의 위협이 종업원에게 스트레스를 경험하게 한다고 주장한다.
⑤ 사람-환경 적합 모델(Person-Environment Fit Model)에 의하면 종업원은 개인과 환경 간의 적합도가 낮은 업무 환경을 스트레스원(stressor)으로 지각한다.

해설
- 요구-통제 모델 : 개인의 목표나 열망-일의 환경 제공물 간의 불일치에 따른 스트레스
  (종업원이 심한 업무 요구를 받게 되면서 동시에 자신의 업무에 대한 통제권이 없는 상황)
- ※ 교재 : 「직무 스트레스」 참조

정답 13 ③ 14 ②

15 산업재해의 인적 요인이라고 볼 수 없는 것은?

① 작업 환경 ② 불안전행동 ③ 인간 오류
④ 사고 경향성 ⑤ 직무 스트레스

해설
- 산업재해의 인적요인은 불안전행동, 인간 오류, 사고 경향성, 직무 스트레스 등이 있음
※ 교재 : 「각종 산업재해 이론」 참조

16 인간의 일반적인 정보처리 순서에서 행동실행 바로 전 단계에 해당하는 것은?

① 자극 ② 지각 ③ 주의
④ 감각 ⑤ 결정

해설
- 인간의 정보처리과정 : 감각 → 지각 → 선택 → 조직화 → 해석 → 의사결정 → 실행
※ 교재 : 「정보처리이론(정보처리능력)」 참조

17 조명의 측정단위에 관한 설명으로 옳은 것을 모두 고른 것은?

> ㄱ. 광도는 광원의 밝기 정도이다.
> ㄴ. 조도는 물체의 표면에 도달하는 빛의 양이다.
> ㄷ. 휘도는 단위 면적당 표면에서 반사 혹은 방출되는 빛의 양이다.
> ㄹ. 반사율은 조도와 광도 간의 비율이다.

① ㄱ, ㄷ ② ㄴ, ㄹ ③ ㄱ, ㄴ, ㄷ
④ ㄱ, ㄷ, ㄹ ⑤ ㄱ, ㄴ, ㄷ, ㄹ

해설
- 반사율 : 휘도와 조도의 비
※ 교재 : 「환기」 참조

18 아래의 그림에서 a에서 b까지의 선분 길이와 c에서 d까지의 선분 길이가 다르게 보이지만 실제로는 같다. 이러한 현상을 나타내는 용어는?

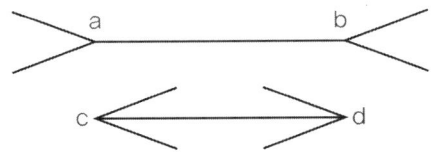

① 포겐도르프(Poggendorf) 착시현상
② 뮬러-라이어(Muller-Lyer) 착시현상
③ 폰조(Ponzo) 착시현상
④ 쵤너(Zollner) 착시현상
⑤ 티체너(Titchener) 착시현상

해설
- (a)가 (b)보다 길게 보이나, 실제로는 (a) = (b)
※ 교재 : 「착각과 착시」 참조

19 유해인자와 주요 건강 장해의 연결이 옳지 않은 것은?
① 감압환경: 관절 통증
② 일산화탄소: 재생불량성 빈혈
③ 망간: 파킨슨병 유사 증상
④ 납: 조혈기능 장해
⑤ 사염화탄소: 간독성

해설
- 일산화탄소 : 혼수, 사망, 보행장애, 실어증
  - 일산화탄소는 헤모글로빈과 친화력이 산소보다 약 200배 이상 높기 때문에 산소보다 먼저 헤모글로빈과 결합하여 혈액의 산소운반 능력을 저해하는 것으로 알려져 있음
※ 교재 : 「건강검진과 근로자 건강관리」 참조

20 우리나라에서 발생한 대표적인 직업병 집단 발생 사례들이다. 가장 먼저 발생한 것부터 연도순으로 나열한 것은?

ㄱ. 경남 소재 에어컨 부속 제조업체의 세척 작업 중 트리클로로메탄에 의한 간독성 사례
ㄴ. 전자부품 업체의 2-bromopropane에 의한 생식독성 사례
ㄷ. 휴대전화 부품 협력업체의 메탄올에 의한 시신경 장해 사례
ㄹ. 노말-헥산에 의한 외국인 근로자들의 다발성 말초신경계 장해 사례
ㅁ. 원진레이온에서 발생한 이황화탄소 중독 사례

① ㄱ → ㄴ → ㄷ → ㄹ → ㅁ
② ㄱ → ㅁ → ㄹ → ㄷ → ㄴ
③ ㄹ → ㄷ → ㄴ → ㄱ → ㅁ
④ ㅁ → ㄴ → ㄹ → ㄷ → ㄱ
⑤ ㅁ → ㄹ → ㄷ → ㄴ → ㄱ

해설
※ 교재 : 「산업위생개론(한국의 산업위생역사)」 참조

21 국소배기장치에 관한 설명으로 옳은 것을 모두 고른 것은?

> ㄱ. 공기보다 무거운 증기가 발생하더라도 발생원보다 낮은 위치에 후드를 설치해서는 안 된다.
> ㄴ. 오염물질을 가능한 모두 제거하기 위해 필요 환기량을 최대화한다.
> ㄷ. 공정에 지장을 받지 않으면 후드 개구부에 플랜지를 부착하여 오염원 가까이 설치한다.
> ㄹ. 주관과 분지관 합류점의 정압 차이를 크게 한다.

① ㄱ, ㄴ　　② ㄱ, ㄷ　　③ ㄴ, ㄹ
④ ㄷ, ㄹ　　⑤ ㄱ, ㄴ, ㄷ, ㄹ

해설
- 일반적인 국소배기장치 설치 원칙
  - 국소배기장치는 반드시 후드→덕트→공기정화장치→송풍기→배기구의 순서대로 설치
  - 국고배기장치의 작동이 잘되기 위해서는 보충용 공기를 공급하여 작업장 안을 양압으로 유지시켜야 함
  - 공정에 지장을 받지 않는 한 후드는 유해물질 배출원에 가능한 한 가깝게 설치
  - 처리조에서 공기보다 무거운 유해물질이 배출된다고 하더라도 후드의 위치는 바닥이 아닌 오염원의 상방 또는 측방이어야 함
  - 덕트는 될 수 있으면 사각형관이 아닌 원형관이어야 함
- ※ 교재 : 「환기」 참조

22 수동식 시료채취기(passive sampler)에 관한 설명으로 옳지 않은 것은?

① 간섭의 원리로 채취한다.
② 장점은 간편성과 편리성이다.
③ 작업장 내 최소한의 기류가 있어야 한다.
④ 시료채취시간, 기류, 온도, 습도 등의 영향을 받는다.
⑤ 매우 낮은 농도를 측정하려면 능동식에 비하여 더 많은 시간이 소요된다.

해설
- 수동식 시료채취 : 공기시료 채취장치의 작동에 전기에너지나 인력을 필요로 하지 않고 채취하는 방식, 펌프없이 가스나 증기가 고농도에서 저농도로 이동, 확산, 투과하는 현상을 이용 또는 입자상 물질의 침강을 이용한 채취로 채취를 위해 공기를 움직일 필요 없음
- ※ 교재 : 「작업위생 측정 및 평가」 참조

23 화학물질 및 물리적 인자의 노출기준에서 STEL에 관한 설명이다. ( )안의 ㄱ, ㄴ, ㄷ을 모두 합한 값은?

> "단시간노출기준(STEL)"이란 (ㄱ) 분의 시간가중평균노출값으로서 노출농도가 시간가중평균노출기준(TWA)을 초과하고 단시간노출기준 이하인 경우에는 1회 노출 지속시간이 (ㄴ) 분 미만이어야 하고, 이러한 상태가 1일 4회 이하로 발생하여야 하며, 각 노출의 간격은 (ㄷ) 분 이상이어야 한다.

① 15　　② 30　　③ 65
④ 90　　⑤ 105

해설
- "단시간노출기준(STEL)"이란 (15)분의 시간가중평균노출값으로서 노출농도가 시간가중평균노출기준(TWA)을 초과하고 단시간노출기준이하인 경우에는 1회 노출 지속시간이 (15)분 미만이어야 하고, 이러한 상태가 1일 4회 이하로 발생하여야 하며, 각 노출의 간격은 (10)분 이상이어야 함
※ 교재 : 「작업위생 측정 및 평가」 참조

24 라돈에 관한 설명으로 옳지 않은 것은?
① 색, 냄새, 맛이 없는 방사성 기체이다.
② 밀도는 9.73 g/L로 공기보다 무겁다.
③ 국제암연구기구(IARC)에서는 사람에게서 발생하는 폐암에 대하여 제한적 증거가 있는 group 2A로 분류하고 있다.
④ 고용노동부에서는 작업장에서의 노출기준으로 600 Bq/m³를 제시하고 있다.
⑤ 미국 환경보호청(EPA)에서는 4 pCi/L를 규제기준으로 제시하고 있다.

해설
- 국제암연구소(IARC)의 발암성 물질 분류표(라돈은 Group 1으로 분류)
  - Group 1 : 인체 발암성 물질
  - Group 2A : 인체 발암성 추정물질
  - Group 2B : 인체 발암성 가능 물질
  - Group 3 : 인체 발암성 비분류 물질
  - Group 4 : 인체 비발암성 추정물
※ 교재 : 「건강검진과 근로자 건강관리」 참조

25 세균성 질환이 아닌 것은?
① 파상풍(tetanus)
② 탄저병(anthrax)
③ 레지오넬라증(legionnaires' disease)
④ 결핵(tuberculosis)
⑤ 광견병(rabies)

해설
- 세균성 감염병 : 콜레라, 장티푸스, 파라티푸스, 세균성 이질, 장출혈성 대장균 감염증, A형 간염, 결핵, 레지오넬라증, 파상풍, 탄저병 등
- 바이러스 감염병 : 인플루엔자, 코로나19, 에이즈, 일본뇌염, 뎅기열, 지카바이러스 감염증, 광견병 등
※ 교재 : 「작업환경 노출기준」 참조

정답 23 ④　24 ③⑤　25 ⑤

제11회 2023년 기출문제

01 인사평가의 방법을 상대평가법과 절대평가법으로 구분할 때 상대평가법에 속하는 기법을 모두 고른 것은?

| ㄱ. 서열법 | ㄴ. 쌍대비교법 | ㄷ. 평정척도법 |
| ㄹ. 강제할당법 | ㅁ. 행위기준척도법 | |

① ㄱ, ㄴ, ㄷ   ② ㄱ, ㄴ, ㄹ   ③ ㄱ, ㄷ, ㄹ
④ ㄴ, ㄷ, ㅁ   ⑤ ㄴ, ㄹ, ㅁ

해설
- 상대평가 : 서열법(단순서열법, 교대서열법, 쌍대비교법), 강제할당법
- 절대평가 : 평정척도법, 대조표법, 서술식고과법, 목표에 의한 관리법, 행동기준고과법, 행위관찰고과법, 평가센터법, 360도 다면평가법
- ※ 교재 : 「인사평가방법」 참조

02 기능별 부문화와 제품별 부문화를 결합한 조직구조는?

① 가상조직(virtual organization)
② 하이퍼텍스트조직(hypertext organization)
③ 애드호크라시(adhocracy)
④ 매트릭스조직(matrix organization)
⑤ 네트워크조직(network organization)

해설
- 가상조직 : 물리적 한계를 극복한 가상공간을 통해 존재하는 조직
- 하이퍼텍스트조직 : 구성원이 소속부서에 얽매이지 않고 자유자재로 재조직이 가능한 유연한 조직
- 애드호크라시 : 조직에서 일상적이지 않고 비전형적인 문제를 해결할 목적으로 구성되는 팀
- 네트워크조직 : 전통적조직의 핵심요소를 간직하고 있으나 조직의 경계와 구조가 없는 조직
- ※ 교재 : 「조직구조 주요연구」 참조

03 아담스(J. Adams)의 공정성 이론에서 투입과 산출의 내용 중 투입이 아닌 것은?

① 시간   ② 노력   ③ 임금
④ 경험   ⑤ 창의성

해설
- 투입요소: 작업상황에서 제공하는 모든것 (지식, 경험, 경력, 자력)
- 산출요소: 조직에서 얻는 모든 것 (급료, 내적보상, 직업, 안정성, 승진)
- ※ 교재 : 「동기부여 과정이론」 참조

정답 01 ② 02 ④ 03 ③

04 집단의사결정기법에 관한 설명으로 옳지 않은 것은?
① 델파이법(Delphi technique)은 의사결정 시간이 짧아 긴박한 문제의 해결에 적합하다.
② 브레인스토밍(brainstorming)은 다른 참여자의 아이디어에 대해 비판할 수 없다.
③ 프리모텀(premortem) 기법은 어떤 프로젝트가 실패했다고 미리 가정하고 그 실패의 원인을 찾는 방법이다.
④ 지명반론자법은 악마의 옹호자(devil's advocate) 기법이라고도 하며, 집단사고의 위험을 줄이는 방법이다.
⑤ 명목집단법은 참여자들 간에 토론을 하지 못한다.

해설
- 델파이법 : 다수 전문가의 독립적인 아이디어를 수집하고 이 제시된 아이디어를 분석, 요약한 뒤 응답자들에게 다시 제공하여 아이디어에 대한 전반적인 합의가 이루어질 때까지 피드백을 반복하여 최종 결정안을 도출하는 시스템적 의사결정방법
※ 교재 : 「집단의사결정기법」 참조

05 부당노동행위 중 근로자가 어느 노동조합에 가입하지 아니할 것 또는 탈퇴할 것을 고용조건으로 하거나 특정한 노동조합의 조합원이 될 것을 고용조건으로 하는 행위는?
① 불이익대우
② 단체교섭거부
③ 지배·개입 및 경비원조
④ 정당한 단체행동참가에 대한 해고 및 불이익대우
⑤ 황견계약

해설
- 부당노동행위 : 용자가 근로자의 노동조합활동과 관련한 노동3권 (단결권, 단체교섭권, 단체행동권)을 침해하는 행위를 말함
  - 종류는 불이익 취급, 반조합(황견) 계약, 단체교섭 거부 및 해태, 지배 및 개입
※ 교재 : 「단체교섭과 노동쟁의」 참조

06 식스 시그마(Six Sigma) 분석도구 중 품질 결함의 원인이 되는 잠재적인 요인들을 체계적으로 표현해주며, Fishbone Diagram으로도 불리는 것은?
① 린 차트
② 파레토 차트
③ 가치흐름도
④ 원인결과 분석도
⑤ 프로세스 관리도

해설
- Fishbone Diagram(특성요인도, 생선뼈구조라고도 함)
  - 원인결과 분석도 : 잠재된 사고의 결과 및 근본적인 원인을 찾아내고, 사고결과와 원인 사이의 상호관계를 예측하며, 리스크를 정량적으로 평가하는 리스크 평가기법
※ 교재 : 「6시그마」 참조

정답 04 ① 05 ⑤ 06 ④

07 수요를 예측하는 데 있어 과거 자료보다는 최근 자료가 더 중요한 역할을 한다는 논리에 근거한 지수평활법을 사용하여 수요를 예측하고자 한다. 다음 자료의 수요 예측값(F_t)은?

> - 직전 기간의 지수평활 예측값(F_{t-1})=1,000
> - 평활 상수(a)=0.05
> - 직전 기간의 실제값(A_{t-1})=1,200

① 1,005   ② 1,010   ③ 1,015
④ 1,020   ⑤ 1,200

해설
- 지수평활법 : 단기 예측 특성상 시계열 요인인 추세, 순환변동, 계절적 변동이 크게 작용하지 않고 비교적 안정되어 있는 상황에서 지수평활법은 가장 최소의 자료로 단기 예측 활동에 유용하게 활용할 수 있는 예측기법
  - 수요예측(F_t) = F_{t-1} + α(A_{t-1}−F_{t-1}) = 1,000+0.05×(1,200−1,000) = 1,010
※ 교재 :「수요예측방법」참조

08 재고량에 관한 의사결정을 할 때 고려해야 하는 재고유지 비용을 모두 고른 것은?

> ㄱ. 보관설비 비용   ㄴ. 생산준비 비용   ㄷ. 진부화 비용
> ㄹ. 품절 비용   ㅁ. 보험 비용

① ㄱ, ㄴ, ㄷ   ② ㄱ, ㄴ, ㄹ   ③ ㄱ, ㄷ, ㅁ
④ ㄱ, ㄹ, ㅁ   ⑤ ㄴ, ㄷ, ㄹ

해설
- 재고유지 비용 : 보관설비 비용, 진부화(자산가치 감소) 비용, 보험비용, 창고보관료, 자재취급비용
※ 교재 :「재고관리」참조

09 서비스 수율관리(yield management)가 효과적으로 나타나는 경우가 아닌 것은?
① 변동비가 높고 고정비가 낮은 경우
② 재고가 저장성이 없어 시간이 지나면 소멸하는 경우
③ 예약으로 사전에 판매가 가능한 경우
④ 수요의 변동이 시기에 따라 큰 경우
⑤ 고객특성에 따라 수요를 세분화할 수 있는 경우

해설
- 고정비는 높고 변동비는 낮은 경우 서비스 수율관리가 효과적임
※ 교재 :「서비스 수율관리(Yield Management)」참조

정답 07 ② 08 ③ 09 ①

10 오건(D. Organ)이 범주화한 조직시민행동의 유형에서 불평, 불만, 험담 등을 하지 않고, 있지도 않은 문제를 과장해서 이야기 하지 않는 행동에 해당하는 것은?

① 시민덕목(civic virtue)
② 이타주의(altruism)
③ 성실성(conscientiousness)
④ 스포츠맨십(sportsmanship)
⑤ 예의(courtesy)

해설
- 스포츠맨십(sportsmanship, 신사적행동) : 정정당당히 행동하는 것을 말하는데, 조직이나 다른 구성원과 관련하여 불만이나 불평이 생겼을 경우 이를 뒤에서 험담하고 소문내며 이야기하고 다니기보다 긍정적 측면에서 이해하고자 노력하는 행동을 말함
※ 교재 : 「조직시민행동」 참조

11 직업 스트레스에 관한 설명으로 옳지 않은 것은?

① 비르(T. Beehr)와 프랜즈(T. Franz)는 직업 스트레스를 의학적 접근, 임상·상담적 접근, 공학심리학적 접근, 조직심리학적 접근 등 네 가지 다른 관점에서 설명할 수 있다고 제안하였다.
② 요구-통제 모델(Demands-Control Model)은 업무량 이외에도 다양한 요구가 존재한다는 점을 인식하고, 이러한 다양한 요구가 종업원의 안녕과 동기에 미치는 영향을 연구한다.
③ 자원보존 이론(Conservation of Resources Theory)은 종업원들은 시간에 걸쳐 자원을 축적하려는 동기를 가지고 있으며, 자원의 실제적 손실 또는 손실의 위협이 그들에게 스트레스를 경험하게 한다고 주장한다.
④ 셀리에(H. Selye)의 일반적 적응증후군 모델은 경고(alarm), 저항(resistance), 소진(exhaustion)의 세 가지 단계로 구성된다.
⑤ 직업 스트레스 요인 중 역할 모호성(role ambiguity)은 종업원이 자신의 직무기능과 책임이 무엇인지 불명확하게 느끼는 정도를 말한다.

해설
- 직무요구-자원모델 : 업무량 이외에도 다양한 요구가 존재한다는 점을 인식하고, 이러한 다양한 요구가 종업원의 안녕과 동기에 미치는 영향을 연구
※ 교재 : 「직무 스트레스」 참조

12 직무만족을 측정하는 대표적인 척도인 직무기술 지표(Job Descriptive Index: JDI)의 하위 요인이 아닌 것은?

① 업무
② 동료
③ 관리 감독
④ 승진 기회
⑤ 작업 조건

해설
- 직무만족을 측정하는 대표적인 척도인 직무기술 지표의 하위 요인 : 업무, 동료, 관리감독, 승진기회, 급여
※ 교재 : 「동기부여 과정이론」 참조

정답 10 ④ 11 ② 12 ⑤

13 해크만(J. Hackman)과 올드햄(G. Oldham)의 직무특성 이론은 5개의 핵심직무특성이 중요 심리상태라고 불리는 다음 단계와 직접적으로 연결된다고 주장하는데, '일의 의미감(meaningfulness) 경험'이라는 심리상태와 관련있는 직무특성을 모두 고른 것은?

> ㄱ. 기술 다양성 ㄴ. 과제 피드백 ㄷ. 과제 정체성
> ㄹ. 자율성 ㅁ. 과제 중요성

① ㄱ, ㄷ ② ㄱ, ㄷ, ㅁ ③ ㄴ, ㄹ, ㅁ
④ ㄷ, ㄹ, ㅁ ⑤ ㄴ, ㄷ, ㄹ, ㅁ

해설
- 해크만과 올드햄이 제시한 직무특성모델에서 5가지 핵심직무차원 : 기술 다양성, 과업 정체성, 과업 중요도, 자율성, 피드백
※ 교재 : 「기계적 직무설계와 동기부여적 직무설계」 참조

14 브룸(V. Vroom)의 기대 이론(expectancy theory)에서 일정 수준의 행동이나 수행이 결과적으로 어떤 성과를 가져올 것이라는 믿음을 나타내는 것은? (문제 오류로 가답안 발표 시 3번으로 발표되었지만 확정답안 발표 시 1, 3번이 정답처리 되었습니다)

① 기대(expectancy) ② 방향(direction) ③ 도구성(instrumentality)
④ 강도(intensity) ⑤ 유인가(valence)

해설
- 직무동기의 힘 = 기대성 $\times \sum_{1}^{n}$ (유인가 $\times$ 도구성)
※ 교재 : 「동기부여 내용이론」 참조

15 라스뮈센(J. Rasmussen)의 수행수준 이론에 관한 설명으로 옳은 것은?
① 실수(slip)의 기본적인 분류는 3가지 주제에 대한 것으로 의도형성에 따른 오류, 잘못된 활성화에 의한 오류, 잘못된 촉발에 의한 오류이다.
② 인간의 행동을 숙련(skill)에 바탕을 둔 행동, 규칙(rule)에 바탕을 둔 행동, 지식(knowledge)에 바탕을 둔 행동으로 분류한다.
③ 오류의 종류로 인간공학적 설계오류, 제작오류, 검사오류, 설치 및 보수오류, 조작오류, 취급오류를 제시한다.
④ 오류를 분류하는 방법으로 오류를 일으키는 원인에 의한 분류, 오류의 발생결과에 의한 분류, 오류가 발생하는 시스템 개발단계에 의한 분류가 있다.
⑤ 사람들의 오류를 분석하고 심리수준에서 구체적으로 설명할 수 있는 모델이며 욕구체계, 기억체계, 의도체계, 행위체계가 존재한다.

해설

- 라스무센의 SKR기반 프로세스(인간의 행동단계) : 숙련기반행동(인지→행동), 규칙기반행동(인지→유추→행동), 지식기반행동(인지 → 해석 → 사고/결정 → 행동)

※ 교재 : 「휴먼에러」 참조

16 착시를 크기 착시와 방향 착시로 구분하는 경우, 동일한 물리적인 길이와 크기를 가지는 선이나 형태를 다르게 지각하는 크기 착시에 해당하지 않는 것은?

① 뮬러-라이어(Müller-Lyer) 착시
② 폰조(Ponzo) 착시
③ 에빙하우스(Ebbinghaus) 착시
④ 포겐도르프(Poggendorf) 착시
⑤ 델뵈프(Delboeuf) 착시

◎해설

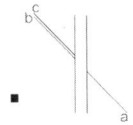

※ 교재 : 「착각과 착시」 참조

17 집단(팀)에 관한 다음 설명에 해당하는 모델은?

- 집단이 발전함에 따라 다양한 단계를 거친다는 가정을 한다.
- 집단발달의 단계로 5단계(형성, 폭풍, 규범화, 성과, 해산)를 제시하였다.
- 시간의 경과에 따라 팀은 여러 단계를 왔다 갔다 반복하면서 발달한다.

① 캠피온(Campion)의 모델
② 맥그래스(McGrath)의 모델
③ 그래드스테인(Gladstein)의 모델
④ 해크만(Hackman)의 모델
⑤ 터크만(Tuckman)의 모델

◎해설
- 터크만 모델 - 1단계 : 형성기(Forming, 상호탐색, 방향설정), 2단계 : 격동기(Storming, 갈등과 견제, 조직화, 집단 구조형성), 3단계 : 정착기(Norming, 규범에 동조, 정보교환, 설정), 4단계 : 수행기(Performing, 성과창출, 문제해결), 5단계 : 해체기(Adjourning, 변화탐색, 해체 혹은 지속)

※ 교재 : 「집단」 참조

정답 16 ④ 17 ⑤

18 산업재해이론 중 아담스(E. Adams)의 사고연쇄 이론에 관한 설명으로 옳은 것은? (문제 오류로 가답안 발표 시 1번으로 발표되었지만 확정답안 발표 시 1, 2번이 정답처리 되었습니다.)

① 관리구조의 결함, 전술적 오류, 관리기술 오류가 연속적으로 발생하게 되며 사고와 재해로 이어진다.
② 불안전상태와 불안전행동을 어떻게 조절하고 관리할 것인가에 관심을 가지고 위험해결을 위한 노력을 기울인다.
③ 긴장 수준이 지나치게 높은 작업자가 사고를 일으키기 쉽고 작업수행의 질도 떨어진다.
④ 작업자의 주의력이 저하하거나 약화될 때 작업의 질은 떨어지고 오류가 발생해서 사고나 재해가 유발되기 쉽다.
⑤ 사고나 재해는 사고를 낸 당사자나 사고발생 당시의 불안전행동, 그리고 불안전행동을 유발하는 조건과 감독의 불안전 등이 동시에 나타날 때 발생한다.

해설
- 아담스(E.Adams)의 사고연쇄반응 이론 : 버드의 도미노이론과 유사한 연쇄성 이론으로 불안전한 행동 및 상태를 "전술적 에러"로 사고는 관리구조의 결여, 작전적 에러, 전술적 에러, 사고, 재해로 이어짐
  - 재해 발생 과정 : 관리구조결여 → 작전적 에러 → 전술적 에러 → 사고 → 재해
※ 교재 : 「각종 산업재해 이론」 참조

19 다음은 산업위생을 연구한 학자이다. 누구에 관한 설명인가?

- 독일 의사
- "광물에 대하여(De Re Metallica)" 저술
- 먼지에 의한 규폐증 기록

① Alice Hamilton ② Percival Pott ③ Thomas Percival
④ Georgius Agricola ⑤ Pliny the Elder

해설
- 1016년 아그리콜라 : 저서 "광물에 대하여"에서 광부들의 사고 및 질병, 예방법 등에 대하여 기록, 광산에서의 규폐증의 유해성 언급
※ 교재 : 「산업위생개론」 참조

정답 18 ①② 19 ④

20 화학물질 및 물리적 인자의 노출기준에 관한 설명으로 옳지 않은 것은?
① "최고노출기준(C)"이란 근로자가 1일 작업시간동안 잠시라도 노출되어서는 아니 되는 기준이다.
② 노출기준을 이용할 경우에는 근로시간, 작업의 강도, 온열조건, 이상기압도 고려하여야 한다.
③ "Skin" 표시물질은 피부자극성을 뜻하는 것은 아니며, 점막과 눈 그리고 경피로 흡수되어 전신 영향을 일으킬 수 있는 물질이다.
④ 발암성 정보물질의 표기는 화학물질의 분류·표시 및 물질안전보건자료에 관한 기준에 따라 1A, 1B, 2로 표기한다.
⑤ "단시간노출기준(STEL)"이란 15분간의 시간가중평균노출값으로서 노출농도가 시간가중평균노출기준(TWA)을 초과하고 단시간노출기준(STEL) 이하인 경우에는 1회 노출 지속시간이 15분 미만이어야 하고, 이러한 상태가 1일 3회 이하로 발생하여야 하며, 각 노출의 간격은 45분 이상이어야 한다.

해설
- "단시간노출기준(STEL)"이란 15분간의 시간가중평균노출값으로서 노출농도가 시간가중평균노출기준(TWA)을 초과하고 단시간노출기준(STEL) 이하인 경우에는 1회 노출 지속시간이 15분 미만이어야 하고, 이러한 상태가 1일 3회 이하로 발생하여야 하며, 각 노출의 간격은 10분 이상이어야 함
※ 교재 : 「작업환경 노출기준」 참조

21 근로자건강진단 실무지침에서 화학물질에 대한 생물학적 노출지표의 노출기준 값으로 옳지 않은 것은?
① 노말-헥산: [소변 중 2,5-헥산디온, 5 mg/L]
② 메틸클로로포름: [소변 중 삼염화초산, 10 mg/L]
③ 크실렌: [소변 중 메틸마뇨산, 1.5 g/g crea]
④ 톨루엔: [소변 중 o-크레졸, 1 mg/g crea]
⑤ 인듐: [혈청 중 인듐, 1.2 μg/L]

해설
- 톨루엔: [소변 중 o-크레졸, 0.8 mg/g crea]
※ 교재 : 「건강검진과 근로자 건강관리」 참조

22 후드 개구부 면에서 제어속도(capture velocity)를 측정해야 하는 후드 형태에 해당하는 것은?
① 외부식 후드   ② 포위식 후드   ③ 리시버(receiver)식 후드
④ 슬롯(slot) 후드   ⑤ 캐노피(canopy) 후드

해설
- 포위식 후드(종류 : cover type, glove box type)
  - 발생원을 완전히 포위하는 형태의 후드로 후드개구면에서 측정한 속도인 면속도가 제어속도가 됨
  - 국소배기설비의 후드 형태 중 가장 효과적으로 필요한 환기량을 최소화할 수 있음
  - 후드 개구면에서 측정한 면속도가 제오속도가 됨. 유해물질의 완벽한 흡인이 가능하며 유해물질 제거 공기량(송풍량)이 다른 형태 보다 훨씬 적음. 작업장 내 방해기류(난기류)의 영향을 거의 받지 않음
※ 교재 : 「환기」 참조

정답 20 ⑤ 21 ④ 22 ②

23 카드뮴 및 그 화합물에 대한 특수건강진단 시 제1차 검사항목에 해당하는 것은? (단, 근로자는 해당 작업에 처음 배치되는 것은 아니다.)

① 소변 중 카드뮴
② 베타 2 마이크로글로불린
③ 혈중 카드뮴
④ 객담세포검사
⑤ 단백뇨정량

> **해설**
> ■ 카드뮴의 생물학적 노출물질(체내 대사산물)은 혈중 카드뮴, 뇨 중 카드뮴 임
> ※ 교재 : 「건강검진과 근로자 건강관리」 참조

24 근로자 건강진단 실시기준에서 유해요인과 인체에 미치는 영향으로 옳지 않은 것은?

① 니켈 – 폐암, 비강암, 눈의 자극증상
② 오산화바나듐 – 천식, 폐부종, 피부습진
③ 베릴륨 – 기침, 호흡곤란, 폐의 육아종 형성
④ 카드뮴 – 만성 폐쇄성 호흡기 질환 및 폐기종
⑤ 망간 – 접촉성 피부염, 비중격 점막의 괴사

> **해설**
> ■ 망간 – 파킨슨증후군, 신장염, 신경염
>   (작업장에서 주요 노출경로는 호흡기임. 전기용접봉 제조업, 도자기제조 등(철강제조분야). 만성중독은 2가 이상 망간화합물에 발생)
> ※ 교재 : 「건강검진과 근로자 건강관리」 참조

25 작업환경측정 대상 유해인자에는 해당하지만 특수건강진단 대상 유해인자는 아닌 것은?

① 디에틸아민
② 디에틸에테르
③ 무수프탈산
④ 브롬화메틸
⑤ 피리딘

> **해설**
> ■ 디에틸아민은 「산업안전보건기준에 관한 규칙」에 따라 관리대상 유해물지의 종류에 속함
> ※ 교재 : 「작업환경 노출기준」 참조

제12회 2024년 기출문제

01 테일러(F. Taylor)의 과학적 관리법 (scientific management)에 관한 설명으로 옳은 것을 모두 고른 것은?

| ㄱ. 고임금 고노무비 | ㄷ. 차별성과급 제도 | ㅁ. 작업장의 사회적 조건 |
| ㄴ. 개방체계 | ㄹ. 시간연구 | ㅂ. 과업의 표준 |

① ㄱ
② ㄴ, ㅁ
③ ㄱ, ㄷ, ㅂ
④ ㄴ, ㄹ, ㅁ
⑤ ㄷ, ㄹ, ㅂ

◎ 해설
- 테일러 시스템 : 과업관리, 고임금 저노무비, 시간연구와 동작연구, 기능적 직장제도, 차별적 성과금제도(개인별 성과), 폐쇄적 체계, 작업지도표 제도(간트차트(Gantt chart) 개발에 기반)
※ 교재 : 「과학적 관리론과 포드시스템」 참조

02 조직에서 생산적 행동(Productive behavior)과 반생산적 행동 (Counterproductive work behavior: CWB)에 관한 설명으로 옳지 않은 것은?

① 조직시민행동(Organizational Citizenship Behavior: OCB)은 생산적 행동에 속한다.
② OCB는 친사회적 행동이며 역할 외 행동이라고도 한다.
③ 일탈행동(Deviance)은 CWB에 속하지만 조직에 해로운 행동은 아니다.
④ 조직시민행동은 OCB I(Individual)와 OCB-O(Organizational)로 분류되기도 한다.
⑤ CWB는 개인적 범주와 조직적 범주로 분류할 수 있다.

◎ 해설
- 일탈행동(Deviance)은 CWB에 속하지만 조직에 해로운 행동임
※ 교재 : 「반생산적 업무행동(CWB : Counter productive Work Behavior」 참조

03 직무평가에 관한 설명으로 옳은 것을 모두 고른 것은?

ㄱ. 직무평가 대상은 직무 자체임	ㄴ. 다른 직무들과의 상대적 가치를 평가
ㄷ. 직무수행자를 평가	ㄹ. 종업원의 기업목표달성 공헌도 평가
ㅁ. 직무의 중요성, 난이도, 위험도의 반영	

① ㄱ, ㄷ
② ㄱ, ㄴ, ㄹ
③ ㄱ, ㄴ, ㅁ
④ ㄷ, ㄹ, ㅁ
⑤ ㄴ, ㄷ, ㄹ, ㅁ

정답 01 ⑤ 02 ③ 03 ③

해설
- 직무평가 : 서로 다른 가치를 가진 직무에 대해 서로 다른 임금을 지급하기 위해서 조직 내의 여러 직무의 상대적인 가치를 결정하는 과정
  - 직무의 상대적 유용성 결정, 공정 및 타당한 임금격차, 동일노동 시간의 타 기업과 비교할 수 있는 임금구조 설정자료, 합리적인 임금지급의 기초가 되며 노종조합과의 교섭의 기초자료
- 직무분석 : 직무의 상대적 가치를 결정하는 직무평가를 위한 자료에 이용되고 근로자의 채용조건과 교육훈련에 필요하며 인사고과와 정원제의 확립, 의사결정, 안전위생관리 등에 유용한 기본자료를 제공
※ 교재 : 「직무분석, 직무평가」 참조

04 노동쟁의조정에 관한 설명으로 옳지 않은 것은?
① 노동쟁의조정은 노동위원회가 담당한다.
② 노동쟁의조정은 조정, 중재, 긴급조정 등이 있다.
③ 노동쟁의조정 방법에 있어서 임의조정제도는 허용되지 않는다.
④ 확정된 중재내용은 단체협약과 동일한 효력을 갖는다.
⑤ 노동쟁의조정 중 조정은 노동위원회에서 조정안을 작성하여 관계당사자들에게 제시하는 방법이다.

해설
- 노동쟁의조정 방법에 있어서 임의조정제도는 허용됨
※ 교재 : 「단체교섭과 노동쟁의」 참조

05 조직설계에 영향을 미치는 기술유형을 학자들이 제시한 것이다. ( )에 들어갈 내용으로 옳은 것은?

- 우드워드(J. Woodward) : 소량단위 생산기술, (ㄱ), 연속공정생산기술
- 페로우(C. Perrow) : 일상적 기술, 비일상적 기술, (ㄴ), 공학적 기술
- 톰슨(J. Thompson) : (ㄷ), 연속형 기술, 집약형 기술

① ㄱ : 대량생산기술, ㄴ : 장인기술, ㄷ : 중개형 기술
② ㄱ : 대량생산기술, ㄴ : 중개형 기술, ㄷ : 장인기술
③ ㄱ : 중개형 기술, ㄴ : 장인기술, ㄷ : 대량생산기술
④ ㄱ : 장인기술, ㄴ : 중개형 기술, ㄷ : 대량생산기술
⑤ ㄱ : 장인기술, ㄴ : 대량생산기술, ㄷ : 중개형 기술

해설
※ 교재 : 「우드워드(Woodward) 조직구조(기술과 조직구조), 페로우의 기술연구, 톰슨의 연구(기술유형과 조직구조 간의 관계)」 참조

06 수요예측 방법 중 주관적(정성적) 접근방법에 해당하지 않는 것은?

① 델파이법 ② 이동평균법 ③ 시장조사법
④ 자료유추법 ⑤ 판매원 의견종합법

해설
- 정성적 방법 : 델파이법, 패널동의법, 역사적 유추법, 시장조사법
- 정량적 방법 : 시계열분석법, 단순 이동평균법, 가중 이동평균법, 지수평활법, 추세분석법, 인과형 예측기법, 회귀분석법, 전기수요법
- ※ 교재 : 「수요예측방법」 참조

07 총괄생산계획 기법 중 휴리스틱 계획기법에 해당하지 않는 것은?

① 선형계획법
② 매개변수에 의한 생산계획
③ 생산전환 탐색법
④ 서어치 디시즌 룰(search decision rule)
⑤ 경영계수이론

해설
- 휴리스틱 계획기법 : 경영계수모델, 매개변수에 의한 생산계획 모델, 지식기반 전문가 시스템, 생산전환탐색법, 탐색결정규칙, 탐색적 의사결정 규칙법
- ※ 교재 : 「휴리스틱 계획 기법(Heuristic Programming Methode), 발견적 기법(Heuristic Techniques)」 참조

08 다음은 신 QC 7가지 도구 중 무엇에 관한 설명인가?

> 문제를 해결하는 활동에 필요한 실시사항을 시계열적인 순서에 따라 네트워크로 나타낸 화살표 그림을 이용하여 최적의 일정계획을 위한 진척도를 관리하는 방법

① 친화도
② 계통도
③ PDPC법(Process Decision Program Chart)
④ 애로우 다이어그램
⑤ 매트릭스 다이어그램

해설
- 신 품질관리 7가지 도구 : 연관도법, 친화도법, 계통도법, 매트릭스도법, 매트릭스 데이터 해석법, PDPC법, 애로우 다이어그램법
- ※ 교재 : 「신 품질관리(QC) 7가지 도구」 참조

정답 06 ② 07 ① 08 ④

09 도요타 생산방식의 주축을 이루는 JIT(Just In Time) 시스템의 장점에 해당되지 않는 것은?
① 한정된 수의 공급자와 친밀한 유대관계를 구축한다.
② 미래의 수요예측에 근거한 기본일정계획을 달성하기 위해 종속품목의 양과 시기를 결정한다.
③ JIT 생산으로 원자재, 재공품, 제품의 재고수준을 줄인다.
④ 유연한 설비배치와 다기능공으로 작업자 수를 줄인다.
⑤ 생산성의 낭비제거로 원가를 낮추고 생산성을 향상시킨다.

◎해설
- 자재소요계획(MRP) : 미래의 수요예측에 근거한 기본일정계획을 달성하기 위해 종속품목의 양과 시기를 결정함 (MRP의 가장 단순한 형태는 자재의 소요량을 구하고 그에 따른 발주계획을 수립하는 것임)
※ 교재 : 「자재소요계획 및 제조자원계획」 참조

10 유용성이 높은 인사 선발 도구에 관한 설명으로 옳지 않은 것은?
① 예측변인(predictor)의 타당도가 커질수록 전체 집단의 평균적인 준거수행(criterion)에 비해 합격한 집단의 평균적인 준거수행은 높아진다.
② 선발률(selection ratio)이 낮을수록 예측변인의 가치는 커진다.
③ 기초율(base rate)이 높을수록 사용한 선발 도구의 유용성 수준은 높아진다.
④ 선발률과 기초율의 상관은 0이다.
⑤ 예측변인의 점수와 준거수행으로 이루어진 산점도(scatter plot)가 1사분면은 높고 3사분면은 낮은 타원형을 이룬다.

◎해설
- 기초율 : 총 지원자 중 성공적 직무수행자의 비율
  - 기초율 = 성공적 직무수행자 / 총 지원자
- 선발률 : 지원자 가운데 최종 선발된 인원의 비율
  - 선발률이 낮을 경우, 각 직무에 누구를 고용할지에 대한 선택의 폭은 넓어지기 때문에 효용성이 가장 큼 → 선발률이 낮을수록 선발도구의 효용성 가치는 커짐
※ 교재 : 「인적자원의 선발」 참조

11 집단 또는 팀(team)에 관한 설명으로 옳지 않은 것은?
① 교차기능팀(cross functional team)은 조직 내의 다양한 부서에 근무하는 사람들로 이루어진 팀이다.
② '남만큼만 하기 효과(sucker effect)'는 사회적 태만(social loafing)의 한 현상이다.
③ 제니스(Janis)의 모형에서 집단사고(groupthink)의 선행요인 중 하나는 구성원들 간 낮은 응집성과 친밀성이다.
④ 다른 사람의 존재가 개인의 성과에 부정적 영향을 미치는 것을 사회적 억제(social inhibition)라고 한다.
⑤ 높은 집단 응집성은 그 집단에 긍정적 효과와 부정적 효과를 준다.

정답 09 ② 10 ③④ 11 ③

> **해설**
> - 제니스(Janis)의 모형에서 집단사고(groupthink)의 선행요인 중 하나는 구성원들 간 높은 응집성과 친밀성임
> ※ 교재 : 「집단의사결정」 참조

12 내적(intrinsic) 동기와 외직(extrinsic) 동기의 특징과 관계를 체계적으로 다루는 동기이론으로 옳은 것은?

① 앨더퍼(Alderfer)의 ERG이론
② 아담스(Adams)의 형평이론(equity theory)
③ 로크(Locke)의 목표설정이론(goal-setting theory)
④ 맥클레란드(McClelland)의 성취동기이론(need for achievement theory)
⑤ 리안(Ryan)과 디시(Deci)의 자기결정이론(self-determination theory)

> **해설**
> - 앨터퍼의 ERG 이론 : 매슬로우의 욕구단계이론과 달리 좌절-퇴행 개념을 도입함
> - 아담스의 형평이론 : 인지부조화이론에 기초하고 있으며, 개인이 다른 사람에 비해 얼마나 공정하게 대우받느냐에 초점을 둔 이론으로 자신의 투입-성과 비율과 동료의 투입-성과 비율을 비교해 공정한 대우를 받는다고 느낄 때 동기가 향상
> - 로크의 목표설정이론 : 목표가 종업원들의 동기유발에 영향을 미치며, 피드백이 주어지지 않을 때 보다는 피드백이 주어질 때 성과가 높음
> - 맥클레란드의 성취동기이론 : 맥클리랜드는 매슬로우의 욕구단계에서 사회적 욕구, 존경의 욕구, 자아실현의 욕구를 연구하였으며 권력욕구, 친교욕구, 성취욕구를 주장
> ※ 교재 : 「동기부여 내용이론」 참조

13 산업심리학의 연구방법에 관한 설명으로 옳은 것은?

① 내적 타당도는 실험에서 종속변인의 변화가 독립변인과 가외변인(extraneous variable)의 영향에 따른 것이라고 신뢰하는 정도이다.
② 검사-재검사 신뢰도를 구할 때는 . 역균형화(counterbalancing)를 실시한다.
③ 쿠더 리차드슨 공식 20(Kuder-Richardson formula 20)은 검사 문항들 간의 내적 일관성 정도를 알려준다.
④ 내용타당도와 안면타당도는 동일한 타당도이다.
⑤ 실험실 실험(laboratory experiment)보다 준실험(quasi experiment)에서 통제를 더 많이 한다.

> **해설**
> - 타당도는 내적 타당도와 외적 타당도로 나뉨
> - 검사-재검사 신뢰도를 구할 때는 균형화를 실시함
> - 내용타당도의 유사개념은 논리적 타당도와 안면타당도가 있음
>   - 안면 타당도 : 검사문항들이 외관상 특정 검사의 문항으로 적절하게 보이는 정도를 의미함
> - 준실험실보다 실험실 실험에서 통제를 더 많이 해야 함
> ※ 교재 : 「타당도」 참조

정답 12 ⑤ 13 ③

14 라스뮈센(Rasmussen)의 인간행동 분류에 관한 설명으로 옳은 것을 모두 고른 것은?

> ㄱ. 숙련기반행동(skill-based behavior)은 사람이 충분히 습득하여 자동 적으로 하는 행동을 말한다.
> ㄴ. 지식기반행동(knowledge-based behavior)은 입력된 정보를 그때마 다 의식적이고 체계적으로 처리해서 나타난 행동을 말한다.
> ㄷ. 규칙기반행동(rule based behavior)은 친숙하지 않은 상황에서 기억 속의 규칙에 기반한 무의식적 행동을 말한다.
> ㄹ. 수행기반행동(commission based behavior)은 다수의 시행착오를 통 해 학습한 행동을 말한다.

① ㄱ, ㄴ ② ㄴ, ㄹ ③ ㄷ, ㄹ ④ ㄱ, ㄴ, ㄷ ⑤ ㄱ, ㄷ, ㄹ

해설
- 라스뮈센의 인간의 행동 단계 : 숙련기반행동, 규칙기반행동, 지식기반행동
  - 규칙기반행동 : 중급자의 작업 및 행동 단계로 상황이나 자극에 대해서 형성된 자신만의 규칙을 사용하며 조건-반사의 조합으로 이루어짐
※ 교재 : 「휴먼에러」 참조

15 스웨인(Swain)이 분류한 휴먼에러 유형에 해당하는 것을 모두 고른 것은?

> ㄱ. 조작 에러(performance error)
> ㄴ. 시간 에러(time error)
> ㄷ. 위반 에러(violation error)

① ㄱ, ㄴ ② ㄴ, ㄷ ③ ㄷ, ㄹ ④ ㄱ, ㄴ, ㄷ ⑤ ㄱ, ㄷ, ㄹ

해설
- 스웨인이 분류한 휴먼에러 유형 : 생략 에러(누락오류), 실행 에러(작위오류), 과잉행동 에러(부가오류), 순서 에러, 시간 에러
※ 교재 : 「휴먼 에러」 참조

16 인간의 뇌파에 관한 설명으로 옳지 않은 것은?
① 델타(δ)파는 무의식, 실신 상태에서 주로 나타나는 뇌파이다.
② 세타(θ)파는 피로나 졸림 등의 상태에서 주로 나타나는 뇌파이다.
③ 알파(α)파는 편안한 휴식 상태에서 주로 나타나는 뇌파이다.
④ 베타(β)파는 적극적으로 활동할 때 주로 나타나는 뇌파이다.
⑤ 오메가(Ω)파는 과도한 집중과 긴장 상태에서 주로 나타나는 뇌파이다.

해설
- 감마파(γ) : 과도한 집중과 긴장 상태에서 주로 나타나는 뇌파
※ 교재 : 「주의와 부주의」 참조

정답 14 ① 15 ② 16 ⑤

17 면적에 관련한 착시현상으로 옳은 것은?

① 뮬러-라이어(Muller-Lyer) 착시
② 폰조(Ponzo) 착시
③ 포겐도르프(Poggendorf) 착시
④ 에빙하우스(Ebbinghaus) 착시
⑤ 죌너(Zollner) 착시

해설

- 뮬러-라이어 : (a)가 (b)보다 길게 보이나 실제 (a) = (b)
- 폰조 : 두 수평선부의 길이가 다르게 보이나 길이가 같음
- 포겐도르프 : (a)와 (c)가 일직선상으로 보이나 실제는 (a)와 (b)가 일직선임
- 죌너 : 세로의 선이 굽어 보이나 일적선임

※ 교재 : 「착각과 착시」 참조

18 신체와 환경의 열교환 종류에 관한 설명으로 옳지 않은 것은?

① 대류(convection)는 피부와 공기의 온도 차이로 생긴 기류를 통해서 열을 교환하는 것이다.
② 반사(reflection)는 피부에서 열이 혼합되면서 열전달이 발생하는 것이다.
③ 증발(evaporation)은 땀이 피부의 열로 가열되어 수증기로 변하면서 열교환이 발생하는 것이다.
④ 복사(radiation)는 전자파에 의해 물체들 사이에서 일어나는 열전달 방법이다.
⑤ 전도(conduction)는 신체가 고체나 유체와 직접 접촉할 때 열이 전달되는 방법이다.

해설

- 반사 : 일정한 방향으로 나아가던 파동이 다른 물체의 표면에 부딪쳐서 나아가던 방향을 반대로 바꾸는 현상을 말함

※ 교재 : 「산업위생개론」 참조

19 산업안전보건기준에 관한 규칙에서 정하고 있는 특별관리물질이 아닌 것은?

① 디메틸포름아미드(68-12-2), 벤젠(71-43-2), 포름알데히드(50-00-0)
② 납(7439-92-1) 및 그 무기화합물, 1-브로모프로판(106-94-5), 아크릴로니트릴 (107-13-1)
③ 아크릴아미드(79-06-1), 포름아미드(75-12-7), 사염화탄소(56-23-5)
④ 트리클로로에틸렌(79-01-6), 2-브로모프로판(75-26-3), 1,3-부타디엔(106 99-0)
⑤ 니트로글리세린(55 63-0), 트리에틸아민(121-44-8), 이황화탄소(75-15-0)

해설

- 관리대상 유해물질 : 니트로글리세린(05 13-0), 트리에틸아민(121-44-8)

※ 교재 : 「작업환경 노출기준」 참조

정답 17 ④ 18 ② 19 ⑤

20 화학물질 및 물리적 인자의 노출기준에서 노출기준 사용상의 유의사항으로 옳지 않은 것은?
① 각 유해인자의 노출기준은 해당 유해인자가 단독으로 존재하는 경우의 노출기준이다.
② 노출기준은 1일 8시간 작업을 기준으로 하여 제정된 것이다.
③ 노출기준은 직업병진단에 사용하거나 노출기준 이하의 작업환경이라는 이유만으로 직업성질병의 이환을 부정하는 근거 또는 반증자료로 사용하여서는 아니 된다.
④ 노출기준은 대기오염의 평가 또는 관리상의 지표로 사용하여서는 아니 된다.
⑤ 상승작용을 하는 화학물질이 2종 이상 혼재하는 경우에는 유해인자별로 각각 독립적인 노출기준을 사용하여야 한다.

◎ 해설
- 상승작용, 상가작용 등이 없을때에는(독립작용) 유해인자별로 각각 독립적인 노출기준을 사용할 수 있으나, 상가작용 시에는 사용할 수 없음
※ 교재 : 「작업환경 노출기준」 참조

21 작업환경측정 및 정도관리 등에 관한 고시에서 정하는 용어의 정의로 옳지 않은 것은?
① "정확도"란 일정한 물질에 대해 반복측정·분석을 했을 때 나타나는 자료 분석치의 변동크기가 얼마나 작은가 하는 수치상의 표현을 말한다.
② "직접채취방법"이란 시료공기를 흡수, 흡착 등의 과정을 거치지 아니하고 직접 채취대 또는 진공채취병 등의 채취용기에 물질을 채취하는 방법을 말한다.
③ "호흡성 분진"이란 호흡기를 통하여 폐포에 축적될 수 있는 크기의 분진을 말한다.
④ "흡입성 분진"이란 호흡기의 어느 부위에 침착하더라도 독성을 일으키는 분진을 말한다.
⑤ "고체채취방법"이란 시료공기를 고체의 입자층을 통해 흡입, 흡착하여 해당 고체입자에 측정하려는 물질을 채취하는 방법을 말한다.

◎ 해설
- 정확도 : 분석치가 참값에 얼마나 접근하였는가 하는 수치상의 표현
- 정밀도 : 일정한 물질에 대해 반복측정, 분석을 했을 때 나타나는 자료 분석치의 변동크기가 얼마나 작은가 하는 수치상의 표현. 산업위생계통에서 측정방법의 정밀도는 변이계수로 나타냄
※ 교재 : 「작업위생 측정 및 평가」 참조

22 작업환경측정 및 정도관리 등에 관한 고시에서 정하는 시료채취에 관한 설명으로 옳은 것은?
① 8명이 있는 단위작업 장소에서는 평균 노출근로자 2명 이상에 대하여 동시에 개인 시료채취 방법으로 측정한다.
② 개인 시료채취 시 동일 작업근로자수가 20명을 초과하는 경우에는 매 5명당 1명 이상 추가하여 측정하여야 한다.
③ 개인 시료채취 시 동일 작업근로자수가 50명을 초과하는 경우에는 최대 시료채취 근로자수를 10명으로 조정할 수 있다.
④ 지역 시료채취 방법으로 측정을 하는 경우 단위작업장소 내에서 1개 이상의 지점에 대하여 동시에 측정하여야 한다.
⑤ 지역시료 채취 시 단위작업 장소의 넓이가 50평방미터 이상인 경우에는 매 30평방미터마다 1개 지점 이상을 추가로 측징하여야 한다.

정답 20 ⑤ 21 ① 22 ⑤

> **해설**
> - 8명이 있는 단위작업 장소에서는 최고 노출근로자 2명 이상에 대하여 동시에 개인 시료채취 방법으로 측정
> - 개인 시료채취 시 동일 작업근로자수가 10명을 초과하는 경우에는 매 5명당 1명 이상 추가하여 측정하여야 함
> - 개인 시료채취 시 동일 작업근로자수가 100명을 초과하는 경우에는 최대 시료채취 근로자수를 10명으로 조정할 수 있음
> - 지역 시료채취 방법으로 측정을 하는 경우 단위작업장소 내에서 2개 이상의 지점에 대하여 동시에 측정하여야 함
> ※ 교재 : 「작업위생 측정 및 평가」 참조

23 다음 설명에 해당하는 중금속은?

> - 중독의 임상증상은 급성 복부 산통의 위장계통 장해, 손처짐을 동반하는 팔과 손의 마비가 특징인 신경근육계통의 장해, 주로 급성 뇌병증이 심한 중추신경계동의 장해로 구분할 수 있다. 적혈구의 친화성이 높아 뼈조직에 결합된다.
> - 중독으로 인한 빈혈증은 heme의 생합성 과정에 장해가 생겨 혈색소량이 감소하고 적혈구의 생존 기간이 단축된다.

① 크롬   ② 수은   ③ 납   ④ 비소   ⑤ 망간

> **해설**
> ※ 교재 : 「건강검진과 근로자 건강관리」 참조

24 포름알데히드에 관한 설명으로 옳은 것을 모두 고른 것은?

> ㄱ. 자극성 냄새가 나는 무색기체이다.
> ㄴ. 호흡기를 통해 빠르게 흡수되고 피부접촉에 의한 노출은 극히 적다.
> ㄷ. 대사경로는 포름알데히드 → 포름산 → 이산화탄소이다.
> ㄹ. 생물학적 모니터링을 위한 생체지표가 많이 존재하며 발암성은 없다.

① ㄱ, ㄹ   ② ㄴ, ㄷ   ③ ㄱ, ㄴ, ㄷ
④ ㄱ, ㄷ, ㄹ   ⑤ ㄱ, ㄴ, ㄷ, ㄹ

> **해설**
> - 급성독성, 피부자극성, 발암성 등의 인체 유해성을 가지고 있어 국제암연구센터에서는 "발암우려 물질"로 분류
> ※ 교재 : 「건강검진과 근로자 건강관리」 참조

정답 23 ③ 24 모두정답

25 산업안전보건법령상 근로자 건강진단의 종류가 아닌 것은?

① 특수건강진단
② 배치전건강진단
③ 건강관리카드 소지자 건강진단
④ 종합건강진단
⑤ 임시건강진단

해설
- 종합건강진단 산업안전보건법령상 근로자만 해당되는 건강진단의 종류가 아님
※ 교재 : 「건강검진과 근로자 건강관리」 참조

저자 약력

이형준(전기안전기술사)
- 현) ㈜대한전기이엔지 대표
- LIG 엔설팅(주) 위험관리연구소
- 삼성 에버랜드
- 한국전기안전공사

윤동식(전기안전기술사)
- 현) 행정안전부 안전감찰담당관실 공업사무관
- 국민안전처 소방산업과
- 안전행정부 정부통합전산센터

장영수(전기안전기술사, 산업안전지도사)
- 현) 한국교통안전공단 안전보건실 부장
- 경희대학교 경영대학원 경영컨설팅 석사

하태원(전기안전기술사)
- 현) 현대엔지니어링(주)

서익희(전기안전기술사)
- 현) 국토안전관리원 차장
- 삼성 에버랜드

	산업안전지도사 1차 (3과목)	
	기업진단 · 지도 Ⅲ	
발 행 / 2024년 9월 20일		판 권
저 자 / 이형준, 윤동식, 장영수 　　　　하태원, 서익희		소 유
펴 낸 이 / 정 창 희		
펴 낸 곳 / 동일출판사		
주 소 / 서울시 강서구 곰달래로31길7 (2층)		
전 화 / (02) 2608-8250		
팩 스 / (02) 2608-8265		
등록번호 / 109-90-92166		

ISBN 978-89-381-1649-9 13530

값 / 38,000원

이 책은 저작권법에 의해 저작권이 보호됩니다.
동일출판사 발행인의 승인자료 없이 무단 전재하거나
복제하는 행위는 저작권법 제136조에 의해 5년 이하의
징역 또는 5,000만원 이하의 벌금에 처하거나 이를 병
과(倂科)할 수 있습니다.